Les formalités voulues par la loi ont été remplies.

Tout exemplaire non revêtu de la signature de l'auteur sera réputé contrefait et les éditeurs poursuivis.

J. Bosel

TRAITÉ

DE

GÉOMÉTRIE ANALYTIQUE

PRÉCÉDÉ DES

ÉLÉMENTS DE LA TRIGONOMÉTRIE RECTILIGNE

ET DE

LA TRIGONOMÉTRIE SPHÉRIQUE;

PAR

A. BOSET,

INGÉNIEUR HONORAIRE DES MINES,
CANDIDAT EN SCIENCES PHYSIQUES ET MATHÉMATIQUES,
PROFESSEUR DE MATHÉMATIQUES SUPÉRIEURES
A L'ATHÉNÉE ROYAL DE NAMUR.

BRUXELLES,
GUSTAVE MAYOLEZ,
Libraire-Éditeur,
13, rue de l'Impératrice, 13.

PARIS,
GAUTHIER-VILLARS,
Libraire,
55, quai des Augustins, 55.

BRUXELLES,

F. HAYEZ, IMPRIMEUR DE L'ACADÉMIE ROYALE DE BELGIQUE.

—

1878

AVANT-PROPOS.

L'ouvrage que nous offrons au public est le fruit de nos études de prédilection et des leçons que nous donnons aux élèves du cours supérieur de mathématiques. Il comprend d'abord les éléments de la Trigonométrie rectiligne et de la Trigonométrie sphérique, qui sont indispensables à l'étude de la Géométrie analytique.

Celle-ci contient trois nouvelles théories de la plus haute importance :

1º La théorie générale des foyers et des circonférences focales;

2º Celle des diamètres et des diamètres conjugués;

3º La théorie générale des asymptotes.

Ces théories ont déjà reçu une certaine sanction dans la pratique de l'enseignement et l'approbation des hommes compétents des corps savants.

Nous avons eu recours au Traité des sections coniques par M. Chasles pour les propriétés anharmoniques.

Il n'est plus permis aujourd'hui de se dispenser des notations abrégées dans l'étude des propriétés des courbes, qui doivent être recherchées à la fois au moyen de leurs équations en coordonnées cartésiennes, trilinéaires et tangentielles.

Les courbes enveloppes et les polaires réciproques ont été traitées avec tous les développements qu'exigent des matières d'un intérêt aussi puissant.

Les progrès récents de l'Algèbre, exposés dans les ouvrages de M. Salmon, qui nous ont été très-utiles, ont donné naissance à de nouvelles théories en Géométrie analytique, et celles-ci reçoivent déjà les applications les plus sérieuses.

Des exercices nombreux et bien choisis se trouvent à la fin de chaque théorie.

Nous nous sommes efforcé d'élever cet ouvrage au niveau de la science par les méthodes les plus simples, afin d'en faciliter l'étude à la jeunesse et de propager ainsi l'une des plus belles branches des sciences mathématiques.

PREMIÈRE PARTIE.

TRIGONOMÉTRIE RECTILIGNE ET SPHÉRIQUE.

TRIGONOMÉTRIE RECTILIGNE.

CHAPITRE I.

Objet de la trigonométrie.

1. *La trigonométrie* a pour objet la résolution des triangles.

La *trigonométrie rectiligne* s'occupe des triangles rectilignes et la *trigonométrie sphérique* des triangles sphériques. Nous étudierons d'abord les triangles rectilignes.

Il y a six quantités essentielles à considérer dans un triangle : les trois côtés et les trois angles. Trois quelconques de ces quantités étant données ou connues, on peut toujours déterminer les trois autres, excepté dans le cas où l'on donne les trois angles.

On peut encore considérer dans un triangle, outre les trois côtés et les trois angles : 1° les trois hauteurs; 2° les trois bissectrices; 3° les trois médianes; 4° le rayon du cercle circonscrit; 5° le rayon du cercle inscrit, etc... Trois quelconques de ces différentes quantités étant données, on peut également se proposer de calculer et de déterminer les éléments essentiels du triangle.

Définitions des lignes trigonométriques et relations qui existent entre elles.

2. Soit une circonférence de cercle ADA'D' de rayon AC $=$ R, et soit un arc quelconque AM $= a$ (fig. 1) moindre que le quart de la circonférence ou moindre qu'un quadrant.

Fig. 1.

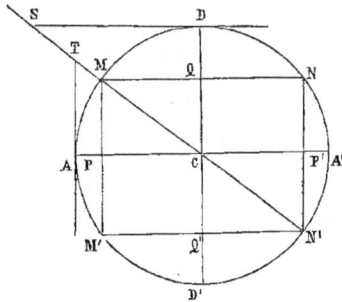

On nomme *sinus* de l'arc a ou de l'angle ACM, dont cet arc est la mesure, la perpendiculaire MP abaissée de l'une des extrémités M de cet arc sur le diamètre ACA', qui passe par l'autre extrémité A; de sorte que l'on a :

$$MP = sinus\ a$$

ou, par abréviation,

$$MP = \sin a.$$

La *tangente de l'arc* a est la portion de la tangente depuis le point de contact A jusqu'au point de rencontre T avec le diamètre qui passe par l'autre extrémité M. Donc,

$$AT = tangente\ a$$

ou AT $=$ tang a ou, plus simplement encore, AT $=$ tg a.

La *sécante* de l'arc a est l'hypoténuse d'un triangle rectangle dont la tangente et le rayon qui passe par le point de contact sont les deux côtés de l'angle droit; on a

$$CT = sécante\ a\ \ ou\ \ CT = séc\ a.$$

Le sinus, la tangente, la sécante, l'arc et le rayon du cercle sont, pour ainsi dire, les seules lignes que l'on ait à examiner en trigonométrie.

3. Soit le diamètre DCD′ perpendiculaire à ACA′, de sorte que l'arc AMD = un quadrant. On nomme *complément d'un arc* AM, l'arc MD qu'il faut ajouter à cet arc pour avoir un quadrant; et *complément d'un angle* ce qu'il faut ajouter à cet angle pour avoir un angle droit. Mais l'arc MD a aussi son sinus qui est MQ; conformément à la définition qui précède, on a donc :

$$MQ = PC = \text{sinus de MD.}$$

Comme l'arc MD est le complément de l'arc AM = a, il vient PC = sinus du complément de a, et, par abréviation :

$$PC = co \text{ sinus } a$$

ou bien encore $\qquad PC = \cos a.$

Le *cosinus* de l'arc AM est la distance comprise depuis le pied P du sinus jusqu'au centre C.

De même, DS = tangente du complément de a

ou $\qquad DS = co - \text{tangente } a = \cot a,$

et $\qquad CS = \text{sécante du complément de } a = \text{coséc } a.$

Les distances AP, DQ prennent aussi les noms de *sinus verse* et de *cosinus verse* de a. On voit que

$$\text{sinus verse de } a = R - \cos a$$

$$\text{et cosinus verse de } a = R - \sin a.$$

4. Les triangles rectangles semblables MPC, TAC donnent :

$$\overline{MP}^2 + \overline{CP}^2 = \overline{CM}$$

ou $\qquad \sin^2 a + \cos^2 a = R^2 \quad . \ . \ . \ . \ . \quad (1),$

$$PC : PM = AC : AT,$$

$$\cos a : \sin a = R : \text{tg } a;$$

$$PC : CM = AC : CT,$$

$$\cos a : R = R : \text{séc } a;$$

d'où l'on tire :

$$\operatorname{tg} a = \frac{R \sin a}{\cos a} \quad \cdots \quad \cdots \quad (2),$$

$$\sec a = \frac{R^2}{\cos a} \quad \cdots \quad \cdots \quad (3).$$

On a aussi dans le triangle rectangle CAT :

$$\overline{AC}^2 + \overline{AT}^2 = \overline{CT}^2,$$

$$R^2 + \operatorname{tg}^2 a = \sec^2 a. \quad \cdots \quad \cdots \quad (4).$$

Les triangles rectangles semblables CMQ et CSD donnent :

1°   CQ : MQ = CD : DS

ou $\sin a : \cos a = R : \operatorname{cotg} a$;

2°   CQ : CM = CD : CS

ou $\sin a : R = R : \operatorname{coséc} a$.

Ces proportions fournissent les formules :

$$\operatorname{cotg} a = \frac{R \cos a}{\sin a} \quad \cdots \quad \cdots \quad (5),$$

$$\operatorname{coséc} a = \frac{R^2}{\sin a} \quad \cdots \quad \cdots \quad (6).$$

Le triangle rectangle CSD donne :

$$\overline{CD}^2 + \overline{DS}^2 = \overline{CS}^2,$$

c'est-à-dire, $R^2 + \operatorname{cotg}^2 a = \operatorname{coséc}^2 a \quad \cdots \quad \cdots \quad (7).$

Les deux triangles PMC et ATC fournissent encore

$$CT : CM = AC : CP$$

ou $\sqrt{R^2 + \operatorname{tg}^2 a} : R = R : \cos a,$

$$\cos a = \frac{R^2}{\sqrt{R^2 + \operatorname{tg}^2 a}} \quad \cdots \quad \cdots \quad (8)$$

et   CT : CM = AT : MP

ou
$$\sqrt{R^2 + tg^2\, a} : R = tg\, a : \sin a,$$

$$\sin a = \frac{R\, tg\, a}{\sqrt{R^2 + tg^2\, a}} \quad . \quad . \quad . \quad . \quad (9).$$

Le rayon du cercle et l'une quelconque de ces lignes trigonométriques étant connus, ces formules font connaître toutes les autres.

5. On divise ordinairement la circonférence en 360 parties égales qu'on nomme *degré*, chaque degré en 60 minutes et chaque minute en 60 secondes, etc...

Lorsque l'arc passe par tous les états de grandeur possibles depuis 0° jusqu'à 360° ou une circonférence entière, les lignes trigonométriques précédentes, le sinus, le cosinus, la tangente, etc..., acquièrent certaines valeurs correspondantes que nous allons rechercher.

Le sinus grandit avec l'arc depuis 0° jusqu'à un quadrant ou 90°. Si l'arc est nul, le sinus est aussi nul et l'on a :

$$\sin 0^0 = 0.$$

Lorsque l'arc $AM = \frac{1}{2}$ quadrant, le triangle rectangle MPC est isocèle et l'on a :

$$\sin^2 45^0 + \cos^2 45^0 = R^2$$

ou
$$2 \sin^2 45^0 = R^2,$$

$$\sin 45^0 = \frac{R}{\sqrt{2}} = \frac{R\sqrt{2}}{2} ;$$

$$\sin (90^0 - a) = \cos a,$$

$$\sin 90^0 = R ,$$

valeur maximum du sinus.

A partir d'un quadrant, le sinus diminue à mesure que l'arc augmente et repasse par les mêmes états de grandeur jusqu'à zéro, qui est le sinus d'une demi-circonférence.

$$\sin (90^0 + \alpha) = \sin (90^0 - \alpha) = \cos \alpha.$$

On a, en effet, en désignant l'arc **MD** par α

$$DM = DN \quad \text{et} \quad NP' = MP = \sin(90^0 - \alpha) = \cos \alpha.$$

Le supplément d'un arc est l'arc qu'il faut ajouter au premier pour valoir une demi-circonférence; de même, le supplément d'un angle est l'angle que l'on doit ajouter au premier pour avoir deux angles droits. L'arc **A'N** est le supplément de ADN, et comme **NP'=MP**, il vient :

$$\sin(180^0 - a) = \sin a,$$
$$\sin 180^0 = 0,$$
$$\sin(180^0 + \alpha) = -\sin(180^0 - \alpha) = -\sin \alpha,$$
$$\sin 270^0 = -R,$$
$$\sin(360^0 - a) = -\sin a,$$
$$\sin 360^0 = 0.$$

Si nous désignons par C une demi-circonférence et par n un nombre entier, il viendra :

$$\sin nC = 0,$$
$$\sin(2n + 1)\frac{C}{2} = \pm R.$$

Si l'arc est nul, le cosinus est égal au rayon. On a donc : $\cos 0^0 = R$.

A mesure que l'arc augmente depuis zéro jusqu'à un quadrant, le cosinus diminue depuis le rayon jusqu'à zéro; de sorte que

$$\cos 90^0 = 0.$$

Lorsque l'arc dépasse un quadrant, le cosinus devient négatif et reste négatif dans le deuxième quadrant.

$$\cos(90^0 + \alpha) = -\cos(90^0 - \alpha) = -\sin \alpha,$$

ce qu'il est facile de démontrer.

$$\cos(180^0 - a) = -\cos a,$$
$$\cos 180^0 = -R,$$
$$\cos(180^0 + a) = \cos(180^0 - a) = -\cos a,$$
$$\cos 270^0 = 0,$$
$$\cos(360^0 - a) = \cos a,$$
$$\cos 360^0 = R,$$
$$\cos nC = \pm R,$$
$$\cos(2n + 1)\frac{C}{2} = 0.$$

Connaissant les valeurs des sinus et des cosinus pour tous les arcs depuis 0° jusqu'à 360°, les formules qui précèdent font connaître les autres lignes trigonométriques, les tangentes, les sécantes, etc., de ces mêmes arcs.

Ainsi,

$$\text{tg } 0^0 = 0,$$
$$\text{tg } 45^0 = R,$$
$$\text{tg } 90^0 = \infty,$$
$$\text{tg}(180^0 - a) = -\text{tg } a, \quad \text{tg } 180^0 = 0,$$
$$\text{tg}(180^0 + a) = \text{tg } a, \quad \text{tg } 270^0 = \infty,$$
$$\text{tg}(360^0 - a) = -\text{tg } a, \quad \text{tg } 360^0 = 0.$$

Pour des arcs plus grands qu'une circonférence, les tangentes repassent par les mêmes états de grandeur que précédemment.

6. *Connaissant les sinus et les cosinus des deux arcs* a *et* b, *chercher les sinus et les cosinus de leur somme et de leur différence.*

Fig. 2.

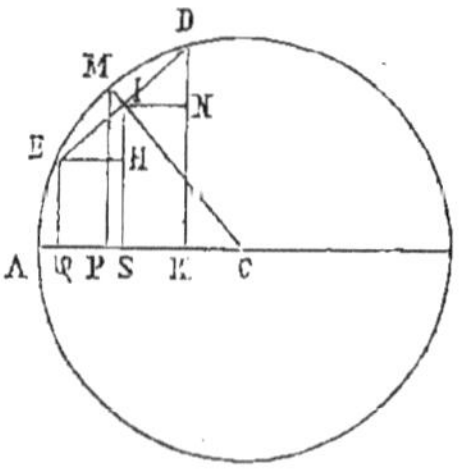

Soient les arcs

$$AM = a, \quad EM = DM = b,$$
$$MP = \sin a, \quad CP = \cos a,$$
$$DI = \sin b, \quad CI = \cos b.$$

Comme l'arc

$$AD = a + b \text{ et } AE = a - b,$$

on a :

$$DK = \sin(a + b), \quad CK = \cos(a + b),$$
$$EQ = \sin(a - b), \quad CQ = \cos(a - b).$$

Pour calculer ces lignes, on a :

$$DK = DN + IS.$$

Les deux triangles **DIN** et **MPC** ayant leurs côtés respectivement perpendiculaires sont semblables et donnent :

$$DN : CP = DI : CM$$

ou $\qquad\qquad DN : \cos a = \sin b : R.$

Les deux triangles équiangles **MPC**, **ISC** donnent aussi :

$$IS : MP = CI : CM$$

ou $\qquad\qquad IS : \sin a = \cos b : R.$

On a donc pour **DK** ou $\sin(a + b)$:

$$R \sin(a + b) = \sin a \cos b + \sin b \cos a \quad . \quad . \quad (f);$$

de même, $\qquad\qquad CK = CS - IN.$

On a par les triangles semblables **MPC**, **ISC** les proportions :

$$CS : CP = CI : CM$$

ou $\qquad\qquad CS : \cos a = \cos b : R$

et, par les triangles semblables **DIN**, **MPC** :

$$IN : MP = DI : CM$$

ou $\qquad\qquad IN : \sin a = \sin b : R.$

En remplaçant ces valeurs de **CS** et de **IN** dans l'expression de **CK**, on trouve :

$$R \cos(a + b) = \cos a \cos b - \sin a \sin b \quad . \quad . \quad (g).$$

On a pour EQ ou sin $(a - b)$:

$$EQ = IS - IH = IS - DN,$$

à cause de l'égalité des triangles rectangles DIN, EIH qui ont l'hypoténuse égale et les angles égaux.

En remplaçant IS et DN par leurs valeurs tirées des proportions précédentes, il vient :

$$R \sin (a - b) = \sin a \cos b - \sin b \cos a \quad . \quad . \quad (i).$$

On a de même pour $\cos (a - b)$:

$$CQ = CS + EH = CS + IN$$

et, en substituant les valeurs fournies par les deux dernières proportions :

$$R \cos (a - b) = \cos a \cos b + \sin a \sin b \quad . \quad . \quad (k).$$

Telles sont les quatre formules fondamentales de la trigonométrie rectiligne. Si le rayon du cercle est égal à l'unité, elles deviennent :

$$\sin (a + b) = \sin a \cos b + \sin b \cos a,$$
$$\sin (a - b) = \sin a \cos b - \sin b \cos a,$$
$$\cos (a + b) = \cos a \cos b - \sin a \sin b,$$
$$\cos (a - b) = \cos a \cos b + \sin a \sin b.$$

Les arcs a et b étant quelconques, peuvent être égaux ; ce qui donne pour la première :

$$\sin 2a = 2 \sin a \cos a,$$

qui est la relation entre le sinus de l'arc double et le sinus et le cosinus de l'arc simple, ou bien encore

$$\sin a = 2 \sin \frac{a}{2} \cos \frac{a}{2}.$$

Il vient de même pour la troisième :

$$\cos 2a = \cos^2 a - \sin^2 a.$$

En éliminant successivement $\sin^2 a$ et $\cos^2 a$, on obtient

$$1 + \cos 2a = 2 \cos^2 a,$$

$$1 - \cos 2a = 2 \sin^2 a,$$

$$\cos a = \sqrt{\frac{1 + \cos 2a}{2}},$$

$$\sin a = \sqrt{\frac{1 - \cos 2a}{2}},$$

et enfin

$$\operatorname{tg} a = \sqrt{\frac{1 - \cos 2a}{1 + \cos 2a}}.$$

Ces formules font connaître le cosinus d'un arc double quand on connaît soit le sinus ou le cosinus simple, et réciproquement.

Le rayon étant 1, on a :

$$\sin^2 \frac{a}{2} + \cos^2 \frac{a}{2} = 1,$$

$$2 \sin \frac{a}{2} \cos \frac{a}{2} = \sin a.$$

En ajoutant, retranchant et extrayant chaque fois la racine carrée de chaque membre, il vient :

$$\cos \frac{a}{2} + \sin \frac{a}{2} = \sqrt{1 + \sin a},$$

$$\cos \frac{a}{2} - \sin \frac{a}{2} = \sqrt{1 - \sin a};$$

d'où

$$\cos \frac{a}{2} = \frac{1}{2}\sqrt{1 + \sin a} + \frac{1}{2}\sqrt{1 - \sin a},$$

$$\sin \frac{a}{2} = \frac{1}{2}\sqrt{1 + \sin a} - \frac{1}{2}\sqrt{1 - \sin a}.$$

On prend le signe positif pour le second radical de la valeur de $\cos \frac{a}{2}$, parce que cette formule doit être vraie pour une valeur quelconque de l'arc $\frac{a}{2}$ et, par conséquent, quand cet arc est nul, ce qui n'aurait pas lieu si l'on prenait le signe —.

7. *Un côté quelconque d'un polygone régulier est un double sinus.*

Ainsi, la moitié du côté de l'hexagone régulier, qui est égal à la moitié du rayon du cercle circonscrit, est le sinus de l'arc de 30°; de sorte que l'on a :

$$\sin 30^0 = \frac{R}{2} = \cos 60^0;$$

d'où
$$\cos 30^0 = \frac{R\sqrt{3}}{2} = \sin 60^0.$$

De même, la moitié du côté du décagone régulier circonscrit, qui a pour expression

$$\frac{R}{4}(\sqrt{5} - 1),$$

est le sinus de l'arc de 18°; de manière que l'on a aussi :

$$\sin 18^0 = \frac{R}{4}(\sqrt{5} - 1) = \cos 72^0$$

et
$$\cos 18^0 = \frac{R}{4}\sqrt{10 + 2\sqrt{5}} = \sin 72^0.$$

Substituant la valeur de sin 18° dans la formule $\sin \frac{a}{2}$ en fonction de sin a, on trouve :

$$\sin 9^0 = \frac{1}{4}\sqrt{5 + \sqrt{5}} - \frac{1}{4}\sqrt{5 - \sqrt{5}},$$

le rayon étant égal à l'unité.

Connaissant le sinus et le cosinus de 18°, on trouve :

$$\cos 36^0 = \cos^2 18^0 - \sin^2 18^0$$

ou

$$\cos 36^0 = \frac{1}{4}(1 + \sqrt{5}) = \sin 54^0.$$

Cette dernière valeur fera connaitre

$$\sin 27^0 = \frac{1}{4}\left(\sqrt{5 + \sqrt{5}}\right) - \frac{1}{4}\sqrt{5 - \sqrt{5}},$$

et

$$\sin 36^0 = \frac{1}{4}\sqrt{10 - 2\sqrt{5}};$$

de sorte qu'on pourra former le tableau suivant :

$$\sin \ 9^0 = \cos 81^0 = \frac{1}{4}\sqrt{5 + \sqrt{5}} - \frac{1}{4}\sqrt{5 - \sqrt{5}},$$

$$\sin 18^0 = \cos 72^0 = \frac{1}{4}(-1 + \sqrt{5}),$$

$$\sin 27^0 = \cos 63^0 = \frac{1}{4}\sqrt{5 + \sqrt{5}} - \frac{1}{4}\sqrt{5 - \sqrt{5}},$$

$$\sin 36^0 = \cos 54^0 = \frac{1}{4}\sqrt{10 - 2\sqrt{5}},$$

$$\sin 45^0 = \cos 45^0 = \frac{1}{2}\sqrt{2},$$

$$\sin 54^0 = \cos 36^0 = \frac{1}{4}(1 + \sqrt{5}),$$

$$\sin 63^0 = \cos 27^0 = \frac{1}{4}\sqrt{5 + \sqrt{5}} + \frac{1}{4}\sqrt{5 - \sqrt{5}},$$

$$\sin 72^0 = \cos 18^0 = \frac{1}{4}\sqrt{10 + 2\sqrt{5}},$$

$$\sin 81^0 = \cos \ 9^0 = \frac{1}{4}\sqrt{5 + \sqrt{5}} + \frac{1}{4}\sqrt{5 - \sqrt{5}},$$

$$\sin 30^0 = \cos 60^0 = \frac{1}{2},$$

$$\sin 51^{\circ} = \cos 75^{\circ} = \frac{1}{4}\sqrt{6} - \frac{1}{4}\sqrt{2},$$

$$\sin 75^{\circ} = \cos 15^{\circ} = \frac{1}{2}(\sqrt{2} + \sqrt{6}).$$

Ces valeurs des lignes trigonométriques en fonction du rayon du cercle sont dites naturelles. Elles servent à vérifier les tables trigonométriques.

On en conclut que le carré du pentagone régulier est égal à la somme des carrés de l'hexagone et du décagone réguliers. En effet, le rayon du cercle étant égal à l'unité, le côté de l'hexagone est égal à 1 et le côté du décagone à

$$2 \sin 18^{\circ} = \frac{1}{2}(\sqrt{5} - 1).$$

En élevant ces deux valeurs au carré et en les ajoutant, on a :

$$1 + \frac{1}{4}(6 - 2\sqrt{5}) = \frac{10 - 2\sqrt{5}}{4}$$

qui est le carré de $\frac{1}{2}\sqrt{10 - 2\sqrt{5}}$, ou le double sinus de 36°, c'est-à-dire, le côté du pentagone régulier.

8. Dans la formule $\sin(a + b)$ n° 6, faisons $b = 2a$, on aura :

$$\sin 3a = \sin a \cos 2a + \sin 2a \cos a$$

ou $\sin 3a = \sin a (1 - 2\sin^2 a) + 2 \sin a \cos^2 a$,

$\sin 3a = 5 \sin a - 4 \sin^3 a$,

$\cos 3a = \cos a \cos 2a - \sin a \sin 2a$,

$\cos 3a = \cos a (2 \cos^2 a - 1) - 2 \sin^2 a \cos a$,

$\cos 3a = 4 \cos^3 a - 5 \cos a$.

Ces équations sont du 3${}^{\text{me}}$ degré par rapport à $\sin a$ et à $\cos a$. On a déjà vu précédemment (6) que la relation s'élève chaque fois au 2me degré lorsqu'on passe de l'arc double à l'arc simple. On trouvera de même :

$$\sin 5a = 5 \sin a - 20 \sin^3 a + 16 \sin^5 a,$$
$$\cos 5a = 5 \cos a - 20 \cos^3 a + 16 \cos^5 a.$$

En donnant, dans ces formules, aux arcs $5a$ et $3a$ des valeurs telles que les sinus et les cosinus de $3a$ et de $5a$ soient nuls, on a :

$$3a = 180^0 = 360^0;$$

d'où
$$a = 60^0 = 120^0.$$

$$5a = 90^0 = 270^0;$$

d'où
$$a = 30^0 = 90^0.$$

Les deux premières donnent

$$4 \sin^2 60^0 = 3,$$

$$\sin 60^0 = \frac{1}{2}\sqrt{3},$$

$$4 \cos^2 30^0 = 3, \quad \cos 30^0 = \frac{1}{2}\sqrt{3},$$

$$5a = 180^0 = 360^0, \quad a = 36^0 = 72^0;$$
$$5a = 270^0 = 90^0, \quad a = 54^0 = 18^0.$$

On aura les équations :

$$16 \sin^4 36^0 - 20 \sin^2 36^0 + 5 = 0$$

et
$$16 \cos^4 54^0 - 20 \cos^2 54^0 + 5 = 0,$$

qui feront connaître les sinus de 36° et de 72° et les cosinus de 54° et de 18°.

9. Résolvons pour les tangentes, les cotangentes, etc..., le même problème que nous venons de résoudre pour les sinus et les cosinus.

Connaissant tg a et tg b, chercher tg (a + b).

Le rayon du cercle étant toujours égal à l'unité, on a :

$$\text{tg}\,(a + b) = \frac{\sin\,(a + b)}{\cos\,(a + b)}$$

ou

$$\text{tg}\,(a + b) = \frac{\sin a \cos b + \sin b \cos a}{\cos a \cos b - \sin a \sin b}.$$

Mais on sait que $\sin a = \cos a \, \text{tg}\, a$

et

$$\sin b = \cos b \, \text{tg}\, b.$$

Au lieu de $\sin a$ et de $\sin b$, substituons leurs valeurs dans $\text{tg}\,(a + b)$. On aura :

$$\text{tg}\,(a + b) = \frac{\cos a \cos b \, \text{tg}\, a + \cos a \cos b \, \text{tg}\, b}{\cos a \cos b - \cos a \cos b \, \text{tg}\, a \, \text{tg}\, b}$$

ou

$$\text{tg}\,(a + b) = \frac{\text{tg}\, a + \text{tg}\, b}{1 - \text{tg}\, a \, \text{tg}\, b},$$

en divisant les deux termes de la fraction par $\cos a \cos b$. Posons $b = a$, il viendra :

$$\text{tg}\, 2a = \frac{2 \, \text{tg}\, a}{1 - \text{tg}^2 a},$$

formule qui fait connaître la relation qui existe entre la tangente de l'arc double $2a$ et la tangente de l'arc simple a.

En considérant $\text{tg}\, 2a$ comme connue, $\text{tg}\, a$ étant inconnue, on trouve :

$$\text{tg}\, a = \frac{-1 \pm \sqrt{1 + \text{tg}^2\, 2a}}{\text{tg}\, 2a}.$$

On a de même :

$$\text{tg}\,(a - b) = \frac{\text{tg}\, a - \text{tg}\, b}{1 + \text{tg}\, a \, \text{tg}\, b}.$$

10. Les valeurs que l'on vient de trouver pour $\operatorname{tg}(a+b)$ et $\operatorname{tg}(a-b)$ en partant des formules fondamentales s'obtiennent aussi facilement par des considérations géométriques très-simples.

Fig. 3.

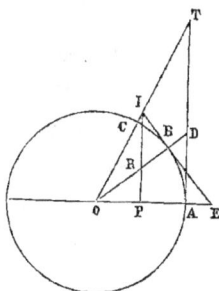

Soit un cercle de rayon $OA=OC=1$ et soient les arcs $AB=a$, $BC=b$, $AC=a+b$, les droites $AT=\operatorname{tg}(a+b)$, $AD=\operatorname{tg}a=BE$, $BI=\operatorname{tg}b$.

La droite IRP étant perpendiculaire à OA, à cause de AT qui lui est parallèle et de la similitude des triangles rectangles ORP, RIB, PIE, il vient :

$$\frac{AT}{OA}=\frac{IP}{OP}=\frac{IE}{OR};$$

d'où

$$\frac{\operatorname{tg}(a+b)}{1}=\frac{\operatorname{tg}a+\operatorname{tg}b}{OR}.$$

Mais $OR=OB-RB=1-RB$, et comme les deux triangles rectangles RBI, OBE sont aussi semblables, on a :

$$RB:\operatorname{tg}a=\operatorname{tg}b:1;$$

ce qui donne

$$\operatorname{tg}(a+b)=\frac{\operatorname{tg}a+\operatorname{tg}b}{1-\operatorname{tg}a\operatorname{tg}b}.$$

11. Soient le cercle de rayon $OC=OA=1$ et les arcs $AC=a$, $AB=b$, $BC=a-b$; menons les tangentes AD, AI, CT. Du point I abaissons la perpendiculaire IH sur OD. A cause des parallèles TC, IH, on a :

$$\frac{TC}{OC}=\frac{IH}{OH};$$

mais les triangles rectangles semblables IHD, OAD donnent :

Fig. 4.

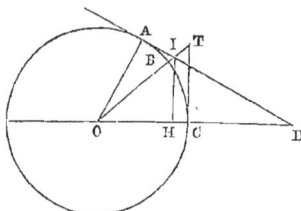

$$\frac{IH}{OA} = \frac{ID}{OD},$$

et, en multipliant,

$$\frac{TC}{1} = \frac{ID}{OH \times OD},$$

c'est-à-dire,

$$tg\,(a - b) = \frac{tg\,a - tg\,b}{OH \times OD}.$$

Le triangle IDO dans lequel $\overline{ID}^2 = (AD - AI)^2$ donne :

$$\overline{OD}^2 + \overline{OI}^2 - 2OD \times OH = \overline{AD}^2 + \overline{AI}^2 - 2AD \times AI$$

ou $\overline{OD}^2 - \overline{AD}^2 + \overline{OI}^2 - \overline{AI}^2 + 2AD \times AI = 2OD \times OH,$

et, à cause des triangles rectangles OAD, OAI :

$$2 + 2AD \times AI = 2OD \times OH;$$

d'où $\qquad OD \times OH = 1 + tg\,a \times tg\,b.$

En substituant, on obtient :

$$tg\,(a - b) = \frac{tg\,a - tg\,b}{1 + tg\,a\,tg\,b}.$$

Cette formule est bien l'angle, exprimé par sa tangente, que font entre elles les deux droites OD, OI lesquelles font avec une même troisième OA des angles représentés par les arcs a et b.

Si cet angle est droit, le dénominateur de la fraction $\frac{tg\,a - tg\,b}{1 + tg\,a\,tg\,b}$ doit devenir nul, puisque

$$tg\,(a - b) = tg\,90° = \infty,$$

et l'on a $\qquad 1 + tg\,a\,tg\,b = 0.$

2

Il vient aussi $\quad \cot g\,(a+b) = \dfrac{\cos\,(a+b)}{\sin\,(a+b)}$

et $\qquad \cot g\,(a+b) = \dfrac{\cos a \cos b - \sin a \sin b}{\sin a \cos b + \sin b \cos a}$.

Mais $\qquad\qquad \cos a = \sin a \cot g\,a,$

$\qquad\qquad\qquad \cos b = \sin b \cot g\,b;$

en remplaçant, on obtient après simplification :

$$\cot g\,(a+b) = \frac{\cot g\,a \cot g\,b - 1}{\cot g\,a + \cot g\,b}$$

et $\qquad \cot g\,(a-b) = \dfrac{\cot g\,a \cot g\,b + 1}{\cot g\,b - \cot g\,a}$.

On peut aussi trouver ces deux formules, en observant que $tg\,a \times \cot g\,a = 1$.

En faisant $b = a$, la première de ces formules donne :

$$\cot g\,2a = \frac{\cot g^2\,a - 1}{2 \cot g\,a}.$$

On a aussi en faisant $b = 2a$ dans $tg\,(a+b)$:

$$tg\,3a = \frac{tg\,a + tg\,2a}{1 - tg\,a\,tg\,2a}$$

et, en développant :

$$tg\,3a = \frac{3\,tg\,a - tg^3\,a}{1 - 3\,tg^2\,a}.$$

En représentant $tg\,3a$ par m et $tg\,a$ par x, on a l'équation :

$$x^3 - 3mx^2 - 3x + m = 0.$$

Si l'on fait $m = 1$, c'est-à-dire, $tg\,3a = 45° = 225°$, on a l'équation :

$$x^3 - 3x^2 - 3x + 1 = 0,$$

qui peut se mettre sous la forme :

$$(x + 1)(x^2 - 4x + 1) = 0;$$

d'où $\quad$ tg $15^0 = 2 - \sqrt{3}$ et tg $75^0 = 2 + \sqrt{3}.$

Enfin, $\quad x = - 1$ donne tg $- 45^0 = - 1.$

12. La combinaison des formules fondamentales des sinus et des cosinus (6) par voie d'addition et de soustraction fournit plusieurs formules indispensables pour le calcul logarithmique. Il vient :

$$\sin(a + b) + \sin(a - b) = 2 \sin a \cos b,$$
$$\sin(a + b) - \sin(a - b) = 2 \sin b \cos a,$$
$$\cos(a - b) + \cos(a + b) = 2 \cos a \cos b,$$
$$\cos(a - b) - \cos(a + b) = 2 \sin a \sin b.$$

Posons $a + b = p$, $a - b = q$; d'où $a = \frac{1}{2}(p + q)$, $b = \frac{1}{2}(p - q)$. Ces formules deviennent :

$$\sin p + \sin q = 2 \sin \tfrac{1}{2}(p + q) \cos \tfrac{1}{2}(p - q),$$
$$\sin p - \sin q = 2 \sin \tfrac{1}{2}(p - q) \cos \tfrac{1}{2}(p + q),$$
$$\cos q + \cos p = 2 \cos \tfrac{1}{2}(p + q) \cos \tfrac{1}{2}(p - q),$$
$$\cos q - \cos p = 2 \sin \tfrac{1}{2}(p + q) \sin \tfrac{1}{2}(p - q).$$

Si l'on divise l'une quelconque de ces quatre formules par chacune des trois autres, on obtiendra autant de formules nouvelles.

En divisant les deux premières, on a :

$$\frac{\sin p + \sin q}{\sin p - \sin q} = \frac{\sin \frac{1}{2}(p + q) \cos \frac{1}{2}(p - q)}{\cos \frac{1}{2}(p + q) \sin \frac{1}{2}(p - q)},$$

et $\quad \dfrac{\sin p + \sin q}{\sin p - \sin q} = \dfrac{\text{tg } \frac{1}{2}(p + q)}{\text{tg } \frac{1}{2}(p - q)},$

lorsqu'on divise les deux termes de la fraction du deuxième

membre par $\cos \frac{1}{2} (p - q)$; ce qui nous apprend que *la somme des sinus de deux arcs quelconques est à leur différence comme la tangente de la demi-somme de ces arcs est à la tangente de leur demi-différence.*

On a de même :

$$\frac{\sin p + \sin q}{\cos p + \cos q} = \operatorname{tg} \tfrac{1}{2} (p + q),$$

$$\frac{\sin q + \sin p}{\cos q - \cos p} = \operatorname{cotg} \tfrac{1}{2} (p - q),$$

$$\frac{\sin p - \sin q}{\cos p + \cos q} = \operatorname{tg} \tfrac{1}{2} (p - q),$$

$$\frac{\sin p - \sin q}{\cos q - \cos p} = \operatorname{cotg} \tfrac{1}{2} (p + q),$$

$$\frac{\cos q + \cos p}{\cos q - \cos p} = \frac{\operatorname{cotg} \tfrac{1}{2} (p + q)}{\operatorname{tg} \tfrac{1}{2} (p - q)}.$$

Si l'on multiplie entre elles les deux premières formules fondamentales, ensuite les deux dernières, on aura :

$$\sin (a + b) \sin (a - b) = \sin^2 a - \sin^2 b = \cos^2 a - \cos^2 b,$$
$$\cos (a + b) \cos (a - b) = \cos^2 a - \sin^2 b = \cos^2 b - \sin^2 a;$$

de même, $\cos (b + c) \cos (b - c) = \cos^2 b - \sin^2 c.$

Formules relatives aux triangles.

13. A, B, C étant les trois angles d'un triangle quelconque, on a :

$$A + B + C = 180^0; \quad \text{d'où} \quad C = 180^0 - (A + B),$$
$$\sin C = \sin (A + B), \quad \cos C = - \cos (A + B),$$
$$\sin \frac{C}{2} = \cos \frac{1}{2} (A + B), \quad \cos \frac{C}{2} = \sin \frac{1}{2} (A + B),$$

$$\sin 2C = - \sin (2A + 2B),$$
$$\cos 2C = \cos (2A + 2B),$$
$$\operatorname{tg} C = - \operatorname{tg} (A + B), \quad \operatorname{tg} 2C = - \operatorname{tg} (2A + 2B),$$
$$\operatorname{tg}\frac{C}{2} = \operatorname{cotg}\frac{1}{2}(A + B),$$
$$\operatorname{cotg} C = - \operatorname{cotg} (A + B),$$
$$\operatorname{cotg} 2C = - \operatorname{cotg} (2A + 2B).$$

14. Soit à chercher la relation :

$$\sin A + \sin B + \sin C = 4 \cos\frac{A}{2} \cos\frac{B}{2} \cos\frac{C}{2}.$$

En remplaçant sin C par sa valeur sin $(A + B)$

ou $2 \sin \frac{1}{2}(A + B) \cos \frac{1}{2}(A + B),$

il vient :

$$\sin A + \sin B + \sin C = \sin A + \sin B + \sin (A + B),$$
$$\sin A + \sin B + \sin C = 2 \sin \tfrac{1}{2}(A + B) \cos \tfrac{1}{2}(A - B)$$
$$+ 2 \sin \tfrac{1}{2}(A + B) \cos \tfrac{1}{2}(A + B)$$
$$= 2 \cos \tfrac{1}{2} C \left[\cos \tfrac{1}{2}(A - B) + \cos \tfrac{1}{2}(A + B) \right]$$
$$= 4 \cos \tfrac{1}{2} A \cos \tfrac{1}{2} B \cos \tfrac{1}{2} C.$$

15. Soit à vérifier d'une autre manière :

$$\cos A + \cos B - \cos C + 1 = 4 \cos \tfrac{1}{2} A \cos \tfrac{1}{2} B \sin \tfrac{1}{2} C.$$

On a

$$\cos A + \cos B - \cos C + 1 = \cos A + \cos B + \cos (A + B) + 1$$
$$= \cos A + \cos B + \cos A \cos B - \sin A \sin B + 1$$
$$= 1 + \cos A + \cos B (1 + \cos A) - \sin A \sin B.$$
$$\cos A + \cos B - \cos C + 1 = (1 + \cos A)(1 + \cos B) - \sin A \sin B$$
$$= 4 \cos^2\frac{A}{2} \cos^2\frac{B}{2} - 4 \sin\frac{A}{2} \cos\frac{A}{2} \sin\frac{B}{2} \cos\frac{B}{2}$$
$$= 4 \cos\frac{1}{2} A \cos\frac{1}{2} B \cos\frac{1}{2}(A + B) = 4 \cos\frac{A}{2} \cos\frac{B}{2} \sin\frac{C}{2}.$$

On vérifiera toutes les formules suivantes par l'un ou l'autre de ces procédés :

$$\text{I. } \sin A + \sin B + \sin C = 4\cos\frac{A}{2}\cos\frac{B}{2}\cos\frac{C}{2}.$$

$$\text{II. } \sin A + \sin B - \sin C = 4\sin\frac{A}{2}\sin\frac{B}{2}\cos\frac{C}{2}.$$

$$\text{III. } \cos A + \cos B + \cos C - 1 = 4\sin\frac{A}{2}\sin\frac{B}{2}\sin\frac{C}{2}.$$

$$\text{IV. } \cos A + \cos B - \cos C + 1 = 4\cos\frac{A}{2}\cos\frac{B}{2}\sin\frac{C}{2}.$$

$$\text{V. } \sin 2A + \sin 2B + \sin 2C = 4\sin A \sin B \sin C.$$

$$\text{VI. } \sin 2A + \sin 2B - \sin 2C = 4\cos A \cos B \sin C.$$

$$\text{VII. } \cos 2A + \cos 2B + \cos 2C + 1 = -4\cos A \cos B \cos C.$$

$$\text{VIII. } \cos 2A + \cos 2B - \cos 2C - 1 = -4\sin A \sin B \cos C.$$

$$\text{IX. } \sin\frac{A}{2} + \sin\frac{B}{2} + \cos\frac{C}{2} = 4\cos\frac{A}{4}\cos\frac{B}{4}\sin\left(45° - \frac{C}{4}\right).$$

$$\text{X. } \sin\frac{A}{2} + \sin\frac{B}{2} - \cos\frac{C}{2} = 4\sin\frac{A}{4}\sin\frac{B}{4}\sin\left(45° - \frac{C}{4}\right).$$

$$\text{XI. } 1 - \cos^2 a - \cos^2 b - \cos^2 c + 2\cos a \cos b \cos c$$
$$= 4\sin s \sin(s - a)\sin(s - b)\sin(s - c).$$

$$\text{XII. } 1 - \cos^2 a - \cos^2 b - \cos^2 c - 2\cos a \cos b \cos c$$
$$= -4\cos s \cos(s - a)\cos(s - b)\cos(s - c).$$

$$\text{XIII. } 1 + \cos^2 a - \cos^2 b - \cos^2 c + 2\cos a \sin b \sin c$$
$$= 4\sin s \sin(s - a)\cos(s - b)\sin(s - c).$$

$$\text{XIV. } 1 + \cos^2 a - \cos^2 b - \cos^2 c - 2\cos a \sin b \sin c$$
$$= -4\cos s \cos(s - a)\sin(s - b)\sin(s - c).$$

16. Proposons-nous de vérifier l'une quelconque de ces formules, la douzième, par exemple, dans laquelle $2s = a + b + c$, a, b, c étant des arcs de grandeur variable.

$$1 - \cos^2 a - \cos^2 b - \cos^2 c - 2\cos a \cos b \cos c$$

$$= \sin^2 a \sin^2 b - (\cos^2 a \cos^2 b + \cos^2 c + 2\cos a \cos b \cos c)$$

$$= (\sin a \sin b + \cos a \cos b + \cos c)(\sin a \sin b - \cos a \cos b - \cos c)$$

$$= \big[\cos(a - b) + \cos c\big]\big[\cos(a + b) + \cos c\big]$$

$$= -4\cos\left(\frac{a+b+c}{2}\right)\cos\left(\frac{a+b-c}{2}\right)\cos\left(\frac{a+c-b}{2}\right)\left(\frac{b+c-a}{2}\right)$$

$$= -4\cos s \cos(s - a)\cos(s - b)\cos(s - c).$$

17. On a pour les tangentes et les cotangentes des formules non moins remarquables :

$$\operatorname{tg} A + \operatorname{tg} B + \operatorname{tg} C = \operatorname{tg} A \operatorname{tg} B \operatorname{tg} C,$$

$$\operatorname{cotg} A + \operatorname{cotg} B - \operatorname{tg} C = -\operatorname{cotg} A \operatorname{cotg} B \operatorname{tg} C,$$

$$\operatorname{tg} 2A + \operatorname{tg} 2B + \operatorname{tg} 2C = \operatorname{tg} 2A \operatorname{tg} 2B \operatorname{tg} 2C,$$

$$\operatorname{cotg} 2A + \operatorname{cotg} 2B - \operatorname{tg} 2C = -\operatorname{cotg} 2A \operatorname{cotg} 2B \operatorname{tg} 2C,$$

$$\operatorname{tg}\frac{A}{2} + \operatorname{tg}\frac{B}{2} - \operatorname{cotg}\frac{C}{2} = -\operatorname{tg}\frac{A}{2}\operatorname{tg}\frac{B}{2}\operatorname{cotg}\frac{C}{2},$$

$$\operatorname{cotg}\frac{A}{2} + \operatorname{cotg}\frac{B}{2} + \operatorname{cotg}\frac{C}{2} = \operatorname{cotg}\frac{A}{2}\operatorname{cotg}\frac{B}{2}\operatorname{cotg}\frac{C}{2}.$$

Plusieurs de ces formules prouvent qu'il existe *une infinité de systèmes de trois nombres dont la somme égale le produit.*
Pour vérifier la première, on a :

$$\operatorname{tg} C = -\operatorname{tg}(A + B);$$

d'où, en développant :

$$\operatorname{tg} C = \frac{-\operatorname{tg} A - \operatorname{tg} B}{1 - \operatorname{tg} A \operatorname{tg} B},$$

et, en réduisant au même dénominateur,

$$\operatorname{tg} C - \operatorname{tg} A \operatorname{tg} B \operatorname{tg} C = -\operatorname{tg} A - \operatorname{tg} B,$$

$$\operatorname{tg} A + \operatorname{tg} B + \operatorname{tg} C = \operatorname{tg} A \operatorname{tg} B \operatorname{tg} C.$$

On a encore les formules faciles à vérifier :

$$\operatorname{tg} a \pm \operatorname{tg} b = \frac{\sin (a \pm b)}{\cos a \cos b},$$

$$\operatorname{tg}^2 a - \operatorname{tg}^2 b = \frac{\sin (a + b) \sin (a - b)}{\cos^2 a \cos^2 b},$$

$$\cos a = \frac{1 - \operatorname{tg}^2 \dfrac{a}{2}}{1 + \operatorname{tg}^2 \dfrac{a}{2}}, \quad \frac{\operatorname{tg} a + \operatorname{tg} b}{\operatorname{tg} a - \operatorname{tg} b} = \frac{\sin (a + b)}{\sin (a - b)},$$

$$\operatorname{tg} (45^0 \pm b) = \frac{1 \pm \operatorname{tg} b}{1 \mp \operatorname{tg} b}.$$

CHAPITRE II.

Séries trigonométriques.

18. Cherchons le produit des deux binômes

$$\cos \alpha + \sqrt{-1} \sin \alpha \quad \text{par} \quad \cos \beta + \sqrt{-1} \sin \beta.$$

On aura :

$$(\cos \alpha + \sqrt{-1} \sin \alpha)(\cos \beta + \sqrt{-1} \sin \beta)$$
$$= \cos (\alpha + \beta) + \sqrt{-1} \sin (\alpha + \beta).$$

Introduisons un nouveau facteur binôme $\cos \gamma + \sqrt{-1} \sin \gamma$; il viendra :

$$(\cos \alpha + \sqrt{-1} \sin \alpha)(\cos \beta + \sqrt{-1} \sin \beta)(\cos \gamma + \sqrt{-1} \sin \gamma)$$
$$= \cos (\alpha + \beta + \gamma) + \sqrt{-1} \sin (\alpha + \beta + \gamma).$$

Si l'on multiplie ainsi entre eux m facteurs binômes de même forme en α, β, γ ..., il est évident qu'on aura, en représentant le produit par P :

$$P = \cos (\alpha + \beta + \gamma \cdots + \mu) + \sqrt{-1} \sin (\alpha + \beta + \gamma \cdots + \mu).$$

Si tous ces binômes deviennent égaux au premier $\cos \alpha + \sqrt{-1} \sin \alpha$, on obtiendra cette formule remarquable due à *Moivre* :

$$(\cos \alpha + \sqrt{-1} \sin \alpha)^m = \cos m\alpha + \sqrt{-1} \sin m\alpha.$$

Développons d'après la formule du binôme de *Newton*, et égalons entre elles les quantités réelles et les quantités imaginaires, il viendra :

$$\cos m\alpha = \cos^m \alpha - \frac{m(m-1)}{1 \cdot 2} \cos^{m-2}\alpha \sin^2 \alpha$$

$$+ \frac{m(m-1)(m-2)(m-3)}{1 \cdot 2 \cdot 3 \cdot 4} \times \cos^{m-4}\alpha \sin^4 \alpha$$

$$- \frac{m(m-1)(m-2)(m-3)(m-4)(m-5)}{1 \cdot 2 \cdot 3 \cdot 4 \cdot 5 \cdot 6} \cos^{m-6}\alpha \sin^6 \alpha,$$

$$\sin m\alpha = m \cos^{m-1}\alpha \sin \alpha - \frac{m(m-1)(m-2)}{1 \cdot 2 \cdot 3} \cos^{m-3}\alpha \sin^3 \alpha$$

$$+ \frac{m(m-1)(m-2)(m-3)(m-4)}{1 \cdot 2 \cdot 3 \cdot 4 \cdot 5} \cos^{m-5}\alpha \sin^5 \alpha.$$

Ces séries font connaître le sinus et le cosinus de l'arc multiple lorsqu'on connaît le sinus et le cosinus de l'arc simple.

Posons $m\alpha = x$; d'où $m = \frac{x}{\alpha}$. On aura :

$$\cos x = \cos^m \alpha \left[1 - x(x-\alpha)\frac{\operatorname{tg}^2\alpha}{\alpha^2} + \frac{x(x-\alpha)(x-2\alpha)(x-3\alpha)}{1 \cdot 2 \cdot 3 \cdot 4} \times \frac{\operatorname{tg}^4\alpha}{\alpha^4} \right],$$

$$\sin x = \cos^m \alpha \left[\frac{x}{1} \times \frac{\operatorname{tg}\alpha}{\alpha} - \frac{x(x-\alpha)(x-2\alpha)}{1 \cdot 2 \cdot 3} \times \frac{\operatorname{tg}^3\alpha}{\alpha^3} \right.$$

$$\left. + \frac{x(x-\alpha)(x-2\alpha)(x-3\alpha)(x-4\alpha)}{1 \cdot 2 \cdot 3 \cdot 4 \cdot 5} \times \frac{\operatorname{tg}^5\alpha}{\alpha^5} \right].$$

Lorsque l'arc α est infiniment petit, on a :

$$\cos \alpha = 1 \quad \text{et} \quad \sin \alpha = \alpha,$$

ainsi qu'on l'a vu précédemment.

Donc, à la limite, le rapport $\frac{\operatorname{tg}\alpha}{\alpha}=1$ et $\cos^m\alpha=1$; de sorte que les deux séries dont il s'agit deviennent :

$$\cos x = 1 - \frac{x^2}{1.2} + \frac{x^4}{1.2.3.4} - \frac{x^6}{1.2.3.4.5.6} + \text{etc}...,$$

$$\sin x = x - \frac{x^3}{1.2.3} + \frac{x^5}{1.2.3.4.5} - \frac{x^7}{1.2.3.4.5.6.7} + \text{etc}...$$

Elles déterminent le cosinus et le sinus d'un arc dont la longueur est calculée en valeur du rayon pris pour unité.

29. Si, dans les formules (12)

$$2\sin\frac{1}{2}(p-q)\cos\frac{1}{2}(p+q) = \sin p - \sin q,$$

$$2\sin\frac{1}{2}(p+q)\sin\frac{1}{2}(p-q) = \cos q - \cos p,$$

on fait $p = \alpha + \beta u + \frac{\beta}{2}$ et $q = \alpha + \beta u - \frac{\beta}{2}$, on aura pour la première :

$$2\sin\frac{\beta}{2}\cos(\alpha + \beta u) = \sin\left(\alpha + \beta u + \frac{\beta}{2}\right) - \sin\left(\alpha + \beta u - \frac{\beta}{2}\right),$$

et pour la deuxième :

$$2\sin\frac{\beta}{2}\sin(\alpha + \beta u) = \cos\left(\alpha + \beta u - \frac{\beta}{2}\right) - \cos\left(\alpha + \beta u + \frac{\beta}{2}\right).$$

En posant successivement, dans ces deux dernières, $u = 0$, $1, 2, \ldots n$, et en ajoutant, on obtient :

$$\cos\alpha + \cos(\alpha + \beta) + \cos(\alpha + 2\beta) + \cdots$$

$$+ \cos(\alpha + n\beta) = \frac{\sin\frac{1}{2}(n+1)\beta\cos\left(\alpha + \frac{n\beta}{2}\right)}{\sin\frac{\beta}{2}},$$

$$\sin \alpha + \sin (\alpha + \beta) + \sin (\alpha + 2\beta) + \cdots$$
$$+ \sin (\alpha + n\beta) = \frac{\sin \frac{1}{2} (n + 1) \beta \sin \left(\alpha + \frac{\beta n}{2}\right)}{\sin \frac{\beta}{2}};$$

et si $\beta = \alpha$, celles-ci deviennent :

$$\cos \alpha + \cos 2\alpha + \cos 3\alpha + \cdots$$
$$+ \cos (n + 1) \alpha = \frac{\sin \frac{1}{2}(n + 1) \alpha \cos \frac{1}{2}(n + 2) \alpha}{\sin \frac{\alpha}{2}};$$

$$\sin \alpha + \sin 2\alpha + \sin 3\alpha + \cdots$$
$$+ \sin (n + 1) \alpha = \frac{\sin \frac{1}{2}(n + 1) \alpha \sin \left(\frac{n + 2}{2}\right) \alpha}{\sin \frac{\alpha}{2}}.$$

Enfin, si l'on pose seulement $\alpha = 0$, on obtient :

$$1 + \cos \beta + \cos 2\beta + \cos 3\beta + \cdots + \cos n\beta = \frac{\sin \left(\frac{n + 1}{2}\right) \beta \cos \frac{n\beta}{2}}{\sin \frac{\beta}{2}},$$

$$\sin \beta + \sin 2\beta + \sin 3\beta + \cdots + \sin n\beta = \frac{\sin \left(\frac{n + 1}{2}\right) \beta \sin \frac{n\beta}{2}}{\sin \frac{\beta}{2}}.$$

Il est bien facile de voir quand la somme des $n + 1$ premiers termes de chacune de ces séries est nulle. Ainsi, dans la première, si $(n + 1) \alpha = 2\pi$ ou $360°$, cette somme est évidemment nulle.

Si, dans les mêmes formules générales, on fait $\beta = 2\alpha$, on aura :

$$\cos\alpha + \cos 3\alpha + \cos 5\alpha + \cdots + \cos(2n+1)\alpha = \frac{\sin 2(n+1)\alpha}{2\sin\alpha},$$

$$\sin\alpha + \sin 3\alpha + \sin 5\alpha + \cdots + \sin(2n+1)\alpha = \frac{\sin 2(n+1)\alpha}{\sin\alpha}.$$

Si $\qquad 2(n+1)\alpha = 2\pi$ ou $360°,$

$$\cos\alpha + \cos 3\alpha + \cos 5\alpha + \cdots + \cos(2n+1)\alpha = 0.$$

En faisant successivement $u = 1, 2, \ldots n$ dans les formules

$$2\sin^2\alpha u = 1 - \cos 2\alpha u,$$
$$2\cos^2\alpha u = 1 + \cos 2\alpha u,$$

on obtient, en ayant égard aux valeurs trouvées précédemment :

$$\sin^2\alpha + \sin^2 2\alpha + \cdots + \sin^2 n\alpha = \frac{n+1}{2} - \frac{\sin(n+1)\alpha\cos n\alpha}{2\sin\alpha},$$

$$\cos^2\alpha + \cos^2 2\alpha + \cdots + \cos^2 n\alpha = \frac{n-1}{2} + \frac{\sin(n+1)\alpha\cos n\alpha}{2\sin\alpha}.$$

Tables trigonométriques.

20. Les tables trigonométriques représentent les valeurs numériques en logarithmes de plusieurs séries de triangles rectangles dont l'un des deux angles aigus, situé au centre du cercle de rayon 10^{10}, passe par tous les états de grandeur possible de minute en minute, depuis une minute jusqu'à $45°$.

La première série de ces triangles rectangles est formée par le rayon du cercle, qui reste constant, les sinus et les cosinus de tous les arcs, de minute en minute, depuis une minute jusqu'à $45°$.

La deuxième série est formée par le rayon, par les tangentes et les sécantes des mêmes arcs. Les autres séries sont formées par les lignes trigonométriques complémentaires.

21. Recherchons comment on a pu calculer ces séries de triangles rectangles dans un cercle de rayon égal à l'unité; il sera facile de les construire dans un cercle de rayon quelconque, comme on le verra plus loin.

Proposons-nous de trouver la différence qui existe entre l'arc et son sinus lorsque l'arc est très-petit.

Soit l'arc $AM = \frac{x}{2}$. Le trian-

Fig. 5.

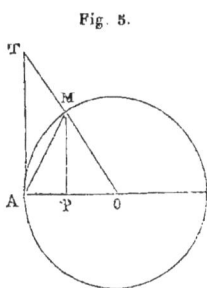

gle AOT (fig. 5) est évidemment plus grand que le secteur OAM; de sorte que l'on a :

$$AT \times \frac{OA}{2} > \text{arc } AM \times \frac{OA}{2};$$

d'où $\quad AT > \text{arc } AM$

et, par suite :

$$\tan g \frac{x}{2} > \frac{x}{2},$$

le rayon du cercle étant égal à l'unité.

De cette inégalité, on tire :

$$\sin \frac{x}{2} > \frac{x}{2} \cos \frac{x}{2},$$

et, en multipliant par $2 \cos \frac{x}{2}$, il vient :

$$2 \sin \frac{x}{2} \cos \frac{x}{2} > x \cos^2 \frac{x}{2}$$

ou bien $\sin x > x - x \sin^2 \frac{x}{2}$.

L'arc x est toujours plus grand que son sinus. Cependant, lorsqu'on soustrait de cet arc le produit $x \times \frac{\sin^2 x}{2}$, on obtient un reste qui est plus petit que le sinus. Si, de cet arc, on soustrait une quantité plus grande, à plus forte raison le reste sera-t-il plus petit que $\sin x$. On a évidemment :

$$AM > MP \quad \text{ou} \quad \text{arc } \frac{x}{2} > \sin \frac{x}{2};$$

d'où l'inégalité $\sin x > x - x \sin^2 \frac{x}{2}$ donne

$$\sin x > x - \frac{x^3}{4}.$$

Appliquons cette formule à l'arc d'une minute qui est égal à $\frac{5,141592}{10800}$. On aura :

$$\sin 1' > \frac{5,141592}{10800} - 0,000000000007.$$

Ainsi, le sinus de l'arc $1'$ est égal à l'arc $1'$ lui-même moins une quantité plus petite qu'une fraction décimale qui commence seulement au 11me ordre.

Donc, $$\sin 1' = \frac{5,141592}{10800}.$$

Connaissant le sinus d'une minute, on aura le cosinus de $1'$; mais, les séries trigonométriques, comme on va le voir, permettent de calculer $\sin 1'$ avec un plus grand degré d'approximation.

22. Reprenons les séries

$$\sin x = x - \frac{x^3}{1.2.3} + \frac{x^5}{1.2.3.4.5} - \dots$$
$$\cos x = 1 - \frac{x^2}{1.2} + \frac{x^4}{1.2.3.4} - \frac{x^6}{1.2.3.4.5.6} + \dots$$

Posons $x = \frac{p}{q} \times \frac{\pi}{2}$, π étant la demi-circonférence de rayon 1. Il viendra :

$$\sin\left(\frac{p}{q} \times 90^0\right) = 1,5707965267948966 \, \frac{p}{q}$$
$$- 0,6459640975062463 \, \frac{p^3}{q^3} + 0,0796926262461670 \, \frac{p^5}{q^5}$$
$$- 0,0046817541555187 \, \frac{p^7}{q^7} + 0,0001604411847874 \, \frac{p^9}{q^9}$$
$$- 0,0000055988452552 \, \frac{p^{11}}{q^{11}} + 0,0000000569217292 \, \frac{p^{13}}{q^{13}} - \dots,$$

et $\cos\left(\dfrac{p}{q} \times 90^{\circ}\right) = 1{,}0000000000000000$

$-1{,}2337003301561698\,\dfrac{p^2}{q^2} + 0{,}2356693079010480\,\dfrac{p^4}{q^4}$

$-0{,}0208634807633330\,\dfrac{p^6}{q^6} + 0{,}0009192602748594\,\dfrac{p^8}{q^8}$

$-0{,}0000252020423731\,\dfrac{p^{10}}{q^{10}} + 0{,}0000004710874779\,\dfrac{p^{12}}{q^{12}} - \dots$

Si, dans ces formules, on pose $\dfrac{p}{q} = \dfrac{1}{90 \times 60} = \dfrac{1}{5400}$, on aura, à un très-grand degré d'approximation :

$$\sin 1' = 0{,}00029088820436579495683 1,$$
$$\cos 1' = 0{,}99999995769202533279512 64,$$

valeurs exactes jusqu'à la 21me décimale.

Ces séries étant très-convergentes, il suffit pour obtenir ces valeurs de calculer les trois premiers termes de la série.

23. Connaissant $\sin 1'$ et $\cos 1'$, on peut calculer les sinus et les cosinus d'un nombre quelconque de minutes. On a, à cette fin :

$$\sin (a + b) + \sin (a - b) = 2 \sin a \cos b;$$
d'où $\qquad \sin (a + b) = 2 \sin a \cos b - \sin (a - b).$

Posons $a = m'$ et $b = 1'$; il vient :

$$\sin (m + 1)' = 2 \sin m' \cos 1' - \sin (m - 1)'.$$

Faisons, dans cette dernière formule, $m = 1, 2, 3, 4, 5 \dots, 2699'$, on aura :

$$\sin 2' = 2 \sin 1' \cos 1',$$
$$\sin 3' = 2 \sin 2' \cos 1' - \sin 1',$$
$$\sin 4' = 2 \sin 3' \cos 1' - \sin 2',$$
$$\sin 5' = 2 \sin 4' \cos 1' - \sin 3' \dots, \text{ etc.}$$

Ces égalités nous montrent de quelle manière on trouve

le sinus d'un nombre quelconque de minutes, celui de 5′, par exemple. Il suffit de multiplier le sinus de 4′ par le nombre constant 2 cos 1′ et de retrancher le sinus qui précède de deux rangs. On a de même :

$$\cos (a + b) + \cos (a - b) = 2 \cos a \cos b,$$
$$\cos (a + b) = 2 \cos a \cos b - \cos (a - b);$$

en y faisant, comme précédemment, $a = m'$ et $b = 1'$, on a :

$$\cos (m + 1)' = 2 \cos m' \cos 1' - \cos (m - 1)';$$

d'où
$$\cos 2' = 2 \cos^2 1' - 1,$$
$$\cos 3' = 2 \cos 2' \cos 1' - \cos 1',$$
$$\cos 4' = 2 \cos 3' \cos 1' - \cos 2',$$
$$\cos 5' = 2 \cos 4' \cos 1' - \cos 3'.$$

On voit que, étant donnés trois arcs quelconques en progression arithmétique, savoir : $a - b$, a, $a + b$, on obtiendra le sinus de $a + b$ en multipliant le sinus qui précède immédiatement, c'est-à-dire sin a, par 2 cos 1′ et en retranchant le sinus qui précède de deux rangs. L'échelle de relation 2 cos 1′ — 1 est la même pour les cosinus que pour les sinus.

24. Si, dans les séries qui précèdent, on fait :

$$\frac{p}{q} = \frac{1}{90 \times 60 \times 6} = \frac{1}{32400},$$

on aura, avec le plus grand degré d'approximation, le sinus et le cosinus de 10″. Mais, on a déjà vu (21) que, en prenant l'arc 1′ pour le sinus de l'arc 1′ lui-même, l'erreur commise est moindre qu'une fraction décimale du 11ᵉ ordre.

A plus forte raison, si l'on prend l'arc de 10″, c'est-à-dire,

0,00004848136811095598765

pour le sinus de cet arc, l'erreur que l'on commet est moindre qu'une fraction décimale du 15me ordre. Connaissant

$$\sin 10'' = 0,000048481568110955598765,$$

on a : $\cos 10'' = \sqrt{1 - \sin^2 10''} = 0,9999999988248,$

$$\sin 20'' = 2 \sin 10'' \cos 10''.$$

Par les règles indiquées précédemment, on trouvera les sinus et les cosinus de tous les arcs de $10''$ en $10''$.

Les valeurs que l'on obtiendra pourront, d'ailleurs, être vérifiées au moyen des séries dont on vient de parler. En faisant successivement dans celles-ci

$$\frac{p}{q} = \frac{1}{90}, \quad \frac{2}{90}, \quad \frac{3}{90}, \quad \frac{4}{90} \dots \frac{10}{90} \dots,$$

on aura les sinus et les cosinus de tous les arcs de degré en degré.

25. Dans des calculs où les erreurs commises se reproduisent à chaque opération, il importe d'avoir des moyens variés de vérification.

C'est ainsi que les valeurs des sinus de 9°, 18°, 27°, 36°, 45°......, obtenues précédemment en partant de la grandeur des côtés des polygones réguliers inscrits dans le cercle de rayon 1, serviront à vérifier les tables formées au moyen des séries ou par un autre procédé quelconque.

26. Les tables trigonométriques ayant été calculées par

Fig. 6.

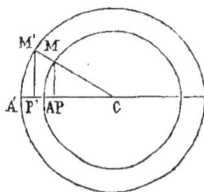

leurs logarithmes dans un cercle de rayon égal à l'unité, il est facile de les calculer dans un cercle de rayon égal à celui des tables ordinaires 10^{10}.

Soient, en effet, deux cercles concentriques de rayon $MC = 1$, et de rayon $M'C = 10^{10}$. Il est évident que les deux arcs AM et A'M', quoique de grandeur différente, contiennent un même nombre n de degrés. Les deux triangles rectangles CMP et CM'P' donnent la proportion :

$$\frac{MP}{MC}=\frac{M'P'}{M'C} \quad \text{ou} \quad \frac{\sin n^0{}_{(r.1)}}{1}=\frac{\sin n^0{}_{(r.10^{10})}}{10^{10}}.$$

Cette proportion montre évidemment que le rapport du sinus d'un arc à son rayon reste constant, quel que soit ce rayon.

Il en est de même du rapport d'une ligne trigonométrique quelconque à son rayon. Si l'on prend les logarithmes dans la dernière proportion, on aura :

$$\lg \sin n^0{}_{(r.10^{10})} = \lg \sin n^0{}_{(r.1)} + 10;$$

ce qui indique qu'il suffit d'ajouter 10 aux logarithmes de toutes les lignes trigonométriques calculées dans un cercle de rayon 1 pour les obtenir dans un cercle de rayon 10^{10}.

Les tables trigonométriques parurent en 1596, à Neustal, dans le Palatinat : on n'en connaît pas l'auteur. *Rhéticus* s'en servit pour calculer les sinus et les tangentes jusqu'à quinze décimales, de dix en dix secondes. Plus tard furent publiées les tables logarithmiques des lignes trigonométriques, ce qui abrégea beaucoup les calculs.

CHAPITRE III.

Résolution des triangles rectangles.

27. Soit un triangle rectangle ABC, A, B, C étant les trois angles et a, b, c les côtés opposés à ces angles.

L'angle A (fig. 7) étant droit;

$$B + C = 90° ;$$

d'où il suit que

$$\sin B = \cos C, \quad \operatorname{tg} B = \operatorname{cotg} C,$$

et réciproquement. Deux données quelconques suffisent donc pour déterminer le triangle rectangle, à l'exception des deux angles aigus.

On peut admettre, en général, qu'il y a toujours dans les tables trigonométriques un triangle rectangle semblable au triangle donné.

Construisons ce triangle des tables et, à cette fin, du point B comme centre et avec un rayon R égal à celui des tables, décrivons l'arc DM et traçons le sinus MP, ainsi que la tangente DT. Le triangle ABC et son semblable des tables BMP donnent les proportions :

1° $$\frac{BM}{MP} = \frac{BC}{AC} \quad \text{ou} \quad \frac{R}{\sin B} = \frac{a}{b} ;$$

ainsi, *dans tout triangle rectangle le rayon des tables est au sinus d'un angle aigu comme l'hypoténuse est au côté opposé à cet angle aigu.*

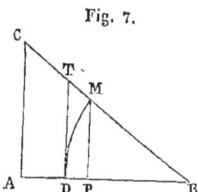

2° $$\frac{BM}{BP} = \frac{BC}{AB} \quad \text{ou} \quad \frac{R}{\cos B} = \frac{a}{c};$$

dans tout triangle rectangle le rayon des tables est au cosinus d'un angle aigu, comme l'hypoténuse est au côté adjacent à cet angle aigu.

La similitude du triangle ABC et du triangle des tables BDT donne :

3° $$\frac{BD}{DT} = \frac{AB}{AC} \quad \text{ou} \quad \frac{R}{\operatorname{tg} B} = \frac{c}{b},$$

et en langage ordinaire : *dans tout triangle rectangle le rayon des tables est à la tangente d'un angle aigu comme le côté adjacent est au côté opposé à cet angle aigu.*

De ces trois proportions on tire, en faisant le rayon des tables égal à l'unité :

$$b = a \sin B, \quad c = a \cos B, \quad b = c \operatorname{tg} B,$$

formules faciles, mais qui ne sont plus homogènes.

Pour rétablir l'homogénéité, il suffit de diviser chaque ligne trigonométrique, le sinus, le cosinus, la tangente, etc., par le rayon R des tables.

En général, pour rendre homogène une relation trigonométrique quelconque, il faut diviser chaque ligne trigonométrique par le rayon R des tables.

Résolution des triangles rectilignes quelconques.

28. Soit un triangle quelconque ABC (fig. 8), A, B, C étant les trois angles et a, b, c les côtés opposés à ces angles. On a d'abord pour ces angles l'égalité :

et

$$A + B + C = 180^\circ,$$
$$\sin C = \sin (A + B),$$
$$\cos C = - \cos (A + B),$$
$$\operatorname{tg} C = - \operatorname{tg} (A + B).$$

Du point C, abaissons la perpendiculaire CD sur le côté AB. En vertu du premier principe pour la résolution des triangles rectangles (27), le triangle rectangle CDB donne :

$$R : \sin B = a : CD;$$

Fig. 8.

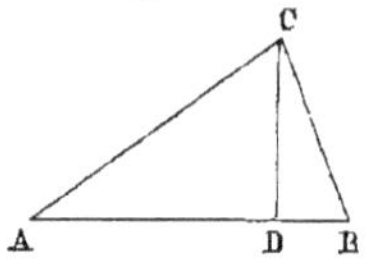

le triangle rectangle ADC donne aussi

$$R : \sin A = b : CD.$$

De ces deux proportions, on conclut :

$$b \sin A = a \sin B$$

ou　　　　　$$\sin A : \sin B = a : b.$$

Ainsi, *dans un triangle quelconque les sinus des angles sont entre eux comme les côtés opposés à ces angles.* Tel est le premier principe pour la résolution des triangles quelconques.

29. De la proportion qui précède, on tire

$$\frac{\sin A + \sin B}{\sin A - \sin B} = \frac{a + b}{a - b}.$$

Mais on a vu précédemment (12) que

$$\frac{\sin A + \sin B}{\sin A - \sin B} = \frac{\operatorname{tg} \frac{1}{2}(A + B)}{\operatorname{tg} \frac{1}{2}(A - B)};$$

on déduit de ces deux proportions :

$$\frac{a + b}{a - b} = \frac{\operatorname{tg} \frac{1}{2}(A + B)}{\operatorname{tg} \frac{1}{2}(A - B)},$$

c'est-à-dire, que *dans un triangle quelconque la somme de deux côtés est à leur différence comme la tangente de la demi-somme des angles opposés à ces côtés est à la tangente de leur demi-différence :* c'est le 2me principe pour la résolution des triangles obliquangles.

Puisque $\operatorname{tg} \frac{1}{2}(A + B) = \operatorname{cotg}.\frac{C}{2}$, la formule qui précède devient :

$$\frac{a + b}{a - b} = \frac{\operatorname{cotg}\dfrac{C}{2}}{\operatorname{tg}\dfrac{1}{2}(A - B)}.$$

On a aussi les formules :

$$\cos \frac{1}{2}(A - B) = \frac{a + b}{c} \sin \frac{C}{2},$$

$$\sin \frac{1}{2}(A - B) = \frac{a - b}{c} \cos \frac{C}{2};$$

en divisant, on trouve également :

$$\operatorname{tg} \frac{1}{2}(A - B) = \frac{a - b}{a + b} \operatorname{cotg} \frac{C}{2}.$$

En effet, on a : $\quad \dfrac{\sin A}{a} = \dfrac{\sin B}{b} = \dfrac{\sin C}{c}$;

d'où $\qquad \sin A + \sin B = \dfrac{a + b}{c} \sin C,$

$$\sin \frac{1}{2}(A + B) \cos \frac{1}{2}(A - B) = \frac{a + b}{c} \sin \frac{C}{2} \cos \frac{C}{2},$$

et $\qquad \cos \dfrac{1}{2}(A - B) = \dfrac{a + b}{c} \sin \dfrac{C}{2}.$

De même, $\quad \sin A - \sin B = \dfrac{a - b}{c} \sin C;$

d'où $\quad \sin \dfrac{1}{2}(A - B) \cos \dfrac{1}{2}(A + B) = \dfrac{a - b}{c} \sin \dfrac{C}{2} \cos \dfrac{C}{2},$

et $\qquad \sin \dfrac{1}{2}(A - B) = \dfrac{a - b}{c} \cos \dfrac{C}{2}.$

30. D'après un théorème de Géométrie, on a dans le triangle ABC (fig. 8) :

$$a^2 = b^2 + c^2 - 2c \times AD.$$

Éliminons de cette expression le côté **AD** du triangle rectangle ADC. En faisant le rayon égal à l'unité, il vient :

$$AD = b \cos A; \quad \text{d'où} \quad a^2 = b^2 + c^2 - 2bc \cos A.$$

On a de même : $b^2 = a^2 + c^2 - 2ac \cos B$

et $\qquad\qquad c^2 = a^2 + b^2 - 2ab \cos C.$

De la première de ces trois relations, on tire :

$$2bc \cos A = b^2 + c^2 - a^2.$$

Ajoutons $2bc$ à chaque membre de cette égalité pour l'approprier au calcul logarithmique. On aura :

$$2bc (1 + \cos A) = (b + c)^2 - a^2$$

et $\qquad 4bc \cos^2 \dfrac{A}{2} = (b + c + a)(b + c - a);$

d'où $\qquad \cos \dfrac{A}{2} = \sqrt{\dfrac{(b + c + a)(b + c - a)}{4bc}}.$

En représentant le périmètre du triangle par $2p$, cette formule devient :

$$\cos \frac{A}{2} = \sqrt{\frac{p(p - a)}{bc}}.$$

On a aussi : $\quad 1 - \cos A = 1 - \dfrac{b^2 + c^2 - a^2}{2bc}$

et $\qquad 2\sin^2 \dfrac{A}{2} = \dfrac{(a + c - b)(a + b - c)}{2bc};$

d'où $\qquad \sin \dfrac{A}{2} = \sqrt{\dfrac{(p - b)(p - c)}{bc}},$

$$\operatorname{tg} \frac{A}{2} = \sqrt{\frac{(p - b)(p - c)}{p(p - a)}}.$$

En divisant $\cos \frac{A}{2}$ par le rayon R des tables afin de rendre la formule homogène, il vient :

$$\cos \frac{A}{2} = R \sqrt{\frac{p(p - a)}{bc}}.$$

On trouverait de la même manière :

$$\sin \frac{A}{2} = R \sqrt{\frac{(p - b)(p - c)}{bc}}$$

et

$$\operatorname{tg} \frac{A}{2} = R \sqrt{\frac{(p - b)(p - c)}{p(p - a)}}.$$

Cette dernière formule est plus propre au calcul que les deux précédentes, quant au degré d'approximation à obtenir, puisque la tangente passe de zéro à l'infini lorsque l'arc passe de zéro à 90°, tandis que le sinus passe seulement de zéro au rayon. Ces dernières formules servent à calculer les trois angles lorsqu'on connait les trois côtés.

Avec les deux principes qui précèdent, elles suffisent pour résoudre tous les cas qui peuvent se présenter.

31. Reprenons dans le triangle ABC l'égalité

$$AD = b \cos A.$$

On a aussi : $$BD = a \cos B$$

et, en ajoutant :

$$AD + BD \quad \text{ou} \quad c = a \cos B + b \cos A. \quad . \quad . \quad (1).$$

On a de même pour les deux autres côtés les relations :

$$b = a \cos C + c \cos A \quad . \quad . \quad . \quad . \quad (2),$$
$$a = b \cos C + c \cos B \quad . \quad . \quad . \quad . \quad (3).$$

Ces trois équations contiennent les trois côtés et les trois angles du triangle, et permettent de résoudre celui-ci lorsque trois quelconques de ces quantités sont connues, à l'exception des trois angles. Il est facile d'en tirer le premier principe pour la résolution des triangles.

Éliminons cos C entre ces deux dernières, on aura :

$$a^2 - b^2 = c(a \cos B - b \cos A)$$

et, en vertu de la première :

$$a^2 - b^2 = (a \cos B + b \cos A)(a \cos B - b \cos A),$$
$$a^2 - b^2 = a^2 \cos^2 B - b^2 \cos^2 A,$$
$$a^2 (1 - \cos^2 B) = b^2 (1 - \cos^2 A),$$

ou $\qquad a^2 \sin^2 B = b^2 \sin^2 A$

et $\qquad a \sin B = b \sin A,$

c'est-à-dire, $\qquad \sin A : \sin B = a : b.$

Il est facile de trouver la valeur d'un angle quelconque cos A, cos B ou cos C en fonction des trois côtés a, b, c, puisqu'on a dans les trois relations qui précèdent trois équations incomplètes très-simples du 1er degré à trois inconnues.

Résolution des triangles rectangles.

32. Soit un triangle rectangle ABC (fig. 7). Les différents cas qui peuvent se présenter sont les suivants :

On peut donner : 1° l'hypoténuse a et un côté b de l'angle droit; 2° les deux côtés b et c de l'angle droit; 3° l'hypoténuse et l'un des deux angles aigus; 4° un côté b de l'angle droit et l'un des deux angles aigus, C, par exemple.

33. Premier cas. *On donne l'hypoténuse* a *et le côté* b *de l'angle droit.*

On aura pour le troisième côté :

$$c = \sqrt{a^2 - b^2};$$

l'angle B sera donné par le principe

$$10^{10} : \sin B = a : b ;$$

d'où $\qquad \lg (\sin B) = 10 + \lg (b) - \lg (a).$

En général, on trouvera dans la colonne des sinus des tables trigonométriques deux logarithmes entre lesquels sera compris lg (sin B). On sait, par l'algèbre, déterminer un nombre quelconque donné par son logarithme; on connaîtra donc le nombre de degrés, de minutes et de fractions de minute que l'on réduira en secondes, de secondes et de fractions de seconde que l'on réduira en tierces et ainsi de suite, de l'angle B avec un aussi grand degré d'approximation qu'on le voudra, si les tables trigonométriques sont calculées avec un très-grand degré d'approximation.

Quant à l'angle C, on l'obtiendra par le second principe

$$R : \cos C = a : b ;$$
d'où $\qquad$ $\lg (\cos C) = 10 + \lg (b) - \lg (a).$

Comme les deux angles B et C sont complémentaires, on aura ainsi un moyen de vérification; si l'on a bien calculé, leur somme devra être très-approximativement 90°.

34. **Deuxième cas.** *On donne les deux côtés* b *et* c *de l'angle droit.*

On aura l'angle B par le troisième principe

$$R : \operatorname{tg} B = c : b$$
et $\qquad$ $\lg (\operatorname{tg} B) = 10 + \lg (b) - \lg (c).$

On aura de même :

$$\lg (\operatorname{tg} C) = 10 + \lg (c) - \lg (b).$$

Les deux angles B et C étant complémentaires fournissent un moyen de vérification.

Ayant calculé très-approximativement les angles B et C, on obtiendra l'hypoténuse

$$a = \frac{R \times b}{\sin B}$$
et $\qquad$ $\lg (a) = 10 + \lg (b) - \lg (\sin B).$

Si b et c sont des nombres, il viendra :

$$a = \sqrt{b^2 + c^2} ;$$

mais, si b et c sont des quantités algébriques quelconques, cette formule n'est pas calculable par logarithmes.

Pour la rendre telle, posons $x^2 = 2bc$. On aura :

$$a^2 = b^2 + c^2 + 2bc - x^2 = (b + c + x)(b + c - x);$$

d'où
$$\lg(a) = \frac{\lg(b + c + x) + \lg(b + c - x)}{2}.$$

35. Troisième cas. *On donne l'hypoténuse et un angle aigu* B. On aura :
$$C = 90^0 - B.$$

Quant au côté b, on obtiendra :

$$b = \frac{a \sin B}{R},$$

$$\lg(b) = \lg(a) + \lg(\sin B) - 10.$$

Il viendra de même :
$$c = \frac{a \cos B}{R}$$

et
$$\lg(c) = \lg(a) + \lg(\cos B) - 10.$$

36. Quatrième cas. *On donne un côté* b *de l'angle droit et l'un des deux angles aigus* C.

L'angle C étant connu, on a :
$$B = 90^0 - C.$$

L'hypoténuse
$$a = \frac{Rb}{\sin B};$$

d'où
$$\lg(a) = 10 + \lg(b) - \lg(\sin B).$$

Il vient pour c la relation :

$$c = \frac{b \operatorname{tg} C}{R}$$

et
$$\lg(c) = \lg(b) + \lg(\operatorname{tg} C) - 10.$$

Comme exemple d'application, supposons que l'on ait :

1^0 $b = 45^m,54, \quad B = 56^050';$

on trouve :

$$C = 55^0 30', \quad a = 54^m, 612, \quad c = 50^m, 142.$$

2°

$$a = 1785^m, 393, \quad B = 59^0 57' 42'';$$

on a :

$$C = 50^0 22' 18'',$$
$$b = 1540^m, 374, \quad c = 902^m, 708.$$

Résolution des triangles rectilignes quelconques.

37. Il peut se présenter quatre cas. On peut donner : 1° un côté a et les deux angles B, C ; 2° deux côtés a, b et l'angle opposé A ; 3° deux côtés a, b et l'angle compris C ; 4° les trois côtés a, b, c.

38. *Premier cas. On donne un côté* a *et les deux angles* B *et* C.

Connaissant les deux angles B, C,

$$\text{l'angle } A = 180^0 - (B + C).$$

On aura le côté b par la proportion :

$$\sin A : \sin B = a : b$$

et

$$\lg (b) = \lg (a) + \lg (\sin B) - \lg (\sin A).$$

39. APPLICATION. Étant donnés :

$$a = 86^m, 545,$$
$$B = 65^0 17' 51'' \quad \text{et } C = 54^0 23' 12'',$$

on trouve :

$$A = 60^0 19' 17'',$$
$$\lg (b) = \lg (86, 545) + \lg (\sin 65^0 17' 51'') - \lg (\sin 60^0 19' 17'')$$
$$= 1,9554228;$$

d'où

$$b = 90^m, 732;$$
$$\lg (c) = \lg (86, 545) + \lg (\sin 54^0 25' 12'') - \lg (\sin 60^0 19' 17'')$$
$$= 1,9072905,$$
$$c = 81^m, 522.$$

40. DEUXIÈME CAS. *On donne les côtés* a, b *et l'angle* A *opposé à l'un d'eux.*

Fig. 9.

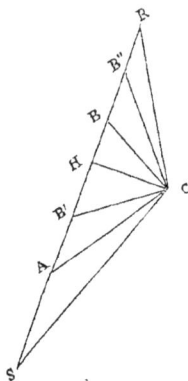

On aura : $a : b = \sin A : \sin B$;

d'où $\qquad \sin B = \dfrac{b \sin A}{a}$.

1° Supposons que l'angle A soit aigu. L'angle B opposé au côté $AC = b$ pourra être aigu ou obtus. Mais il faut avant tout que la perpendiculaire $CH = h$, abaissée sur le côté AB, opposé à l'angle C, soit plus petite que le côté $BC = a$, opposé à l'angle A ; de sorte que la plus petite valeur de

$$ a = h = \frac{b \sin A}{R} \; ; \quad \text{d'où} \; \sin B = \frac{h R}{a} . $$

Si $h < a$, sin B sera plus grand que R, ce qui est évidemment absurde. Si le côté a est plus petit que b et plus grand que h, il y a deux solutions qui sont bonnes toutes deux, à savoir : les triangles ACB et ACB'. Ces triangles devront être tels que les angles ABC et AB'C soient toujours plus grands que l'angle A, puisque $b > a$, l'angle AB'C étant obtus et le second ABC étant aigu. Si b est égal à a, les deux solutions se réduisent à une seule ACB''; dans ce cas, le triangle est isoscèle et l'angle $B = A$.

Si $a > b$, des deux solutions ACS et ACR, ce dernier triangle répond seul à la question, puisque le côté $CS = a$ n'est pas opposé à l'angle A, mais bien à son supplément (fig. 9). Le côté b étant plus petit que a, l'angle $B < A$; ce qui fait disparaître toute ambiguïté.

2° Enfin, si l'angle A est obtus, l'angle B sera nécessairement aigu et a devra toujours être plus grand que b, puisqu'à un plus grand angle est opposé un plus grand côté. Connaissant les angles A et B et les côtés opposés :

$$ \text{l'angle } C = 180° - (A + B), $$

et le côté c s'obtiendra par la proportion :

$$\sin A : \sin C = a : c.$$

41. APPLICATIONS. I. Étant donnés $a = 75$, $b = 72$ et $A = 55°$, on trouve $B = 50° 5'27''$, $C = 76°56'55''$ et $c = 91,48$.

Puisque $A < 90°$ et $a > b$, l'angle B est aigu.

II. Étant donnés $a = 80$, $b = 100$ et $A = 30°$, on trouve $h = 50$ ou $a > h$, A étant aigu, et $a < b$.

Le problème a deux solutions ; la première donne :

$$B = 38° 40' 56'', \quad C = 111° 19' 4'' \quad \text{et} \quad c = 149,05.$$

On trouve pour la seconde :

$$B = 141° 19' 4'', \quad C = 8° 40' 56'' \quad \text{et} \quad c = 24,152.$$

III. On donne : $A = 150°$, $a = 80$ et $b = 100$.

b étant plus grand que a, l'angle $B > A$, il y aurait deux angles obtus dans le triangle ; celui-ci n'existe pas et l'angle B est impossible. Cependant, on trouve par la proportion : $B = 58°40'56''$.

Le sinus d'un angle de $150°$ est le même que le sinus d'un angle de $30°$. Pour obtenir la valeur de B, on opère absolument comme s'il était donné :

$$A = 30°, \quad a = 80, \quad b = 100,$$

valeurs appartenant à deux triangles.

42. Troisième cas. *On donne deux côtés* a, b *et l'angle compris* C. On a la formule :

$$\frac{a+b}{a-b} = \frac{\operatorname{tg} \frac{1}{2}(A+B)}{\operatorname{tg} \frac{1}{2}(A-B)} \quad \text{ou} \quad \frac{a+b}{a-b} = \frac{\operatorname{cotg} \frac{C}{2}}{\operatorname{tg} \frac{1}{2}(A-B)},$$

puisque $\quad \operatorname{tg} \frac{1}{2}(A+B) = \operatorname{cotg} \frac{C}{2}$.

Les trois premiers termes de cette proportion étant connus, celle-ci fera connaître $\frac{1}{2}$ (A — B).

On aura donc

$$\frac{1}{2}(A + B) = 90° - \frac{C}{2} \quad \text{et} \quad \frac{1}{2}(A - B) = n°.$$

Les angles A et B seront donc connus; quant au troisième côté c, on l'obtiendra par la proportion :

$$\sin A : \sin C = a : c.$$

Comme application, supposons que l'on ait :

$$a = 1200, \quad b = 860, \quad C = 40° 25' 34''.$$

On obtiendra :

$$\lg \left[\text{tg } \tfrac{1}{2} (A - B) \right] = \lg (a - b) + \lg \left(\cot g \frac{C}{2} \right) - \lg (a + b);$$

d'où $\lg \left[\text{tg} \tfrac{1}{2}(A-B) \right] = \lg(340) + \lg(\cot g \, 20°12'47'') - \lg(2060);$

ce qui donne : $\lg \left[\text{tg } \tfrac{1}{2} (A - B) \right] = 9,6515406;$

d'où $\qquad \tfrac{1}{2} (A - B) = 24° 8' 45''.$

Il vient : A $= 93° 55' 55''$, B $= 45° 38' 29'',$

$\qquad \lg c = 2,8920945; \quad$ d'où $\quad c = 780.$

43. Quatrième cas. *Connaissant les trois côtés* a, b, c, *calculer les trois angles.*

On a les formules :

$$\cos \frac{A}{2} = R \sqrt{\frac{p (p - a)}{bc}},$$

$$\sin \frac{A}{2} = R \sqrt{\frac{(p - b) (p - c)}{bc}},$$

$$\text{tg } \frac{A}{2} = R \sqrt{\frac{(p - b) (p - c)}{p (p - a)}}.$$

De ces trois formules, la dernière relative à la tangente est la plus avantageuse à employer, ainsi qu'on l'a déjà dit.

44. APPLICATION. Soient $a = 29$, $b = 24$ et $c = 15$; on trouve : $A = 98°51'$, $B = 54°51'32''$ et $C = 26°17'50''$.

On devra avoir comme moyen de vérification :

$$A + B + C = 180°.$$

45. *Déterminer la distance d'un point* A *où l'on est placé à un point* C *qui est inaccessible, mais visible.*

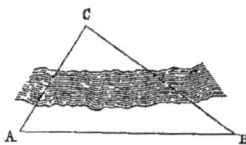

Fig. 10.

On mesurera sur le terrain une longueur convenable AB, de manière que les angles en A et en B soient de grandeur moyenne. Au moyen d'un graphomètre dont on placera le pied en A et en B, on déterminera les angles CAB et CBA : on aura ainsi un triangle dont on connaîtra un côté et les deux angles adjacents. Supposons que l'on ait :

$$AB = 280^m,57, \quad A = 58°32', \quad B = 49°27' ;$$

on obtiendra : $C = 180° - 107°59' = 72°1'$.

Il vient : $\sin 72°1' : \sin 49°27' = 280^m,57 : AC$;

d'où $lg(AC) = lg(\sin 49°27') + lg(280,57) - lg(\sin 72°1')$,

et $\qquad\qquad\qquad AC = 225^m,978$.

46. *Mesurer une hauteur* AB *dont le pied* B *est inaccessible.*

Soient les points accessibles E et D. On mesurera dans le plan vertical ACM une base de niveau $MC = l$, de

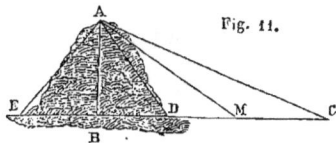

Fig. 11.

manière que l'angle ACM ne soit pas trop petit. Au point C, on placera le pied d'un graphomètre; on mesurera exactement l'angle $ACM = \alpha$, et, au point M, on mesurera également l'angle $AMC = \beta$ ou son supplément AMB. Il sera facile, en vertu du problème précédent, de calculer AM ou AC, puisque l'on connaît dans le triangle AMC un côté et les deux angles adjacents. On aura pour la hauteur :

$$AB = AM \times \sin \alpha.$$

47. *Mesurer une longueur CD visible, mais inaccessible.*

On tracera sur le terrain, à niveau, une longueur $AB = l$ (fig. 12) qui paraisse approximativement égale à la distance inconnue CD. On mesu-

Fig. 12.

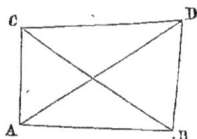

rera au moyen du graphomètre les angles $CAB = \alpha$, $DAB = \beta$, et, au point B, les angles $CBA = \delta$ et $DBA = \gamma$. Il est évident qu'au moyen de ces mesures le triangle ABC est déterminé, puisque l'on connaît un côté $AB = l$ et les angles adjacents; on pourra donc déterminer le côté AC. Le triangle ABD est aussi déterminé pour la même raison que précédemment; de sorte que l'on pourra, à son tour, calculer tous les éléments du triangle CAD, puisque l'on connaît les deux côtés AC, AD et l'angle compris $CAD = \alpha - \beta$, que l'on pourra toujours, au besoin, mesurer directement si les points A, B, C, D ne sont pas dans un même plan.

Soient m et n les longueurs des deux côtés AD et AC; on aura, en vertu du troisième principe des triangles obliquangles :

$$\frac{m + n}{m - n} = \frac{\cotg \frac{1}{2}(\alpha - \beta)}{\tg \frac{1}{2}(\omega - \omega')},$$

ω et ω' représentant les angles opposés aux côtés m et n dans le triangle CAD.

On a déjà : $\frac{1}{2}(\omega + \omega') = 90° - \frac{1}{2}(\alpha - \beta)$.

4

Cette dernière proportion fera connaître $\frac{1}{2}(\omega - \omega') = n^o$; de sorte que les angles ω et ω' seront connus, et que l'on aura pour le côté demandé CD la proportion :

$$\sin \omega : \sin (\alpha - \beta) = m : CD.$$

48. APPLICATION. Soient

AB$=275^m,85$, $\alpha=105^o 25'$, $\beta=46^o 7'$, $\gamma=112^o 15'$, $\delta=54^o 45'$.

$\lg(AC)=\lg(\sin 54^o 45')+\lg(275,85)-\lg(\sin 19^o 52')=2,8212609,$
$$AC = 662,614;$$

$\lg(AD)=\lg(\sin 112^o 15')+\lg(275,85)-\lg(\sin 21^o 58')=2,8404560,$
$$AD = 692,525;$$

$\lg\left[\lg\frac{1}{2}(\omega' - \omega)\right] = \lg(29,91) + \lg(\cotg 25^o 59') - \lg(1555,15)$
$$= 8,6624195,$$

$\lg(\omega' - \omega)=5^o 15' 54''$, $\omega' - \omega=5^o 15' 54''$, $\omega'+\omega=128^o 42'$;
d'où $\qquad\qquad \omega' = 66^o 58'.$

49. *Trois points A, B, C étant déterminés de position sur une carte, faire connaître la position d'un quatrième point* D, *d'où l'on peut voir les distances* AB $= a$ *et* BC$=$b *sous des angles* ADB $= \alpha$ *et* BDC $= \beta$, *que l'on sait mesurer au moyen du graphomètre.*

Si l'on décrit sur le côté AB un segment capable de l'angle α, sur le côté BC un segment capable de l'angle β, le point D devra se trouver à l'intersection de ces deux segments et sera ainsi déterminé de position. On peut facilement déterminer cette position par le calcul.

Fig. 15.

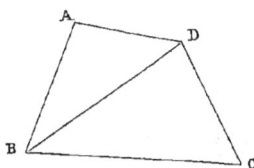

En effet, les triangles ABD, BCD donnent, en représentant les angles inconnus BAD et BCD par x et y :

$$a : BD = \sin \alpha : \sin x, \qquad BD : b = \sin y : \sin \beta;$$

d'où
$$a : b = \sin \alpha \sin y : \sin \beta \sin x$$

et
$$\frac{\sin x}{\sin y} = \frac{b \sin \alpha}{a \sin \beta}.$$

En posant $\frac{b \sin \alpha}{\sin \beta} = m$, on aura :

$$\frac{\sin x}{\sin y} = \frac{m}{a}.$$

De cette proportion, on tire :

$$\frac{\sin x + \sin y}{\sin x - \sin y} = \frac{m + a}{m - a}, \qquad \frac{\operatorname{tg} \frac{1}{2}(x + y)}{\operatorname{tg} \frac{1}{2}(x - y)} = \frac{m + a}{m - a};$$

mais on a dans le quadrilatère ABCD :

$$\tfrac{1}{2}(x + y) = 180° - \tfrac{1}{2}(\alpha + \beta + B).$$

La dernière proportion fera connaître $\frac{1}{2}(x - y)$.

Les angles x et y seront donc connus, ainsi que la position du point D.

50. *Quatre objets inaccessibles* A, B, C, D *en ligne droite ne sont visibles que du point* O *sous des angles* α, β, γ. *Chercher la distance* BC$=$x, *connaissant les deux autres longueurs* AB$=$a, CD$=$b.

Fig. 14.

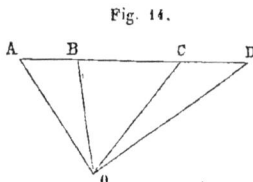

Les deux triangles ABO et BOD donnent :

$$a : \mathrm{BO} = \sin \alpha : \sin(\omega - \alpha), \quad \mathrm{BO} : b + x = \sin(\omega + \beta + \gamma) : \sin(\beta + \gamma)$$

et $\quad a : b + x = \sin \alpha \sin(\omega + \beta + \gamma) : \sin(\omega - \alpha) \sin(\beta + \gamma) \quad (1)$,

ω représentant l'angle OBC extérieur au triangle ABO. Les deux triangles COD et ACO fournissent de même les proportions :

$$b : \mathrm{CO} = \sin \gamma : \sin(\omega + \beta + \gamma), \quad \mathrm{CO} : a + x = \sin(\omega - \alpha) : \sin(\alpha + \beta),$$

$$b : a + x = \sin \gamma \sin(\omega - \alpha) : \sin(\alpha + \beta) \sin(\omega + \beta + \gamma) \quad (2).$$

En multipliant par ordre (1) et (2), il viendra :

$$ab : (a + x) (b + x) = \sin \alpha \sin \gamma : \sin (\alpha + \beta) \sin (\beta + \gamma) \quad (3);$$

d'où $\quad x^2 + (a + b) x + ab = \dfrac{ab \sin (\alpha + \beta) \sin (\beta + \gamma)}{\sin \alpha \sin \gamma}$

et $\quad x = -\dfrac{1}{2}(a+b) \pm \dfrac{1}{2}\sqrt{(a-b)^2 + \dfrac{4ab \sin (\alpha + \beta)\sin(\beta + \gamma)}{\sin \alpha \sin \gamma}}$.

En posant $\quad \dfrac{4ab \sin (\alpha + \beta) \sin (\beta + \gamma)}{\sin \alpha \sin \gamma} = (a - b)^2 \operatorname{tg}^2 \omega' \quad (4),$

on aura : $\quad x = -\dfrac{1}{2}(a + b) \pm \dfrac{1}{2}(a - b)\sqrt{1 + \operatorname{tg}^2 \omega'}$

et enfin $\qquad x = -\dfrac{a + b}{2} \pm \dfrac{(a - b)}{2 \cos \omega'}$.

L'angle auxiliaire ω' est déterminé par l'équation (4). On ne prendra des deux valeurs de x que celle qui est positive. Si l'une des deux autres distances a et b, a par exemple, était inconnue, on la regarderait comme telle et les deux autres x et b comme étant connues; comme il est facile de le voir, l'équation serait du 1er degré.

Surface d'un triangle.

51. Soit ABC un triangle quelconque (fig. 8).

On sait, par la Géométrie, que la surface S de ce triangle est $S = \dfrac{AB \times CD}{2}$, CD étant la hauteur du triangle. Le triangle rectangle ACD donne :

$$CD = \frac{b \sin A}{R}; \quad \text{d'où} \quad S = \frac{bc \sin A}{2R}.$$

Connaissant les trois angles A, B, C et le rayon R du cercle circonscrit, on a aussi pour la surface S de ce triangle :

$$S = \overline{2R}^2 \sin A \sin B \sin C.$$

En effet, soit O le centre du cercle circonscrit; désignons par R le rayon du cercle circonscrit, il viendra :

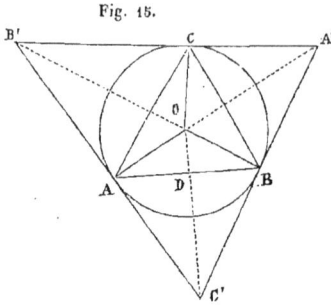

Fig. 15.

$$AB = c = 2R \sin C,$$

et pour la perpendiculaire abaissée du centre sur AB:

$$OD = R \cos C;$$ de sorte que la surface du triangle

$$AOB = \frac{R^2}{2} \sin 2C;$$ celle de

$$AOC = \frac{R^2}{2} \sin 2B,$$ et celle

de $BOC = R^2 \sin A \cos A.$

La surface totale

$$ABC = \frac{R^2}{2}(\sin 2A + \sin 2B + \sin 2C).$$

Mais on a vu (**15**) que

$$\sin 2A + \sin 2B + \sin 2C = 4 \sin A \sin B \sin C;$$

la surface cherchée est donc :

$$S = 2R^2 \sin A \sin B \sin C.$$

52. *Connaissant les quatre côtés* a, b, c, d *d'un quadrilatère inscrit* ABCD, *trouver la surface* Q *de ce quadrilatère.*

On a : $$Q = \left(\frac{ad + bc}{2}\right) \sin A,$$

a, b, c, d *étant les côtés* AB, BC, CD, AD.

Les deux triangles ABD, BCD donnent pour le côté BD:

$$\overline{BD}^2 = a^2 + d^2 - 2ad \cos A = b^2 + c^2 + 2bc \cos A;$$

d'où $$\cos A = \frac{a^2 + d^2 - b^2 - c^2}{2(ad + bc)}$$

et $$\sin A = \sqrt{1 - \frac{(a^2 + d^2 - b^2 - c^2)^2}{4(ad + bc)^2}}.$$

En remplaçant cette valeur de sin A dans l'expression de Q, il vient :

$$Q = \frac{ad + bc}{2} \sqrt{1 - \frac{(a^2 + d^2 - b^2 - c^2)^2}{4(ad + bc)^2}}$$

et $Q = \frac{1}{4}\sqrt{(b+c+d-a)(a+c+d-b)(a+b+d-c)(a+b+c-d)}$;

en désignant par $2p$ le périmètre du quadrilatère inscrit, on a :

$$Q = \sqrt{(p-a)(p-b)(p-c)(p-d)}.$$

53. *Connaissant les trois angles* A, B, C *et le rayon* r *du cercle inscrit, chercher la surface* S *du triangle.*

Fig. 16.

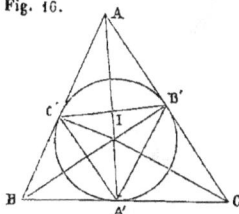

On a dans le triangle rectangle A'BI (fig. 16) :

$$A'B = r \cot g \frac{B}{2},$$

$$A'C = r \cot g \frac{C}{2};$$

le côté $BC = a = r\left(\cot g \frac{B}{2} + \cot g \frac{C}{2}\right) = r\,\dfrac{\cos \frac{A}{2}}{\sin \frac{B}{2} \sin \frac{C}{2}}.$

La surface du triangle BIC est donc :

$$BIC = \frac{r^2}{2}\left(\cot g \frac{B}{2} + \cot g \frac{C}{2}\right);$$

celle du triangle total ABC est :

$$S = r^2\left(\cot g \frac{A}{2} + \cot g \frac{B}{2} + \cot g \frac{C}{2}\right).$$

Mais on a vu que

$$\cot g \frac{A}{2} + \cot g \frac{B}{2} + \cot g \frac{C}{2} = \cot g \frac{A}{2}\cot g \frac{B}{2}\cot g \frac{C}{2};$$

d'où $\qquad S = r^2 \cot g \frac{A}{2}\cot g \frac{B}{2}\cot g \frac{C}{2}.$

54. *On connaît les trois angles d'un triangle et le rayon* r *du cercle inscrit. Chercher l'aire du triangle qui joint les trois points de contact.*

Soient A', B', C' les trois points de contact et I le centre du cercle inscrit (fig. 16). L'angle au centre B'IC' est le supplément de l'angle A du triangle; de sorte que l'on a pour la surface du triangle B'IC' :

$$\text{surface } B'IC' = \frac{r^2}{2} \sin A,$$

et ainsi des autres. En ajoutant, on obtient pour la surface cherchée S :

$$S = \frac{r^2}{2} (\sin A + \sin B + \sin C) = 2r^2 \cos \frac{A}{2} \cos \frac{B}{2} \cos \frac{C}{2}.$$

55. *Connaissant les trois angles A, B, C et le rayon R du cercle circonscrit, trouver la surface S du triangle A'B'C', compris par les tangentes aux sommets du triangle* (fig. 15).

Le triangle rectangle A'BO donne :

$$A'B = R \operatorname{tg} A.$$

On a de même dans le triangle rectangle C'BO :

$$C'B = R \operatorname{tg} C;$$

de sorte que le côté A'C' $= R (\operatorname{tg} A + \operatorname{tg} C),$

$$A'C' = \frac{R \sin B}{\cos A \cos C}.$$

L'aire du triangle A'OC' $= \frac{R^2}{2} (\operatorname{tg} A + \operatorname{tg} C).$
La surface du triangle A'B'C' est :

$$S = R^2 (\operatorname{tg} A + \operatorname{tg} B + \operatorname{tg} C),$$
$$S = R^2 \operatorname{tg} A \operatorname{tg} B \operatorname{tg} C,$$

puisque $\quad \operatorname{tg} A + \operatorname{tg} B + \operatorname{tg} C = \operatorname{tg} A \operatorname{tg} B \operatorname{tg} C.$

56. Soient α, β, γ les rayons des trois cercles ex-inscrits au triangle ABC; R, r les rayons des cercles circonscrit et inscrit, a, b, c les trois côtés et 2p le périmètre du triangle, I, I' étant les centres des cercles inscrit et ex-inscrit au côté BC $= a$; on aura (fig. 17) :

$$BH = \alpha \operatorname{tg} \frac{B}{2}$$

Fig. 17.

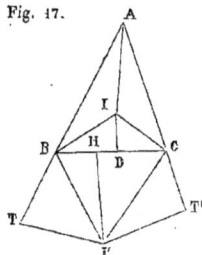

et $\qquad CH = \alpha \, \mathrm{tg} \dfrac{C}{2};$

$$a = \alpha \left(\mathrm{tg}\dfrac{B}{2} + \mathrm{tg}\dfrac{C}{2} \right).$$

En remplaçant $\mathrm{tg}\dfrac{B}{2}$ et $\mathrm{tg}\dfrac{C}{2}$ par leurs valeurs en fonction des côtés a, b, c du triangle, il viendra :

$$a = \alpha \left[\sqrt{\dfrac{(p-a)(p-c)}{p(p-b)}} + \sqrt{\dfrac{(p-a)(p-b)}{p(p-c)}} \right],$$

$$a = \alpha \left[\dfrac{(p-a)(p-c+p-b)}{\sqrt{p(p-a)(p-b)(p-c)}} \right] = \dfrac{\alpha(p-a)\,a}{\sqrt{p(p-a)(p-b)(p-c)}};$$

d'où $\qquad \sqrt{p(p-a)(p-b)(p-c)} = \alpha(p-a);$

donc, $\qquad\qquad S = \alpha(p-a).$

On aura de même :

$$S = \beta(p-b), \quad S = \gamma(p-c);$$

d'ailleurs, $\qquad\qquad S = pr.$

En ajoutant les valeurs inverses de α, β, γ, on obtiendra :

$$\dfrac{1}{\alpha} + \dfrac{1}{\beta} + \dfrac{1}{\gamma} = \dfrac{p-a+p-b+p-c}{S} = \dfrac{p}{S} = \dfrac{1}{r},$$

et, en multipliant :

$$S^2 = r\alpha\beta\gamma; \quad \text{d'où} \quad S = \sqrt{r\alpha\beta\gamma}.$$

En ajoutant les valeurs de α, β, γ et en retranchant de cette somme le rayon r, il vient :

$$\alpha + \beta + \gamma - r = \dfrac{abc}{S} \quad \text{ou} \quad \alpha + \beta + \gamma - r = 4R,$$

puisque l'on a :

$$abc = 4RS.$$

Ainsi, *la somme des rayons des cercles ex-inscrits est*

égale à quatre fois le rayon du cercle circonscrit plus le rayon du cercle inscrit.

57. *Connaissant la hauteur* h, *la base* a *et l'angle* A *opposé à celle-ci, résoudre le triangle* (fig. 18).

Fig. 18.

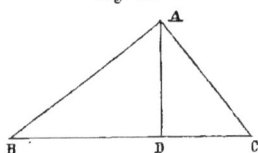

Représentons DC par y et l'angle DAC par x, on aura :

$$BD = a - y.$$

Les triangles rectangles BDA, ADC donnent :

$$y = h \operatorname{tg} x \quad (1), \quad a - y = h \operatorname{tg}(A - x) \quad (2).$$

On tire de (1) :

$$\operatorname{tg} x = \frac{y}{h}; \quad \text{d'où} \quad \frac{a - y}{h} = \frac{\operatorname{tg} A - \dfrac{y}{h}}{1 + \dfrac{y}{h} \operatorname{tg} A}.$$

En résolvant cette équation, il vient :

$$y = \frac{a}{2} \pm \sqrt{\frac{a^2}{4} + h^2 - \frac{ah}{\operatorname{tg} A}}.$$

Cherchons un carré $v^2 = \frac{\rho\, ah}{\operatorname{tg} A}$, ρ étant le rayon des tables. On aura :

$$y = \frac{a}{2} \pm \sqrt{\frac{a^2}{4} + h^2 - v^2}.$$

On procédera de la même manière pour connaître les autres côtés dans les triangles rectangles.

58. *Connaissant les trois angles et le périmètre* 2p, *résoudre le triangle et trouver sa surface.*

On a :
$$\frac{\sin A}{a} = \frac{\sin B}{b} = \frac{\sin C}{c}$$

et
$$\frac{\sin A + \sin B + \sin C}{2p} = \frac{\sin A}{a}.$$

Mais on sait que

$$\sin A + \sin B + \sin C = 4 \cos \frac{A}{2} \cos \frac{B}{2} \cos \frac{C}{2}.$$

La proportion

$$\frac{\sin A}{\sin B} = \frac{a}{b} = \frac{p \sin \dfrac{A}{2}}{b \cos \dfrac{B}{2} \cos \dfrac{C}{2}} \quad \text{fournit la valeur} \quad b = \frac{p \sin \dfrac{B}{2}}{\cos \dfrac{A}{2} \cos \dfrac{C}{2}}.$$

Menons la perpendiculaire $AD = h$. Le triangle rectangle ADC donne

$$h = b \sin C; \quad \text{d'où} \quad h = \frac{2p \sin \dfrac{B}{2} \sin \dfrac{C}{2}}{\cos \dfrac{A}{2}}.$$

La surface $ABC = \frac{bh}{2}$. On aura donc :

$$\text{surf. } ABC = \frac{p^2 \sin \dfrac{A}{2} \sin \dfrac{B}{2} \sin \dfrac{C}{2}}{\cos \dfrac{A}{2} \cos \dfrac{B}{2} \cos \dfrac{C}{2}} \quad \text{ou surf. } ABC = p^2 \, \text{tg} \frac{A}{2} \, \text{tg} \frac{B}{2} \, \text{tg} \frac{C}{2}.$$

En rendant cette formule homogène, elle devient :

$$\text{surface } ABC = \frac{p^2 \, \text{tg} \dfrac{A}{2} \, \text{tg} \dfrac{B}{2} \, \text{tg} \dfrac{C}{2}}{p^3}.$$

59. *Résoudre le triangle et trouver sa surface, connaissant les trois angles et la bissectrice δ de l'un d'eux (fig. 19).*

Fig. 19.

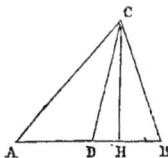

On aura :

$$\frac{\sin A}{\sin CDA} = \frac{\delta}{b};$$

mais

$$\sin CDA = \sin \left(A + \frac{C}{2} \right):$$

donc
$$\frac{\sin A}{\sin \left(A + \dfrac{C}{2} \right)} = \frac{\delta}{b}.$$

On tire de cette expression :
$$b = \frac{\delta \sin \left(A + \dfrac{C}{2} \right)}{\sin A}.$$

La proportion $\frac{\sin C}{\sin B} = \frac{c}{b}$ donne :
$$c = \frac{\delta \sin C \sin \left(A + \dfrac{C}{2} \right)}{\sin A \sin B}.$$

On sait que l'on a :
$$h = \delta \sin \left(A + \frac{C}{2} \right) \quad \text{et} \quad \text{surf. ABC} = \frac{ch}{2} :$$

$$\text{surface ABC} = \frac{\delta^2 \sin^2 \left(A + \dfrac{C}{2} \right) \sin C}{2 \sin A \sin B}$$

60. *Connaissant l'aire t, la hauteur h et un angle A à la base, résoudre le triangle.*

On a : $\qquad \dfrac{bh}{2} = t ;\ $ d'où $\ b = \dfrac{2t}{h}.$

De l'expression $h = c \sin A$, on tire :
$$c = \frac{h}{\sin A}.$$

Les côtés b et c sont donc connus. Il vient :
$$A + B + C = 180° ; \quad \text{d'où} \quad B + C = 180° - A$$
et
$$\frac{1}{2}(B + C) = 90° - \frac{A}{2}.$$

On connaîtra tg $\frac{1}{2}$ (B — C) par la proportion
$$\frac{b + c}{b - c} = \frac{\operatorname{cotg} \frac{1}{2} A}{\operatorname{tg} \frac{1}{2}(B - C)} ;$$
par suite, on aura la valeur de $\frac{1}{2}$ (B — C).

On a déjà obtenu $\frac{1}{2}(B + C)$; connaissant la demi-somme et la demi-différence de deux angles, on sait trouver chacun d'eux. La valeur de B et de C étant déterminée, on cherchera.a au moyen de

$$\frac{\sin A}{\sin B} = \frac{a}{b}.$$

61. *Résoudre le triangle connaissant deux côtés* a *et* b *et la différence* 2d *des angles opposés.*

On donne a et b, $A - B = 2d$;

d'où $\frac{1}{2}(A - B) = d.$

Il vient : $\dfrac{a + b}{a - b} = \dfrac{\operatorname{cotg} \frac{1}{2}C}{\operatorname{tg} \frac{1}{2}(A - B)} = \dfrac{\operatorname{cotg} \dfrac{C}{2}}{\operatorname{tg} d};$

d'où $\operatorname{cotg} \dfrac{C}{2} = \dfrac{(a + b)\operatorname{tg} d}{a - b} = \operatorname{tg} \frac{1}{2}(A + B).$

On connaît ainsi $\frac{1}{2}(A + B)$. D'un autre côté,

$$\tfrac{1}{2}(A - B) = d.$$

Au moyen de la demi-somme et de la demi-différence de deux angles, on peut déterminer chacun d'eux. On trouvera la valeur de c par la formule $\frac{\sin A}{\sin C} = \frac{a}{c}$, sin A, sin C, a étant connus.

62. *Connaissant un angle A, le côté opposé* a *et le rectangle* K^2 *des deux autres côtés, résoudre le triangle.*

On a les équations :

$$bc = K^2, \quad a^2 = b^2 + c^2 - 2bc \cos A;$$

d'où $b^2 + c^2 = a^2 + 2K^2 \cos A.$

En complétant le carré, il vient :

$$b + c = \sqrt{a^2 + 4K^2 \cos^2 \frac{A}{2}}.$$

On a de même :

$$b - c = \sqrt{a^2 - 4K^2 \sin^2 \frac{A}{2}}.$$

On fera

$$\frac{K^2 \cos^2 \frac{A}{2}}{\rho^2} = u^2, \qquad \frac{K^2 \sin^2 \frac{A}{2}}{\rho^2} = v^2 :$$

les côtés b et c seront déterminés.

63. *Résoudre le triangle connaissant l'angle* B, *le côté* b *et la somme* a + c = S *des deux autres côtés* (fig. 20).

Fig. 20.

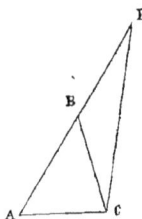

Prolongeons le côté c d'une quantité égale à a. On aura $AI = S$, $AC = b$. Puisque $IBC = 180° - B$, $BIC + ICB = B$. Le triangle IBC étant isoscèle donne :

$$ICB = BIC = \frac{B}{2}.$$

Dans AIC on connaît b, S et l'angle I ;

il vient :

$$\sin \frac{B}{2} : b = \sin \left(C + \frac{B}{2} \right) : S ;$$

d'où

$$\sin \left(C + \frac{B}{2} \right) = \frac{S \sin \frac{B}{2}}{b}.$$

Dans cette équation, il n'y a d'autre inconnue que l'angle C, la valeur de $\frac{B}{2}$ permettant de trouver B.

64. *Résoudre le triangle connaissant la base* a, *la hauteur* h *et la différence* d *des angles à la base*.

On a
$$B = d + C.$$

Il vient (fig. 18)

$$BD = h \cot g\, B, \quad DC = h \cot g\, C$$

et

$$\frac{a}{h} = \cot g\, B + \cot g\, C.$$

Or, $\cotg B = \cotg (d + C)$;

d'où $$\frac{a}{h} = \frac{\cotg d \cotg C - 1}{\cotg d + \cotg C} + \cotg C \quad . \quad . \quad . \quad (1),$$

équation qui donne $\cotg C$ et par suite C.

En représentant BD par x, DC est égal à $a - x$. Les valeurs de x et de $a - x$ fournissent :

$$\cotg B = \frac{x}{h}, \quad \cotg C = \frac{a - x}{h}.$$

Remplaçant $\cotg B$ et $\cotg C$ dans (1), on obtient :

$$x = \frac{a \sin d + 2h \cos d \pm \sqrt{4h^2 + a^2 \sin^2 d}}{2 \sin d}.$$

65. *Connaissant les trois angles* A, B, C *et la hauteur* h, *trouver l'aire et le périmètre tant du triangle proposé que de celui qui joint les pieds de ses hauteurs* (fig. 21).

Dans le triangle rectangle ABF, on a :

$$AF = h \cotg A.$$

Le triangle rectangle BFC donne :

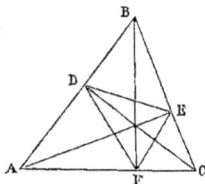

Fig. 21.

$$FC = h \cotg C,$$

$$b = h (\cotg A + \cotg C) = \frac{h \sin B}{\sin A \sin C}.$$

La hauteur h étant donnée, il vient :

surf. $ABC = \dfrac{\rho h^2 \sin B}{2 \sin A \sin C}.$

On connaît les trois angles, ainsi que b ; par conséquent,

$$\frac{\sin A + \sin B + \sin C}{2p} = \frac{\sin B}{b} = \frac{\sin A \sin C}{h};$$

d'où
$$2p = \frac{h \cos \dfrac{B}{2}}{\sin \dfrac{A}{2} \sin \dfrac{C}{2}}.$$

Passons au triangle qui joint les pieds des trois hauteurs.

BCD donne $h' = a \sin B = \dfrac{h \sin B}{\sin C}$;

de même, $h'' = \dfrac{h \sin B}{\sin A}$.   Il vient : $AF = h \cotg A$.

Le triangle ADF fournit :

$$DF = \frac{h \cos A}{\sin C}, \quad DE = \frac{h \sin B \cos B}{\sin C \sin A}, \quad EF = \frac{h \cos C}{\sin A}.$$

Le périmètre de DEF est :

$$2p = \frac{h \cos A}{\sin C} + \frac{h \cos C}{\sin A} + \frac{h \sin B \cos B}{\sin C \sin A},$$

$$2p = h \left[\frac{2 \sin A \cos A + 2 \sin C \cos C + 2 \sin B \cos B}{2 \sin A \sin C} \right],$$

$$2p = \frac{h}{2} \left[\frac{\sin 2A + \sin 2B + \sin 2C}{\sin A \sin C} \right] = 2h \sin B.$$

Connaissant les trois côtés, on déterminera les trois angles. Il sera facile de trouver la hauteur de DEF et, par suite, sa surface S. On trouve :

$$S = h^2 \cotg A \cotg C \cos B \sin B.$$

66. *Résoudre le triangle connaissant la hauteur* h, *le rayon du cercle circonscrit* R *et celui du cercle inscrit* r.

a, b, c étant les trois côtés du triangle cherché, on a :

$$pr = \sqrt{p (p - a)(p - b)(p - c)};$$

d'où $p^2 r^2 = p (p - a)(p - b)(p - c),$

le périmètre $2p$ étant égal à $a + b + c$.

Divisant par p^2, on obtient :

$$r^2 = -p^2 + a(2p - a) + 2Rh - 4Rr.$$

En remplaçant p et p^2 par leurs valeurs $\frac{ah}{2r}$ et $\frac{a^2 h^2}{4r^2}$, et en substituant $2Rh$ au lieu de bc, il vient :

$$a^2(h - 2r)^2 = 4r^2(2Rh - r^2 - 4Rr);$$

d'où

$$a = \frac{2r}{h - 2r} \sqrt{2Rh - r(r + 4R)}.$$

67. *Résoudre le triangle dans lequel on donne : l'angle A, la hauteur h menée du sommet de cet angle et l'excès d de la somme des côtés de cet angle sur le troisième. Chercher la relation qui doit exister entre les données de la question pour que le triangle soit isocèle.*

A, B, C étant les trois angles de ce triangle et x, y, z les côtés opposés à ces angles, on a les trois équations :

$$y + z = d + x \quad \ldots \ldots \ldots \quad (1),$$

$$yz = \frac{hx}{\sin A} \quad \ldots \ldots \ldots \quad (2),$$

$$y^2 + z^2 - 2yz \cos A = x^2 \quad \ldots \ldots \quad (3).$$

En ajoutant les deux dernières, après avoir multiplié l'équation (2) par 2, on obtient :

$$(y + z)^2 = x^2 + 2hx \cot g \frac{A}{2}$$

et, en ayant égard à l'équation (1),

$$x = \frac{d^2}{2\left(h \cot g \dfrac{A}{2} - d\right)},$$

valeur que l'on peut rendre calculable par logarithmes, au moyen d'un angle auxiliaire.

De ces équations, on tire :

$$y + z = \frac{d\left[2h \cot g \dfrac{A}{2} - d\right]}{2\left[h \cot g \dfrac{A}{2} - d\right]},$$

$$yz = \frac{hd^2}{2 \sin A \left(h \cot g \dfrac{A}{2} - d\right)}.$$

On aura donc pour les valeurs de y et de z, l'équation

$$u^2 - \frac{d\left(2h \cot g \dfrac{A}{2} - d\right)}{2\left(h \cot g \dfrac{A}{2} - d\right)} u + \frac{hd^2}{2 \sin A \left(h \cot g \dfrac{A}{2} - d\right)} = 0.$$

La condition pour que les racines de cette équation soient égales, c'est-à-dire, pour que le triangle soit isoscèle, est :

$$d^2 + 4hd \operatorname{tg} \frac{A}{2} = 4h^2.$$

68. *Trois parallèles* LM, NP, QR *étant données, chercher les côtés d'un triangle dont les angles sont connus et dont les sommets sont situés sur ces parallèles* (fig. 22).

Soit A B C le triangle demandé; représentons par x, y, z, les côtés de ce triangle opposés aux angles A, B, C. Du sommet A, abaissons la perpendiculaire A HI sur NP.

Posons $AH = a$, $AI = b$.

La perpendiculaire AHI divise l'angle A en deux parties : $BAH = \alpha$, $CAH = \beta$.

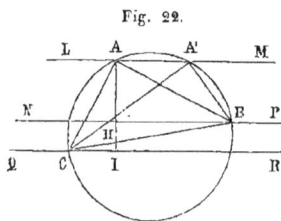

Fig. 22.

On a dans les triangles rectangles BAH, CAI :

$$a = z \cos \alpha, \quad b = y \cos \beta$$

5

et $$\cos A = \cos \alpha \cos \beta - \sin \alpha \sin \beta;$$

en remplaçant α et β par leurs valeurs, il vient :

$$\cos A = \frac{ab}{yz} - \sqrt{\left(1 - \frac{a^2}{z^2}\right)\left(1 - \frac{b^2}{y^2}\right)}$$

et, en faisant disparaître le radical :

$$y^2 z^2 \sin^2 A = a^2 y^2 + b^2 z^2 - 2abyz \cos A.$$

On a : $$x : y = \sin A : \sin B,$$
$$x : z = \sin A : \sin C.$$

En substituant dans l'équation précédente, on obtient, après les simplifications :

$$x^2 = \frac{a^2}{\sin^2 C} + \frac{b^2}{\sin^2 B} - \frac{2ab \cos A}{\sin B \sin C}.$$

Il est facile de construire le triangle ; à cette fin, par un point A' de la droite LM, faisons les angles A'BH = B et A'CR = C : les points B et C détermineront la longueur BC = x.

69. *Étant donnés trois cercles concentriques de rayon R, r, r', chercher le côté du triangle équilatéral dont les sommets sont situés sur chaque circonférence.*

Soit ABC le triangle cherché (fig. 25).

Fig. 25.

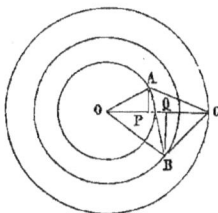

Menons les rayons OA, OB, OC. Si nous représentons ACO par α, OCB sera égal à $60^0 - \alpha$.

Abaissons les perpendiculaires AP et BQ sur OC ; on a :

$$OC = OP + PC = OQ + QC$$

ou

$$R = OP + PC = OQ + QC.$$

Mais on sait que $\overline{OP}^2 = r'^2 - \overline{AP}^2$ et AP = $x \sin \alpha$;

donc $OP = \sqrt{r'^2 - x^2 \sin^2 \alpha}$ et PC = $x \cos \alpha$.

Il vient : $\qquad R = x \cos \alpha + \sqrt{r'^2 - x^2 \sin^2 \alpha}$. . . . (1).

On a aussi : $\qquad OQ = \sqrt{r^2 - x^2 \sin^2 (60^0 - \alpha)}$

et $\qquad\qquad QC = x \cos (60^0 - \alpha);$

d'où $\qquad R = x \cos (60^0 - \alpha) + \sqrt{r'^2 - x^2 \sin^2 (60^0 - \alpha)}$. . (2).

On obtient : $\qquad x^2 - 2Rx \cos \alpha = r'^2 - R^2$ . . . . . (1),

$\qquad\qquad x^2 - 2Rx \cos (60^0 - \alpha) = r^2 - R^2$ . . . (2).

En nous rappelant que $\sin 60^c = \frac{1}{2}\sqrt{3}$ et $\cos 60^c = \frac{1}{2}$, ce système devient :

$\qquad\qquad x^2 - 2Rx \cos \alpha = r'^2 - R^2$ . . . . (1),

$\qquad x^2 - Rx \cos \alpha - \sqrt{3}Rx \sin \alpha = r^2 - R^2$ . . (2).

De (1), on tire : $\quad \cos \alpha = \dfrac{x^2 + R^2 - r'^2}{2Rx}$. . . . . (4).

Cette valeur, remplacée dans (2), donne :

$$\sin \alpha = \frac{x^2 + R^2 + r'^2 - 2r^2}{2\sqrt{3}Rx} \quad . \quad . \quad . \quad (5).$$

On sait que $\sin^2 \alpha + \cos^2 \alpha = 1$. Élevant (4) et (5) au carré et additionnant membre à membre, il vient :

$$\frac{(x^2 + R^2 - r'^2)^2}{4R^2x^2} + \frac{(x^2 + R^2 + r'^2 - 2r^2)^2}{12R^2x^2} = 1,$$

équation bi-carrée qui donnera la valeur du côté cherché.

Exercices.

I. On connaît : 1° le périmètre $2p$; 2° la hauteur h et 3° l'angle B à la base d'un triangle quelconque ABC. Calculer les trois côtés et les deux angles.

II. On connaît : 1° la médiane m; 2° la hauteur h partant du même sommet et 3° l'angle B à la base d'un triangle quelconque ABC; calculer les trois côtés et les deux angles.

III. *On connaît le rayon* R *du cercle circonscrit, le rayon* r *du cercle inscrit et l'un des angles du triangle; calculer les trois côtés et les deux autres angles du triangle.*

IV. *Connaissant la surface* S *d'un triangle quelconque, un angle et le rayon du cercle inscrit, calculer les côtés et les angles du triangle.*

V. *Calculer les trois côtés du triangle quelconque* ABC *connaissant :* 1° *le périmètre* 2p ; 2° *le produit ou rectangle* K² *des deux côtés de l'angle* A ; 3° *la médiane* AM $=$ m.

VI. *Trouver l'aire du triangle équilatéral, connaissant, soit les distances de ses sommets à une droite extérieure, soit les projections des côtés sur cette droite.*

VII. *Dans un triangle quelconque on donne les deux hauteurs partant des deux extrémités d'un même côté, et l'angle qu'elles font entre elles. Déterminer les trois côtés et les trois angles.*

VIII. *Dans un triangle quelconque on connaît la hauteur, la bissectrice et la médiane partant d'un même sommet; calculer les trois côtés et les trois angles du triangle.*

IX. *Étant donnés les angles, la surface et le périmètre d'un trapèze, trouver les quatre côtés.*

X. *Une circonférence et deux tangentes étant données, mener une troisième tangente telle que sa partie interceptée, soit par les deux premières, soit par les prolongements de deux diamètres, à angles droits, ait une longueur donnée* c.

XI. *Un point* M *et un cercle de centre* C *étant donnés, inscrire dans ce cercle un triangle dont un côté* AB *passe par* M, *et dont les deux autres côtés sont parallèles à deux droites données de position.*

XII. *Dans un triangle quelconque* ABC, *on donne :* 1° *l'angle* A ; 2° *les deux médianes qui partent des sommets* B *et* C *du triangle. Calculer les trois côtés et les deux angles.*

TRIGONOMÉTRIE SPHÉRIQUE.

CHAPITRE IV.

But de la trigonométrie sphérique.

70. La *trigonométrie sphérique* a pour but l'étude des triangles sphériques.

Soit un triangle sphérique quelconque ABC tracé sur

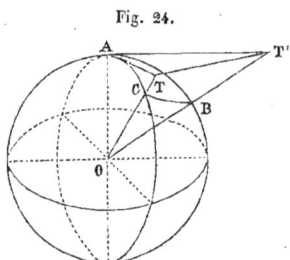

Fig. 24.

une sphère de centre O et d'un rayon égal à l'unité. Soient a, b, c les côtés d'arcs de grand cercle opposés aux angles A, B, C. Traçons les tangentes AT et AT' des arcs b et c, OT et OT' étant les sécantes des mêmes arcs (fig. 24).

Les triangles TOT', TAT' donnent :

$$\overline{TT'}^2 = \overline{OT}^2 + \overline{OT'}^2 - 2OT \times OT' \cos a, \quad \overline{TT'}^2 = \overline{AT}^2 + \overline{AT'}^2$$
$$- 2AT \times AT' \cos A;$$

d'où, en soustrayant :

$$\overline{OT}^2 - \overline{AT}^2 + \overline{OT'}^2 - \overline{AT'}^2 - 2OT \times OT' \cos a + 2AT \times AT' \cos A = 0,$$

et, à cause des triangles rectangles OAT, OAT' :

$$2 - \frac{2\cos a}{\cos b \cos c} + \frac{2\sin b \sin c \cos A}{\cos b \cos c} = 0.$$

En simplifiant, on obtient cette première formule fondamentale :

$$\cos a = \cos b \cos c + \sin b \sin c \cos A,$$

et
$$\cos b = \cos a \cos c + \sin a \sin c \cos B . \quad . \quad . \quad (1)$$

$$\cos c = \cos a \cos b + \sin a \sin b \cos C.$$

Ces trois relations contiennent les trois côtés et les trois angles du triangle, et servent à résoudre les différents cas qui peuvent se présenter dans la résolution des triangles sphériques quelconques.

71. Cherchons le rapport de $\frac{\sin A}{\sin a}$.

On sait que l'on a :

$$\sin^2 A = 1 - \cos^2 A.$$

Prenons la valeur de cos A dans la première des formules (1), on a :

$$\sin^2 A = 1 - \left(\frac{\cos a - \cos b \cos c}{\sin b \sin c} \right)^2 ;$$

d'où

$$\sin A = \frac{\sqrt{1 - \cos^2 a - \cos^2 b - \cos^2 c + 2\cos a \cos b \cos c}}{\sin b \sin c} ;$$

ce qui donne pour le rapport demandé :

$$\frac{\sin A}{\sin a} = \frac{\sqrt{1 - \cos^2 a - \cos^2 b - \cos^2 c + 2\cos a \cos b \cos c}}{\sin a \sin b \sin c}.$$

On trouverait la même expression pour $\frac{\sin B}{\sin b}$ et $\frac{\sin C}{\sin c}$. On a donc :

$$\frac{\sin A}{\sin a} = \frac{\sin B}{\sin b} = \frac{\sin C}{\sin c} \quad . \quad . \quad . \quad . \quad (2),$$

c'est-à-dire que, *dans un triangle sphérique quelconque, les sinus des angles sont entre eux comme les sinus des côtés opposés à ces angles.*

72. Éliminons $\cos c$ de la première des formules fondamentales; il viendra :

$$\cos a = \cos a \cos^2 b + \sin a \sin b \cos C \cos b + \sin b \sin c \cos A,$$
$$\text{et } \cos a \, (1 - \cos^2 b) = \sin a \sin b \cos C \cos b + \sin b \sin c \cos A,$$
$$\cos a \sin^2 b = \cos b \cos C \sin a \sin b + \sin b \sin c \cos A.$$

En divisant par $\sin a \sin b$, et en ayant égard à la relation $\dfrac{\sin A}{\sin B} = \dfrac{\sin a}{\sin b}$, on obtient :

$$\cot g \, a \sin b = \cos b \cos C + \sin C \cot g \, A,$$
$$\cot g \, b \sin a = \cos a \cos C + \sin C \cot g \, B,$$
$$\cot g \, a \sin c = \cos c \cos B + \sin B \cot g \, A,$$
$$\cot g \, c \sin a = \cos a \cos B + \sin B \cot g \, C, \quad . \quad . \quad (5)$$
$$\cot g \, b \sin c = \cos c \cos A + \sin A \cot g \, B,$$
$$\cot g \, c \sin b = \cos b \cos A + \sin A \cot g \, C.$$

Ces formules indiquent la relation qui existe dans un triangle sphérique quelconque entre deux côtés, l'angle compris et l'angle opposé à l'un des deux côtés.

73. La première de ces six formules peut se mettre sous la forme :

$$\frac{\cos a \sin b}{\sin a} = \cos b \cos C + \sin C \frac{\cos A}{\sin A}$$

ou
$$\cos a \sin B = \sin A \cos C \cos b + \sin C \cos A.$$

On a de même :

$$\cos b \sin A = \cos a \cos C \sin B + \sin C \cos B.$$

Si nous éliminons $\cos b$ de la première, il viendra :

$$\cos a \sin B = \cos a \cos^2 C \sin B + \sin C \cos B \cos C + \sin C \cos A;$$

d'où l'on tire :

$$\cos a \sin B \sin^2 C = \sin C \cos B \cos C + \sin C \cos A.$$

En divisant par sin C, il vient :

$$\cos A = - \cos B \cos C + \sin B \sin C \cos a,$$
$$\cos B = - \cos A \cos C + \sin A \sin C \cos b, \quad \dots \quad (4)$$
$$\cos C = - \cos A \cos B + \sin A \sin B \cos c.$$

On peut trouver immédiatement ces formules au moyen des triangles polaires en partant de

$$\cos a = \cos b \cos c + \sin b \sin c \cos A.$$

Soit A′ B′ C′ le triangle sphérique polaire de ABC, a', b', c' étant les côtés de ce triangle polaire. On a, comme on l'a vu en géométrie :

$$a' = 180° - A,$$

et ainsi pour b', c'.

74. Remplaçons dans

$$2 \sin^2 \frac{A}{2} = 1 - \cos A,$$

cos A par sa valeur; il vient :

$$2 \sin^2 \frac{A}{2} = 1 - \frac{\cos a - \cos b \cos c}{\sin b \sin c},$$

$$2 \sin^2 \frac{A}{2} = \frac{\sin b \sin c + \cos b \cos c - \cos a}{\sin b \sin c},$$

$$2 \sin^2 \frac{A}{2} = \frac{\cos (b - c) - \cos a}{\sin b \sin c},$$

$$2 \sin^2 \frac{A}{2} = \frac{2 \sin \frac{1}{2} (a + b - c) \sin \frac{1}{2} (a + c - b)}{\sin b \sin c}.$$

Si l'on pose $a + b + c = 2s$, on obtient :

$$\sin \frac{A}{2} = \sqrt{\frac{\sin (s - b) \sin (s - c)}{\sin b \sin c}} \quad \dots \quad (5).$$

En partant de la relation

$$2 \cos^2 \frac{A}{2} = 1 + \cos A,$$

on trouve de même :

$$\cos\frac{A}{2}=\sqrt{\frac{\sin s\sin(s-a)}{\sin b\sin c}} \quad . \quad . \quad . \quad . \quad (6)$$

et

$$\operatorname{tg}\frac{A}{2}=\sqrt{\frac{\sin(s-b)\sin(s-c)}{\sin s\sin(s-a)}}.$$

Ces formules servent à trouver celles de *Delambre* que nous allons chercher.

75. $$\sin\frac{1}{2}(A+B)=\sin\frac{A}{2}\cos\frac{B}{2}+\sin\frac{B}{2}\cos\frac{A}{2},$$

et, en remplaçant par les valeurs qui précèdent $\sin\frac{A}{2}$, etc., il vient :

$$\sin\frac{1}{2}(A+B)=\sqrt{\frac{\sin^2(s-b)\sin(s-c)\sin s}{\sin a\sin b\sin^2 c}}+\sqrt{\frac{\sin^2(s-a)\sin(s-c)\sin s}{\sin a\sin b\sin^2 c}},$$

$$\sin\frac{1}{2}(A+B)=\left[\frac{\sin(s-b)+\sin(s-a)}{\sin c}\right]\sqrt{\frac{\sin s\sin(s-c)}{\sin a\sin b}},$$

$$\sin\frac{1}{2}(A+B)=\frac{2\sin\frac{1}{2}c\cos\frac{1}{2}(a-b)}{\sin c}\cos\tfrac{1}{2}C,$$

$$\sin\frac{1}{2}(A+B)=\frac{\cos\frac{1}{2}(a-b)}{\cos\frac{1}{2}c}\cos\tfrac{1}{2}C.$$

On trouverait de même :

$$\sin\frac{1}{2}(A-B)=\frac{\sin\frac{1}{2}(a-b)}{\sin\frac{1}{2}c}\cos\frac{C}{2},$$

$$\cos\frac{1}{2}(A+B)=\frac{\cos\frac{1}{2}(a+b)}{\cos\frac{1}{2}c}\sin\frac{1}{2}C, \quad . \quad . \quad . \quad (7)$$

$$\cos\frac{1}{2}(A-B)=\frac{\sin\frac{1}{2}(a+b)}{\sin\frac{1}{2}c}\sin\frac{1}{2}C.$$

76. Au moyen de ces formules, on trouve immédiatement les suivantes connues sous la dénomination d'*analogies de Néper* :

$$\operatorname{tg} \frac{1}{2}(a + b) = \operatorname{tg} \frac{1}{2} c \times \frac{\cos \frac{1}{2}(A - B)}{\cos \frac{1}{2}(A + B)},$$

$$\operatorname{tg} \frac{1}{2}(a - b) = \operatorname{tg} \frac{1}{2} c \times \frac{\sin \frac{1}{2}(A - B)}{\sin \frac{1}{2}(A + B)} \quad . \quad . \quad (8),$$

$$\operatorname{tg} \frac{1}{2}(A + B) = \operatorname{cotg} \frac{1}{2} C \times \frac{\cos \frac{1}{2}(a - b)}{\cos \frac{1}{2}(a + b)},$$

$$\operatorname{tg} \frac{1}{2}(A - B) = \operatorname{cotg} \frac{1}{2} C \times \frac{\sin \frac{1}{2}(a - b)}{\sin \frac{1}{2}(a + b)}.$$

Les deux premières servent à résoudre le triangle quand on connaît un côté et les deux angles adjacents, et les deux dernières lorsqu'on connaît deux côtés et l'angle compris.

CHAPITRE V.

Résolution des triangles sphériques rectangles.

77. Il est nécessaire d'approprier les formules qui précèdent aux différents cas des triangles sphériques rectangles.

A cette fin, faisons l'angle $A = 90°$ dans toutes ces formules. On obtient :

$$\cos a = \cos b \cos c. \quad . \quad . \quad . \quad . \quad (1'),$$

$$\left.\begin{array}{l} \sin b = \sin a \sin B \\ \sin c = \sin a \sin C \end{array}\right\} \quad . \quad . \quad . \quad . \quad (2'),$$

$$\left.\begin{array}{ll} \operatorname{tg} b = \operatorname{tg} a \cos C, & \operatorname{tg} c = \operatorname{tg} a \cos B, \\ \operatorname{tg} b = \sin c \operatorname{tg} B, & \operatorname{tg} c = \sin b \operatorname{tg} C, \end{array}\right\} \quad . \quad (3'),$$

$$\left.\begin{array}{ll} \cos B = \sin C \cos b, & \cos C = \sin B \cos c, \\ \multicolumn{2}{c}{\cos a = \operatorname{cotg} B \operatorname{cotg} C,} \end{array}\right\} \quad . \quad (4').$$

Ces formules, exprimées en langage ordinaire, donnent l'énoncé de théorèmes très-simples. On ne doit pas oublier qu'il faut, avant de les employer, les rendre homogènes en multipliant chaque premier membre par le rayon R des tables.

78. Premier cas. *On connaît l'hypoténuse* a *et un côté* b *de l'angle droit; trouver* c, B, C.

On aura pour le côté c :

$$\cos c = \frac{R \cos a}{\cos b},$$

et pour les angles B et C :

$$\sin B = \frac{R \sin b}{\sin a}, \quad \cos C = \frac{R \, \mathrm{tg}\, b}{\mathrm{tg}\, a}.$$

Il ne peut y avoir dans ce cas aucune ambiguïté, puisque aux plus grands angles sont opposés les plus grands côtés.

79. Deuxième cas. *Étant donnés l'hypoténuse* a *et l'angle* B, *trouver* b, c, C.

La relation $\quad R \sin b = \sin a \sin B$

fera connaître b, et $\quad R \, \mathrm{tg}\, c = \mathrm{tg}\, a \cos B$

déterminera c. Quant à l'angle C, on l'obtiendra par la formule :
$$R \, \mathrm{cotg}\, C = \cos a \, \mathrm{tg}\, B.$$

80. Troisième cas. *Étant donnés les deux côtés* b *et* c *de l'angle droit, trouver* a, B, C.

On aura : $\quad R \cos a = \cos b \cos c$

qui fera connaître l'hypoténuse a.

$$R \, \mathrm{tg}\, b = \sin c \, \mathrm{tg}\, B \quad \text{et} \quad R \, \mathrm{tg}\, c = \sin b \, \mathrm{tg}\, C$$

détermineront les angles B et C.

81. Quatrième cas. *Étant donnés l'angle* B *et le côté opposé* b, *trouver* a, C, c.

La formule $\quad$ R sin $b = \sin a \sin B$

fera connaitre $\qquad \sin a = \dfrac{\text{R} \sin b}{\sin \text{B}}$,

et partant le côté a.

La formule $\quad$ R cos B $= \cos b \sin$ C

déterminera l'angle C; enfin, la formule

$$\text{R tg } b = \sin c \text{ tg B}$$

donnera la grandeur du côté c.

82. Cinquième cas. *Étant donnés un côté* b *de l'angle droit et l'angle adjacent* C, *trouver* a, c, B.

Les formules

$$\text{R tg } b = \text{tg } a \cos \text{C}, \quad \text{R tg } c = \sin b \text{ tg C}, \quad \text{R cos B} = \sin \text{C} \cos b$$

feront connaitre les côtés a et c et l'angle B.

83. Sixième cas. *Étant donnés les angles* B, C, *trouver* a, b, c.

La relation $\quad$ R cos $a = \cot$ B cotg C

fera connaitre a. Les formules

$$\text{R cos B} = \sin \text{C} \cos b, \quad \text{R cos C} = \sin \text{B} \cos c$$

détermineront entièrement b et c.

Résolution des triangles sphériques quelconques.

84. Premier cas. *Étant donnés les trois côtés* a, b, c, *chercher les trois angles* A, B, C.

Les formules

$$\sin \frac{\text{A}}{2} = \sqrt{\frac{\sin(s-b)\sin(s-c)}{\sin b \sin c}}, \quad \cos\frac{\text{A}}{2} = \sqrt{\frac{\sin s \sin(s-a)}{\sin b \sin c}}$$

et $\qquad \text{tg}\dfrac{\text{A}}{2} = \sqrt{\dfrac{\sin(s-b)\sin(s-c)}{\sin s \sin(s-a)}}$

feront connaitre l'angle A; on connaitra de même les deux autres angles B et C.

85. Deuxième cas. *On connaît deux côtés* a *et* b *et l'angle* A *opposé à l'un d'eux; trouver* c, B, C.

On aura B par la proportion

$$\sin A : \sin a = \sin B : \sin b.$$

La 1re formule (3) : $\cotg a \sin b = \cos b \cos C + \sin C \cotg A$, en la rendant, comme on le sait, calculable par logarithmes, déterminera l'angle C. Il vient :

$$\cotg a \sin b = \cos b \cos C + \sin C \cotg A,$$

$$\cotg a \sin b = \left(\frac{\cos b}{\cotg A} \cos C + \sin C \right) \cotg A.$$

Posons $\frac{\cos b}{\cotg A} = \tg \varphi$; il viendra :

$$\cotg a \sin b = \left(\frac{\cos C \sin \varphi + \cos \varphi \sin C}{\cos \varphi} \right) \cotg A,$$

$$\cotg a \sin b = \sin \left(\frac{C + \varphi}{\cos \varphi} \right) \cotg A,$$

formule calculable par logarithmes et qui fera connaître l'angle C, l'angle auxiliaire φ ayant été déterminé par l'égalité

$$\tg \varphi = \frac{\cos b}{\cotg A}.$$

On peut aussi calculer l'angle C et le côté c par les analogies de Néper, savoir :

$$\tg \tfrac{1}{2} (A - B) = \cotg \tfrac{1}{2} C \frac{\sin \tfrac{1}{2} (a - b)}{\sin \tfrac{1}{2} (a + b)},$$

$$\tg \tfrac{1}{2} (a - b) = \tg \tfrac{1}{2} c \frac{\sin \tfrac{1}{2} (A - B)}{\sin \tfrac{1}{2} (A + B)},$$

dans lesquelles C et c sont les seules inconnues, puisque B est connu.

En rendant la 1re formule (1) calculable par logarithmes, on peut aussi s'en servir pour calculer c. On a :

$$\cos c = \cos a \cos b + \sin a \sin b \cos C.$$

Faisons $\operatorname{tg} b \cos C = \cot g\,\varphi$;

il viendra : $\cos c = \dfrac{\sin (a + \varphi) \cos b}{\sin \varphi}$.

86. Supposons qu'on veuille rendre calculable par logarithmes l'expression $M \sin \alpha + N \cos \alpha$.

A cette fin, divisons-la et multiplions-la par M; on aura :

$$M \sin \alpha + N \cos \alpha = \left(\sin \alpha + \frac{N}{M} \cos \alpha \right) M.$$

Posons $\dfrac{N}{M} = \operatorname{tg} \varphi$. L'angle auxiliaire φ sera déterminé par cette équation.

Il viendra :

$$M \sin \alpha + N \cos \alpha = \left(\frac{\sin \alpha \cos \varphi + \sin \varphi \cos \alpha}{\cos \varphi} \right) M,$$

$$M \sin \alpha + N \cos \alpha = \frac{\sin (\alpha + \varphi)}{\cos \varphi} M,$$

formule calculable par logarithmes.

87. Troisième cas. *On connaît deux côtés* a *et* b *et l'angle compris* C : *trouver* c, A, B.

Les deux dernières analogies de Néper

$$\operatorname{tg} \tfrac{1}{2} (A + B) = \cot g \frac{C}{2} \times \frac{\cos \frac{1}{2} (a - b)}{\cos \frac{1}{2} (a + b)},$$

$$\operatorname{tg} \tfrac{1}{2} (A - B) = \cot g \frac{C}{2} \times \frac{\sin \frac{1}{2} (a - b)}{\sin \frac{1}{2} (a + b)}$$

détermineront les grandeurs des angles A, B ; la proportion

$$\frac{\sin A}{\sin C} = \frac{\sin a}{\sin c} \quad \cdots \cdots \quad (2)$$

fera connaître c, comme aussi la formule

$$\cos c = \frac{\sin (a + \varphi) \cos b}{\sin \varphi}.$$

Les deux premières formules (3) étant rendues calculables par logarithmes, comme on vient de l'exposer d'une manière générale, permettront aussi de calculer les angles A et B, puisque l'on a :

$$\operatorname{cotg} A = \frac{\operatorname{cotg} a \sin b - \cos b \cos C}{\sin C}.$$

88. Quatrième cas. *On connaît un côté a et les deux angles adjacents* B *et* C; *trouver* b, c, A.

Les analogies de Néper donnent :

$$\operatorname{tg} \tfrac{1}{2} (b + c) = \operatorname{tg} \frac{a}{2} \times \frac{\cos \tfrac{1}{2} (B - C)}{\cos \tfrac{1}{2} (B + C)},$$

$$\operatorname{tg} \tfrac{1}{2} (b - c) = \operatorname{tg} \frac{a}{2} \times \frac{\sin \tfrac{1}{2} (B - C)}{\sin \tfrac{1}{2} (B + C)};$$

elles feront connaître les côtés b et c.

La formule $\cos A = - \cos B \cos C + \sin B \sin C \cos a$, rendue calculable par logarithmes, déterminera l'angle A. On aura :

$$\cos A = \left(\frac{\sin C \cos a}{\cos C} \sin B - \cos B \right) \cos C.$$

Posons $\operatorname{tg} C \cos a = \operatorname{cotg} \varphi.$

Il viendra : $\cos A = \dfrac{\sin (B - \varphi)}{\sin \varphi} \cos C.$

89. Cinquième cas. *Étant donnés deux angles* A *et* B *avec le côté* a *opposé à l'un d'eux; trouver* b, c, C.

Ce cas est tout à fait analogue au second : il présente les mêmes incertitudes.

La proportion $\sin A : \sin B = \sin a : \sin b$

donne b. Les analogies de Néper

$$\operatorname{tg} \tfrac{1}{2} c = \operatorname{tg} \tfrac{1}{2} (a - b) \frac{\sin \tfrac{1}{2} (A + B)}{\sin \tfrac{1}{2} (A - B)},$$

$$\operatorname{cotg} \tfrac{1}{2} C = \operatorname{tg} \tfrac{1}{2} (A - B) \frac{\sin \tfrac{1}{2} (a + b)}{\sin \tfrac{1}{2} (a - b)}$$

feront connaître c et C.

90. *Sixième cas. Étant donnés les trois angles* A, B, C, *calculer les trois côtés* a, b, c.

Prenons la formule

$$2 \sin^2 \frac{a}{2} = 1 - \cos a.$$

Remplaçons $\cos a$ par sa valeur prise dans (4); il vient :

$$2 \sin^2 \frac{a}{2} = 1 - \frac{\cos A + \cos B \cos C}{\sin B \sin C},$$

$$2 \sin^2 \frac{a}{2} = \frac{\sin B \sin C - \cos B \cos C - \cos A}{\sin B \sin C},$$

$$2 \sin^2 \frac{a}{2} = - \frac{\cos (B + C) + \cos A}{\sin B \sin C},$$

$$\sin^2 \frac{a}{2} = - \frac{\cos \frac{1}{2} (A + B + C) \cos \frac{1}{2} (B + C - A)}{\sin B \sin C}.$$

Posons A + B + C = 2S; on aura :

$$\sin \frac{a}{2} = \sqrt{- \frac{\cos S \cos (S - A)}{\sin B \sin C}}.$$

On trouvera de même :

$$\cos \frac{a}{2} = \sqrt{\frac{\cos (S - B) \cos (S - C)}{\sin B \sin C}},$$

$$\operatorname{tg} \frac{a}{2} = \sqrt{\frac{- \cos S \cos (S - A)}{\cos (S - B) \cos (S - C)}}.$$

Si nous faisons A + B + C = 180° + 2T, 2T étant ce que l'on nomme l'excès sphérique ou bien encore l'aire du triangle sphérique, ces formules deviennent :

$$\sin \frac{a}{2} = \sqrt{\frac{\sin T \sin (A - T)}{\sin B \sin C}},$$

$$\cos \frac{a}{2} = \sqrt{\frac{\sin (B - T) \sin (C - T)}{\sin B \sin C}},$$

$$\operatorname{tg} \frac{a}{2} = \sqrt{\frac{\sin T \sin (A - T)}{\sin (B - T) \sin (C - T)}}.$$

91. APPLICATIONS. I. *Réduire un angle à l'horizon.* —
Connaissant l'angle BOC *et les angles* BOA, COA *que les
côtés* OB, OC *font avec la verticale* OA *partant du sommet* O, *chercher la valeur de cet angle* BOC *projeté sur un
plan horizontal* PQ (fig. 25).

Du point O comme centre et avec un rayon égal à

Fig. 25.

l'unité, décrivons une sphère qui coupera les droites OA, OB, OC suivant
un triangle sphérique ABC dont les
côtés α, β, γ, opposés aux angles A, B,
C, sont connus; l'angle HVL, qui est la
projection de BOC sur le plan horizontal PQ, est l'angle des deux arcs
AB, AC, c'est-à-dire, l'angle A. Le
problème est donc ramené à calculer l'angle A, connaissant
les trois côtés α, β, γ du triangle sphérique ABC. On a,
comme on l'a vu, la formule :

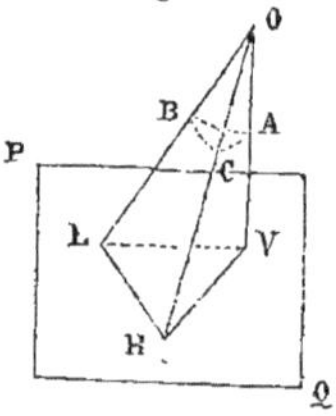

$$\sin \frac{A}{2} = \sqrt{\frac{\sin (s - \beta) \sin (s - \gamma)}{\sin \beta \sin \gamma}}.$$

Soient

$$\alpha = BOC = 47°45'39'', \quad \beta = BOA = 69°49'19'',$$
$$\gamma = COA = 80°17'36''.$$

On trouve : $A = 48°24'56''.$

92. *Connaissant les longitudes et les latitudes de deux
points du globe, déterminer la distance de ces deux points.*

Puisque l'on connait les latitudes des deux lieux A et B,
on connait les distances CA et CB du pôle boréal C aux
deux points A et B, qui sont les compléments des latitudes.
Si les deux lieux sont situés d'un même côté du premier
méridien, la différence des longitudes déterminera la mesure de l'angle C. On connaitra donc deux côtés CA, CB
d'un triangle sphérique ABC, et l'angle compris C : il sera

6

facile de calculer le côté BC, comme on l'a vu (87). On a :

$$\cos c = \frac{\sin (a + \varphi) \cos b}{\sin \varphi},$$

formule dans laquelle tg b cos C = cotg φ.

Proposons-nous de chercher la distance de Brest à Cayenne. Il vient :

Long. de Brest = 6°49'0", Lat. = 48°23'14" ;
Long. de Cayenne = 54°35'0", Lat. = 4°56'15" ;

d'où
$$C = 54°35' - 6°49' = 47°46',$$
$$a = 90° - 48°23'14" = 41°36'46",$$
$$b = 90° - 4°56'15" = 85°3'45".$$

On trouve
$$c = 59°23'54".$$

L'arc qui mesure la distance entre Brest et Cayenne est de 59°23'54". Pour l'évaluer en myriamètres, puisque le quart du méridien terrestre vaut 10,000,000 de mètres ou 1000 myriamètres, on a la proportion :

$$90° : 1000 = 59°23'54" : x ;$$

d'où
$$x = 659 \text{ myriamètres, } 985.$$

Cas douteux des triangles sphériques.

93. Lorsqu'on donne deux côtés a, b et l'angle A opposé à l'un des deux côtés, il se présente en trigonométrie sphérique, comme en trigonométrie rectiligne, des cas où il y a incertitude sur la grandeur des quantités inconnues, et qu'on désigne, pour cette raison, sous la dénomination de cas douteux lesquels fournissent, en général, des solutions doubles. Il est nécessaire, avant tout, d'établir plusieurs principes sur lesquels on doit s'appuyer.

Soit la sphère **ABCD**; soient le demi-grand cercle **MPCP′**, perpendiculaire au grand cercle **APBP′**, et l'arc **MP** < 90° (fig. 26).

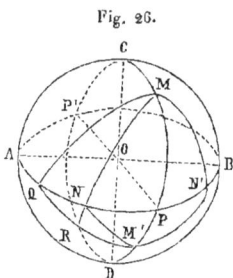

Fig. 26.

Prenons **M′P = MP** et joignons M, M′ aux points N, N′, Q de la circonférence **APBP′**. Les deux triangles MPN, M′PN ont un angle droit compris entre côtés égaux; donc, MN = M′N. Mais

$$\text{MPM′} < \text{MN} + \text{M′N};$$

d'où $\qquad$ MP < MN.

Ainsi, l'arc **MP** est le plus petit que l'on puisse mener du point M à la circonférence **APBP′**, et, par conséquent, l'arc **MP′** est le plus grand que l'on puisse mener du même point M à la même circonférence, puisque la somme des deux arcs **MP, MP′** est égale à 180°.

Si **PN = PN′**, les deux triangles MPN, MPN′ ont un angle droit compris entre deux côtés égaux, MN = MN′; ce qui prouve que les arcs obliques également éloignés de MP ou de M′P sont égaux.

Prolongeons l'arc MN jusqu'à sa rencontre R avec l'arc M′Q (fig. 26); on aura :

$$\text{MR} < \text{MQ} + \text{RQ} \quad \text{et} \quad \text{M′N} < \text{RN} + \text{M′R};$$

d'où $\qquad$ MN + M′N < MQ + M′Q

et, par suite, $\qquad$ MN < MQ.

Donc, les arcs obliques sont d'autant plus grands qu'ils s'éloignent davantage de **MP** ou à mesure qu'ils se rapprochent de **MP′**. Dans certains cas, le calcul indique les solutions impossibles.

94. Soit l'angle A < 90° et AC < 90° (fig. 27).

Fig. 27.

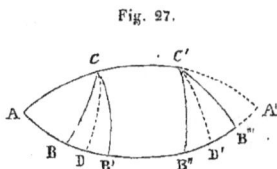

Si, du point C, on abaisse l'arc CD perpendiculaire sur AB, l'arc CD < CB = CB'. Le triangle ABC ou ACB' sera impossible si a < CD, l'angle A étant aigu. En effet, on a d'une part :

$$\sin CD = \sin b \sin A,$$

et d'autre part :

$$\sin a : \sin A = \sin b : \sin B;$$

d'où

$$\sin B = \frac{\sin b \sin A}{\sin a} = \frac{\sin CD}{\sin a},$$

ce qui donnerait, comme a < CD, $\sin a$ < $\sin CD$, $\sin B$ > 1, résultat absurde.

Si l'angle A > 90°, l'arc CD, perpendiculaire sur le côté AB, est la plus grande distance du point C à ce côté; le triangle sera aussi impossible si a > CD. Dans ce cas, $\sin a$ < $\sin CD$, et la valeur de $\sin B$ serait également absurde.

95. Soit un triangle sphérique ABC, et ABA_1 le grand cercle qui sert de base à une demi-sphère (fig. 28).

Par le point C, sommet du triangle sphérique situé sur

Fig. 28.

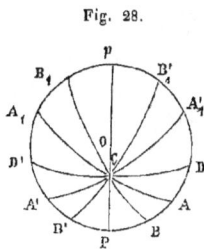

cette hémisphère, et par le centre O de la sphère, menons un plan Pp, perpendiculaire au plan du grand cercle. D'après ce qui vient d'être démontré, les arcs CB, CB' = a, qui s'écartent également de l'arc CP perpendiculaire à l'arc AB, sont égaux.

1° Si l'angle A du triangle sphérique ABC est < 90°, ainsi que b, les deux triangles

BCA, B'CA satisferont tous deux à la question. Ces deux solutions se réduiront à une seule, si $a = b$; si $a > b$, il n'y aura plus qu'une seule solution, le triangle ACD'.

Enfin, si $a + b > 180°$, l'arc CB tombe au delà du plan ACA_1 et il n'y a plus aucune solution possible.

A étant toujours $< 90°$, supposons $b > 90°$.

Soit $CA_1 = b$. Si $a < b$, il est évident que les deux triangles BCA_1, $B'CA_1$ satisferont tous deux à la question, les angles CA_1B, CA_1B' étant aigus. Si $a + b > 180°$, il n'y aura plus qu'une seule solution, comme il est facile de le voir (fig. 27), puisque deux grands cercles de la sphère se coupent toujours suivant un diamètre commun; de sorte que le second point d'intersection de $a = C'B''$ avec le côté AB se trouve au delà de l'intersection des deux côtés de l'angle A. Supposons l'angle $A > 90°$ et $CA = b < 90°$; l'angle CAB étant aigu, son supplément CAp sera obtus, $> 90°$. Il est évident que, si $a < b$, il ne peut y avoir aucune solution, puisque le côté a devrait se trouver dans l'intervalle A'CA.

Si $a + b < 180°$, il n'y a qu'une solution; au contraire, si $a + b > 180°$, les deux triangles B_1CA, $B_1'CA$ se trouvent tous deux dans les conditions voulues, étant situés sur l'arc ApA_1.

Comme dernier cas, on peut avoir $A > 90°$ et $CA_1 = b > 90°$. Si $a > b$, on a pour solutions A_1CB_1 et $A_1CB'_1$. Enfin, si $a < b$, il ne peut y avoir que le triangle DCA_1, le côté a devant tomber dans l'intervalle A'CA.

On voit, d'après ce qui précède, que si A et a sont tous deux, à la fois $> ou < 90°$, il y a toujours deux solutions qui résolvent exactement la question.

Si a est compris entre b et $180°$ — b ou est égal à l'une de ces deux valeurs, il n'y a qu'une seule solution. Dans tout autre cas, il n'y a aucune solution possible.

96. On vient de traiter le cas où l'on connaît les côtés a, b et l'angle A opposé à l'un de ces côtés.

Il est facile, au moyen du triangle polaire, de traiter celui où l'on donne les angles A, B et le côté a opposé à l'angle A.

Soit, en effet, A'B'C' le triangle polaire de ABC, A', B', C' étant les trois angles et a', b', c' les trois côtés. Il vient :

$$a' = 180° — A,$$
$$b' = 180° — B,$$
$$A' = 180° — a.$$

Au moyen des données a', b', A', on calculera, comme précédemment, le triangle A'B'C' et le polaire correspondant qui sera le triangle demandé.

97. APPLICATIONS. *Aire du triangle sphérique.* Soit un triangle sphérique quelconque ABC, A, B, C étant les trois angles, a, b, c les trois côtés opposés à ces angles et 2T l'aire de ce triangle.

On a vu, en Géométrie, 7ᵐᵉ livre, que

$$2T = A + B + C — 180°.$$

En posant, comme précédemment, A + B + C = 2S, il vient :

$$T = S — 90°, \quad \sin T = — \cos S, \quad \cos T = \sin S,$$

$$\cot g\, T = — \operatorname{tg} S = — \operatorname{tg} \left[\frac{(A + B)}{2} + \frac{C}{2} \right].$$

En développant cette dernière expression, et en substituant dans le développement la valeur de $\operatorname{tg} \frac{1}{2}(A + B)$ donnée par les analogies de Néper, on obtient :

$$\cot g\, T = — \frac{\cot g\, \dfrac{C}{2} \cos \frac{1}{2}(a — b) + \operatorname{tg} \dfrac{C}{2} \cos \frac{1}{2}(a + b)}{\cos \frac{1}{2}(a + b) — \cos \frac{1}{2}(a — b)}.$$

En remplaçant tg $\frac{C}{2}$ et cotg $\frac{C}{2}$ par leurs valeurs en sinus et cosinus, on aura, après réduction :

$$\cot g\, T = \frac{\cot g\dfrac{a}{2}\cot g\dfrac{b}{2} + \cos C}{\sin C}.$$

Cette formule fait voir que l'aire 2T du triangle ABC ne changera pas si le produit cotg $\frac{a}{2}$ cotg $\frac{b}{2}$ ne change pas, l'angle C du triangle restant constant.

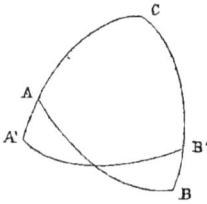

Les deux triangles ABC, A'B'C (fig. 29) seront donc équivalents, si l'on a :

Fig. 29.

$$\text{tg}\frac{1}{2}a \times \text{tg}\frac{1}{2}b = \text{tg}\frac{1}{2}a' \times \text{tg}\frac{1}{2}b',$$

égalité qui montre de quelle manière, sur le côté donné CA' $= b'$, avec l'angle C, on pourra construire un triangle A'B'C équivalent au triangle ABC et à quelle condition, avec le même angle C, le triangle A'B'C sera isoscèle.

98. Cette même formule

$$\cot g\, T = \frac{\cot g\dfrac{a}{2}\cot g\dfrac{b}{2} + \cos C}{\sin C}$$

montre que, parmi tous les triangles que l'on peut construire avec deux côtés donnés a et b, le plus grand est celui dans lequel l'angle compris C est égal à A + B, ainsi qu'on l'a déjà vu.

Fig. 30.

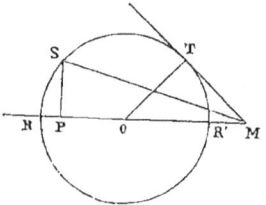

En effet, soit un cercle de rayon OR $= 1$ et l'arc RS $= C$.

Prenons sur le prolongement de OR (fig. 30) une longueur

$$OM = \cotg \frac{a}{2} \cotg \frac{b}{2}$$

Le triangle rectangle MPS donne

$$\cotg M = \frac{PM}{SP} = \frac{OM + OP}{SP} = \frac{\cotg \dfrac{a}{2} \cotg \dfrac{b}{2} + \cos C}{\sin C};$$

d'où
$$M = T;$$

ce qui prouve que l'aire 2T sera un maximum lorsque l'angle M sera lui-même un maximum, c'est-à-dire, quand la sécante MS deviendra la tangente MT.

Alors, l'angle $OMT = ROT - 90°$

ou $T = C - 90°$ et $C = A + B.$

Le point M ne peut pas évidemment tomber dans l'intérieur du cercle, c'est-à-dire qu'on ne peut pas avoir

$$\cotg \tfrac{1}{2} a \cotg \tfrac{1}{2} b < 1, \quad \tg\left(90° - \tfrac{1}{2} a\right) < \tg \frac{b}{2}.$$

et
$$180° < a + b.$$

99. On tire des formules de *Delambre* (75) :

1°
$$\frac{\cos \tfrac{1}{2}(a - b)}{\cos \dfrac{c}{2}} = \frac{\sin \tfrac{1}{2}(A + B)}{\cos \dfrac{C}{2}};$$

d'où
$$\frac{\cos \tfrac{1}{2}(a - b) - \cos \dfrac{c}{2}}{\cos \tfrac{1}{2}(a - b) + \cos \dfrac{c}{2}} = \frac{\sin \tfrac{1}{2}(A + B) - \cos \dfrac{C}{2}}{\sin \tfrac{1}{2}(A + B) + \cos \dfrac{C}{2}}$$

et
$$\frac{\cos \tfrac{1}{2}(a - b) - \cos \dfrac{c}{2}}{\cos \tfrac{1}{2}(a - b) + \cos \dfrac{c}{2}} = \frac{\cos\left(\dfrac{C}{2} - T\right) - \cos \dfrac{C}{2}}{\cos\left(\dfrac{C}{2} - T\right) + \cos \dfrac{C}{2}},$$

puisque $\qquad \frac{1}{2}(A + B) = 90^\circ - \left(\frac{C}{2} - T\right)$.

Cette dernière expression se réduit à

$$\operatorname{tg}\frac{1}{2}(s - a)\,\operatorname{tg}\frac{1}{2}(s - b) = \operatorname{tg}\frac{1}{2}(C - T)\,\operatorname{tg}\frac{T}{2}.$$

$$2^\circ \qquad \frac{\cos\frac{1}{2}(a + b)}{\cos\frac{c}{2}} = \frac{\cos\frac{1}{2}(A + B)}{\sin\frac{C}{2}};$$

d'où $\qquad \operatorname{tg}\frac{1}{2}s\,\operatorname{tg}\frac{1}{2}(s - c) = \dfrac{\operatorname{tg}\dfrac{T}{2}}{\operatorname{tg}\dfrac{1}{2}(C - T)}.$

En multipliant et en extrayant la racine carrée, il vient :

$$\operatorname{tg}\frac{T}{2} = \sqrt{\operatorname{tg}\frac{1}{2}s \times \operatorname{tg}\frac{1}{2}(s - a)\,\operatorname{tg}\frac{1}{2}(s - b)\,\operatorname{tg}\frac{1}{2}(s - c)},$$

formule due à *Lhuillier*, calculable par logarithmes et qui fait connaitre l'aire 2T du triangle en fonction des trois côtés, 2s étant égal à leur somme. Si les deux premiers facteurs de ce produit qui se trouvent dans le second membre sont constants, ce produit s'élèvera à son maximum lorsque les deux autres facteurs seront égaux. Donc, parmi tous les triangles sphériques de même périmètre 2s et de même base a, le plus grand est celui dont les deux autres côtés variables b et c sont égaux. Enfin, le périmètre 2s étant constant, l'aire 2T sera maximum si les trois côtés a, b, c sont égaux. Le triangle sera alors équilatéral et son aire sera

$$\operatorname{tg}^2\frac{1}{2}T = \operatorname{tg}\frac{1}{2}s \times \operatorname{tg}^3\frac{1}{2}\left(\frac{s}{3}\right).$$

100. On peut encore trouver d'autres expressions de l'aire du triangle sphérique.

On a déjà vu (97) que

$$\sin T = - \cos S\,;$$

d'où

$$\cos S = - \dfrac{\sin \dfrac{b}{2} \sin \dfrac{c}{2} \sin A}{\cos \dfrac{a}{2}}\,;$$

donc,

$$\sin T = \dfrac{\sin \dfrac{b}{2} \sin \dfrac{c}{2} \sin A}{\cos \dfrac{a}{2}}. \quad . \quad . \quad . \quad (k).$$

On vérifie cette expression en substituant, au lieu de $\sin \frac{b}{2}$, $\sin \frac{c}{2}$, $\cos \frac{a}{2}$, leurs valeurs trouvées précédemment (87), en fonction des trois angles A, B, C.

On vérifiera de la même manière les formules

$$\cos (S - A) = \dfrac{\cos \dfrac{b}{2} \cos \dfrac{c}{2} \sin A}{\cos \dfrac{a}{2}}\,,$$

$$\sin s = \dfrac{\cos \dfrac{B}{2} \cos \dfrac{C}{2} \sin a}{\sin \dfrac{A}{2}}\,,$$

$$\sin (s - a) = \dfrac{\sin \dfrac{B}{2} \cos \dfrac{C}{2} \sin a}{\sin \dfrac{A}{2}}.$$

En multipliant les deux termes de la fraction du second

membre de l'égalité (k) par $4\cos\frac{1}{2}b\cos\frac{1}{2}c$, on obtient une autre forme pour la valeur de $\sin T$, savoir :

$$\sin T = \frac{\sin b \sin c \sin A}{4\cos\dfrac{a}{2}\cos\dfrac{b}{2}\cos\dfrac{c}{2}} = \frac{\sqrt{1-\cos^2 a - \cos^2 b - \cos^2 c + 2\cos a \cos b \cos c}}{4\cos\dfrac{a}{2}\cos\dfrac{b}{2}\cos\dfrac{c}{2}};$$

et, en représentant la quantité sous le radical par $4p^2$,

on a :
$$\sin T = \frac{p}{2\cos\dfrac{a}{2}\cos\dfrac{b}{2}\cos\dfrac{c}{2}},$$

$$4p^2 = 1 - \cos^2 a - \cos^2 b - \cos^2 c + 2\cos a \cos b \cos c,$$

$$4p^2 = \sin s \sin (s-a) \sin (s-b) \sin (s-c).$$

Connaissant la valeur de $\sin T$, il est facile de déterminer directement la valeur de

$$\cos T = \sqrt{1-\sin^2 T} = \sqrt{1 - \frac{4p^2}{16\cos^2\dfrac{a}{2}\cos^2\dfrac{b}{2}\cos^2\dfrac{c}{2}}}.$$

Il suffit de remplacer $4p^2$ par sa valeur et $2\cos^2\frac{a}{2}$ par $1 + \cos a$, et ainsi des autres; ce qui reste sous le radical est un carré parfait, et l'on obtient :

$$\cos T = \frac{1 + \cos a + \cos b + \cos c}{4\cos\dfrac{a}{2}\cos\dfrac{b}{2}\cos\dfrac{c}{2}}.$$

Si, dans cette dernière, on remplace $\cos a$ par $\cos b \cos c + \sin b \sin c \cos A$, et $(1 + \cos b)(1 + \cos c)$

par $4\cos^2\dfrac{b}{2}\cos^2\dfrac{c}{2}$, il vient:

$$\cos T = \frac{\cos\dfrac{b}{2}\cos\dfrac{c}{2} + \sin\dfrac{b}{2}\sin\dfrac{c}{2}\cos A}{\cos\dfrac{a}{2}}$$

formule que l'on peut rendre calculable par logarithmes au moyen d'un angle auxiliaire φ.

101. La formule $\cotg T = \dfrac{\cotg \dfrac{a}{2} \cotg \dfrac{b}{2} + \cos C}{\sin C}$

prouve encore que, parmi tous les triangles sphériques qui ont un angle égal C compris entre deux côtés dont la somme est constante, le triangle isocèle est celui dont l'aire 2T est maximum ou minimum, suivant que cotg T est à son minimum ou à son maximum.

Posons $\qquad a + b = 4s$ et $a - b = 4d$;

d'où $\qquad \dfrac{a}{2} = s + d$ et $\dfrac{b}{2} = s - d.$

Remplaçons ces valeurs dans $\cotg \frac{a}{2} \cotg \frac{b}{2}$, on aura :

$$\cotg (s + d) \cotg (s - d) = \frac{\cotg^2 s - \tg^2 d}{1 - \cotg^2 s \, \tg^2 d}.$$

Cette dernière expression peut se mettre sous la forme :

$$\cotg^2 s + \frac{(\cotg^2 s - 1) \tg^2 d}{1 - \cotg^2 s \, \tg^2 d}.$$

Si $\qquad a + b < 180°, \quad s < 45°, \quad \cotg s > 1,$

le minimum du produit $\cotg \frac{a}{2} \cotg \frac{b}{2}$ répondra à $d = 0$; ce qui donnera le maximum de l'aire 2T du triangle sphérique ABC. Si, au contraire, $a + b > 180°, s > 45°$ et $\cotg s < 1$, le produit dont il s'agit sera

$$\cotg^2 s - \frac{(1 - \cotg^4 s) \tg^2 d}{1 - \cotg^2 s \, \tg^2 d},$$

valeur la plus grande possible lorsque la partie négative

s'évanouira en faisant $d = 0$, ce qui répondra au minimum de l'aire 2T du triangle sphérique. On voit par là que le triangle ABC est maximum si la somme $a + b < 180°$, puisque cotg T est à son minimum, et qu'il est à son minimum quand $a + b > 180°$, cotg T se trouvant alors à son maximum, le triangle étant dans les deux cas isoscèle, puisque $d = 0$.

102. Soit un triangle sphérique ABC, A, B, C étant les trois angles et a, b, c les trois côtés opposés à ces angles (fig. 31).

Fig. 31.

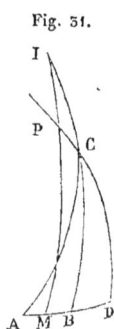

Sur le milieu M du côté AB, élevons un arc de grand cercle perpendiculaire à ce côté ; sur cet arc, prenons une longueur MP égale à un quadrant. Tirons l'arc de grand cercle PCD, de sorte que les triangles ACD et BCD seront rectangles en D. Posons $MD = p$, $CD = q$; par les valeurs de cos T et de sin T trouvées précédemment (100), on a :

$$\cotg T = \frac{1 + \cos a + \cos b + \cos c}{\sin a \sin b \sin C}.$$

Les triangles rectangles ACD, BCD donnent :

$$\cos a = \cos q \cos BD = \cos q \cos\left(p - \frac{1}{2}c\right),$$

$$\cos b = \cos q \cos AD = \cos q \cos\left(p + \frac{1}{2}c\right).$$

En substituant ces valeurs, on a, après simplifications :

$$\cotg T = \frac{\cos p \cos q + \cos\frac{c}{2}}{\sin\frac{c}{2}\sin q},$$

en se rappelant que $\sin b \sin C = \sin c \sin B$ et que le triangle rectangle BCD fournit la relation

$$\sin q = \sin a \sin B.$$

Prolongeons l'arc MP d'une quantité arbitraire $PI = \alpha$; soit $IC = \beta$. On obtient évidemment :

$$PC = 90^0 - q \quad \text{et angle} \quad IPC = 180^0 - p.$$

Le triangle IPC donne :

$$\cos \beta = \cos \alpha \sin q - \cos p \cos q \sin \alpha.$$

En remplaçant $\cos p \cos q$ par sa valeur tirée de cotg T qui précède, il vient :

$$\cos \beta = \sin \alpha \cos \frac{c}{2} + \sin q \left(\cos \alpha - \sin \alpha \cotg T \sin \frac{c}{2} \right).$$

On peut profiter de l'arbitraire α pour égaler à zéro le coefficient de $\sin q$; ce qui donne

$$\cos \beta = \cos \frac{c}{2} \sin \alpha$$

et
$$\cotg \alpha = \cotg T \sin \frac{c}{2} :$$

ce qui prouve que cotg α est constant si la base c du triangle ABC et son aire 2T sont constantes. Mais, si α est constant, $\sin \alpha \cos \frac{c}{2}$, c'est-à-dire $\cos \beta$, est aussi constant; d'où résulte ce beau théorème dû à *Lexell : Le lieu géométrique décrit par les sommets C de tous les triangles sphériques variables ABC qui ont une base commune c et des aires équivalentes 2T est un petit cercle décrit du point I comme pôle avec une grandeur constante β donnée par la relation*

$$\cos \beta = \sin \alpha \cos \frac{c}{2}.$$

103. Si le rayon R de la sphère sur laquelle le triangle

ABC se trouve tracé est très-grand, on aura très-approximativement :

$$\cos\frac{a}{R} = 1 - \frac{a^2}{1.2R^2} + \frac{a^4}{1.2.3.4\,R^4} - \dots,$$

$$\cos\frac{b}{R} = 1 - \frac{b^2}{1.2.R^2} + \frac{b^4}{1.2.3.4\,R^4} - \dots,$$

$$\cos\frac{c}{R} = 1 - \frac{c^2}{1.2\,R^2} + \frac{c^4}{1.2.3.4\,R^4} - \dots,$$

$$\sin\frac{b}{R} = \frac{b}{R} - \frac{b^3}{1.2.3\,R^3},$$

$$\sin\frac{c}{R} = \frac{c}{R} - \frac{c^3}{1.2.3\,R^3}.$$

En substituant ces valeurs dans

$$\cos A = \frac{\cos\dfrac{a}{R} - \cos\dfrac{b}{R}\cos\dfrac{c}{R}}{\sin\dfrac{b}{R}\sin\dfrac{c}{R}},$$

il viendra :

$$\cos A = \frac{\dfrac{b^2 + c^2 - a^2}{2R^2} + \dfrac{a^4 - b^4 - c^4}{24\,R^4} - \dfrac{b^2 c^2}{4\,R^4}}{\dfrac{bc}{R^2}\left(1 - \dfrac{b^2}{6\,R^2} - \dfrac{c^2}{6\,R^2}\right)}.$$

Si l'on multiplie les deux termes de cette fraction par $1 + \frac{b^2 + c^2}{6\,R^2}$, on obtient :

$$\cos A = \frac{b^2 + c^2 - a^2}{2bc} + \frac{a^4 + b^4 + c^4 - 2a^2 b^2 - 2a^2 c^2 - 2b^2 c^2}{24\,bc\,R^2}.$$

Soit un triangle rectiligne A' B' C' dont les côtés seraient égaux aux arcs a, b, c du triangle sphérique ABC ; il vient :

$$\cos A' = \frac{c^2 + b^2 - a^2}{2bc},$$

$$4b^2 c^2 \sin^2 A' = 2a^2 b^2 + 2a^2 c^2 + 2b^2 c^2 - a^4 - b^4 - c^4.$$

Donc, $\qquad \cos A = \cos A' - \dfrac{bc}{6R^2} \sin^2 A'.$

Posons $A = A' + x$, et négligeons x^2;

$$\cos A = \cos A' - x \sin A'.$$

En comparant cette valeur à celle qui précède, on conclut que

$$x = \frac{bc}{6R^2} \sin A';$$

d'où $\qquad\qquad A = A' + \dfrac{bc}{6R^2} \sin A';$

mais $\dfrac{bc \sin A'}{2}$ est l'aire du triangle rectiligne qui a pour côtés a, b, c, aire qui ne diffère pas sensiblement du triangle sphérique proposé.

Si l'on représente cette aire par T, il viendra donc :

$$A = A' + \frac{T}{3R^2} \quad \text{et} \quad A' = A - \frac{T}{3R^2}.$$

De même, $\qquad B' = B - \dfrac{T}{3R^2}, \quad C' = C - \dfrac{T}{3R^2}.$

En ajoutant, on a :

$$A' + B' + C' = A + B + C - \frac{T}{R^2}$$

et $\qquad\qquad \dfrac{T}{R^2} = A + B + C - 180°.$

Ainsi, on peut considérer $\dfrac{T}{R^2}$ comme étant ce que l'on nomme l'*excès sphérique;* d'où il suit qu'à un triangle sphérique dont A, B, C sont les angles et a, b, c les côtés, correspond un triangle rectiligne qui a pour côtés les mêmes longueurs que a, b, c et dont les angles sont

$$A - \frac{E}{3}, \quad B - \frac{E}{3}, \quad C - \frac{E}{3},$$

E représentant l'excès sphérique.

104. *Étant donnés les trois côtés* a, b, c *d'un triangle sphérique quelconque* ABC, *chercher les rayons sphériques des petits cercles circonscrits et inscrits au triangle et à ceux qu'on obtient en prolongeant ses côtés jusqu'à leur rencontre* (fig. 32).

Fig 32.

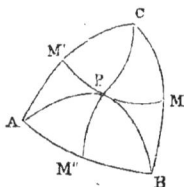

Soit P le pôle du triangle sphérique ABC. Joignons ce point aux milieux M, M', M″ des côtés BC $=a$, AC $=b$, AB $=c$. Les deux triangles rectangles PCM, PBM qui forment le triangle BPC sont égaux, et ainsi des autres.

α, β, γ étant les angles à la base des triangles isocèles APB, BPC, APC,

on a : $\qquad \alpha + \gamma = A, \quad \alpha + \beta = B, \quad \beta + \gamma = C;$
d'où $\quad 2\beta = B + C - A = 2(S - A), \quad \beta = S - A.$

Désignons par R les arcs égaux AP, BP, CP.

Le triangle rectangle PBM donne :

$$\operatorname{tg}\frac{a}{2} = \operatorname{tg} R \cos \beta \quad \text{ou} \quad \operatorname{tg}\frac{a}{2} = \operatorname{tg} R \cos (S - A).$$

Remplaçons $\cos (S - A)$ par sa valeur trouvée précédemment (100); il vient :

$$\operatorname{cotg} R \sin\frac{a}{2} = \cos\frac{a}{2}\cos(S - A) = \cos\frac{b}{2}\cos\frac{c}{2}\sin A.$$

$$\operatorname{tg} R = \frac{\sin\dfrac{a}{2}}{\cos\dfrac{b}{2}\cos\dfrac{c}{2}\sin A} = \frac{4\sin\dfrac{a}{2}\sin\dfrac{b}{2}\sin\dfrac{c}{2}}{\sin b \sin c \sin A}$$

et $\quad \operatorname{tg} R = \dfrac{2\sin\dfrac{a}{2}\sin\dfrac{b}{2}\sin\dfrac{c}{2}}{\sqrt{\sin s \sin(s - a)\sin(s - b)\sin(s - c)}} = \dfrac{2\sin\dfrac{a}{2}\sin\dfrac{b}{2}\sin\dfrac{c}{2}}{p},$

en représentant par p le radical du dénominateur.

7

Pour trouver le rayon r du cercle inscrit dans le triangle ABC, il suffit de remarquer que les droites qui unissent le pôle de ce petit cercle inscrit aux trois sommets A, B, C du triangle divisent les angles en deux parties égales, et que deux triangles rectangles qui ont l'hypoténuse égale et un côté de l'angle droit égal, qui est ici le rayon r du cercle inscrit, sont égaux. On a donc :

$$\text{tg}\, r = \text{tg}\, \frac{A}{2} \sin (s - a),$$

$$\text{tg}\, r = \sqrt{\frac{\sin (s - a) \sin (s - b) \sin (s - c)}{\sin s}},$$

et $\qquad \text{cotg}\, r = \dfrac{\sin s}{\sqrt{\sin s \sin (s - a) \sin (s - b) \sin (s - c)}} = \dfrac{\sin s}{p}.$

En prolongeant les côtés de l'angle A jusqu'à leur rencontre en A', on forme un nouveau triangle BCA' dont on peut chercher les rayons sphériques R', r' des petits cercles circonscrit et inscrit, comme aussi ceux R'', r'', R''', r''' des triangles ACB', ABC'. On trouve :

$$\text{tg}\, R' = \frac{2 \sin \frac{a}{2} \cos \frac{b}{2} \cos \frac{c}{2}}{\sqrt{\sin s \sin (s - a) \sin (s - b) \sin (s - c)}} = \frac{2 \sin \frac{a}{2} \cos \frac{b}{2} \cos \frac{c}{2}}{p}$$

et $\qquad \text{cotg}\, r' = \dfrac{1}{p} \sin (s - a);$

$$\text{tg}\, R'' = \frac{2 \cos \frac{a}{2} \sin \frac{b}{2} \cos \frac{c}{2}}{p}, \quad \text{cotg}\, r'' = \frac{1}{p} \sin (s - b),$$

$$\text{tg}\, R''' = \frac{2 \cos \frac{a}{2} \cos \frac{b}{2} \sin \frac{c}{2}}{p}, \quad \text{cotg}\, r''' = \frac{\sin (s - c)}{p}.$$

105. *Connaissant les trois arêtes* a, b, c *d'un paralléli-*

pipède quelconque et les angles α, β, γ qu'elles font entre elles, chercher le volume V de ce parallélipipède et la diagonale qui joint deux sommets opposés.

Fig. 33.

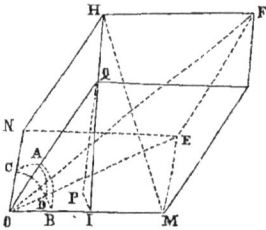

Soient $OM = a$, $ON = b$, $OQ = c$, les trois arêtes et $MON = α$, $QON = β$, $QOM = γ$ (fig. 33), les trois angles. Du sommet Q, abaissons la perpendiculaire QP sur la base MONE du parallélipipède. On aura pour le volume :

$$V = ab \sin α \times QP.$$

Si, du pied P de la perpendiculaire QP, on abaisse la perpendiculaire PI sur la droite MO et que l'on joigne I à Q, cette droite sera aussi perpendiculaire à MO et l'angle PIQ sera l'inclinaison des deux plans MON, MOQ.

Si, du sommet O comme centre et avec un rayon égal à l'unité, on décrit une sphère, celle-ci déterminera dans le trièdre un triangle sphérique dont les côtés seront les angles α, β, γ. Si nous désignons les angles de ce triangle sphérique par A, B, C, on aura pour le volume :

$$V = ab \sin α \times QI \sin B = abc \sin α \sin γ \sin B,$$

et, en remplaçant sin B par sa valeur en fonction des trois côtés du triangle sphérique, on a :

$$V = abc \sqrt{1 - \cos^2 α - \cos^2 β - \cos^2 γ + 2 \cos α \cos β \cos γ},$$

ou bien encore :

$$V = 2abc \sqrt{\sin s \sin (s - α) \sin (s - β) \sin (s - γ)},$$

formule calculable par logarithmes, dans laquelle

$$2s = α + β + γ.$$

106. Soit $OF = D$ la diagonale du parallélipipède et $OE = d$ celle du parallélogramme MONE (fig. 33), il viendra :

$$d^2 = a^2 + b^2 + 2ab \cos \alpha,$$
$$D^2 = c^2 + d^2 + 2cd \cos QOE.$$

Il reste à trouver cos QOE, c'est-à-dire, cos AD.

On a dans le triangle CAD :

$$\cos AD = \cos \beta \cos CD + \sin \beta \sin CD \cos C.$$

Mais $\cos \gamma = \cos \alpha \cos \beta + \sin \alpha \sin \beta \cos C;$

d'où $\cos C = \dfrac{\cos \gamma - \cos \alpha \cos \beta}{\sin \alpha \sin \beta}.$

En remplaçant cette valeur, on a :

$$\cos AD = \frac{\sin (\alpha - CD) \cos \beta}{\sin \alpha} + \frac{\sin CD \cos \gamma}{\sin \alpha},$$

$$\cos AD = \frac{\sin BD \cos \beta}{\sin \alpha} + \frac{\sin CD \cos \gamma}{\sin \alpha}.$$

Si l'on multiplie par d, il viendra :

$$d \cos AD = \frac{d \sin BD}{\sin \alpha} \cos \beta + \frac{d \sin CD}{\sin \alpha} \cos \gamma.$$

Mais les triangles rectilignes OME, ONE donnent :

$$b = \frac{d \sin BD}{\sin \alpha}, \qquad a = \frac{d \sin CD}{\sin \alpha};$$

de sorte que l'on a :

$$2cd \cos AD = 2bc \cos \beta + 2ac \cos \gamma ;$$

d'où $D^2 = a^2 + b^2 + c^2 + 2ab \cos \alpha + 2ac \cos \gamma + 2bc \cos \beta.$

Si l'on change α et γ en $180° - \alpha$, $180° - \gamma$, on aura le carré de la diagonale $MH = D'$ et aussi des deux autres diagonales D'', D''' :

$$D'^2 = a^2 + b^2 + c^2 - 2ab \cos \alpha + 2bc \cos \beta - 2ac \cos \gamma,$$
$$D''^2 = a^2 + b^2 + c^2 + 2ab \cos \alpha - 2bc \cos \beta - 2ac \cos \gamma,$$
$$D'''^2 = a^2 + b^2 + c^2 + 2ac \cos \gamma - 2ab \cos \alpha - 2bc \cos \beta.$$

En ajoutant, on obtient :

$$D^2 + D'^2 + D''^2 + D'''^2 = 4a^2 + 4b^2 + 4c^2 :$$

ce qui prouve que *dans un parallélipipède quelconque la somme des carrés des diagonales est égale à la somme des carrés des arêtes.* Il est facile de le démontrer directement par la Géométrie.

107. PROBLÈME. *Étant données les trois arêtes* a, b, c *qui aboutissent au même sommet d'une pyramide triangulaire quelconque, et les trois angles* α, β, γ *que font entre elles ces arêtes, chercher le volume* V *de la pyramide.*

On aura, comme précédemment :

$$V = \tfrac{4}{3} abc \sqrt{\sin s \sin (s - \alpha) \sin (s - \beta) \sin (s - \gamma)}.$$

108. PROBLÈME. *Connaissant les six arêtes d'une pyramide quelconque, déterminer le volume* V *de cette pyramide* (fig. 34).

a, b, c étant les trois arêtes partant du sommet A, et α, β, γ les angles que font entre elles ces arêtes, on a :

$$V = \tfrac{1}{6} abc \sqrt{1 - \cos^2 \alpha - \cos^2 \beta - \cos^2 \gamma + 2 \cos \alpha \cos \beta \cos \gamma}.$$

Soient $\qquad BC = a'$, $\quad BS = b'$, $\quad CS = c'$.

Le triangle ABC donne :

$$a'^2 = a^2 + b^2 - 2ab \cos \alpha ;$$

Fig. 34.

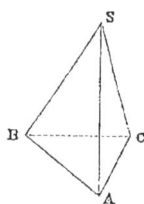

d'où $\qquad \cos \alpha = \dfrac{a^2 + b^2 - a'^2}{2ab}$,

$$\cos \beta = \dfrac{a^2 + c^2 - b'^2}{2ac},$$

$$\cos \gamma = \dfrac{b^2 + c^2 - c'^2}{2bc}.$$

En remplaçant ces valeurs dans l'expression précédente et en posant pour abréger

$$a^2 + b^2 - a'^2 = C, \quad a^2 + c^2 - b'^2 = B, \quad b^2 + c^2 - c'^2 = A,$$

il vient :

$$V = \frac{1}{12} \sqrt{4a^2 b^2 c^2 - A^2 a^2 - B^2 b^2 - C^2 c^2 + ABC}.$$

Si l'on représente par Σ la surface des quatre triangles qui forment la surface totale de la pyramide, et par r le rayon de la sphère inscrite, on aura : $r = \frac{3V}{\Sigma}$.

SECONDE PARTIE.

GÉOMÉTRIE ANALYTIQUE A DEUX DIMENSIONS.

———

CHAPITRE I.

Homogénéité.

109. Une fonction $f(x, y, z, ...) = 0$ est homogène par rapport aux quantités $x, y, z, ...$, lorsque, en remplaçant $x, y, z, ...$ par $\rho x, \rho y, \rho z, ...$, on obtient

$$f(\rho x, \rho y, \rho z ...) = \rho^m f(x, y, z ...) = 0,$$

m étant le degré de la fonction.

Toute relation entre des grandeurs géométriques ou trigonométriques doit être homogène, c'est-à-dire que tous ses termes doivent être du même degré.

Soient A, B, C,..., des lignes d'une certaine figure, et soit $f(A, B, C, ...) = 0$ la relation géométrique ou trigonométrique qui existe entre ces quantités. Cette relation doit évidemment subsister, quelle que soit l'unité de mesure.

Supposons qu'en adoptant l'unité linéaire u pour mesure des quantités A, B, C, ..., on ait la relation

$$f(a, b, c, ...) = 0,$$

et qu'en prenant une autre unité de mesure u', on obtienne

$$f(a', b', c', ...) = 0.$$

Si l'on désigne par ρ le rapport de ces deux unités, on a :

$$\frac{a'}{a} = \frac{b'}{b} = \frac{c'}{c} = \rho, \quad \text{et} \quad a' = a\rho, b' = b\rho, c' = c\rho.$$

Si l'équation $f(a, b, c, \ldots) = 0$ est homogène,

$$f(\rho a, \rho b, \rho c, \ldots) = \rho^m f(a, b, c, \ldots) = 0$$

l'est aussi; et si elle est satisfaite pour $a, b, c, \ldots$, elle le sera aussi pour des nombres proportionnels $\rho a, \rho b, \rho c, \ldots$ D'ailleurs, l'équation devant subsister quelle que soit l'unité linéaire, u, $2u, \ldots$, ne pourrait plus exister si le premier membre renfermait quelque terme inférieur ou supérieur à un terme du second. Alors, le premier membre deviendrait plus petit ou plus grand que le second, ce qui est absurde, puisque *les vérités géométriques doivent être indépendantes des grandeurs relatives des quantités.*

110. Supposons que $f(a, b, c, \ldots) = 0$ soit un polynôme entier, formé de plusieurs termes du degré m et de plusieurs termes du degré n, etc... On aura, d'après ce qui précède :

$$\rho^m \varphi(a, b, c, \ldots) + \rho^n \psi(a, b, c, \ldots) + \cdots = 0.$$

Cette équation devant être satisfaite, quel que soit ρ, on doit avoir séparément :

$$\rho^m \varphi(a, b, c, \ldots) = 0, \quad \rho^n \psi(a, b, c, \ldots) = 0 ;$$

ce qui prouve que, si l'équation n'est pas homogène, elle se décompose en plusieurs équations homogènes, conformément à ce principe général : *les deux membres d'une équation doivent être de même nature.*

Lorsque les quantités $a, b, c, \ldots$ représentent des longueurs rectilignes, $ab, ac, bc, \ldots$ représenteront des surfaces, et $a^3, b^3, c^3, a^2 b, abc, \ldots$ des volumes. Si l'un des membres de l'équation représente des termes du 2me degré, des surfaces, l'autre membre doit aussi représenter des termes du 2me degré, des surfaces.

En considérant a, b, c comme des nombres, c'est-à-dire, les rapports des lignes A, B, C à l'unité linéaire u, on peut admettre qu'il existe entre ces nombres l'équation

$$a^5 + ab^2 + b^5 + b^2 c - c^5 - ac^2 + a\sqrt{ab + b^2 - c^2} + a + b - c = 0.$$

Si l'on cherche les rapports des mêmes lignes A, B, C en prenant une autre unité linéaire u', et qu'on désigne par a', b', c', les nouveaux nombres provenant de cette mesure, il est évident qu'on aura :

$$\frac{a'}{a} = \frac{b'}{b} = \frac{c'}{c} = \rho,$$

ρ étant le rapport de ces deux unités de mesure.

L'équation précédente deviendra, en remplaçant a, b, c par leurs valeurs $\frac{a'}{\rho}$, $\frac{b'}{\rho}$, $\frac{c'}{\rho}$:

$$a'^5 + a'b'^2 + b'^5 + b'^2 c' - c'^5 - a'c'^2 + \left(a'\sqrt{a'b' + b'^2 - c'^2}\right)\rho$$
$$+ (a' + b' - c')\rho^2 = 0.$$

Cette équation devant avoir lieu, quel que soit ρ, on a les équations :

$$a'^5 + a'b'^2 + b'^5 + b'^2 c' = c'^5 + a'c'^2, \quad a'\sqrt{a'b' + b'^2 - c'^2} = 0, \quad a' + b' = c',$$

qui sont toutes les trois homogènes.

On voit, par ce qui précède, que, pour rendre une expression algébrique ou une équation homogène, il suffit de diviser chaque facteur littéral par l'unité linéaire u, ρ, etc..., puisque cette unité est arbitraire, et de réduire ensuite au même dénominateur.

C'est en divisant chaque ligne trigonométrique par le rayon R du cercle qu'on rend les formules trigonométriques homogènes, lorsqu'on y a fait le rayon R égal à l'unité. On voit aussi que, si l'on prend pour unité un des

facteurs d'un terme quelconque d'une expression algébrique d'abord homogène, celle-ci, par cela même, cesse
d'être homogène et ne redevient telle qu'en divisant,
comme il vient d'être dit, chaque facteur littéral par l'unité
linéaire u. Il est évident que toutes les formules doivent
être rendues homogènes, lorsqu'elles ne le sont point, avant
qu'on puisse les construire. Il serait superflu de vouloir faire
ressortir l'importance de l'homogénéité. C'est souvent un
puissant moyen pour s'assurer de l'exactitude des formules
ou des équations, lorsqu'il s'agit des volumes, des surfaces
et des lignes.

Construction des valeurs.

111. Les constructions ont pour but de déterminer les
valeurs des inconnues, données par les formules et les
équations, au moyen des instruments les plus simples : la
règle, le compas, etc.

L'Algèbre apprend, avec le secours de l'Arithmétique, à
déterminer et à calculer la valeur des inconnues avec un
aussi grand degré d'approximation qu'on le veut.

La Géométrie indique comment on peut obtenir la
valeur numérique de ces inconnues, à l'aide des procédés
graphiques.

Supposons qu'on ait à trouver la valeur de x, avec le
secours des constructions,

1° dans l'équation $x = \dfrac{ab}{c}$.

Cette valeur de x est évidemment une quatrième proportionnelle entre les quantités a, b, c.

2° $x = \dfrac{abc}{de}$.

La valeur de l'inconnue s'obtiendra au moyen de deux

quatrièmes proportionnelles : $m = \frac{ab}{d}$; d'où $x = \frac{mc}{e}$ et une seconde quatrième proportionnelle entre m, c et e.

Il est inutile de multiplier ces exemples qui ne présentent aucune difficulté.

3° Soit
$$x = \frac{ahm}{am + bn + cp}.$$

Posons $bn = \delta m$, $cp = \delta' m$; il viendra :
$$x = \frac{ah}{a + \delta + \delta'}.$$

On obtiendra x, dans cette dernière formule, au moyen d'une quatrième proportionnelle entre $a, h, a + \delta + \delta'$, ces deux dernières étant elles-mêmes des quatrièmes proportionnelles faciles à trouver.

On peut encore égaler le dénominateur à ay, et il vient :
$$am + bn + cp = ay; \quad \text{d'où} \quad y = m + \frac{bn}{a} + \frac{cp}{a};$$

ce qui donne $x = \frac{hm}{y}$. On trouve $\frac{bn}{a}$, $\frac{cp}{a}$, par des quatrièmes proportionnelles, ainsi que x.

4°
$$x = \frac{abc^2 - a^2 b^2}{abc + c^3}.$$

En divisant les deux termes de la fraction par c^2, on a :
$$x = \frac{ab - \left(\frac{ab}{c}\right)^2}{\frac{ab}{c} + c} = \frac{\frac{ab}{c}\left(c - \frac{ab}{c}\right)}{\frac{ab}{c} + c}.$$

En posant $\frac{ab}{c} = d$, il vient :
$$x = \frac{d(c - d)}{c + d},$$

qui s'obtient par une quatrième proportionnelle entre $d, c + d$ et $c - d$.

$5°$ Soit $\quad x = a \left(\dfrac{m}{n}\right)^3 + b \left(\dfrac{m}{n}\right)^2 + c \left(\dfrac{m}{n}\right).$

Prenons sur la droite indéfinie OX deux longueurs

OA$=m$, OB$=n$ (fig. 55).

Menons par A et B deux parallèles quelconques AN, BM ; portons sur cette dernière BC $= a$, et joignons le point O au point C.

Fig. 55.

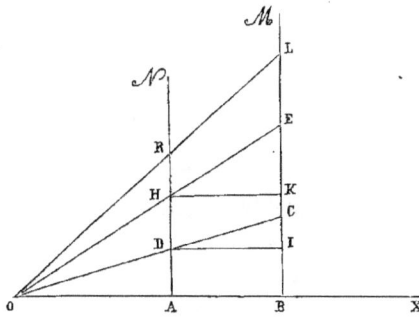

On aura : $\quad m : n = \text{AD} : a ;\quad$ d'où $\quad \text{AD} = \dfrac{am}{n}.$

Menons la droite DI parallèle à OA et portons, à partir du point I, sur BM, IE $= b$. Tirons la droite OE qui coupe AN en H ; on aura :

$$m : n = \text{AH} : \text{BI} + \text{IE} \quad \text{ou} \quad m : n = \text{AH} : \dfrac{am}{n} + b ;$$

d'où $\qquad\qquad \text{AH} = \dfrac{am^2}{n^2} + \dfrac{bm}{n}.$

Par le point H, menons HK parallèle à OA, et prenons KL $= c$. Traçons la droite OL qui coupera la parallèle AN en R. On aura :

$$m : n = \text{AR} : \text{BL} \quad \text{ou} \quad m : n = \text{AR} : \text{BK} + \text{KL} ;$$

et, comme BK $=$ AH

$$m : n = \text{AR} : \dfrac{am^2}{n^2} + \dfrac{bm}{n} + c ;$$

d'où $\qquad AR = \dfrac{am^3}{n^3} + \dfrac{bm^2}{n^2} + \dfrac{cm}{n}.$

On a donc :
$$x = AR = a\left(\frac{m}{n}\right)^3 + b\left(\frac{m}{n}\right)^2 + c\left(\frac{m}{n}\right).$$

Il est quelquefois nécessaire de décomposer les deux termes de la fraction dans ses facteurs premiers.

6° Soit
$$x = \frac{a^4 + b^4 + c^4 - 2a^2b^2 - 2b^2c^2 - 2a^2c^2}{a^2b + ab^2 + a^2c + ac^2 + b^2c + bc^2 + 2abc}.$$

En ajoutant et en retranchant $2b^2c^2$ au numérateur, on a :
$$x = \frac{(a^2 - b^2 - c^2)^2 - (2bc)^2}{(a+b)(a+c)(b+c)}$$

et $\quad x = \dfrac{(a+b+c)(a+c-b)(a+b-c)(a-b-c)}{(a+b)(a+c)(b+c)}.$

On aura la valeur de x au moyen de trois quatrièmes proportionnelles.

Nous ne nous arrêterons pas aux expressions :
$$x = \sqrt{ab}, \quad x = \sqrt{a^2 + b^2}, \quad x = \sqrt{a^2b^2},$$

qui sont trop faciles et trop connues en Géométrie.

7° $\qquad x = \sqrt{a^2 + \dfrac{m^2}{4} \pm a\sqrt{a^2 + m^2}}.$

Posons $\quad a^2 + m^2 = \gamma^2$ et $a^2 + \dfrac{m^2}{4} = \delta^2.$

δ et γ sont les deux hypoténuses de deux triangles rectangles; 1° a et m; 2° a et $\frac{m}{2}$, sont les côtés de l'angle droit. Il viendra :
$$x = \sqrt{\delta^2 \pm a\gamma},$$

valeurs qu'on obtient par des triangles rectangles.

8° Soit $x = \dfrac{ab}{c} + \sqrt{\dfrac{a^2 b^2 - abc^2 + c^4}{ac + b^2}}$.

Posons $b^2 = c\gamma$, $a^2 b^2 = c^3 \delta$, $abc^2 = c^3 \beta$.

Nous aurons : $x = \dfrac{ab}{c} + \sqrt{\dfrac{c^2 (\delta - \beta + c)}{a + \gamma}}$,

$$x = m + c\sqrt{n},$$

expression facile à construire, dans laquelle

$$m = \frac{ab}{c} \quad \text{et} \quad n = c\sqrt{\frac{\delta - \beta + c}{a + \gamma}}.$$

Quant aux auxiliaires β, γ, δ, on a déjà dit comment on les obtenait.

112. Cherchons, au moyen des constructions, les valeurs de x dans les équations complètes du second degré. Ces équations doivent être homogènes.

Soient :

1° $x^2 - ax = - b^2$;   5° $x^2 - ax = + b^2$;

2° $x^2 + ax = - b^2$;   4° $x^2 + ax = + b^2$.

On a pour la première : $x(a - x) = b^2$.

On voit que la somme de deux segments x, $a - x$, est constante.

Sur la droite $AB = a$ comme diamètre, décrivons une

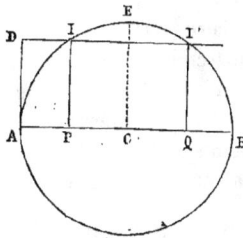

Fig. 36.

circonférence de cercle, et au point A, élevons $AD = b$, perpendiculaire au diamètre AB. A l'extrémité D, menons la parallèle DH' au diamètre, I, I', étant les points de rencontre de cette parallèle avec la circonférence; de ces points, abaissons les deux perpendiculaires IP, I'Q. Les deux valeurs de x sont :

1° $x = AP$;   2° $x = AQ$ (fig. 56).

On a en effet : $\overline{PI}^2 = AP \times BP,$

$\overline{QI'}^2 = AQ \times BQ.$

La plus grande valeur qu'on puisse donner à b, est $b = \frac{a}{2}$, c'est-à-dire, la perpendiculaire AD égale au rayon CE; alors, les deux valeurs ou racines sont égales, et la parallèle DII' devient tangente à la circonférence.

Si $b > \frac{a}{2}$, la parallèle au diamètre AB ne rencontre plus la circonférence, et, dans ce cas, les racines de l'équation sont imaginaires. On a, d'ailleurs, pour les valeurs de AP et de AQ :

$$x = AP = \frac{a}{2} - \sqrt{\frac{a^2}{4} - b^2}; \quad x = AQ = \frac{a}{2} + \sqrt{\frac{a^2}{4} - b^2}.$$

2° Quant à la seconde équation $x^2 + ax = -b^2$, si l'on y change x en $-x$, elle se confond avec la première que nous venons de construire. Il suffit donc de prendre négativement les valeurs qui précèdent.

3° Soit à trouver la valeur de x dans la troisième équation

$$x(x - a) = b^2.$$

La différence des deux segments $x, x - a$, est constante et égale à a.

Sur $AB = a$ comme diamètre, décrivons une circon-

Fig. 37.

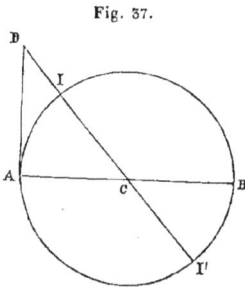

férence, et, à l'extrémité A de ce diamètre, élevons une perpendiculaire $AD = b$. Unissons l'extrémité D au centre C; cette droite DC rencontrera toujours la circonférence en deux points I, I' (fig. 37). Les deux valeurs de x seront :

1° $x = DI'$; 2° $x = DI$.

On a, en effet : $\quad \overline{AD}^2 = DI' \,(DI' - II')$

ou $\quad \overline{AD}^2 = DI' \times DI \quad$ et $\quad \overline{AD}^2 = - DI\,(- DI - II')$

ou $\qquad\qquad\qquad \overline{AD}^2 = DI \times DI'.$

Il est évident que les valeurs de x seront toujours réelles, sans aucune condition de grandeur entre a et b.

4° La valeur de x, dans l'équation $x^2 + ax = + b^2$, s'obtient en élevant, à l'ex-trémité A du rayon $OA = \frac{a}{2}$, une tangente $AT = b$ et en unissant le point T au centre O par la droite TBC, dans laquelle $BT = x$ (fig. 38). On a, en effet :

Fig. 38.

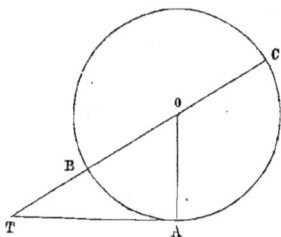

$$\overline{AT}^2 = BT \times TC;$$

l'autre valeur de x est négative.

On peut aussi construire les équations bi-carrées et les équations du quatrième degré lorsque, au moyen d'incon-nues auxiliaires, celles-ci peuvent se ramener à des équa-tions du second degré.

113. Soient les équations :

1° $\qquad x^4 - (2a^2 + b^2)x^2 = b^2 c^2 - a^4.$

2° $\qquad x^4 - 2cx^3 + (c^2 - 2a^2)x^2 + 2a^2 cx = a^2 c^2.$

3° $\qquad x^4 + 2ax^3 + (2a^2 - c^2)x^2 + 2a^3 x = - a^4.$

En y posant : $\qquad by = a^2 - x^2,$

$\qquad\qquad\qquad ay = x^2 - cx,$

$\qquad\qquad\qquad xy = a^2 + x^2,$

elles deviennent : $\qquad y^2 + by = a^2 + c^2;$

$\qquad\qquad\qquad y^2 - 2ay = c^2;$

$\qquad\qquad\qquad y^2 + 2ay = c^2.$

Les valeurs de y sont faciles à construire, ainsi que celles résultantes pour x.

CHAPITRE II.

Définition et but de la Géométrie analytique.

114. La Géométrie analytique a pour but d'étudier les propriétés des lignes, des figures, au moyen de l'Algèbre et du calcul en général; c'est l'application de l'Algèbre à la Géométrie. *Descartes* est le premier géomètre qui s'est servi avec succès de l'Algèbre pour l'étude des propriétés des figures et des courbes en Géométrie.

La Géométrie analytique comprend deux parties : 1° la Géométrie analytique plane ; 2° la Géométrie analytique aux trois dimensions.

La Géométrie analytique plane ne s'occupe que des points et des lignes situés dans un seul et même plan. La Géométrie analytique aux trois dimensions s'occupe des points et des lignes situés dans plusieurs plans différents.

Coordonnées.

115. Pour déterminer la position d'un point dans un plan, on choisit dans celui-ci deux droites XOX', YOY' qu'on nomme les *axes coordonnés* et qui se coupent sous un angle quelconque qui est l'angle des axes. Si cet angle est droit, les axes coordonnés sont rectangulaires.

L'axe XOX' prend le nom d'axe des abscisses ou simplement d'axe des x, et l'axe YOY' celui d'axe des ordonnées ou d'axe des y.

Le point d'intersection O des axes est l'origine.

Pour déterminer la position d'un point quelconque M, il suffit de connaître les distances OA, OB de l'origine aux

8

points d'intersection A et B des axes avec les droites MA,
MB qui leur sont parallèles (fig. 39).

Fig. 39.

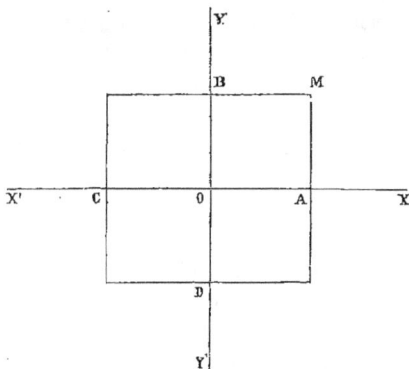

La distance OA de l'origine au point A, où la parallèle à
l'axe des y rencontre l'axe des x, est l'abscisse du point M ;
et la distance OB de l'origine au point B, où la parallèle à
l'axe des x rencontre l'axe des y, est l'ordonnée du même
point.

Les abscisses prises de O vers X étant positives, celles
de O vers X' seront négatives, conformément à la définition des quantités négatives. Les ordonnées mesurées de O
vers Y étant positives, celles de O vers Y' seront négatives.

L'*abscisse* et l'*ordonnée* d'un point sont les *coordonnées*
de ce point.

Les coordonnées d'un point étant connues, le point est
complétement fixé de position. En effet, l'abscisse du point
M étant $x = OA = a$, le point dans le plan doit se trouver
sur la parallèle AM à l'axe des y, et l'ordonnée du même
point étant $y = OB = b$, ce point doit se trouver aussi
sur la parallèle BM à l'axe des x : il ne peut donc se trou-

ver qu'au point d'intersection de ces deux droites, et il est tout à fait déterminé de position (*).

Suivant que le point dans le plan des axes est situé au-dessus ou au-dessous de l'axe des x, les ordonnées de ce point sont positives ou négatives; selon la position du point, à droite ou à gauche de l'axe des ordonnées, les abscisses du point sont positives ou négatives. Il suit de là que, si le point se trouve :

1° Dans l'angle YOX, les coordonnées seront positives;

2° Dans l'angle Y'OX', elles seront négatives;

3° Dans l'angle YOX', l'abscisse sera négative, l'ordonnée positive;

4° Dans l'angle opposé Y'OX, l'abscisse sera positive, l'ordonnée négative.

L'abscisse d'un point quelconque, situé sur l'axe des ordonnées, étant nulle, il est évident que l'équation $x = 0$ représente l'axe des y, puisque cette équation convient à tous les points de l'axe des y. De même, pour un point quelconque de l'axe des x, il vient aussi : $y = 0$; donc, l'équation $y = 0$, ayant lieu pour tous les points de l'axe des x, représente l'axe des x lui-même. De sorte que, pour l'origine, on a à la fois $x = 0$ et $y = 0$. *L'équation d'un lieu ou d'une ligne est la relation constante qui existe entre les coordonnées d'un point quelconque de ce lieu ou de cette ligne.*

(*) On désigne, pour abréger, par point (a, b), point (x', y'), les points dont les coordonnées sont $x = a$ et $y = b$, $x = x'$ et $y = y'$.

CHAPITRE III.

Théorie de la ligne droite.

116. L'équation la plus générale du premier degré à deux variables x, y, est de la forme :

$$Ax + By = C,$$

A, B, C, étant des quantités quelconques, positives ou négatives.

Recherchons quel lieu ou quelle ligne cette équation peut représenter.

Supposons d'abord que $C = 0$. Cette équation devient alors

$$Ax + By = 0; \quad \text{d'où} \quad y = -\frac{A}{B}x.$$

Si A et B sont de signes contraires, le quotient est positif; représentons-le par a, de sorte qu'on aura :

$$y = + ax.$$

Soient des axes coordonnés quelconques.

L'équation $y = ax$ *représente une droite qui passe par l'origine.*

x, y étant les coordonnées d'un point quelconque, on voit, à l'inspection de cette équation, que le lieu qu'on cherche est tel, que le rapport de l'ordonnée d'un point quelconque à son abscisse reste constant, quel que soit le point que l'on considère. On a, en effet : $\frac{y}{x} = a$.

Si l'on donne à la variable x une valeur quelconque, $x = OP$ (fig. 40), par exemple, il en résultera pour l'ordonnée y une autre valeur déterminée MP; de sorte qu'il viendra :

$$\frac{MP}{OP} = a.$$

Donnons à x une valeur plus grande, $x = OP'$; la valeur correspondante de y sera aussi plus grande. Soit M'P' cette valeur, nous aurons :

$$\frac{M'P'}{OP'} = a;$$

d'où il vient :
$$\frac{MP}{OP} = \frac{M'P'}{OP'};$$

ce qui prouve que les deux triangles MPO, M'P'O sont semblables, et par conséquent équiangles, et que les points

Fig. 40.

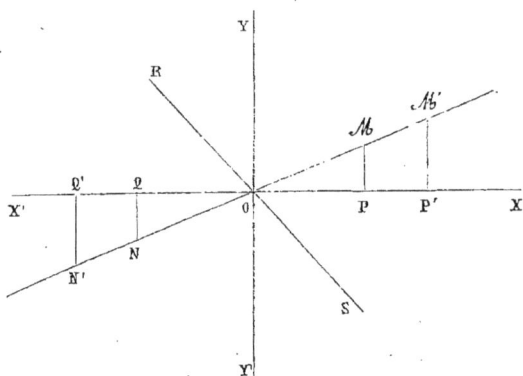

O, M, M' sont situés sur une même ligne droite OMM'. Les valeurs de y croissent avec celles de x.

La droite passe par l'origine, puisque l'équation fournit $y = 0$ lorsqu'on y fait $x = 0$. Ainsi, en faisant passer x par tous les états de grandeur possibles depuis 0 jusqu'à $+\infty$, on obtient pour y une série de points conséculifs O, M, M', M'', etc., tous situés sur la même droite.

Faisons de même, dans l'équation $y = ax$, passer x par tous les états de grandeur possibles, depuis $x = 0$ jusqu'à

$x = -\infty$. Donnons à x une valeur négative quelconque $x = -OQ$; l'ordonnée correspondante y sera aussi négative, puisque a est positif. Soit $-NQ$ cette valeur de y; de sorte qu'on a :

$$\frac{-NQ}{-OQ} = a \quad \text{et} \quad \frac{-N'Q'}{-OQ'} = a; \quad \text{d'où} \quad \frac{NQ}{OQ} = \frac{N'Q'}{OQ'}.$$

Ce qui prouve que les points O, N, N', etc..., sont situés sur la même droite ONN'. Les deux triangles MPO, NQO sont aussi semblables et équiangles, puisqu'ils ont un angle égal compris entre côtés proportionnels : la droite ONN' est donc le prolongement rectiligne de OMM'.

Lorsque a est positif, l'équation $y = ax$ représente donc une seule droite qui passe par l'origine et qui divise les deux angles opposés YOX, Y''OX' d'une manière quelconque, comme on va le voir.

Supposons en second lieu que a soit négatif; on aura :

$$y = -ax.$$

Si l'on fait grandir x positivement, comme précédemment, depuis zéro jusqu'à l'infini positif, les valeurs de y croîtront aussi, mais seront toujours négatives; ce qui indique que les points de la droite qui se succèdent sans discontinuité sont situés dans l'angle Y'OX. Enfin, si x devient négatif, les valeurs de y seront positives, et les points de cette droite seront situés dans l'angle YOX', opposé à l'angle Y'OX. En donnant à x des valeurs déterminées, comme on l'a fait plus haut, on prouverait que les valeurs de y sont en ligne droite. L'équation $y = ax$ représente donc, dans tous les cas, une ligne droite qui passe par l'origine et par les angles opposés YOX, Y'OX', si a est positif; par les angles XOY' et YOX', si a est négatif.

Pour connaître la nature de la constante arbitraire a que

renferme l'équation $y = ax$, faisons $x = 1$ dans celle-ci; il viendra :

$$y = a.$$

Soit θ l'angle YOX des axes, et α l'angle que la droite OM fait avec l'axe des x, a étant l'ordonnée IH correspondante à l'abscisse OI $= 1$ (fig. 41).

Fig. 41.

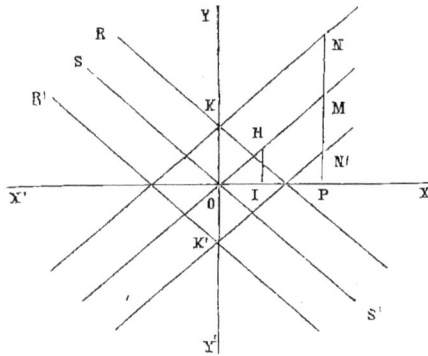

Le triangle OIH donne :

$$1 : a = \sin (\theta - \alpha) : \sin \alpha;$$

d'où

$$a = \frac{\sin \alpha}{\sin (\theta - \alpha)}.$$

Si les axes coordonnés sont rectangulaires, $\theta = 90°$, et

$$a = \frac{\sin \alpha}{\sin (90° - \alpha)} = \frac{\sin \alpha}{\cos \alpha} = \operatorname{tg} \alpha.$$

Ainsi, le coefficient a, qui prend le nom de *coefficient angulaire* de la droite dans l'équation $y = ax$, est égal au rapport des sinus des angles que cette droite OM fait avec l'axe des x et celui des y.

Si les axes sont rectangulaires, ce rapport est égal à la tangente trigonométrique de l'angle que la droite OM fait avec l'axe des x.

117. 2° Supposons que C ne soit pas nul et qu'il soit positif. L'équation $Ax + By = C$ donne :

$$y = -\frac{A}{B} x + \frac{C}{B}.$$

Si A et B sont de signes contraires, $-\frac{A}{B}$ sera positif, et en le désignant, comme précédemment, par a, on aura :

$$y = ax + b,$$

b représentant $\frac{C}{B}$.

Puisque l'équation $y = ax$ représente la droite OM, il est évident que l'équation $y = ax + b$ représente une seconde droite parallèle à la première, et rencontrant l'axe des y à une distance $OK = b$ de l'origine. En effet, pour une même abscisse quelconque $x = OP$, la différence des ordonnées NP, MP est toujours la même et égale à b. On a donc pour un point quelconque N de la droite KN (fig. 41) :

$$NP - MP = b, \quad NP = MP + b \quad \text{et} \quad y = ax + b.$$

On prouverait facilement que l'équation $y = ax - b$ est celle de la parallèle K'N' à OM, rencontrant l'axe des y à une distance négative $OK' = -b$ de l'origine. De même, $y = -ax$ étant l'équation de la droite SOS', l'équation $y = -ax + b$ représente la droite KR, parallèle à SOS', et $y = -ax - b$ la parallèle K'R' à la même droite.

L'équation générale du 1ᵉʳ degré à deux variables $Ax + By = C$ *représente donc, dans tous les cas, une ligne droite.*

118. Réciproquement, toute droite qui fait avec l'axe des x un angle déterminé α et qui coupe l'un des axes, l'axe des y, par exemple, à une distance quelconque de l'origine, a pour lieu une équation du premier degré à deux variables.

Soit une droite quelconque RN qui rencontre l'axe des y à une distance b de l'origine et qui fait l'angle α avec l'axe des x.

Fig. 42.

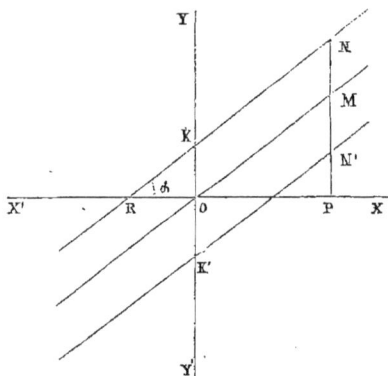

Menons par l'origine une parallèle OM à cette droite (fig. 42).

Soient x, y les coordonnées OP, NP d'un point quelconque de cette droite RN. On a :

$$NP = NM + MP = MP + OK$$

ou
$$y = MP + b.$$

Le triangle OMP donne :

$$\frac{MP}{x} = \frac{\sin \alpha}{\sin (\theta - \alpha)},$$

θ étant l'angle des axes. L'équation de la droite RN est donc :

$$y = \frac{\sin \alpha}{\sin (\theta - \alpha)} x + b \quad . \quad . \quad . \quad . \quad (1).$$

Cette équation devient tout à fait identique à l'équation $y = ax + b$ en posant $\frac{\sin \alpha}{\sin (\theta - \alpha)} = a$, ce qui est toujours permis.

L'angle α pouvant passer par tous les états de grandeur depuis 0° jusqu'à 360°, la droite RN prendra toutes les positions possibles autour du point K. L'angle α étant plus petit que θ, le rapport $\frac{\sin \alpha}{\sin(\theta-\alpha)}$ qui est a, sera positif, et négatif lorsque $\alpha > \theta$.

Si la droite rencontre l'axe des y au-dessous de l'axe des x, à une distance $-b$ de l'origine, on aura encore :

$$N'P = MP - MN' = MP - OK'$$

ou
$$y = \frac{\sin \alpha}{\sin(\theta-\alpha)} x - b \quad \ldots \ldots \quad (2),$$

et enfin $y = ax - b$ en faisant, comme précédemment,

$$\frac{\sin \alpha}{\sin(\theta-\alpha)} = a.$$

Il suit de ce qui précède qu'une droite quelconque, qui rencontre l'axe des y à une distance $\pm b$ de l'origine et qui fait un angle quelconque connu α avec l'axe des x, est représentée par une équation complète du premier degré, à deux variables, x, y, de la forme :

$$y = \pm \, ax \pm b.$$

Lorsque la droite est donnée de position, a, b, sont des nombres, des quantités déterminées et connues; mais, aussi longtemps que la droite n'est pas fixée de position, a et b sont des constantes arbitraires qui peuvent avoir des valeurs quelconques. Ces constantes font voir qu'on peut soumettre une droite à deux conditions quelconques: 1° à passer par deux points donnés ; 2° à être parallèle ou perpendiculaire à une droite donnée de position, etc...

119. a étant connu dans $\frac{\sin \alpha}{\sin(\theta-\alpha)} = a$, on peut déterminer l'angle α, c'est-à-dire, chercher l'angle qu'une droite, donnée par son équation $y = ax + b$, fait avec l'axe des x.

On a : $\sin \alpha = a \sin \theta \cos \alpha - a \cos \theta \sin \alpha$;

d'où, en divisant pas cos α, il vient :

$$\operatorname{tg} \alpha = \frac{a \sin \theta}{1 + a \cos \theta}.$$

Tel est l'angle que la droite $y = ax + b$ fait avec l'axe des x. Il est facile de rendre cette formule calculable par logarithmes.

On a, en effet : $\dfrac{a-1}{a+1} = \dfrac{\operatorname{tg}\left(\alpha - \dfrac{\theta}{2}\right)}{\operatorname{tg}\dfrac{\theta}{2}},$

comme on peut le vérifier; d'où

$$\operatorname{tg}\left(\alpha - \frac{\theta}{2}\right) = \frac{a-1}{a+1}\left(\operatorname{tg}\frac{\theta}{2}\right).$$

120. Pour avoir les distances m et n de l'origine aux points où la droite rencontre l'axe des x et celui des y, il faut faire successivement $y = 0$ et $x = m$, $x = 0$ et $y = n$ dans l'équation $Ax + By = C$. On obtient :

$$Am = C,$$
$$Bn = C.$$

En substituant ces valeurs de A et de B, on a :

$$\frac{Cx}{m} + \frac{Cy}{n} = C$$

ou

$$\frac{x}{m} + \frac{y}{n} = 1,$$

Fig. 43.

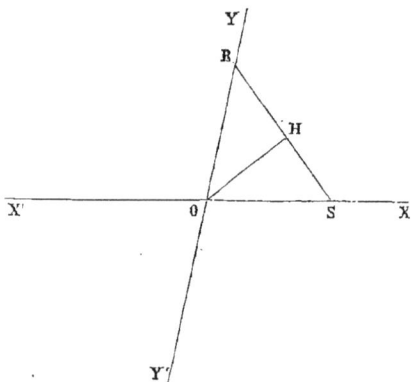

forme facile dans certains cas de l'équation de la droite,

dans laquelle m et n peuvent être positifs ou négatifs.

L'équation $\qquad \dfrac{y}{n} + \dfrac{x}{m} = 1$,

représente une droite RS, rencontrant les axes coordonnés à des distances OR $= n$, OS $= m$, les axes faisant entre eux un angle quelconque.

En désignant par δ (fig. 43) la longueur de la perpendiculaire OH abaissée de l'origine sur cette droite, et par α et β les angles HOS, HOR que cette perpendiculaire fait avec les axes des x et des y, on a :

$$\delta = m \cos \alpha, \quad \delta = n \cos \beta.$$

En substituant ces valeurs de m et de n, on obtient pour l'équation de la droite RS :

$$x \cos \alpha + y \cos \beta = \delta.$$

Si les axes coordonnés sont rectangulaires, cette équation devient :

$$x \cos \alpha + y \sin \alpha = \delta.$$

CHAPITRE IV.

Problèmes et Théorèmes relatifs à la ligne droite.

121. Problème I. *Chercher l'équation d'une droite qui passe par deux points* (x', y'), *et* (x'', y'').

L'équation de cette droite est de la forme :

$$y = ax + b \quad . \quad . \quad . \quad . \quad . \quad . \quad (1),$$

a et b étant les constantes arbitraires qu'il faut déterminer. x et y, représentant les coordonnées d'un point quelconque de cette droite, représentent donc aussi celles du point (x', y'); de sorte que l'équation (1) sera satisfaite pour $x = x'$, $y = y'$, etc..., et il viendra :

$$y' = ax' + b \quad . \quad . \quad . \quad . \quad . \quad . \quad (2),$$
$$y'' = ax'' + b \quad . \quad . \quad . \quad . \quad . \quad . \quad (3).$$

Ces deux dernières équations font connaitre les valeurs des deux constantes a et b.

En soustrayant (2) de (1), on a :

$$y - y' = a(x - x') \quad . \quad . \quad . \quad . \quad (4),$$

qui est l'équation d'une droite passant par un point donné (x', y').

En retranchant (3) de (2), on obtient :

$$y' - y'' = a(x' - x''); \quad \text{d'où} \quad a = \frac{y' - y''}{x' - x''}.$$

Substituant cette valeur dans (4), on trouve pour l'équation de la droite demandée

$$y - y' = \frac{y' - y''}{x' - x''}(x - x').$$

Il importe de ne pas confondre, dans cette équation, les variables x, y avec les quantités x', y', x'', y'', qui sont connues.

122. Problème II. *Chercher l'équation d'une droite qui passe par un point donné* (x', y') *et qui est parallèle à une droite donnée* y = ax + b.

L'équation de cette droite est de la forme :

$$y = a'x + b'.$$

Puisqu'elle doit passer par le point (x', y'), on a :

$$y - y' = a'(x - x');$$

et, comme elle doit être parallèle à la droite $y = ax + b$, il faut qu'on ait : $a = a'$; ce qui donne :

$$y - y' = a(x - x')$$

pour l'équation de la droite voulue.

123. Problème III. *Déterminer le point d'intersection de deux droites données.*

Soient $y = ax + b$ (1)   et $y = a'x + b'$ (2)

les équations des deux droites. Pour le point où ces deux droites se coupent, les équations (1) et (2) sont simultanées, c'est-à-dire que les x et les y ont la même valeur dans les deux équations. On a donc pour l'abscisse du point d'intersection

$$ax + b = a'x + b';$$

d'où
$$x = \frac{b' - b}{a - a'} \cdot \quad \cdots \quad (3),$$

et
$$y = \frac{ab' - a'b}{a - a'} \quad \cdots \quad (4).$$

Si $a = a'$, les valeurs de x et de y sont infinies, et le point d'intersection lui-même est à l'infini, puisque les deux droites sont parallèles. Si l'on a, en même temps, $b = b'$, il vient :

$$x = \frac{0}{0}, \quad y = \frac{0}{0};$$

l'équation $ax + b = a'x + b'$ se changeant en une identité : $ax + b = ax + b$, annonce que le symbole $\frac{0}{0}$, pour x et y, représente des valeurs indéterminées. En conséquence, les deux droites ont une infinité de points de rencontre, c'est-à-dire qu'elles coïncident; ce qui doit être, puisque, par l'hypothèse $a = a'$ elles sont parallèles, et par celle $b = b'$ elles ont un point commun sur l'axe des y.

Pour exprimer que deux droites doivent se couper en un point déterminé dont les coordonnées sont $x = m$, $y = n$, on devra poser les équations

$$\frac{b' - b}{a - a'} = m, \quad \frac{ab' - a'b}{a - a'} = n.$$

124. Problème IV. *Trouver la distance de deux points donnés*, (x', y'), (x'', y'') (fig. 44).

Soient x', y' les coordonnées du point M' et x'', y'' celles du point M'', θ étant l'angle des axes.

Fig. 44.

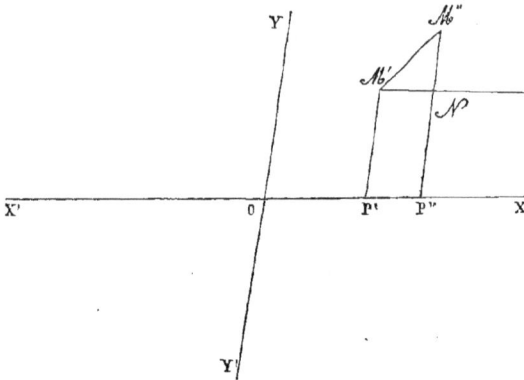

Le triangle M'M''N donne :

$$\overline{M'M''}^2 = \overline{M'N}^2 + \overline{M''N}^2 + 2M'N \times M''N \cos\theta$$

ou

$$\overline{M'M''}^2 = (x' - x'')^2 + (y' - y'')^2 + 2(x' - x'')(y' - y'')\cos\theta.$$

Telle est la distance δ des deux points (x', y'), (x'', y'') :

$$\delta = \sqrt{(x' - x'')^2 + (y' - y'')^2 + 2(x' - x'')(y' - y'')\cos\theta}.$$

Cette formule, étant générale, fournit immédiatement toutes celles qui répondent aux divers cas particuliers.

1° Si le point x', y' est à l'origine, $x' = 0$ et $y' = 0$; il vient :

$$\delta = \sqrt{x''^2 + y''^2 + 2x''y''\cos\theta}.$$

2° Si les axes sont rectangulaires, $\cos\theta = 0$, et l'on a pour la distance $M'M''$:

$$\delta = \sqrt{(x' - x'')^2 + (y' - y'')^2}.$$

Enfin, si le point M' est à l'origine, $x' = 0$ et $y' = 0$, et l'on a :

$$\delta = \sqrt{x''^2 + y''^2}.$$

125. Problème V. *Trouver l'angle de deux droites données par leurs équations* (fig. 45).

Soit $y = ax + b$ l'équation de AB, et $y = a'x + b'$

Fig. 45.

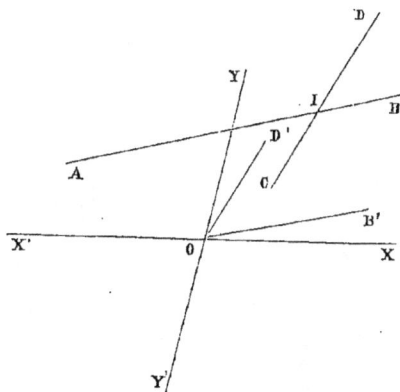

celle de CD. Menons par l'origine des parallèles à ces droites, et soient OB′ et OD′ ces parallèles ; l'angle D′OB′ qu'elles font entre elles est égal à celui des deux droites. Désignons par α et α' les angles que ces parallèles font avec l'axe des x ; ω représentant l'angle des deux droites AB, CD, il vient :

$$\omega = \alpha' - \alpha \quad \text{et} \quad \operatorname{tg}\omega = \operatorname{tg}(\alpha' - \alpha) = \frac{\operatorname{tg}\alpha' - \operatorname{tg}\alpha}{1 + \operatorname{tg}\alpha\operatorname{tg}\alpha'} \quad (1).$$

Mais les parallèles OB', OD' (fig. 45) ont pour équations :

$$y = ax, \quad y = a'x.$$

Les angles α, α', formés par ces droites avec l'axe des x, sont donnés par la relation :

$$\operatorname{tg} \alpha = \frac{a \sin \theta}{1 + a \cos \theta}.$$

En substituant cette valeur de tg α et celle de tg α' dans (1), on trouve :

$$\operatorname{tg} \omega = \frac{(a' - a) \sin \theta}{1 + aa' + (a + a') \cos \theta} \quad \cdots \quad (2).$$

Si les deux droites AB, CD sont parallèles, l'angle ω est nul. Il faut alors qu'on ait : $(a' - a) \sin \theta = 0$; d'où $a' = a$; ce qui indique que les droites sont parallèles.

Si les deux droites sont perpendiculaires, la valeur de tg ω doit être infinie; c'est pourquoi le dénominateur de l'expression tg α devient nul; ce qui établit entre a et a' la relation

$$1 + aa' + (a + a') \cos \theta = 0,$$

qui est la condition la plus générale à laquelle sont soumises deux droites, données par leurs équations, pour être perpendiculaires entre elles.

Si les droites AB, CD sont rapportées à des axes rectangulaires, la formule (2) se simplifie, puisque $\theta = 90°$, $\sin \theta = 1$ et $\cos \theta = 0$. Il vient pour l'angle qu'elles font entre elles :

$$\operatorname{tg} \omega = \frac{a' - a}{1 + aa'}.$$

Le caractère analytique de leur parallélisme est encore, comme plus haut, $a' = a$; mais, celui de leur perpendicularité se réduit à $1 + aa' = 0$.

9

126. PROBLÈME VI. *Trouver l'équation d'une droite qui passe par le point de rencontre de deux autres droites.*

Soient :
$$Ax + By + C = 0 \ \ . \ . \ . \ . \ . \ (1),$$
$$A'x + B'y + C' = 0 \ \ . \ . \ . \ . \ . \ (2),$$

les équations des deux droites données.

Ajoutons ces deux équations, après avoir multiplié la seconde par une constante arbitraire quelconque k; on aura :
$$Ax + By + C + k(A'x + B'y + C') = 0 \ . \ . \ (3),$$

qui est évidemment l'équation de la droite demandée. Cette équation est, en effet, satisfaite par le système des deux équations :
$$Ax + By + C = 0 \ \ . \ . \ . \ . \ . \ (1),$$
$$A'x + B'y + C' = 0 \ \ . \ . \ . \ . \ . \ (2),$$

c'est-à-dire, par leur point d'intersection.

Puisque k est indéterminé, l'équation (3) représente une infinité de droites passant par le point de rencontre des deux autres.

Supposons que la droite (3) passe par un point dont les coordonnées sont a et b. On aura :
$$k = -\frac{Aa + Bb + C}{A'a + B'b + C'};$$

d'où
$$\frac{Ax + By + C}{Aa + Bb + C} = \frac{A'x + B'y + C'}{A'a + B'b + C'},$$

qui est l'équation d'une droite passant par le point dont les coordonnées sont a et b, et par le point de rencontre des deux droites (1) et (2).

127. PROBLÈME VII. *Étant données trois droites, chercher les conditions pour qu'elles se coupent en un même point.*

Soient :
$$ax + by = c \quad . \quad . \quad . \quad . \quad . \quad (1),$$
$$a'x + b'y = c' \quad . \quad . \quad . \quad . \quad . \quad (2),$$
$$a''x + b''y = c'' \quad . \quad . \quad . \quad . \quad . \quad (3),$$

les équations de ces droites.

On sait qu'il faut une équation dite de condition, afin qu'un système de trois équations distinctes à trois inconnues ne soit pas absurde. Les coordonnées du point d'intersection des deux premières droites, substituées dans la troisième équation, donnent pour équation de condition :

$$a''(b'c - bc') + b''(ac' - a'c) = c''(ab' - a'b).$$

128. PROBLÈME VIII. *Chercher la distance d'un point donné à une droite donnée* (fig. 46).

Soient α, β les coordonnées du point M donné et
$$y = px + q . \quad . \quad . \quad . \quad . \quad . \quad (1)$$

Fig. 46.

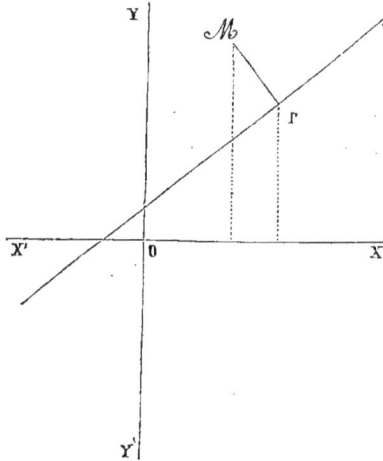

l'équation de la droite donnée. La perpendiculaire **MP** passant par le point (α, β) a pour équation :

$$y - \beta = p'(x - \alpha) \quad \ldots \ldots \quad (2).$$

Les axes coordonnés étant obliques, la relation de deux droites perpendiculaires est :

$$1 + pp' + (p + p')\cos\theta = 0; \quad \text{d'où} \quad p' = -\frac{1 + p\cos\theta}{p + \cos\theta}.$$

En substituant cette valeur dans (2), on a :

$$y - \beta = -\frac{1 + p\cos\theta}{p + \cos\theta}(x - \alpha) \quad \ldots \quad (2').$$

L'équation de la droite donnée (1) peut se mettre sous la forme :
$$y - \beta = p(x - \alpha) + p\alpha + q - \beta \quad \ldots \quad (1').$$

Ces deux dernières équations font connaître le point de rencontre (x, y) des deux droites, et par suite, les valeurs de $x - \alpha$ et de $y - \beta$ que l'on substituera dans la formule :

$$\delta = \sqrt{(x - \alpha)^2 + (y - \beta)^2 + 2(x - \alpha)(y - \beta)\cos\theta}.$$

En égalant les valeurs de $y - \beta$ dans les équations $(1')$ et $(2')$, on obtient :

$$x - \alpha = \frac{(\beta - p\alpha - q) \times (p + \cos\theta)}{1 + p^2 + 2p\cos\theta};$$

d'où
$$y - \beta = -\frac{(\beta - p\alpha - q) \times (1 + p\cos\theta)}{1 + p^2 + 2p\cos\theta}.$$

On voit aisément qu'en substituant ces valeurs dans l'expression de δ, le facteur $\frac{\beta - p\alpha - q}{1 + p^2 + 2p\cos\theta}$ sortira du radical et qu'on aura :

$$\delta = \frac{\beta - p\alpha - q}{1 + p^2 + 2p\cos\theta}$$
$$\times \sqrt{(p + \cos\theta)^2 + (1 + p\cos\theta)^2 - 2(p + \cos\theta)(1 + p\cos\theta)\cos\theta},$$

$$\delta = \frac{\beta - p\alpha - q}{1 + p^2 + 2p\cos\theta} \times \sqrt{(1 + p^2 + 2p\cos\theta)(1 - \cos^2\theta)},$$

et enfin,
$$\delta = \frac{(\beta - p\alpha - q)\sin\theta}{\sqrt{1 + p^2 + 2p\cos\theta}} \quad \cdots \quad (a).$$

Telle est la formule qui fait connaître, d'une manière générale, la distance δ d'un point (α, β) à une droite donnée $y = px + q$, les coordonnées étant obliques.

Si ces dernières sont rectangulaires, $\theta = 90°$, $\sin\theta = 1$ et $\cos\theta = 0$. Dans ce cas, on a :
$$\delta = \frac{\beta - p\alpha - q}{\sqrt{1 + p^2}} \quad \cdots \quad (b).$$

129. En prenant $x\cos\alpha + y\cos\beta - \delta = 0$ pour l'équation de la droite AB, on obtient immédiatement la distance $MD = p$ d'un point (x', y') à cette droite (fig. 47).

Fig. 47.

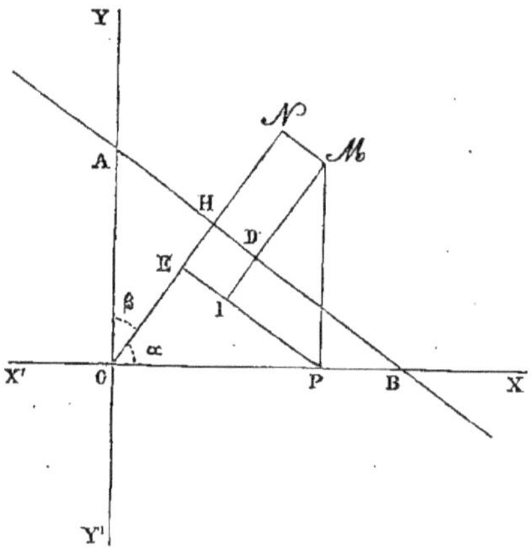

De l'origine O, abaissons la perpendiculaire $OH = \delta$ sur la droite AB et traçons les coordonnées $OP = x'$, $MP = y'$ du point M. Par les points M et P menons des parallèles à AB; on a évidemment :
$$OH + MD = OE + MI$$

et $\qquad \delta + \mathrm{MD} = x' \cos \alpha + y' \cos \beta ;$

d'où $\qquad \mathrm{MD} = x' \cos \alpha + y' \cos \beta - \delta.$

Les triangles rectangles OEP, MIP donnent, en effet :

$$\mathrm{OE} = x' \cos \alpha, \qquad \mathrm{MI} = y' \cos \beta,$$

puisque l'angle $\mathrm{IMP} = \beta$.

On voit que, pour obtenir la distance du point (x', y') à la droite $x \cos \alpha + y \cos \beta - \delta$, il suffit de changer, dans cette droite, x, y en x', y'.

Si les axes coordonnés sont rectangulaires, $\beta = 90° - \alpha$, et l'équation de la droite devient :

$$x \cos \alpha + y \sin \alpha - \delta = 0 ;$$

la distance du point (x', y') à cette droite est :

$$x' \cos \alpha + y' \sin \alpha - \delta = 0.$$

130. Théorème I. *Dans tout triangle, les trois médianes se coupent en un même point* (fig. 48).

Prenons OB, OC pour axes des x et des y.

Cherchons l'équation de la médiane CM; cette droite passant par C et par M, il vient :

$$\frac{y}{b} + \frac{2x}{c} = 1 \quad (1).$$

L'équation de la médiane BM' est :

$$\frac{2y}{b} + \frac{x}{c} = 1 \quad (2).$$

Fig. 48.

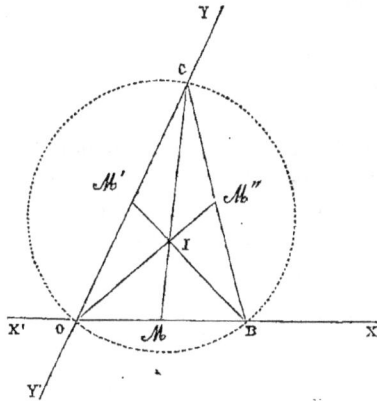

De même, on obtient pour l'équation de la médiane OM'' :

$$y - y' = \frac{y' - y''}{x' - x''}(x - x').$$

x' et y' étant nuls, on a :

$$y = \frac{-y''}{-x''}x, \quad y = \frac{\dfrac{b}{2}}{\dfrac{c}{2}}x \quad \text{ou} \quad y = \frac{b}{c}x \quad . \quad . \quad (3).$$

En combinant les équations (1) et (3), on obtient :

$$cy + 2bx = bc \quad . \quad . \quad . \quad . \quad . \quad (1),$$
$$cy - bx = 0 \quad . \quad . \quad . \quad . \quad . \quad (3);$$

d'où $\qquad 3bx = bc, \quad x = \dfrac{c}{3}, \quad y = \dfrac{b}{3}.$

Si les trois médianes se coupent en un même point, il faut qu'en combinant les deux autres équations, on ait les mêmes valeurs pour x et pour y.

En ajoutant les équations (2) et (3), il vient :

$$3cy = bc; \quad \text{d'où} \quad y = \frac{b}{3}, \quad x = \frac{c}{3}.$$

On voit que le point de rencontre est le même pour les trois médianes, puisque les coordonnées sont égales pour ce point.

131. THÉORÈME II. *Les trois hauteurs d'un triangle se coupent en un même point* (fig. 49).

Prenons AC et AB comme axes des x et des y.

L'équation de la hauteur BH'' est de la forme :

$$y = mx + n.$$

Mais $\qquad m = \dfrac{\sin 90°}{\sin(\theta - 90°)} \quad \text{ou} \quad \dfrac{1}{-\sin(90° - \theta)},$

$$m = -\frac{1}{\cos \theta}, \quad n = c;$$

d'où l'équation de BH″ est :

$$y = - \frac{1}{\cos \theta} x + c. \quad . \quad . \quad . \quad . \quad (1).$$

Fig. 49.

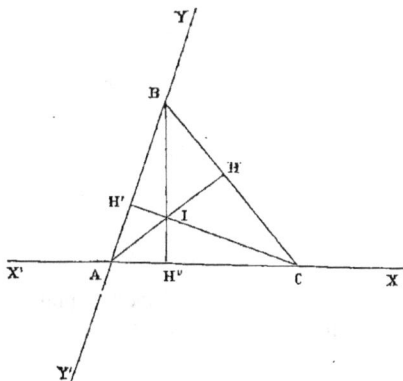

L'équation de la hauteur CH′ est de la forme :

$$y = m'x + n';$$

puisqu'on a :

$$m' = \frac{\sin (90° + \theta)}{- \sin 90°} = - \cos \theta, \quad n' = b \cos \theta,$$

il vient pour l'équation de la hauteur CH′ :

$$y = - \cos \theta \, (x - b) \quad . \quad . \quad . \quad . \quad (2).$$

AH passant par l'origine, son équation est de la forme :

$$y = m''x.$$

Mais elle est perpendiculaire sur BC dont l'équation est :

$$\frac{y}{c} + \frac{x}{b} = 1 \; ; \quad \text{d'où} \quad y = - \frac{c}{b} x + c.$$

On doit avoir entre les coefficients angulaires la relation (125) :

$$1 + am'' + (a + m'') \cos\theta = 0,$$

ce qui donne :

$$1 - m''\frac{c}{b} + \left(m'' - \frac{c}{b}\right)\cos\theta = 0\,;$$

d'où

$$m''\left(\cos\theta - \frac{c}{b}\right) = \frac{c}{b}\cos\theta - 1,$$

$$m''(b\cos\theta - c) = c\cos\theta - b,$$

et de là,

$$m'' = \frac{c\cos\theta - b}{b\cos\theta - c}.$$

L'équation de la hauteur AH est donc :

$$y = \frac{c\cos\theta - b}{b\cos\theta - c}x \quad . \quad . \quad . \quad . \quad (5).$$

Combinons (2) et (3), afin d'avoir le point de rencontre des droites qu'elles représentent. On trouve pour x la valeur :

$$x = \frac{\cos\theta\,(c - b\cos\theta)}{\sin^2\theta}.$$

Les équations (1) et (3) donnent pour x la même valeur; et, en la remplaçant, on trouve dans les deux équations deux valeurs égales pour y; ce qui prouve que les trois hauteurs d'un triangle quelconque se coupent toujours en un même point.

132. THÉORÈME III. *Les bissectrices des trois angles d'un triangle se coupent en un même point* (fig. 50).

Prenons BC et AB comme axes des x et des y. L'équation de la bissectrice BS est :

$$y = x. \quad . \quad . \quad . \quad . \quad . \quad (1).$$

La bissectrice AS″ a une équation de la forme :

$$\frac{y}{y'} + \frac{x}{x'} = 1.$$

Mais $y' = c$. On détermine x' par la proportion :

Fig. 50.

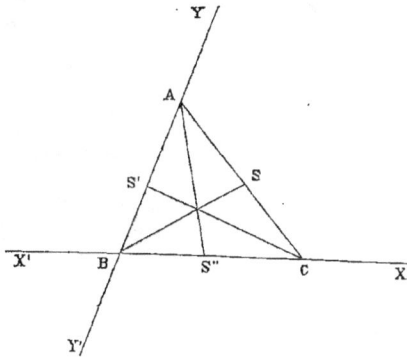

$$x' : a - x' = c : b ;$$

d'où

$$x' = \frac{ac}{b + c}.$$

Il vient donc pour l'équation de la bissectrice AS'' :

$$\frac{y}{c} + \frac{(b+c)\,x}{ac} = 1 \quad (2).$$

On obtient de même pour l'équation de CS' :

$$\frac{y\,(a + b)}{ac} + \frac{x}{a} = 1 \quad . \quad . \quad . \quad . \quad (3).$$

En combinant successivement les équations (1) et (2), (2) et (3), on trouve :

$$x = \frac{ac}{a + b + c}.$$

L'abscisse est donc la même, et, par conséquent, il y a un seul point de rencontre.

On obtiendrait pour les ordonnées des valeurs égales entre elles.

133. Théorème IV. *Les perpendiculaires élevées sur les milieux des côtés d'un triangle se coupent en un même point* (fig 51).

Soient AB et BC les axes coordonnés. L'équation de la perpendiculaire PM est :

$$y = -\frac{1}{\cos \theta}\left(x - \frac{a}{2}\right) \quad . \quad . \quad . \quad . \quad (1).$$

Fig. 51.

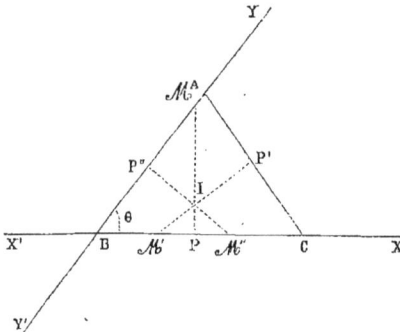

L'équation de M″P″ est de la forme :

$$y = px + q.$$

$$p = -\cos\theta, \; q = \frac{c}{2};$$

d'où

$$y = -x\cos\theta + \frac{c}{2}. \quad (2).$$

Celle de la perpendiculaire M′P′ est :

$$y - y' = p'(x - x').$$

Il vient pour l'équation de AC :

$$\frac{y}{c} + \frac{x}{a} = 1; \quad \text{d'où} \quad y = -\frac{c}{a}x + c.$$

M′P′ étant perpendiculaire à AC, on a la relation :

$$1 - \frac{c}{a}p' + \left(p' - \frac{c}{a}\right)\cos\theta = 0; \quad p' = \frac{c\cos\theta - a}{a\cos\theta - c}.$$

En remplaçant, on obtient :

$$y - \frac{c}{2} = \frac{c\cos\theta - a}{a\cos\theta - c}\left(x - \frac{a}{2}\right). \quad \ldots \quad (3),$$

pour l'équation de la perpendiculaire M′P′.

Combinons (1) et (2); nous aurons pour x :

$$x = \frac{a - c\cos\theta}{2\sin^2\theta}.$$

En combinant deux autres équations, on trouve la même valeur pour x; ce qui prouve que les trois perpendiculaires se coupent en un même point.

134. THÉORÈME V. *Si l'on mène à volonté une parallèle DE à la base d'un triangle ABC, la droite CM, qui joint le* sommet **C** *au milieu* **M** *du côté opposé, passe par le point de rencontre des diagonales du trapèze* ABDE (fig. 52).

Prenons les droites AB, AC pour axes des x et des y, a, b, c étant les côtés opposés aux angles A, B, C.

Soit AD $= d$.

L'équation de la droite CM est :

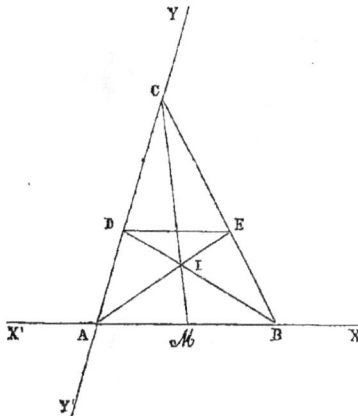

Fig. 52.

$$\frac{y}{b} + \frac{2x}{c} = 1 \quad (1),$$

et celle de BD

$$\frac{y}{d} + \frac{x}{c} = 1 \quad (2).$$

On obtient pour l'équation de AE :

$$y = \frac{bdx}{c(b-d)} \quad \cdots \quad (3).$$

Ces trois équations donnent, pour l'abscisse I du point de rencontre des trois droites, la même valeur :

$$x = \frac{c(b-d)}{2b-d}.$$

135. Problème IX. *Vérifier si trois points* M', M'', M''' *sont situés sur une même droite.*

Il est évident qu'on aura :

$$y' = ax' + b, \quad y'' = ax'' + b, \quad y''' = ax''' + b,$$

(x', y'), (x'', y''), (x''', y''') étant les coordonnées des points M', M'', M'''. D'où

$$\frac{y' - y''}{x' - x''} = \frac{y' - y'''}{x' - x'''},$$

qui exprime la condition voulue pour que ces points soient en ligne droite.

136. Appliquons ce principe, afin de prouver que les milieux des trois diagonales d'un quadrilatère complet ABCDEF sont situés sur une même droite (fig. 53).

Fig. 53.

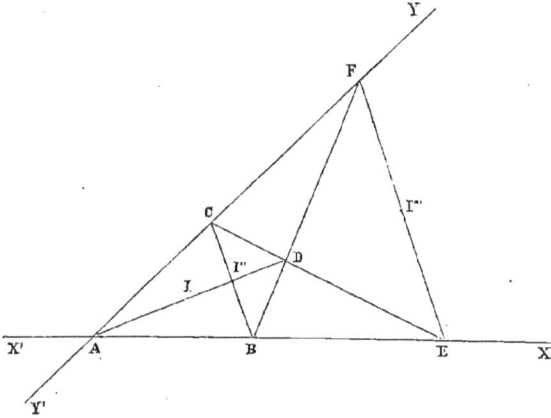

En prenant les deux côtés AB, AC pour axes coordonnés, on aura, en posant AB $= a$, AE $= a'$, AC $= b$, AF $= b'$, pour les coordonnées des points :

1° I'', milieu de BC ... $x = \dfrac{a}{2}$, $y = \dfrac{b}{2}$;

2° I''', milieu de EF ... $x = \dfrac{a'}{2}$, $y = \dfrac{b'}{2}$.

Pour obtenir les coordonnées du point I, milieu de AD, on doit chercher celles du point D, intersection des deux droites :

$$ \text{BF}... \frac{y}{b'} + \frac{x}{a} = 1 \quad \text{et} \quad \text{CE}... \frac{y}{b} + \frac{x}{a'} = 1 \ ; $$

ce qui donne :

$$x = \frac{aa'(b'-b)}{a'b'-ab}, \qquad y = \frac{bb'(a-a')}{ab-a'b'}.$$

On a donc pour les coordonnées du point I, milieu de AD :

$$x = \frac{aa'(b-b')}{2(ab-a'b')}, \qquad y = \frac{bb'(a-a')}{2(ab-a'b')}.$$

De sorte qu'il vient :

$$\frac{b-b'}{a-a'} = \frac{b - \dfrac{bb'(a-a')}{ab-a'b'}}{a - \dfrac{aa'(b-b')}{ab-a'b'}} = \frac{b-b'}{a-a'};$$

on voit que les milieux des trois diagonales du quadrilatère sont en ligne droite.

On prouverait de la même manière que, dans un triangle quelconque, le centre du cercle circonscrit, le centre de gravité et le point de rencontre des trois hauteurs sont en ligne droite.

137. THÉORÈME VI. *Si l'on joint les milieux des côtés d'un quadrilatère quelconque ABCD, la figure est un parallélogramme* (fig. 54).

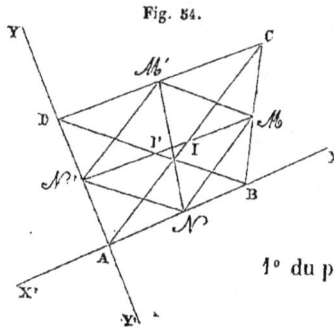
Fig. 54.

Prenons les deux côtés AB $= a$, AD $= b$ pour axes coordonnés. Soient m, n, les coordonnées du point C.

On aura pour les coordonnées :

1° du point M... $\begin{cases} x = \dfrac{a+m}{2}, \\ y = \dfrac{n}{2}; \end{cases}$

$$2° \text{ du point} \quad M'\dots \begin{cases} x = \dfrac{m}{2}, \\ y = \dfrac{n+b}{2}; \end{cases}$$

$$3° \text{ du point} \quad N\dots \begin{cases} x = \dfrac{a}{2}, \\ y = 0; \end{cases}$$

$$4° \text{ du point} \quad N'\dots \begin{cases} x = 0, \\ y = \dfrac{b}{2}. \end{cases}$$

Les deux droites MN, M'N' sont parallèles à la diagonale AC, comme ayant le même coefficient angulaire $\frac{n}{m}$. De même, les deux droites MM', NN' sont parallèles à la diagonale BD, comme ayant le même coefficient angulaire $-\frac{b}{a}$. Le quadrilatère MM'NN' est donc un parallélogramme.

L'équation de la diagonale MN' est :

$$y - \frac{b}{2} = \frac{(n-b)x}{a+m};$$

celle de M'N est :

$$y = \frac{n+b}{m-a}\left(x - \frac{a}{2}\right).$$

Les coordonnées de l'intersection de ces diagonales sont :

$$x = \frac{a+m}{4}, \quad y = \frac{b+n}{4}.$$

Il vient pour les coordonnées x', y', du milieu de la droite II' qui joint les milieux des deux diagonales AC, BD :

$$x' = \frac{a+m}{4}, \quad y' = \frac{b+n}{4}.$$

Donc, la droite qui joint les milieux des deux diagonales du quadrilatère passe par le point d'intersection des
deux diagonales du parallélogramme.

138. THÉORÈME VII. *Sur les trois côtés d'un triangle
ABC pris tour à tour comme diagonales, on construit trois
parallélogrammes dont les côtés sont parallèles à deux
droites données : les trois autres diagonales se coupent en
un même point* (fig. 55).

Soient AH et AD les droites données; CG', CDH', BHH',

Fig. 55.

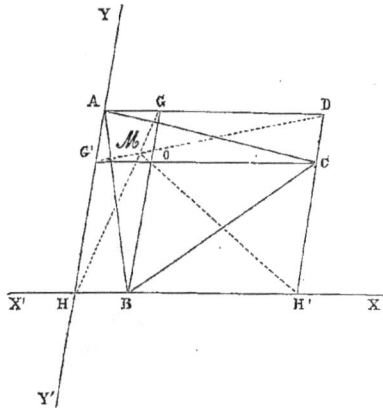

BG les parallèles
menées aux droi-
tes données; G'D,
HG et OH' les dia-
gonales qui doi-
vent se couper en
un même point.

Prenons AH
pour axe des y
et HH' pour axe
des x. Pour plus
de facilité, éta-
blissons les coor-
données de cha-
que point :

$$M \begin{cases} x_4, \\ y_4; \end{cases} \quad A \begin{cases} x = 0, \\ y = b; \end{cases} \quad B \begin{cases} x = d, \\ y = 0; \end{cases} \quad C \begin{cases} x = a, \\ y = c; \end{cases}$$

$$D \begin{cases} x = a, \\ y = b; \end{cases} \quad H' \begin{cases} x = a, \\ y = 0; \end{cases} \quad G \begin{cases} x = d, \\ y = b; \end{cases} \quad G' \begin{cases} x = 0, \\ y = c; \end{cases} \quad O \begin{cases} x = d, \\ y = c. \end{cases}$$

L'équation de GH est de la forme :

$$y - y' = \frac{y' - y''}{x' - x''}(x - x'),$$

dans laquelle $y'=0$, $x'=0$, $x''=d$, $y''=b$;

d'où
$$y = \frac{y''}{x''} x.$$

Mais la droite GH passe par le point M (x_1, y_1); son équation est donc :
$$y_1 = \frac{b}{d} x_1 \quad \ldots \ldots \quad (1).$$

Il vient pour l'équation de la diagonale G'D
$$y_1 - c = \frac{c-b}{-a} x_1. \quad \ldots \ldots \quad (2),$$

et pour celle de OH' :
$$y_1 - c = \frac{c}{d-a}(x_1 - d) \quad \ldots \ldots \quad (3).$$

En combinant successivement (1) et (2), (2) et (3), on obtient pour x_1 la même valeur :
$$x_1 = \frac{acd}{ab - d(b-c)};$$

ce qui prouve que les trois diagonales GH, OH', G'D se coupent en un même point.

139. PROBLÈME X. *Étant données deux droites AB, AC et un point fixe P, par ce point passe une sécante mobile RPS qui rencontre les droites fixes AB, AC en R et en S. On demande le lieu géométrique décrit par le point M, intersection des parallèles RM, SM aux deux droites proposées* (fig. 56).

Dirigeons les axes coordonnés suivant les deux droites AB, AC, les coordonnées du point P étant $AQ = a$, $PQ = b$.

L'équation de la sécante mobile RPS est :
$$\frac{y}{AR} + \frac{x}{AS} = 1.$$

10

Elle passe par P; on a donc :

$$\frac{b}{AR} + \frac{a}{AS} = 1.$$

Fig. 56.

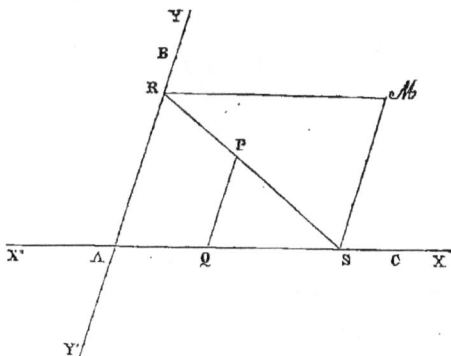

Mais $AR = MS = y_1$, et $AS = RM = x_1$; de sorte que l'équation du lieu est :

$$\frac{b}{y_1} + \frac{a}{x_1} = 1 \quad \text{ou} \quad x_1 y_1 - a y_1 - b x_1 = 0.$$

140. PROBLÈME XI. *On donne deux droites CD, XX' et un point fixe F situé dans leur plan. Par le point fixe F passe une droite mobile RFS. Aux points de rencontre R, S de cette droite avec les deux droites fixes, on élève des perpendiculaires RM, SM. On demande le lieu décrit par l'intersection M de ces deux perpendiculaires (fig. 57).*

Dirigeons les axes coordonnés suivant les deux droites CD, XX'. Soient a et b les coordonnées du point F et θ l'angle des deux droites, qui est aussi celui des deux axes.

Désignons par x' et y' les longueurs variables OS et OR ; on a l'équation :

$$\text{RS} \ldots \frac{b}{y'} + \frac{a}{x'} = 1 \quad \ldots \quad \ldots \quad (1).$$

Fig. 57.

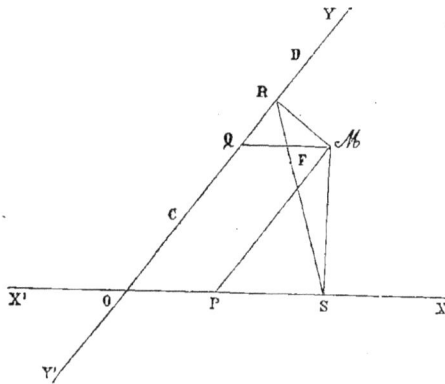

Soient x_1, y_1 les coordonnées du point M ; il vient évidemment :

$$x' = \text{OP} + \text{PS} = x_1 + y_1 \cos \theta,$$
$$y' = \text{OQ} + \text{QR} = y_1 + x_1 \cos \theta.$$

En substituant ces valeurs dans l'équation de RS, on obtient pour le lieu :

$$\frac{b}{y_1 + x_1 \cos \theta} + \frac{a}{x_1 + y_1 \cos \theta} = 1$$

ou

$$y^2 \cos \theta + (1 + \cos^2 \theta) xy + x^2 \cos \theta - (a + b \cos \theta) y - (b + a \cos \theta) x = 0.$$

141. PROBLÈME XII. *On donne deux droites fixes* OX, OY *et un point* P *situé dans leur plan. Par le point* P *passent deux sécantes mobiles* PCA, PDB. *Chercher le lieu* *décrit par le point* M, *intersection des deux droites* AD, BC (fig. 38).

Dirigeons les axes coordonnés suivant les deux droites

Fig. 58.

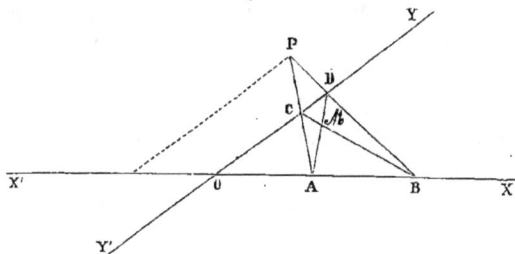

OX, OY, l'origine O étant leur point d'intersection. Soient — *m* et + *n* les coordonnées du point P; OA = *a*, OB = *a'*, OC = *b*, OD = *b'*, x_1, y_1 étant les coordonnées du point M.

On a les équations :

$$\text{AD}\ldots \frac{y}{b'} + \frac{x}{a} = 1, \qquad \text{BC}\ldots \frac{y}{b} + \frac{x}{a'} = 1,$$

$$\text{AC}\ldots \frac{y}{b} + \frac{x}{a} = 1, \qquad \text{BD}\ldots \frac{y}{b'} + \frac{x}{a'} = 1.$$

Si l'on cherche le point d'intersection (x_1, y_1) des deux droites AD, BC, on trouve :

$$\frac{y_1}{x_1} = -\frac{bb'(a - a')}{aa'(b - b')};$$

et, si l'on cherche le point d'intersection P $\left(-\frac{n}{m}\right)$ des deux droites AC, BD, on obtient :

$$-\frac{n}{m} = -\frac{bb'(a - a')}{aa'(b - b')};$$

d'où
$$\frac{y_1}{x_1} = \frac{n}{m}.$$

Le lieu décrit par le point M passe donc par l'origine, c'est-à-dire, par le point de rencontre des deux droites AB, CD. Cette droite MO est la polaire du point P qui en est le pôle. D'après cette propriété, il est facile de mener par un point M une droite qui passe par le point de rencontre de deux autres droites AB, CD, qu'on ne peut prolonger.

142. PROBLÈME XIII. *On prend sur deux droites rectangulaires* OX, OY, *à partir du point* O, *deux longueurs* OA = a, OB = b. *Par le point* B, *on mène une parallèle à* OX *et l'on prend sur cette parallèle une longueur variable* BV = OV′ = z. *On demande le lieu décrit par le point* M, *intersection des droites* OV *et* AV′ (fig. 59).

En prenant OX et OY pour axes des x et des y, on a les équations :

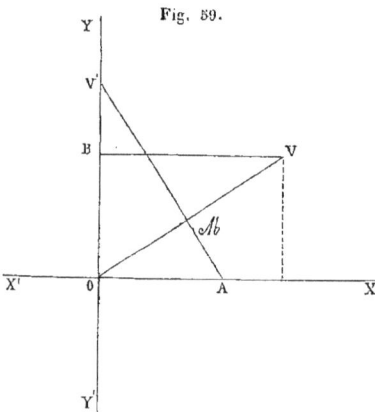
Fig. 59.

$$AV' \dots \frac{x_1}{a} + \frac{y_1}{z} = 1,$$

$$OV \dots y_1 = \frac{b}{z} x_1.$$

Il vient pour l'équation du lieu :

$$ay^2 + bx^2 - abx = 0.$$

143. PROBLÈME XIV. *Deux droites mobiles* AM, BM *passent par deux points fixes* A *et* B, *et font des angles variables* MAB = α, MBA = 2α *avec la droite* AB. *Chercher le lieu décrit par le point* M.

Plaçons l'origine des coordonnées rectangulaires au point O, milieu de la droite AB = 2a; dirigeons l'axe

des x suivant cette droite, et l'axe des y suivant la perpendiculaire OY,
élevée sur le mi-
lieu O de AB. Soient

Fig. 60.

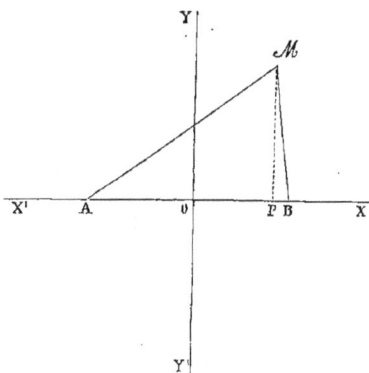

$$OP = x_1,$$

$$MP = y_1,$$

les coordonnées du
point M.

On obtient pour
les équations des
droites AM, BM,
qui passent par le
lieu :

AM ... $y_1 = \operatorname{tg} \alpha\,(x_1 + a)$. . . . . . (1),

BM ... $y_1 = \operatorname{tg} 2\alpha\,(a - x_1)$. . . . . . (2).

Ces deux équations ne contiennent que la variable α, et
le lieu se trouve déterminé. Pour obtenir son équation, il
suffit de prendre la valeur de $\operatorname{tg} \alpha$ dans (1) et de la substituer dans la seconde équation ; ce qui donne :

$$y^2 - 5x^2 - 2ax + a^2 = 0,$$

qui est l'équation d'une hyperbole facile à construire,
comme on le verra plus loin.

144. Problème XV. *On donne un triangle* ABC *et un
point mobile* O *dans son plan. On trace les droites* AO, BO,
CO, *et aux points* A, B, C, *on élève des perpendiculaires* AM,
BM, CM *à ces droites. On demande le lieu décrit par le
point* M, *intersection de ces trois perpendiculaires* (fig. 61).

Prenons le point A comme origine des axes rectangulaires, et dirigeons l'axe des x suivant AC, la perpendiculaire AY étant l'axe des ordonnées.

Soient m et n les coordonnées du point B, $AC = b$, x', y' les coordonnées du point mobile O.

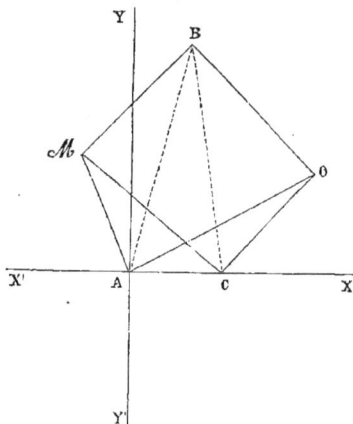

La droite AM passe par l'origine, et elle est perpendiculaire à la droite AO qui a pour coefficient angulaire $\frac{y'}{x'}$.

On aura donc :

Fig. 61.

$$AM \ldots y_i = -\frac{x'}{y'}\, x_i \ (1).$$

La droite BM passe par le point B (m, n) et elle est perpendiculaire à la droite BO qui a pour coefficient angulaire $\frac{n-y'}{m-x'}$.

Son équation est donc :

$$BM \ldots y_i - n = \frac{m-x'}{n-y'}\,(m-x_i) \quad . \quad . \quad . \quad (2).$$

On a de même pour la perpendiculaire CM :

$$y_i = \frac{b-x'}{y'}\,(x_i - b) \quad . \quad . \quad . \quad . \quad (3).$$

En prenant les valeurs de x' et de y' dans (1) et dans (3) et en les substituant dans (2), on trouve pour l'équation du lieu :

$$ny^2 + nx^2 + \left[m(b+m) - n^2\right]y_i - nbx_i = 0,$$

qui est celle d'une circonférence de cercle.

145. Problème XVI. *Le sommet C d'un triangle à base fixe AB se meut sur une droite CD,* $y = ax + b$. *Au point B on fait un angle CBM constamment égal à CBA. On* demande le lieu décrit par le point de rencontre M des droites BM et AC (fig. 62).

Plaçons l'origine des axes rectangulaires au point A, et

Fig. 62.

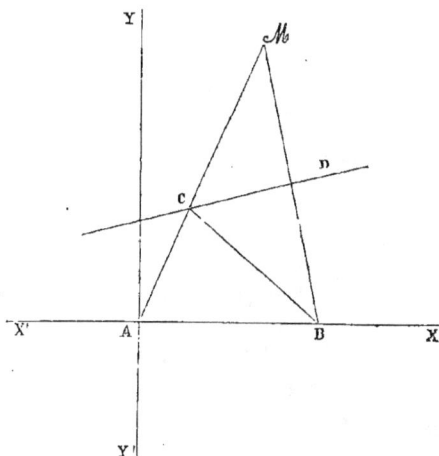

dirigeons l'axe des x suivant la droite AB. Soit AB $= c$ et l'angle ABC $= \alpha$.

La droite MA a une équation de la forme : $y = px$; devant passer par M (x_1, y_1), elle devient :

$$y_1 = px_1 ;$$

d'où $\qquad p = \dfrac{y_1}{x_1} \quad$ et $\quad y = \dfrac{y_1}{x_1} x \; . \; . \; . \; . \; . \;$ (1).

BC a pour équation :

$$y = \operatorname{tg} \alpha \, (c - x) \; . \; . \; . \; . \; . \;$$ (2).

En combinant (1) et (2), on obtient :

$$\frac{y_1}{x_1} x = \operatorname{tg} \alpha \, (c - x) ;$$

d'où $\qquad x = \dfrac{cx_1\,\mathrm{tg}\,\alpha}{y_1 + x_1\,\mathrm{tg}\,\alpha}, \qquad y = \dfrac{cy_1\,\mathrm{tg}\,\alpha}{y_1 + x_1\,\mathrm{tg}\,\alpha}.$

Le point C se trouvant sur la droite $y = ax + b$, cette équation sera satisfaite pour les coordonnées de ce point; on aura donc :

$$\frac{cy_1\,\mathrm{tg}\,\alpha}{y_1 + x_1\,\mathrm{tg}\,\alpha} = \frac{acx_1\,\mathrm{tg}\,\alpha}{y_1 + x_1\,\mathrm{tg}\,\alpha} + b.$$

$$\mathrm{tg}\,\alpha\,(cy_1 - acx_1 - bx_1) = by_1 \quad . \quad . \quad . \quad (a).$$

BM a pour équation :

$$y = -\,\mathrm{tg}\,2\alpha\,(x - c),$$

et comme cette droite passe par le lieu, on a :

$$y_1 = \frac{2\,\mathrm{tg}\,\alpha}{1 - \mathrm{tg}^2\alpha}(c - x_1). \quad . \quad . \quad . \quad (b).$$

En éliminant $\mathrm{tg}\,\alpha$, on obtient pour l'équation du lieu :

$$\left[cy - (ac + b)\,x\right]\left[cy - (ac - b)\,x - 2bc\right] = b^2 y^2.$$

146. PROBLÈME XVII. *On donne deux points fixes* A *et* B *et une droite* CE. *Un angle constant* IAD *tourne autour du point* A *et rencontre la droite* CE *en deux points variables* I *et* D. *Chercher le lieu décrit par le point* M, *intersection des deux droites mobiles* BMI *et* AMD (fig. 63).

Prenons des axes rectangulaires; dirigeons l'axe des x suivant la droite AB, l'origine étant en O, à l'intersection de AB avec CE. Posons OA $= a$, OB $= b$, angle DAB $=\omega$, angle IAD $= \alpha$; x_1, y_1 étant les coordonnées du point M, on aura les équations :

$$\text{CE} \ldots y = px \quad . \quad . \quad . \quad . \quad . \quad (1),$$

$$\text{AD} \ldots y_1 = \mathrm{tg}\,\omega\,(x_1 - a) \quad . \quad . \quad . \quad (2),$$

$$\text{AI} \ldots y = \mathrm{tg}\,(\omega + \alpha)\,(x - a) \quad . \quad . \quad (5),$$

$$\text{BI} \ldots y = \frac{y_1}{x_1 - b}(x - b) \quad . \quad . \quad . \quad (4).$$

Ces quatre équations ne renferment que trois variables x, y et ω.

Fig. 63.

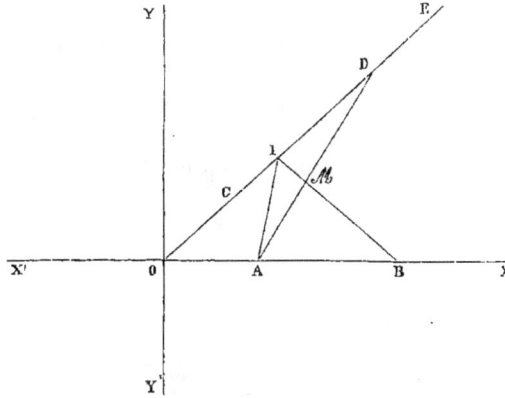

Si l'on substitue la valeur de y de la première dans (3) et (4) et si l'on remplace $\operatorname{tg}\omega$ par sa valeur tirée de (2), il vient, en égalant les valeurs de x, pour le lieu cherché l'équation

$$\frac{by}{y - px + pb} = \frac{a\left[(a - x)\,\operatorname{tg}\alpha - y\right]}{(p - \operatorname{tg}\alpha)\,x - y - py\operatorname{tg}\alpha + a\,(\operatorname{tg}\alpha - p)}.$$

147. Problème XVIII. *Une droite mobile SCR passe par un point fixe C et rencontre en R et en S deux droites données OX et OY. On joint le point R au point fixe A et le point S au point fixe B. Chercher le lieu décrit par l'intersection M des deux droites AMR, BMS (fig. 64).*

Prenons les deux droites données OX, OY pour axes coordonnés, et posons :

$$OS = y', \quad OR = x'.$$

Soient (a, b), (a', b') les coordonnées des points A et B, et m, n celles du point C ; on aura les équations :

$$\text{RS} \ldots \frac{n}{y'} + \frac{m}{x'} = 1 \quad \ldots \ldots \ldots \quad (1),$$

$$\text{BS} \ldots y_1 - b' = \frac{b' - y'}{a'} (x_1 - a') \quad \ldots \quad (2),$$

$$\text{AR} \ldots y_1 - b = \frac{b}{a - x'} (x_1 - a). \quad \ldots \quad (5),$$

x_1, y_1 étant les coordonnées du point M.

Fig. 64.

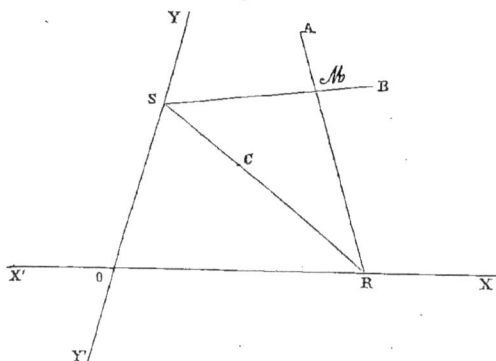

Si l'on prend les valeurs de x' et de y' dans (2) et dans (3) et qu'on les substitue dans (1), on trouvera pour le lieu l'équation :

$$m(y-b)(a'y-b'x) + n(a'-x)(ay-bx) - (a'y-b'x)(ay-bx) = 0,$$

qui est du second degré.

Il est facile de voir que la courbe passe par l'origine et par les points A et B, de même que par les points R, S.

148. PROBLÈME XIX. *Chercher le lieu géométrique des points tels qu'en abaissant de ces points des perpendiculaires* *sur trois droites données, les pieds de ces perpendiculaires soient en ligne droite* (fig. 65).

Prenons l'une des droites, OB, comme axe des x, et faisons passer une deuxième droite OC par l'origine O des axes rectangulaires.

Fig. 65.

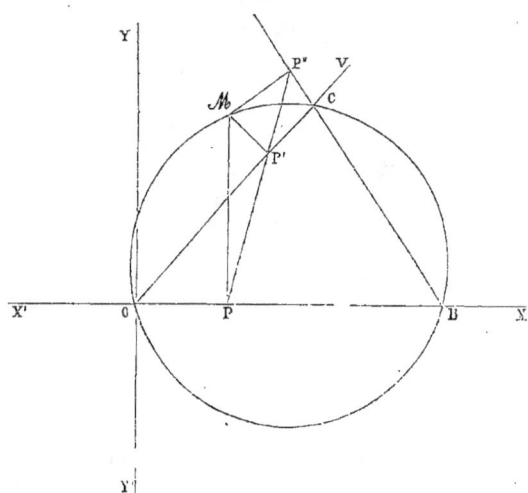

Soient x_1, y_1 les coordonnées du point M.

La droite MP′ passant par le lieu aura une équation de la forme :

$$y - y_1 = a'(x - x_1).$$

Cette droite doit être perpendiculaire à OV dont l'équation est

$$y = ax ;$$

l'équation de MP′ devient donc :

$$y - y_1 = -\frac{1}{a}(x - x_1) \quad \ldots \ldots \quad (1)$$

Les équations des droites MP′, OV étant simultanées pour leur point d'intersection P′, les coordonnées de ce point sont :

$$x = \frac{ay_1 + x_1}{1 + a^2}, \quad y = \frac{a^2 y_1 + ax_1}{1 + a^2}.$$

La droite MP″, qui passe par le lieu, a une équation de la forme :

$$y - y_1 = m'(x - x_1).$$

Mais elle doit être perpendiculaire à BC dont l'équation est :

$$y = mx + n;$$

il vient, en conséquence, pour l'équation de MP″ :

$$y - y_1 = -\frac{1}{m}(x - x_1) \quad . \quad . \quad . \quad (2).$$

En combinant les équations des droites BC et MP″, on trouve pour les coordonnées de leur point d'intersection P″ :

$$x = \frac{my_1 + x_1 - mn}{1 + m^2}, \quad y = \frac{m^2 y_1 + mx_1 + n}{1 + m^2}.$$

La droite PP′ passant par deux points dont on connaît les coordonnées, a une équation de la forme :

$$y - y' = \frac{y' - y''}{x' - x''}(x - x').$$

Les coordonnées du point P sont :

$$y' = 0, \quad x' = x_1.$$

Si l'on remplace dans cette équation y' et x' par leurs valeurs, et si l'on y substitue, au lieu des coordonnées x'', y'' du point P′, les expressions :

$$x'' = \frac{ay_1 + x_1}{1 + a^2}, \quad y'' = \frac{a^2 y_1 + ax_1}{1 + a^2},$$

on trouve : $$y = \frac{ay_1 + x_1}{y_1 - ax_1}(x - x_1). \quad \ldots \ldots \quad (5).$$

D'après les conditions du problème, cette équation doit être satisfaite par les coordonnées du point P''. En remplaçant dans (3) x et y par leurs valeurs, il vient :

$$\frac{m^2 y_1 + mx_1 + n}{1 + m^2} = \frac{ay_1 + x_1}{y_1 - ax_1}\left(\frac{my_1 + x_1 - mn}{1 + m^2} - x_1\right),$$

et après réduction :

$$y_1^2 + x_1^2 + \frac{n}{m}\left(\frac{1 + am}{m - a}\right)y_1 + \frac{n}{m}x_1 = 0.$$

Cette équation représente une circonférence de cercle, puisque les coefficients de x^2_1 et y^2_1 sont égaux, et qu'il n'y a pas de terme en $x_1 y_1$. Cette circonférence passe par les trois points O, B, C, comme le prouve son équation.

149. Problème XX. *Deux angles constants* α, β *tournent autour de leurs sommets* A *et* B. *Deux côtés de ces angles se coupent sur une droite donnée* DE; *chercher le lieu décrit par le point* M, *intersection des deux autres côtés* (fig. 66).

Plaçons l'origine des coordonnées rectangulaires au point A; dirigeons l'axe des x suivant la droite AB.

Soit $y = px + q$ l'équation de la droite DE.

Posons AB $= b$, et désignons par a et c les tangentes de α et de β, x', y' étant les coordonnées de l'intersection I des deux côtés des angles α et β sur la droite DE, et x_1, y_1 les coordonnées du point M. On aura les équations :

$$y' = px' + q \quad \ldots \ldots \ldots \quad (1),$$

$$\frac{y_1 x' - x_1 y'}{x_1 x' - y_1 y'} = a \quad \ldots \ldots \quad (2),$$

$$\frac{y_1(x' - b) - (x_1 - b)y'}{(x_1 - b)(x' - b) + y_1 y'} = c. \quad \ldots \quad (5).$$

Des deux premières, on tire :

$$x' = \frac{q\,(ay_1 - x_1)}{ax_1 - y_1 - p\,(ay_1 - x_1)}, \quad y' = \frac{q\,(ax_1 - y_1)}{ax_1 - y_1 - p\,(ay_1 - x_1)}.$$

Ces valeurs substituées dans (3) donnent pour le lieu

$$[(a - c)q + (ap + 1)b]\,y_1^2 + b\,[a + c + p\,(1 + ac)]\,x_1 y_1$$
$$+ [(a - c)q - (a + p)bc]\,x_1^2 + b\,[(1 - ac)\,q - (1 + ap)bc]\,y_1$$
$$+ b\,[(c - a)\,q + bc(a + p)]\,x_1 = 0.$$

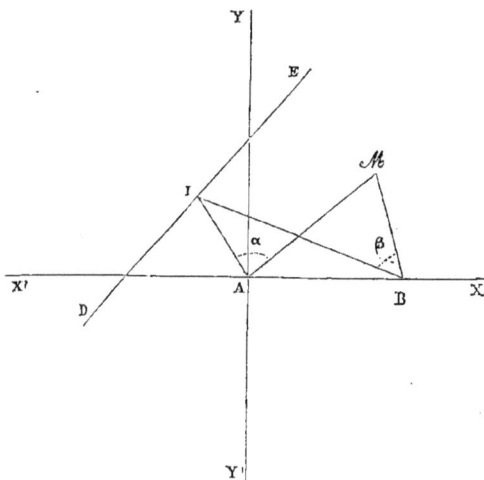

Fig. 66.

Si l'angle $\alpha = 90°$, la droite DE étant perpendiculaire à AB, en désignant par m sa distance à l'origine, on aura dans ce cas les équations :

$$x' = m, \quad y' = -m\frac{x_1}{y_1},$$

$$\frac{(x_1 - b)y' - y_1\,(x' - b)}{(b - x_1)\,(b - x') - y_1 y'} = c\,;$$

le lieu devient :

$$(b-m)y_1^2 + c(b-m-1)x_1y_1 - mx_1^2 + bc(m-b)y_1 + bmx_1 = 0,$$

et il est encore représenté par une équation du 2me degré en x_1, y_1, au terme constant près. Enfin, si l'angle β devient nul, l'équation précédente se réduit à

$$(b-m)y_1^2 - mx_1^2 + bmx_1 = 0.$$

CHAPITRE V.

Méthode abrégée de la théorie des droites.

150. Nous avons vu précédemment (126) que

$$Ax + By + C = 0, \qquad A'x + B'y + C' = 0,$$

représentant deux droites quelconques, l'équation

$$Ax + By + C + k(A'x + B'y + C') = 0$$

représentait aussi une droite quelconque passant par leur point d'intersection, l'arbitraire k pouvant être aussi bien négative que positive.

Il est évident qu'au lieu de l'équation

$$Ax + By + C = 0,$$

on peut également prendre l'équation

$$x \cos \alpha + y \sin \alpha - \delta = 0 ;$$

de sorte qu'on aura alors :

$$x \cos \alpha + y \sin \alpha - \delta - k(x \cos \beta + y \sin \beta - \delta') = 0.$$

Si, pour abréger, nous désignons les équations

$$x \cos \alpha + y \sin \alpha - \delta = 0, \quad x \cos \beta + y \sin \beta - \delta' = 0,$$

par α et β, nous aurons :

$$\alpha - k\beta = 0,$$

équation qui représente la droite passant par le point d'intersection des deux droites $\alpha = 0$, $\beta = 0$, puisque cette équation $\alpha - k\beta = 0$ est satisfaite lorsqu'on y fait en même temps $\alpha = 0$, $\beta = 0$.

Fig. 67.

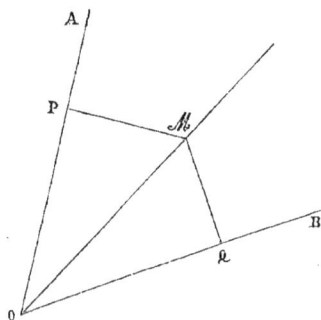

Soient OA et OB (fig. 67) les deux droites qui ont pour équations α et β. Désignons par x_1, y_1 les coordonnées d'un point quelconque M du lieu représenté par l'équation $\alpha - k\beta = 0$: la distance MP de ce point à la droite OA (α) est, comme on le sait,

$$x_1 \cos \alpha + y_1 \sin \alpha - \delta = 0;$$

la distance du même point à la droite OB (β) est :

$$x_1 \cos \beta + y_1 \sin \beta - \delta' = 0.$$

De sorte qu'on aura pour le rapport k de ces distances :

$$k = \frac{x_1 \cos \alpha + y_1 \sin \alpha - \delta}{x_1 \cos \beta + y_1 \sin \beta - \delta'} = \frac{\text{MP}}{\text{MQ}} = \frac{\sin \text{MOA}}{\sin \text{MOB}}.$$

Le lieu est donc tel que le rapport des distances de l'un quelconque de ses points aux deux droites α, β est constant; ce qui prouve que ce lieu est une droite MO dont l'équation est :

$$\alpha - \frac{\sin \text{MOA}}{\sin \text{MOB}} \beta = 0 \quad \text{ou} \quad \alpha - k\beta = 0.$$

11

Il est évident, d'après ce qui précède, que l'équation

$$\alpha + k\beta = 0$$

représente encore une droite passant par le point O, intersection des deux droites α et β, mais qu'elle est extérieure à l'angle AOB. Alors, une des distances MP ou MQ doit changer de signe, comme étant dirigée en sens contraire de celles qui précèdent considérées comme positives.

Appliquons ces principes à la résolution des théorèmes suivants :

151. THÉORÈME I. *Les trois bissectrices* AD, BE, CF *d'un triangle quelconque* ABC *se coupent en un même point* (fig. 68).

Soient

$$\alpha = 0, \; \beta = 0, \; \gamma = 0,$$

les équations des trois côtés opposés aux angles A, B, C. Les équations des bissectrices AD, BE,

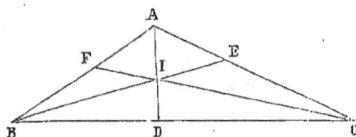

Fig. 68.

CF sont respectivement :

$$\beta - \gamma = 0, \quad \gamma - \alpha = 0, \quad \alpha - \beta = 0.$$

En ajoutant ces trois équations membre à membre,

on a : $\beta - \gamma + \gamma - \alpha + \alpha - \beta = 0$;

leur somme est donc identiquement nulle.

On voit que ces trois droites se coupent en un même point.

152. THÉORÈME II. *Les trois médianes d'un triangle se coupent en un même point.*

Soient α, β, γ les équations des trois côtés opposés aux angles A, B, C du triangle. Les médianes partant des sommets A , B , C ont respectivement pour équations :

$$\beta \sin B - \gamma \sin C = 0, \quad \gamma \sin C - \alpha \sin A = 0, \quad \alpha \sin A - \beta \sin B = 0.$$

En ajoutant le système de ces trois équations, l'équation résultante est évidemment satisfaite : ce qui prouve que ces trois médianes se coupent en un même point.

153. THÉORÈME III. *Les trois hauteurs d'un triangle quelconque se coupent en un même point.*

En se servant des mêmes désignations que précédemment, on aura pour les hauteurs abaissées des sommets A, B, C, respectivement les équations :

$$\beta \cos B - \gamma \cos C = 0, \quad \gamma \cos C - \alpha \cos A = 0, \quad \alpha \cos A - \beta \cos B = 0,$$

qui prouvent que ces trois droites se coupent en un même point.

154. PROBLÈME. *Les trois côtés d'un triangle quelconque passent par trois points fixes P, Q, R, en ligne droite. Deux sommets A et B se meuvent sur deux droites fixes OD, OE : on demande le lieu décrit par le troisième sommet C, intersection des deux droites AQC, BRC (fig. 69).*

Quelles que soient les équations des trois droites fixes OD, OE, PQR et quelle que soit leur position par rapport aux axes coordonnés, on peut toujours les représenter par

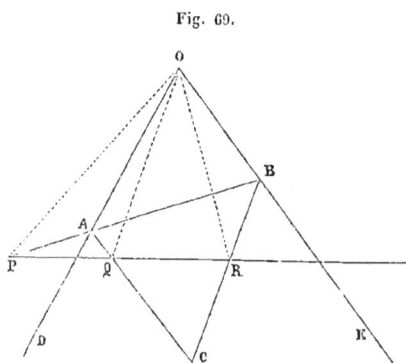

Fig. 69.

OD ... $a = 0$,

OE ... $b = 0$,

PQR ... $c = 0$,

et les droites OP, OQ, OR par

$$OP \dots b + Ka = 0,$$
$$OQ \dots b + K'a = 0,$$
$$OR \dots b + K''a = 0,$$

puisque ces équations sont satisfaites par $\begin{cases} a = 0 \\ b = 0 \end{cases}$, c'est-à-dire par les coordonnées du point O par lequel elles passent.

Le point A est déterminé au moyen des équations simultanées $a = 0$ et $\lambda c + b + Ka = 0$; cette dernière équation, qui contient l'arbitraire λ, représente la droite PA passant par le point P, intersection de RQP et de OP. Ces deux équations se réduisent à :

$$a = 0, \quad b + \lambda c = 0.$$

La droite AQ passant par A a donc une équation de la forme
$$b + \lambda c + \lambda' a = 0.$$

Cette droite passe aussi par Q, intersection des droites

$$c = 0, \quad b + K'a = 0, \quad b + \lambda' a = 0;$$

d'où $\quad (K' - \lambda') a = 0$, ce qui donne $\quad \lambda' = K'$:

l'équation de AQ est :

$$b + \lambda c + K'a = 0.$$

Les coordonnées du point B sont données par les équations simultanées :

$$\text{B} \begin{cases} b = 0, \\ \lambda c + b + Ka = 0 \end{cases} \quad \text{ou} \quad \text{B} \begin{cases} b = 0, \\ \lambda c + Ka = 0. \end{cases}$$

La droite BR passant par ce point B est de la forme :

$$\lambda c + Ka + \mu b = 0,$$

μ étant une indéterminée quelconque. Cette droite passe par R $\begin{cases} c = 0, \\ b + K''a = 0 \end{cases}$ et elle devient :

$$Ka + \mu b = 0 \quad \text{et} \quad b = -K''a;$$

d'où $$(K - \mu K'')\,a = 0,$$

ce qui donne : $$\mu = \frac{K}{K''}.$$

L'équation de BR est donc :

$$\lambda c + Ka + \frac{K}{K''}\,b = 0.$$

Il suffit d'éliminer λ entre cette équation et

$$b + \lambda c + K'a = 0$$

qui est celle de AQ. On obtient pour le lieu cherché :

$$(K' - K)\,K''a + (K'' - K)\,b = 0,$$

qui est une droite passant par le point O.

155. *On dit qu'une droite* AB *est partagée harmoniquement aux points* C *et* D *lorsque les deux segments de* AB (fig. 70),

Fig. 70.

sont *proportionnels aux deux segments* AD, BD, *c'est-à-dire, lorsqu'on a la proportion :*

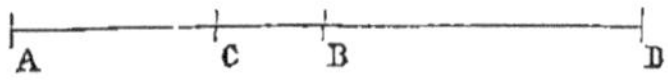

$$\frac{AC}{BC} = \frac{AD}{BD}.$$

Lorsqu'une droite AB *est partagée aux points* C *et* D *en trois segments* AC, CD, BD, *on nomme rapport anharmonique le rapport du rectangle des segments extrêmes* AC, BD *divisé par le rectangle de la ligne entière* AB *par le segment moyen, c'est-à-dire :*

$$\frac{AC \times BD}{AB \times CD};$$

ou bien encore, d'après **Chasles**, *le rapport des distances d'un point à deux autres divisé par le rapport des dis-*

lances du quatrième point à ces deux mêmes points, c'est-
à-dire :

$$\frac{AD \times BC}{AC \times BD}.$$

Ce dernier rapport anharmonique devient rapport harmonique, si l'on a

$$\frac{AD \times BC}{AC \times BD} = -1.$$

156. *Lorsqu'un faisceau de quatre droites* OA, OB, OC,
OD (fig. 71), *issues du même point* O, *est coupé par une
transversale quelconque, le rapport anharmonique du faisceau est constant, quelle que soit la transversale.*

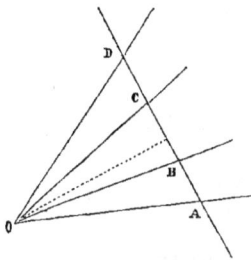

Fig. 71.

Soit δ la distance du point O
à la transversale qui rencontre
le faisceau en A, C, D, B.

On a :

$$\delta \cdot AC = OA \times OC \sin AOC,$$
$$\delta \cdot AD = OA \times OD \sin AOD,$$
$$\delta \cdot BD = OB \times OD \sin BOD,$$
$$\delta \cdot BC = OB \times OC \sin BOC;$$

d'où l'on tire :

$$\frac{AD \times BC}{AC \times BD} = \frac{\sin AOD \times \sin BOC}{\sin AOC \times \sin BOD}.$$

Ce rapport est constant et indépendant de la position de
la transversale.

Si les quatre droites OA, OB, OC, OD ont pour équations :

$$\alpha = 0, \quad \beta = 0, \quad \alpha + K\beta = 0, \quad \alpha + K'\beta = 0,$$

le rapport anharmonique du faisceau formé par ces quatre
droites sera $\frac{K'}{K}$.

En effet, $K = \dfrac{\sin AOC}{\sin BOC}$, $K' = \dfrac{\sin AOD}{\sin BOD}$;

d'où $\dfrac{K'}{K} = \dfrac{\sin AOD \times \sin BOC}{\sin AOC \times \sin BOD}$.

Si $\frac{K'}{K} = -1$, le faisceau est harmonique; d'où l'on conclut ce théorème :

Deux droites $\alpha - K\beta = 0$, $\alpha + K\beta = 0$, forment avec $\alpha = 0$ et $\beta = 0$ un faisceau harmonique, car l'angle AOB est divisé intérieurement et extérieurement dans le même rapport.

157. *Si quatre droites OC, OD, OE, OF, passant par un même point O (fig.72) ont respectivement pour équations :*

$$\alpha - c\beta = 0, \quad \alpha - d\beta = 0, \quad \alpha - e\beta = 0 \quad \text{et} \quad \alpha - f\beta = 0,$$

le rapport anharmonique de ces quatre droites est :

$$\frac{(f - d)(e - c)}{(f - e)(d - c)}.$$

En effet, d'après ce qui précède (155), ce rapport est égal à

$$\frac{FD \times CE}{FE \times CD}.$$

Les deux droites **OA, OB** représentées par les équations

Fig 72.

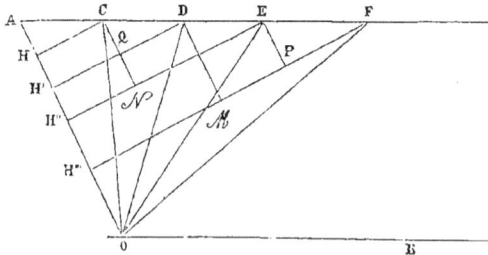

$\alpha = 0$, $\beta = 0$, pouvant avoir, à l'égard des quatre droites des positions quelconques, il est permis de supposer que la droite β est parallèle à la transversale CF. Comme les points C, D, E, F sont à la même distance p de la droite β, on a :

$$c = \frac{CH}{p}, \quad d = \frac{DH'}{p}, \quad e = \frac{EH''}{p}, \quad f = \frac{FH'''}{p},$$

H, H', H'', H''' étant les pieds des perpendiculaires abaissées des points C, D, E, F sur OA. Si, par les ·points C, D, E, F, on mène les parallèles à cette droite OA, en désignant par M, N, P, Q les points où ces parallèles rencontrent les perpendiculaires précitées, on obtient :

$$FM = FH''' - DH' = pf - pd = (f - d)\,p.$$

Mais $\quad$ FM = FD cos α; $\quad$ d'où $\quad$ FD $= \dfrac{p\,(f - d)}{\cos \alpha}$,

α étant l'angle que les parallèles, menées par les points C, D, E, F à la droite OA, font avec la transversale CDEF. On a de même :

$$CE = \frac{p\,(e - c)}{\cos \alpha}, \quad FE = \frac{p\,(f - e)}{\cos \alpha}, \quad CD = \frac{p\,(d - c)}{\cos \alpha}.$$

En substituant ces valeurs dans le rapport précédent, il vient :

$$\frac{FD \times CE}{FE \times CD} = \frac{(f - d)\,(e - c)}{(f - e)\,(d - c)}:$$

c'est ce qu'il fallait démontrer.

Ce qui vient d'être prouvé s'applique également aux droites dont les équations sont de la forme :

$$ax + by + c = 0,$$

puisque l'équation $x \cos \alpha + y \sin \alpha - \delta = 0$ diffère de la précédente seulement en ce que celle-ci est divisée par un facteur constant.

158. Soit $\alpha - c\beta, \quad \alpha - d\beta, \dots,$

un système de droites passant par un même point O ; supposons que

$$\delta - c\gamma, \quad \delta - d\gamma, \dots,$$

forment un second système de droites passant aussi par un même point O′.

Il est évident que le rapport anharmonique du premier système est égal à celui du second, le rapport anharmonique n'étant fonction que des coefficients c, d de β et de γ dans les deux systèmes d'équations. Comme ces coefficients sont les mêmes, le rapport anharmonique du premier système est égal à celui du second : ces deux systèmes de droites se nomment *homographiques*.

Appliquons ces principes au quadrilatère complet ABCDEF (fig. 73).

Soient $\alpha = 0$, $\beta = 0$, $\gamma = 0$ les équations des trois droites AC, AB, BD. L'équation de EI sera :

$$l\alpha - n\gamma = 0, \quad \text{et celle de EF} : \quad l\alpha + n\gamma = 0;$$

ce qui prouve que les quatre droites EA , EB , EI , EF

Fig. 73.

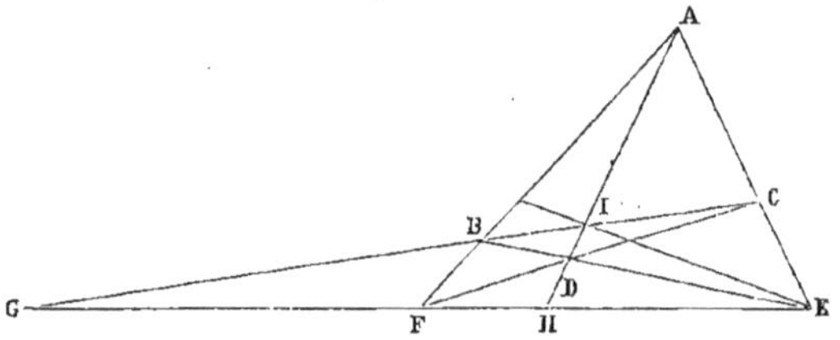

forment un faisceau harmonique, et que dans le quadrilatère CEDIAB la diagonale AB est divisée harmonique-

ment par les deux autres. On prouverait de la même manière que les quatre droites FA, FI, FC, FE forment
également un faisceau harmonique.

159. Cherchons encore, d'après cette méthode, les propriétés qui en résultent lorsqu'on joint les trois sommets
A, B, C d'un triangle quelconque à un point O.

Fig. 74.

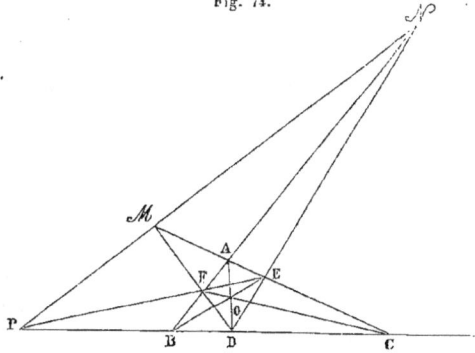

$\alpha = 0$, $\beta = 0$, $\gamma = 0$, étant les équations des trois côtés
de ce triangle, les droites AD. BE, CF (fig. 74), auront
respectivement pour équations :

$$m\beta - n\gamma = 0, \quad n\gamma - l\alpha = 0, \quad l\alpha - m\beta = 0.$$

L'équation de la droite DF est :

$$l\alpha + m\beta - n\gamma = 0;$$

celle de   ED ... $m\beta + n\gamma - l\alpha = 0$,

et celle de   EF ... $n\gamma + l\alpha - m\beta = 0$.

Ces trois droites DF, DE, EF rencontrent les côtés opposés AC, AB, BC du triangle en trois points M, N, P qui
sont situés sur la droite

$$l\alpha + m\beta + n\gamma = 0.$$

Le côté BCP du triangle est divisé harmoniquement par les droites AC, AB, AD et AP, puisque ces droites ont respectivement pour équations

$$\beta = 0, \quad \gamma = 0, \quad m\beta - n\gamma = 0 \quad \text{et} \quad m\beta + n\gamma = 0.$$

Il en est de même des deux autres côtés.

Coordonnées trilinéaires.

160. Soient $\alpha = 0$, $\beta = 0$, $\gamma = 0$ les équations des trois droites BC, AC, AB du triangle quelconque ABC (fig. 75), a, b, c étant les longueurs des trois côtés opposés aux angles A, B, C.

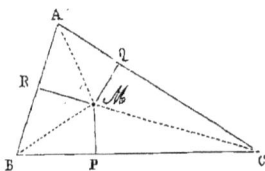

Fig. 75.

Soient x_1, y_1 les coordonnées d'un point quelconque M pris dans le plan de ce triangle.

On a vu précédemment (120) que

$$x_1 \cos \alpha + y_1 \sin \alpha - \delta = 0$$

représentait aussi la distance du point M à la droite BC; de sorte que le rectangle $a\alpha$ représente le double de l'aire du triangle BMC.

Pour la même raison, $b\beta$ représente le double de l'aire AMC et $c\gamma$ le double de l'aire du triangle AMB.

$a\alpha + b\beta + c\gamma$ représente donc le double de l'aire 2T du triangle quelconque ABC; ce qui donne l'équation

$$a\alpha + b\beta + c\gamma = 2T.$$

Si les trois points A, B, C sont en ligne droite, l'aire 2T est évidemment nulle et l'équation

$$a\alpha + b\beta + c\gamma = 0$$

est alors l'équation en coordonnées trilinéaires de cette droite passant par les trois points A, B, C.

Les trois droites AB, AC, BC sont nommées *lignes de référence* et le triangle ABC *triangle de référence*.

Au lieu de choisir dans un plan deux droites quelconques pour axes coordonnés, comme on le fait en se servant des coordonnées cartésiennes, on en choisit trois, ce qui est quelquefois plus avantageux.

La position d'un point est donc déterminée par ses distances aux trois droites de référence AB, AC, BC.

L'équation $\qquad a\alpha + b\beta + c\gamma = 0$

étant homogène, il est évident qu'on peut remplacer les quantités a, b, c par d'autres quantités proportionnelles quelconques. Dans le triangle de référence ABC, on a les rapports égaux :

$$\frac{a}{\sin A} = \frac{b}{\sin B} = \frac{c}{\sin C}.$$

Si l'on substitue les valeurs de a, b, c dans l'équation précédente, elle devient :

$$\alpha \sin A + \beta \sin B + \gamma \sin C = 0,$$

et elle représente alors un cas particulier de l'équation $Ax + By + C = 0$, à savoir :

$$0 . x + 0 . y + C = 0,$$

c'est-à-dire, une constante $C = 0$.

Il est facile de prouver que

$$\alpha \sin A + \beta \sin B + \gamma \sin C = 0$$

est constante.

En effet :

$$\sin A = \sin (\beta - \gamma), \quad \sin B = \sin (\gamma - \alpha), \quad \sin C = \sin (\alpha - \beta),$$

puisque les angles A, B, C sont égaux aux angles formés

par les droites partant d'un même point et perpendiculaires aux trois côtés du triangle ABC, ou bien égaux aux angles supplémentaires. On a donc :

$$\alpha \sin (\beta - \gamma) + \beta \sin (\gamma - \alpha) + \gamma \sin (\alpha - \beta) = 0.$$

En remplaçant α, β, γ par leurs valeurs en coordonnées cartésiennes, en x et en y, on voit que les termes variables x et en y disparaissent.

Ainsi, $\alpha \sin A + \beta \sin B + \gamma \sin C = 0$

revient à l'équation

$$0 . x + 0 . y + C = 0.$$

Mais l'équation $Ax + By + C = 0$ rencontre les axes coordonnées à des distances de l'origine

$$m = \frac{-C}{A}, \quad n = \frac{-C}{B},$$

qui sont infinies lorsque A et B deviennent infiniment petits ou nuls. La droite est donc alors située à l'infini; de sorte que l'équation

$$0 . x + 0 . y + C = 0 \quad \text{ou} \quad C = 0$$

représente une droite située à l'infini, comme aussi

$$\alpha \sin A + \beta \sin B + \gamma \sin C = 0.$$

Il suit de ce qui précède que l'équation de la droite $Ax + By + C = 0$, en coordonnées cartésiennes, est un cas particulier de l'équation de la droite en coordonnées trilinéaires $a\alpha + b\beta + c\gamma = 0$. En divisant celle-ci par γ, et en posant $\frac{\alpha}{\gamma} = x, \frac{\beta}{\gamma} = y$, les deux équations deviennent identiques; ou bien, en représentant par z l'unité linéaire, l'équation $Ax + By + C = 0$ devient :

$$Ax + By + Cz = 0.$$

Les coordonnées cartésiennes ne sont d'ailleurs que des

coordonnées trilinéaires dont deux droites sont les coordonnées rectilignes ordinaires et la troisième droite à l'infini est marquée par la relation $C = 0$.

Les deux droites

$$ax + by + c = 0, \quad ax + by + c' = 0,$$

qui ont les mêmes coefficients angulaires et ne diffèrent que par le terme constant, sont évidemment parallèles; pour la même raison, les deux droites

$$l\alpha + m\beta + n\gamma = 0,$$

$$l\alpha + m\beta + n\gamma + k\,(\alpha \sin A + \beta \sin B + \gamma \sin C) = 0,$$

en coordonnées trilinéaires, sont aussi parallèles, puisqu'elles diffèrent seulement par une quantité constante.

161. *Une droite quelconque est représentée par une équation du premier degré, homogène, entre les coordonnées trilinéaires.*

Soit un triangle quelconque MNP pris pour triangle de référence et soient m, n, p les coordonnées trilinéaires d'un point variable quelconque, (m_1, n_1, p_1), (m_2, n_2, p_2), les coordonnées trilinéaires des deux autres points connus de position. Les coefficients μ, ν, π étant indéterminés, on aura les trois équations :

$$\mu m + \nu n + \pi p = 0,$$
$$\mu m_1 + \nu n_1 + \pi p_1 = 0,$$
$$\mu m_2 + \nu n_2 + \pi p_2 = 0,$$

puisque la droite passe par les trois points et que l'aire du triangle qu'ils forment est nulle. On aura, pour les valeurs de μ, ν, π, les déterminants :

$$\mu \begin{vmatrix} n_1, p_1, \\ n_2, p_2, \end{vmatrix} ; \quad \nu \begin{vmatrix} p_1, m_1, \\ p_2, m_2, \end{vmatrix} ; \quad \pi \begin{vmatrix} m_1, p_1, \\ m_2, p_2 \end{vmatrix} .$$

Réciproquement, toute équation du premier degré en m, n, p,
$$\mu m + \nu n + \pi p = 0,$$

représente une ligne droite, les quantités μ, ν, π, étant trois constantes arbitraires quelconques.

Cette équation est en effet du premier degré en x et en y, comme on l'a vu précédemment (160).

162. Lorsque les équations du triangle de référence MNP sont :

$$a_1 x + b_1 y + c_1 = 0,$$
$$a_2 x + b_2 y + c_2 = 0,$$
$$a_3 x + b_3 y + c_3 = 0,$$

on obtient pour les coordonnées trilinéaires d'un point quelconque (x_1, y_1), pris dans le plan de ce triangle :

$$a_1 x_1 + b_1 y_1 + c_1 = 0,$$
$$a_2 x_1 + b_2 y_1 + c_2 = 0,$$
$$a_3 x_1 + b_3 y_1 + c_3 = 0;$$

car, ces trois nombres quels qu'ils soient, positifs ou négatifs, sont proportionnels aux perpendiculaires abaissées du point (x_1, y_1) sur les droites de référence.

Ces trois perpendiculaires m, n, p ont respectivement pour longueurs :

$$m = \frac{a_1 x_1 + b_1 y_1 + c_1}{\sqrt{a_1^2 + b_1^2}}, \; n = \frac{a_2 x_1 + b_2 y_1 + c_1}{\sqrt{a_2^2 + b_2^2}}, \; p = \frac{a_3 x_1 + b_3 y_1 + c_1}{\sqrt{a_3^2 + b_3^2}};$$

d'où l'on tire :

$$a_1 x_1 + b_1 y_1 + c_1 = m \rho_1,$$
$$a_2 x_1 + b_2 y_1 + c_2 = n \rho_2,$$
$$a_3 x_1 + b_3 y_1 + c_3 = p \rho_3,$$

ρ_1, ρ_2, ρ_3 représentant les trois radicaux ; ou bien $m' = m \rho_1$, $n' = n \rho_2$, $p' = p \rho_3$, m', n', p', étant les coordonnées nouvelles.

En remplaçant m, n, p par leurs valeurs $\frac{m'}{\rho_1}$, $\frac{n'}{\rho_2}$, $\frac{p'}{\rho_3}$, on aura :

$$\frac{\mu m'}{\rho_1} + \frac{\nu n'}{\rho_2} + \frac{\pi p'}{\rho_3} = 2T.$$

163. *Chercher l'équation d'une droite AB connaissant les trois hauteurs μ, ν, π, abaissées des trois sommets M, N, P du triangle de référence sur cette droite* (fig. 76).

L'équation de la droite AB est de la forme :

$$a\mathrm{M} + b\mathrm{N} + c\mathrm{P} = 0,$$

M, N, P étant les coordonnées trilinéaires d'un point quelconque de cette droite, et les coefficients a, b, c étant indéterminés.

Fig. 76.

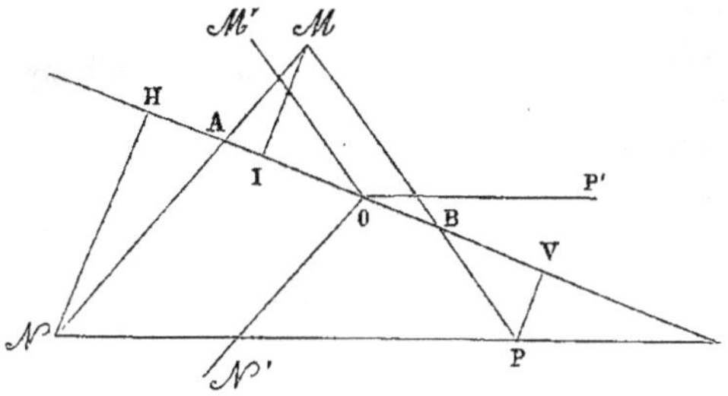

Le point B où cette droite rencontre la droite de référence MP a pour coordonnées $\mathrm{N} = 0$ et $a\mathrm{M} + c\mathrm{P} = 0$;

d'où $$\frac{a}{c} = -\frac{\mathrm{P}}{\mathrm{M}} = -\frac{\mathrm{BM} \sin \mathrm{M}}{\mathrm{BP} \sin \mathrm{P}} = \frac{\mu \sin \mathrm{M}}{\pi \sin \mathrm{P}}.$$

On a de même pour les coordonnées du point A où la droite AB rencontre celle de référence MN :

$$\mathrm{P} = 0, \quad a\mathrm{M} + b\mathrm{N} = 0 ;$$

d'où $$\frac{a}{b} = -\frac{\mathrm{N}}{\mathrm{M}} = -\frac{\mathrm{AM} \sin \mathrm{M}}{\mathrm{AN} \sin \mathrm{N}} = \frac{\mu \sin \mathrm{M}}{\nu \sin \mathrm{N}},$$

ce qui donne :

$$\frac{a}{\mu \sin \mathrm{M}} = \frac{b}{\nu \sin \mathrm{N}} = \frac{c}{\pi \sin \mathrm{P}},$$

et comme $\sin \mathrm{M} : \sin \mathrm{N} : \sin \mathrm{P} = m : n : p$, m, n, p étant les longueurs des trois côtés du triangle de référence MNP, il vient :

$$\frac{a}{\mu m} = \frac{b}{\nu n} = \frac{c}{\pi p}.$$

On a donc pour l'équation de la droite demandée :

$$\mu m \mathrm{M} + \nu n \mathrm{N} + \pi p \mathrm{P} = 0.$$

Des trois perpendiculaires μ, ν, π, deux suffisent pour déterminer la position de la droite AB.

Comme l'équation précédente les renferme toutes trois, il doit exister entre ces perpendiculaires et les éléments du triangle de référence une équation de condition qu'il faut trouver.

A cette fin, d'un point quelconque O de la droite AB tirons des parallèles OP', OM', ON' (fig. 76) aux trois côtés du triangle de référence et désignons par α, β, γ les angles BOP', BOM', BON', mesurés dans le même sens, à partir de BO. On a évidemment :

$$\nu - \pi = m \sin \alpha, \quad \pi - \mu = n \sin \beta, \quad \mu - \nu = p \sin \gamma,$$

et $\qquad \beta - \alpha = 180° - \mathrm{P}; \quad$ d'où $\quad \alpha = \beta + \mathrm{P} - 180°,$

$$\gamma - \alpha = 180° + \mathrm{N}; \quad \text{d'où} \quad \gamma = \beta + \mathrm{P} + \mathrm{N},$$

$$\gamma = 180° - (\mathrm{M} - \beta);$$

ce qui donne :

$$\sin \alpha = -\sin (\mathrm{P} + \beta), \quad \sin \gamma = \sin (\mathrm{M} - \beta).$$

Il vient :

$$\sin \alpha = -\sin \mathrm{P} \cos \beta - \sin \beta \cos \mathrm{P}$$

et $\qquad \sin \alpha + \sin \beta \cos \mathrm{P} = +\sin \mathrm{P} \cos \beta.$

$$\sin^2 \alpha + \sin^2 \beta + 2 \sin \alpha \sin \beta \cos \mathrm{P} = \sin^2 \mathrm{P}.$$

De même :

$$\sin^2 \gamma + \sin^2 \beta + 2 \sin \gamma \sin \beta \cos \mathrm{M} = \sin^2 \mathrm{M};$$

et aussi $\sin^2 \alpha + \sin^2 \gamma + 2 \sin \alpha \sin \gamma \cos \mathrm{N} = \sin^2 \mathrm{N}.$

12

En remplaçant les sinus par leurs valeurs dans l'avant-dernière de ces équations, on a :

$$\frac{(\mu - \nu)^2}{p^2} + \frac{(\pi - \mu)^2}{n^2} + \frac{2(\mu - \nu)(\pi - \mu)\cos M}{pn} = \sin^2 M.$$

En réduisant au même dénominateur, on obtient pour la relation demandée :

$$m^2\mu^2 + n^2\nu^2 + p^2\pi^2 - 2pn\pi\nu \cos M$$
$$- 2mn\mu\nu \cos P - 2mp\mu\pi \cos N = 4T^2 \ (160).$$

Coordonnées tangentielles.

164. Reprenons l'équation ordinaire de la ligne droite

$$Ax + By + C = 0.$$

En divisant par C, il vient :

$$\frac{A}{C}x + \frac{B}{C}y + 1 = 0.$$

Posons $\frac{A}{C} = v$, $\frac{B}{C} = t$; on a pour l'équation générale de la droite :

$$vx + ty + 1 = 0.$$

Si l'on donne aux quantités v et t des valeurs connues et déterminées, la droite représentée par l'équation $vx + ty + 1 = 0$ sera fixée de position.

Si les variables v et t sont soumises à une loi de variation exprimée par une équation quelconque $f(v, t) = 0$, en faisant passer t par tous les états de grandeur consécutifs, v passera aussi par des états variables correspondants. La droite $vx + ty + 1 = 0$, par suite de ces variations de t et de v, se mouvra d'une manière continue et déterminera par ses intersections consécutives la courbe représentée par l'équation $f(v, t) = 0$.

On peut donc considérer un point quelconque de cette dernière comme provenant de l'intersection de deux tangentes consécutives : c'est pourquoi on a donné aux paramètres variables v et t de la droite $vx + ty + 1 = 0$ le nom de *coordonnées tangentielles*.

En attribuant à v et à t des valeurs connues $v = m$, $t = n$, la droite est déterminée de position, et son équation est :

$$mx + ny + 1 = 0.$$

Lorsqu'on donne à x et à y des valeurs connues, $x = a$, $y = b$, l'équation $av + bt + 1 = 0$ est dite l'équation du point M dont les coordonnées rectilignes sont :

$$x = a, \quad y = b.$$

Si l'on élimine t entre cette équation du point M $av + bt + 1 = 0$ et $vx + ty + 1 = 0$, celle de la droite, on obtient :

$$(ay - bx)\, v + y - b = 0,$$

équation qui représente une infinité de droites, puisque v est indéterminé. Comme cette équation est satisfaite par les coordonnées $y = b$, $x = a$, toutes ces droites passent par un même point.

Ainsi, dans l'équation $vx + ty + 1 = 0$, les coefficients de v et de t sont les coordonnées rectilignes d'un point et les coefficients v et t de x et de y sont les coordonnées tangentielles de la droite.

165. PROBLÈME I. *Étant données deux droites* $\delta\,(v_1, t_1)$, $\delta\,(v_2, t_2)$, *chercher leur point de rencontre.*

On aura les équations :

$$av_1 + bt_1 + 1 = 0, \quad av_2 + bt_2 + 1 = 0,$$

qui feront connaître les valeurs des inconnues a et b. Il viendra pour le point d'intersection des deux droites :

$$(t_1 - t_2)\, v + (v_2 - v_1)\, t + v_1 t_2 - v_2 t_1 = 0.$$

166. Problème II. *Chercher les coordonnées d'une droite qui passe par les deux points*

$$a_1 v + b_1 t + 1 = 0, \quad a_2 v + b_2 t + 1 = 0.$$

Ces deux équations feront connaître les valeurs des inconnues v et t qui sont les coordonnées de la droite. On aura :

$$\frac{v}{b_1 - b_2} = \frac{t}{a_2 - a_1} = \frac{1}{a_1 b_2 - a_2 b_1}.$$

167. Problème III. *Chercher la distance du point* $av + bt + 1 = 0$ *à la droite donnée* (v_1, t_1).

En représentant cette distance par δ, on a :

$$\delta = \frac{av + bt + 1}{\sqrt{v_1^2 + t_1^2}}.$$

Équation polaire de la ligne droite.

168. Soit OF une droite fixe. Prenons sur celle-ci un point fixe O auquel on donne le nom de *pôle*. Du point O

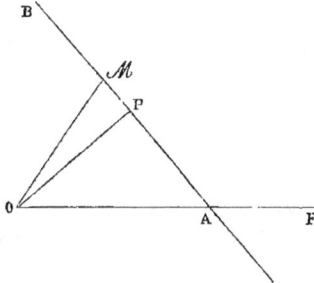

Fig. 77.

abaissons une perpendiculaire sur une droite quelconque AB, OP $= \delta$ étant la distance de cette droite au pôle.

Soit M un point quelconque de la droite AB.

Désignons par α et ω les angles AOP, AOM que fait la droite fixe OP et le rayon vecteur OM $= \rho$. Voir (172).

On a dans le triangle rectangle OPM :

$$\rho = \frac{\delta}{\cos(\omega - \alpha)},$$

qui est l'équation polaire de la droite, ω et ρ étant les coordonnées d'un point quelconque M de la droite AB.

En développant, il vient :

$$\rho \cos \omega \cos \alpha + \rho \sin \omega \sin \alpha = \delta, \quad \text{ou} \quad x \cos \alpha + y \sin \alpha = \delta,$$

équation déjà trouvée précédemment (120).

Exercices.

I. *Le sommet d'un triangle dont la base est fixe se meut sur une droite donnée. On demande le lieu du centre de gravité.*

Le lieu est une ligne droite parallèle à la droite donnée.

II. *Sur la perpendiculaire élevée par le milieu* O *d'une droite* AB $= 2a$, *on prend une longueur mobile* OD $= K$. *On mène les droites mobiles* AI *et* BD. *Chercher le lieu décrit par* M, *intersection de ces droites.*

Réponse :

$$Kx^2 + 2axy - a^2 K = 0.$$

III. *La base* BC $= 2a$ *du triangle* ABC *est fixe, et sa surface* K *est constante. Chercher le lieu décrit par le point* M, *intersection des bissectrices de ce triangle variable.*

Réponse :

$$K^2 (y_1^2 + x_1^2 - ax_1) + a (a - x_1) x_1 y_1 = 0.$$

IV. *Par deux sommets consécutifs d'un quadrilatère on mène des parallèles à deux de ses côtés opposés. Prouver que la ligne unissant les points de rencontre de ces parallèles avec les diagonales est parallèle au quatrième côté du quadrilatère.*

V. *Sur deux droites rectangulaires* OX, OY, *on construit un rectangle variable* OABC *ayant un périmètre donné* $2a$; *la perpendiculaire menée du sommet* C *sur la diagonale* AB *passe par un point fixe.*

VI. *Ayant fait la figure qui sert à démontrer le théorème du carré de l'hypoténuse d'un triangle rectangle, démontrer que les deux droites joignant les extrémités de l'hypoténuse aux sommets des carrés construits sur les côtés opposés se coupent sur la perpendiculaire abaissée du sommet de l'angle droit sur l'hypoténuse.*

VII. *Étant données quatre droites A, B, C, D, on en prend trois pour former un triangle dont on détermine le point de concours des hauteurs : les quatre points ainsi obtenus sont en ligne droite.*

VIII. *Étant données cinq droites, on en prend quatre qui forment un quadrilatère complet dans lequel les milieux des trois diagonales sont en ligne droite : les cinq droites ainsi obtenues se coupent en un même point.*

IX. *On donne quatre droites A, B, C, D qui, prises trois à trois, forment quatre triangles; la droite A appartient à trois de ces triangles. On joint le centre du cercle circonscrit à chacun d'eux au sommet non situé sur A. Les trois droites ainsi obtenues se coupent en un même point I; les quatre points analogues à I et les centres des quatre cercles sont sur une même circonférence.*

X. *Étant donné un hexagone régulier ABCDEF, on joint AC et AE. Par le centre, on mène une sécante quelconque qui coupe les deux droites AC et AE aux points G et H; on unit BG et FH. Trouver le lieu du point de rencontre de ces deux droites.*

XI. *On donne un angle AOA' et un point C sur la bissectrice. Un angle de grandeur constante tourne autour de son sommet placé en C; on joint les points de rencontre B et B' des côtés de l'angle mobile avec les côtés de l'angle fixe; du point C, on abaisse une perpendiculaire sur BB'. Trouver le lieu du pied de la perpendiculaire.*

CHAPITRE VI.

Transformation des coordonnées.

169. La nature d'une courbe que décrit un point mobile, soumis à des conditions déterminées, ne peut évidemment dépendre du choix plus ou moins heureux des axes coordonnés auxquels on la rapporte.

L'espèce de ligne que le point décrit dépend seulement des conditions auxquelles il est assujetti dans son mouvement. Mais, si le choix des axes n'exerce aucune influence sur la nature de la courbe, il en a une grande sur la simplicité de l'équation, comme on va le voir.

170. *La somme ou la différence des distances du point mobile* M *à deux points fixes* F *et* F′ *est constante. Chercher le lieu géométrique décrit par le point* M.

En plaçant l'origine des axes rectangulaires au milieu de la distance FF′ = 2c (fig. 78), et en posant

Fig. 78.

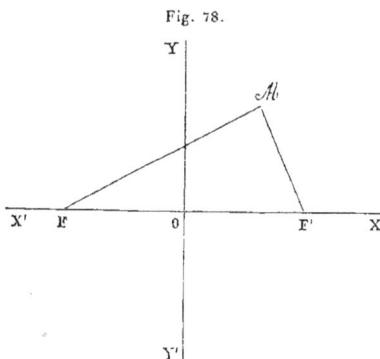

$$F'M \pm FM = 2a,$$

on a l'équation :

$$\sqrt{y^2 + (c + x)^2} \pm \sqrt{y^2 + (c - x)^2} = 2a.$$

Si l'on fait disparaître les radicaux et si l'on simplifie, on obtient :
$$a^2 y^2 + (a^2 - c^2) x^2 = a^2 (a^2 - c^2)$$
pour l'équation du lieu demandé.

c^2 pouvant être plus grand ou plus petit que a^2, en posant $a^2 - c^2 = b^2$, l'équation du lieu proposé devient :

$$a^2 y^2 \pm b^2 x^2 = \pm a^2 b^2.$$

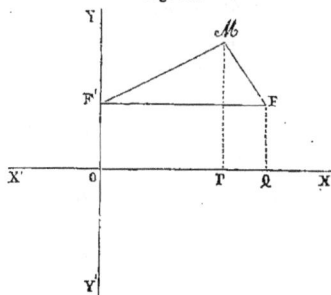

Si l'on cherche l'équation du même lieu en dirigeant l'axe des x parallèlement à la droite FF', et si l'on place le point F' sur l'axe des y (fig. 79) à une distance n de l'origine, on obtiendra pour le lieu demandé une équation de la forme :

Fig. 79.

$$My^2 + Nx^2 + Ry + Sx + T = 0,$$

qui est :

$$a^2 y^2 + (a^2 - c^2) x^2 - 2a^2 ny - 2c(a^2 - c^2) x - (a^2 - c^2)^2_i + a^2 n^2 = 0.$$

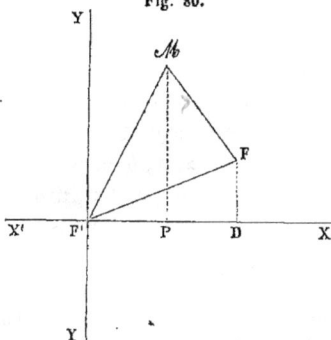

Cette équation représente toujours le même lieu, et cependant elle renferme les deux termes du premier degré en x et en y de plus que la précédente.

Fig. 80.

Si l'on place l'origine des axes rectangulaires au point F' (fig. 80), la droite FF' ayant une direction quelconque par rapport à l'axe des x, en désignant par m, n les coordonnées du point F, on a :

$$\sqrt{x^2 + y^2} \pm \sqrt{(y - n)^2 + (x - m)^2} = 2a.$$

Cette équation, traitée comme la précédente, donne pour le lieu cherché :

$$(n^2 - 4a^2)\,y^2 + 2mnxy + (m^2 - 4a^2)\,x^2 + (4a^2 - m^2 - n^2)\,ny$$

$$+ (4a^2 - m^2 - n^2)\,mx + \left(2a^2 - \frac{m^2 + n^2}{2}\right)^2 = 0.$$

Cette équation contient le terme en xy de plus que la précédente, et elle est de la forme :

$$Ay^2 + Bxy + Cx^2 + Dy + Ex + F = 0,$$

laquelle est l'équation complète du second degré à deux variables, x et y.

Ces exemples font ressortir, mieux que tout ce que l'on pourrait ajouter, l'importance du choix des axes et, en même temps, l'utilité de leur transformation.

Formules de la transformation des axes.

171. Soient x, y les coordonnées d'un point quelconque d'une ligne rapportée aux axes OX, OY, faisant entre eux un angle θ, et x', y' les coordonnées du même point de cette ligne rapportée à de nouveaux axes O'X', O'Y', faisant entre eux un angle $\theta' = \beta - \alpha$, a, b étant les coordonnées de la nouvelle origine O'. Du point M, tirons les parallèles MP, MP' à OY et O'Y' (fig. 81). Posons

$$OH = a, \quad O'H = b, \quad MP = y', \quad O'P' = x';$$

des points O', P', menons les parallèles O'S, P'Q à l'axe OX et P'R à l'axe OY. Désignons par α et β les angles que les nouveaux axes $O'X'$, $O'Y'$ font avec l'axe OX; on a :

$$OP = OH + O'R + P'Q \quad . \quad . \quad . \quad . \quad (1),$$

$$MP = O'H + P'R + MQ. \quad . \quad . \quad . \quad (2).$$

Le triangle $O'P'R$ donne :

$$O'R : x' = \sin(\theta - \alpha) : \sin\theta, \quad P'R : x' = \sin\alpha : \sin\theta.$$

Le triangle $MP'Q$ donne :

$$MQ : y' = \sin\beta : \sin\theta \quad \text{et} \quad P'Q : y' = \sin(\theta - \beta) : \sin\theta.$$

En substituant ces valeurs dans (1) et dans (2), on obtient :

$$x = a + \frac{x'\sin(\theta - \alpha) + y'\sin(\theta - \beta)}{\sin\theta} \quad . \quad . \quad (1),$$

$$y = b + \frac{x'\sin\alpha + y'\sin\beta}{\sin\theta} \quad . \quad . \quad . \quad (2).$$

Telles sont les formules générales pour passer d'un système d'axes quelconques à un autre d'une nouvelle origine, faisant un angle quelconque $\beta - \alpha$. Elles renferment quatre constantes arbitraires a, b, α, β, les coordonnées de la nouvelle origine O', qui peut avoir une position arbitraire, et les angles α et β que les nouveaux axes font avec l'axe des x.

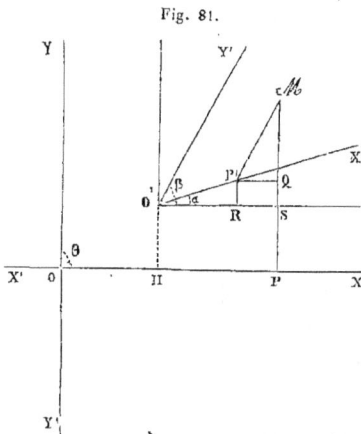

Fig. 81.

Si les anciens axes sont rectangulaires, $\theta = 90°$, et ces formules deviennent :

$$x = a + x' \cos \alpha + y' \cos \beta \quad . \quad . \quad . \quad (3),$$
$$y = b + x' \sin \alpha + y' \sin \beta \quad . \quad . \quad . \quad (4).$$

L'angle $\beta - \alpha$ des nouveaux axes étant aussi droit, on a :

$$\beta - \alpha = 90°, \quad \beta = 90° + \alpha,$$
$$\cos \beta = - \sin \alpha, \quad \sin \beta = \cos \alpha;$$

d'où
$$x = a + x' \cos \alpha - y' \sin \alpha \quad . \quad . \quad . \quad (5),$$
$$y = b + x' \sin \alpha + y' \cos \alpha \quad . \quad . \quad . \quad (6),$$

qui sont les formules pour passer d'un système d'axes rectangulaires à un autre système aussi rectangulaire. Si l'origine est la même, les valeurs de a et dans b sont nulles, et il vient :

$$x = x' \cos \alpha - y' \sin \alpha \quad . \quad . \quad . \quad . \quad (7),$$
$$y = x' \sin \alpha + y' \cos \alpha \quad . \quad . \quad . \quad . \quad (8).$$

Comme dernier cas, il reste à chercher les formules propres à passer d'un système d'axes obliques à un autre système d'axes rectangulaires.

A cette fin, il faut faire $\beta - \alpha = 90°$ dans (1) et de (2) qui deviennent alors :

$$x = a + \frac{x' \sin (\theta - \alpha) - y' \cos (\theta - \alpha)}{\sin \theta} \quad . \quad . \quad (9),$$

$$y = b + \frac{x' \sin \alpha + y' \cos \alpha}{\sin \theta} \quad . \quad . \quad . \quad (10).$$

Il est clair que, si les angles α et β sont nuls, les formules générales se réduisent aux suivantes :

$$x = a + x', \quad y = b + y',$$

dont on se sert pour faire mouvoir les axes parallèlement à eux-mêmes, à l'effet de transporter l'origine en un point quelconque.

Ces formules contiennent deux constantes arbitraires a et b, puisqu'on peut faire mouvoir les axes parallèlement à eux-mêmes, à une distance quelconque de leur position primitive.

Lorsque rien n'indique à l'avance la direction que les nouveaux axes doivent avoir, il est évident que les angles α et β sont aussi deux constantes arbitraires : ainsi, les formules générales renferment seulement quatre constantes arbitraires, l'angle θ étant un angle donné.

Coordonnées polaires.

172. On peut fixer la position d'un point dans un plan de plusieurs manières différentes.

Après la méthode des coordonnées rectilignes, se présente celle des coordonnées polaires.

Pour déterminer la position d'un point M dans un plan, on trace à volonté dans ce plan une droite fixe AB nommée

Fig. 82.

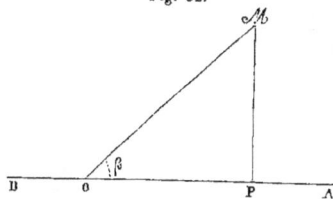

axe (fig. 82), et l'on prend sur cette droite un point invariable O, appelé *pôle*. On joint le point M avec le pôle O : la distance OM et l'angle MOA font connaître la position exacte du point donné M. Les distances variables du pôle au point M se nomment *rayons vecteurs*, qui sont, avec l'angle MOA, les coordonnées polaires du point M.

En plaçant l'origine des coordonnées rectangulaires au point O, et en désignant par x, y les coordonnées du point M, par ρ le rayon vecteur OM et par β l'angle MOA, on aura :

$$x = \rho \cos \beta, \quad y = \rho \sin \beta.$$

Telles sont les formules les plus simples pour passer des coordonnées rectilignes à des coordonnées polaires.

Si l'on remplace x et y par les valeurs qui précèdent dans l'équation d'une courbe, on aura l'équation de celle-ci rapportée à ses coordonnées polaires.

173. Soit θ l'angle des axes coordonnés; désignons par m et n les coordonnées du pôle O', par β l'angle que le rayon vecteur O'M fait avec l'axe O'F; soit α l'angle que cette droite fait avec l'axe des x. On a (fig. 83):

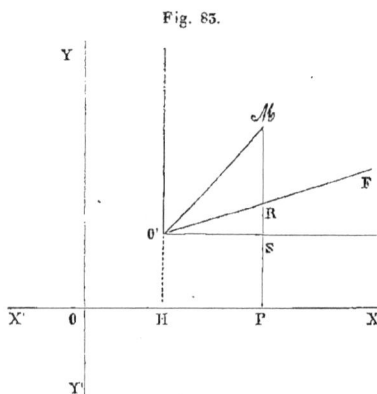

Fig. 83.

$$OP = OH + O'S,$$
$$MP = O'H + MS.$$

Le triangle O'MS donne :

$$O'S : \rho = \sin(\theta - \alpha - \beta) : \sin\theta,$$
$$MS : \rho = \sin(\alpha + \beta) : \sin\theta.$$

En substituant ces valeurs de O'S et de MS, on obtient :

$$x = m + \rho\,\frac{\sin(\theta - \alpha - \beta)}{\sin\theta}, \qquad y = n + \rho\,\frac{\sin(\alpha + \beta)}{\sin\theta},$$

qui sont les formules générales pour passer d'un système de coordonnées rectilignes à des coordonnées polaires.

Si l'angle des axes OX, OY est droit, $\sin\theta = 1$, et $\sin(90° - \alpha - \beta) = \cos(\alpha + \beta)$; de sorte que ces formules deviennent :

$$x = m + \rho\cos(\alpha + \beta), \qquad y = n + \rho\sin(\alpha + \beta).$$

CHAPITRE VII.

Courbes du deuxième degré.

174. Nous avons vu (116) que l'équation générale du premier degré à deux variables représente une ligne droite.

Cherchons quelles sont les lignes représentées par l'équation générale du 2me degré à deux variables x, y.

Soit l'équation

$$A y^2 + B x y + C x^2 + D y + E x + F = 0 \quad . \quad . \quad (1),$$

dans laquelle les coefficients A, B, C, D, E, F sont des constantes arbitraires, de grandeur et de signe quelconques et x, y les coordonnées d'un point quelconque. Comme on peut toujours diviser tous les termes de cette équation par F ou par un autre coefficient A, B, C, D, etc., on voit qu'elle ne renferme effectivement que cinq constantes arbitraires.

Les valeurs de la variable y dépendent non-seulement de celles de x, mais encore de celles de A, B, C, D, etc.

En résolvant cette équation par rapport à y, on obtient :

$$y = -\frac{Bx + D}{2A} \pm \frac{1}{2A} \sqrt{(B^2 - 4AC)\, x^2 + 2(BD - 2AE)\, x + D^2 - 4AF}.$$

Les quantités A, B, C, etc., étant déterminées, en faisant passer x par tous les états de grandeur possibles, ces valeurs feront connaître celles correspondantes de y qui devront être chaque fois réelles pour que le point existe.

Le signe du trinôme du 2me degré situé sous le radical dépend du signe de $B^2 - 4AC$, coefficient de x^2.

On sait que pour toute valeur de x égale à

$$1 + \frac{2(BD - 2AE)}{B^2 - 4AC} (*),$$

le premier terme sous le radical $(B^2 - 4AC)x^2$ est plus grand que la somme des deux autres.

Donc, si $B^2 - 4AC < 0$, pour toute valeur de x égale ou, à plus forte raison, supérieure à

$$1 + \frac{2(BD - 2AE)}{B^2 - 4AC},$$

le trinôme sous le radical aura le signe négatif de son premier terme $(B^2 - 4AC)x^2$, et la valeur correspondante de y sera toujours imaginaire.

La courbe, dans ce cas, sera donc limitée dans le sens des x positifs et des x négatifs.

En résolvant l'équation par rapport à x, on verra facilement que, si $B^2 - 4AC < 0$, la courbe est également limitée dans le sens des y positifs et des y négatifs. Si $B^2 - 4AC < 0$, le lieu ou l'espèce de courbe, que pourra représenter dans ce cas l'équation générale, sera donc limitée de toutes parts : on la nomme *Ellipse*.

Si, au contraire, $B^2 - 4AC$ est positif, pour toute valeur

(*) Le coefficient de x, $2(BD - 2AE)$, est supposé plus grand que $D^2 - 4AF$. Si, au contraire, $2(BD - 2AE) < D^2 - 4AF$, au lieu de

$$1 + \frac{2(BD - 2AE)}{B^2 - 4AC},$$

on doit prendre pour limite de x :

$$1 + \frac{D^2 - 4AF}{B^2 - 4AC}.$$

Si, dans le trinôme $ax^2 + bx + c$, on fait $x = 1 + \frac{b}{a}$, on aura $ax^2 > bx + c$, b étant plus grand que c.

positive ou négative de x égale ou, à plus forte raison, supérieure à

$$1 + \frac{2\,(BD - 2AE)}{B^2 - 4AC},$$

le terme $(B^2 - 4AC)\,x^2$ est plus grand que la somme des deux autres. Il s'ensuit que le trinôme situé sous le radical sera toujours positif, à partir de la limite indiquée précédemment, et que la valeur correspondante de y sera réelle. La courbe pourra donc s'étendre à l'infini dans le sens des x positifs et des x négatifs.

Par un raisonnement analogue, on prouverait que la courbe peut s'étendre, à partir d'une certaine grandeur pour y, jusqu'à l'infini dans les deux sens.

Donc, si $B^2 - 4AC$ est positif, la courbe pourra s'étendre à l'infini dans tous les sens : on nomme cette courbe *Hyperbole*.

Le trinôme situé sous le radical étant réel seulement lorsque la valeur de x ou de y est finie et marquée par

$$1 + \frac{2\,(BD - 2AE)}{B^2 - 4AC},$$

les hyperboles sont des courbes qui s'étendent à l'infini dans tous les sens et qui sont séparées par un intervalle. En effet, pour toute valeur positive ou négative de x ou de y plus petite que

$$1 + \frac{2\,(BD - 2AE)}{B^2 - 4AC},$$

le trinôme du second degré en x ou en y sous le radical pourra devenir négatif, et rendra l'une des variables x ou y imaginaire.

Enfin, si $B^2 - 4AC = 0$, il ne reste plus sous le radical qu'une expression, égale à $2px + q$, qui peut admettre pour x des valeurs infinies seulement dans un sens, marqué par le signe de p. La courbe ne pourra donc, dans ce cas, s'étendre à l'infini que dans une seule direction : on nomme cette courbe une *Parabole*.

On voit que l'équation générale

$$Ay^2 + Bxy + Cx^2 + Dy + Ex + F = 0$$

peut représenter trois genres distincts de courbes :

1° Des courbes limitées, fermées de toutes parts, nommées *Ellipses*, si $B^2 - 4AC < 0$;

2° Des courbes s'étendant à l'infini dans tous les sens, nommées *Hyperboles*, si $B^2 - 4AC > 0$;

3° Des courbes s'étendant à l'infini, dans un sens seulement, nommées *Paraboles*, si $B^2 - 4AC = 0$.

175. L'expression

$$y = -\frac{Bx+D}{2A} \pm \frac{1}{2A} \sqrt{(B^2-4AC)x^2 + 2(BD-2AE)x + D^2 - 4AF},$$

nous apprend qu'à une valeur quelconque de x correspondent toujours deux valeurs différentes de y, ayant une première partie commune, celle qui précède le radical. Les deux autres parties étant égales et de signes contraires, l'équation

$$y = -\frac{Bx+D}{2A}$$

est un diamètre de la courbe.

On nomme *diamètre* dans les courbes du 2me degré une droite qui partage un système de cordes parallèles en deux parties égales.

Soit une abscisse quelconque $x = OP$ (fig. 84), et PG l'ordonnée correspondante de la droite

$$y = -\frac{Bx+D}{2A}.$$

Puisque les deux valeurs du radical sont égales et de signes contraires, cette ordonnée PG doit être augmentée

13

et diminuée de la même quantité qui est la valeur que prend le radical quand on y fait $x = \mathrm{OP}$.

Fig. 84.

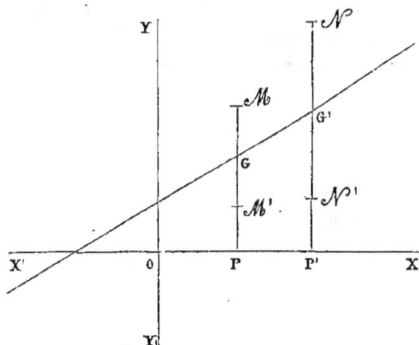

Soit **GM** cette valeur du radical ; de sorte que les deux ordonnées de la courbe sont :

$$y = \mathrm{PG} + \mathrm{GM} = \mathrm{PM} \quad \text{et} \quad y = \mathrm{PG} - \mathrm{GM}' = \mathrm{PM}',$$

GM étant égal à GM'.

En faisant $x = \mathrm{OP}'$ et répétant la même construction que précédemment, on verra que NN' est une corde parallèle à MM' dont G' est le point milieu, et qu'ainsi la droite GG' représentée par l'équation

$$y = -\frac{\mathrm{B}x + \mathrm{D}}{2\mathrm{A}}$$

est un diamètre de la courbe. Les équations

$$2\mathrm{A}y + \mathrm{B}x + \mathrm{D} = 0 \quad \text{et} \quad 2\mathrm{C}x + \mathrm{B}y + \mathrm{E} = 0$$

sont deux diamètres qui, par leur intersection, déterminent la position du point qu'on nomme *centre* dans les courbes du 2me degré.

Si les coefficients **A** et **C** sont de signes contraires,

$B^2 — 4AC$ sera toujours positif, puisque les deux termes de ce binôme seront positifs : dans ce cas, la courbe ne pourra être qu'une hyperbole.

176. ELLIPSE. Si $B^2 — 4AC$ est négatif, la courbe ne pourra avoir aucun point à l'infini ; elle sera limitée de toutes parts entre quatre parallèles aux axes. Lorsque la condition $B^2 — 4AC < 0$ est remplie, on ne peut assurer pour cela que l'ellipse existe, car celle-ci peut-être imaginaire.

Pour avoir les points où le diamètre rencontre la courbe, il est évident qu'il faut chercher les valeurs de x qui rendent nul le radical

$$\frac{1}{2A} \sqrt{(B^2 — 4AC) x^2 + 2 (BD — 2AE) x + D^2 — 4AF}.$$

Les racines de l'équation

$$(B^2 — 4AC) x^2 + 2 (BD — 2AE) x + D^2 — 4AF = 0,$$

peuvent être : 1° réelles et inégales ; 2° réelles et égales ; 3° imaginaires.

Posons

$$B^2 — 4AC = n^2; \quad BD — 2AE = p; \quad D^2 — 4AF = q.$$

1° Admettons que les deux racines x', x'', qui annulent le trinôme $$— n^2 x^2 + 2px + q$$

soient réelles et inégales. La valeur générale de y pourra se mettre sous la forme :

$$y = — \frac{Bx + D}{2A} \pm \frac{1}{2A} \sqrt{— n^2 (x — x') (x — x'')} \; (*),$$

$$y = — \frac{Bx + D}{2A} \pm \frac{n}{2A} \sqrt{(x' — x) (x — x'')}.$$

(*) On sait par l'Algèbre que le trinôme

$$— n^2 x^2 + 2px + q = — n^2 (x — x') (x — x'')$$

change de signe, les deux racines x', x'' étant réelles, seulement lorsque

Soient (fig. 85), $x' = $ OA, $x'' = $ OA′, AE et A′E′ étant les ordonnées correspondantes du diamètre. Désignons par E, E′, les points où la courbe rencontre ce diamètre, qu'on sait tracer d'après son équation.

Fig. 85.

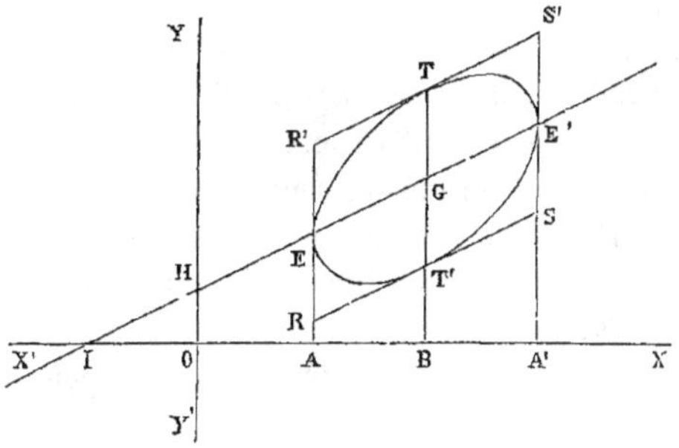

Pour toute valeur positive de x, moindre que x', les deux facteurs $x' - x, x - x''$ seront de signes contraires, et le radical

$$\frac{n}{2\mathrm{A}}\sqrt{(x' - x)(x - x'')}$$

sera imaginaire : la courbe ou le lieu ne pourra donc avoir aucun point entre l'axe des y et la parallèle AE. Si $x = x'$, le radical devient nul et l'on obtient le point E où la courbe rencontre le diamètre

$$y = -\frac{\mathrm{B}x' + \mathrm{D}}{2\mathrm{A}}.$$

Pour toute valeur positive de x, plus grande que x' et moindre que x'', les deux facteurs $x' - x, x - x''$ sont tous deux négatifs; le radical est constamment réel et, à

la valeur de x est comprise entre celles-ci. Le produit $-n^2(x - x')(x - x'')$, situé sous le radical, sera positif si $x > x' < x''$, x'' étant la plus grande des deux racines.

chaque valeur de x, répondent deux valeurs de y, l'une au-dessus et l'autre au-dessous du diamètre **IEE'**.

Lorsque $x = x''$, le radical s'annule, et l'on a le second point **E'**, où l'ellipse rencontre le diamètre. Si $x > x''$ et, à plus forte raison, est plus grand que x', le facteur $x' - x$ est négatif, et $x - x''$ est positif; le radical devient de nouveau imaginaire, et l'ellipse cesse d'exister.

Enfin, si l'on change x en $-x$, le facteur $x' - x$ devient $x' + x$; il est toujours positif, tandis que le second, $x - x'' = -(x + x'')$, conserve constamment le signe $-$. Le radical est imaginaire pour toute valeur négative de x. La courbe ne possède aucun point du côté des x négatifs; de sorte que l'ellipse existe seulement entre les parallèles **AE**, **A'E'**.

Le trinôme $-n^2 x^2 + 2px + q$ est nul pour une valeur finie quelconque de x.

La variable x passant par tous les états de grandeur finie, depuis $x = x'$ jusqu'à $x = x''$, le trinôme sous le radical passe lui-même, sans devenir infini, par tous les états de grandeur correspondants. Parmi ceux-ci, il en est un qui est maximum.

Pour le trouver, posons :
$$-n^2 x^2 + 2px + q = m;$$

nous aurons $\quad x = +\dfrac{p}{n^2} \pm \sqrt{\dfrac{p^2}{n^4} + \dfrac{q}{n^2} - \dfrac{m}{n^2}};$

d'où $\qquad m = n^2\left(\dfrac{p^2}{n^4} + \dfrac{q}{n^2}\right),$

$$x = +\dfrac{p}{n^2} = \dfrac{x' + x''}{2}.$$

B étant le milieu de AA', on a :
$$OB = OA + \dfrac{OA' - OA}{2} = \dfrac{OA + OA'}{2}; \quad \text{d'où} \quad x = OB$$

et $\quad m = n^2 \left[\left(\dfrac{x' + x''}{2} \right)^2 - x'x'' \right] = n^2 \dfrac{(x'' - x')^2}{4}$,

qui est le maximum du radical.

En portant, à partir du point G (fig. 85), sur l'ordonnée BG du diamètre, au-dessus et au-dessous de ce dernier, deux longueurs GT, GT', égales à $n\left(\dfrac{x'' - x'}{4A}\right)$, on aura les deux points T, T' de l'ellipse les plus éloignés du diamètre. On voit que la courbe est tangente aux points T, T' des deux droites R' S' et RS, parallèles au diamètre IEE', et qu'elle est aussi tangente aux deux points E, E' des deux droites AR', A'S', parallèles à l'axe des y.

177. 2° Si les racines de l'équation

$$- n^2 x^2 + 2px + q = 0$$

sont égales, on aura :

$$y = - \frac{Bx + D}{2A} \pm \frac{1}{2A} \sqrt{- n^2 (x - x')(x - x')},$$

$$y = - \frac{Bx + D}{2A} \pm \left(\frac{x - x'}{2A} \right) n \sqrt{- 1}.$$

Alors, l'ellipse infiniment petite se réduit à un point,

$$x = x' \quad \text{et} \quad y = - \frac{Bx' + D}{2A},$$

ou bien aux deux droites imaginaires qui précèdent.

On conçoit que les points de rencontre d'une droite quelconque avec une courbe qui se réduit ainsi à un point soient imaginaires.

178. 3° Les racines qui satisfont à l'équation $- n^2 x^2 + 2px + q = 0$ étant imaginaires, le trinôme conserve le signe négatif de son premier terme, quelle que soit la valeur de x : le radical est imaginaire, et l'ellipse ne peut exister.

Si $q = 0$, il ne reste plus sous le radical que le binôme $- n^2 x^2 + 2px = 0$. En l'égalant à zéro, l'une des racines sera nulle, et la seconde est :

$$x = - \frac{2p}{n^2};$$

elle peut être positive ou négative. Dans ce cas, l'axe des y est tangent à l'ellipse, au point où il est rencontré par le diamètre.

Enfin, si $p = 0$, le radical se réduisant à

$$\sqrt{- n^2 x^2 + q},$$

lorsque les racines de l'équation $- n^2 x^2 + q = 0$ seront réelles, le centre de l'ellipse sera situé sur l'axe des y, puisque les racines réelles sont égales et de signes contraires.

179. HYPERBOLE : $B^2 - 4AC > 0$. Soit IH le diamètre représenté par l'équation $y = - \frac{Bx + D}{2A}$.

On a :

$$y = - \frac{Bx + D}{2A} \pm \frac{1}{2A} \sqrt{n^2 x^2 + 2px + q}.$$

1° Supposons que les racines x', x'' qui annulent le trinôme $+ n^2 x^2 + 2px + q$ sous le radical, soient réelles, inégales et toutes deux positives. Posons $x' = 0B$, $x'' = 0B'$, (fig. 86). On aura :

$$y = - \frac{Bx + D}{2A} \pm \frac{1}{2A} \sqrt{n^2 (x - x')(x - x'')} \; (^*).$$

Faisons passer x par tous les états de grandeur possibles depuis zéro jusqu'à l'infini positif.

Si x est plus petit que x' et, par suite, plus petit que x'',

(*) Le trinôme $n^2 x^2 + 2px + q = n^2 (x - x')(x - x'')$ changera de signe et, par conséquent, deviendra négatif, si $x > x' < x''$.

les deux facteurs $x - x'$, $x - x''$ seront tous deux de
même signe et deviendront d'autant plus petits que la valeur positive de x différera moins de celle de x', et aussi
de celle de x''.

Pour chaque valeur de x, il y a deux valeurs égales et
de signes contraires pour y, comptées à partir du diamètre
IEE'; il s'ensuit que les points de la courbe, depuis $x = 0$
jusqu'à $x = x'$, s'approchent de plus en plus du diamètre.

Fig. 86.

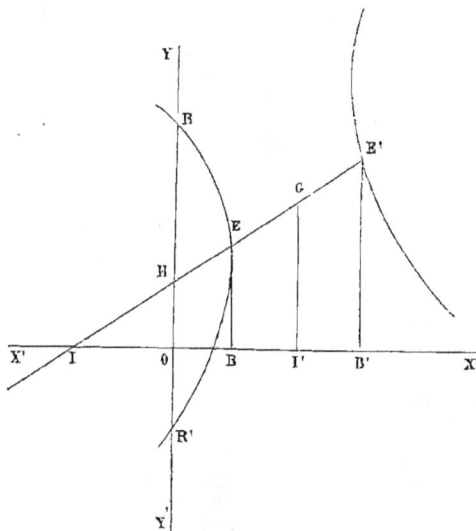

Pour $x = x'$, les deux valeurs de y se réunissent en
une seule : la parallèle BE à l'axe des y est tangente en E,
au point où le diamètre rencontre l'hyperbole.

Lorsque x est plus grand que x' et plus petit que x'', le
facteur $x - x'$ est positif, et le second $x - x''$ est négatif;

c'est pourquoi le radical est imaginaire, et que l'hyperbole n'a aucun point dans l'intervalle de x' à x'', entre les parallèles BE, B'E'. Si $x = x''$, le radical se réduit à zéro, et la droite B'E' est tangente en E', au point où le diamètre rencontre l'hyperbole.

x étant plus grand que x'', les deux facteurs $x - x'$, $x - x''$ sont tous deux positifs, et d'autant plus grands que la valeur de x est elle-même plus grande; et comme, pour chaque valeur de x, il y a, à partir du diamètre, deux valeurs du radical égales et de signes contraires, il en résulte qu'à partir du point E' la courbe s'éloigne de plus en plus du diamètre IEE' jusqu'à l'infini.

Pour $x = 0$, on obtient les points R, R', où l'hyperbole rencontre l'axe des y.

Si x est négatif, il est évident que les deux facteurs seront tous deux négatifs; le radical est réel, et d'autant plus grand que la valeur absolue de x sera grande. Il s'ensuit que l'hyperbole est composée de quatre branches qui s'étendent à l'infini dans tous les sens.

180. 2° Si les racines de l'équation

$$n^2 x^2 + 2px + q = 0$$

sont égales, le trinôme sous le radical est un carré parfait, et il vient :

$$y = - \frac{Bx + D}{2A} \pm \frac{n}{2A} (x - x').$$

L'hyperbole se réduit dans ce cas aux deux droites

$$y = - \frac{Bx + D}{2A} + \frac{n}{2A} (x - x')$$

et

$$y = - \frac{Bx + D}{2A} - \frac{n}{2A} (x - x'),$$

202

SECONDE PARTIE.

qui se coupent en un même point du diamètre qu'on obtient en posant $\frac{n}{2A}(x - x') = 0$; d'où

$$x = x' \quad \text{et} \quad y = -\frac{Bx' + D}{2A}\,(^*).$$

181. Les racines de l'équation

$$n^2x^2 + 2px + q = 0$$

étant imaginaires, le trinôme sous le radical conserve constamment, comme on le sait, le signe de son premier terme n^2x^2, quelle que soit la valeur de x; il en résulte que les valeurs de y sont toujours réelles et que l'hyperbole existe pour toutes les valeurs de x et de y.

Mais, les racines qui annulent le trinôme sous le radical étant imaginaires, le diamètre $y = -\frac{Bx + D}{2A}$, ne pourra pas dans ce cas rencontrer la courbe; il passe alors dans l'intervalle qui sépare les branches de celle-ci.

Pour avoir alors les points de l'hyperbole qui s'approchent

(*) Si le trinôme $n^2x^2 + 2px + q$ dans l'expression de l'ordonnée de la courbe

$$y = -\frac{Bx + D}{2A} \pm \frac{1}{2A}\sqrt{n^2x^4 + 2px + q}$$

est un carré parfait, l'équation générale représente le système de deux droites. La condition pour que ce trinôme soit un carré parfait est :

$$(BD - 2AE)^2 = (B^2 - 4AC)(D^2 - 4AF)$$
ou $\qquad 4ACF + BDE - AE^2 - CD^2 - FB^2 = 0.$

C'est à cette quantité qui renferme les paramètres A, B, C, D, E, F qu'on a donné le nom de *discriminant* auquel nous reviendrons plus loin et que nous représenterons par Δ.

Il est évident que si l'on prend pour équation générale

$$ay^2 + 2bxy + cx^2 + 2dy + 2ex + f = 0,$$

on aura pour le discriminant

$$acf + 2bde - ae^2 - cd^2 - fb^2 = 0.$$

le plus du diamètre, cherchons le minimum du radical

$$\frac{1}{2A} \sqrt{n^2x^2 + 2px + q}.$$

A cette fin, soit

$$n^2x^2 + 2px + q = m;$$

d'où

$$x = -\frac{p}{n^2} \pm \sqrt{\frac{m}{n^2} - \left(\frac{q}{n^2} - \frac{p^2}{n^4}\right)}$$

et

$$m = n^2 \left(\frac{q}{n^2} - \frac{p^2}{n^4}\right).$$

En portant cette valeur $\frac{n}{2A} \sqrt{\frac{q}{n^2} - \frac{p^2}{n^4}}$ au-dessus et au-

Fig. 87.

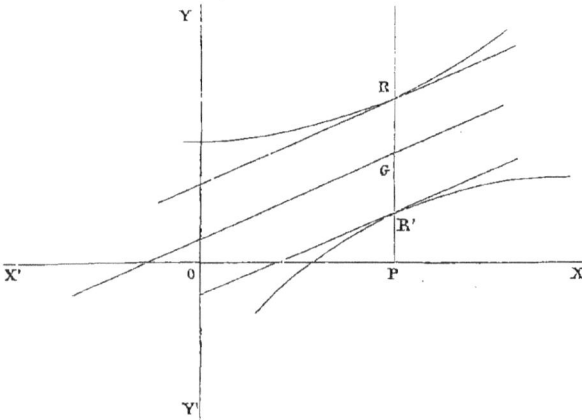

dessous du diamètre, sur l'ordonnée correspondante à l'abscisse $x = -\frac{p}{n^2} = $ OP, on aura les deux points R, R', les plus rapprochés du diamètre (fig. 87).

182. Si A ou C est nul, le binôme $B^2 - 4AC$ se réduit à B^2, et la courbe représentée par l'équation générale

$$Ay^2 + Bxy + Cx^2 + Dy + Ex + F = 0,$$

est une hyperbole. On a en effet, dans ce cas, pour $A = 0$,

$$y = -\frac{Cx^2 + Ex + F}{Bx + D}, \quad y = ax + b + \frac{c}{Bx + D},$$

$ax + b$ étant le quotient de la division de $Cx^2 + Ex + F$ par $Bx + D$, et c étant le reste.

Fig. 88.

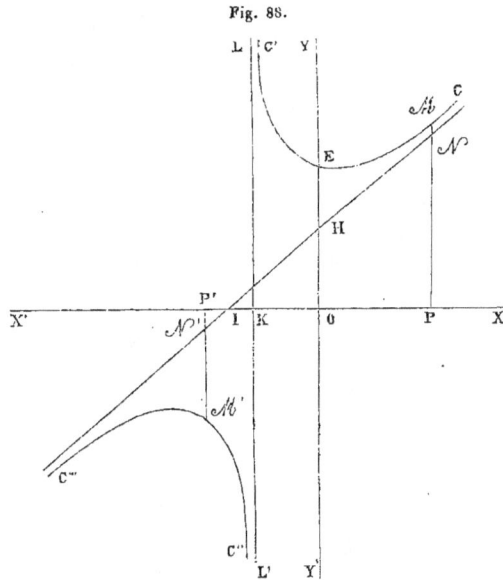

Soit IH (fig. 88) la droite qui a pour équation

$$y = ax + b.$$

Faisons $x = 0$ dans cette équation, on a :

$$y = b + \frac{c}{D}.$$

En portant sur l'axe des y, à partir du point H, $HE = \frac{c}{D}$, on obtiendra le point E où la courbe rencontre l'axe des ordonnées.

L'ordonnée quelconque PM de la courbe se compose de l'ordonnée PN de la droite, plus la valeur NM $= \frac{c}{Bx+D}$.

En faisant grandir x, à partir de zéro, l'ordonnée PM de la courbe se rapprochera de plus en plus de l'ordonnée PN de la droite $y = ax + b$, puisque la fraction $\frac{c}{Bx+D}$, qui est égale à MN, devient de plus en plus petite. Lorsque $x = \infty$, la valeur de cette fraction est infiniment petite ou nulle : la branche de courbe EMC se rapproche donc de plus en plus de la droite III, et se confond avec celle-ci lorsque $x = \infty$.

Faisons ensuite passer x par tous les états de grandeur depuis $x = 0$, jusqu'à $x = -\infty$.

A cette fin, changeons x en $-x$. On aura :

$$y = -ax + b + \frac{c}{D - Bx}.$$

A mesure que x, à partir de zéro, s'approche de $\frac{D}{B}$, la fraction $\frac{c}{D-Bx}$ devient de plus en plus grande, tout en restant positive, ainsi que l'ordonnée de la courbe. Lorsque $x = OK = \frac{D}{B}$, cette fraction, ainsi que y, seront infinis; on obtiendra la seconde branche EC′ qui rencontrera la parallèle KL à l'axe des y à l'infini.

Pour toute valeur de $x = \frac{D}{B} \pm \alpha$, α étant une quantité aussi petite que l'on voudra, la fraction $\frac{c}{D-Bx}$ sera négative ou positive, et infiniment grande.

Si $x = \frac{D}{B} + \alpha = OP'$, l'ordonnée de la courbe sera P′M′ = P′N′ + M′N′; si α est infiniment petit ou nul, la fraction $\frac{c}{D-Bx} =$ M′N′, qui est négative, devient infiniment grande, comme aussi l'ordonnée de la courbe, et l'on a la branche M′C″ qui se confond à l'infini avec la parallèle LKL′ à l'axe des y.

Si l'on fait grandir x indéfiniment, la fraction $\frac{c}{D - Bx}$, toujours négative, deviendra d'autant plus petite, ainsi que M'N', et l'on obtiendra de cette manière la branche M'C''' qui se confondra avec la droite IH lorsque $x = -\infty$.

183. Si $C = 0$, on a :

$$x = my + n + \frac{d}{By + E},$$

$my + n$ étant le quotient de $Ay^2 + Dy + F$ par $By + E$, et d le reste de la division.

Fig. 89.

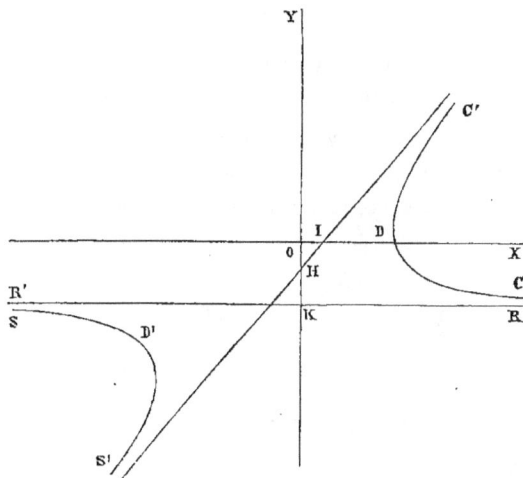

La courbe est une hyperbole représentée par la figure 89.

On construit d'abord la droite IH qui a pour équation $x = my + n$, et la parallèle RKR' à l'axe des x,

$$y = -OK = -\frac{E}{B}.$$

Cette parallèle se confond à l'infini avec les branches des courbes DC, D'S, et la droite IH se confond à l'infini avec les branches DC' et D'S'.

Lorsque le trinôme $Cx^2 + Ex + F$ est divisible exactement par $Bx + D$, il est alors évident que l'hyperbole se réduit au système de deux droites. En effet, on a dans ce cas, puisque le reste c est nul :

$$y\,(Bx + D) = (ax + b)\,(Bx + D)$$

ou
$$(y - ax - b)\,(Bx + D) = 0,$$

qui est bien le système de deux droites :

$$y = ax + b, \quad Bx + D = 0.$$

184. Enfin, si A et C sont nuls en même temps, l'équation générale est alors

$$Bxy + Dy + Ex + F = 0.$$

La courbe est encore une hyperbole (fig. 90).

En résolvant cette équation successivement par rapport à x et à y, on a :

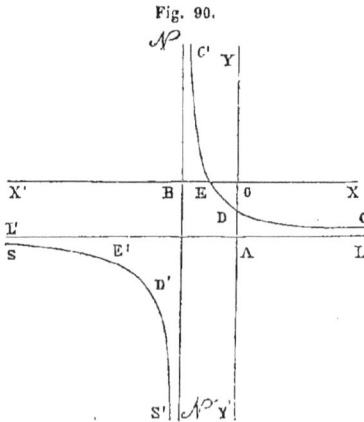

Fig. 90.

$$x = -\frac{Dy + F}{By + E},$$

$$y = -\frac{Ex + F}{Bx + D}.$$

Si les dénominateurs sont nuls, les valeurs de x et de y deviennent infinies; mais $By + E = 0$ donne :

$$y = -\frac{E}{B},$$

qui représente une parallèle à l'axe des x.

208 SECONDE PARTIE.

De même, $\quad Bx + D = 0, \quad x = -\dfrac{D}{B}$

représente une parallèle à l'axe des y. Ces deux parallèles rencontrent les branches DC, EC', D'S', E'S à l'infini.

185. PARABOLE : $\quad B^2 - 4AC = 0$.

La valeur générale de y se réduit à

$$y = -\frac{Bx + D}{2A} \pm \sqrt{2px + q};$$

p étant positif, la courbe ne pourra s'étendre à l'infini que dans le sens des x positifs.

Fig. 91.

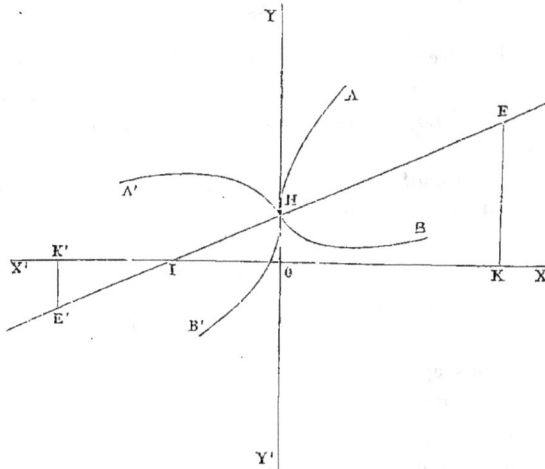

1° Si p et q sont tous deux positifs, en posant

$$2px + q = 0, \quad \text{on a} \quad x = -\frac{q}{2p}$$

pour le point E', où la parabole rencontre le diamètre HHE.

Prenons sur l'axe des x, dans le sens négatif, une longueur OK' marquée par $-\frac{q}{2p}$, et tirons la parallèle K'E' à l'axe des y : la courbe n'aura aucun point au delà de cette droite qui est tangente en E' à la parabole (fig. 91).

2° q étant nul et p positif, la courbe n'aura aucun point du côté des x négatifs, et l'axe des y sera tangent à la parabole, au point H où le diamètre rencontre cet axe. On obtiendra ainsi la parabole AHB. Il est évident que l'on pourra donner à x dans ce cas, comme dans le précédent, telle valeur positive que l'on voudra.

3° q étant négatif et p positif, en posant $2px - q = 0$, on obtient :

$$x = \frac{q}{2p} ;$$

et, si l'on prend sur l'axe des x, dans le sens positif, une longueur $OK = \frac{q}{2p}$, la parallèle KE sera tangente au point E à la parabole, et celle-ci n'aura aucun point en deçà de cette droite.

p étant négatif, la courbe pourra s'étendre à l'infini seulement dans le sens des x négatifs.

Supposons que le terme q soit positif. On aura

$$-2px + q = 0; \quad \text{d'où} \quad x = \frac{q}{2p} ;$$

ce qui nous apprend que la parabole n'a aucun point au delà de la parallèle KE, dans le sens des x positifs.

Si $q = 0$, il reste sous le radical $\sqrt{-2px}$, expression qui n'admet pour y aucune valeur positive de x. La parabole dans ce cas est A'HB'; elle est tangente au point H à l'axe des y et s'étend à l'infini dans le sens des x négatifs.

Enfin, si p et q sont en même temps négatifs, la parabole coupera le diamètre au point E' et s'étendra, à partir de ce point, à l'infini, dans le sens des x négatifs.

14

Applications numériques.

186. *Proposons-nous de construire les courbes représentées par les équations :*

1° $y^2 - 2xy + 3x^2 - 4y + 5x - 6 = 0;$

2° $y^2 - 6xy + 10x^2 - 2y + 2x + 5 = 0;$

3° $y^2 + 10xy + 35x^2 - 6y - 40x + 24 = 0;$

4° $y^2 - 2xy - 3x^2 + 6y + 10x - 5 = 0;$

5° $y^2 - 4xy + 3x^2 - 6y + 8x + 4 = 0;$

6° $y^2 - 6xy + 5x^2 - 14y + 22x + 24 = 0;$

7° $y^2 - 4xy + 4x^2 - 6y + 7x + 9 = 0;$

8° $y^2 - 2xy + x^2 + x = 0.$

1° *Soit proposé de construire la courbe dont l'équation est :*

$$y^2 - 2xy + 3x^2 - 4y + 5x - 6 = 0.$$

Les axes coordonnés étant rectangulaires, on a :

$$y = x + 2 \pm \sqrt{-2x^2 - x + 10};$$

on voit que cette courbe est une ellipse et que

$$y = x + 2$$

est un de ses diamètres, qu'il est facile de construire.

Les racines du trinôme $-2x^2 - x + 10$ situé sous le radical étant 2 et $-\frac{5}{2}$, la courbe coupe le diamètre IH (fig. 92) aux deux points E, E' qui ont pour abscisse

$$OA = 2, \quad OB = -\frac{5}{2}, \quad y = x + 2 \pm \sqrt{2(2 - x)\left(x + \frac{5}{2}\right)}.$$

Si l'on fait $x = 0$, on aura les deux points S, S', intersection de l'ellipse avec l'axe des y.

Fig. 92.

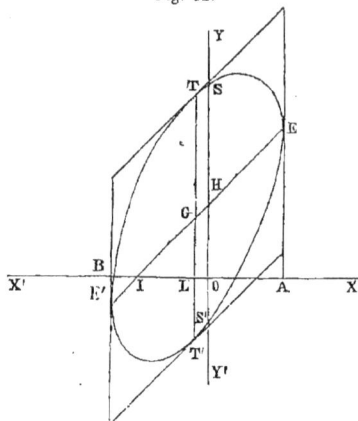

En faisant grandir x positivement depuis zéro jusqu'à **2**, le facteur $2 - x$ sous le radical diminue et reste positif, ainsi que $x + \frac{5}{2}$: les ordonnées à partir du diamètre vont donc en diminuant à mesure que x augmente dans le sens positif. Pour $x = 2$ (qui représente la parallèle AE à l'axe des y), le radical s'annule ; la droite AE est une tangente à l'ellipse au point E.

Faisons varier x dans le sens des abscisses négatives, et, à cette fin, changeons x en $- x$ sous le radical ; on aura :

$$ y = x + 2 \pm \sqrt{2\,(2 + x)\left(\frac{5}{2} - x\right)}. $$

Le radical restera réel et ira en diminuant depuis $x = 0$ jusqu'à $x = - \mathrm{OB} = - \frac{5}{2}$, valeur pour laquelle il s'annule : l'ellipse se trouve comprise entre les deux parallèles AE, BE', auxquelles elle est tangente.

Cherchons quelle valeur il faut donner à x, pour que le trinôme $- 2x^2 - x + 10$ sous le radical s'élève à son maximum m. On a :

$$ - 2x^2 - x + 10 = m, \quad x = - \frac{1}{4} \pm \sqrt{\frac{81}{16} - \frac{m}{2}}, \quad m = \frac{81}{8}. $$

On trace l'ordonnée correspondante à l'abscisse $x = - \frac{1}{4}$; et, à partir du point de rencontre de cette ordonnée avec le diamètre, on portera au-dessus et au-dessous de celui-ci des valeurs GT, GT′ égales à $\frac{9\sqrt{2}}{4}$. On obtiendra ainsi les deux points de l'ellipse les plus éloignés de ce diamètre; de sorte que la courbe cherchée sera inscrite entre les quatre tangentes aux points E, E′, T et T′.

187. *Soit à construire l'ellipse*

$$y^2 + 4xy + 5x^2 - 10y - 22x + 26 = 0.$$

On a : $y = -2x + 5 \pm \sqrt{-x^2 + 2x - 1}$

ou $y = -2x + 5 \pm \sqrt{(x^2 - 2x + 1) \times -1}$,

$$y = -2x + 5 \pm (x - 1)\sqrt{-1}.$$

Cette ellipse n'existe que pour $x = 1$, ce qui donne $y = 3$. La courbe se réduit donc à un point.

188. Soit la courbe

$$y^2 + 4xy + 9x^2 - 6y - 18x + 12 = 0.$$

Il vient : $y = -2x + 3 \pm \sqrt{-5x^2 + 6x - 3}$.

Les deux racines qui annulent le trinôme $-5x^2 + 6x - 3$ étant imaginaires, ce trinôme conserve le signe négatif de son premier terme pour toutes les valeurs de x : il ne peut y avoir pour y aucune valeur réelle, de sorte que l'ellipse est imaginaire.

189. Si les coefficients A et C de l'équation générale sont égaux, B étant nul, l'équation

$$y^2 + x^2 + \frac{D}{A}y + \frac{E}{A}x + \frac{F}{A} = 0 \quad . \quad . \quad . \quad (1)$$

représente une circonférence de cercle rapportée à des axes rectangulaires. Cette équation peut se mettre sous la forme :

$$\left(y + \frac{D}{2A}\right)^2 + \left(x + \frac{E}{2A}\right)^2 = \frac{D^2 + E^2 - 4AF}{4A^2}.$$

Les coordonnées du centre sont $\beta = -\frac{D}{2A}$, $\alpha = -\frac{E}{2A}$;

le rayon est $R = \frac{1}{2A}\sqrt{D^2 + E^2 - 4AF}$.

A et C étant égaux et B n'étant pas nul, on a :

$$y^2 + x^2 + \frac{B}{A}xy + \frac{D}{A}y + \frac{E}{A}x + \frac{F}{A} = 0.$$

Pour voir si cette équation représente une circonférence rapportée à des coordonnées obliques, il suffit de la comparer à l'équation

$$(x - \alpha)^2 + (y - \beta)^2 + 2(x - \alpha)(y - \beta)\cos\theta = R^2$$

ou

$$x^2 + y^2 + 2xy\cos\theta - 2(\beta + \alpha\cos\theta)y$$

$$- 2(\alpha + \beta\cos\theta)x + \alpha^2 + \beta^2 + 2\alpha\beta\cos\theta - R^2 = 0.$$

Il vient : $\dfrac{B}{A} = 2\cos\theta,$ $\dfrac{D}{A} = -2(\beta + \alpha\cos\theta),$

$\dfrac{E}{A} = -2(\alpha + \beta\cos\theta),$ $\dfrac{F}{A} = \alpha^2 + \beta^2 + 2\alpha\beta\cos\theta - R^2.$

Ces équations doivent donner pour R, α, β des valeurs qui ne soient pas absurdes.

Les applications numériques ne peuvent offrir aucune difficulté; c'est pourquoi nous ne nous y arrêterons pas.

190. Soit l'équation $y^2 - 2xy - 3x^2 + 6y + 10x - 3 = 0$.

A et C étant de signes contraires, la courbe est une hyperbole, puisque $B^2 - 4AC$ est nécessairement positif.

La valeur de y est : $y = x - 3 \pm 2\sqrt{(x-1)(x-3)}$. x étant positif et plus petit que 1, et à plus forte raison, plus petit que 3, le radical est réel. La valeur de y est donc réelle, et d'autant plus petite que x se rapproche le plus de 1.

De sorte que, pour $x = 1$, le radical est nul, et l'on obtient le premier point E, où le diamètre IH rencontre la courbe (fig. 93).

Pour toute valeur positive de x comprise entre 1 et 3, le radical est imaginaire et il s'annule pour $x = 3$. Lorsque $x > 3$, le radical est réel, et d'autant plus grand que x lui-même est plus grand.

Si l'on fait $x = 0$, on obtient les deux points R et R', où l'hyperbole rencontre l'axe des y.

Fig. 93.

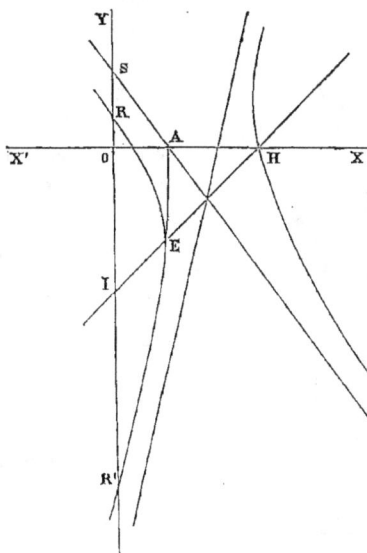

Il est facile de voir que, si l'on change x en $-x$, les valeurs de y seront toujours réelles; de sorte que l'hyperbole, représentée par l'équation proposée, est indiquée par la figure ci-contre.

Le diamètre IH coupe les axes à des distances

$$OH = 3,$$
$$OI = -3$$

de l'origine, et la courbe aux points E et H dont les abscisses égalent $+1$ et $+3$.

191. Prenons pour deuxième exemple la courbe donnée par l'équation

$$y^2 - 4xy + 5x^2 - 6y + 8x + 4 = 0.$$
$$y = 2x + 3 \pm \sqrt{x^2 + 4x + 5}.$$

Les racines qui annulent le trinôme $x^2 + 4x + 5$ étant imaginaires, ce trinôme conserve le signe positif de son premier terme pour toutes les valeurs de x; donc y est toujours réel, et l'hyperbole ne rencontre pas le diamètre, $y = 2x + 3$, qui passe ainsi entre les deux branches de la courbe, et rencontre les axes coordonnés à des distances de l'origine $y = 3$, $x = -1\frac{1}{2}$.

Fig. 94.

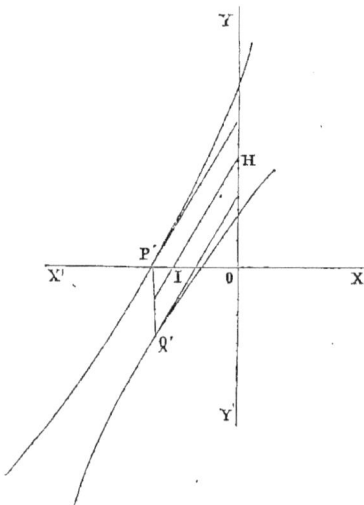

Il est facile de trouver les points où la courbe s'approche le plus de ce diamètre.

A cette fin, il suffit de chercher le minimum de la quantité $x^2 + 4x + 5$, située sous le radical. On a :

$$x^2 + 4x + 5 = m,$$
$$x = -2 \pm \sqrt{m - 1}.$$

Le minimum de m est donc égal à 1, et il est donné par $x = -2$.

D'où $\qquad y = -1 \pm 1, \quad y = 0, \quad y = -2.$

On obtient ainsi les deux points P′ et Q′ pour les points où l'hyperbole s'éloigne le moins du diamètre III (fig. 94).

192. Soit encore l'équation

$$y^2 - 6xy + 5x^2 - 14y + 22x + 24 = 0.$$
$$y = 5x + 7 \pm \sqrt{4x^2 + 20x + 25},$$
$$y = 5x + 7 \pm \sqrt{(2x + 5)^2},$$
$$y = 5x + 7 \pm (2x + 5),$$

équation représentant deux droites qui se coupent.

La construction des paraboles

$$y^2 - 4xy + 4x^2 - 6y + 7x + 9 = 0, \quad y^2 - 2xy + x^2 + x = 0,$$

n'offre aucune difficulté.

Équation générale des courbes du 2me degré en coordonnées polaires.

193. Si l'on place le pôle à l'origine des coordonnées rectangulaires et que l'on prenne l'axe des x pour la droite fixe, les coordonnées d'un point quelconque M (x, y) d'une courbe en coordonnées polaires sont :

$$x = \rho \cos \omega, \quad y = \rho \sin \omega,$$

ρ étant la distance OM du point M à l'origine et ω l'angle que ce rayon vecteur OM fait au pôle avec l'axe des x, la droite fixe.

En substituant ces valeurs de x et de y dans l'équation générale

$$Ay^2 + Bxy + Cx^2 + Dy + Ex + F = 0,$$

on aura :

$$(A \sin^2 \omega + B \sin \omega \cos \omega + C \cos^2 \omega) \rho^2$$
$$+ (D \sin \omega + E \cos \omega) \rho + F = 0,$$

qui est l'équation générale des courbes du 2me degré en coordonnées polaires.

Cette équation, par rapport à ρ, est une équation complète du second degré; si nous égalons à zéro le coefficient de ρ^2, on aura l'équation

$$A \sin^2 \omega + B \sin \omega \cos \omega + C \cos^2 \omega = 0,$$

qui fera connaître à quelles conditions entre A, B, C la courbe sera limitée en tout sens, ou bien, si elle sera illimitée et infinie dans tous les sens ou dans un seul.

En résolvant l'équation précédente par rapport à ω, il vient :

$$tg \, \omega = \frac{-B \pm \sqrt{B^2 - 4AC}}{2A}.$$

On voit comme précédemment (174) que, si $B^2 - 4AC < 0$, les valeurs de ω sont imaginaires, et que la courbe ne peut, dans ce cas, avoir aucun point à l'infini; celle-ci est donc limitée de toutes parts; telles sont les ellipses.

Si $B^2 - 4AC = 0$, la courbe étant rencontrée par une droite, ne peut jamais avoir qu'un seul point à l'infini. Cette courbe est donc illimitée dans un seul sens : c'est la parabole.

Lorsque $B^2 - 4AC > 0$, il y a deux valeurs différentes de ω pour lesquelles les rayons vecteurs correspondants menés par l'origine à la courbe deviennent infinis. La courbe est donc illimitée dans tous les sens : on la nomme hyperbole.

Si le coefficient du second terme en ρ devient nul, on aura

$$(A \sin^2\omega + B \sin\omega \cos\omega + C \cos^2\omega)\, \rho^2 + F = 0,$$

et

$$D \sin\omega + E \cos\omega = 0.$$

A une valeur quelconque de ω correspondent deux valeurs égales et de signes contraires pour ρ; il s'ensuit que l'origine est située au centre de la courbe. Comme ω est quelconque, on doit avoir

$$D = 0, \quad E = 0.$$

L'équation $D \operatorname{tg}\omega + E = 0$ donne :

$$\operatorname{tg}\omega = -\frac{E}{D}.$$

A cette valeur de ω répondent aussi deux valeurs égales et de signes contraires de ρ.

Donc, la corde $Dy + Ex = 0$, menée par l'origine, est divisée en deux parties égales par ce point.

Lorsque $F = 0$, l'une des valeurs de ρ est égale à zéro; l'autre valeur est donnée par l'équation

$$(A \sin^2\omega + B \sin\omega \cos x + C \cos^2\omega)\, \rho + D \sin\omega + E \cos\omega = 0.$$

Si l'on a, en même temps,

$$D \sin \omega + E \cos \omega = 0,$$

les deux valeurs de p sont nulles, et

$$Dy + Ex = 0$$

est l'équation de la tangente à l'origine.

CHAPITRE VIII.

Centre et diamètres.

194. On nomme *centre* un point qui, situé dans le plan d'une courbe, divise en deux parties égales toute corde qui passe par ce point.

On nomme *diamètre* une droite qui partage en deux parties égales un système de cordes parallèles.

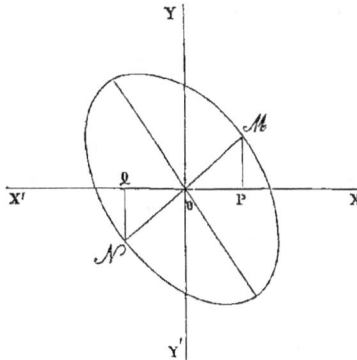

Fig. 95.

Deux diamètres sont dits *conjugués*, quand l'un divise en deux parties égales les cordes parallèles à l'autre, et réciproquement.

D'après ces définitions, *toute équation qui ne contient que des termes variables du deuxième degré représente une courbe dont l'origine des coordonnées se trouve à son centre.*

Soit $\qquad$ $Ay^2 + Bxy + Cx^2 = F$

cette équation.

Coupons cette courbe par une droite qui passe par l'origine, et soit $y = ax$ cette droite MN (fig. 95).

Les abscisses des points d'intersection seront donnés par l'équation :

$$(Aa^2 + Ba + C)\, x^2 = F,$$

qui admet toujours deux racines égales et de signes contraires ; donc, on aura OP $=$ OQ, et par suite, OM $=$ ON, quelle que soit la direction de la droite MN. Donc, l'origine O est le centre de la courbe.

195. _Toute équation qui ne contient la variable_ y _ou la variable_ x _qu'à la deuxième puissance seulement, représente une courbe qui a pour diamètre l'axe des abscisses, ou l'axe des ordonnées._

L'équation ne contenant que des termes en y^2, pour une valeur quelconque de x, il y a toujours deux valeurs égales et de signes contraires pour y; ce qui prouve que l'axe des x partage toutes les cordes parallèles à l'axe des y en deux parties égales, et qu'il est, par conséquent, un diamètre de la courbe. Si les axes coordonnés sont rectangulaires, cet axe est de plus, dans ce cas, un _axe de symétrie_ de la courbe : on nomme ainsi un diamètre qui partage en deux parties égales les cordes qui lui sont perpendiculaires ; un tel axe partage aussi la courbe en deux parties égales et superposables. Les points où cet axe rencontre la courbe sont les _sommets_ de celle-ci.

196. _Lorsque l'origine est au centre de la courbe, son équation ne peut contenir des termes variables du premier degré._

Soit l'équation :

$$Ay^2 + Bxy + Cx^2 + Dy + Ex + F = 0.$$

Coupons cette courbe par la droite $y = ax$ passant par l'origine. On aura :

$$(Aa^2 + Ba + C)x^2 + (Da + E)x + F = 0,$$

pour les abscisses de l'intersection.

Puisque $OM = ON$, les deux triangles OMP, ONQ (fig. 95) sont égaux; d'où $OP = OQ$; ce qui prouve que les racines de l'équation précédente doivent être égales et de signes contraires. On doit donc avoir : $Da + E = 0$, et, par conséquent, $D = 0$, $E = 0$.

L'équation proposée se trouve ramenée à

$$Ay^2 + Bxy + Cx^2 + F = 0,$$

laquelle ne contient plus que des termes variables du deuxième degré.

CHAPITRE IX.

Réduction de l'équation générale à des formes plus simples.

197. On a vu précédemment (170 et suiv.) l'importance du choix des axes coordonnés relativement à la simplicité du lieu. On peut donc se proposer de chercher dans le plan des courbes représentées par l'équation

$$Ay^2 + Bxy + Cx^2 + Dy + Ex + F = 0 \quad . \quad . \ (1),$$

une nouvelle origine et une autre direction des axes coordonnés, pour lesquelles certains termes de la nouvelle équation pourront disparaître. A cette fin, prenons les formules pour passer d'un système d'axes coordonnés rectangulaires à un système d'axes aussi rectangulaires d'une nouvelle origine :

$$x = a + x' \cos \alpha - y' \sin \alpha, \quad y = b + x' \sin \alpha + y' \cos \alpha \ (2).$$

Ces formules renferment trois constantes arbitraires a, b et α, dont on pourra toujours disposer à l'effet de faire disparaître trois termes de l'équation transformée.

On devra nécessairement obtenir chaque fois, pour les coordonnées a et b de la nouvelle origine et pour α, des valeurs qui ne soient pas absurdes.

En remplaçant dans l'équation (1) x et y par leurs valeurs dans (2), il vient :

$$\begin{aligned}
&[A \cos^2 \alpha + C \sin^2 \alpha - B \sin \alpha \cos \alpha] y'^2 \\
&+ [2(A - C) \sin \alpha \cos \alpha + B (\cos^2 \alpha - \sin^2 \alpha)] x' y' \\
&+ [A \sin^2 \alpha + C \cos^2 \alpha + B \sin \alpha \cos \alpha] x'^2 \\
&+ [(2Ab + Ba + D) \cos \alpha - (2Ca + Bb + E) \sin \alpha] y' \\
&+ [(2Ab + Ba + D) \sin \alpha + (2Ca + Bb + E) \cos \alpha] x' \\
&+ Ab^2 + Bab + Ca^2 + Db + Ea + F = 0.
\end{aligned}$$

On profitera de l'indétermination de α pour annuler l'un des coefficients des termes du deuxième degré qui ne sont fonction que de α et des quantités supposées données A, B, C. Si l'on veut faire disparaître le rectangle $x'y'$, on aura :

$$2(A - C) \sin \alpha \cos \alpha + B (\cos^2 \alpha - \sin^2 \alpha) = 0,$$

ou $\quad (A - C) \sin 2\alpha + B \cos 2\alpha = 0, \quad$ et $\quad \operatorname{tg} 2\alpha = \dfrac{- B}{A - C}.$

Cette valeur de $\operatorname{tg} 2\alpha$ ne sera jamais absurde pour aucune des trois courbes du deuxième degré; pour le cercle, $\operatorname{tg} 2\alpha = \frac{0}{0}$, puisque $A = C$ et $B = 0$, les axes étant rectangulaires. D'ailleurs, l'équation

$$(A - C) \sin 2\alpha + B \cos 2\alpha = 0,$$

est satisfaite pour toutes les valeurs de α, lorsque $A = C$ et $B = 0$. Les deux arbitraires a et b serviront à annuler les coefficients de y' et de x', ou bien l'un quelconque de ces coefficients, et la quantité indépendante de x et de y.

Dans le premier cas, on aura les équations :

$$2Ab + Ba + D = 0, \quad . \quad . \quad . \quad . \quad (3),$$
$$2Ca + Bb + E = 0,$$

qui sont, comme on l'a vu (175), celles de deux diamètres passant par les points a et b, coordonnées de la nouvelle origine.

En résolvant ces deux équations en a et en b, on trouve :

$$a = \frac{2AE - BD}{B^2 - 4AC} \quad \text{et} \quad b = \frac{2CD - BE}{B^2 - 4AC},$$

valeurs que l'on saura toujours déterminer et qui ne sont pas absurdes pour les ellipses et les hyperboles, mais qui deviennent infinies pour les paraboles, puisque $B^2 - 4AC = 0$ pour ces dernières. Si l'on a en même temps $B^2 - 4AC = 0$, $2AE - BD = 0$ ou $a = \frac{0}{0}$, on obtiendra aussi $b = \frac{0}{0}$, puisque alors le numérateur $2CD - BE$ de b est également nul. La courbe se réduit, dans ce cas, à deux droites parallèles, puisqu'il reste seulement une constante sous le radical. Le lieu des centres est donc une droite parallèle aux deux premières et à égale distance de celles-ci : c'est ce qui explique les valeurs $\frac{0}{0}$ de a et de b.

Il suit de ce qui précède que les courbes douées d'un centre, les ellipses, les hyperboles, peuvent toujours se ramener à la forme :

$$My'^2 + Nx'^2 \pm F' = 0;$$
$$M = A\cos^2\alpha + C\sin^2\alpha - B\sin\alpha\cos\alpha,$$
$$N = A\sin^2\alpha + C\cos^2\alpha + B\sin\alpha\cos\alpha,$$

$$F' = Ab^2 + Bab + Ca^2 + Db + Ea + F,$$
$$M + N = A + C.$$
$$M - N = (A - C)(\cos^2\alpha - \sin^2\alpha) - B2\sin\alpha\cos\alpha$$
$$= (A - C)\cos 2\alpha - B\sin 2\alpha,$$
$$M - N = \frac{(A - C)^2}{\sqrt{B^2 + (A - C)^2}} + \frac{B^2}{\sqrt{B^2 + (A-C)^2}} = \sqrt{B^2 + (A - C)^2}.$$

En remplaçant $\cos 2\alpha$ et $\sin 2\alpha$ par leurs valeurs en fonction de $\operatorname{tg} 2\alpha = \frac{-B}{A - C}$, on obtient de la sorte :

$$M = \tfrac{1}{2}(A + C) + \tfrac{1}{2}\sqrt{B^2 + (A - C)^2},$$
$$N = \tfrac{1}{2}(A + C) - \tfrac{1}{2}\sqrt{B^2 + (A - C)^2}.$$

En multipliant les équations diamétrales, la première par b, la seconde par a, et en ajoutant, on a :

$$2Ab^2 + 2Bab + 2Ca^2 + Db + Ea = 0;$$

d'où
$$Ab^2 + Bab + Ca^2 = -\frac{Db + Ea}{2};$$

ce qui donne :
$$F' = \frac{Db + Ea}{2} + F = \frac{-\Delta}{B^2 - 4AC},$$

Δ représentant le discriminant (180).

L'équation transformée $My'^2 + Nx'^2 + F' = 0$ représente les ellipses et les hyperboles rapportées à leurs axes de symétrie, pris pour axes coordonnés rectangulaires, la nouvelle origine étant située au centre de ces courbes. Le binôme $B^2 - 4AC$ devant être négatif pour les premières et positif pour les secondes, il faut que M et N soient de même signe et positifs pour les ellipses, et de signes contraires pour les hyperboles.

198. Si l'on veut se servir des arbitraires a et b à l'effet de faire disparaître, comme on l'a dit (197), l'un des coefficients du premier degré, soit y', soit x', et la quantité indépendante de ces variables, on aura les équations :

$$(2Ab + Ba + D) \cos \alpha - (2Ca + Bb + E) \sin \alpha = 0 \quad (1),$$
$$Ab^2 + Bab + Ca^2 + Db + Ea + F = 0 \quad . \quad . \quad (2).$$

En désignant par Q le coefficient de x, il viendra :

$$Q = (2Ca + Bb + E) \cos \alpha + (2Ab + Ba + D) \sin \alpha \quad (3).$$

De la première équation, on tire successivement :

$$(2Ca + Bb + E) \cos \alpha = \frac{(2Ab + Ba + D) \cos^2 \alpha}{\sin \alpha}.$$

Remplaçant dans la valeur de Q, on aura :

$$Q = \frac{2Ab + Ba + D}{\sin \alpha}.$$

Il est clair qu'on a aussi :

$$Q = \frac{(2Ca + Bb + E)}{\cos \alpha}.$$

En résolvant ces deux dernières équations par rapport à a et b, on obtient :

$$a = \frac{Q (B \sin \alpha - 2A \cos \alpha) - (DB - 2AE)}{B^2 - 4AC}.$$

Si nous résolvons l'équation (2) par rapport à b, en remplaçant $2Ab + Ba + D$ par sa valeur $Q \sin \alpha$, il vient :

$$Q^2 \sin^2 \alpha = (B^2 - 4AC) a^2 + 2 (BD - 2AE) a + D^2 - 4AF.$$

En substituant, au lieu de a sa valeur, et en faisant les réductions, d'ailleurs très-faciles, on trouve :

$$(B^2 - 4AC) Q^2 \sin^2 \alpha = (B \sin \alpha - 2A \cos \alpha)^2 Q^2 - (BD - 2AE)^2$$
$$+ (D^2 - 4AF)(B^2 - 4AC)$$
$$4AQ^2 (A \cos^2 \alpha + C \sin^2 \alpha - B \sin \alpha \cos \alpha)$$
$$= (BD - 2AE)^2 - (B^2 - 4AC)(D^2 - 4AF).$$

Remplaçant le multiplicateur de $4AQ^2$ par sa valeur qui précède, on a :

$$2AQ^2 \left[A + C + \sqrt{B^2 + (A - C)^2} \right] = (BD - 2AE)^2 - (B^2 - 4AC)(D^2 - 4AF);$$

d'où
$$Q = \sqrt{\frac{(BD - 2AE)^2 - (B^2 - 4AC)(D^2 - 4AF)}{2A \left[A + C + \sqrt{B^2 + (A - C)^2} \right]}}.$$

Si la courbe est une parabole, on obtient pour la valeur de Q :

$$Q = \frac{BD - 2AE}{2\sqrt{A(A + C)}} = \frac{D\sqrt{C} + E\sqrt{A}}{\sqrt{A + C}}.$$

L'équation de la transformée est :

$$My'^2 + Nx'^2 + Qx' = 0 \quad . \quad . \quad . \quad . \quad (g).$$

On voit que, pour une valeur de x', il y a toujours deux valeurs égales et de signes contraires pour y'; et, comme les nouveaux axes sont rectangulaires, il s'ensuit que l'axe des x' partage la courbe, quelle qu'elle soit, en deux parties égales et superposables. Donc, l'axe des abscisses est dirigé suivant l'axe de symétrie de la courbe.

La direction de cet axe est donnée par la relation

$$\operatorname{tg} 2\alpha = \frac{-B}{A - C};$$

l'origine est au sommet de symétrie et l'axe des ordonnées est tangent à la courbe.

199. Suivant que **M** et **N** seront de même signe ou de signes contraires, l'équation (g) représentera une ellipse ou une hyperbole; si $N = 0$, la courbe sera une parabole.

Pour les ellipses et les hyperboles, l'équation de la transformée est aussi :

$$My'^2 \pm Nx'^2 = \pm F',$$

15

M et N étant de même signe pour les ellipses, et de signes contraires pour les hyperboles.

Si a_1 et b_1 sont les distances du centre de la courbe aux points où elle rencontre l'axe des x et celui des y, on aura :

$$N a_1^2 = F', \quad M b_1^2 = F';$$

l'équation de ces courbes est donc :

$$\frac{y^2}{b_1^2} \pm \frac{x^2}{a_1^2} = \pm 1.$$

Pour une même valeur de x' positive ou négative, il y a toujours deux valeurs égales et de signes contraires pour y' ; et réciproquement, l'axe des x et celui des y sont dirigés suivant les axes de symétrie de la courbe, lesquels partagent celle-ci chacun en deux parties égales et superposables. Les équations des axes de symétrie sont données par

$$\text{tg } 2\alpha = \frac{-B}{A - C} \quad \text{ou} \quad B \text{ tg}^2\alpha - 2(A - C)\text{ tg }\alpha - B = 0 ;$$

en y remplaçant tg α par sa valeur $\frac{y}{x}$, on obtient les deux droites :

$$B y^2 - 2(A - C) xy - B x^2 = 0,$$

qui sont les deux axes dont il s'agit.

200. Comme les coefficients des termes du second degré ne contiennent que l'arbitraire α, on ne peut, pour cette raison, faire disparaître qu'un seul de ces termes ; c'est pourquoi nous allons nous servir des formules :

$$x = a + x' \cos\alpha + y' \cos\beta, \quad y = b + x' \sin\alpha + y' \sin\beta,$$

que l'on emploie pour passer d'un système d'axes coordonnés rectangulaires à un système d'axes obliques d'une nouvelle origine. En substituant ces valeurs dans l'équation :

$$A y^2 + B xy + C x^2 + D y + E x + F = 0,$$

on obtient :

$$(A \sin^2\beta + B \sin\beta \cos\beta + C \cos^2\beta) \, y'^2$$
$$+ (A \sin^2\alpha + B \sin\alpha \cos\alpha + C \cos^2\alpha) \, x'^2$$
$$+ (2A \sin\beta \sin\alpha + B \sin\alpha \cos\beta + B \sin\beta \cos\alpha + 2C \cos\alpha \cos\beta) \, x'y'$$
$$+ \left[(2Ab + Ba + D) \sin\beta + (2Ca + Bb + E) \cos\beta \right] y'$$
$$+ \left[(2Ab + Ba + D) \sin\alpha + (2Ca + Bb + E) \cos\alpha \right] x'$$
$$+ Ab^2 + Bab + Ca^2 + Db + Ea + F = 0.$$

Au moyen des arbitraires α, β, on peut faire disparaître les termes en y'^2 et en x'^2 et se servir des indéterminées a et b de la nouvelle origine pour faire disparaître aussi les termes du premier degré en y' et en x'. On aura, à cette fin, les équations :

$$A \sin^2\beta + B \sin\beta \cos\beta + C \cos^2\beta = 0. \quad . \quad . \quad (1),$$
$$A \sin^2\alpha + B \sin\alpha \cos\alpha + C \cos^2\alpha = 0. \quad . \quad . \quad (2),$$
$$2Ab + Ba + D = 0 \quad . \quad . \quad . \quad . \quad (5),$$
$$2Ca + Bb + E = 0 \quad . \quad . \quad . \quad . \quad (4).$$

En prenant les signes voulus, on tire de ces équations :

$$\operatorname{tg}\beta = \frac{-B - \sqrt{B^2 - 4AC}}{2A}, \quad \text{et} \quad \operatorname{tg}\alpha = \frac{-B + \sqrt{B^2 - 4AC}}{2A}.$$

Ces valeurs substituées dans les coefficients de la transformée, donnent pour l'équation de celle-ci :

$$\frac{(B^2 - 4AC)x'y'}{\sqrt{B^2 + (A - C)^2}} = \frac{Db + Ea}{2} + F = \frac{-\Delta}{B^2 - 4AC}.$$

En représentant, pour plus de simplicité, le second membre par F', on a :

$$\frac{(B^2 - 4AC)x'y'}{\sqrt{B^2 + (A - C)^2}} = F' = \frac{-\Delta}{B^2 - 4AC},$$

qui est, comme on le verra plus loin, l'équation de l'hyperbole rapportée à ses asymptotes, l'origine étant au centre de la courbe.

Il est évident que ces valeurs de $\operatorname{tg}\alpha$, $\operatorname{tg}\beta$ sont imaginaires pour l'ellipse; qu'elles se confondent pour la parabole et se réduisent à la direction de son diamètre : ainsi, elles ne subsistent que pour l'hyperbole, ce qui prouve que cette courbe est la seule dont l'équation puisse se ramener à la forme : $Kx'y' = F'$.

201. On peut se proposer de faire disparaître seulement le rectangle $x'y'$ et les termes en y' et en x'.

A cette fin, on aura les trois équations :

$$2A\sin\alpha\sin\beta + B(\sin\alpha\cos\beta + \sin\beta\cos\alpha) + 2C\cos\alpha\cos\beta = 0 \quad (1),$$
$$(2Ab + Ba + D)\sin\beta + (2Ca + Bb + E)\cos\beta = 0 \quad (2),$$
$$(2Ab + Ba + D)\sin\alpha + (2Ca + Bb + E)\cos\alpha = 0 \quad (3).$$

De la première, on tire :

$$2A\operatorname{tg}\alpha\operatorname{tg}\beta + B(\operatorname{tg}\alpha + \operatorname{tg}\beta) + 2C = 0,$$

qui laisse les angles α et β indéterminés.

On satisfait évidemment aux deux autres équations, en posant :

$$2Ab + Ba + D = 0, \quad 2Ca + Bb + E = 0,$$

qui sont celles de deux diamètres, et dans lesquelles a et b représentent les coordonnées x et y de la nouvelle origine qui est ici le centre de la courbe.

Si nous représentons par M', N' et F' les coefficients de la transformée, celle-ci deviendra :

$$M'y'^2 + N'x'^2 = + F',$$

équation dans laquelle

$$M' = A\sin^2\beta + B\sin\beta\cos\beta + C\cos^2\beta,$$
$$N' = A\sin^2\alpha + B\sin\alpha\cos\alpha + C\cos^2\alpha,$$
$$F' = +\frac{Db + Ea}{2} + F = \frac{-\Delta}{B^2 - 4AC}.$$

On voit, à l'inspection de l'équation de la transformée, qu'à une même valeur de x', positive ou négative, répondent chaque fois deux valeurs égales et de signes contraires de y', et réciproquement; de sorte que *l'axe des x partage un système de cordes parallèles à l'axe des y en deux parties égales.*

Les axes coordonnés qui sont dirigés suivant les diamètres de la courbe, sont donc tels, que chacun d'eux divise en deux parties égales les cordes qui sont parallèles à l'autre : ces diamètres sont donc *conjugués.* Chacun partage la courbe en deux parties égales, mais non superposables, puisque les nouveaux axes coordonnés sont obliques, et font entre eux un angle $\beta - \alpha$.

Cherchons la longueur de chaque diamètre conjugué.

A cette fin, faisons successivement dans l'équation de la transformée $y' = 0$ et $x' = 0$. En représentant par a' et par b' les valeurs particulières de x' et de y', depuis l'origine ou centre de la courbe jusqu'au point de rencontre de chaque diamètre avec celle-ci, on aura :

$$N'a'^2 = + F', \qquad M'b'^2 = + F';$$

d'où
$$a'^2 = \frac{+ F'}{A \sin^2 \alpha + B \sin \alpha \cos \alpha + C \cos^2 \alpha},$$

et
$$b'^2 = \frac{+ F'}{A \sin^2 \beta + B \sin \beta \cos \beta + C \cos^2 \beta}.$$

$$2A \, \mathrm{tg} \, \alpha \, \mathrm{tg} \, \beta + B (\mathrm{tg} \, \alpha + \mathrm{tg} \, \beta) + 2C = 0.$$

La troisième exprime évidemment la condition pour que les diamètres a' et b' soient conjugués.

Si l'on y remplace $\mathrm{tg} \, \alpha$ et $\mathrm{tg} \, \beta$ par leurs valeurs prises dans les deux premières, il devra en résulter une relation entre $2a'$, $2b'$ et $2a$, $2b$, ces derniers représentant les axes de symétrie des courbes dont $2a'$ et $2b'$ sont les longueurs des diamètres conjugués.

On sait qu'on a trouvé pour a_1 et b_1 les valeurs :

$$a_1^2 = \frac{+\ F'}{N} = \frac{+\ F'}{\frac{1}{2}(A + C) - \frac{1}{2}\sqrt{B^2 + (A - C)^2}},$$

$$b_1^2 = \frac{+\ F'}{M} = \frac{+\ F'}{\frac{1}{2}(A + C) + \frac{1}{2}\sqrt{B^2 + (A - C)^2}}.$$

Ces valeurs représentent les longueurs des axes de symétrie des courbes, en fonction des coefficients A, B, C, etc., de l'équation générale. On trouvera plus loin les relations dont il est question précédemment entre ces axes et les diamètres conjugués. On n'a actuellement pour but que la réduction de l'équation générale à des formes plus simples.

202. Nous allons encore employer à cette fin un dernier procédé qui nous paraît très-facile. En résolvant l'équation :

$$Ay^2 + Bxy + Cx^2 + Dy + Ex + F = 0$$

par rapport à y, on a :

$$y = -\frac{Bx + D}{2A} \pm \frac{1}{2A}\sqrt{(B^2 - 4AC)x^2 + 2(BD - 2AE)x + D^2 - 4AF}.$$

On sait que l'expression $y = -\frac{Bx + D}{2A}$ représente un diamètre de la courbe, et que l'ordonnée de celle-ci, pour une abscisse quelconque, se compose de l'ordonnée de ce diamètre, plus ou moins la valeur y' que le radical acquiert, quand on donne à x la valeur précitée. Il s'ensuit que, si l'on prend pour nouvel axe des x ce diamètre, l'ordonnée de la courbe se réduira à la valeur y' marquée par le radical, puisqu'on devra considérer comme nulle l'ordonnée du diamètre.

Soient donc OX, OY (fig. 96) des axes rectangulaires, (la

marche étant la même s'ils étaient obliques); III, le diamètre représenté par l'équation

$$y = -\frac{Bx + D}{2A};$$

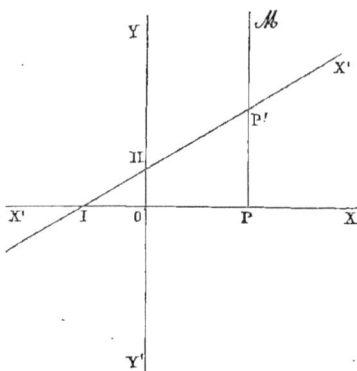

Fig. 96.

MP et OP les anciennes coordonnées d'un point quelconque M de la courbe. Désignons par

$$MP' = y' \text{ et } HP' = x'$$

les coordonnées du même point M, par rapport au nouvel axe des x, HX', H étant la nouvelle origine. Il est clair qu'on a la proportion : $x : x' = OI : IH$, et, puisque le triangle OIH est rectangle,

$$x : x' = \frac{D}{B} : \sqrt{\frac{D^2}{B^2} + \frac{D^2}{4A^2}} \quad \text{ou} \quad x = \frac{2Ax'}{\sqrt{4A^2 + B^2}}.$$

En représentant le coefficient de x' par r, on a :

$$x = rx'.$$

Si nous substituons ces valeurs dans l'expression générale de y, il viendra :

$$y' = \frac{1}{2A} \sqrt{(B^2 - 4AC)r^2x'^2 + 2(BD - 2AE)rx' + D^2 - 4AF},$$

et, pour plus de simplicité,

$$y' = \frac{1}{2A} \sqrt{nr^2x'^2 + 2prx' + q},$$

en désignant par n, p, q les coefficients de rx'.

En faisant disparaître le radical, il vient :

$$4A^2y'^2 = nr^2x'^2 + 2prx' + q.$$

Faisons mouvoir l'axe des y parallèlement à lui-même, à l'effet de faire disparaître, soit le terme indépendant de x', soit le terme du premier degré en x'. A cette fin, posons $x' = x'' + K$.

Remplaçons dans l'équation précédente, il viendra :

$$4A^2y'^2 = nr^2x''^2 + 2(nr^2K + pr)x'' + nr^2K^2 + 2pKr + q.$$

Profitant de l'indétermination de K pour faire disparaître la quantité constante, on aura :

$$nr^2K^2 + 2pKr + q = 0,$$

équation qui assigne à K, pour les ellipses et les hyperboles, d'une manière générale, deux valeurs réelles, et pour la parabole, une seule. On peut donc ramener, par ce procédé, toutes les courbes du second degré à la forme :

$$4A^2y'^2 = nr^2x''^2 + 2r\sqrt{(p^2 - nq)}x'',$$

équation qui représente une ellipse ou une hyperbole, suivant que n est négatif ou positif, et une parabole lorsque $n = 0$.

Faisons disparaître, en second lieu, le terme du premier degré en x'', en posant :

$$nr^2K + pr = 0; \quad \text{d'où} \quad K = -\frac{p}{nr},$$

valeur qui devient infinie pour les paraboles, en admettant que p ne soit pas nul ; dans ce cas, la courbe dégénérerait en deux droites parallèles, comme on l'a déjà dit (197). Cette valeur de K n'est donc possible que pour les ellipses et les hyperboles ; en Y ayant égard, la transformée devient :

$$4A^2y'^2 = nr^2x''^2 + \frac{nq - p^2}{n}.$$

Ainsi, *l'équation générale*

$$Ay^2 + Bxy + Cx^2 + Dy + Ex + F = 0,$$

peut se ramener, par ce procédé, à la forme :

$$y^2 = 2p'x + q'x^2$$

pour les trois genres de courbes ; et, à la forme :

$$A'y^2 + C'x^2 = D',$$

pour les ellipses et les hyperboles.

203. APPLICATIONS. I. *Soit à construire la courbe représentée par l'équation*

$$y^2 + 2xy + 2x^2 - 2y - 7x + 5 = 0.$$

Cette courbe ne peut être qu'une ellipse (fig. 97), puisque $B^2 - 4AC < 0$.

La position du centre est déterminée par les équations :

$$y + x = 1, \quad 2y + 4x = 7;$$

ce qui donne pour les coordonnées de ce point C :

$$x = \frac{5}{2}, \quad y = -\frac{5}{2}.$$

Par le point C menons des parallèles aux axes coordonnés que nous supposons rectangulaires.

On a pour la direction de l'axe de symétrie la formule :

$$\lg 2\alpha = \frac{-B}{A - C} = 2.$$

Fig. 97.

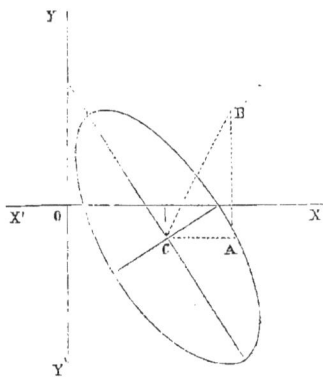

Pour construire cet axe, prenons, à partir du centre C, sur l'axe des x, une longueur CA $= 1$, et, parallèlement à l'axe des y, une longueur AB $= 2$: la bissectrice de l'angle ACB$=2\alpha$ se confondra avec l'axe cherché.

D'ailleurs, l'équation de l'axe de symétrie est

$$y - b = \operatorname{tg}\alpha\,(x - a);$$

elle se réduit à

$$y + (1 \mp \sqrt{5})x = \frac{16 \mp 3\sqrt{5}}{4},$$

et est très-facile à construire.

Pour rapporter l'ellipse à ses axes, on a :

$$M + N = 5, \qquad M - N = -\sqrt{5};$$

d'où

$$M = \frac{5 - \sqrt{5}}{2}, \qquad N = \frac{5 + \sqrt{5}}{2}$$

et

$$(3 - \sqrt{5})y'^2 + (5 + \sqrt{5})x'^2 = \frac{9}{4}.$$

En faisant successivement $x' = 0$, $y' = 0$, on obtient pour les longueurs des axes $2b$, $2a$, les équations :

$$(3 - \sqrt{5})b^2 = \frac{9}{4}, \qquad (3 + \sqrt{5})a^2 = \frac{9}{4}.$$

204. II. *Soit l'équation*

$$y^2 - 4xy + 5x^2 - 6y + 20x - 6 = 0.$$

Le binôme

$$B^2 - 4AC > 0 :$$

la courbe est une hyperbole (fig. 98), dont le centre C a pour coordonnées :

$$x = 4, \quad y = 11.$$

En supposant, comme précédemment, les axes coordonnés rectangulaires, on a :

$$\operatorname{tg} 2\alpha = -2;$$

ce qui donne, par une construction analogue à celle de l'ellipse, la direction des axes de l'hyperbole.

On a pour la courbe rapportée à ses axes :

$$M + N = 4,$$
$$M - N = 2\sqrt{5};$$

d'où

$$M = 2 + \sqrt{5},$$
$$N = 2 - \sqrt{5},$$
$$F' = 1.$$

L'équation de la courbe devient donc :

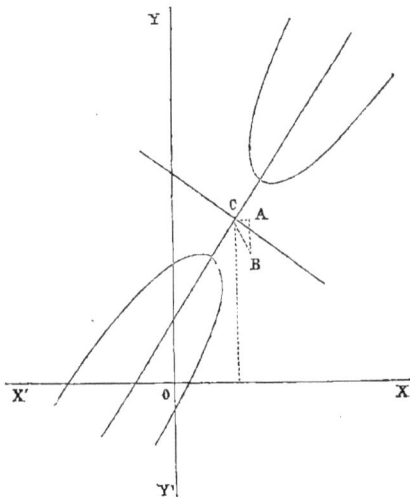
Fig. 98.

$$(2 + \sqrt{5})y'^2 + (2 - \sqrt{5})x'^2 = -1.$$

Si l'on fait $y' = 0$, on a :

$$x'^2 = \frac{100}{25}, \quad 2x' = \frac{20}{\sqrt{25}},$$

pour la longueur de l'axe transverse.

205. III. *Soit l'équation*

$$y^2 - 2xy + x^2 - 4y + 5x - 5 = 0.$$

La courbe qu'elle représente est une parabole (fig. 99) qui, rapportée à son axe et à son sommet, a pour équation

$$y^2 = \frac{x}{2\sqrt{2}},$$

les axes coordonnés étant rectangulaires. L'axe de symé-

Fig. 99.

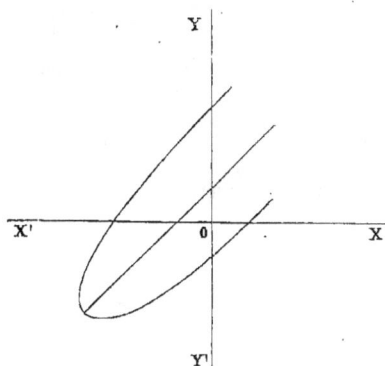

trie est déterminé par l'équation

$$y = x + \frac{7}{4}.$$

206. Appliquons le procédé (202) à la courbe qui a pour équation :

$$y^2 - 2xy + 5x^2 - 4y + 5x - 6 = 0.$$

En résolvant celle-ci par rapport à y, on a :

$$y = x + 2 \pm \sqrt{-2x^2 - x + 10}.$$

Supposons les axes coordonnés OX, OY rectangulaires, et construisons le diamètre II'X', $y = x + 2$ (fig. 100).

Fig. 100.

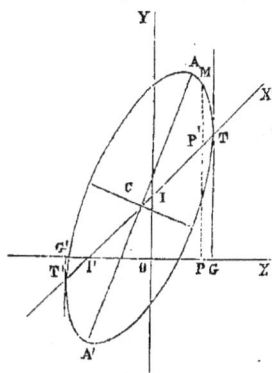

En prenant ce diamètre comme nouvel axe des abscisses, la nouvelle origine étant au point I et l'axe des ordonnées restant le même, l'ancienne ordonnée MP se réduira à l'ordonnée

$$MP' = y' = \pm\sqrt{-2x^2 - x + 10},$$

comptée à partir du diamètre II'X'; d'où

$$y'^2 = -2x^2 - x + 10.$$

Il reste à exprimer l'ancienne abscisse du point M, OP $= x$, en fonction de la nouvelle IP' $= x'$.

. A cette fin, les triangles semblables I'OI, I'PP' donnent la proportion :

$$OP : IP' = OI' : II' \quad \text{ou} \quad x : x' = 2 : \sqrt{8}, \quad x = \frac{x'}{\sqrt{2}}.$$

En remplaçant dans l'équation précédente, il vient :

$$y'^2 = -x'^2 - \frac{x'}{\sqrt{2}} + 10 \quad \text{ou} \quad y'^2 + x'^2 + \frac{x'}{\sqrt{2}} = 10.$$

Transportons l'axe des ordonnées parallèlement à lui-même, en posant $x' = x'' + K$, K étant une arbitraire quelconque.

On aura :

$$y'^2 + x''^2 + \left(2K + \frac{1}{\sqrt{2}}\right)x'' + K^2 + \frac{K}{\sqrt{2}} = 10.$$

Profitant de l'indétermination de K, en égalant à zéro le coefficient du premier degré en x'', on obtient :

$$K = -\frac{1}{2\sqrt{2}} \quad \text{et} \quad y'^2 + x''^2 = \frac{81}{8},$$

qui est l'équation d'une ellipse rapportée à ses deux diamètres conjugués égaux $\frac{9}{\sqrt{2}}$, lesquels sont également inclinés sur l'axe de symétrie, facile à construire, puisqu'on a :

$$\text{tg} 2\alpha = -1,$$

comme l'indique la figure (100).

Exercices.

207. I. *Chercher le lieu décrit par le centre d'une courbe variable du deuxième degré, assujettie à passer par quatre points donnés A, B, C, D.*

Quelle que soit la position de ces points, on peut toujours faire passer deux droites AB, CD par ces quatre points (fig. 101).

Ces deux droites, d'une manière générale, se couperont

Fig. 101.

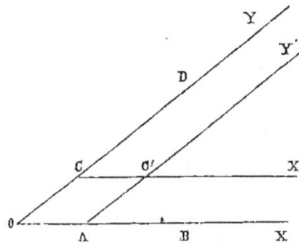

en un point O, que nous pouvons prendre pour origine des axes coordonnés, ceux-ci étant dirigés suivant les deux droites OAB, OCD qui sont ainsi, la première l'axe des x, et la seconde l'axe des y.

L'équation des courbes du deuxième degré est :

$$y^2 + Bxy + Cx^2 + Dy + Ex + F = 0;$$

elle ne renferme que cinq arbitraires, lorsque la courbe n'est soumise à aucune condition.

Posons $OA = a$, $OB = a'$, $OC = b$, $OD = b'$.

Pour les points C et D où la courbe rencontre l'axe des y, on a : $x = 0;$

ce qui donne : $y^2 + Dy + F = 0$,

et $b + b' = -D$ . . . . . . (1),

$bb' = F.$ . . . . (2).

De même, pour les points A et B, où la courbe rencontre l'axe des x, on a : $y = 0;$

ce qui fournit l'équation

$$Cx^2 + Ex + F = 0,$$

et $a + a' = -\dfrac{E}{C}.$ . . . . (5),

$aa' = \dfrac{F}{C}$ . . . . (4).

Si nous représentons par x_1, y_1, les coordonnées du centre de la courbe mobile dont nous cherchons le lieu, on aura, en outre, les deux équations diamétrales :

$$2y_4 + Bx_4 + D = 0 \quad \ldots \ldots \quad (5),$$
$$2Cx_4 + By_4 + E = 0 \quad \ldots \ldots \quad (6).$$

On obtient ainsi en tout six équations distinctes, dont cinq quelconques serviront à déterminer les arbitraires B, C, D, E, F; et, en substituant leurs valeurs dans la sixième, on aura l'équation du lieu, laquelle est :

$$2aa'y_4^2 - 2bb'x_4^2 - aa'(b + b') y_4 + bb'(a + a')x_4 = 0 \; (*).$$

On voit que ce lieu passe par l'origine; c'est une hyperbole lorsque aa', bb' sont à la fois de même signe ou de signes contraires; puisque alors le binôme $B^2 - 4AC = 16 \, aa'bb'$ est toujours positif.

Si l'un quelconque des quatre points donnés A, B, C, D, se trouve d'un côté de l'origine et les trois autres de l'autre côté, la courbe est une ellipse; c'est, au contraire, une hyperbole, si les quatre points se trouvent d'un même côté de l'origine, ou bien, si deux points quelconques sont situés d'un côté de l'origine, et les deux autres de l'autre côté.

En transportant les axes coordonnés parallèlement à eux-mêmes, et en plaçant l'origine au centre C' de l'hyperbole ou de l'ellipse, on obtient pour l'équation du lieu :

$$y'^2 - \frac{bb'}{aa'} x'^2 = \frac{(b + b')^2}{8} - \frac{bb'}{8aa'} (a + a')^2.$$

208. II. *Trouver le lieu décrit par le centre d'une*

(*) Il serait plus simple de prendre pour l'équation des courbes du 2e degré passant par les quatre points donnés A, B, C, D l'équation

$$xy = K \left[\frac{y}{b} + \frac{x}{a} - 1 \right] \left[\frac{y}{b'} + \frac{x}{a'} - 1 \right].$$

Voir notations abrégées (315), K étant une arbitraire.

courbe variable du second degré passant par les quatre points d'intersection de deux coniques données.

Soient : $Ay^2 + Bxy + Cx^2 + Dy + Ex + F = 0,$
$$A'y^2 + B'xy + C'x^2 + D'y + E'x + F' = 0,$$

les deux coniques données.

Les points d'intersection réels ou imaginaires de ces deux courbes sont donnés par l'équation

$$Ay^2 + Bxy + Cx^2 + Dy + Ex + F$$
$$- K(A'y^2 + B'xy + C'x^2 + D'y + E'x + F') = 0,$$

dans laquelle K représente une quantité indéterminée.

Mais la courbe du second degré qui passe par quatre points donnés et connus ne peut plus contenir dans son équation qu'un paramètre arbitraire K; donc, cette équation est la courbe variable dont le centre doit décrire le lieu que nous cherchons. Pour obtenir ce lieu, il suffit d'éliminer K entre les deux équations diamétrales :

$$2Ay_1 + Bx_1 + D - K(2A'y_1 + B'x_1 + D') = 0,$$
$$2Cx_1 + By_1 + E - K(2C'x_1 + B'y_1 + E') = 0,$$

x_1, y_1, représentant les coordonnées du centre mobile; ce qui donne :

$$\frac{2Ay_1 + Bx_1 + D}{2A'y_1 + B'x_1 + D'} = \frac{2Cx_1 + By_1 + E}{2C'x_1 + B'y_1 + E'},$$

pour le lieu demandé.

Si les deux coniques données sont concentriques, on peut faire disparaître les termes du premier degré en x et en y des deux équations; alors, le lieu se réduit à :

$$\frac{2Ay_1 + Bx_1}{2A'y_1 + B'x_1} = \frac{2Cx_1 + By_1}{2C'x_1 + B'y_1},$$

et ne change pas si les quantités A, B, C sont proportionnelles à A', B', C', c'est-à-dire, si les deux coniques sont semblables.

209. III. *Trouver le lieu du centre d'une hyperbole équilatère circonscrite à un triangle donné.*

Réponse :
$$y^2 + x^2 - \frac{b}{2} y - \frac{a}{2} x = 0.$$

CHAPITRE X.

Théorie générale des foyers.

COURBES FOCALES.

210. On nomme *foyers* ou *points rationnels* d'une courbe des points situés dans le plan de cette courbe et tels que leur distance à un point quelconque de celle-ci est une fonction rationnelle du premier degré des coordonnées de ce point.

On peut, de même, nommer circonférences focales des circonférences telles que la distance MT d'un point quelconque M de la courbe au point de contact T de la tangente menée de ce point à cette circonférence est une fonction rationnelle du premier degré du point de la courbe.

Les axes coordonnés étant rectangulaires, l'équation de la circonférence de cercle de rayon R est :

$$(x - \alpha)^2 + (y - \beta)^2 = R^2,$$

α, β étant les coordonnées du centre de cette circonférence.

$$(x - \alpha)^2 + (y - \beta)^2 - R^2 = 0$$

16

représente évidemment aussi le carré de la tangente MT menée d'un point quelconque M, dont les coordonnées sont x, y, à un point T de la circonférence.

Fig. 102.

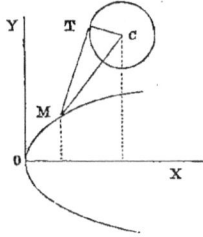

Cherchons quelle doit être de grandeur et de position cette circonférence, afin que la tangente MT, que nous désignerons par δ, soit une fonction rationnelle des coordonnées x, y du point M (fig. 102) situé sur une courbe donnée du 2me degré

$$y^2 = 2px + qx^2$$

rapportée à son axe de symétrie, pris pour axe des x, l'origine étant au sommet.

On aura :

$$\delta^2 = (x - \alpha)^2 + (y - \beta)^2 - R^2,$$
$$\delta^2 = x^2 - 2\alpha x + \alpha^2 + y^2 - 2\beta y + \beta^2 - R^2.$$

Remplaçant y^2 et y par leurs valeurs tirées de l'équation de la courbe, il vient :

$$\delta^2 = (1 + q)x^2 + 2(p - \alpha)x - 2\beta\sqrt{2px + qx^2} + \alpha^2 + \beta^2 - R^2.$$

δ ne peut être rationnel que si $\beta = 0$.

Ainsi, le centre de ce cercle doit se trouver sur l'axe de symétrie des courbes du 2me degré.

La valeur de δ^2 se réduit alors à

$$\delta^2 = (1 + q)x^2 + 2(p - \alpha)x + \alpha^2 - R^2.$$

Ce trinôme du 2me degré est un carré parfait si l'on a

$$(p - \alpha)^2 = (1 + q)(\alpha^2 - R^2) \quad . \quad . \quad . \quad (k)$$

ou $$p^2 - 2p\alpha - q\alpha^2 + R^2(1 + q) = 0.$$

Cette équation renferme encore deux quantités arbitraires α et R, et il est facile de voir que, pour une valeur réelle de R, il y aura deux valeurs réelles de α. Il y a donc une infinité de cercles de rayons variables dont les centres sont situés sur l'axe de symétrie de ces courbes qui satisfont à la question.

211. Parmi tous les systèmes de valeurs de α et de R qui satisfont à l'équation précédente, il en est un premier fort remarquable que l'on obtient en égalant séparément à zéro

$$p^2 - 2p\alpha - q\alpha^2 = 0 \quad \text{et} \quad R^2(1+q) = 0 ;$$

d'où

$$\alpha = -\frac{p}{q}\left(1 \mp \sqrt{1+q}\right) \text{ et } R = 0.$$

Cette valeur de α est l'abscisse du foyer dans les courbes du 2${}^{\text{me}}$ degré.

Ainsi, *les foyers des coniques sont des cercles de rayon infiniment petit situés sur l'axe de symétrie de ces courbes.*

A l'inspection de l'équation

$$q\alpha^2 + 2p\alpha - p^2 = 0 ,$$

on voit que les ellipses et les hyperboles ont chacune deux foyers distincts situés à des distances égales CF, CF' (fig. 103) du centre, et que la parabole n'en possède qu'un seul, le second étant situé à l'infini.

En substituant cette valeur de α, que nous représenterons par f, dans l'expression de δ, on aura pour le rayon vecteur en général :

$$\text{FM} = x\sqrt{1+q} + f.$$

212. Le second système de valeurs de α et de R qui satisfont à l'équation (k) est celui où $R = \alpha$ et $\alpha = p$, c'est-à-dire la grandeur du demi-paramètre de la conique.

Le cercle est donc complétement déterminé, puisque l'on a : $\beta = 0$, $\alpha = p$ et $R = \alpha = p$.

La valeur de MT devient

(I) . . . . $MT = x\sqrt{1 + q}.$

Donc, *si du point* C′, *situé sur l'axe de symétrie, comme*

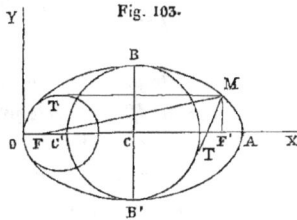

Fig. 103.

centre et avec un rayon égal à OC′ = p, *on décrit une circonférence de cercle, la distance d'un point quelconque* M *de la conique au point de contact* T *est une fonction rationnelle de l'abscisse de ce point.* Ce cercle est tangent à la conique à son sommet (fig. 103).

Mais on a

$$FM = x\sqrt{1 + q} + f;$$

d'où

(II) . . . . $FM - MT = f:$

ce qui prouve que *la différence des distances d'un point quelconque* M *d'une conique à l'un des foyers* F *et au point de contact* T *du cercle décrit sur le paramètre comme diamètre et du point* C′ *comme centre est constante, et égale à l'abscisse du foyer.*

Pour l'ellipse, *q* est négatif et l'on a :

$$MF = x\sqrt{1 - q} + \frac{p}{q} - \frac{p}{q}\sqrt{1 - q},$$

$$MF = MT + \frac{p}{q} - \frac{p}{q}\sqrt{1 - q};$$

(III) $MF - MT = \dfrac{p}{q} - \dfrac{p}{q}\sqrt{1 - q} = f = OF = \text{constante},$

comme on vient de le dire.

$$MF' = -x\sqrt{1-q} + \frac{p}{q} + \frac{p}{q}\sqrt{1-q},$$

$$MF' = -MT + \frac{p}{q} + \frac{p}{q}\sqrt{1-q};$$

(IV). . $MF' + MT = \dfrac{p}{q} + \dfrac{p}{q}\sqrt{1-q} = f = OF':$

ce qui prouve que *la somme des distances du point* **M** *au second foyer* **F'** *et au point de contact* **T** *du cercle précité est constante, et égale à l'abscisse de ce foyer.* De là un procédé très-simple pour décrire l'ellipse d'un mouvement continu, au moyen d'une équerre et d'un fil de longueur constante OF'. Une des extrémités de ce fil est fixée à l'un des foyers et la seconde extrémité au point T de l'équerre C'TM dont l'un des côtés C'T de l'angle droit est égal au rayon de la circonférence focale, le point fixe C' étant au centre C' de ce cercle (fig. 105). Lorsqu'on fait mouvoir l'équerre, l'extrémité M d'une pointe, qui tient le fil bien tendu contre le côté TM de l'équerre, décrit dans son mouvement l'ellipse.

Il résulte aussi évidemment des mêmes propriétés le théorème suivant :

Si un fil, de longueur constante, est tendu de manière que ses deux parties soient constamment tangentes à deux cercles égaux, le sommet de l'angle, formé par le fil, décrit une ellipse doublement tangente à chacun des deux cercles, et symétriquement placée par rapport à ceux-ci.

En ajoutant (III) et (IV), il vient :

$$MF + MF' = \frac{2p}{q} = OA:$$

ce qui prouve que *l'ellipse est une courbe dont la somme des deux rayons vecteurs menés des foyers* F, F' *à un point quelconque* M *de la courbe est constante, et égale à la lon-gueur du grand axe* $OA = \frac{2p}{q}$.

Les rayons vecteurs MF', MF de l'hyperbole (fig. 104) sont

$$MF' = x\sqrt{1+q} - \frac{p}{q}\left(1 - \sqrt{1+q}\right),$$

$$MF = x\sqrt{1+q} + \frac{p}{q}\left(1 + \sqrt{1+q}\right),$$

ou

(V) . . . . . . MF' = MT + f,

(VI) . . . . . MF = MT − f',

f' étant l'abscisse du second foyer F.

Le procédé de construction que l'on tire de ces formules est tout à fait analogue à celui qui précède pour l'ellipse.

En soustrayant, on a :

$$MF - MF' = \frac{2p}{q} = OA.$$

Ainsi, *dans l'hyperbole la différence des deux rayons vecteurs est constante et égale à l'axe transverse* $\frac{2p}{q}$.

Fig. 104.

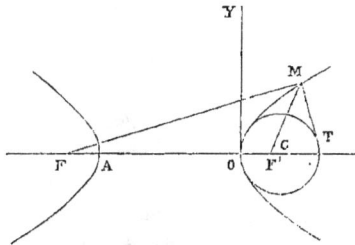

Pour la parabole (fig. 105), $q = 0$ et le rayon vecteur

$$MF = x + \frac{1}{2}p.$$

Si, à une distance $OD = \frac{1}{2}p$ de l'origine, on mène une

Fig. 105.

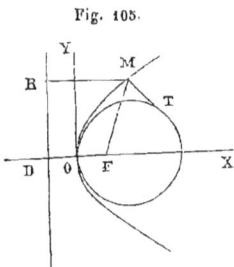

parallèle à l'axe des y, il est évident que la distance MR du point M de la courbe à cette parallèle sera aussi égale à $x + \frac{1}{2}p$ ou MF : ce qui prouve que *la parabole est une courbe dont tous les points sont à égales distances d'un point fixe et d'une droite fixe.* On a pour la tangente MT la valeur si simple

$$(VII) \quad \ldots \ldots \quad MT = x :$$

ce qui indique que la longueur de la tangente au cercle précité est égale à l'abscisse de la parabole. On a :

$$(VIII) \quad \ldots \ldots \quad MF - MT = \frac{1}{2}p.$$

De cette propriété découle évidemment un procédé de construction de cette courbe, analogue à ceux qui précèdent et indépendant de la directrice.

Directrices.

213. *Les directrices sont des droites situées dans le plan des courbes du 2me degré telles que le rapport de la distance d'un point quelconque de la courbe au foyer et à l'une de ces droites reste toujours constant.*

Cherchons la position de ces droites.

On a pour l'expression générale du rayon vecteur FM :

$$FM = x\sqrt{1 + q} + - \frac{p}{q}(1 \mp \sqrt{1 + q}).$$

En représentant comme précédemment l'abscisse des foyers $\dfrac{-p}{q}(1 \mp \sqrt{1+q})$ par f, il vient :

$$FM = x\sqrt{1+q} + f.$$

Soient $OD = d$ une parallèle à l'axe des y, $OP = x$, $MP = y$. Cherchons s'il existe pour l'arbitraire d une valeur telle que le rapport $\dfrac{MF}{MR} = \dfrac{x\sqrt{1+q}+f}{x+d}$ puisse devenir égal à une quantité constante c. On a :

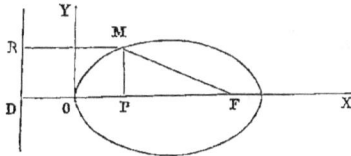

Fig. 106.

$$\frac{x\sqrt{1+q}+f}{x+d} = c$$

ou $$x\left[\sqrt{1+q}-c\right] = cd - f;$$

d'où l'on tire : $$c = \sqrt{1+q},$$

$$cd = f, \quad d = \frac{f}{\sqrt{1+q}}.$$

Il vient donc : $$\frac{MF}{MR} = \sqrt{1+q}.$$

Ainsi, les ellipses et les hyperboles possédant chacune deux foyers possèdent aussi chacune deux directrices; et, suivant que le rapport $\dfrac{MF}{MR}$ est plus petit, plus grand que l'unité ou égal à celle-ci, la courbe est une ellipse, une hyperbole ou une parabole.

214. Si l'on prend pour l'équation de la conique celle de l'ellipse $a^2y^2 + b^2x^2 = a^2b^2$, et que l'on remplace y par sa valeur tirée de cette équation, on aura (210) :

$$\overline{MT}^2 = x^2 - 2\alpha x + \alpha^2 + \frac{b^2}{a^2}(a^2 - x^2) - 2\beta\frac{b}{a}\sqrt{a^2-x^2} + \beta^2 - R^2.$$

Pour rendre cette expression de MT rationnelle, il faut que l'on ait $\beta = 0$, ce qui donne :

$$\overline{MT}^2 = \left(\frac{a^2 - b^2}{a^2}\right) x^2 - 2\alpha x + \alpha^2 + b^2 - R^2.$$

La condition pour que ce trinôme soit un carré parfait est

$$\alpha^2 = \frac{c^2}{a^2}(a^2 + b^2 - R^2)$$

ou
$$b^2\alpha^2 = c^2(b^2 - R^2).$$

1° Si nous faisons $R = 0$ dans cette équation, il viendra pour l'abscisse du foyer

$$\alpha = \pm c$$

ou
$$\alpha = \pm\sqrt{a^2 - b^2},$$

valeur facile à construire, et pour les rayons vecteurs (fig. 103) :

$$MF' = a - \frac{cx}{a}$$

et
$$MF = a + \frac{cx}{a}.$$

2° On peut satisfaire à l'équation précédente en posant $R = b$; d'où $\alpha = 0$.

Puisque l'on a déjà $\beta = 0$, le cercle est connu de grandeur et de position par son centre qui est à l'origine, centre de l'ellipse, et par son rayon.

La valeur précédente de MT se réduit à

$$(IX) \quad . \quad . \quad . \quad . \quad . \quad . \quad MT = \frac{cx}{a}.$$

Donc, *si d'un point quelconque* M *de l'ellipse on mène une tangente* MT *à la circonférence décrite sur le petit axe* 2b *de cette courbe comme diamètre, la longueur de cette tangente est une fonction rationnelle de l'abscisse de ce point.*

On sait que l'on a pour le rayon vecteur

$$F'M = a - \frac{cx}{a}.$$

En remplaçant $\frac{cx}{a}$ par sa valeur précédente MT, on obtient :

(X) . . . . . . MF' + MT = a :

ce qui prouve que *la somme des distances d'un point quelconque M de l'ellipse au foyer le plus proche et au point de contact T de la tangente menée de ce point au cercle décrit sur le second axe 2b de l'ellipse comme diamètre est égale au demi-grand axe de cette courbe.* Cette circonférence a un double contact avec l'ellipse.

D'après la formule (X), pour décrire l'ellipse d'un mouvement continu, on prend un fil d'une longueur égale au demi-grand axe de cette courbe; on fixe une des extrémités de ce fil au foyer F' et la seconde extrémité au point T, sommet de l'angle droit de l'équerre. Pendant le mouvede celle-ci on tient, au moyen d'une pointe M, d'un style, le fil bien tendu contre le côté TM de l'équerre (fig. 103); cette pointe M, dont son mouvement décrira l'ellipse.

On a pour le second rayon vecteur partant du point M et

$$MF = a + \frac{cx}{a}$$

(XI) . . . . . MF − MT = a :

ce qui prouve que *la différence des distances d'un poin quelconque de l'ellipse au foyer le plus éloigné et au point de contact T de la tangente menée de ce point au cercle décrit sur le petit axe de l'ellipse comme diamètre est égale au demi-grand axe de cette courbe.*

En ajoutant, on obtient

$$MF + MF' = 2a,$$

comme précédemment (212).

215. Si l'on décrit sur l'axe non transverse ou imaginaire $2b$ d'une hyperbole comme diamètre une circonférence de cercle, elle jouira des mêmes propriétés que la précédente. On a :

$$MT = \frac{cx}{a}, \; MF' = \frac{cx}{a} - a = MT - a,$$

$$MF = \frac{cx}{a} + a = MT + a.$$

En soustrayant, il vient aussi :

$$MF - MF' = 2a,$$

résultat que l'on vient d'obtenir.

En remplaçant q par sa valeur $\frac{b^2}{a^2}$, on a aussi

$$MT = x \sqrt{1 - \frac{b^2}{a^2}} = \frac{cx}{a} :$$

ce qui prouve qu'*à des abscisses égales à partir du sommet* O, *et à partir du centre* C *de la conique, les longueurs des tangentes aux deux cercles précités sont égales.*

La détermination des directrices est ici trop facile pour qu'on s'y arrête.

216. Soit $\qquad y^2 = 2p'x + q'x^2$

l'équation générale des coniques rapportées à un système de diamètres conjugués faisant entre eux un angle γ, l'origine étant située sur la courbe.

On a, comme précédemment, pour la longueur δ de la tangente MT menée d'un point quelconque M de la conique au point de contact T du cercle :

$$\delta^2 = (x - \alpha)^2 + (y - \beta)^2 + 2(x - \alpha)(y - \beta)\cos\gamma - R^2.$$

En développant, et en remplaçant y par sa valeur tirée de l'équation de la courbe, il vient :

$$\delta^2 = x^2 - 2\alpha x + \alpha^2 + 2p'x + q'x^2 - 2\left[\beta + (\alpha - x)\cos\gamma\right]y + \beta^2 - 2\beta x \cos\gamma + 2\alpha\beta\cos\gamma - R^2.$$

La condition de rationalité est

$$\beta = (x - \alpha) \cos \gamma.$$

En substituant cette valeur de β dans l'expression précédente et en réduisant, on obtient

$$\delta'^2 = (q' + \sin^2 \gamma) x^2 + 2 (p' - \alpha \sin^2 \gamma) x + \alpha^2 \sin^2 \gamma - R^2.$$

Si l'on a

$$(p' - \alpha \sin^2 \gamma)^2 = (q' + \sin^2 \gamma) (\alpha^2 \sin^2 \gamma - R^2),$$

δ^2 est un carré parfait. Ainsi qu'on l'a déjà dit, cette équation renferme deux quantités arbitraires, α et R, et il existe une infinité de cercles qui satisfont à la question. Une des solutions les plus simples est celle qui répond à

$$R = \alpha \sin \gamma$$

et
$$\alpha \sin^2 \gamma = p' ; \quad \text{d'où} \quad \alpha = \frac{p'}{\sin^2 \gamma} ;$$

ce qui donne
$$R = \frac{p'}{\sin \gamma}.$$

Il s'ensuit que le rayon du cercle est constant; que son centre se meut sur une droite KL (fig. 107),

$$\alpha = \frac{p'}{\sin^2 \gamma},$$

parallèle à l'axe des y, et que l'ordonnée variable de ce centre est la projection H du pied P de l'ordonnée du point M (x, y) sur la droite KL. Comme l'abscisse OP correspond à deux points M et M', situés sur une même parallèle à l'axe des y, il s'ensuit que les quatre tangentes qu'on peut mener des deux points M et M', pris sur la courbe, sont égales, et ont pour expression

$$MT = x \sqrt{q' + \sin^2 \gamma}.$$

En faisant $R = 0$, on a pour l'abscisse α du centre du cercle correspondant

$$\alpha = -\frac{p'}{q'} \pm \frac{p'}{q' \sin\gamma} \sqrt{q' + \sin^2\gamma}.$$

Ces deux valeurs de α représentent deux parallèles FR, F'R', à l'axe des y. On peut les considérer comme *les lieux des foyers de tous les points de la conique*.

En substituant ces valeurs de α dans l'équation

$$\beta = (x - \alpha) \cos\gamma,$$

on obtiendra l'ordonnée du centre du cercle de rayon infiniment petit, et en projetant le point P sur ces deux paral-

Fig. 107.

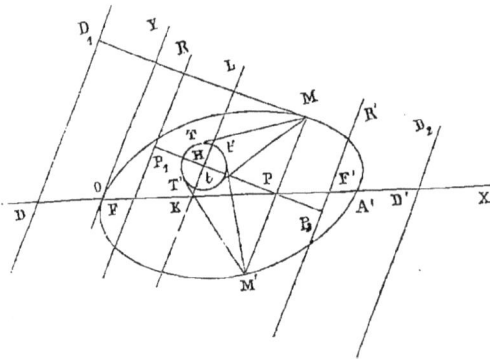

lèles, on aura deux points P_1, P_2 qui jouissent, par rapport aux points M, M', des propriétés analogues à celles des foyers. Il vient, en effet, pour l'ellipse :

$$MP_1 = x \sqrt{\sin^2\gamma - q'} + \frac{p'}{q'} (\sin\gamma \mp \sqrt{\sin^2\gamma - q'})$$

et
$$MP_1 = x \sqrt{\sin^2\gamma - q'} + f',$$

en désignant par f' le terme constant.

Mais la distance du même point M de la courbe au point de contact T du cercle précédent de rayon $R = \frac{p'}{\sin\gamma}$ est

$$MT = x\sqrt{\sin^2\gamma - q'}.$$

On en conclut que

$$MP_1 = MT + f',$$

propriété analogue, pour les points M et M' relativement aux cercles mobiles précités de rayon 0 et de rayon $R = \frac{p'}{\sin\gamma}$, que pour les cercles fixes situés sur l'axe de symétrie des coniques de rayon 0 et de rayon $R = p$.

Donc, *si une corde MM' se meut parallèlement à un diamètre conjugué quelconque; que l'on projette le point de rencontre P de cette corde avec l'autre diamètre conjugué sur les parallèles fixes FR, F'R', KL, les pieds de projection seront les centres de trois cercles qui, par rapport aux deux points M, M', jouissent des propriétés analogues à celles des foyers.*

Ces cercles sont donc mobiles lorsque les coniques sont rapportées à leurs diamètres conjugués, et sont fixes lorsque les coniques sont rapportées à leurs axes de symétrie (*).

217. On a trouvé précédemment (216)

$$MP_1 = x\sqrt{\sin^2\gamma + q'} + \frac{p'}{q'}\left[\sin\gamma \mp \sqrt{\sin^2\gamma + q'}\right].$$

En représentant le terme constant, l'abscisse du foyer du point M, par f', on a

$$MP_1 = x\sqrt{\sin^2\gamma + q'} + f'.$$

Soit $x = OD = d_1$ une parallèle à l'axe des y, d_1 étant

(*) Les équations de ces cercles sont respectivement

$$y^2 = 2p'x - x^2\sin^2\gamma,$$
$$y^2 = 2px - x^2.$$

arbitraire. La distance MD_1 d'un point quelconque M de la courbe à cette droite (fig. 107) est

$$MD_1 = (x + d_1)\sin\gamma.$$

Il vient
$$\frac{MP_1}{MD_1} = \frac{x\sqrt{\sin^2\gamma + q'} + f'}{(x + d_1)\sin\gamma}.$$

Si l'on égale ce rapport à une quantité K, qui doit être constante, on trouve :

$$K = \sqrt{\sin^2\gamma + q'}$$

et
$$d_1 = \frac{f'}{\sqrt{\sin^2\gamma + q'}};$$

de sorte que l'on a

$$\frac{MP_1}{MD_1} = \sqrt{\sin^2\gamma + q'}.$$

En remplaçant f' par sa valeur, on obtient pour d_1 deux droites DD_1, $D'D_2$ parallèles à l'axe des y à égales distances du centre des coniques, et qui jouissent des propriétés analogues à celles des directrices.

218. Prenons l'équation des coniques rapportées à un système de deux diamètres conjugués, l'origine étant au centre de ces courbes. Soit l'équation de l'ellipse

$$a'^2 y^2 + b'^2 x^2 = a'^2 b'^2,$$

l'angle de ces diamètres étant toujours γ.

On trouve pour la condition de rationalité

$$\beta = (x - \alpha)\cos\gamma,$$

et pour δ^2

$$\delta^2 = \left(\frac{a'^2 \sin^2\gamma - b'^2}{a'^2}\right) x^2 - 2\alpha \sin^2\gamma\, x + \alpha^2 \sin^2\gamma + b'^2 - R^2,$$

l'équation

$$a'^2 \alpha^2 \sin^4\gamma = (a'^2 \sin^2\gamma - b'^2)(\alpha^2 \sin^2\gamma + b'^2 - R^2)$$

exprimant que δ^2 est un carré parfait. Si l'on pose

$$a^2 \sin^2\gamma + b'^2 = R^2,$$

on conclut que $\alpha = 0$ et $R = b'$; d'où

$$\beta = x \cos\gamma.$$

En ayant égard à ces valeurs, on obtient pour la longueur de la tangente

$$MT = \frac{x\sqrt{a'^2 \sin^2\gamma - b'^2}}{a'}.$$

Si l'on fait $R = 0$, il vient

$$\alpha = \pm \frac{\sqrt{a'^2 \sin^2\gamma - b'^2}}{\sin\gamma} = \pm c',$$

c'est-à-dire deux droites FR, F'R', parallèles à l'axe des y, et $\beta = (x - \alpha) \cos\gamma$.

En substituant ces valeurs de α dans l'expression de δ^2,

Fig. 108.

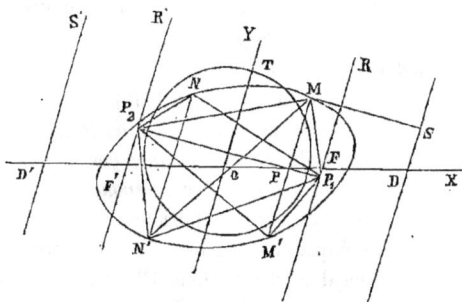

on a pour les distances du point M (x, y) aux points P_1,

P_2, projections du pied P de l'ordonnée de ce point sur les droites FR, $F'R'$ (fig. 108) :

$$MP_1 = a' \sin \gamma - \frac{c'x}{a'}, \quad MP_2 = a' \sin \gamma + \frac{c'x}{a'};$$

d'où
$$MP_1 + MP_2 = 2a' \sin \gamma.$$

On voit par là que si l'on projette le point de rencontre d'une corde MM' avec son conjugué sur les deux droites FR, $F'R'$, qui lui sont parallèles, la somme ou la différence des distances du point M aux pieds P_1, P_2 de ces projections est constante.

219. La tangente MT au cercle dont les coordonnées sont $\alpha = 0$, $\beta = x \cos \gamma$ et le rayon $R = b'$ a pour longueur

$$MT = \frac{x \sqrt{a'^2 \sin^2 \gamma - b'^2}}{a'} = \frac{c'x}{a'}.$$

Mais
$$MP_1 = a' \sin \gamma - \frac{c'x}{a'};$$

d'où $MP_1 + MT = a' \sin \gamma, \quad MP_2 = a' \sin \gamma + \dfrac{c'x}{a'};$

ce qui donne : $MP_2 - MT = a' \sin \gamma,$

théorèmes analogues à ceux que l'on a démontrés pour les cercles fixes et les foyers proprement dits.

Si l'on considère les points P_1, P_2 comme étant les foyers du point M, il s'ensuit que, dans l'ellipse, *la somme ou la différence des distances d'un point quelconque* M *de la courbe au foyer le plus proche ou au foyer le plus éloigné et au point de contact* T *du cercle correspondant est constante.*

On voit, d'après cette propriété (218), (219), que pour décrire l'ellipse il faut : tracer le diamètre conjugué égal à $\frac{2p'}{q'}$ et les deux droites fixes FR et $F'R'$ parallèles au second diamètre conjugué donné de grandeur et de direction ; attacher les extrémités d'un fil de longueur con-

17

stante aux deux points P_1 et P_2 d'une perpendiculaire mobile commune à ces deux droites; sous-tendre avec la pointe M d'un style ce fil contre la parallèle mobile PM aux deux droites fixes FR et F'R'. Le lieu M des points ainsi obtenus sera l'ellipse cherchée.

Le second procédé représenté par la formule

$$MP_1 + MT = \text{constante,}$$

consiste à placer l'extrémité d'un fil de longueur constante au point P_1, et la seconde extrémité au point T, sommet de l'angle droit du triangle rectangle mobile CTM; de tenir la pointe du style contre ce fil bien tendu et appliquée sur la parallèle PM partant du point P, intersection de la perpendiculaire mobile P_1P_2 avec le diamètre OA'. Le point mobile M décrit l'ellipse.

220. Soit $x = OD = d'$ (fig. 108) une droite parallèle à l'axe des y. On aura pour le rapport $\frac{MP_1}{MS}$ de la distance du point M au point P_1 et à cette droite :

$$\frac{MP_1}{MS} = \frac{a' \sin \gamma - \dfrac{c'x}{a'}}{(d' - x) \sin \gamma}.$$

En égalant ce rapport à la constante K, on trouve :

$$K = \frac{c'}{a' \sin \gamma} \quad \text{et} \quad d' = \frac{a'^2 \sin^2 \gamma}{c'}.$$

On a de même

$$\frac{MP_2}{MS'} = \frac{a' \sin \gamma + \dfrac{c'x}{a'}}{(d'' + x) \sin \gamma} = K',$$

ce qui donne pour K' et d'' les mêmes valeurs que précédemment.

Il est évident que les parallèles DS, D'S' à l'axe des y, à égales distances de l'origine, jouissent des mêmes propriétés que les directrices.

221. On voit, par tout ce qui précède, que les anciens foyers ne sont qu'un cas particulier des foyers en général et qu'il n'est plus permis de dire qu'il n'y a que *deux points* dans le plan des coniques tels que la distance de l'un de ces points à un point quelconque M de la courbe est une fonction rationnelle des coordonnées de celui-ci. En effet, il existe une infinité de cercles qui jouissent des mêmes propriétés que les foyers, ainsi qu'on vient de le prouver pour les coniques rapportées à leurs formes canoniques, comme aussi lorsque les axes coordonnés sont au centre de ces courbes, ou quand elles sont rapportées à leurs diamètres conjugués.

222. En appliquant la méthode précédente à l'équation générale des courbes du 2me degré

$$Ay^2 + Bxy + Cx^2 + Dy + Ex + F = 0,$$

les axes étant rectangulaires, on a pour la condition de rationalité :

$$2A\beta + Bx + D = 0. \quad \ldots \quad \ldots \quad (1)$$

Cette équation nous apprend que le centre (α, β) du cercle que nous cherchons doit se trouver sur un diamètre de la courbe. En substituant la valeur de β dans celle de δ^2, et en exprimant la condition que δ^2 est un carré parfait, on obtient l'équation

$$(2) \quad \ldots \quad \ldots \quad (BD - 2AE - 4A^2\alpha)^2$$
$$= (4A^2 + B^2 - 4AC)(D^2 - 4AF + 4A^2\alpha^2 - 4A^2R^2).$$

Si l'on développe, il vient

$$(B^2 - 4AC)\alpha^2 + 2(BD - 2AE)\alpha + D^2 - 4AF + \frac{\Delta}{A}$$
$$= R^2(4A^2 + B^2 - 4AC),$$

Δ représentant le discriminant.

En résolvant cette équation, on a :

$$\alpha = -\frac{\text{BD} - 2\text{AE}}{\text{B}^2 - 4\text{AC}} \pm \frac{\sqrt{(4\text{A}^2 + \text{B}^2 - 4\text{AC})[\text{AR}^2(\text{B}^2 - 4\text{AC}) - \Delta]}}{(\text{B}^2 - 4\text{AC})\sqrt{\text{A}}}.$$

Si, dans cette formule, on fait $R = 0$, on aura pour α, l'abscisse du centre du cercle correspondant de rayon infiniment petit ou nul qui, d'après l'ancienne théorie, est le foyer

$$\alpha = -\frac{(\text{BD} - 2\text{AE})\sqrt{\text{A}} \pm \sqrt{(4\text{A}^2 + \text{B}^2 - 4\text{AC}) \times - \Delta}}{(\text{B}^2 - 4\text{AC})\sqrt{\text{A}}}.$$

223. Parmi les différents systèmes de valeurs de α et de R qui satisfont à l'équation (2), on doit remarquer ceux que l'on obtient en posant

1° $\text{D}^2 - 4\text{AF} + 4\text{A}^2(\alpha^2 - \text{R}^2) = 0$;

ce qui donne : $4\text{A}^2\alpha = \text{BD} - 2\text{AE}$;

d'où

$$\alpha = \frac{\text{BD} - 2\text{AE}}{4\text{A}^2}, \qquad \text{R} = \frac{\sqrt{(\text{BD} - 2\text{AE})^2 + 4\text{A}^2(\text{D}^2 - 4\text{AF})}}{4\text{A}^2}.$$

En substituant α dans

$$\beta = -\frac{\text{B}\alpha + \text{D}}{2\text{A}},$$

on aura l'ordonnée du centre, de manière que le cercle est connu de grandeur et de position. Son équation est

$$y^2 + x^2 + \frac{(\text{BD} - 2\text{AE})}{2\text{A}^2}x + \frac{2(\text{BD} - 2\text{AE} + 4\text{A}^2\text{D})}{8\text{A}^5}y$$

$$+ \left(\frac{\text{B}^2\text{D} - 2\text{ABE}}{8\text{A}^3}\right)^2 + \frac{2\text{D}(\text{B}^2\text{D} - 2\text{ABE})}{8\text{A}^3} + \frac{\text{F}}{\text{A}} = 0.$$

On obtient dans ce cas pour la tangente MT menée d'un point quelconque M de la courbe au point de contact T :

$$\delta = \text{MT} = \frac{x\sqrt{4\text{A}^2 + \text{B}^2 - 4\text{AC}}}{2\text{A}}.$$

Cette valeur de **MT** ne dépend que des quantités A, B, C, c'est-à-dire de la nature de la courbe, et non de sa position par rapport aux axes coordonnés. Si l'axe des x est parallèle à l'axe de symétrie des courbes du 2me degré, $B = 0$, et l'on retrouve pour **MT** la valeur déjà obtenue

$$MT = x\sqrt{\frac{A - C}{A}} = \frac{cx}{a},$$

puisque $A = a^2$, $C = b^2$ pour l'ellipse.

2° Posons $4A^2\alpha^2 = 4A^2R^2$,   c'est-à-dire $R = \alpha$.

L'équation (2) donne dans ce cas

$$\alpha = \frac{BD - 2AE \pm \sqrt{(BD - 2AE)^2 + 4A^2(D^2 - 4AF) + 4A\Delta}}{4A^2}.$$

Le cercle est donc complétement déterminé, puisque son centre doit se trouver sur le diamètre

$$\beta = -\frac{Bx + D}{2A}$$

et sur la parallèle à l'axe des y déterminée par la valeur précédente de α, laquelle est égale au rayon de ce cercle. Quant à l'expression de la tangente **MT** menée d'un point quelconque (x, y) de la courbe au point de contact **T** du cercle, on a

$$MT = \frac{x\sqrt{4A^2 + B^2 - 4AC} + \sqrt{D^2 - 4AF}}{2A}.$$

On peut discuter toutes ces formules, et l'on retrouve, comme précédemment, les cercles qu'on a obtenus en opérant sur les formes canoniques.

On peut se proposer de rechercher les circonférences focales, et partant les foyers, pour les courbes d'un degré supérieur au second telle que la conchoïde, qui possède un foyer comme les coniques, etc.

Détermination des foyers dans les courbes du 2me degré.

224. Soit

$$Ay^2 + Bxy + Cx^2 + Dy + Ex + F = 0$$

l'équation générale des courbes du 2me degré rapportées à des axes coordonnés rectangulaires. On a vu précédemment (198) que la direction des axes de symétrie de ces courbes est donnée par la relation

$$\text{tg } 2\alpha = \frac{-B}{A-C};$$

d'où l'on tire

$$\text{tg } \alpha = \frac{A - C \pm \sqrt{B^2 + (A-C)^2}}{B},$$

$$\sin \alpha = \sqrt{\frac{A - C + \sqrt{B^2 + (A-C)^2}}{2\sqrt{B^2 + (A-C)^2}}},$$

$$\cos \alpha = \frac{B}{\sqrt{2\sqrt{B^2 + (A-C)^2}\left[A - C + \sqrt{B^2 + (A-C)^2}\right]}},$$

α étant l'angle que l'un des axes de la courbe fait avec l'axe des x. Les coordonnées du centre C (a, b) de ces courbes sont données par les équations diamétrales

$$2Ab + Ba + D = 0,$$
$$2Ca + Bb + E = 0;$$

de sorte que l'équation de l'axe de symétrie est

$$y - b = \text{tg } \alpha (x - a)$$

et si l'on désigne par c la distance du centre C dé la courbe au foyer F, on a évidemment :

$$x - a = c \cos \alpha \quad \text{et} \quad y - b = c \sin \alpha$$
ou
$$x = a + c \cos \alpha, \qquad y = b + c \sin \alpha.$$

Il reste à exprimer c en fonction des quantités connues A, B, C...

Les courbes du 2me degré représentées par l'équation générale

$$Ay^2 + Bxy + Cx^2 + Dy + Ex + F = 0,$$

rapportées à leurs axes de symétrie, l'origine des axes coordonnés étant au centre de ces courbes, ont pour équation

$$My^2 + Nx^2 = \frac{\Delta}{B^2 - 4AC},$$

Δ désignant le discriminant

$$4ACF + BDE - AE^2 - CD^2 - FB^2$$

de ces courbes. En faisant successivement $y = 0$ et $x = 0$ dans cette équation et en appelant a_1, b_1 les valeurs correspondantes de x et de y, c'est-à-dire les longueurs des demi-axes de ces courbes, on obtient pour c la formule

$$c = \sqrt{a_1^2 \mp b_1^2} = \sqrt{\frac{\Delta}{B^2 - 4AC} \left(\frac{M \mp N}{MN} \right)}$$

On sait (197) que

$$M = \frac{1}{2}(A + C) + \frac{1}{2}\sqrt{B^2 + (A - C)^2}$$

et

$$N = \frac{1}{2}(A + C) - \frac{1}{2}\sqrt{B^2 + (A - C)^2}.$$

En remplaçant M et N par ces valeurs dans c, on a

$$c = \frac{2}{B^2 - 4AC} \sqrt{\Delta \sqrt{B^2 + (A + C)^2}};$$

de sorte que les coordonnées (x, y) des foyers des courbes à centre sont déterminées par les formules

$$x = a \pm \frac{B\sqrt{2\Delta}}{(B^2 - 4AC)\sqrt{A - C \pm \sqrt{B^2 + (A - C)^2}}},$$

$$y = b \pm \frac{\sqrt{2\Delta\left[A - C \pm \sqrt{B^2 + (A - C)^2}\right]}}{B^2 - 4AC}.$$

225. — I. Soit à trouver, au moyen de ces formules, les foyers de la conique représentée par l'équation

$$2y^2 - 2xy + 2x^2 - 8y - 2x + 11 = 0.$$

La courbe est une ellipse.

On a $\qquad \Delta = -36; \quad a = 2, \quad b = 3$

et pour les coordonnées (x, y) des foyers

$$x = 2 \pm 1,$$
$$y = 3 \pm 1;$$

1°$\qquad\qquad x = 3, \quad y = 4.$

2°$\qquad\qquad x = 1, \quad y = 2.$

226. — II. Prenons pour deuxième exercice la conique qui a pour équation

$$3y^2 - 12xy + 8x^2 + 10y + 4x - 55 = 0.$$

Cette courbe est une hyperbole dont les coordonnées du centre C (a, b) sont :

$$a = 3, \quad b = 4\tfrac{1}{3};$$

le discriminant $\Delta = 256$. On a :

$$x = 3 \pm \frac{12\sqrt{2 \times 256}}{48 \times 2 \times \sqrt{2}} = 3 \pm \frac{12 \times 16}{12 \times 8} = 3 \pm 2$$

$$y = 4\tfrac{1}{3} \pm \frac{\sqrt{2 \times 256 \times 8}}{48} = \frac{13}{3} \pm \frac{16}{12} = \frac{13}{3} \pm \frac{4}{3}.$$

1° $x = 5, y = 5;$ 2° $x = 1, y = 3\tfrac{2}{3}.$

227. Les formules qui précèdent ne peuvent pas convenir aux paraboles pour lesquelles $B^2 - 4AC = 0$.

Si l'on cherche, comme on l'a vu dans la réduction de l'équation générale

$$Ay^2 + Bxy + Cx^2 + Dy + Ex + F = 0,$$

les coordonnées a et b du sommet de ces courbes, on trouve :

$$a = \frac{(2CE + BD)^2 - 16 (A + C)^2 CF}{8 (2CD - BE) \sqrt{(A + C)^5}}.$$

$$b = \frac{2CE + BD}{\pm 2 \sqrt{(A + C)^5} \, C} ;$$

la distance de ce sommet au foyer F de la parabole étant

$$\frac{1}{2} p = \frac{BE - 2CD}{4 (A + C)},$$

on a pour les coordonnées du foyer dans ces courbes :

$$x = a \pm \frac{1}{2} p \cos \alpha,$$

$$y = b \pm \frac{1}{2} p \sin \alpha.$$

228. La distance MR (fig. 106) d'un point x', y' à une droite
$$y = mx + n,$$
est une fonction du premier degré en x', y' de la forme :

$$MR = \frac{(y' - mx' - n) \sin \theta}{\sqrt{1 + m^2 + 2m \cos \theta}},$$

les axes coordonnés étant obliques.

Lorsque la droite n'est pas donnée de position, cette valeur de MR contient deux constantes arbitraires m et n dont on pourra disposer pour donner à cette droite telle position qu'on voudra. Si nous désignons par α, β les coordonnées d'un foyer F, par c le rapport constant $\frac{MF}{MR}$, on aura, les axes étant rectangulaires,

$$\frac{\sqrt{(x' - \alpha)^2 + (y' - \beta)^2}}{y' - mx' - n} = \frac{c}{\sqrt{1 + m^2}},$$

$$\sqrt{(x' - \alpha)^2 + (y' - \beta)^2} = \frac{cy'}{\sqrt{1 + m^2}} - \frac{mcx'}{\sqrt{1 + m^2}} - \frac{nc}{\sqrt{1 + m^2}}.$$

Ainsi qu'on l'a déjà dit, le second membre est une fonction du premier degré en x', y' qui renferme trois indéterminées m, n, c et peut, en conséquence, se mettre sous la forme :

$$fy' + gx' + h;$$

de sorte qu'il viendra :

$$(x' - \alpha)^2 + (y' - \beta)^2 = (fy' + gx' + h)^2.$$

Si la position du foyer F est indéterminée, α et β sont aussi deux constantes arbitraires; l'équation du 2me degré en x, y,

$$(x - \alpha)^2 + (y + \beta)^2 = (fy + gx + h)^2,$$

qui renferme cinq constantes arbitraires, représente toutes les courbes du 2me degré : c'est l'équation des coniques par rapport aux foyers et aux directrices.

Si la directrice est connue de position, les rapports de deux de ces arbitraires f, g, h à la troisième sont déterminés.

229. Les deux équations

$$(x - \alpha)^2 + (y - \beta)^2 = (fy + gx + h)^2,$$
$$y^2 + axy + bx^2 + cy + dx + e = 0,$$

représentant toutes les deux la même courbe, doivent être identiques.

On a donc pour déterminer les arbitraires α, β, f, g, h les cinq équations :

$$\frac{2fg}{1 - f^2} = -a, \quad \frac{1 - g^2}{1 - f^2} = b,$$

$$\frac{\beta + fh}{1 - f^2} = -\frac{c}{2}, \quad \frac{\alpha + gh}{1 - f^2} = -\frac{d}{2},$$

$$\frac{\alpha^2 + \beta^2 - h^2}{1 - f^2} = e.$$

230. Soient M, M' les deux points de rencontre d'une sécante avec une conique (fig. 109). Unissons ces points à l'un des foyers, F, de cette courbe; des points M, M' abaissons des perpendiculaires MR, M'R' sur la directrice, qui est rencontrée en I par la corde MM'.

Fig. 109.

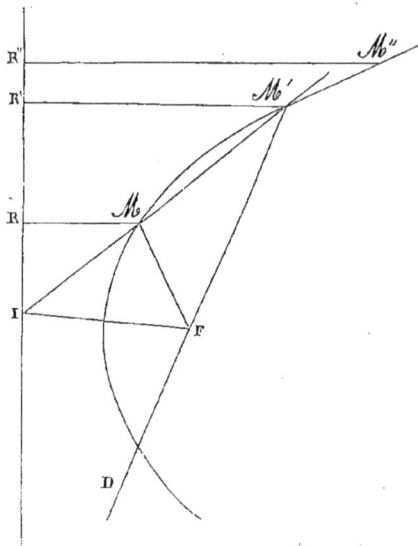

On aura, d'après les propriétés connues :

$$\frac{MF}{MR} = \frac{M'F}{M'R'}$$

et
$$\frac{MF}{M'F} = \frac{MR}{M'R'} = \frac{MI}{M'I};$$

ce qui prouve que *la droite FI est bissectrice de l'angle extérieur formé par les deux rayons vecteurs* FM, FM', *les*

deux points M, M' *étant situés sur la même branche de la
courbe.*

Ainsi, *la droite* FI, *qui joint le foyer d'une conique au
point de rencontre d'une sécante avec la directrice, est bissectrice de l'angle extérieur formé par les deux rayons vecteurs menés du foyer aux deux points* M, M' *de la sécante,
si ces deux points sont situés sur la même branche; cette
droite est bissectrice de l'angle même des rayons vecteurs, si
les deux points* M, M' *ne sont pas situés sur la même branche.*

231. Il est facile, d'après cette propriété, de construire
une conique lorsqu'on connaît le foyer, la directrice et un
point M de la courbe. Pour avoir un second point quelconque M', il suffit de joindre un point I de la directrice
au point M et au foyer F (fig. 109); de faire ensuite avec IF
un angle IFD = IFM : la droite FD prolongée rencontrera
la droite IM en un point M' qui appartiendra à la conique.
Si l'on donne le foyer F et trois points M, M', M'' de la
courbe, on joindra les deux points M, M' au foyer F : la
bissectrice FI de l'angle extérieur MFD rencontrera le prolongement de la droite MM' en un point I de la directrice. On aura, de la même manière, un second point I'
de la directrice en joignant le troisième point M'' au
foyer F, etc...

Si l'on donne la directrice II' et trois points M, M', M''
de la courbe, on aura en abaissant des trois points donnés
M, M', M'', des perpendiculaires MR, M'R', M''R'' sur la
directrice, les proportions, F désignant le foyer inconnu :

$$\frac{MF}{MR} = \frac{M'F}{M'R'} = \frac{M''F}{M''R''},$$

d'où l'on tire :

$$\frac{FM}{FM'} = \frac{MR}{M'R'}, \quad \frac{FM}{FM''} = \frac{MR}{M''R''}.$$

Ces deux proportions prouvent que *le foyer* F *se trouve à l'intersection de deux circonférences que l'on sait décrire*, puisque les longueurs MR, M'R', M"R" sont connues.

232. L'équation de l'ellipse est

$$y^2 = 2px - qx^2.$$

En faisant $y = 0$, on obtient pour la valeur du grand axe :

$$OA = \frac{2p}{q}.$$

En résolvant l'équation précédente par rapport à x, on a :

$$x = +\frac{p}{q} \pm \sqrt{\frac{p^2}{q^2} - \frac{y^2}{q}},$$

et le maximum de y est égal à $\pm \frac{p}{\sqrt{q}}$; la valeur correspondante de l'abscisse $x = \frac{p}{q}$ est celle du centre.

Ainsi, $\frac{2p}{q} = OA$, $\frac{2p}{\sqrt{q}} = BCB'$, sont les grandeurs des

Fig. 110.

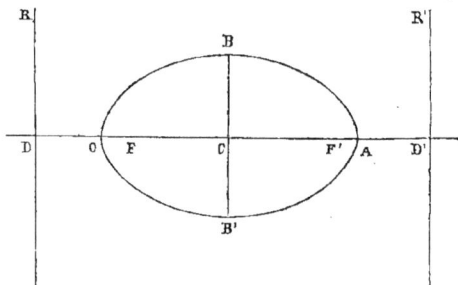

axes de symétrie de l'ellipse ; la position des foyers F, F' (fig. 110) est déterminée par les valeurs :

$$OF = \frac{p}{q} - \frac{p}{q}\sqrt{1-q}, \quad OF' = \frac{p}{q} + \frac{p}{q}\sqrt{1-q}.$$

On voit qu'ils sont éloignés du centre de la même distance, marquée par $\frac{p\sqrt{1-q}}{q}$.

On a pour la position des directrices DR, D'R' :

$$OD = +\frac{p}{q} - \frac{p}{q\sqrt{1-q}}, \quad OD' = \frac{p}{q} + \frac{p}{q\sqrt{1-q}}.$$

Les deux directrices de l'ellipse sont donc à la même distance du centre, et perpendiculaires au grand axe de symétrie. Les distances :

$$OF = \frac{p}{q} - \frac{p}{q}\sqrt{1-q}$$

et

$$AF = \frac{p}{q} + \frac{p}{q}\sqrt{1-q},$$

donnent pour leur rectangle :

$$OF \times AF = \frac{p^2}{q} = \overline{CB}^2;$$

ce résultat prouve que *le foyer est un point qui divise le grand axe en deux segments, tels que le rectangle de ces parties est équivalent au carré construit sur le demi-second axe de l'ellipse.*

233. Cette propriété remarquable fournit une deuxième définition des foyers, et un procédé très-simple pour déterminer la position de ces points quand on connaît les axes de la courbe.

Fig. 111.

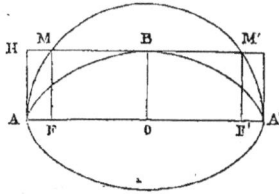

A cette fin, il suffit de décrire sur le grand axe de celle-ci, comme diamètre, une circonférence; d'élever, à l'extrémité A de ce diamètre, une perpendiculaire AH égale au demi-second axe, et, par le point H, de mener une parallèle à l'axe AA'. Les pieds F, F' des perpendiculaires abaissées des points d'intersection M, M', donnent les deux foyers de la courbe (fig. 111).

Le rectangle des distances CF', CD' (fig. 110), est également remarquable. On a :

$$CF' = \frac{p}{q}\sqrt{1-q}, \quad CD' = \frac{p}{q\sqrt{1-q}};$$

$$CF' \times CD' = \frac{p^2}{q^2} = \overline{OC}^2.$$

Le demi-grand axe est donc moyen proportionnel entre les distances du centre au foyer, et du même point à la directrice.

Il est évident que les mêmes propriétés existent pour l'hyperbole; afin de les démontrer, il suffit de laisser à q le signe positif, comme il se trouve dans les formules.

La parabole étant dépourvue de centre, il n'y a pas lieu de s'en occuper.

Exercices.

234. *Chercher le lieu décrit par le foyer d'une parabole variable passant par trois points donnés A, B, C.*

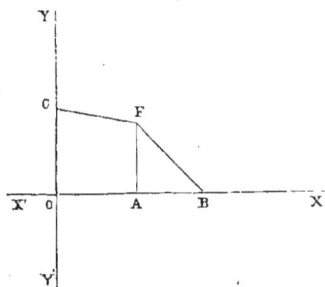

Fig. 112.

On peut prendre, pour axe des x, la droite qui passe par deux de ces points, et pour axe des y, la perpendiculaire abaissée du troisième point sur la première droite (fig. 112).

En désignant par $OA = a$, $OB = a'$, et par b la distance OC,

x_1, y_1 représentant les coordonnées du foyer mobile F et δ, δ', δ'' les distances de ce point aux trois points donnés A, B, C, on aura, pour déterminer l'équation du lieu, le système :

$$ga + h = \delta \quad (1),$$
$$ga' + h = \delta' \quad (2),$$
$$fb + h = \delta'' \quad (3),$$
$$f^2 + g^2 = 1 \quad (4),$$

dont la résolution ne présente aucune difficulté.

Si l'on veut chercher le lieu décrit par les foyers des courbes du 2me degré passant par quatre points quelconques A, B, C, D, on aura, en représentant par (a, b), (a', b'), etc...., les coordonnées de ces points, et par δ, δ', etc.... leur distance au foyer mobile F, les équations :

$$\delta = fb + ga + h,$$
$$\delta' = fb' + ga' + h;$$

ce qui donne pour l'équation du lieu le système :

$$\begin{vmatrix} \delta, & b, & a, & 1 \\ \delta', & b', & a', & 1 \\ \delta'', & b'', & a'', & 1 \\ \delta''', & b''', & a''', & 1 \end{vmatrix} = 0.$$

La détermination des arbitraires f, g, h ne présente aucune difficulté ; mais, après substitution de ces valeurs dans la quatrième équation, si l'on veut faire disparaître les radicaux, on arrivera à une équation finale du 6me degré, qui se décompose en deux équations du 3me degré chacune lorsque les quatre points A, B, C, D forment un quadrilatère inscrit.

235. — II. *Chercher le lieu décrit par les foyers des courbes du second degré qui ont une directrice commune et qui passent par deux points donnés* A *et* B.

Par l'un des points, A, par exemple, on pourra toujours abaisser une perpendiculaire AO sur la directrice donnée OD, prendre celle-ci pour axe des y, et AO pour axe des x.

Fig. 113.

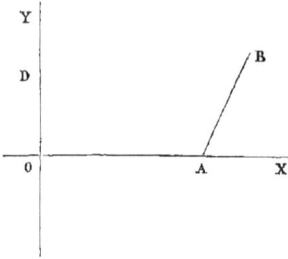

Soient m, n les coordonnées du point B, $x = OA = a$ l'abscisse du point A, et x_1, y_1 les coordonnées du foyer mobile F qui décrit le lieu.

L'équation des courbes du 2me degré par rapport aux foyers et aux directrices,

$$(y - \beta)^2 + (x - \alpha)^2 = (fy + gx + h)^2,$$

se réduit à :

$$(y - \beta)^2 + (x - \alpha)^2 = g^2 x^2,$$

puisque la directrice, $fy + gx + h = 0$, est prise pour l'axe des ordonnées.

Si nous changeons les coordonnées α, β du foyer en x_1, y_1, il viendra :

$$(y - y_1)^2 + (x - x_1)^2 = g^2 x^2,$$

équation renfermant une seule arbitraire, g.

Comme la courbe mobile passe par les deux points A et B, on aura les deux équations :

$$y_1^2 + (a - x_1)^2 = g^2 a^2,$$
$$(n - y_1)^2 + (m - x_1)^2 = g^2 m^2.$$

En éliminant g, on obtient :

$$\frac{\sqrt{(n - y_1)^2 + (m - x_1)^2}}{\sqrt{y_1^2 + (a - x_1)^2}} = \frac{m}{a},$$

pour le lieu demandé.

18

En faisant disparaître les radicaux et en simplifiant, on a :

$$y^2 + x^2 + \frac{2a^2 n}{m^2 - a^2}\, y - \frac{2am}{m + a}\, x = \frac{a^2 n^2}{m^2 - a^2},$$

équation d'un cercle, comme il était facile de le voir, puisque le rapport des distances d'un point quelconque du lieu aux deux points fixes B et A reste constant et égal à $\frac{m}{a}$.

Les coordonnées du centre de la courbe sont :

$$x = \frac{am}{a + m}, \quad y = \frac{-a^2 n}{m^2 - a^2},$$

et le rayon est :

$$R = \frac{am \sqrt{n^2 + (m - a)^2}}{m^2 - a^2}.$$

Si la courbe mobile est une parabole, on a :

$$B^2 = 4AC ;$$

ce qui équivaut à une condition qui peut remplacer celle de passer par le point B (m, n).

Il vient alors :

$$4(g^2 - 1) = 0 ;$$

d'où

$$g = 1 ;$$

de sorte que l'équation devient :

$$(y - y_1)^2 + (x - x_1)^2 = a^2.$$

La courbe devant passer par le point A $(a, 0)$, l'équation du lieu est :

$$y_1^2 + x_1^2 + 2ax_1 = 0,$$

qui est une circonférence de rayon a, ayant son centre au point A.

CHAPITRE XI.

Théorie des tangentes.

236. *La tangente à une courbe est une droite qui a deux points consécutifs communs avec cette courbe, celle-ci étant considérée comme un polygone infinitésimal, et la tangente comme le prolongement de l'un de ses côtés infiniment petits.*

Soient x', y' les coordonnées du point M' de la courbe; $x' + dx'$, $y' + dy'$, celles du point M''. La courbe passant par ces deux points, son équation sera satisfaite lorsqu'on

Fig. 114.

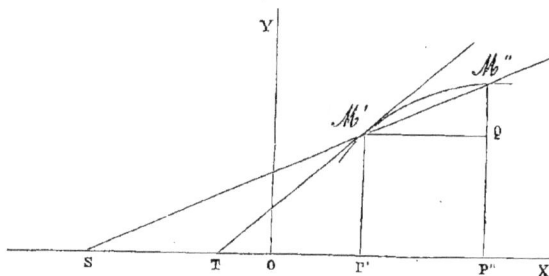

y remplacera x et y par ces valeurs. La droite M'M'' devant aussi passer par ces mêmes points, son équation, $y = \alpha x + \beta$, sera également satisfaite quand on y remplacera x et y par les coordonnées des mêmes points; c'est pourquoi l'on a :

$$y' = \alpha x' + \beta,$$

$y' + dy' = \alpha (x' + dx') + \beta;$ d'où $dy' = \alpha dx'$ et $\dfrac{dy'}{dx'} = \alpha.$

Cette valeur de $\frac{dy'}{dx'}$, qui représente le coefficient angu-

laire de la droite passant par le point M', doit être égale
au rapport, à la limite, de l'accroissement de la fonction y
à celui de sa variable x, c'est-à-dire, au coefficient différentiel $\frac{dy'}{dx'}$, tiré de l'équation de la courbe, puisque la tangente passe par les deux points consécutifs de celle-ci.
L'équation générale de la tangente en un point M', dont
les coordonnées sont x', y', est donc :

$$y - y' = \frac{dy'}{dx'}(x - x').$$

Les deux points par lesquels passe la tangente étant consécutifs, il est évident que dx' et dy' doivent être, à la
limite, considérés comme infiniment petits ou nuls. Mais,
la grandeur du rapport de deux quantités ne dépend aucu-
nement de la grandeur simultanée de ses deux termes ;
d'ailleurs, la valeur du rapport, à la limite, de $\frac{dy}{dx}$, c'est-à-
dire, lorsque la droite sécante devient tangente, se réduit
à $\frac{M'P'}{P'T}$, qui, en général, n'est pas nul ni infini. Ainsi, la
recherche de la tangente à une courbe quelconque, donnée
par son équation, se trouve ramenée à celle de son coefficient différentiel.

237. Soit $Ay^2 + Bxy + Cx^2 + Dy + Ex + F = 0$,
l'équation générale des courbes du 2me degré. Cherchons
l'équation de la tangente.

La courbe passant par le point M', dont les coordonnées
sont x', y', on aura :

$$Ay'^2 + Bx'y' + Cx'^2 + Dy' + Ex' + F = 0 ;$$

passant par le point M'', dont les coordonnées sont $x' + dx'$,
$y' + dy'$, il viendra :

$$A(y' + dy')^2 + B(x' + dx')(y' + dy') + C(x' + dx')^2$$
$$+ D(y' + dy') + E(x' + dx') + F = 0.$$

Retranchons l'équation précédente de cette dernière, et

négligeons les infiniment petits du 2me ordre, qui sont nuls en présence des infiniment petits du 1er ordre; on aura :

$$(2Ay' + Bx' + D)dy' + (2Cx' + By' + E)dx' = 0;$$

d'où
$$\frac{dy'}{dx'} = -\frac{2Cx' + By' + E}{2Ay' + Bx' + D}.$$

Substituant cette valeur du coefficient différentiel dans l'équation générale de la tangente

$$y - y' = \frac{dy'}{dx'}(x - x'),$$

en faisant les réductions voulues, on obtient :

$$2Ayy' + B(x'y + xy') + 2Cxx' + D(y + y') + E(x + x') + 2F = 0.$$

On peut donc considérer la tangente comme une sécante dont les deux points d'intersection se réunissent en un seul.

238. Soit l'équation $y^2 = 2px + qx^2$, qui représente toutes les courbes du 2me degré, et

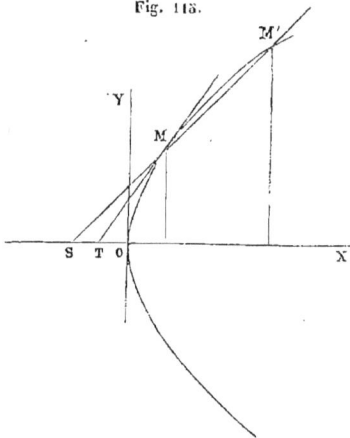

Fig. 115.

$$y = \alpha x + \beta,$$

celle de la sécante. La courbe passant par les deux points M, M', dont les coordonnées sont (x', y'), (x'', y''), on aura :

$$y'^2 = 2px' + qx'^2,$$
$$y''^2 = 2px'' + qx''^2;$$

d'où

$$y'^2 - y''^2 = 2p(x' - x'') + q(x'^2 - x''^2)$$

et $\quad (y' + y'')(y' - y'') = 2p(x' - x'') + q(x' + x'')(x' - x'')$.

L'équation de la sécante passant par les deux mêmes points M, M' (fig. 115) est :

$$y - y' = \frac{y' - y''}{x' - x''}(x - x'),$$

et l'on a pour α :

$$y' - y'' = \alpha(x' - x'').$$

Substituant cette valeur dans l'équation précédente de la courbe, et divisant par $x' - x''$, il vient :

$$(y' + y'')\alpha = 2p + q(x' + x''); \quad \alpha = \frac{2p + q(x' + x'')}{y' + y''},$$

qui représente le coefficient angulaire de la sécante MM'. Si les deux points se réunissent en un seul, c'est-à-dire, si la sécante devient tangente, $y'' = y'$ et $x'' = x'$: cette valeur devient :

$$\alpha = \frac{p + qx'}{y'}.$$

L'équation générale de la tangente est donc :

$$y - y' = \frac{p + qx'}{y'}(x - x').$$

En chassant le dénominateur et en réduisant, d'après l'équation de la courbe $y'^2 = 2px' + qx'^2$, qui passe par le point de contact (x', y'), on trouve :

$$yy' = (p + qx')x + px',$$

pour l'équation de la tangente demandée.

En complétant le carré du binôme dont $2yy'$ est le double produit des deux termes, on a pour l'équation de la tangente à l'ellipse :

$$(y - y')^2 + q(x - x')^2 = 0,$$

laquelle n'est satisfaite que pour le point **M** dont les coordonnées sont $y = y'$, $x = x'$; ce qui prouve que la droite $yy' = (p + qx') x + px'$ n'a que le seul point (x', y') de commun avec la courbe, et qu'elle est bien l'équation de la tangente.

Propriétés des tangentes.

239. Lorsque les axes coordonnés sont rectangulaires, $\frac{dy}{dx} = \alpha$ représente la tangente trigonométrique de l'angle que la tangente à la courbe fait avec l'axe des x. Pour l'ellipse, cette valeur est

$$\alpha = \frac{p - qx'}{y'};$$

elle indique que cet angle à l'origine est droit, puisque pour ce point

$$\alpha = \frac{p}{0} = \infty;$$

qu'il devient ensuite aigu et va en diminuant jusqu'à l'extrémité du second axe de symétrie, point pour lequel le numérateur

$$p - qx' = 0; \quad \text{d'où} \quad x' = \frac{p}{q} \quad \text{et} \quad y' = \frac{p}{\sqrt{q}}.$$

A partir de ce point, qui répond au maximum de y', la valeur de α change de signe et devient négative, et la tangente fait un angle obtus avec l'axe des x; enfin, à l'extrémité du grand axe,

$$y' = 0 \quad \text{et} \quad \alpha = \frac{p}{0} = \infty;$$

ce qui nous apprend que la tangente est de nouveau perpendiculaire à l'axe de la courbe. Si y' est négatif, et x' positif et plus grand que $\frac{p}{q}$, la valeur correspondante de α est positive.

Dans l'hyperbole,

$$\alpha = \frac{p + qx'}{y'} = \frac{p + qx'}{\sqrt{2px' + qx'^2}}$$

montre que l'angle de la tangente à la courbe est aigu. Lorsque le point de contact se trouve à l'infini :

$$\alpha = \frac{\dfrac{p}{x'} + q}{\sqrt{\dfrac{2p}{x'} + q}} = \sqrt{q},$$

c'est-à-dire, égal au rapport du petit axe au grand.

Pour la parabole,

$$\alpha = \frac{p}{y'}.$$

L'examen de ces valeurs ne présentant aucune difficulté, nous ne nous y arrêterons pas.

On a trouvé précédemment (n° 237) pour α ou $\frac{dy'}{dx'}$,

$$\alpha = -\frac{2Cx' + By' + E}{2Ay' + Bx' + D}.$$

Si l'origine des axes est au centre de la courbe, cette valeur devient

$$\alpha = -\frac{2Cx' + By'}{2Ay' + Bx'} :$$

ce qui prouve que les tangentes aux extrémités d'un même diamètre sont parallèles, puisque cette valeur de α reste la même quand on y change x', y' en $- x'$, $- y'$, coordonnées des extrémités d'un même diamètre.

240. L'angle FMT, formé par le rayon vecteur FM, au point de contact M, et par la tangente MT (fig. 116), a pour expression :

$$\text{tg FMT} = \text{tg (MFX} - \text{MTX)} = \frac{px' + f(p + qx')}{y'[x' - f + p + qx']},$$

et en remplaçant f, l'abscisse générale du foyer F, par sa valeur :

$$\text{tg FMT} = \frac{p\left[-p \pm (p + qx')\sqrt{1+q}\right]}{y'\sqrt{1+q}\left[(p+qx')\sqrt{1+q} \mp p\right]}.$$

En prenant le signe supérieur dans les deux termes de la fraction, on a :

$$\text{tg FMT} = \frac{p}{y'\sqrt{1+q}};$$

et, en prenant le signe inférieur :

$$\text{tg F'MT} = -\frac{p}{y'\sqrt{1+q}}.$$

On a donc : FMT + F'MT = deux angles droits, et F'MT + F'MT' = deux angles droits ; d'où FMT = F'MT'.

Fig. 116.

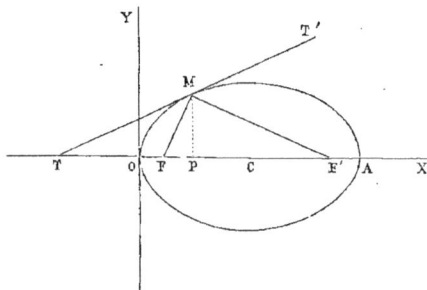

Ainsi, *les deux rayons vecteurs menés au point de tangence font, d'un même côté de la tangente, des angles égaux avec celle-ci.*

241. On tire de cette propriété un procédé très-simple pour construire la tangente à une courbe du 2ᵐᵉ degré.

Soient FM, F'M les deux rayons vecteurs d'une ellipse et M le point de cette courbe par lequel doit passer la tan-

gente. Prolongeons F'M de $MK = FM$, de sorte que
$F'M + MK = \frac{2p}{q}$, le grand axe (fig. 117). Le triangle
FMK

Fig. 117.

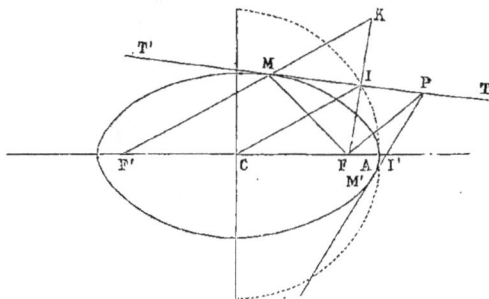

est isocèle et la perpendiculaire MI à la base FK est la
tangente en M demandée; il en résulte, en effet, entre les
angles, les égalités :

$$FMT = TMK = F'MT'.$$

La droite CI, qui joint le centre C de l'ellipse au milieu I de la base FK du triangle FMK, est parallèle au
côté F'K et en vaut la moitié; d'où :

$$CI = \frac{F'K}{2} = CA = \frac{p}{q}.$$

Le point I est aussi le pied de la perpendiculaire abaissée du foyer F sur la tangente MT. On voit, d'après cela,
que *le lieu des pieds des perpendiculaires, abaissées des
foyers d'une ellipse sur toutes les tangentes à cette courbe,
est une circonférence de cercle dont le centre est celui de
l'ellipse, et dont le rayon est le demi-grand axe de celle-ci.*

Il s'ensuit que, *pour mener par le point P une tangente*

à cette courbe, il faut, sur PF comme diamètre, décrire une circonférence : le point I de la tangente, sommet de l'angle droit du triangle rectangle PFI se trouvera sur cette circonférence. Il doit aussi se trouver sur la circonférence décrite du centre de l'ellipse avec un rayon égal au demi-grand axe : les points d'intersection I et I' de ces deux circonférences déterminent les deux tangentes PIM, PI'M', que l'on peut mener à l'ellipse par un point extérieur P.

242. Soient F, F' les foyers d'une hyperbole et AB son axe transverse (fig. 118).

Fig. 118.

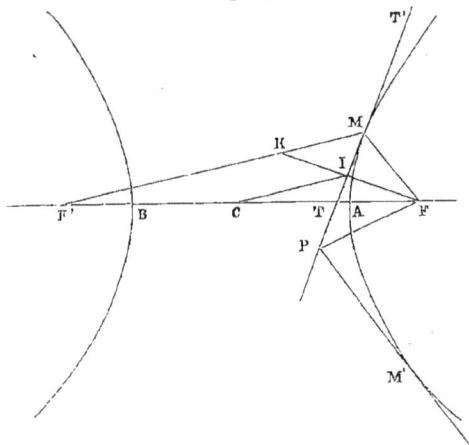

Les angles FMT, KMT étant égaux, on a l'angle
$$F'MT = FMT;$$
donc, la tangente est la bissectrice de l'angle FMF', formé par les deux rayons vecteurs au point de contact. Soit MK = MF; unissons le point M au milieu I de la base FK du triangle isocèle FMK ; la droite MIT sera la tangente à l'hyperbole au point M.

Les points C et I étant les milieux des côtés FF', FK, on a :

$$CI = \frac{F'K}{2} = CA = \frac{p}{q}.$$

Le triangle PFI est rectangle en I ; les propriétés dont il s'agit sont donc les mêmes pour l'hyperbole que pour l'ellipse.

Ainsi, *pour mener, par le point* P *extérieur à l'hyperbole, une tangente, on décrira sur* PF, *comme diamètre, une circonférence; du centre* C *de la courbe, avec un rayon égal au demi-axe transverse, on décrira une seconde circonférence, qui coupera la première en deux points* I, l' : *on aura de cette manière les deux tangentes* PIM, PI'M' *que l'on peut mener à l'hyperbole par le point* P.

243. Quant à la parabole, de l'égalité des angles FMT, LMT', résulte l'angle FMT égal à l'angle RMT, la droite DR étant la directrice (fig. 119); on a, par conséquent,

$$OD = OF.$$

Fig. 119.

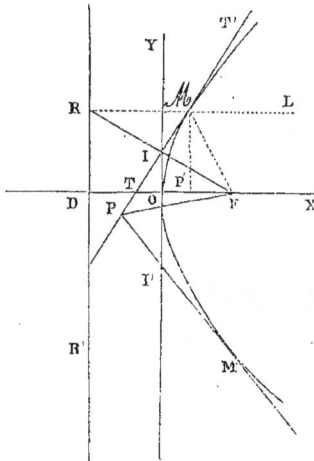

Pour mener, par le point M *donné sur la parabole, la tangente, on joindra le foyer* F *à ce point, et de celui-ci, on abaissera la perpendiculaire* MR *à la directrice* DR; *on joindra le point* M *avec le point* I, *milieu de* FR, *et la droite* MIT *sera la tangente demandée, comme il est facile de le démontrer.*

Puisque le point O est le milieu de FD, et que le point I, pied de la perpendiculaire abaissée du foyer F sur la tangente MT, est le milieu de FR, le côté OI sera toujours parallèle au côté DR et en vaudra la moitié; ce qui prouve que *le lieu des pieds des perpendiculaires, abaissées du foyer de la parabole sur toutes les tangentes à cette courbe, est la perpendiculaire* OY, *menée, par le sommet, à l'axe de la parabole.*

D'après cette propriété, *pour mener, par le point extérieur* P, *une tangente à la parabole, sur* PF *comme diamètre, on décrira une circonférence, qui coupera la droite* YOY' *en deux points* I, I' : *les deux droites* PIM, PI'M' *seront les deux tangentes demandées.*

244. L'équation de la tangente à la parabole fournit un moyen bien simple pour mener, par un point M sur la courbe, une tangente à celle-ci.

On a :
$$yy' = p(x + x').$$

En faisant $y = 0$, il vient :
$$x = -x' \quad \text{et} \quad \text{P'T} = 2\text{OP'};$$

ce qui prouve que, dans la parabole, la sous-tangente P'T est double de l'abscisse du point de contact.

245. Étant données les coordonnées x'', y'' du point P, par lequel doit passer la tangente à une courbe, on peut toujours déterminer les coordonnées x', y' du point de contact. On a, en effet :
$$y'y'' = (p + qx')x'' + px',$$

pour l'équation de la tangente passant par le point P, et
$$y'^2 = 2px' + qx'^2,$$

pour l'équation de la courbe passant par le point de contact (x', y').

En substituant, dans cette dernière équation, au lieu de

y', sa valeur tirée de l'équation qui précède, on trouve :

$$x' = \frac{p[y''^2 - (p + qx'')x''] \pm py'' \sqrt{y''^2 - 2px'' - qx''^2}}{q(2px'' + qx''^2 - y''^2) + p^2}$$

et
$$y' = \frac{p\left[py'' \pm (p + qx'')\sqrt{y''^2 - 2px'' - qx''^2}\right]}{(p + qx'')^2 - qy''^2}.$$

Si le point (x'', y'') est situé sur la courbe, le radical disparait, et il n'y a pour x', y' qu'une seule valeur. Si le point (x'', y'') est en dehors de la courbe, le trinôme $y''^2 - 2px'' - qx''^2$ est positif, et le radical a deux valeurs réelles ; ce qui prouve que, par un point P, extérieur à une courbe du deuxième degré, on peut toujours mener deux tangentes à cette courbe. Si le point P se trouve à l'intérieur, le radical de la valeur de x' est imaginaire : on voit qu'il est impossible de mener par ce point une tangente à l'une quelconque de ces courbes.

246. APPLICATION I. *Chercher le lieu décrit par le centre mobile d'une courbe variable du 2me degré qui touche deux droites données en deux points donnés.*

Fig. 120.

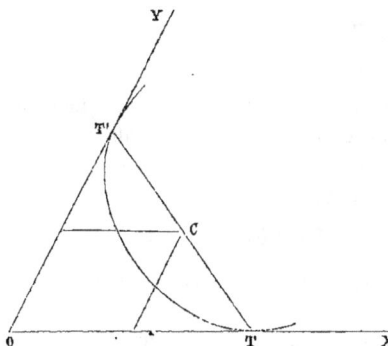

Prenons les deux droites données OX, OY pour axes coordonnés (fig. 120).

Soient T et T' les deux points de tangence ; posons

OT $= a$,

OT' $= b$.

Si l'on fait successivement

$x = 0$, $y = 0$ dans l'équation du deuxième degré

$$y^2 + Bxy + Cx^2 + Dy + Ex + F = 0,$$

on aura :

$$y^2 + Dy + F = 0, \quad Cx^2 + Ex + F = 0.$$

Puisque la courbe doit toucher l'axe des y et celui des x aux points T' et T, en résolvant ces équations par rapport à y et par rapport à x, il vient :

$$y = -\frac{D}{2} \pm \sqrt{\frac{D^2}{4} - F}, \quad x = -\frac{E}{2C} \pm \frac{1}{2C}\sqrt{E^2 - 4CF}.$$

On doit avoir :

$$-\frac{D}{2} = b \quad \ldots \ldots \quad (1),$$

$$\frac{D^2}{4} = F \quad \ldots \ldots \quad (2),$$

$$\frac{-E}{2C} = a \quad \ldots \ldots \quad (3),$$

$$E^2 = 4CF. \quad \ldots \ldots \quad (4).$$

Comme les coordonnées x_1, y_1, du centre C satisfont aux équations diamétrales, on a en outre :

$$2y_1 + Bx_1 + D = 0. \quad \ldots \ldots \quad (5),$$

$$2Cx_1 + By_1 + E = 0 \quad \ldots \ldots \quad (6).$$

Cinq de ces équations feront connaître, en fonction de x_1, y_1 et des données du problème, les valeurs des cinq paramètres variables; ces valeurs, substituées dans la sixième, détermineront l'équation du lieu laquelle est :

$$a^2 y_1^2 - b^2 x_1^2 - a^2 b y_1 + ab^2 x_1 = 0.$$

Cette équation représente deux droites dont l'une passe par l'origine O.

Il serait plus simple de prendre pour l'équation des

courbes du 2me degré qui touchent deux droites données
en deux points donnés l'équation

$$xy = \mathrm{K}\left(\frac{y}{b} + \frac{x}{a} - 1\right)^2. \qquad \text{(Voir n° 315.)}$$

247. APPLICATION II. *Chercher le lieu décrit par le centre
des courbes du 2me degré assujetties à passer par deux points
donnés et à toucher une droite donnée en un point donné.*

Prenons pour axe des x la droite OAB qui passe par les
deux points donnés A et B et pour axe des y la droite que
la courbe variable touche en un point donné T. Posons

$$\mathrm{OA} = a, \quad \mathrm{OB} = a', \quad \text{et} \quad \mathrm{OT} = b.$$

On aura, comme précédemment, les équations :

$$\mathrm{D} = -2b \quad \ldots \ldots \ldots \quad (1),$$
$$\mathrm{F} = b^2 \quad \ldots \ldots \ldots \quad (2),$$
$$\mathrm{C} = \frac{b^2}{aa'} \quad \ldots \ldots \ldots \quad (5),$$
$$\mathrm{E} = \frac{-b^2}{aa'}(a + a') \quad \ldots \ldots \quad (4),$$
$$2y_1 + \mathrm{B}x_1 + \mathrm{D} = 0 \quad \ldots \ldots \quad (5),$$
$$2\mathrm{C}x_1 + \mathrm{B}y_1 + \mathrm{E} = 0, \quad \ldots \ldots \quad (6),$$

et $\quad 2aa'y_1^2 - 2b^2x_1^2 - 2aa'by_1 + b^2(a + a')x_1 = 0$

pour l'équation du lieu, qui est une hyperbole lorsque a et a'
sont de même signe et du même côté de l'origine, et une
ellipse dans le cas contraire.

248. APPLICATION III. *Par un point O d'une courbe du
2me degré on mène deux sécantes quelconques OA, OB qui
rencontrent la courbe en A et en B ; par ces points, on mène
les parallèles AC, BD aux droites OB, OA, et l'on joint les
points D et C où ces parallèles rencontrent la courbe : la
tangente au point O est parallèle à la corde DC.*

On peut toujours placer l'origine des coordonnées au point O et diriger les axes suivant les deux droites OA, OB.

L'équation des courbes du 2me degré est :

$$Ay^2 + Bxy + Cx^2 + Dy + Ex = 0,$$

puisque la courbe passe par l'origine.

Pour obtenir les coordonnées de A et de B, il suffit de faire successivement $y = 0$ et $x = 0$; ce qui donne :

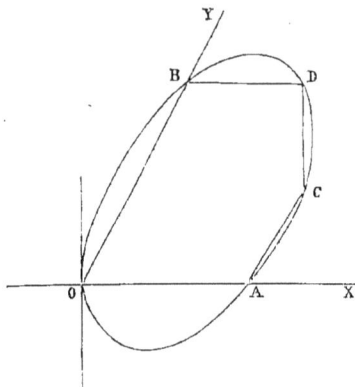

Fig. 121.

$$x = -\frac{E}{C} = OA,$$

$$y = -\frac{D}{A} = OB.$$

Si l'on cherche les coordonnées des points D et C (fig. 121), on trouve :

$$C \ldots y' = \frac{BE - CD}{AC},$$

$$x' = -\frac{E}{C};$$

$$D \ldots y'' = -\frac{D}{A}, \quad x'' = \frac{BD - AE}{AC}.$$

La droite DC a pour coefficient angulaire :

$$\frac{y' - y''}{x' - x''} = -\frac{E}{D},$$

qui est le coefficient angulaire de la tangente à l'origine, puisqu'on a, en général :

$$\alpha = -\frac{2Cx' + By' + E}{2Ay' + Bx' + D}.$$

19

249. APPLICATION IV. *Étant données une courbe du second degré et trois cordes consécutives quelconques* AC, AB, DB, *par les points* C *et* D *on mène* CE *et* DF *respectivement parallèles à* BD *et à* AC : *la corde* EF, *obtenue en joignant les points d'intersection de la courbe avec* CE *et* DF, *est parallèle à la corde* AB.

Fig. 122.

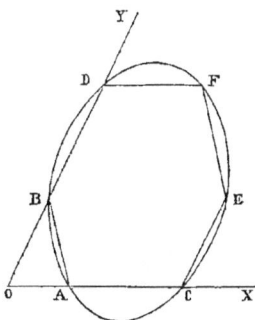

Prenons AC et BD pour axes coordonnés (fig. 122); désignons respectivement par a et par c les abscisses de A et de C, par b et par d les ordonnées de B et de D.

L'équation générale des courbes du second degré passant par les quatre points A, B, C, D est :

$$\left(\frac{x}{a} + \frac{y}{b} - 1\right)\left(\frac{x}{c} + \frac{y}{d} - 1\right) - \mathrm{K}xy = 0.$$

L'équation de la droite CE est $x = c$; celle de DF... $y = d$. Cherchons les coordonnées des points E et F.

Remplaçons d'abord x par c dans l'équation de la courbe ; il vient :

$$\left(\frac{c}{a} + \frac{y}{b} - 1\right)\frac{y}{d} - \mathrm{K}cy = 0.$$

On a pour le point E :

$$bc + ay - ab - \mathrm{K}abcd = 0, \quad y = \frac{b}{a}(\mathrm{K}acd + a - c), \quad x = c.$$

Remplaçons y par d dans la même équation :

$$\left(\frac{x}{a} + \frac{d}{b} - 1\right)\frac{x}{c} - \mathrm{K}xd = 0;$$

on obtient pour le point F :

$$x = \frac{a}{b} (Kbcd + b - d), \quad y = d.$$

Le coefficient angulaire de la droite EF passant par les points E et F, dont les coordonnées sont connues, est :

$$\frac{1}{a} \frac{(Kabcd + ab - bc - ad)b}{bc - (Kabcd + ab - ad)} = -\frac{b}{a}.$$

$-\frac{b}{a}$ est le coefficient angulaire de la droite AB : les deux droites EF et AB, ayant même coefficient angulaire, sont donc parallèles.

250. APPLICATION V. *Chercher l'angle formé par deux tangentes à la conique* $a^2y^2 + b^2x^2 = a^2b^2$, *ces deux tangentes partant d'un même point* (x_1, y_1).

L'équation de la tangente à cette courbe est :

$$y = mx + \sqrt{a^2m^2 + b^2};$$

puisqu'elle passe par le point (x_1, y_1), on a, en faisant disparaître le radical :

$$(x_1^2 - a^2)m^2 - 2x_1y_1m + y_1^2 - b^2 = 0.$$

On a pour l'angle ω que l'on cherche :

$$\operatorname{tg} \omega = \frac{m' - m''}{1 + m'm''},$$

m', m'' étant les deux racines de l'équation précédente. On obtient, pour l'angle demandé :

$$\operatorname{tg} \omega = \frac{2\sqrt{a^2y_1^2 + b^2x_1^2 - a^2b^2}}{y_1^2 + x_1^2 - (a^2 + b^2)}.$$

On voit, par cette formule, que le lieu décrit par les

sommets des angles droits dont les côtés sont tangents à une conique est un cercle, qui a pour équation :

$$x^2 + y^2 = a^2 + b^2,$$

et que le lieu décrit par les sommets d'un angle constant ω dont la tangente est c et dont les côtés sont tangents à la même conique est représenté par l'équation :

$$c^2 \left[x^2 + y^2 - (a^2 + b^2) \right]^2 = 4(a^2 y^2 + b^2 x^2 - a^2 b^2).$$

251. Application **VI.** *Chercher le lieu des foyers des courbes du 2me degré qui ont un centre donné* C *et qui sont tangentes à deux droites données rectangulaires.*

Soient x_1, y_1, les coordonnées d'un point du lieu décrit par le foyer **F** (fig. 123).

Si, de ce point, on abaisse des perpendiculaires sur les

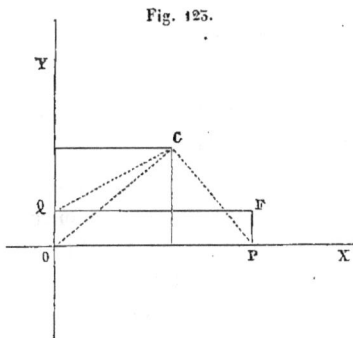

Fig. 123.

deux tangentes OX, OY, on sait que les pieds P et Q de ces perpendiculaires se trouveront sur une circonférence qui aura pour centre le point $\mathbf{C}\,(m, n)$, centre donné de l'ellipse ou de l'hyperbole, et dont le rayon sera $\mathbf{CP} = \mathbf{CQ}$.

On aura donc pour déterminer le lieu les deux équations :

$$m^2 + (n - y_1)^2 = \mathrm{R}^2, \quad n^2 + (x_1 - m)^2 = \mathrm{R}^2;$$

d'où $\qquad y_1^2 - x_1^2 + 2mx_1 - 2ny_1 = 0.$

De cette manière, le problème ne contient qu'une seule variable, qui est le rayon R des cercles variables correspondants aux ellipses mobiles et variables.

Le lieu, comme on le voit, est une hyperbole équilatère qui passe par l'origine.

On peut résoudre le même problème en se servant d'une inconnue auxiliaire (*). En partant de l'équation

$$(x - x_i)^2 + (y - y_i)^2 = (fy + gx + h)^2,$$

et en posant

$$nf + mg + h = k,$$

on a pour les conditions du lieu :

$$\frac{m - x_i}{g} = \frac{n - y_i}{f} = k;$$

d'où $k^2 - hk - [n(n - y_i) + m(m - x_i)] = 0,$

$(h^2 - y_i^2) k^2 + 2hx_i (m - x_i) k + (x_i^2 + y_i^2)(m - x_i)^2 = 0,$

$(h^2 - x_i^2) k^2 + 2hy_i (n - y_i) k + (x_i^2 + y_i^2)(n - y_i)^2 = 0.$

Ces trois équations, devant donner pour k la même valeur, sont identiques, et il vient :

$$2x_i (m - x_i) + h^2 - y_i^2 = 0, \quad 2y_i (n - y_i) + h^2 - x_i^2 = 0,$$

et $y_i^2 - x_i^2 + 2mx_i - 2ny_i = 0.$

On peut d'ailleurs résoudre ce problème directement, puisque la valeur de f est donnée par une équation du 2me degré; celles de g et de h s'en déduisent immédiatement, mais les expressions sont moins simples.

252. Application VII. *Une parabole variable touche une droite donnée en un point donné. Chercher le lieu décrit par le sommet de symétrie de cette parabole dont l'axe se meut parallèlement à une droite connue de direction.*

Plaçons l'origine des axes coordonnés rectangulaires en un point O de la droite donnée, et dirigeons l'axe des x parallèlement à l'axe de symétrie de la parabole mobile.

(*) Catalan, *Manuel des aspirants.*

L'équation générale des courbes du 2me degré se réduira à

$$y^2 + Dy + Ex + F = 0, \quad \text{puisque} \quad B = 0 \quad \text{et} \quad C = 0.$$

La droite donnée OT (fig. 124) a pour équation :

Fig. 124.

$$y = \frac{b}{a} x.$$

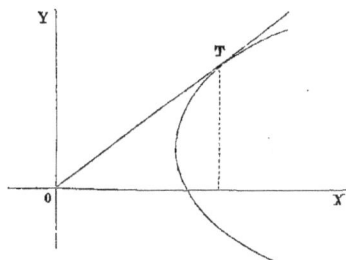

La parabole devant toucher la droite $y = \frac{b}{a} x$ au point **T** dont les coordonnées sont a, b, on aura les équations :

$$Db + Ea + 2b^2 = 0,$$
$$(Db + Ea)^2 = 4b^2F.$$

Comme le point (x_1, y_1) doit se trouver à la fois sur l'axe de symétrie et sur la courbe, il faut y ajouter les deux équations :

$$2y_1 + D = 0, \quad y_1^2 + Dy_1 + Ex_1 + F = 0.$$

En substituant dans la dernière équation les valeurs de D, E, F, prises dans les trois premières, on trouve pour l'équation du lieu :

$$y_1 = \frac{b}{a}(2x_1 - a),$$

qui est une droite passant par le point **T**.

253. Application VIII. *Étant donnée une parabole fixe de grandeur et de position, une autre parabole de même paramètre se meut, de manière que son sommet A se trouve constamment sur la parabole primitive, et son axe parallèle à l'axe de la première. Par le sommet de celle-ci, on mène des tangentes à la seconde. On demande le lieu M des points de tangence (fig. 125).*

Soit $y^2 = 2px$ la parabole fixe. Si nous supposons que

Fig. 125.

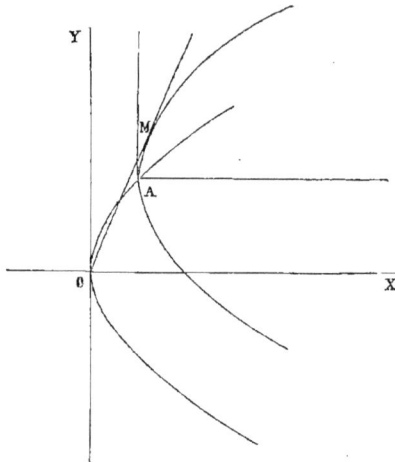

la parabole mobile a son axe de symétrie parallèle à celui de la première, c'est-à-dire à l'axe des x, on aura :

$$B = 0;$$

et, comme $C = 0$, l'équation de la parabole mobile se réduit à

$$y^2 + Dy + Ex + F = 0 \quad . \quad . \quad . \quad . \quad (1).$$

Posons, dans celle-ci, $x = x' + m$, $y = y' + k$; il viendra

$$y'^2 + Ex' + (2k + D) y' + k^2 + Dk + Em + F = 0.$$

En égalant à zéro le coefficient de y' et la quantité indépendante, il reste :

$$y'^2 = - Ex'.$$

Puisque cette parabole doit conserver le même paramètre, on en conclut :

$$E = - 2p \quad . \quad . \quad . \quad . \quad . \quad . \quad (2).$$

Les coordonnées du sommet de symétrie sont :

$$y = -\frac{D}{2} \quad \text{et} \quad x = \frac{D^2}{8p}.$$

Si l'on substitue ces valeurs dans (1), on trouve :

$$F = \frac{D^2}{2} \quad . \quad . \quad . \quad . \quad . \quad . \quad (5).$$

L'équation de la tangente OM est :

$$y_1 = ax_1,$$

x_1, y_1 étant les coordonnées du lieu. La courbe mobile passant par ce point, on a :

$$y_1^2 + Dy_1 - 2px_1 + \frac{D^2}{2} = 0 \quad . \quad . \quad . \quad (4).$$

En égalant la valeur de $\frac{dy_1}{dx_1}$ à $\frac{y_1}{x_1}$ dans cette dernière équation, on obtient :

$$2y_1^2 - 2px_1 + Dy_1 = 0.$$

Si l'on élimine D, on trouve pour l'équation du lieu :

$$y_1^4 - 4px_1y_1^2 + 2p^2x_1^2 = 0; \quad \text{d'où} \quad y_1^2 = px_1\left(2 \pm \sqrt{2}\right).$$

254. APPLICATION IX. *Une courbe du 2me degré de centre donné* (a, b) *touche deux droites données* OA, OB *en deux points variables* T, T'. *En ces points, on mène les normales* TM, T'M. *Chercher le lieu décrit par le point de rencontre* M *de ces deux normales.*

Prenons les deux droites OA, OB pour axes des x et des y ; désignons par θ l'angle de ces deux droites, x_1, y_1 étant les coordonnées du point M (fig. 126).

Les courbes du 2me degré, soumises à ces conditions, ont pour équation :

$$y^2 - 2\left(\frac{b + \sqrt{F}}{a}\right)xy + \frac{b^2}{a^2}x^2 + 2\sqrt{F}y + \frac{2b}{a}\sqrt{F}x + F = 0,$$

ou $x\left[2\left(\dfrac{b+\sqrt{F}}{a}\right)y-\dfrac{b^2}{a^2}x-\dfrac{2b}{a}\sqrt{F}\right]=\left(y+\sqrt{F}\right)^2.$

Les deux normales T'M, TM aux axes des y et des x, ont pour équations :

$$y_t=-\cos\theta x_t-\sqrt{F},\quad y_t=-\dfrac{1}{\cos\theta}\left(x_t+\dfrac{a}{b}\sqrt{F}\right).$$

Fig. 126.

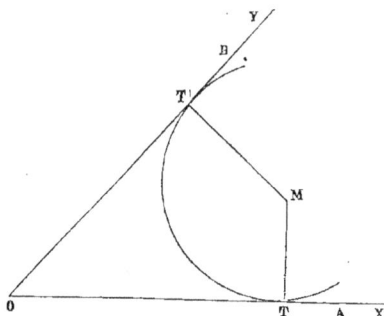

En éliminant la variable F, on obtient l'équation du lieu :

$$y_t=\dfrac{a\cos\theta-b}{b\cos\theta-a}x_t,$$

qui représente une droite passant par l'origine.

Exercices.

1. *Chercher le lieu décrit par le centre des courbes du 2me degré assujetties à passer par deux points donnés et à toucher deux droites données.*

Le lieu est une courbe du 2me degré.

II. *Connaissant les points de contact* (x', y'), (x'', y'') *de* *deux tangentes à une courbe du 2me degré,* y^2 = 2px + qx^2, *chercher le point de rencontre de ces tangentes.*

Réponse : $x = \dfrac{p\,(y'x'' - y''x')}{p\,(y'' - y') + q\,(y''x' - y'x'')}$,

$y = \dfrac{p^2\,(x' - x'')}{p\,(y' - y'') + q\,(y'x'' - y''x')}$.

III. *Trouver le lieu du foyer d'une parabole qui touche deux droites données, l'une en un point fixe, l'autre en un point variable.*

IV. *Trouver le lieu du point de rencontre de deux paraboles qui admettent pour foyer un point donné, qui touchent une droite donnée et qui se coupent sous un angle donné.*

———

CHAPITRE XII.

Pôles et polaires.

255. Soient P un point situé dans le plan d'une courbe du 2me degré (fig. 127) et PAB, PCD deux droites quelconques passant par ce point, et coupant la courbe en A, B, C, D. Admettons que les axes coordonnés soient les deux droites PAB, PCD, le point P étant à l'origine. Soient PA = x', PB = x'', PC = y', PD = y'' et x_1, y_1 les coordonnées du point M, intersection des diagonales mobiles AD, BC, dont on demande le lieu.

L'équation générale des courbes du 2me degré est

$$y^2 + axy + bx^2 + cy + dx + e = 0.$$

Si l'on y fait successivement $y = 0$, $x = 0$, on aura :

$$bx^2 + dx + e = 0, \quad y^2 + cy + e = 0;$$

d'où l'on tire

$$y' + y'' = -c, \quad y'y'' = e, \quad x' + x'' = -\frac{d}{b}, \quad x'x'' = \frac{e}{b}.$$

La diagonale AD a pour équation générale

Fig. 127.

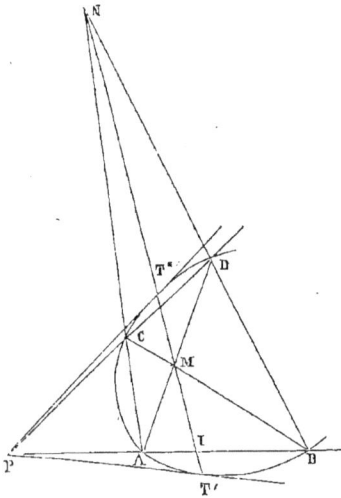

$$\frac{y}{y''} + \frac{x}{x'} = 1 \text{ ,}$$

et comme elle passe par le lieu M, on a :

$$\frac{y_1}{y''} + \frac{x_1}{x'} = 1 \quad (1).$$

L'équation de la diagonale BC pour le point M est aussi

$$\frac{y_1}{y'} + \frac{x_1}{x''} = 1 . \quad (2).$$

En ajoutant ces deux équations, il vient :

$$\frac{(y' + y'') y_1}{y'y''} + \frac{(x' + x'') x_1}{x'x''} = 2 ;$$

en ayant égard aux relations qui précèdent, on a :

$$-\frac{c}{e} y_1 - \frac{d}{e} x_1 = 2 \quad \text{ou} \quad cy_1 + dx_1 + 2e = 0 \quad (3)$$

Les coefficients de y_1 et de x_1 sont des constantes de la courbe donnée, indépendantes des variables x_1, y_1; ce qui prouve que le lieu cherché est une ligne droite à laquelle on donne le nom de *polaire* du point P, qui prend le nom de *pôle*. Il est évident que la polaire représentée par l'équation $cy_1 + dx_1 + 2e = 0$, doit passer par les deux points de contact T', T'' des tangentes PT', PT'' et qu'elle coïncide ainsi avec la corde des contacts. Cette équation représente aussi le lieu des points d'intersection des droites mobiles AC, BD, comme il est facile de le démontrer.

On voit donc que, *si d'un point* P *situé dans le plan d'une courbe du* 2me *degré, on mène deux sécantes mobiles* PAB, PCD, *le lieu* N *des points d'intersection directe et le lieu* M *des points d'intersection inverse sont situés sur une même droite.*

Lorsque le point P est à l'intérieur de la courbe, la polaire est en dehors de celle-ci; le point P se trouvant sur la courbe même, la polaire se confond avec la tangente et le pôle avec le point de contact.

Si l'on mène par le point P (fig. 127) *deux droites* PAB, PCD *qui coupent une courbe du* 2me *degré en quatre points* A, B, C, D, *et qu'on unisse ces points directement et inversement, la droite* MN, *qui passe par le point* M, *intersection des deux droites* AD, BC, *rencontrera la courbe aux deux points* T', T'' *qui sont les points de contact des tangentes* PT', PT'' *menées à la courbe par le point* P : de là, un procédé pour mener par un point P, donné en dehors d'une courbe du 2me degré, deux tangentes, au moyen de la règle seulement.

256. On sait (n° 155) qu'une droite AB est divisée harmoniquement aux points C et D, lorsqu'on a :

$$AC \times BD = AD \times BC.$$

De cette égalité, on tire :

$$\frac{2}{AB} = \frac{1}{AD} + \frac{1}{AC}; \quad \text{d'où} \quad AB = \frac{2AC \times AD}{AC + AD}.$$

La polaire MN de l'origine, du point P, rencontre la droite PB au point I, *conjugué harmonique du point* P (fig. 127).

Pour obtenir la distance PI, il suffit de faire $y = 0$ dans l'équation de la polaire

$$cy_1 + dx_1 + 2e = 0.$$

Il vient, pour l'abscisse du point I :

$$x_1 = PI = -\frac{2e}{d} = \frac{2x'x''}{x' + x''} \quad \text{et} \quad PI = \frac{2PA \times PB}{PA + PB} \; ;$$

ce qui démontre aussi ce théorème :

Étant donnée une courbe du 2me degré, si, par un point P du plan, on mène une sécante PAB, le lieu du point I, conjugué harmonique du point P par rapport aux deux points d'intersection A et B de la sécante et de la courbe, est une ligne droite.

Si le point B est à l'infini, on tire :

$$PI = 2PA ;$$

d'où ce théorème : *Le segment de la droite menée par un point fixe parallèlement à l'asymptote d'une hyperbole ou au diamètre d'une parabole, compris entre ce point et sa polaire, est divisé par la courbe en deux parties égales.*

Si le point I est à l'infini, on a :

$$PA = - PB ;$$

donc, *la corde menée par un point, parallèlement à sa polaire, est divisée par ce point en deux parties égales.*

Deux points sont dits conjugués par rapport à une conique, lorsque la polaire de l'un de ces points passe par l'autre point; ou bien, deux points P et I sont conjugués harmoniques par rapport à une conique, lorsqu'ils forment sur la droite PI, aux points de rencontre A, B avec la courbe, un rapport harmonique.

Lorsqu'une droite rencontre une conique, l'un des points conjugués est à l'intérieur de la courbe, et l'autre à l'extérieur.

On nomme droites conjuguées deux droites telles que le pôle de l'une de ces droites se trouve sur l'autre droite; ou, deux droites sont conjuguées harmoniques par rapport à une conique, lorsque leur point d'intersection se confond avec celui de deux tangentes réelles ou imaginaires à cette conique.

Quadrilatère inscrit.

257. *Dans un quadrilatère* ABCD, *inscrit dans une conique, le point de rencontre* M *des deux diagonales* AD, BC *est le pôle de la troisième diagonale* PN *qui joint les deux points de rencontre* P, N, *des côtés opposés.*

Pour trouver la polaire du point M, il faut, en effet,

Fig. 128.

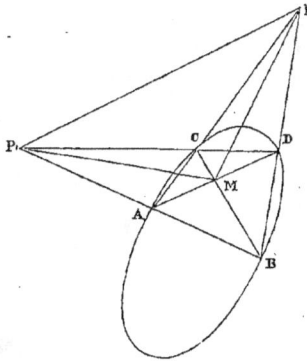

mener par ce point deux cordes AD, BC : les tangentes aux extrémités de ces cordes se coupent deux à deux sur la polaire du point M, comme aussi les côtés opposés du quadrilatère inscrit, ce qui détermine la droite PN (fig. 128). D'où il suit que *deux droites conjuguées quelconques et la polaire de leur point d'intersection forment trois droites conjuguées deux à deux.*

Il est évident aussi que *le point de concours des deux côtés opposés du quadrilatère inscrit est le pôle de la droite* PM, *qui joint le point de rencontre* P *des deux autres côtés au point de rencontre* M *des deux diagonales.*

On voit que le triangle MNP, formé par les points de

rencontre deux à deux des trois diagonales du quadrilatère complet ABCD est tel, que chaque côté a pour pôle le sommet qui lui est opposé; les trois points M, N, P forment un système de trois points conjugués. Les deux points M et N sont situés sur la polaire du point P, et deux côtés quelconques du triangle MNP sont deux droites conjuguées.

Quand trois points sont conjugués deux à deux, il y en a un à l'intérieur de la courbe, et les deux autres au dehors.

Quand trois droites sont conjuguées deux à deux, il y en a toujours deux qui rencontrent la courbe et une autre qui ne la rencontre pas.

Quadrilatère circonscrit

258. *Quand un quadrilatère est circonscrit à une conique, l'une des trois diagonales du quadrilatère complet* ABCDEP *est la polaire du point d'intersection des deux autres.*

Fig. 129.

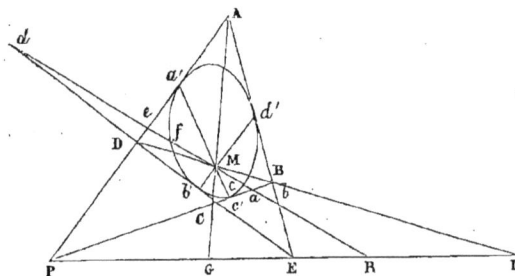

Ces droites AC, BD, EP sont conjuguées deux à deux, ainsi que les trois points G, M, I, formés par leurs points de rencontre. La droite GI a pour pôle le point M; le

pôle de la droite EP doit se trouver au point de rencontre des deux cordes $a'c'$, $b'd'$. Mais les quatre points
G, I, E, P sont situés sur la même droite, qui n'a qu'un
pôle M. Donc, les deux diagonales AC, BD et les cordes
de contact se coupent en un même point (fig. 129).

259. *Quand un quadrilatère est circonscrit à une conique, les droites qui joignent les points de contact des côtés
opposés passent par les points de rencontre des deux diagonales et sont conjuguées harmoniques par rapport à ces
deux droites (fig. 129).*

260. *Quand un quadrilatère est circonscrit à une conique, une transversale menée par le point d'intersection des
deux diagonales rencontre les côtés opposés et la courbe en
trois couples de points qui sont en involution.*

Soient ABCD le quadrilatère, M le point de rencontre
des deux diagonales AC, BD, et R le point d'intersection
de cette transversale avec la 5me diagonale EP du quadrilatère. Désignons par ac, bd, ef les trois couples de points
déterminés par cette transversale (fig. 129).

La droite RM divise harmoniquement le segment ef,
puisque la droite EP est la polaire du point M. Les points
R et M sont aussi les conjugués harmoniques des points
a et c et de b et d, les droites EM, ER étant conjuguées
harmoniques. Les droites BC, AD se rencontrent en P.
Donc, les trois couples de points sont en involution. (Voir le
théorème de Desargues (544).

261. Soient x_1, y_1 les coordonnées du point M extérieur
à une courbe du 2me degré et situé dans son plan; x', y',
x'', y'' les coordonnées des deux points de contact T', T''
des tangentes MT', MT'' (fig. 130). On aura les deux équations :

$$y_1y' = (p + qx') x_1 + px',$$
$$y_1y'' = (p + qx'') x_1 + px''.$$

La corde de contact $T'T''$ a pour équation :

$$y_1 y = (p + qx) x_1 + px,$$

car, la première de ces équations est satisfaite si l'on y fait $y_1 = y'$, $x_1 = x'$ et $y_1 = y''$, $x_1 = x''$: cette équation est donc bien celle de la corde de contact. D'ailleurs, lorsqu'une équation du premier degré en x et en y est satisfaite

Fig. 130.

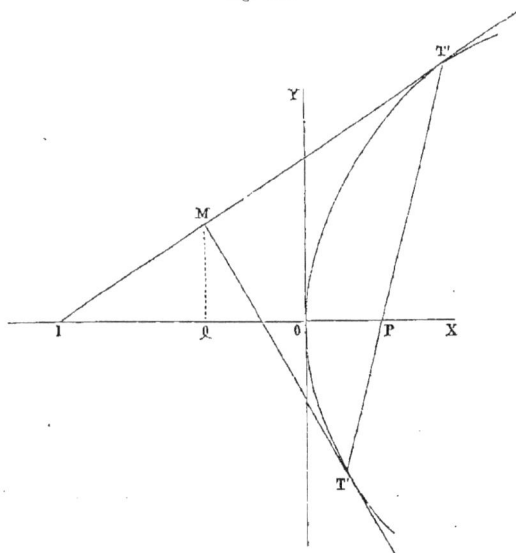

par les coordonnées de deux points, cette équation est celle de la droite qui passe par ces deux points. Si l'on fait, dans l'équation de la corde qui précède, $y = 0$, il vient pour OP, l'abscisse correspondante :

$$x = \frac{-px_1}{p + qx_1}.$$

20

Cette valeur étant indépendante de l'ordonnée y_1 montre que, si x est constant, c'est-à-dire, si la droite MQ est parallèle à l'axe des ordonnées, $\frac{-px_1}{p+qx_1}$, le second membre de l'égalité, reste aussi constant. Ainsi, quel que soit le point M de la droite MQ par lequel passent les deux tangentes MT', MT'', toutes les cordes de contact couperont l'axe des abscisses en un même point P, qui est, comme on l'a vu précédemment, le pôle ; la droite MQ est la polaire du point P (fig. 130). L'équation

$$y^2 = 2px + qx^2,$$

conservant la même forme pour des axes obliques que pour des axes rectangulaires, il s'ensuit que, *si de tous les points d'une droite quelconque située dans le plan d'une courbe de 2me degré, on mène deux à deux toutes les tangentes à cette courbe, toutes les cordes de contact se coupent en un même point P, et réciproquement.*

On a pour l'équation de la tangente passant par le point (x_1, y_1) :

$$y_1 y' = (p + qx') x_1 + px', \quad y_1 y = (p + qx) x_1 + px.$$

La polaire du point M (x_1, y_1) est une droite T'T'' qui a pour équation

$$y_1 y = (p + qx_1) x + px_1.$$

On voit qu'il suffit, pour obtenir l'équation de la polaire d'un point donné (α, β) par rapport aux coniques $y^2 = 2px + qx^2$, de changer les coordonnées x', y' du point de contact de la tangente à ces coniques en coordonnées courantes x, y et de changer les coordonnées quelconques x et y de la tangente en α et β du point donné.

D'après cela, la polaire du point (α, β) par rapport aux courbes du 2me degré

$$Ay^2 + Bxy + Cx^2 + Dy + Ex + F = 0$$

est

$$2A\beta y + B(\beta x + \alpha y) + 2C\alpha x + D(y + \beta) + E(x + \alpha) + 2F = 0,$$

ou

$$(2A\beta + B\alpha + D)y + (2C\alpha + B\beta + E)x + Dy + Ex + 2F = 0.$$

Si le point (α, β) est situé sur la courbe, cette équation est satisfaite; ce qui prouve que *la polaire d'un point ne passe par ce point que si celui-ci se trouve sur la courbe*. Si le point (α, β) est à l'origine, la polaire de ce point devient :

$$Dy + Ex + 2F = 0,$$

comme on l'a vu précédemment (255). Si le point (α, β) est au centre, la polaire est à l'infini.

262. *Si, par un point (α, β) de la directrice d'une courbe du 2me degré, on mène deux tangentes à cette courbe, la perpendiculaire abaissée de ce point sur la corde de contact passe par le foyer.*

La polaire du point (α, β) par rapport aux courbes

$$y^2 = 2px + qx^2 \quad \text{est} \quad \beta y = (p + q\alpha)x + p\alpha.$$

La droite partant du même point et perpendiculaire à cette polaire est :

$$y - \beta = -\frac{\beta}{p + q\alpha}(x - \alpha).$$

En faisant $y = 0$ et en posant $\alpha = \frac{f}{\sqrt{1+q}}$ pour indiquer que le point (α, β) appartient à la directrice, on obtient :

$$x = -\frac{p}{q} + \frac{p}{q}\sqrt{1 + q},$$

qui est l'abcisse f du foyer.

263. La polaire du point (α, β) par rapport au cercle

$$x^2 + y^2 = r^2 \quad \text{est} \quad \alpha x + \beta y = r^2;$$

la droite qui joint le centre de ce cercle au point (α, β) est :

$$y = \frac{\beta}{\alpha} x.$$

Ces deux droites sont donc perpendiculaires et se coupent à une distance du centre marquée par

$$\frac{r^2}{\sqrt{\alpha^2 + \beta^2}}.$$

Cette polaire est donc facile à construire, comme on le voit en Géométrie.

La droite $Dy + Ex + 2F = 0$, qui est la polaire de l'origine O, est parallèle à la corde $Dy + Ex = 0$, laquelle passe par l'origine et y est divisée en deux parties égales; ce qui prouve que *la polaire d'un point pris sur un diamètre d'une courbe à centre est parallèle au diamètre conjugué du premier. Enfin, si un point P glisse sur une droite fixe D, laquelle est la polaire de Q, la polaire de P passe par un point fixe Q.*

264. Soient A et B deux points, x', y', et x'', y'' leurs coordonnées : la polaire du point A, par rapport au cercle de centre O et de rayon R, est :

$$x'x + y'y = R^2.$$

La distance BD' du point B à cette polaire est :

$$BD' = \frac{x'x'' + y'y'' - R^2}{\sqrt{x'^2 + y'^2}}.$$

En multipliant cette distance par $AO = \sqrt{x'^2 + y'^2}$, il viendra :

$$AO \times BD' = x'x'' + y'y'' - R^2;$$

AD'' étant la distance du point A à la polaire de B, on conclut que

$$AO \times BD' = BO \times AD'' \quad \text{et} \quad \frac{AO}{AD''} = \frac{BO}{BD'}.$$

Équation tangentielle des courbes du 2ᵐᵉ degré.

265. Soit $ly + mx + n = 0$ l'équation tangentielle d'une droite.

Prenons la valeur de y dans cette équation, et substituons-la dans l'équation générale des courbes du 2ᵐᵉ degré

$$ay^2 + 2bxy + cx^2 + 2dy + 2ex + f = 0.$$

L'équation complète du second degré en x fera connaître les points d'intersection de la droite avec la courbe.

Pour exprimer que cette droite est tangente à la courbe, on aura, entre les coordonnées tangentielles, l, m, n de la droite et les coefficients a, b, c, d, e, f de la courbe, la condition :

$$[amn + el^2 - dlm - bln]^2$$
$$= [am^2 - 2blm + cl^2][an^2 + fl^2 - 2dln].$$

Cette expression, après simplification, se réduit à :

$$(cf - e^2)l^2 + 2(de - bf)lm + (af - d^2)m^2$$
$$+ 2(be - cd)ln + 2(bd - ae)mn + (ac - b^2)n^2 = 0.$$

Cette équation homogène du second degré en l, m, n représente l'équation tangentielle des courbes du 2ᵐᵉ degré. Les six coefficients de $l^2, lm, m^2, ln, mn, n^2$ sont les dérivées du *discriminant* Δ

$$acf + 2bde - ae^2 - cd^2 - fb^2 = 0,$$

respectivement par rapport aux quantités a, b, c, d, e, f, de sorte que l'équation tangentielle des courbes du 2ᵐᵉ degré peut encore s'écrire :

$$\frac{d.\Delta}{da}l^2 + \frac{d.\Delta}{db}lm + \frac{d.\Delta}{dc}m^2 + \frac{d.\Delta}{dd}ln + \frac{d.\Delta}{de}mn + \frac{d.\Delta}{df}n^2 = 0.$$

En posant

$$A' = cf - e^2, \quad B' = de - bf, \quad C' = af - d^2,$$
$$D' = be - cd, \quad E' = bd - ae, \quad F' = ac - b^2,$$

on a pour l'équation tangentielle

$$A'l^2 + 2B'lm + C'm^2 + 2D'ln + 2E'mn + F'n^2 = 0,$$

dont le discriminant est

$$A'C'F' + 2B'D'E' - A'E'^2 - C'D'^2 - F'B'^2.$$

266. APPLICATION 1. *On donne deux coniques et une droite mobile qui est tangente à l'une et rencontre l'autre en deux points* T, T'. *En ces points, on mène les tangentes* TM, T'M; *chercher le lieu décrit par le point* M.

Soient x_1, y_1 les coordonnées du point M, et $y^2 = 2px + qx^2$ l'équation de la première conique; l'équation de la deuxième sera

$$Ay^2 + Bxy + Cx^2 + Dy + Ex + F = 0.$$

La polaire du point M (x_1, y_1), par rapport à cette courbe, est

$$2Ay_1y + B (xy_1 + yx_1) + 2Cx_1x + D (y_1 + y)$$
$$+ E (x_1 + x) + 2F = 0,$$

ou

$$(2Ay_1 + Bx_1 + D) y + (2Cx_1 + By_1 + E) x + Dy_1 + Ex_1 + 2F = 0.$$

En représentant par D_1, D_2 et D_3 les coefficients de y et de x et la quantité indépendante de ces variables, il vient pour la polaire du point M :

$$D_1y + D_2x + D_3 = 0 \; (*).$$

(*) Si $C = 0$ représente l'équation générale d'une conique, on aura :

$$\frac{dC}{dy}y + \frac{dC}{dx}x + P = 0,$$

P étant la polaire de l'origine, ou bien, si l'équation est homogène en x, en y et en z :

$$\frac{dC}{dy}y + \frac{dC}{dx}x + \frac{dC}{dz}z = 0,$$

$\frac{dC}{dy}, \frac{dC}{dx}, \frac{dC}{dz}$ étant les dérivées de C par rapport à y, à x et à z.

Cette droite devant être tangente à la conique

$$y^2 = 2px + qx^2,$$

on doit avoir

$$(D_2D_5 - pD_4)^2 = D_5^2(D_2^2 - qD_4^2),$$

ou, en simplifiant,

$$p^2D_4^2 - 2pD_2D_5 + qD_5^2 = 0,$$

ou bien encore

$$p^2(2Ay_4 + Bx_4 + D)^2 - 2p(2Cx_4 + By_4 + E)(Dy_4 + Ex_4 + 2F)$$
$$+ q(Dy_4 + Ex_4 + 2F)^2 = 0.$$

Le lieu est donc, dans le cas le plus général, une courbe du 2me degré.

Supposons que la première conique, à laquelle la droite mobile reste tangente, soit une parabole

$$y^2 + 2px = 0,$$

et que la seconde courbe, qui est rencontrée par la tangente, soit une circonférence de cercle donnée de grandeur et de position par l'équation

$$(x - \alpha)^2 + (y - \beta)^2 = R^2.$$

L'équation du lieu décrit par le point M est

$$p(y_4 - \beta)^2 = 2(x_4 - \alpha)(\beta y_4 + \alpha x_4 + R^2 - \alpha^2 - \beta^2).$$

Le binôme $B^2 - 4AC = 4(\beta^2 + 2p\alpha)$; ce qui prouve que, si le centre (α, β) du cercle est en dehors de la parabole donnée, la courbe est toujours une hyperbole, les deux droites

$$\beta y + \alpha x + R^2 - \alpha^2 - \beta^2 = 0, \quad 2(x - \alpha) = 0,$$

étant tangentes à cette courbe suivant la corde de contact

$$p(y - \beta) = 0.$$

Si le centre (α, β) du cercle est sur la parabole donnée, le binôme $\beta^2 + 2p\alpha = 0$, et le lieu est une parabole. Le centre

(α, β) du cercle étant à l'intérieur de la parabole, $\beta^2 + 2p\alpha$ est négatif, et le lieu est une ellipse. Il est évident que le cercle doit rencontrer la parabole, pour que l'ellipse subsiste.

267. APPLICATION II. *On donne deux ellipses semblables et concentriques, ADBE, A'D'B'E'. Une droite mobile TθT' est tangente à la première ellipse et rencontre la seconde en deux points variables T, T'. Chercher le lieu décrit par le point M, intersection des deux tangentes TM, T'M à l'ellipse A'D'B'E'.*

Fig. 131.

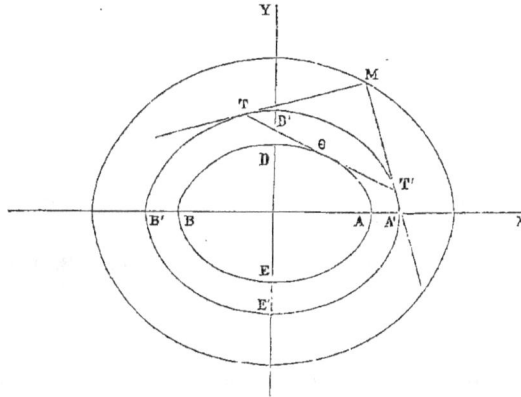

Soient

$$a^2 y^2 + b^2 x^2 = a^2 b^2. \quad \ldots \quad \ldots \quad (1),$$
$$a'^2 y^2 + b'^2 x^2 = a'^2 b'^2 \quad \ldots \quad \ldots \quad (2),$$

les équations des deux ellipses ADBE, A'D'B'E' (fig. 131).

Ces courbes étant semblables, en désignant par r le rapport des axes homologues, il vient :

$$\frac{a'}{a} = \frac{b'}{b} = r \quad \ldots \quad \ldots \quad (3).$$

La polaire du point M, dont les coordonnées sont x_1, y_1, par rapport à l'ellipse A'D'B'E' est :

$$a'^2 y_1 y + b'^2 x_1 x = a'^2 b'^2 \quad \text{et} \quad a^2 y_1 y + b^2 x_1 x = a^2 b^2 r^2,$$

en remplaçant a' et b' par leurs valeurs dans (3).

Exprimons, comme précédemment, que cette droite est tangente à l'ellipse ADBE ou

$$a^2 y^2 + b^2 x^2 = a^2 b^2.$$

On aura :

$$b^4 r^4 x_1^2 = (b^2 r^4 - y_1^2)(a^2 y_1^2 + b^2 x_1^2),$$

ou, en simplifiant :

$$a^2 y_1^2 + b^2 x_1^2 = a^2 b^2 r^4.$$

Le lieu est donc une ellipse semblable aux deux ellipses données.

268. APPLICATION III. *Chercher le lieu décrit par le centre des courbes du 2me degré inscrites dans un quadrilatère quelconque* ABCD.

Soient x_1, y_1, les coordonnées du centre mobile qui décrit le lieu demandé.

En prenant pour équation de la droite AB, l'un des côtés du quadrilatère,

$$x \cos \alpha + y \sin \alpha = \delta,$$

et en déterminant δ sous la condition que cette droite soit tangente à l'ellipse dont les axes sont $2a$ et $2b$, on a

$$x \cos \alpha + y \sin \alpha = \sqrt{a^2 \cos^2 \alpha + b^2 \sin^2 \alpha},$$

pour l'équation de la tangente à cette courbe.

Soit ω l'angle que le grand axe de l'ellipse fait avec l'axe des x; $\alpha - \omega$ sera l'angle qu'il fera avec la perpendiculaire à la tangente à cette courbe. L'équation précédente de la tangente deviendra :

$$x \cos \alpha + y \sin \alpha = \sqrt{a^2 \cos^2(\alpha - \omega) + b^2 \sin^2(\alpha - \omega)}.$$

On aura pour la distance du centre (x_1, y_1) à cette droite :

$$x_1 \cos \alpha + y_1 \sin \alpha - \sqrt{a^2 \cos^2(\alpha - \omega) + b^2 \sin^2(\alpha - \omega)} = \delta.$$

Cette équation ne contient que trois indéterminées a, b et ω de l'ellipse mobile; puisque les quatre côtés du quadrilatère sont déterminés, le second membre de cette équation est donc connu.

Il viendra :

$$\cos^2 \alpha \, [a^2 \sin^2 \omega + b^2 \sin^2 \omega] + \sin \alpha \cos \alpha \, 2 \, (a^2 - b^2) \sin \omega \cos \omega$$
$$+ \sin^2 \alpha \, [a^2 \sin^2 \omega + b^2 \cos^2 \omega] = d^2.$$

On aura de même entre a, b, ω, trois autres équations qui serviront à faire connaître ces quantités, ou mieux, qui permettront de déterminer

$$a^2 \cos^2 \omega + b^2 \sin^2 \omega, \quad 2 \, (a^2 - b^2) \sin \omega \cos \omega$$
et
$$a^2 \sin^2 \omega + b^2 \cos^2 \omega.$$

En représentant ces trois quantités inconnues par u, v, t, on aura les quatre équations du 1er degré :

$$\cos^2 \alpha . u + \sin \alpha \cos \alpha . v + \sin^2 \alpha . t = d^2,$$
$$\cos^2 \beta . u + \sin \beta \cos \beta . v + \sin^2 \beta . t = d'^2,$$
$$\cos^2 \gamma . u + \sin \gamma \cos \gamma . v + \sin^2 \gamma . t = d''^2,$$
$$\cos^2 \delta . u + \sin \delta \cos \delta . v + \sin^2 \delta . t = d'''^2.$$

Les termes du 2me degré en x_1^2, $x_1 y_1$, y_1^2, du second membre, ont les mêmes coefficients que les quantités inconnues u, v, t du premier membre : les valeurs de celles-ci sont donc des expressions du 1er degré en x_1 et en y_1, tous les termes du deuxième degré se détruisant, comme il est facile de s'en assurer directement par le calcul immédiat de ces inconnues dans trois quelconques des quatre équations précédentes.

L'équation du lieu cherché ne pourra être que du premier degré : celui-ci est une ligne droite.

On a vu précédemment que la polaire d'un point, par rapport à une droite, est une seconde droite parallèle à la première : celle-ci divise en deux parties égales la distance de ce point à la polaire. Il s'ensuit que la droite obtenue passe par les milieux des diagonales du quadrilatère ABCD : c'est la réciproque du théorème de Newton, appliqué aux coniques.

CHAPITRE XIII.

Diamètres conjugués.

269. L'équation générale des courbes du 2me degré est :

$$Ay^2 + Bxy + Cx^2 + Dy + Ex + F = 0.$$

On a prouvé (**175**) que l'équation

$$y = -\frac{Bx + D}{2A}$$

est un diamètre de ces courbes, celui dont les cordes, qu'il divise en deux parties égales, sont parallèles à l'axe des ordonnées; et que l'équation

$$x = -\frac{By + E}{2C}$$

représente le diamètre dont les cordes sont parallèles à l'axe des abscisses. Comme le centre des courbes du second degré est le point de rencontre de deux diamètres, il s'ensuit que le centre est déterminé par le point d'intersection des droites

$$2Ay + Bx + D = 0, \quad 2Cx + By + E = 0.$$

Il est facile, au moyen des équations de ces deux droites, de trouver l'équation d'un diamètre quelconque, c'est-à-dire, d'une droite passant par le centre lequel est aussi le point de rencontre des deux droites

$$2Ay + Bx + D = 0, \quad 2Cx + By + E = 0.$$

Si nous désignons par δ le coefficient angulaire d'un système quelconque de cordes parallèles, l'équation du diamètre correspondant à ces cordes sera évidemment

$$2Cx + By + E + \delta (2Ay + Bx + D) = 0 \quad . \quad . \quad (1).$$

Cette équation du premier degré, en x et en y, représente une infinité de droites, puisque δ est arbitraire. Comme cette équation est satisfaite, quel que soit δ, pour

$$2Cx + By + E = 0, \quad 2Ay + Bx + D = 0,$$

il s'ensuit que toutes les droites (1) passent par le centre, c'est-à-dire, qu'elles sont des diamètres des courbes du 2me degré. Si ces cordes sont parallèles à l'axe des x, $\delta = 0$, et il vient :

$$2Cx + By + E = 0 ;$$

si elles sont parallèles à l'axe des y, $\delta = \frac{1}{0}$, et l'on retrouve l'équation du diamètre

$$2Ay + Bx + D = 0.$$

270. Soit δ le coefficient angulaire d'un système de cordes parallèles, dont la droite MNS (fig. 132) représente la direction.

Le diamètre CDR, correspondant à ce système de cordes, a pour équation, d'après ce qui vient d'être dit (269) :

$$2Cx + By + E + \delta (2Ay + Bx + D) = 0.$$

Soit δ' le coefficient angulaire d'un second système de cordes parallèles dont la droite QPR' représente la direc-

tion. Le diamètre **CD'S'**, correspondant à ce second système
de cordes parallèles, a pour équation :

$$2Cx + By + E + \delta'(2Ay + Bx + D) = 0.$$

Fig. 132.

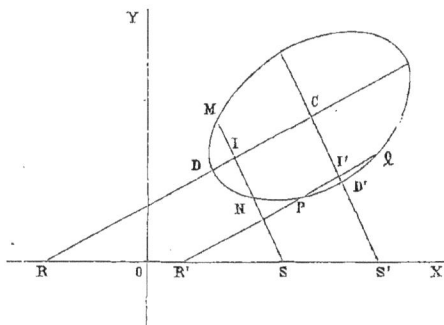

Pour exprimer que ce second système de cordes est
parallèle au diamètre **CDR**, il faut égaler le coefficient
angulaire δ' au coefficient angulaire du diamètre **CDR** qui
est

$$-\frac{2C + B\delta}{2A\delta + B};$$

de sorte qu'on aura :

$$\delta' = -\frac{2C + B\delta}{2A\delta + B} \quad \text{ou} \quad 2A\delta\delta' + B(\delta + \delta') + 2C = 0. \ (2).$$

Telle est la relation entre les deux diamètres **CDR** et
CD'S', qui sont tels que l'un d'eux divise en deux parties
égales les cordes parallèles à l'autre : ces diamètres sont
dits *conjugués*.

L'équation (2) montre qu'il y a une infinité de systèmes
de diamètres conjugués, puisqu'il n'y a qu'une seule équation entre δ et δ'.

Ainsi, à une valeur quelconque de δ, en correspond une

pour δ'. On peut donc soumettre, à volonté, les quantités
indéterminées δ et δ' à une nouvelle condition quelconque.
La relation la plus simple et la plus importante est celle
où ces deux diamètres sont perpendiculaires entre eux,
c'est-à-dire, où l'on a :

$$1 + \delta\delta' = 0; \quad \text{ce qui donne :} \quad \delta + \delta' = \frac{2(A - C)}{B}.$$

D'après cela, δ et δ' sont donnés par l'équation du deuxième degré

$$z^2 + 2\left(\frac{A - C}{B}\right)z = 1.$$

Les deux valeurs de z déterminent les directions des
deux axes de symétrie dans les courbes du deuxième degré.
On a :

$$z = -\frac{A - C}{B} \pm \frac{\sqrt{B^2 + (A - C)^2}}{B}.$$

271. Le calcul des dérivées permet de trouver facilement l'équation des diamètres.

Pour avoir l'abcisse x_1 du point I, milieu de la corde MN
(fig. 132), il suffit, après avoir substitué la valeur de y de
l'équation de la corde dans celle de la courbe, de prendre
la dérivée dans l'équation résultante du second degré par
rapport à x; en substituant cette valeur dans l'équation de
la corde, on obtiendra l'ordonnée y_1 du point milieu et,
par suite, l'équation du diamètre. Mais, comme y est une
fonction de x, il est plus simple de différentier à la fois
l'équation de la courbe du deuxième degré par rapport à
y et à x, ainsi que l'équation de la droite MN $y = \delta x + \beta$.

En effectuant ces opérations, on a :

$$(2Ay + Bx + D)\frac{dy}{dx} + 2Cx + By + E = 0 \quad \text{et} \quad \frac{dy}{dx} = \delta.$$

Si l'on substitue cette dernière valeur de $\frac{dy}{dx}$ dans l'équation précédente, on obtient :

$$(2Ay + Bx + D)\, \eth + 2Cx + By + E = 0,$$

pour l'équation du diamètre demandé.

En réunissant les termes en y et en x, on a :

$$(2A\eth + B)\, y + (2C + B\eth)\, x + D\eth + E = 0,$$

qui est la même que celle obtenue précédemment (270) pour le diamètre des cordes MN.

On a trouvé (270) pour la direction du diamètre :

$$\eth' = -\frac{B\eth + 2C}{2A\eth + B}.$$

En opérant la division par rapport à $\eth$, il vient :

$$\eth' = -\frac{B}{2A} + \frac{B^2 - 4AC}{2A\,(2A\eth + B)};$$

ce qui prouve que *dans la parabole tous les diamètres sont parallèles entre eux et ont pour coefficient angulaire*

$$\eth' = -\frac{B}{2A}.$$

Donc, pour exprimer dans la parabole que les cordes sont perpendiculaires au diamètre $\eth'$, il suffit de poser dans l'équation précédente

$$\eth = \frac{2A}{B},$$

et il vient :

$$(4A^2 + B^2)\, y + 2B\,(A + C)\, x + 2AD + BE = 0,$$

pour l'équation de l'axe de symétrie de la parabole.

L'équation des axes de symétrie des courbes à centre est

$$y - b = z\,(x - a) \quad \text{ou} \quad y - b = \operatorname{tg} \alpha\,(x - a),$$

a et b étant les coordonnées du centre de la courbe, et tg α l'une des deux valeurs de z donnée par l'équation précédente (270).

272. Soient $y^2 = 2px + qx^2$ l'équation des courbes du deuxième degré, OX et OY les axes coordonnés, ce dernier étant parallèle à CB, conjugué de OX (fig. 133).

Fig. 133.

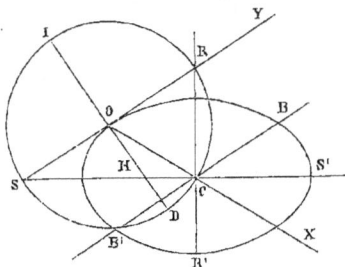

Les deux droites CR et CS, qui passent par le centre C, ont pour équations :

$$y = \gamma \left(x - \frac{p}{q} \right) \quad \text{et} \quad y = \gamma' \left(x - \frac{p}{q} \right).$$

En faisant $x = 0$ dans ces dernières, on obtient successivement :

$$\text{OR} = -\gamma \frac{p}{q} \quad \text{et} \quad \text{OS} = -\gamma' \frac{p}{q}; \quad \text{d'où} \quad \text{OR} \times \text{OS} = \gamma\gamma' \frac{p^2}{q^2}.$$

Si les droites CR et CS sont dirigées suivant deux diamètres conjugués, on a :

$$\gamma\gamma' = -q \quad \text{et} \quad \text{OR} \times \text{OS} = \frac{p^2}{q} = \overline{\text{CB}}^2.$$

Sur RS comme diamètre, décrivons une circonférence et, au point O, élevons une perpendiculaire IOH au diamètre RS; il viendra :

$$\text{OD} = \text{CB}.$$

Il sera facile de déterminer, d'après cette propriété, la direction des axes, lorsqu'on connaîtra les deux diamètres conjugués OC, CB.

On voit donc que, *si d'un point d'une courbe du 2me degré à centre, on mène une tangente à la courbe, le produit des distances du point de contact aux points où cette tangente rencontre deux diamètres conjugués est égal au carré du demi-diamètre conjugué de celui qui passe par le point de contact.*

273. L'équation de la tangente RTS (fig. 154) est :

$$yy' = (p - qx') x + px'.$$

Fig. 154.

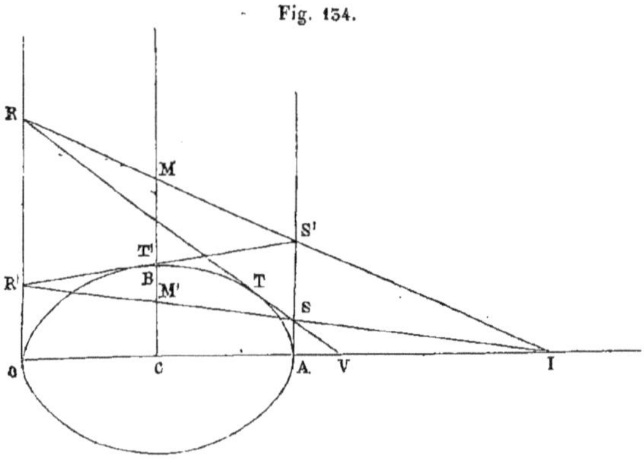

En y faisant $x = 0$, on a :

$$OR = \frac{px'}{y'}.$$

La parallèle AS à l'axe des y a pour équation

$$x = \frac{2p}{q}.$$

En substituant cette valeur dans

$$yy' = (p - qx') x + px',$$

on obtient :

$$AS = \frac{p}{q}\left(\frac{2p - qx'}{y'}\right) \quad \text{et} \quad OR \times AS = \frac{p^2}{q} = \overline{CB}^2.$$

21

Pour la tangente R'T'S' (fig. 134), on aura de même :

$$OR' \times AS' = \overline{CB}^2 \quad \text{et} \quad OR \times AS = OR' \times AS';$$

d'où l'on tire :

$$OR : OR' = AS' : AS :$$

ce qui prouve que *les droites* RS', R'S *se coupent en un même point* I *du diamètre conjugué* OA *qui passe par les deux points de contact.*

On voit qu'*une tangente quelconque détermine sur deux tangentes parallèles, à partir du point de contact, deux segments dont le rectangle est constant et équivalent au carré du demi-diamètre conjugué parallèle aux deux tangentes.*

Si l'on joint les milieux M, M' des longueurs RS', R'S, on obtiendra une droite passant par le centre de la courbe; d'où dérive un moyen de déterminer le centre d'une conique, lorsqu'on connaît celle-ci par ses cinq tangentes.

274. L'équation des courbes du 2ᵐᵉ degré rapportées à leurs axes de symétrie, l'origine étant au centre de ces courbes, est :

$$a^2 y^2 \pm b^2 x^2 = \pm a^2 b^2.$$

Cherchons s'il existe une direction d'axes coordonnés obliques pour laquelle l'équation précédente conserve la même forme, l'origine étant la même, c'est-à-dire, au centre de la courbe.

A cette fin, prenons les formules :

$$x = x' \cos \alpha + y' \cos \beta, \quad y = x' \sin \alpha + y' \sin \beta,$$

qui servent à passer d'un système d'axes rectangulaires à un autre β — α de même origine.

En substituant ces valeurs de x et de y dans l'équation de la courbe, il vient :

$$(a^2 \sin^2 \beta \pm b^2 \cos^2 \beta) y'^2 + (a^2 \sin^2 \alpha \pm b^2 \cos^2 \alpha) x'^2$$
$$+ 2 (a^2 \sin \alpha \sin \beta \pm b^2 \cos \alpha \cos \beta) x'y' = \pm a^2 b^2.$$

Comme les quantités α et β sont arbitraires, on pourra toujours en disposer pour annuler le coefficient du terme en $x'y'$, ce qui donne :

$$a^2 \sin \alpha \sin \beta \pm b^2 \cos \alpha \cos \beta = 0; \quad \text{d'où} \quad \operatorname{tg} \alpha \operatorname{tg} \beta = \pm \frac{b^2}{a^2}.$$

On voit que les nouveaux axes coordonnés sont deux diamètres conjugués de la courbe.

L'équation de celle-ci se réduit à

$$(a^2 \sin^2 \beta \pm b^2 \cos^2 \beta) y'^2 + (a^2 \sin^2 \alpha \pm b^2 \cos^2 \alpha) x'^2 = \pm a^2 b^2.$$

En faisant successivement $y' = 0$ et $x' = 0$, et en désignant par a' et par b' les longueurs OA', OB' (fig. 135) des deux demi-diamètres conjugués, on obtient :

$$a'^2 = \pm \frac{a^2 b^2}{a^2 \sin^2 \alpha \pm b^2 \cos^2 \alpha},$$

$$b'^2 = \pm \frac{a^2 b^2}{a^2 \sin^2 \beta \pm b^2 \cos^2 \beta}.$$

Si l'on y ajoute la condition des diamètres conjugués

Fig. 135.

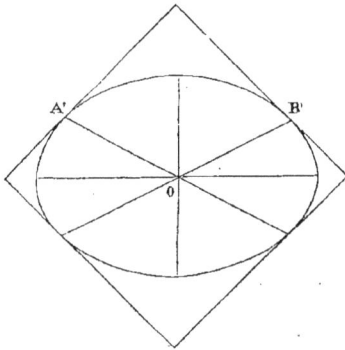

$$\operatorname{tg} \alpha \operatorname{tg} \beta = \pm \frac{b^2}{a^2},$$

on aura trois équations entre α et β ; il devra donc exister une relation entre les diamètres conjugués $2a'$, $2b'$ et les axes $2a$, $2b$ de la courbe.

En prenant le signe positif, ce qui est le cas de l'ellipse, on obtient :

$$a^2 (a'^2 - b^2) \operatorname{tg}^2 \alpha = b^2 (a^2 - a'^2),$$
$$a^2 (b'^2 - b^2) \operatorname{tg}^2 \beta = b^2 (a^2 - b'^2).$$

En multipliant ces équations et en remplaçant $\operatorname{tg}^2\alpha \operatorname{tg}^2\beta$ par sa valeur $\frac{b^4}{a^4}$, on obtient :

$$(b^2 - a'^2)(b^2 - b'^2) = (a^2 - a'^2)(a^2 - b'^2);$$

d'où

$$b^4 - (a'^2 + b'^2)\,b^2 = a^4 - (a'^2 + b'^2)\,a^2 \quad \text{et} \quad a'^2 + b'^2 = a^2 + b^2 :$$

ce qui prouve que *dans l'ellipse la somme des carrés construits sur deux diamètres conjugués est égale à la somme des carrés construits sur les axes.*

Comme pour l'hyperbole on doit changer b et b' en $b\sqrt{-1}$ et en $b'\sqrt{-1}$, on a :

$$a'^2 - b'^2 = a^2 - b^2.$$

Ainsi, *dans l'hyperbole, la différence des carrés construits sur deux diamètres conjugués est égale à la différence des carrés construits sur les axes.*

En multipliant entre elles les valeurs de a'^2 et de b'^2 et en ayant égard à la valeur de ·

$$a^4 \sin^2\alpha \sin^2\beta + b^4 \cos^2\alpha \cos^2\beta = -2a^2 b^2 \sin\alpha \sin\beta \cos\alpha \cos\beta,$$

tirée des diamètres conjugués, il vient :

$$a'^2 b'^2 = \frac{a^2 b^2}{\sin^2(\beta - \alpha)}; \quad \text{d'où} \quad a'b' \sin(\beta - \alpha) = ab.$$

Donc, *l'aire du parallélogramme construit sur deux diamètres conjugués est équivalente à l'aire du rectangle construit sur les axes.*

L'équation de la transformée est :

$$\frac{y'^2}{b'^2} \pm \frac{x'^2}{a'^2} = \pm 1.$$

275. On peut, au moyen de ces propriétés, trouver la grandeur des axes de la courbe lorsqu'on connaît de grandeur et de position deux diamètres conjugués quelconques.

Soient $A'B' = 2a'$, $C'D' = 2b'$ (fig. 136) les deux dia-

mètres conjugués d'une ellipse faisant entre eux un angle γ.
On a entre les deux diamètres et les axes de la courbe :

$$a^2 + b^2 = a'^2 + b'^2, \quad 2ab = 2a'b' \sin \gamma,$$
$$a + b = \sqrt{a'^2 + b'^2 + 2a'b' \sin \gamma},$$
$$a - b = \sqrt{a'^2 + b'^2 - 2a'b' \sin \gamma}.$$

A l'extrémité C' du diamètre $2b'$, abaissons la perpendiculaire $C'R'$ sur son conjugué $A'B'$; prenons sur la perpendiculaire, à partir de C', les longueurs égales

Fig. 156.

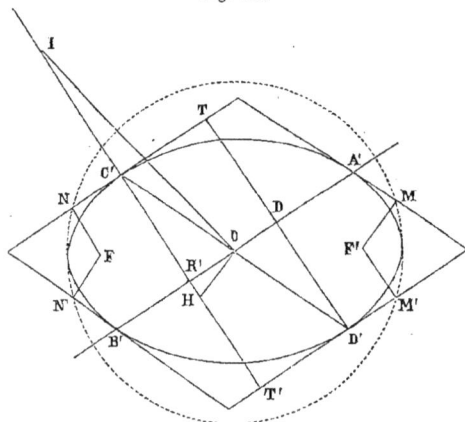

$C'I = C'H = a'$, et unissons les points I et H au centre O de l'ellipse. Le triangle obliquangle $OC'I$ donne :

$$\overline{OI}^2 = a'^2 + b'^2 + 2a'b' \sin \gamma,$$

puisque le triangle $OC'R'$ est rectangle ;

$$OI = \sqrt{a'^2 + b'^2 + 2a'b' \sin \gamma};$$

d'où $\qquad\qquad a + b = OI.$

Le triangle OC'H donne aussi :

$$\overline{OH}^2 = a'^2 + b'^2 - 2a'b'\sin\gamma \quad \text{et} \quad OH = \sqrt{a'^2 + b'^2 - 2a'b'\sin\gamma}$$

d'où $\qquad\qquad a - b = OH.$

Ainsi, $\qquad 2a = OI + OH, \qquad 2b = OI - OH,$

ce qui fait connaître la grandeur des axes.

Les parallèles menées par les extrémités du diamètre A'B' à son conjugué C'D' sont tangentes à la courbe, ainsi que les parallèles menées par les extrémités de C'D' à son conjugué A'B'. Du centre O, avec le demi-grand axe comme rayon, on décrira une circonférence de cercle, et aux points de rencontre M, M', N, N' de cette circonférence avec les tangentes, on élèvera à celle-ci des perpendiculaires qui se rencontreront aux deux foyers F, F' de l'ellipse (fig. 156), n° 241.

Exercices.

276. I. Si, aux deux équations des diamètres

$$\frac{a^2 b^2}{a'^2} = a^2 \sin^2\alpha + b^2 \cos^2\alpha,$$

$$\frac{a^2 b^2}{b'^2} = a^2 \sin^2\beta + b^2 \cos^2\beta,$$

on ajoute la condition d'être perpendiculaires

$$\operatorname{tg}\alpha \operatorname{tg}\beta = -1,$$

il viendra :

$$\frac{a^2 b^2}{a'^2} + \frac{a^2 b^2}{b'^2} = \frac{a^2 \operatorname{tg}^2\alpha + b^2 + a^2 + b^2 \operatorname{tg}^2\alpha}{1 + \operatorname{tg}^2\alpha},$$

et $\qquad \dfrac{1}{a'^2} + \dfrac{1}{b'^2} = \dfrac{1}{a^2} + \dfrac{1}{b^2} :$

ce qui prouve que *la somme des inverses des carrés construits sur deux diamètres rectangulaires de l'ellipse est constante et égale à la somme des inverses des carrés construits sur les axes de cette courbe.*

On prouverait de même dans l'hyperbole que *la différence des inverses des carrés construits sur deux diamètres rectangulaires est constante et égale à la différence des inverses des carrés construits sur les axes.*

277. II. On peut, comme précédemment, rechercher s'il existe un système d'axes coordonnés obliques tel que les courbes du deuxième degré, rapportées à ces axes, conservent la même forme que lorsqu'elles sont rapportées à leur axe de symétrie, l'origine des axes rectangulaires étant au sommet de la courbe et l'équation de ces courbes étant

$$y^2 = 2px + qx^2,$$

ainsi qu'on l'a vu (202).

En partant des formules

$$x = a + x' \cos \alpha + y' \cos \beta, \quad y = b + x' \sin \alpha + y' \sin \beta,$$

on trouve :

$$y'^2 = \frac{2\left[(p + aq)\cos\alpha - b\sin\alpha\right]}{\sin^2\beta - q\cos^2\beta} x' + \frac{(q\cos^2\alpha - \sin^2\alpha)}{\sin^2\beta - q\cos^2\beta} x'^2,$$

avec les conditions :

$$\operatorname{tg}\alpha \operatorname{tg}\beta = q. \quad \ldots \ldots \ldots \quad (1),$$

$$\operatorname{tg}\beta = \frac{p + aq}{b} \quad \ldots \ldots \ldots \quad (2),$$

$$b^2 = 2pa + qa^2 \quad \ldots \ldots \ldots \quad (3).$$

Si l'on représente par $2p'$ et par q' les coefficients de x' et de x'^2 dans l'équation précédente, on a :

$$\frac{(p + aq)\cos\alpha - b\sin\alpha}{\sin^2\beta - q\cos^2\beta} = p' \quad \ldots \ldots \quad (4),$$

$$\frac{q\cos^2\alpha - \sin^2\alpha}{\sin^2\beta - q\cos^2\beta} = q' \quad \ldots \ldots \quad (5).$$

L'équation (3) nous apprend que la nouvelle origine doit se trouver sur la courbe, et les équations (2) et (1) que l'axe des y doit être tangent à la courbe et parallèle au conjugué de l'axe des x, qui est un diamètre de la courbe.

En éliminant de (4) et de (5) les fonctions trigonométriques qu'elles contiennent, il vient pour les coefficients de la transformée :

$$p' = \frac{(p + aq)^2 + b^2}{\sqrt{b^2 q^2 + (p + aq)^2}}, \quad q' = \frac{q\left[b^2 + (p + aq)^2\right]}{b^2 q^2 + (p + aq)^2};$$

si l'on y ajoute l'équation

$$b^2 = 2pa + qa^2,$$

on aura, entre les variables a et b, trois équations distinctes. Il devra donc exister une relation entre p, q, p', q'.

Élevant au carré $\frac{p'}{q'}$, on obtient successivement

$$\frac{p'^2}{q'^2} = \frac{b^2 q^2 + (p + aq)^2}{q^2}, \quad \frac{p'^2}{q'} = \frac{b^2 + (p + aq)^2}{q};$$

d'où

$$\frac{p'^2}{q'^2} - \frac{p'^2}{q'} = \frac{(q - 1)}{q^2}\left[b^2 q - (p + aq)^2\right]$$

et

$$\frac{p'^2}{q'^2} - \frac{p'^2}{q'} = \frac{p^2}{q^2} - \frac{p^2}{q};$$

en faisant q et q' négatifs pour l'ellipse, on a :

$$\frac{p'^2}{q'^2} \pm \frac{p'^2}{q'} = \frac{p^2}{q^2} \pm \frac{p^2}{q},$$

théorèmes déjà démontrés.

278. III. L'aire du parallélogramme conjugué CA'DE (fig. 137) est :

$$\frac{p'}{q'} \times \frac{p'}{\sqrt{q'}} \sin(\beta - \alpha) = \frac{p'^2}{q'\sqrt{q'}}(\sin \beta \cos \alpha - \sin \alpha \cos \beta)$$

ou $\dfrac{p'}{q'} \times \dfrac{p'}{\sqrt{q'}} \sin(\beta - \alpha) = \dfrac{p'^2}{q'\sqrt{q'}} (\operatorname{tg}\beta - \operatorname{tg}\alpha)\cos\alpha\cos\beta.$

En remplaçant dans le second membre p' et q' par leurs valeurs, il vient, sans aucune difficulté :

$$\frac{p'}{q'} \times \frac{p'}{\sqrt{q'}} \sin(\beta - \alpha) = \frac{p}{q} \times \frac{p}{\sqrt{q}}.$$

Ainsi, *dans les courbes du 2me degré, le rectangle construit sur deux diamètres conjugués est équivalent au rectangle construit sur les axes.*

Fig. 157.

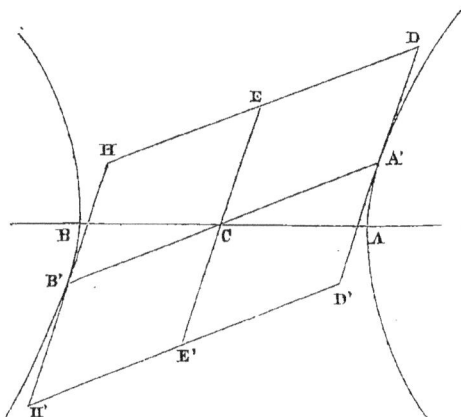

Si la conique est une parabole, les équations précédentes (277) deviennent :

$$\operatorname{tg}\alpha\operatorname{tg}\beta = 0, \quad \operatorname{tg}\beta = \frac{p}{b} \quad \text{et} \quad 2p' = 4\left(a + \frac{1}{2}p\right);$$

de sorte que l'équation de la transformée est :

$$y'^2 = 4\left(a + \frac{1}{2}p\right)x' \quad \text{ou} \quad y'^2 = 2p'x'.$$

La première fait voir que le nouvel axe des x est parallèle à l'axe de symétrie de la parabole, et la seconde que
l'axe des y est la tangente à la nouvelle origine (a, b).

L'équation générale de la transformée est :

$$y'^2 = 2p'x' + q'x'^2.$$

279. IV. Cherchons à quelle condition deux diamètres
conjugués de l'ellipse sont égaux.

A cette fin, égalons les valeurs de a'^2 et de b'^2; nous
aurons :

$$a^2 \sin^2 \alpha + b^2 \cos^2 \alpha = a^2 \sin^2 \beta + b^2 \cos^2 \beta ;$$

d'où l'on tire :

$$\sin^2 \alpha = \sin^2 \beta, \quad \cos^2 \alpha = \cos^2 \beta \quad \text{et} \quad \text{tg}^2 \alpha = \text{tg}^2 \beta.$$

Comme tg α, tg β sont de signes contraires, puisqu'on a :

$$\text{tg } \alpha \, \text{tg } \beta = - \frac{b^2}{a^2},$$

on conclut que

$$\text{tg } \alpha = - \text{tg } \beta, \quad \text{tg}^2 \alpha = \frac{b^2}{a^2}, \quad \text{tg } \alpha = \pm \frac{b}{a} :$$

ce qui prouve que *deux diamètres conjugués égaux sont
également inclinés sur l'axe des* x, *axe de symétrie de*

Fig. 138.

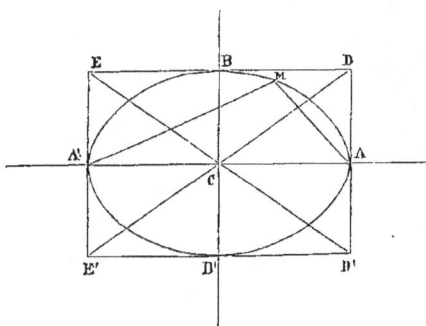

l'ellipse, et qu'ils sont dirigés suivant les deux diagonales du rectangle construit sur les axes de la courbe (fig. 138).

Pour voir si l'hyperbole jouit de la même propriété, il suffit d'égaler les dénominateurs de a'^2 et de b'^2, en remarquant que b'^2 doit être négatif; ce qui donne :

$$b^2 \cos^2 \alpha - a^2 \sin^2 \alpha = a^2 \sin^2 \beta - b^2 \cos^2 \beta;$$

d'où

$$\sin^2 \alpha + \sin^2 \beta = \frac{2b^2}{a^2 + b^2}.$$

A cause de

$$a^4 \sin^2 \alpha \sin^2 \beta = b^4 \cos^2 \alpha \cos^2 \beta,$$

on obtient :

$$4 \sin^2 \alpha \sin^2 \beta = \frac{4b^4}{(a^2 + b^2)^2}.$$

En élevant la première équation au carré et en soustrayant la seconde, il vient :

$$(\sin^2 \alpha - \sin^2 \beta)^2 = 0; \quad \text{d'où} \quad \sin^2 \alpha = \sin^2 \beta,$$
$$\cos^2 \alpha = \cos^2 \beta \quad \text{et} \quad \operatorname{tg}^2 \alpha = \operatorname{tg}^2 \beta:$$

ce qui prouve que *les deux diamètres conjugués égaux se confondent, puisque* tg α *et* tg β *doivent être de même signe.* Donc, *l'hyperbole n'a aucun système de diamètres conjugués égaux.*

280. V. *L'ellipse n'a aucun système de diamètres conjugués rectangulaires autre que celui des axes de la courbe.* Il suffit, pour le prouver, de faire $\beta = 90° + \alpha$ dans la relation

$$a^2 \sin \alpha \sin \beta + b^2 \cos \alpha \cos \beta = 0$$

de deux diamètres conjugués.

On aura :

$$(a^2 - b^2) \sin \alpha \cos \alpha = 0.$$

Le premier facteur ne peut pas être nul, à moins que l'ellipse ne devienne un cercle.

Il faut donc que l'on ait :

$$\alpha = 0 \quad \text{ou} \quad \alpha = 90°.$$

281. VI. Reprenons les relations qui existent entre les diamètres conjugués et les axes (274).

On a pour l'ellipse

$$a'^2 + b'^2 = a^2 + b^2, \quad 2a'b' = \frac{2ab}{\sin\gamma},$$

γ étant l'angle que font entre eux ces deux diamètres. En ajoutant, il vient :

$$(a' + b')^2 = a^2 + b^2 + \frac{2ab}{\sin\gamma}.$$

Comme on a vu qu'il n'y a pas de système de diamètres conjugués rectangulaires autre que celui des axes de symétrie de la courbe, il s'ensuit que *le rectangle construit sur les axes de l'ellipse est parmi tous les parallélogrammes conjugués celui dont le périmètre est minimum.*

Le second membre de l'équation

$$a'b' \sin\gamma = ab$$

étant constant, et le produit $a'b'$ étant à son maximum lorsque $a' = b'$, on voit que *deux diamètres conjugués égaux comprennent le plus grand angle obtus ou le plus petit angle aigu;* alors, le seul terme variable $\frac{2ab}{\sin\gamma}$ s'élève à son maximum, ainsi que le périmètre

$$(a' + b')^2 = a^2 + b^2 + \frac{2ab}{\sin\gamma}:$$

ce qui prouve que *parmi tous les parallélogrammes conjugués, le losange est celui dont le périmètre est maximum.*

282. VII. Il n'existe dans l'ellipse aucun système de diamètres conjugués rectangulaires autre que celui construit sur les axes (280).

Cependant, on peut circonscrire à cette courbe un carré. En effet, on a :

$$y = px \pm q, \quad y = p'x \pm q,$$

pour les côtés de ce carré. La condition d'être tangents à l'ellipse est :

$$a^2 p^2 + b^2 = q^2 \quad \text{et} \quad a^2 p'^2 + b^2 = q^2 \,;$$

ce qui donne $\qquad\qquad p = - p'.$

La relation

$$1 + pp' = 0 \quad \text{fournit :} \quad p = -1 \quad \text{et} \quad p' = 1.$$

La surface de ce carré est $2a^2 + 2b^2$; celle du rectangle inscrit qui joint les points de contact est $\frac{4a^2 b^2}{a^2 + b^2}$.

283. VIII. *Chercher le lieu décrit par le point d'intersection* M *des deux tangentes aux extrémités de deux diamètres d'une ellipse faisant entre eux un angle constant* α.

Fig. 139.

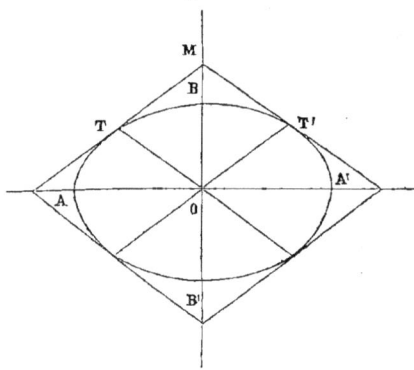

L'équation de OT (fig. 139) est : $y' = px'$; celle de OT'
$y'' = px''$.

On a : $\qquad\qquad c = \operatorname{tg} \alpha = \dfrac{p - p'}{1 + pp'}$.

En remplaçant p et p', il vient :

$$c = \frac{y'x'' - x'y''}{x'x'' + y'y''} \quad . \quad . \quad . \quad . \quad (1).$$

L'équation de l'ellipse est

$$a^2y^2 + b^2x^2 = a^2b^2. \quad . \quad . \quad . \quad . \quad (2);$$

celle de la tangente, qui passe par le lieu :

$$a^2y_1y + b^2x_1x = a^2b^2 \quad . \quad . \quad . \quad . \quad (3).$$

En substituant dans (2) la valeur de y tirée de l'équation (3), on obtient :

$$(b^2x_1^2 + a^2y_1^2)\,x^2 - 2a^2b^2x_1x - a^4\,(y_1^2 - b^2) = 0.$$

Dans ce trinôme en x, les racines sont les abscisses des deux points **T** et **T'** où les deux tangentes passant par le lieu touchent la courbe.

Il vient :

$$x' = \frac{a^2b^2x_1 + a^2y_1\,\sqrt{a^2y_1^2 + b^2x_1^2 - a^2b^2}}{a^2y_1^2 + b^2x_1^2},$$

$$x'' = \frac{a^2b^2x_1 - a^2y_1\,\sqrt{a^2y_1^2 + b^2x_1^2 - a^2b^2}}{a^2y_1^2 + b^2x_1^2}.$$

On aura de même :

$$y' = \frac{a^2b^2y_1 - b^2x_1\,\sqrt{a^2y_1^2 + b^2x_1^2 - a^2b^2}}{a^2y_1^2 + b^2x_1^2},$$

$$y'' = \frac{a^2b^2y_1 + b^2x_1\,\sqrt{a^2y_1^2 + b^2x_1^2 - a^2b^2}}{a^2y_1^2 + b^2x_1^2}.$$

En remplaçant ces valeurs dans l'expression de c, on obtient, après simplification, pour l'équation du lieu :

$$c\left[a^4(y_1^2 - b^2) + b^4(x_1^2 - a^2)\right] = 2a^2b^2\sqrt{a^2y_1^2 + b^2x_1^2 - a^2b^2}.$$

Si $\alpha = 90^\circ$, $c = \infty$; le lieu devient alors

$$a^4(y_1^2 - b^2) + b^4(x_1^2 - a^2) = 0$$

ou $\qquad a^4y_1^2 + b^4x_1^2 = a^4b^2 + a^2b^4 :$

c'est l'équation d'une ellipse.

CHAPITRE XIV.

Cordes supplémentaires.

284. On nomme *cordes supplémentaires* deux droites qui partent des extrémités d'un même diamètre et qui se coupent sur la courbe.

Soit l'équation

$$Ay^2 + Bxy + Cx^2 + F' = 0$$

des courbes du 2me degré, l'origine étant au centre.

Désignons par x', y', les coordonnées de l'extrémité D du diamètre DOD', et par $-x'$, $-y'$ celles de l'extrémité D' (fig. 140).

Fig. 140.

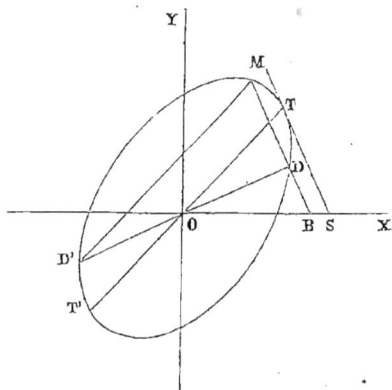

L'équation de la corde MD est :

$$y - y' = \gamma \, (x - x') \, ;$$

celle de MD′ est aussi :

$$y + y' = \gamma' (x + x').$$

Ces deux cordes se coupant, on a :

$$\frac{y^2 - y'^2}{x^2 - x'^2} = \gamma\gamma' \quad . \quad . \quad . \quad . \quad . \quad (1).$$

Des équations de ces cordes, on tire :

$$2B \left(\frac{xy - x'y'}{x^2 - x'^2} \right) = B (\gamma + \gamma'). \quad . \quad . \quad . \quad (2).$$

La courbe passant par le point D, son équation devient :

$$Ay'^2 + Bx'y' + Cx'^2 + F' = 0 . \quad . \quad . \quad (3)$$

et $$2A \frac{y^2 - y'^2}{x^2 - x'^2} + 2B \left(\frac{xy - x'y'}{x^2 - x'^2} \right) + 2C = 0. \quad . \quad (4).$$

En substituant dans l'équation (4) les valeurs qui précèdent en fonction de γ, γ', on trouve :

$$2A\gamma\gamma' + B (\gamma + \gamma') + 2C = 0.$$

Telle est la relation des cordes supplémentaires : on voit qu'elle est la même que celle de deux diamètres conjugués.

Ainsi, à un système quelconque de cordes supplémentaires correspond toujours un système de diamètres conjugués, et réciproquement.

285. Si l'on représente par α le coefficient angulaire de la tangente TS à l'extrémité du diamètre TOT′, on a :

$$\alpha = - \frac{2Cx' + By'}{2Ay' + Bx'} .$$

L'équation du diamètre OT passant par le point de contact x', y' est :

$$y' = \alpha'x'; \quad \text{d'où} \quad \alpha' = \frac{y'}{x'} .$$

En multipliant le produit $\alpha\alpha'$ par 2A et la somme $\alpha + \alpha'$

par B, puis en ajoutant à $2A\alpha\alpha' + B(\alpha + \alpha')$ la quantité constante 2C, après réduction, on trouve :

$$2A\alpha\alpha' + B(\alpha + \alpha') + 2C = 0.$$

En rapprochant la relation des cordes supplémentaires

$$2A\gamma\gamma' + B(\gamma + \gamma') + 2C = 0,$$

et en soustrayant, on a :

$$2A(\gamma\gamma' - \alpha\alpha') + B(\gamma + \gamma' - \alpha - \alpha') = 0.$$

Si l'on fait $\alpha' = \gamma'$, il vient :

$$(2A\gamma' + B)(\gamma - \alpha) = 0; \quad \text{d'où} \quad \alpha = \gamma.$$

On voit que, si par l'extrémité D' (fig. 140), on mène la corde D'M parallèle au diamètre T'OT, la tangente TS à l'extrémité T du diamètre T'OT sera parallèle à la seconde corde supplémentaire MD.

De cette propriété remarquable découle un procédé très-simple pour construire une tangente TS, en un point T d'une courbe du deuxième degré :

Par le point T on mène un diamètre; par un autre point quelconque D, on mène un second diamètre DOD'. A l'extrémité D', on trace une corde supplémentaire D'M, parallèle au premier diamètre; par le point M, on trace la seconde corde MD et, par le point donné T, on tire une parallèle TS à la corde supplémentaire MD : cette parallèle est la tangente demandée.

Si le point T est en dehors de la courbe, on joindra ce point au centre O qu'on sait toujours déterminer lorsque celle-ci est tracée : cette droite OT coupera la courbe en un point M. On cherchera la position du point P par une quatrième proportionnelle dans l'égalité :

$$OP \times OT = \overline{OM}^2.$$

22

On construira, comme il vient d'être dit, la tangente au point M et, par le point P, on mènera une parallèle à cette tangente ; cette parallèle rencontrera la courbe en deux points R, R', et les deux droites RT, R'T seront les tangentes demandées.

286. Pour obtenir l'angle V de deux cordes supplémentaires AM, A'M, il suffit de remplacer, dans la formule

$$tg\ V = \frac{tg\,\alpha - tg\,\alpha'}{1 + tg\,\alpha\ tg\,\alpha'},$$

$tg\,\alpha$ et $tg\,\alpha'$ par leurs valeurs

$$\frac{y'}{x'} \quad et \quad \frac{y'}{x' + \dfrac{2p}{q}};$$

ce qui donne, après réduction,

$$tg\ V = \frac{2p}{(1 + q)y'}.$$

Dans l'hyperbole, cet angle est toujours aigu pour tous les points situés au-dessus de l'axe des x, et d'autant plus petit que le point M (x', y') est plus éloigné sur la courbe ; par conséquent, cet angle est nul lorsque le point est à l'infini.

A mesure que le point M se rapproche de l'origine, l'angle des deux cordes redevient de plus en plus grand, et il est droit pour $y' = 0$.

On obtient de la même manière, dans l'ellipse, l'angle V de deux cordes supplémentaires AM, A'M, (fig. 138). On a pour cet angle

$$tg\ V = \frac{-2p}{(1 - q)y'},$$

puisque q est plus petit que l'unité.

On voit que, dans cette courbe, cet angle est obtus et

d'autant plus grand que y' est lui-même plus grand ; la valeur maximum de cet angle répond à $y' = \frac{p}{\sqrt{q}}$, c'est-à-dire, lorsque le point M est à l'extrémité du petit axe. Cet angle reste obtus pour tous les points de l'ellipse au-dessus de l'axe des x, et il devient droit aux deux extrémités du grand axe.

287. *Deux cordes variables passent chacune par un des foyers d'une ellipse ; elles ont entre elles la relation des diamètres conjugués. On demande le lieu décrit par leurs points de rencontre.*

L'équation de l'ellipse est

$$a^2 y^2 + b^2 x^2 = a^2 b^2.$$

On obtient pour la relation des coefficients angulaires des cordes focales :

$$a^2 \delta \delta' + b^2 = 0 \quad . \quad . \quad . \quad . \quad . \quad (1).$$

Les équations de ces cordes focales passant par le lieu sont :

$$y_1 = \delta' (x_1 - c) \quad . \quad . \quad . \quad . \quad . \quad (2),$$

$$y_1 = \delta (x_1 + c) \quad . \quad . \quad . \quad . \quad . \quad (3);$$

d'où

$$\frac{y_1^2}{x_1^2 - c^2} = \delta' \delta.$$

Le lieu est donc

$$a^2 y_1^2 + b^2 x_1^2 = b^2 (a^2 - b^2) :$$

c'est une ellipse passant par les foyers et coupant l'axe des y à une distance $\pm \frac{bc}{a}$ de l'origine.

Le procédé que l'on vient d'exposer consiste évidemment à égaler à zéro les coefficients de x^2 et de x dans l'équation (3); ce qui fournit, comme précédemment, les deux équations :

$$A\beta^2 + B\beta + C = 0, \quad (2A\gamma + D)\beta + B\gamma + E = 0.$$

On sait que les deux racines de l'équation (3) sont alors égales à $\pm$ l'infini.

289. L'équation précédente des asymptotes peut se mettre sous la forme :

$$y = -\frac{Bx + D}{2A} \pm \frac{1}{2A}\left[\sqrt{B^2 - 4AC}\cdot x + \frac{BD - 2AE}{\sqrt{B^2 - 4AC}}\right].$$

Soient R′ES′, RE′S les deux branches d'une hyberbole (fig. 141); D, D′ les points où la courbe rencontre l'axe des y; E, E′ ceux où le diamètre, représenté par l'équation

$$y = -\frac{Bx + D}{2A},$$

rencontre cette hyperbole.

Admettons que les racines qui annulent le radical dans l'équation de cette courbe

$$y = -\frac{Bx + D}{2A} \pm \frac{1}{2A}\sqrt{(B^2 - 4AC)x^2 + 2(BD - 2AE)x + D^2 - 4AF},$$

soient réelles, positives et inégales. Pour avoir l'asymptote de la branche E′R, il est évident qu'on devra prendre le signe positif du radical; ce qui donnera pour l'asymptote de cette branche :

$$y = -\frac{Bx + D}{2A} + \frac{1}{2A}\left[\sqrt{B^2 - 4AC}\cdot x + \frac{BD - 2AE}{\sqrt{B^2 - 4AC}}\right] \quad (8),$$

et l'asymptote de la branche E′S sera :

$$y = -\frac{Bx + D}{2A} - \frac{1}{2A}\left[\sqrt{B^2 - 4AC}\cdot x + \frac{BD - 2AE}{\sqrt{B^2 - 4AC}}\right] \quad (9).$$

Si, pour une même abscisse $x = $ OP, nous cherchons

Fig. 141.

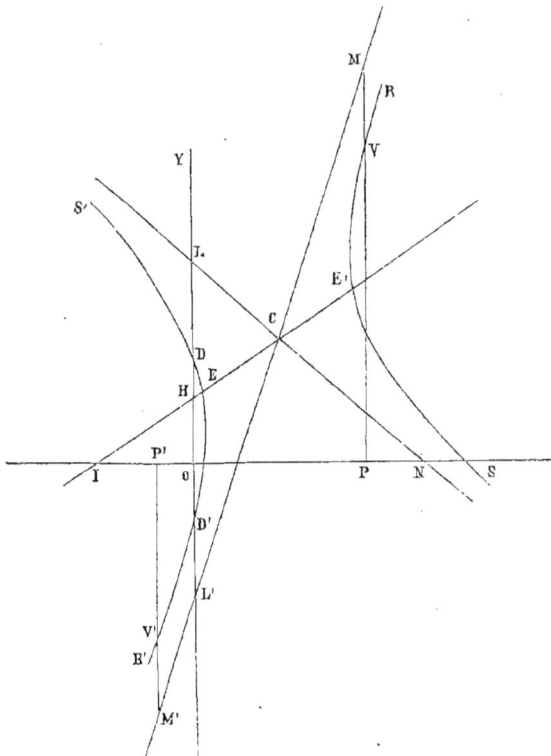

la différence MV entre l'ordonnée Y de l'asymptote CM de la branche E'R et l'ordonnée de cette branche, on aura :

$$Y - y = MV = \frac{nx + \dfrac{p}{n} - \sqrt{n^2x^2 + 2px + q}}{2\Lambda},$$

et, en rendant le numérateur rationnel, il vient :

$$Y - y = MV = \cfrac{\dfrac{p^2}{n^2} - q}{2A\left[nx + \dfrac{p}{n} + \sqrt{n^2x^2 + 2px + q}\right]},$$

n^2, p, q étant, pour abréger, les coefficients de x sous le radical de la valeur de y dans l'équation de l'hyperbole :

$$y = -\frac{Bx + D}{2A} \pm \sqrt{n^2x^2 + 2px + q}.$$

Comme cette valeur de MV est d'autant plus petite que celle de x est plus grande, il s'ensuit que l'équation (8) est bien l'asymptote de la branche E′R.

Pour avoir la différence M′V′ entre l'ordonnée Y′ de l'asymptote CM′ de la branche ER′, il faut changer x en $-x$ dans l'équation de l'asymptote CM et dans la valeur de l'ordonnée de la courbe, en prenant le radical avec le signe négatif; ce qui donnera, après avoir rendu le numérateur rationnel :

$$M'V' = \cfrac{\dfrac{p^2}{n^2} - q}{2A\left[nx + \sqrt{n^2x^2 + 2px + q} - \dfrac{p}{n}\right]},$$

expression qui prouve également que M′V′ diminue à mesure que x augmente. Donc, les deux branches E′R, ER′ ont bien la même asymptote MCM′. On prouverait, de la même manière, que les deux branches E′S, ES′ ont aussi la même asymptote NCL.

Pour obtenir le point d'intersection des deux asymptotes, il suffit de poser

$$nx + \frac{p}{n} = 0; \quad \text{d'où} \quad x = -\frac{p}{n^2}.$$

On a déjà vu (179) que ce point se trouve sur le diamètre, à égale distance des points E, E', c'est-à-dire, au centre de la courbe.

Pour construire les deux asymptotes, il faut joindre le centre aux points où ces droites rencontrent l'axe des y.

290. Considérons un moment les deux équations

$$A\beta^2 + B\beta + C = 0, \quad (2A\gamma + D)\beta + B\gamma + E = 0,$$

qui déterminent les deux paramètres β et γ.

Si $C = 0$, l'une des deux asymptotes est parallèle à l'axe des x et, si $A = 0$, l'autre est parallèle à l'axe des y.

Si l'on a, en même temps, $A = 0$, $C = 0$, les deux asymptotes sont parallèles aux deux axes coordonnés. Enfin, si $B = 0$, l'axe de symétrie des coniques est parallèle à l'axe des x ou se confond avec celui-ci, et les deux asymptotes sont également inclinées sur cet axe de l'hyperbole : c'est ce qui est indiqué par les deux valeurs égales et de signes contraires de β.

Si l'on fait :

1° $C = 0$, dans la valeur de γ, on obtient pour la distance de l'origine au point où l'asymptote coupe l'axe des y :

$$\gamma = -\frac{E}{B};$$

2° pour $A = 0$, on trouve :

$$\gamma = \infty ;$$

3° pour $B = 0$, il vient :

$$\gamma = \pm \frac{E}{2\sqrt{AC}}.$$

291. Appliquons encore cette théorie pour rechercher les asymptotes des coniques représentées par l'équation

$$y^2 = 2px + qx^2,$$

ces courbes étant rapportées à leur axe de symétrie, et

l'origine des coordonnées rectangulaires placée au sommet.

Soit, comme précédemment (288),

$$y = \beta x + \gamma$$

l'équation de la droite qui doit être asymptote à ces courbes. On aura, pour les points d'intersection de la droite et de la courbe, l'équation

$$(\beta^2 - q) x^2 + 2(\beta\gamma - p) x + \gamma^2 = 0;$$

d'où l'on tire :

$$\beta^2 - q = 0, \quad \beta\gamma - p = 0$$

et

$$\beta = \pm\sqrt{q}, \quad \gamma = \frac{\pm p}{\sqrt{q}}.$$

En remplaçant ces valeurs de β et de γ dans l'équation de la droite, on obtient pour l'équation des asymptotes des coniques :

$$y = \pm\sqrt{q}\,x \pm \frac{p}{\sqrt{q}}.$$

Cette équation prouve que *l'ellipse n'a point d'asymptote; que la parabole en a une parallèle à son axe ou à son diamètre et située à l'infini, et que l'hyperbole a deux asymptotes, également inclinées sur l'axe transverse de cette courbe, et dirigées suivant les deux diagonales du rectangle construit sur ses axes.*

Si l'on prend l'équation

$$y^2 = 2p'x + q'x^2,$$

qui représente celle des coniques rapportées à un diamètre et à une tangente parallèle au conjugué du premier, l'équation des asymptotes sera encore, comme précédemment :

$$y = \pm\sqrt{q'}\,.\,x \pm \frac{p'}{\sqrt{q'}},$$

et les asymptotes seront dirigées suivant les deux diagonales du parallélogramme construit sur les deux diamètres
conjugués $\frac{2p'}{q'}$ et $\frac{2p'}{\sqrt{q'}}$.

292. Comme les équations (5) et (6) n° (288) sont
respectivement les coefficients de x^2 et de x de l'équation
(3) égalés chacun à zéro, il est facile de voir qu'après la
substitution de la valeur de $y = \beta x + \gamma$ dans celle de la
courbe, qui est du second degré, on pourra toujours diviser celle-ci par x^2 et qu'il viendra :

$$A\beta^2 + B\beta + C + \frac{(2A\gamma + D)\beta + B\gamma + E}{x} + \frac{A\gamma^2 + D\gamma + F}{x^2} = 0.$$

A mesure que x grandit, les deux fractions que contient
cette équation deviennent, d'une manière générale, de plus
en plus petites; pour $x = \infty$, elles s'annulent, puisque
leur numérateur reste fini comme étant indépendant de
x. Si l'équation résultante (5) a ses racines réelles, la
courbe aura des asymptotes. En effet, l'équation

$$A\beta^2 + B\beta + C = 0$$

étant satisfaite, on pourra multiplier l'équation résultante
par x, et il viendra :

$$(2A\gamma + D)\beta + B\gamma + E + \frac{A\gamma^2 + D\gamma + F}{x} = 0.$$

En faisant de nouveau $x = \infty$, on obtient, comme précédemment, l'équation (6) :

$$(2A\gamma + D)\beta + B\gamma + E = 0$$

qui fera connaître la seconde arbitraire γ après qu'on y aura
substitué la valeur réelle de β fournie par l'équation (5).

293. Cette méthode est applicable à une courbe algébrique d'un degré quelconque.

Prenons, pour le prouver, une courbe du 5me degré, le

348 SECONDE PARTIE.

folium de Descartes (fig. 142), par exemple, représenté
par l'équation

Fig. 142.

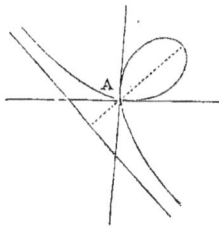

$$y^3 - 5axy + x^3 = 0 \qquad (1).$$

Soit, comme précédemment,

$$y = \beta x + \gamma \quad . \quad . \quad (2),$$

l'équation de la droite qui doit
être asymptote à cette courbe. On
aura pour les points d'intersection
de la droite et de la courbe :

$$(\beta^3 + 1)\, x^3 + 5\, (\beta^2\gamma - a\beta)\, x^2 + 5\, (\beta\gamma^2 - a\gamma)\, x + \gamma^3 = 0 \quad (3).$$

Divisons tous les termes de cette équation par x^3, il
viendra :

$$(\beta^3 + 1) + \frac{5\, (\beta^2\gamma - a\beta)}{x} + \frac{5\, (\beta\gamma^2 - a\gamma)}{x^2} + \frac{\gamma^3}{x^3} = 0.$$

Lorsque x augmente, les trois fractions que renferme
cette équation diminuent, et quand x devient infini, en
général ces fractions deviennent infiniment petites ou
nulles, et l'équation précédente se réduit à :

$$(\beta^3 + 1) = 0$$

qui admet une racine réelle $\beta = -1$, et deux racines imaginaires. Pour $\beta = -1$, l'équation

$$\beta^3 + 1 = 0$$

est satisfaite, et l'équation primitive devient

$$\frac{5\, (\beta^2\gamma - a\beta)}{x} + \frac{5\, (\beta\gamma^2 - a\gamma)}{x^2} + \frac{\gamma^3}{x^3} = 0.$$

On peut évidemment multiplier cette dernière équation
par x, ce qui donne :

$$5\, (\beta^2\gamma - a\beta) + \frac{5\, (\beta\gamma^2 - a\gamma)}{x} + \frac{\gamma^3}{x^2} = 0;$$

si l'on fait de nouveau, dans cette dernière équation, $x = \infty$,
il vient : $3 (\beta^2 \gamma - a\beta) = 0$,

et en y substituant la valeur réelle de β, à savoir,
$\beta = -1$, on trouve : $\gamma = -a$.

En remplaçant dans l'équation de la droite

$$y = \beta x + \gamma$$

β et γ par les valeurs que l'on vient d'obtenir, on a pour
l'équation de l'asymptote au folium de Descartes :

$$y = -x - a,$$

qui représente la seule asymptote que puisse posséder cette
courbe, puisque les autres valeurs de β sont imaginaires.

D'ailleurs, les conditions pour que l'équation (3) ait des
racines égales, sont :

$$\gamma (\beta^3 + 1) = \beta^2 (\beta\gamma - a), \quad \gamma^2 (\beta^3 + 1) = \beta (\beta\gamma - a)^2.$$

Elles sont évidemment satisfaites pour $\beta = -1$ et pour
$\gamma = -a$.

On les obtient en annulant le reste de la division de
l'équation (3) par sa dérivée.

294. Prenons encore, pour confirmer ce qui précède,
la courbe représentée par l'équation

$$y^2 (x - 2) = x^2 (x - 1).$$

Soit, comme précédemment,

$$y = \beta x + \gamma$$

l'équation de la droite qui doit être asymptote.

En substituant dans l'équation de la courbe, on a :

$$(\beta^2 - 1) x^3 + \left[2\beta (\gamma - \beta) + 1 \right] x^2 + \gamma (\gamma - 4\beta) x - 2\gamma^2 = 0.$$

En opérant comme il vient d'être dit, on obtient les
équations :

$$\beta^2 - 1 = 0, \quad 2\beta (\gamma - \beta) + 1 = 0,$$

qui donnent

$$\beta = \pm 1 \quad \text{et} \quad \gamma = \pm \tfrac{1}{2}.$$

Si l'on suppose des axes coordonnés rectangulaires, on voit que la courbe représentée par l'équation précédente a deux asymptotes SHT, S'H'T' (fig. 143), symétriques par rapport à l'axe des x, qui sont :

$$y = x + \tfrac{1}{2}, \quad y = -x - \tfrac{1}{2}.$$

D'après la forme de l'équation $y = \pm x \sqrt{\dfrac{x-1}{x-2}}$, il est évident que cette courbe, symétrique par rapport à l'axe des

Fig. 143.

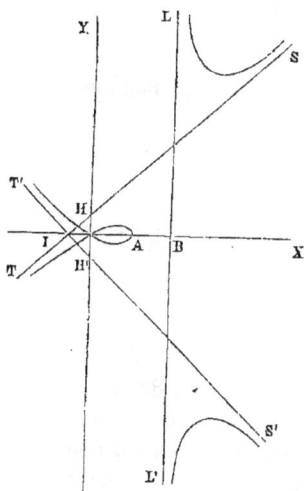

x, a aussi une asymptote LBL', parallèle à l'axe des y, qui répond à $x = 2$.

Comme les deux valeurs de y sont égales et de signes contraires depuis $x = 0$ jusqu'à $x = 1$; qu'elles sont imaginaires depuis $x = +1$ jusqu'à $x = +2$; qu'à partir de $x = +2$, elles redeviennent réelles, égales et de signes contraires; enfin, que les valeurs de y lorsque x est négatif sont toujours réelles, égales et de signes contraires et qu'elles grandissent avec x, l'équation précédente représente une courbe indiquée par la figure (143).

295. Prenons l'équation générale du troisième degré à deux variables x et y :

$$y^3 + axy^2 + bx^2y + cx^3 + dy^2 + exy + fx^2 + gy + hx + k = 0,$$

ui représente les courbes algébriques du 3me degré, et soit

$$y = \beta x + \gamma$$

l'équation de la droite qui doit être asymptote.

On aura pour le point d'intersection de la droite et de la courbe l'équation :

$$(\beta^3 + a\beta^2 + b\beta + c)\,x^3 + \left[(3\beta^2 + 2a\beta + b)\,\gamma + \beta^2 d + \beta e + f\right]x^2$$
$$+ \left[(3\beta + a)\,\gamma^2 + (2\beta d + e)\gamma + g\beta + h\right]x + g\gamma + d\gamma^2 + \gamma^3 + k = 0.$$

En divisant par x^3 et en faisant ensuite $x = \infty$, on a l'équation du 3me degré à une seule inconnue β, à savoir :

$$\beta^3 + a\beta^2 + b\beta + c = 0$$

dont les racines réelles feront connaître les coefficients angulaires des asymptotes. Si cette équation est satisfaite par une seule valeur réelle de β, on pourra alors multiplier l'équation précédente par x, ce qui donnera :

$$\left[(3\beta^2 + 2a\beta + b)\,\gamma + \beta^2 d + \beta e + f\right]$$
$$+ \left[\frac{(3\beta + a)\gamma^2 + (2\beta d + e)\gamma + g\beta + h}{x}\right] + \frac{\gamma^3 + d\gamma^2 + g\gamma + k}{x^2} = 0,$$

et pour $x = \infty$, il vient :

$$(3\beta^2 + 2a\beta + b)\gamma + d\beta^2 + \beta e + f = 0$$

qui fera connaître le second paramètre γ de l'asymptote.

Comme cette équation est du premier degré en γ, il y aura, en général, autant de valeurs réelles différentes pour γ qu'il y aura de valeurs réelles de β. On voit donc que les courbes du 3me degré, en général, doivent avoir au moins une asymptote réelle et deux imaginaires, ou bien trois asymptotes réelles (294). On a d'ailleurs pour γ l'expression

$$\gamma = -\frac{d\beta^2 + \beta e + f}{3\beta^2 + 2a\beta + b}.$$

296. Appliquons cette méthode aux courbes du 4me degré, et prenons une courbe bien connue :

$$y^4 - 96a^2y^2 + 100a^2x^2 - x^4 = 0 \; (*).$$

Soit, comme toujours,

$$y = \beta x + \gamma$$

l'équation de la droite qui doit être asymptote.

On aura pour les points d'intersection de la droite et de la courbe l'équation :

$$(\beta^4 - 1)\, x^4 + 4\beta^3\gamma x^3 + 2\left[5\beta^2(\gamma^2 - 16a^2) + 50a^2\right] x^2$$
$$+ 4\beta\gamma\,(\gamma^2 - 48a^2)\, x - 96a^2\gamma^2 + \gamma^4 = 0.$$

Divisons par x^4, on aura :

$$(\beta^4 - 1) + \frac{4\beta^3\gamma}{x} + \frac{2\left[5\beta^2(\gamma^2 - 16a^2) + 50a^2\right]}{x^2}$$
$$+ \frac{4\beta\gamma\,(\gamma^2 - 48a^2)}{x^3} - \frac{96a^2\gamma^2 - \gamma^4}{x^4} = 0;$$

en faisant $x = \infty$, on obtient l'équation :

$$\beta^4 - 1 = 0$$

qui admet deux racines réelles $\beta = \pm 1$, les deux autres étant imaginaires. En multipliant par x l'équation résultante et en faisant ensuite $x = \infty$, on obtient :

$$4\beta^3\gamma = 0,$$

équation qui indique que γ doit être nul; ce qui prouve que les deux asymptotes passent par l'origine et qu'elles ont pour équation

$$y = \pm x.$$

297. Soit encore la courbe (fig. 144) représentée par l'équation

$$y^4 - y^3x + x^3 - 2x^2y = 0.$$

(*) Lacroix, *Calcul différentiel*, p. 155.

En opérant comme précédemment (296), on obtient, pour déterminer β et γ, les deux équations

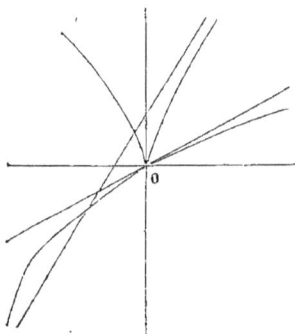
Fig. 144.

$$\beta^3(\beta - 1) = 0,$$
$$(4\beta^3 - 3\beta^2)\gamma - 2\beta + 1 = 0,$$

qui donnent: $\beta = 1, \gamma = 1$; de sorte que cette courbe a pour asymptote $y = x + 1$.

298. L'équation de la courbe étant algébrique et du degré m, on aura pour les points d'intersection de celle-ci et de la droite $y = \beta x + \gamma$, une équation de la forme :

$$\left.\begin{array}{l} f(\beta^m)\, x^m + f_1(\beta^{m-1}, \gamma)\, x^{m-1} \\ + f_2(\beta^{m-2}, \gamma^2)\, x^{m-2} \cdots + \cdots + f_m(\gamma^m) = 0 \end{array}\right\} \quad \cdots \quad (i),$$

$f(\beta^m)$ étant indépendant de γ et du degré m par rapport à β, et $f_1(\beta^{m-1}, \gamma)$ contenant γ à la 1re puissance et du degré $m - 1$ par rapport à β.

Divisons cette équation par x^m, on aura :

$$f(\beta^m) + \frac{f_1(\beta^{m-1}, \gamma)}{x} + \frac{f_2(\beta^{m-2}, \gamma^2)}{x^2} + \cdots + \frac{f_m(\gamma^m)}{x^m} = 0 \;(k).$$

Si nous faisons $x = \infty$, l'équation précédente se réduit à

$$f(\beta^m) = 0 \quad \cdots \quad \cdots \quad \cdots \quad (c).$$

Si cette équation a une seule racine réelle, $\beta = a$, $f(\beta^m)$ se réduira à zéro; de sorte qu'on pourra multiplier l'équation résultante (k) par x et qu'il viendra :

$$f_1(\beta^{m-1}, \gamma) + \frac{f_2(\beta^{m-2}, \gamma^2)}{x} + \cdots + \frac{f_m(\gamma^m)}{x^{m-1}} = 0.$$

23

Si la valeur de $\beta = a$, tirée de (c) et substituée dans l'équation

$$f_1(\beta^{m-1}, \gamma) = 0 \quad . \quad . \quad . \quad . \quad (d),$$

donne pour γ une valeur qui ne soit pas absurde, $\gamma = b$, il est évident que la courbe aura une asymptote dont l'équation sera :

$$y = ax + b.$$

Les différentes racines réelles de β, tirées de l'équation (c) de degré m, qui, substituées dans l'équation (d), ne rendront pas γ absurde, feront connaître les asymptotes de la courbe.

Si l'équation (i) a des racines égales, il devra exister un plus grand commun diviseur entre cette fonction de x et sa dérivée. Donc, si l'on divise l'équation (i) par sa dérivée, le reste de la division devra être nul, et les valeurs de β et de γ qui satisfont aux équations (c) et (d) devront également satisfaire à celles qui expriment que ce reste de la division est nul. C'est ce qui a lieu, comme on l'a vu, pour l'équation du *folium de Descartes* (295) et pour toutes les précédentes, et qui se vérifie encore sur l'équation suivante du 5me degré.

299. Comme dernier exercice à cette théorie, prenons la courbe dont l'équation est

$$2y^5 - 5xy^2 + x^5 = 0.$$

On aura pour l'équation (i) :

$$(2\beta^5 + 1)\, x^5 + 10\beta^4\gamma x^4 + 5\beta^2(4\beta\gamma^2 - 1)\, x^5$$
$$+ 10\beta\gamma(2\beta\gamma^2 - 1)\, x^2 + 5\gamma^2(2\beta\gamma^2 - 1)\, x + 2\gamma^5 = 0;$$

d'où l'on tire :

$$2\beta^5 + 1 = 0 \quad \text{et} \quad 10\beta^4\gamma = 0.$$

La première de ces équations, comme on le sait, n'a qu'une racine réelle :

$$\beta = \sqrt[5]{-\frac{1}{2}},$$

les quatre autres étant imaginaires ; la seconde donne

$$\gamma = 0 :$$

ce qui indique que l'asymptote passe par l'origine et qu'elle a pour équation

$$y = \sqrt[3]{-\frac{1}{2}} \cdot x.$$

Le coefficient différentiel,

$$\frac{dy}{dx} = \frac{(y + x^2)(y - x^2)}{2y(y^3 - x)},$$

fait connaître la direction de la tangente à cette courbe et

Fig. 145.

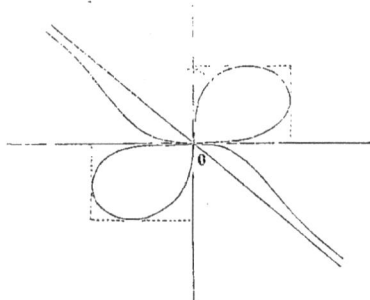

les points qui sont susceptibles de maximum ou de minimum (fig. 145).

300. La recherche des asymptotes parallèles aux axes coordonnés ne présente aucune difficulté ; elle est une conséquence de la théorie qui précède.

Supposons une courbe algébrique de la forme

$$F(x) y^n + F_1(x) y^{n-1} + F_2(x) y^{n-2} + \cdots = 0,$$

$F(x)$, $F_1(x)$ étant des polynômes entiers et rationnels en x.

Divisons par y^n, il vient :

$$F(x) + F_1 \frac{(x)}{y} + F_2 \frac{(x)}{y^2} + \cdots = 0.$$

Admettons que $F_1 \frac{(x)}{y}$, $F_2 \frac{(x)}{y^2}$, etc..., tendent vers 0, à mesure que y grandit ; et que, pour $y = \infty$, l'équation précédente se réduise à

$$F(x) = 0.$$

SECONDE PARTIE.

Si $x = a$ est une racine de cette équation, la courbe pos-

sède deux branches ayant la parallèle à l'axe des y, $x = a$, pour asymptote commune.

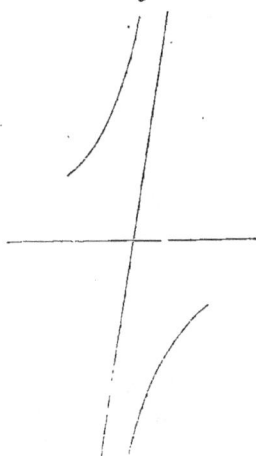

Fig. 146.

S'il n'y a qu'une seule valeur de x, à savoir $x = a$, qui soit racine de l'équation

$$F(x) = 0,$$

la courbe ne possède qu'une seule asymptote et deux branches infinies; dans le cas où $x - a$ change de signe avec y, ces deux branches infinies se présentent comme dans l'hyperbole (fig. 146).

Au contraire, $x - a$ ne changeant pas de signe avec y, les deux branches sont placées d'un même côté de l'asymptote, comme dans la cissoïde (fig. 147).

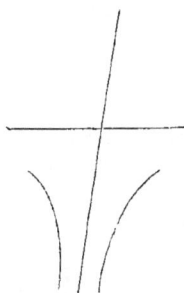

Fig. 147.

Si, pour $x = a$, on a simultané-ment :

$$F(x) = 0$$

et

$$F_1(x) = 0,$$

plusieurs valeurs de $\frac{1}{y}$ peuvent ten-dre vers zéro ; ces racines étant en nombre pair et toutes imaginaires, la courbe ne possède alors aucune asymptote.

301. *Chercher les asymptotes de la courbe donnée par l'équation :*

$$x^4 y^4 + (x^2 - 4)(y - x)^4 = 0.$$

Cette équation peut se mettre sous la forme :

$$(x^4+x^2-4)\,y^4 - 4x\,(x^2-4)\,y^3 + 6x^2\,(x^2-4)\,y^2 - 4x^3\,(x^2-4)\,y$$
$$+ x^4(x^2-4) = 0.$$

Divisons par y^4, et faisons ensuite $y = \infty$.

Il vient :

$$x^4 + x^2 = 4,$$

ce qui donne pour les quatre valeurs de x :

$$x = +\sqrt{-\frac{1}{2}+\frac{1}{2}\sqrt{17}}, \quad x = -\sqrt{-\frac{1}{2}+\frac{1}{2}\sqrt{17}},$$

$$x = +\sqrt{-\frac{1}{2}-\frac{1}{2}\sqrt{17}}, \quad x = -\sqrt{-\frac{1}{2}-\frac{1}{2}\sqrt{17}};$$

ces deux dernières sont imaginaires. La courbe ne possède donc que deux asymptotes parallèles à l'axe des y.

302. Prenons encore la courbe (fig. 226) représentée par l'équation

$$\frac{a^2}{y^2} + \frac{b^2}{x^2} = \frac{c^4}{a^2b^2}.$$

En laissant l'équation sous cette forme, on voit que, pour $x = \infty$, $y = \pm\frac{a^2}{c^2}b$; et que, pour $y = \infty$, $x = \pm\frac{b^2}{c^2}a$.

La courbe a donc quatre asymptotes, deux qui sont parallèles à l'axe des x, et deux autres, parallèles à l'axe des y.

303. I. *Chercher le lieu des sommets d'une hyperbole ayant une directrice et une asymptote communes.*

Soient OX, OY (fig. 148) les axes donnés rectangulaires, la directrice étant prise pour axe des y et la droite OA étant l'asymptote.

L'équation des courbes du 2me degré, par rapport aux foyers et aux directrices, est :

$$(x-\alpha)^2 + (y-\beta)^2 = (fy + gx + h)^2.$$

Pour la question proposée, elle se réduit à :

$$y^2 + (1 - g^2) x^2 - 2\beta y - 2\alpha x + \alpha^2 + \beta^2 = 0 \quad . \quad (1).$$

Soit $\qquad\qquad\qquad y = ax$

l'équation de l'asymptote donnée.

Remplaçons y par sa valeur dans l'équation précédente ;
nous aurons, pour les con-
ditions de l'asymptote, les
équations

Fig. 148.

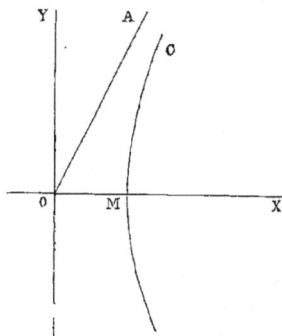

1°$\qquad a^2 + 1 - g^2 = 0$

et

2°$\qquad \beta a + \alpha = 0$;

d'où

$$g = \sqrt{a^2 + 1}$$

et $\qquad \alpha = -a\beta.$

En substituant ces va-
leurs dans l'équation de l'hyperbole qui passe par le point
(x_1, y_1), on obtient :

$$y_1^2 - a^2 x_1^2 - 2\beta y_1 + 2a\beta x_1 + a^2\beta^2 + \beta^2 = 0,$$

et comme l'axe de symétrie passe également par le lieu,
on a :
$$y_1 - \beta = 0;$$

l'équation du lieu est donc :

$$ay_1^2 + 2x_1 y_1 - a x_1^2 = 0 \quad \text{ou} \quad ay_1 + x_1 (1 + \sqrt{1 + a^2}) = 0,$$

$$ay_1 + x_1 \left(1 - \sqrt{1 + a^2}\right) = 0,$$

c'est-à-dire, deux droites qui passent par l'origine.

304. II. *Chercher le lieu des foyers d'une hyperbole équi-*

latère qui a une asymptote donnée et qui passe par un point donné.

Prenons l'équation

$$(x - \alpha)^2 + (y - \beta)^2 = (fy + gx + h)^2.$$

L'hyperbole étant équilatère, les coefficients de x^2 et de y^2 doivent être égaux et de signes contraires, ce qui fournit l'équation :

$$f^2 + g^2 = 2. \quad \ldots \quad \ldots \quad (1).$$

Si l'on prend l'axe des x pour l'asymptote donnée, les conditions de celle-ci sont :

$$1 - g^2 = 0. \quad \ldots \quad \ldots \quad (2),$$

$$h + x_1 = 0. \quad \ldots \quad \ldots \quad (3).$$

On peut toujours faire passer l'axe des y par le point donné $C(0, c)$, quel qu'il soit.

Si nous désignons par x_1, y_1 les coordonnées du foyer, en ayant égard aux équations (1), (2) et (3) qui donnent :

$$g = 1, \quad f = 1, \quad h = -x_1,$$

il viendra :

$$x_1^2 + (c - y_1)^2 = (c - x_1)^2.$$

On obtient, après réduction :

$$y_1^2 + 2c(x_1 - y_1) = 0,$$

qui est l'équation d'une parabole facile à construire et à ramener à la forme :

$$y_1^2 = -2cx_1.$$

305. III. *Trouver le lieu décrit par le sommet des hyperboles équilatères ayant une asymptote commune et passant par un point donné* (fig. 149).

Du point donné O menons une perpendiculaire et une parallèle à l'asymptote, et prenons ces droites comme axes.

L'équation générale des hyperboles équilatères. est

$$Ay^2 + xy - Ax^2 + Dy + Ex + F = 0.$$

Ces hyperboles passant par l'origine et ayant pour asymptote la parallèle $x = a$, il vient

$$Ay^2 + xy - Ax^2 + Dy + Ex = 0 \quad . \quad . \quad (1),$$
$$Ay^2 + y(a + D) - Aa^2 + Ea = 0.$$

Les conditions pour que la droite $x = a$ soit asymptote sont

Fig. 149.

$$A = 0, \quad a + D = 0.$$

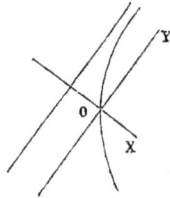

En substituant ces valeurs dans (1), on a :

$$xy - ay + Ex = 0.$$

Puisque la courbe passe par le lieu, dont les coordonnées sont x_1, y_1, son équation devient

$$x_1 y_1 - ay_1 + Ex_1 = 0 \quad . \quad . \quad . \quad . \quad (2).$$

Les équations diamétrales étant

$$x_1 - a = 0, \quad y_1 + E = 0,$$
$$y_1 + E + \lambda(x_1 - a) = 0 \quad . \quad . \quad . \quad (3),$$

représente l'équation d'un diamètre quelconque.

Le coefficient angulaire de l'axe de symétrie est

$$\operatorname{tg} \alpha = \frac{A - C \pm \sqrt{(A - C)^2 + B^2}}{B}.$$

Cette relation devient

$$\operatorname{tg} \alpha = 1.$$

Le coefficient angulaire du diamètre (3) est $-\lambda$; donc,

$$\lambda = -1, \quad y_1 + E - x_1 + a = 0 \quad . \quad . \quad (4).$$

Prenons la valeur de E dans (4); en la substituant dans (2), nous aurons :

$$x_1^2 = a(x_1 + y_1).$$

On voit que le lieu est une parabole facile à construire.

306. L'hyperbole rapportée à ses deux asymptotes, prises comme axes coordonnés, a pour équation (200) :

$$\frac{(B^2 - 4AC)\, x'y'}{\sqrt{B^2 + (A - C)^2}} = F'.$$

Soit proposé de ramener à cette forme l'hyperbole

$$y^2 - 6xy + 8x^2 - 4y + 20x - 8 = 0.$$

Fig. 150.

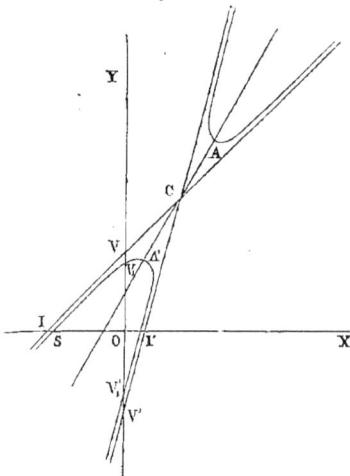

Le centre C (fig. 150) est déterminé par les équations :

$$y = 3x + 2,$$
$$5y - 8x = 10 ;$$

ce qui donne :

$$x = 4,$$
$$y = 14$$

et $F' = 4$;

d'où $\dfrac{4x'y'}{\sqrt{85}} = 4$

et $x'y' = \sqrt{85}$.

CHAPITRE XVI.

Détermination des courbes du 2ᵐᵉ degré.
Conditions simples et multiples.

307. L'équation générale des courbes du deuxième degré

$$Ay^2 + Bxy + Cx^2 + Dy + Ex + F = 0$$

ne renferme que cinq coefficients qui sont :

$$\frac{B}{A} = b, \quad \frac{C}{A} = c, \quad \frac{D}{A} = d, \quad \frac{E}{A} = e, \quad \frac{F}{A} = f ;$$

de sorte que cette équation est

$$y^2 + bxy + cx^2 + dy + ex + f = 0,$$

puisqu'on peut toujours diviser tous les termes soit par A, soit par B, etc.

Cette équation ne renferme donc que cinq paramètres indéterminés lorsque la courbe n'est soumise à aucune condition.

Si la courbe est soumise à cinq conditions simples quelconques qui se traduisent par des relations, des équations entre les cinq paramètres arbitraires, la courbe sera déterminée dans sa nature de grandeur et de position.

308. Si la courbe est soumise à quatre conditions, il y aura pour cinq arbitraires un système de quatre équations distinctes entre les cinq paramètres.

En attribuant à l'un d'eux des valeurs particulières, il en résulte chaque fois pour la courbe des valeurs correspondantes dans sa position et dans sa grandeur. Le mouvement de cette courbe est donc réglé par quatre conditions auxquelles elle est ainsi soumise.

On peut alors se proposer de rechercher le lieu décrit par l'un de ses points remarquables, tels que son centre, le foyer, le sommet de symétrie, etc...; ce qui fournira deux nouvelles équations qui, jointes aux quatre équations réglant le mouvement, formeront un système de six équations, une de plus que le nombre des arbitraires.

En substituant dans l'une quelconque de ces six équations les valeurs des cinq paramètres, on obtiendra une équation nouvelle qui ne contiendra plus que les coordonnées du point mobile que l'on considère, tel que le centre, etc..., et les quantités constantes de la question.

Cette équation représentera donc le lieu décrit par le point demandé.

309. Comme pour la parabole on a déjà la relation $B^2 = 4AC$, on ne pourra évidemment soumettre cette courbe qu'à trois conditions.

Il en est de même de l'hyperbole équilatère, puisqu'on a :

$$A + C = 0,$$

lorsque les axes coordonnés sont rectangulaires, ou bien, dans le cas des axes coordonnés obliques, la relation de perpendicularité entre les deux droites

$$Ay^2 + Bxy + Cx^2 = 0.$$

310. La condition de passer par un point donné (m, n) fournit une équation du premier degré

$$n^2 + bmn + cm^2 + dn + em + f = 0$$

entre les cinq arbitraires b, c, d, e, f.

La condition de toucher une droite quelconque se traduit par une équation du 2me degré entre les coefficients; celle de toucher une droite quelconque en un point donné d'une droite donnée par deux équations du 2me degré entre les coefficients b, c, d...

Ces équations se simplifient et se réduisent lorsqu'on prend les axes coordonnés pour les droites données.

La condition du centre ou des foyers, du sommet de symétrie, fournit deux équations entre les paramètres.

Si le centre est connu, on a les deux équations

$$2Ay + Bx + D = 0, \quad 2Cx + By + E = 0,$$

dans lesquelles x et y sont connus.

311. Lorsque la directrice ou le foyer est connu, il faut prendre pour les courbes du 2me degré l'équation

$$(x - \alpha)^2 + (y - \beta)^2 = (fy + gx + h)^2,$$

dans laquelle α et β, qui sont les coordonnées du foyer, sont connus, ainsi que les rapports $\frac{g}{f}$, $\frac{h}{f}$ lorsque la directrice est déterminée.

Il en est de même pour les asymptotes.

Ainsi, une directrice, une asymptote correspondent à deux données, à deux conditions.

Lorsqu'on donne un système de diamètres conjugués, c'est comme si l'on donnait le centre et l'équation

$$2A\delta\delta' + B(\delta + \delta') + 2C = 0,$$

ce qui équivaut à trois conditions : l'équation des courbes du 2me degré ne contiendra donc plus que deux arbitraires. En la rapportant à ces diamètres, pris pour axes coordonnés, comme on l'a vu précédemment (201), on aura :

$$M'y'^2 + N'x'^2 = F'.$$

Un point quelconque et connu de la courbe représente toujours deux conditions simples, s'exprimant par l'équation de la courbe qui passe par le point et par une droite déterminée qui coupe la courbe en ce même point.

312. Il est facile, d'après ce qui précède, de trouver ce que devient l'équation générale des courbes du 2me degré lorsque celles-ci sont soumises à quatre conditions. Ainsi :

1° Si ces courbes sont assujetties à passer par quatre points donnés, on a :

$$(y - b)(y - b') + x\left[By + \frac{bb'}{aa'}(x - a - a')\right] = 0.$$

2° Si elles touchent deux droites données en deux points donnés, il vient :

$$(y - b)^2 + x\left[By + \frac{b^2}{a^2}(x - 2a)\right] = 0.$$

Les points sont situés, comme on l'a vu (246), sur les axes coordonnés.

3° Si elles ont un centre donné (a, b) et qu'elles touchent deux droites données prises pour axes coordonnés, on a :

$$x\left[2\left(\frac{b + \sqrt{F}}{a}\right)y - \frac{b^2}{a^2}x - \frac{2b}{a}\sqrt{F}\right] = (y + \sqrt{F})^2.$$

Lorsqu'il s'agira des foyers, des directrices, on prendra pour équation des courbes du 2me degré

$$(x - \alpha)^2 + (y - \beta)^2 = (fy + gx + h)^2,$$

en se rappelant que les axes coordonnés sont alors rectangulaires. On pourra soumettre ces courbes à quatre conditions, ou à trois seulement si la courbe dont il s'agit est une parabole ou une hyperbole équilatère; ce qui laissera encore subsister une arbitraire qui sera déterminée, ainsi que le lieu, par les deux équations du point remarquable et mobile dont on demande alors le lieu décrit.

CHAPITRE XVII.

Notations abrégées appliquées à l'étude des propriétés générales des courbes du 2ᵐᵉ degré.

313. Nous avons vu (207) qu'une courbe du deuxième degré qui passe par quatre points quelconques A, B, C, D ne renferme plus qu'une seule constante arbitraire.

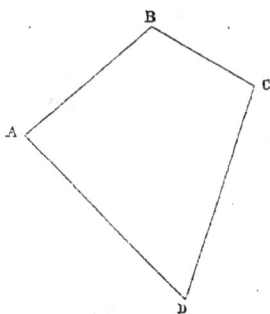

Supposons que trois de ces points ne soient pas en ligne droite, et représentons par α l'équation de la droite AB qui est complètement déterminée, puisqu'elle passe par deux points connus et donnés A et B (fig. 151).

Fig. 151.

De même, désignons par β l'équation de la droite DC, quelle que soit sa forme d'ailleurs, cette droite étant arrêtée de position.

Si nous représentons de la même manière, pour abréger, par γ et δ les équations des deux droites BC et AD, il est évident que

$$\alpha\beta - K\gamma\delta = 0$$

représentera toutes les courbes du 2ᵐᵉ degré passant par quatre points donnés A, B, C, D, la quantité K étant une constante arbitraire quelconque.

Cette courbe passe par le point A, puisque cette équation est satisfaite lorsqu'on y fait à la fois $\alpha = 0$ et $\gamma = 0$, équations simultanées qui représentent le point A. On

prouverait de la même manière qu'elle passe par les points
B, C, D.

Si l'on assujettit la courbe à passer par un cinquième
point quelconque donné E, les valeurs de α, β, γ, δ pour
ce point particulier seront connues. On peut les représen-
ter par α', β', γ', δ' ; de sorte qu'on aura, pour déterminer
K, l'équation :

$$K = \frac{\alpha'\beta'}{\gamma'\delta'},$$

et la courbe sera déterminée de grandeur et de position.

314. Comme l'équation

$$\alpha\beta - K\gamma\delta = 0 \quad (513)$$

représente une courbe quelconque du 2me degré passant
par quatre points, et que la distance d'un point quelconque
(x, y) de cette courbe à la droite AB ou $\alpha = 0$ a aussi
pour expression α, il s'ensuit que l'équation précédente

$$\frac{\alpha\beta}{\gamma\delta} = K$$

prouve que *le produit des distances d'un point quelconque
d'une section conique à deux côtés opposés d'un quadrilatère
inscrit est au produit des distances de ce même point aux
deux autres côtés dans un rapport constant.* (Théorème de
Pappus).

315. Lorsque les deux points A, B de la droite AB se
rapprochent, ainsi que les points C et D de la droite CD, et
qu'ils se réunissent en un seul, les deux droites α et β
deviennent des tangentes OB, OD en B et en D à la courbe,
et les deux droites γ, δ se confondent en une seule et même
droite qui est la corde de contact BD (fig. 152).

L'équation précédente devient alors :

$$\alpha\beta - K\gamma^2 = 0$$

et représente l'équation des courbes du 2me degré qui touchent deux droites données $\alpha = 0$, $\beta = 0$ en deux points donnés.

En effet, pour $\alpha = 0$, on a $\gamma^2 = 0$; de même, pour $\beta = 0$, on a aussi

Fig. 152.

$$\gamma^2 = 0.$$

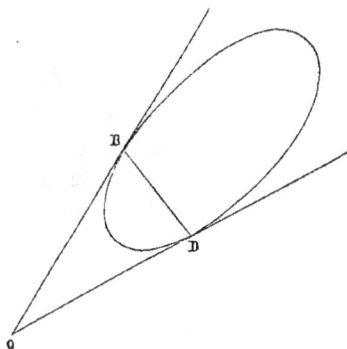

Les deux valeurs de γ se réduisent donc pour les points B et D à une seule, c'est-à-dire, qu'en ces points les droites $\alpha = 0$ et $\beta = 0$ sont tangentes à la courbe.

On voit que, sous ces conditions, l'équation des courbes du second degré ne contient plus qu'une seule constante arbitraire K, comme cela doit être. L'équation

$$\frac{\alpha\beta}{\gamma^2} = K$$

nous apprend que *le produit des distances d'un point quelconque d'une courbe du 2me degré à deux tangentes est au carré de la distance de ce point à la corde de contact dans un rapport constant.*

316. Soit un triangle quelconque ABC, $\alpha = 0$, $\beta = 0$, $\gamma = 0$ étant les équations des trois côtés opposés aux angles A, B, C de ce triangle (fig. 153).

La courbe du second degré qui passe par les trois sommets A, B, C aura pour équation :

$$a\beta\gamma + b\alpha\gamma + c\alpha\beta = 0,$$

et renfermera deux constantes arbitraires.

Cette courbe passe évidemment par les points A, B, C,

Fig. 155.

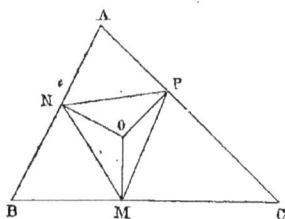

puisque son équation est satisfaite pour $\gamma = 0$, $\beta = 0$, etc.

L'équation précédente peut se mettre sous la forme :

$$\alpha(b\gamma + c\beta) + a\beta\gamma = 0.$$

La droite $c\beta + b\gamma = 0$ est tangente à la courbe au point A ($\beta = 0$, $\gamma = 0$), car cette droite rencontre la courbe en deux points qui coïncident. On prouverait de même que les droites

$$c\alpha + a\gamma = 0, \quad a\beta + b\alpha = 0,$$

sont tangentes aux sommets B, C du triangle ABC. La tangente au point A rencontre le côté opposé en un point donné par les équations

$$b\gamma + c\beta = 0 \quad \text{et} \quad \alpha = 0 ;$$

ce qui prouve que les trois tangentes aux trois sommets du triangle ABC rencontrent les trois côtés opposés en trois points situés sur la droite

$$\frac{\alpha}{a} + \frac{\beta}{b} + \frac{\gamma}{c} = 0,$$

puisque les équations des tangentes en A, B, C sont :

$$\frac{\beta}{b} + \frac{\gamma}{c} = 0, \quad \frac{\alpha}{a} + \frac{\gamma}{c} = 0, \quad \frac{\alpha}{a} + \frac{\beta}{b} = 0.$$

En combinant ces équations deux à deux, par soustraction, on obtient :

$$\frac{\alpha}{a} - \frac{\beta}{b} = 0, \quad \frac{\beta}{b} - \frac{\gamma}{c} = 0, \quad \frac{\gamma}{c} - \frac{\alpha}{a} = 0,$$

24

qui sont les trois droites joignant les sommets du triangle ABC aux sommets du triangle formé par les trois tangentes. On voit que ces trois droites se coupent en un même point.

317. Cherchons à quelles conditions l'équation

$$a\beta\gamma + b\alpha\gamma + c\alpha\beta = 0$$

représente un cercle.

Si l'on remplace α par $x \cos \alpha + y \sin \alpha - \delta$ et ainsi des autres, que l'on égale les coefficients des termes en x^2 et en y^2, et que l'on annule le coefficient du terme en xy, il viendra les deux équations :

$$a \cos (\beta + \gamma) + b \cos (\alpha + \gamma) + c \cos (\alpha + \beta) = 0,$$
$$a \sin (\beta + \gamma) + b \sin (\alpha + \gamma) + c \sin (\alpha + \beta) = 0.$$

Les arbitraires a, b, c sont proportionnelles à $\sin (\beta - \gamma)$, $\sin (\gamma - \alpha)$, $\sin (\alpha - \beta)$ ou à $\sin A$, $\sin B$, $\sin C$, A, B, C étant les trois angles du triangle ; de sorte que l'équation du cercle circonscrit au triangle ABC (fig. 155) sera :

$$\beta\gamma \sin A + \alpha\gamma \sin B + \alpha\beta \sin C = 0.$$

Si, d'un point quelconque O pris dans l'intérieur de ce triangle, on abaisse les trois perpendiculaires OM, ON, OP sur les côtés BC, AB, AC, il est évident que le double de l'aire du triangle NOP aura pour expression $\beta\gamma \sin A$; de même, $\alpha\gamma \sin B$, $\alpha\beta \sin C$ représenteront le double des aires des deux autres triangles NOM, MOP.

Ainsi, l'équation précédente indique que l'aire du triangle MNP est nulle, c'est-à-dire, que les trois pieds M, N, P sont en ligne droite ou autrement que le point O (fig. 155), d'où partent ces trois perpendiculaires, est situé sur la circonférence circonscrite au triangle.

Si l'on a :

$$\beta\gamma \sin A + \alpha\gamma \sin B + \alpha\beta \sin C = K,$$

K étant une constante, cette équation représente un cercle concentrique à la circonférence circonscrite au triangle ABC, puisque les deux équations ne diffèrent que par une quantité constante.

318. $(\alpha', \beta', \gamma')$, $(\alpha'', \beta'', \gamma'')$ étant les coordonnées de deux points quelconques de la courbe, la sécante qui joint ces points aura pour équation :

$$\frac{a\alpha}{\alpha'\alpha''} + \frac{b\beta}{\beta'\beta''} + \frac{c\gamma}{\gamma'\gamma''} = 0,$$

car celle-ci est satisfaite lorsqu'on y pose

$$\alpha = \alpha', \quad \beta = \beta', \quad \gamma = \gamma'.$$

Alors, il vient : $\qquad \dfrac{a}{\alpha''} + \dfrac{b}{\beta''} + \dfrac{c}{\gamma''} = 0.$

L'équation $a\beta\gamma + b\alpha\gamma + c\alpha\beta = 0$, ou

$$\frac{a}{\alpha} + \frac{b}{\beta} + \frac{c}{\gamma} = 0,$$

est satisfaite pour les coordonnées α', β', γ'. Il en est de même pour α'', β'', γ''.

Dans l'hypothèse $\alpha'' = \alpha'$, $\beta'' = \beta'$, $\gamma'' = \gamma'$, la sécante deviendra tangente, et on aura pour l'équation de cette dernière au point $(\alpha', \beta', \gamma')$:

$$\frac{a\alpha}{\alpha'^2} + \frac{b\beta}{\beta'^2} + \frac{c\gamma}{\gamma'^2} = 0;$$

de même, si $\mu\alpha + \nu\beta + \pi\gamma = 0$ est l'équation d'une tangente, on a pour les coordonnées du point de contact :

$$\frac{a}{\alpha'^2} = \mu, \quad \frac{b}{\beta'^2} = \nu, \quad \frac{c}{\gamma'^2} = \pi;$$

d'où l'on tire :

$$\alpha' = \sqrt{\frac{a}{\mu}}, \quad \beta' = \sqrt{\frac{b}{\nu}}, \quad \gamma' = \sqrt{\frac{c}{\pi}}.$$

Ce point étant situé sur la courbe doit satisfaire à l'équation

$$\frac{a}{\alpha} + \frac{b}{\beta} + \frac{c}{\gamma} = 0;$$

ce qui donne

$$\sqrt{a\mu} + \sqrt{b\nu} + \sqrt{c\pi} = 0.$$

Telle est la condition pour que la droite

$$\mu\alpha + \nu\beta + \pi\gamma = 0,$$

soit tangente à la courbe

$$a\beta\gamma + b\alpha\gamma + c\alpha\beta = 0.$$

L'équation $\sqrt{a\mu} + \sqrt{b\nu} + \sqrt{c\pi} = 0$ peut être nommée l'équation tangentielle de la courbe.

Il est facile de trouver aussi cette équation tangentielle en éliminant γ entre les deux équations précédentes, et en exprimant ensuite que l'équation résultante en $\frac{\alpha}{\beta}$ a ses deux racines égales.

319. Nous venons de faire connaître les propriétés des courbes du 2me degré circonscrites à un triangle quelconque ABC.

Cherchons les propriétés des mêmes courbes lorsqu'elles sont inscrites dans un triangle.

L'équation générale de ces courbes est alors

$$a^2\alpha^2 + b^2\beta^2 + c^2\gamma^2 - 2ab\alpha\beta - 2ac\alpha\gamma - 2bc\beta\gamma = 0,$$

et peut se mettre sous la forme :

$$a\alpha(a\alpha - 2b\beta - 2c\gamma) + (b\beta - c\gamma)^2 = 0.$$

Si l'on y fait $\alpha = 0$ pour trouver les points de rencontre du côté BC du triangle avec la courbe, les deux points de rencontre seront donnés par les deux racines égales de l'équation :

$$(b\beta - c\gamma)^2 = 0 :$$

le côté du triangle qui a pour équation $\alpha = 0$ est donc tangent à la courbe.

On prouverait de même que les deux autres côtés $\beta = 0$, $\gamma = 0$ sont également tangents à cette courbe. L'équation précédente est donc bien celle des courbes du 2me degré tangentes aux trois côtés d'un triangle.

Les trois droites

$$a\alpha - b\beta = 0, \quad b\beta - c\gamma = 0, \quad c\gamma - a\alpha = 0,$$

qui joignent les trois sommets A, B, C du triangle aux points de contact des côtés opposés se coupent en un même point, comme le prouvent ces trois équations.

La droite

$$a\alpha - 2b\beta - 2c\gamma = 0$$

est également tangente à la courbe; si l'on combine son équation avec celle de la courbe, on obtient pour les points de rencontre les deux valeurs égales

$$(b\beta - c\gamma)^2 = 0.$$

D'ailleurs, la forme de l'équation

$$a\alpha\,(a\alpha - 2b\beta - 2c\gamma) + (b\beta - c\gamma)^2 = 0$$

prouve que la droite $b\beta - c\gamma = 0$ passe par le point de contact de la tangente

$$a\alpha - 2b\beta - 2c\gamma = 0.$$

Si l'on mène les trois tangentes aux trois points de rencontre des droites qui joignent les trois sommets A, B, C du triangle aux points de contact des côtés opposés, ces trois tangentes dont les équations sont :

$$2b\beta + 2c\gamma - a\alpha = 0 \quad . \quad . \quad . \quad . \quad (1),$$
$$2a\alpha + 2c\gamma - b\beta = 0 \quad . \quad . \quad . \quad . \quad (2),$$
$$2a\alpha + 2b\beta - c\gamma = 0 \quad . \quad . \quad . \quad . \quad (5),$$

rencontrent les côtés opposés en trois points situés sur la droite

$$a\alpha + b\beta + c\gamma = 0. \quad \ldots \ldots \quad (4).$$

En effet, si nous cherchons le point d'intersection des deux droites $\alpha = 0$ et $2b\beta + 2c\gamma - a\alpha = 0$, on obtient

$$b\beta + c\gamma = 0,$$

qui est l'équation (4) lorsqu'on y fait $\alpha = 0$; et ainsi des autres.

320. La sécante qui passe par deux points $(\alpha', \beta', \gamma')$, $(\alpha'', \beta'', \gamma'')$ de la courbe a pour équation

$$\alpha \sqrt{a}\left(\sqrt{\beta'\gamma''} + \sqrt{\beta''\gamma'}\right) + \beta \sqrt{b}\left(\sqrt{\alpha'\gamma''} + \sqrt{\alpha''\gamma'}\right)$$
$$+ \gamma \sqrt{c}\left(\sqrt{\alpha''\beta'} + \sqrt{\alpha'\beta''}\right) = 0.$$

Si, dans cette équation, on change α, β, γ en α', β', γ', elle devient :

$$\left(\sqrt{\alpha'\beta'\gamma''} + \sqrt{\alpha'\gamma'\beta''} + \sqrt{\beta'\gamma'\alpha''}\right)\left(\sqrt{a\alpha'} + \sqrt{b\beta'} + \sqrt{c\gamma'}\right)$$
$$- \sqrt{\alpha'\beta'\gamma'}\left(\sqrt{a\alpha''} + \sqrt{b\beta''} + \sqrt{c\gamma''}\right) = 0,$$

équation qui est évidemment satisfaite lorsqu'on a :

$$\sqrt{a\alpha'} + \sqrt{b\beta'} + \sqrt{c\gamma'} = 0 \quad \text{et} \quad \sqrt{a\alpha''} + \sqrt{b\beta''} + \sqrt{c\gamma''} = 0,$$

les points $(\alpha', \beta', \gamma'), (\alpha'', \beta'', \gamma'')$ étant situés sur la courbe.

Cette sécante devient tangente quand on pose

$$\alpha'' = \alpha', \quad \beta'' = \beta', \quad \gamma'' = \gamma';$$

ce qui donne pour l'équation de celle-ci :

$$\alpha \sqrt{\frac{a}{\alpha'}} + \beta \sqrt{\frac{b}{\beta'}} + \gamma \sqrt{\frac{c}{\gamma'}} = 0.$$

De même, si la droite $\mu\alpha + \nu\beta + \pi\gamma = 0$ est tangente à la courbe, les coordonnées du point $(\alpha', \beta', \gamma')$ devront satisfaire aux équations

$$\sqrt{\frac{a}{\alpha'}} = \mu, \quad \sqrt{\frac{b}{\beta'}} = \nu, \quad \sqrt{\frac{c}{\gamma'}} = \pi.$$

Substituons les valeurs de α', β', γ' dans l'équation de la courbe

$$\sqrt{a\alpha'} + \sqrt{b\beta'} + \sqrt{c\gamma'} = 0,$$

il viendra :

$$\frac{a}{\mu} + \frac{b}{\nu} + \frac{c}{\pi} = 0,$$

équation qui exprime la condition pour que la droite $\mu\alpha + \nu\beta + \pi\gamma = 0$ soit tangente à la courbe ; c'est l'équation tangentielle de la courbe elle-même.

321. Réciproquement, cherchons l'équation de la courbe dont les tangentes doivent satisfaire à la condition

$$\frac{a}{\mu} + \frac{b}{\nu} + \frac{c}{\pi} = 0.$$

Soient les deux droites

$$\mu'\alpha + \nu'\beta + \pi'\gamma = 0, \quad \mu''\alpha + \nu''\beta + \pi''\gamma = 0;$$

les quantités μ', ν', π', μ'', ν'', π'', substituées dans l'équation précédente, satisfont à cette équation.

Mais l'équation

$$\frac{a\mu}{\mu'\mu''} + \frac{b\nu}{\nu'\nu''} + \frac{c\pi}{\pi'\pi''} = 0,$$

qui est satisfaite quand on y change μ, ν, π en μ', ν', π' et en μ'', ν'', π'' est l'équation tangentielle du point d'intersection de deux tangentes.

En y posant $\mu'' = \mu'$, etc..., on aura pour l'équation du point de contact de la tangente :

$$\frac{a\mu}{\mu'^2} + \frac{b\nu}{\nu'^2} + \frac{c\pi}{\pi'^2} = 0,$$

ce qui donne pour les coordonnées triangulaires du point de contact :

$$\alpha = \frac{a}{\mu'^2}, \quad \beta = \frac{b}{\gamma'^2}, \quad \gamma = \frac{c}{\pi'^2};$$

d'où l'on tire :

$$\mu' = \frac{\sqrt{a}}{\sqrt{\alpha}}, \text{ etc.}$$

En remplaçant ces valeurs dans l'équation

$$\frac{a}{\mu'} + \frac{b}{\gamma'} + \frac{c}{\pi'} = 0,$$

on obtient de nouveau

$$\sqrt{a\alpha} + \sqrt{b\beta} + \sqrt{c\gamma} = 0.$$

322. Il est facile de trouver l'équation du cercle inscrit dans un triangle ABC, en partant de celle du cercle circonscrit à ce triangle.

Soit A′ B′ C′ le triangle formé en joignant les trois points de contact du cercle inscrit dans le triangle ABC, et α', β', γ' les côtés opposés à ces angles.

D'après ce qu'on a vu précédemment (317), l'équation du cercle circonscrit au triangle A′ B′ C′ est

$$\beta'\gamma' \sin A' + \alpha'\gamma' \sin B' + \alpha'\beta' \sin C' = 0.$$

On a : $$A' = \frac{1}{2}(B + C) = 90° - \frac{A}{2}$$

et $$\alpha'^2 = \beta\gamma, \quad \beta'^2 = \alpha\gamma, \quad \gamma'^2 = \alpha\beta,$$

comme il est facile de le prouver en cherchant à quelle condition l'équation

$$\alpha\beta = K\gamma^2$$

représente un cercle ; ce qui donne :

$$K = 1.$$

En remplaçant sin A′ par sa valeur $\cos \frac{A}{2}$, etc..., α', β', γ', par leurs valeurs, on obtient pour l'équation du cercle tangent aux trois côtés du triangle :

$$\sqrt{\alpha} \cos \frac{A}{2} + \sqrt{\beta} \cos \frac{B}{2} + \sqrt{\gamma} \cos \frac{C}{2} = 0.$$

--- —

CHAPITRE XVIII.

Points communs à deux ou à plusieurs coniques. Sécantes communes.

323. Lorsqu'une droite passe par les deux points d'intersection réels ou imaginaires de deux coniques, on dit que cette droite est une *sécante ou une corde commune* aux deux coniques.

Quand une droite est sécante commune à deux coniques, celles-ci admettent les mêmes systèmes de deux points conjugués sur cette droite ; ou bien encore, les polaires de chaque point de cette droite se rencontrent sur la droite elle-même.

Les polaires d'un point P *de la sécante commune aux deux coniques passent par le point* I, *conjugué harmonique de* P (256), *et réciproquement.*

Le point d'intersection de deux sécantes communes à deux coniques a la même polaire dans les deux courbes. Les polaires de ce point dans les deux courbes doivent se rencontrer à la fois sur chacune des sécantes, ce qui exige qu'elles se confondent, et réciproquement.

324. *Lorsque deux coniques ont un point d'intersection réel, elles en ont un second aussi réel ; une branche de l'une*

*des courbes pénètre dans l'autre courbe et la rencontre une
seconde fois en sortant.*

Les coniques qui ont deux points d'intersection réels, ont
une corde commune et deux points d'intersection imaginaires conjugués par lesquels passe une seconde sécante
réelle; donc, deux coniques qui ont un point d'intersection
réel ont deux cordes communes réelles. Quand deux coniques se coupent en quatre points réels, elles ont évidemment trois couples de sécantes communes.

325. Soit $S = 0$ et $S' = 0$ les équations de deux coniques ;

$$S - KS' = 0$$

est l'équation d'une troisième conique passant par les quatre
points d'intersection réels ou imaginaires A, B, C, D des
deux premières.

Si l'on désigne par α, β, γ, δ ces cordes d'intersection, on
retombe sur la forme :

$$\alpha\beta - K\gamma\delta = 0.$$

L'élimination d'une variable entre les deux équations
$S = 0$, $S' = 0$ conduit à une équation du 4me degré qui
fait connaître les quatre points d'intersection A, B, C, D.

*Que ces points soient réels ou imaginaires, les deux
coniques $S = 0$, $S' = 0$ auront toujours deux sécantes
réelles communes. Si les quatre racines de l'équation sont
imaginaires, elles sont conjuguées et de la forme*

$$x = a \pm a'\sqrt{-1}, \quad y = b \pm b'\sqrt{-1},$$
$$x = m \pm m'\sqrt{-1}, \quad y = n \pm n'\sqrt{-1}.$$

Les équations des deux sécantes réelles sont :

$$y - b = \frac{b'}{a'}(x - a), \quad y - n = \frac{n'}{m'}(x - m).$$

Si deux racines sont réelles et les autres imaginaires, il

y aura encore deux sécantes communes : celle qui joint les points réels et celle, aussi réelle,

$$y - b = \frac{b'}{a'}(x - a),$$

qui joint les points imaginaires.

326. La recherche des sécantes communes à deux courbes du 2me degré revient à la résolution d'une équation du 3me degré.

Soient, en effet,

$$Ay^2 + Bxy + Cx^2 + Dy + Ex + F = 0,$$
$$A'y^2 + B'xy + C'x^2 + D'y + E'x + F' = 0,$$

les équations de deux de ces courbes.

Multiplions la seconde par l'arbitraire K et soustrayons, il viendra :

$$(A - KA')\, y^2 + (B - KB')\, xy + (C - KC')\, x^2$$
$$+ (D - KD')\, y + (E - KE')\, x + F - KF' = 0.$$

En désignant les coefficients de cette équation par α, β, γ, δ, ε, i, on aura

$$y = -\frac{\beta x + \delta}{2\alpha} \pm \frac{1}{2\alpha}\sqrt{(\beta^2 - 4\alpha\gamma)\, x^2 + 2(\beta\delta - 2\alpha\varepsilon)\, x + \delta^2 - 4\gamma i}.$$

La condition pour que cette courbe se réduise à deux droites est, comme on le sait, exprimée par le *discriminant*

$$4\alpha\gamma i + \beta\delta\varepsilon - \alpha\varepsilon^2 - \gamma\delta^2 - i\beta^2 = 0.$$

Si l'on remplace dans cette relation α par $A - KA'$, β par $B - KB'$, etc., on obtiendra une équation du 3me degré en K.

En calculant l'une des racines de cette équation en K, on aura une couple de sécantes communes aux deux courbes.

Il sera facile alors, au moyen de ces deux droites, de chercher les quatre points d'intersection des deux courbes $S = 0$, $S' = 0$, puisque le problème sera ramené à chercher le point de rencontre d'une droite avec une courbe du 2me degré.

Si une racine réelle de K rend positif le binôme $\beta^2 - 4\alpha\gamma$, les deux courbes auront deux sécantes communes réelles; car, dans ce cas, on aura pour l'équation de la sécante réelle

$$y = -\frac{\beta x + \delta}{2\alpha} \pm x\sqrt{\beta^2 - 4\alpha\gamma} + \frac{\beta\delta - 2\alpha\varepsilon}{\sqrt{\beta^2 - 4\alpha\gamma}}.$$

Si cette racine rend le binôme $\beta^2 - 4\alpha\gamma$ négatif, ces deux sécantes seront imaginaires conjuguées. Une racine imaginaire de K donne toujours une couple de sécantes imaginaires.

Lorsque l'équation du 3me degré en K a ses trois racines réelles et que deux de ces racines rendent positif le binôme $\beta^2 - 4\alpha\gamma$, les deux courbes auront deux couples de droites réelles et se couperont en quatre points réels; la troisième racine rendra aussi positif le binôme $\beta^2 - 4\alpha\gamma$.

Si l'équation en K a ses trois racines réelles et qu'une seule d'entre elles rende positif le binôme $\beta^2 - 4\alpha\gamma$, les deux courbes n'ont qu'une couple de sécantes réelles.

Les deux autres valeurs de K rendent le binôme $\beta^2 - 4\alpha\gamma$ négatif, et les deux courbes se couperont en quatre points imaginaires.

Lorsque l'équation du 3me degré en K n'a qu'une racine réelle, cette racine rendra le binôme $\beta^2 - 4\alpha\gamma$ positif; il y aura deux sécantes réelles. Les deux racines imaginaires conjuguées donneront deux droites imaginaires, et il y aura deux points d'intersection réels et deux imaginaires.

327. Si les deux coniques ont le même centre, il sera facile de ramener leurs équations à la forme

$$y^2 + bxy + cx^2 = d^2, \quad y^2 + b'xy + c'x^2 = d'^2,$$

en transportant l'origine des axes coordonnés en ce point commun aux deux courbes ; les quatre points d'intersection des deux coniques, réels ou imaginaires, seront déterminés par une équation bi-carrée.

Lorsque les deux coniques ont un même diamètre et, à plus forte raison, un même axe, on prend ce diamètre pour axe des x ou des y : l'équation des courbes ne renfermera plus qu'un seul terme en y^2 ou en x^2. En éliminant cette inconnue entre les deux équations, on obtiendra une équation du second degré en x ou en y qui fera connaître les deux points d'intersection de ces courbes.

Si les deux coniques ont pour équations :

$$xy + x^2 + m(x + y) = a^2, \quad xy + y^2 + n(x + y) = b^2,$$

c'est-à-dire, si elles ont, la première une asymptote parallèle à l'axe des y et la seconde une asymptote parallèle à l'axe des x, il sera facile, en ajoutant les deux équations, de trouver les quatre points de rencontre de ces deux courbes et, par suite, leurs sécantes communes.

Deux hyperboles ayant une asymptote commune, on pourra prendre cette droite pour nouvel axe des y : les deux courbes, rapportées à ces nouveaux axes coordonnés, ne contiendront plus qu'un seul terme en x. En éliminant cette inconnue, on obtiendra une équation du 2me degré en y qui fera connaître les points d'intersection des deux coniques.

328. Lorsque les deux coniques ont le même foyer, les équations

$$(x - \alpha)^2 + (y - \beta)^2 = K^2\gamma^2, \quad (x - \alpha)^2 + (y - \beta)^2 = K'^2\gamma'^2,$$

fournissent la suivante :

$$K\gamma = \pm K'\gamma',$$

qui prouve que les deux courbes ont deux sécantes communes qu'il est facile de construire.

Supposons que les coniques soient des ellipses dont le foyer commun est F (fig. 154), dont A, B sont les points d'intersection réels et MD, M'D' les deux directrices.

Fig. 154.

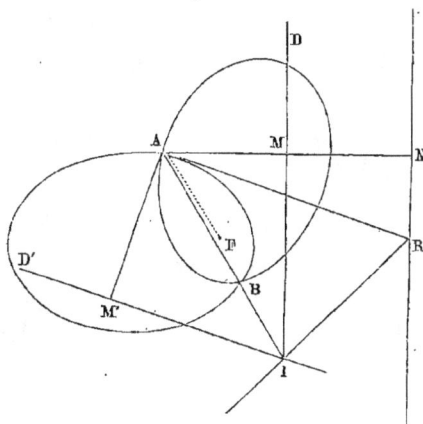

Du point A abaissons les perpendiculaires AM, AM' sur les deux directrices. On aura :

$$K = \frac{AF}{AM}, \quad K' = \frac{AF}{AM'} ; \quad \text{d'où} \quad \frac{K'}{K} = \frac{AM}{AM'}.$$

Prolongeons la perpendiculaire AM d'une longueur MN égale à elle-même et, par le point A, menons une parallèle à la directrice M'D' : le point de rencontre R appartiendra à la seconde sécante commune RI.

329. THÉORÈME. *Lorsque trois coniques ont deux points*

communs, les trois droites qui joignent les autres points d'intersection des courbes deux à deux se coupent en un même point.

Soit $\qquad S = 0$ . . . . (I)

l'équation de l'une des coniques, et $d = 0$ l'équation de la droite qui passe par les points communs A, B. Les équations des deux autres coniques (II) et (III) seront (fig. 155)

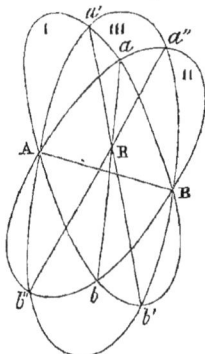

Fig. 155.

$$S + d\delta = 0 \quad . \quad . \quad (II),$$
$$S + d\delta' = 0. \quad . \quad . \quad (III).$$

Leur corde d'intersection aura pour équation

$$d(\delta - \delta') = 0.$$

La droite $(a''b'')$,

$$\delta - \delta' = 0,$$

non commune à chacune des trois coniques passe évidemment par le point de rencontre des deux droites (ab), $\delta = 0$, et

$(a'b')$, $\quad \delta' = 0$.

330. *Les points de rencontre des côtés opposés d'un hexagone quelconque inscrit dans une courbe du 2me degré sont en ligne droite.* (Théorème de Pascal).

Soit *abcdef* (fig. 156) un hexagone quelconque inscrit dans une courbe du 2me degré (I) laquelle passe par les deux points *a* et *d ;* les deux droites *ab*, *cd* peuvent être considérées comme une courbe du 2me degré (II) passant par les points communs *a* et *d*. De même, le système des deux droites *af* et *de* peut être aussi regardé comme une troisième courbe du 2me degré (III) passant par les mêmes points *a* et *d*. Dès lors, la droite *bc* est l'intersection de (I) et de (II), la droite *ef* est l'intersection de (I) et de (III); ces deux droites *bc, ef* se rencontrent en un point *i*. La droite *gh*, intersection des courbes (II) et (III) doit passer par *i*, d'après le théorème précédent.

Fig. 156.

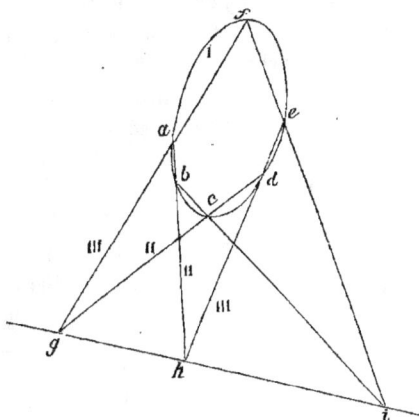

REMARQUE. Ce théorème s'applique aussi à un hexagone fermé quelconque. On en forme un en traçant six cordes consé- cutives dans un sens ou dans l'autre, de manière à revenir finalement au point de départ. Si l'on numérote les côtés dans l'ordre suivant lequel on les a obtenus, les trois points d'inter- section *a*, *b*, *c* des côtés 1, 4; 2, 5; 3, 6, sont en ligne droite (fig. 157).

Fig. 157.

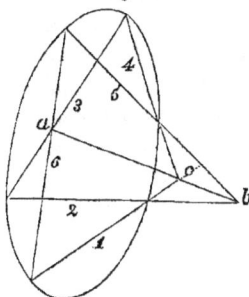

COROLLAIRE I. Lorsqu'on définit une section conique par

cinq points a, b, c, d, e, le théorème précédent permet de construire autant de points de la courbe qu'on veut. Par le point a, traçons une droite quelconque af (fig. 156) et cherchons le point f où cette droite coupe la courbe. On marquera : 1° le point d'intersection h des droites ab et de; 2° le point d'intersection g de cd et de af: la droite bc doit rencontrer gh en i. Le point f où la droite ei rencontrera af appartiendra à la courbe.

Ce théorème peut aussi servir à mener la tangente à la conique en un des points de cette courbe.

Quand deux sommets de l'hexagone inscrit, par exemple

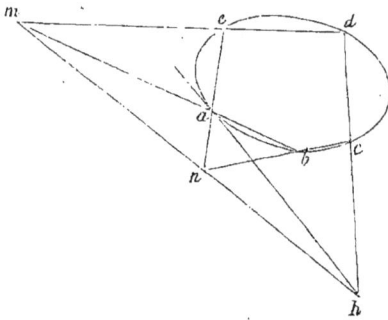
Fig. 158.

a et f, se confondent (fig. 158), le côté intermédiaire af devient la tangente à la courbe au point a.

Appliquons le théorème de Pascal en comptant cette tangente comme un côté : nous aurons encore trois points en ligne droite.

Pour construire la tangente, on marquera le point d'intersection m de ab et de la droite de ; le point d'intersection n de bc et de ae ; la droite cd rencontrera la droite mn en h, et la droite ah sera la tangente en a.

COROLLAIRE II. *Un quadrilatère* abcd *étant inscrit dans une section conique, les points de rencontre des côtés opposés et les points de rencontre des tangentes aux sommets opposés sont en ligne droite.*

Avec les tangentes en a et en c, si l'on complète l'hexagone inscrit, on aura trois points *m*, *n*, *p* en ligne droite (fig. 159).

En complétant l'hexagone avec les tangentes en *b* et en *d*,

Fig. 159.

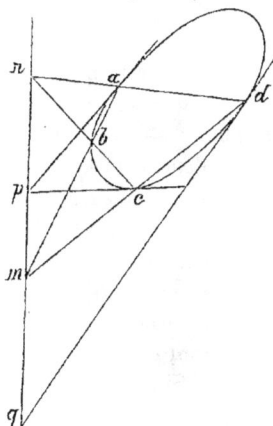

on aura de même trois points *m*, *n*, *q* en ligne droite ; donc, les points *m*, *n*, *p*, *q* forment une seule et même ligne droite.

COROLLAIRE III. *Un triangle étant inscrit dans une section conique, les points d'intersection des côtés et des tangentes aux sommets opposés sont en ligne droite.*

Les trois côtés du triangle et les trois tangentes aux sommets de ce triangle forment les six côtés de l'hexagone inscrit (fig. 160).

331. Soit *abcdef* l'hexagone inscrit à une conique (fig. 161).

Désignons par α, β, γ, δ, ε, *i* les six côtés consécutifs de cet hexagone *ab*, *bc*, etc...

Fig. 160.

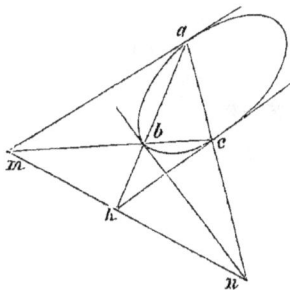

Tirons la diagonale *ad* qui partage cet hexagone en deux quadrilatères inscrits chacun dans la conique. L'équation de la courbe qui passe par les quatre points *a*, *b*, *c*, *d* est

$$\alpha\gamma - \beta m = 0 \quad . \quad (1),$$

m étant l'équation de la diagonale *ad* (fig. 161).

L'équation de la conique qui passe par les quatre points
a, f, e, d est aussi :

$$\delta i - m\varepsilon = 0 \quad . \quad . \quad . \quad . \quad . \quad (2);$$

en la soustrayant de (1), il vient :

$$\alpha\gamma - \delta i = (\beta - \varepsilon)\, m.$$

La diagonale ad ou $m = 0$ passe par le point a ou
$\varkappa = 0$ et $i = 0$, et par d ou $\gamma = 0$ et $\delta = 0$.

Le 2me facteur du second membre $\beta - \varepsilon = 0$, est évidemment l'équation de
l'autre diagonale pq ;
et comme cette équa-
tion est ainsi satisfaite
pour $\beta = 0$ et $\varepsilon = 0$,
les trois points p, q, r
sont en ligne droite.

Fig. 161.

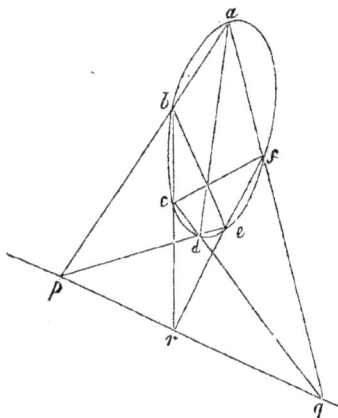

Si l'on considère le
quadrilatère $bcef$, en
représentant par $m' = 0$
et $n = 0$ les équations
de ses deux diagonales
be, cf, on aura pour
troisième forme de l'é-
quation de la conique
circonscrite :

$$m'n - \beta\varepsilon = 0 \quad . \quad . \quad . \quad . \quad . \quad (5).$$

En égalant deux à deux les équations (1), (2), (5), il
vient :

$$\alpha\gamma - \delta i = (\varepsilon - m)\,\beta, \quad \delta i - m'n = (m - \beta)\,\varepsilon;$$

de là, le théorème de *Steiner* :

*Les trois droites de Pascal, obtenues par les points de
rencontre des côtés opposés des hexagones* abcdef, adefcb,
afcbed, *passent par un même point.*

332. *Les trois diagonales qui joignent les sommets opposés d'un hexagone circonscrit à une section conique passent par un même point* (Théorème de Brianchon).

Fig. 162.

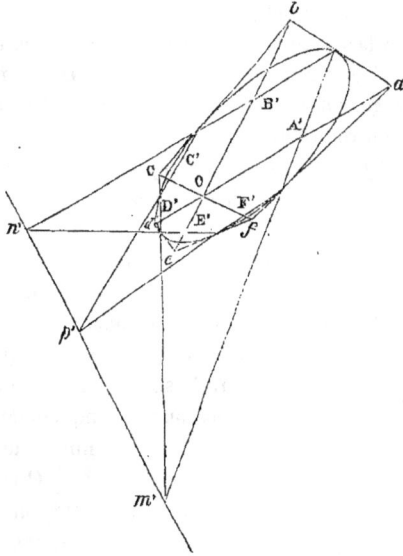

Ce théorème se déduit du précédent par la méthode des polaires réciproques.

Soit *abcdef* un hexagone circonscrit à une conique. L'hexagone inscrit qui a pour sommets les points de contact est la figure corrélative de l'hexagone circonscrit par rapport à la conique proposée, car les sommets *a, b, c...* de l'hexagone circonscrit sont les pôles des côtés A′, B′, C′... de l'hexagone inscrit (fig. 162). La diagonale *ad* de l'hexagone circonscrit est la polaire du point d'intersection *m′* des côtés opposés A′ et D′ de l'hexagone inscrit ; de même, la diagonale *be* est la polaire du point d'intersection *n'* des côtés B' et E', et la diagonale *cf* est la polaire du point d'intersection *p'* des côtés C' et F'. Puisque les trois points *m'*, *n'*, *p'* sont en ligne droite, en vertu du théorème précédent, et que cette droite ne peut avoir qu'un seul pôle qui doit se trouver à la fois sur les trois diagonales *ad*, *be*, *cf*, celles-ci doivent nécessairement se rencontrer en un même point O.

L'hexagone circonscrit à la conique peut être quelconque, convexe ou rentrant.

333. Quand on connait cinq tangentes à une conique, on peut, au moyen du théorème précédent, en construire à volonté.

Soient les cinq tangentes données *af*, *ab*, *bc*, *cd*, *de* (fig. 162); proposons-nous de mener une tangente partant du point *f*. Traçons les deux diagonales *fc* et *ad* qui se coupent en *o*; la diagonale *bo* coupera la cinquième tangente au point *e*, et *fe* sera la sixième tangente demandée.

On peut aussi, lorsqu'on connaît cinq tangentes à une conique, déterminer le point de contact de chacune. On peut considérer cette tangente comme se confondant avec le sixième côté de l'hexagone circonscrit; de sorte que le sixième sommet de cet hexagone circonscrit coïncide avec le point de contact de la tangente à la conique, lequel doit se trouver sur la troisième diagonale.

Fig. 163.

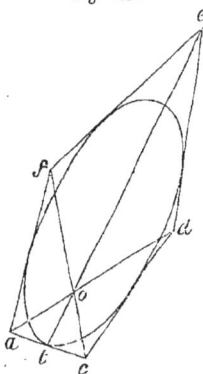

Pour trouver le point de contact *t* de la tangente *ac*, on mènera les deux diagonales *ad*, *cf* qui se coupent en *o* (fig. 163). La troisième diagonale *eo* rencontrera la tangente *ac* au point de contact *t*.

Il résulte du même théorème que :

1° *Dans un quadrilatère circonscrit à une conique, les diagonales et les droites qui passent par les points de contact des côtés opposés passent par un même point.*

2° *Dans tout triangle circonscrit, les droites qui joignent les sommets aux points de contact des côtés opposés se coupent en un même point.*

CHAPITRE XIX.

Contact et double contact des courbes du 2me degré.

234. Soient

$$y^2 + bxy + cx^2 + dy + ex + f = 0,$$
$$y^2 + b'xy + c'x^2 + d'y + e'x + f' = 0,$$

les équations de deux coniques.

Si $f = 0$ et $f' = 0$, les deux courbes sont tangentes à l'axe des y à l'origine. Pour ce point, on a :

$$x\left[(d'b - db')y + (d'c - dc')x + d'e - de'\right] = 0.$$

Fig. 164.

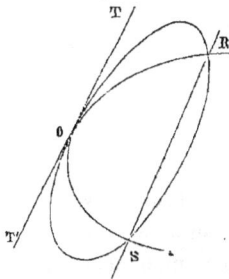

Cette équation est satisfaite pour $x = 0$ et pour

$$(d'b - db')y + (d'c - dc')x + d'e - de' = 0,$$

laquelle représente la droite RS qui passe par le point O, si l'on a en même temps

$$d'e = de'.$$

Dans ce cas, la droite RS passe

par l'origine, et les deux courbes ont un contact du 2me ordre. Enfin, si $d'b = db'$, la droite RS coïncide avec la tangente, et les deux courbes ont un contact du 3me ordre (fig. 164).

335. Si $\alpha = 0$ et $\beta = 0$ sont les équations de deux droites qui rencontrent la conique MACDNB ou $S = 0$ (fig. 165) aux points A, B, C, D, l'équation d'une conique quelconque passant par ces quatre points sera, d'après ce qui précède,

$$S - K\alpha\beta = 0 ;$$

et comme les points A, C, et B, D peuvent se rapprocher de manière que les deux droites α et β coïncident, l'équation de la seconde conique deviendra alors :

$$S = K\alpha^2,$$

et elle aura avec la première un double contact.

On a déjà vu (315) que

$$\alpha\gamma = K\beta^2$$

est une conique dont $\alpha = 0$, $\gamma = 0$ sont deux tangentes, $\beta = 0$ étant leur corde de contact.

Fig. 165.

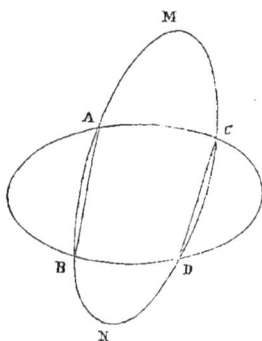

La corde de contact AB a le même pôle dans les deux coniques (fig. 166). Les deux tangentes en A et B peuvent être considérées comme une 3me conique ayant un double contact avec les coniques données, et la corde de contact AB peut, à son tour, être considérée comme une conique infiniment aplatie ayant ses sommets aux points de contact.

D'après cela, les équations des courbes connues telles que

$$xy = \mathrm{K}^2 \quad \text{et} \quad y^2 = 2px,$$

représentent des courbes dont les points de contact sont à l'infini. Puisqu'on peut écrire pour la première

$$xy = (0 . x + 0 . y + \mathrm{K})^2,$$

la corde de contact $0.y + 0.x + \mathrm{K} = 0$, qui se réduit à une constante, rencontre les axes coordonnés, qui sont ici les asymptotes, à l'infini ; pour la seconde,

$$(0.y + 0.x + 2p)\, x = y^2 :$$

ce qui prouve que la parabole est tangente à l'origine à l'axe des y, mais qu'elle touche, en outre, la droite $2p$ à l'infini.

Fig. 166.

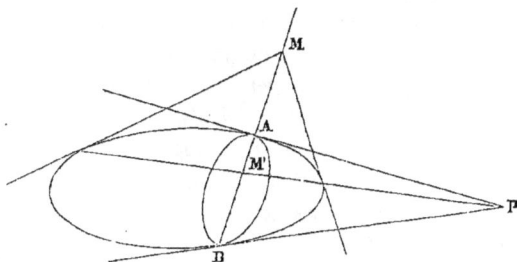

Les courbes du 2me degré qui ont pour équation

$$\mathrm{A}y^2 + \mathrm{B}xy + \mathrm{C}x^2 = \mathrm{K}^2,$$

peuvent se mettre sous la forme :

$$\frac{\left[2\mathrm{A}y + \mathrm{B}x - \sqrt{\mathrm{B}^2 - 4\mathrm{A}\mathrm{C}}\,.\,x\right]\left[2\mathrm{A}y + \mathrm{B}x + \sqrt{\mathrm{B}^2 - 4\mathrm{A}\mathrm{C}}\,.\,x\right]}{4\mathrm{A}} = \mathrm{K}^2,$$

et ont toutes deux droites réelles ou imaginaires qui touchent ces courbes à l'infini.

L'équation générale des coniques étant

$$y^2 = 2px + qx^2,$$

et pouvant se mettre sous la forme :

$$x(2p + qx) = y^2,$$

montre que ces courbes sont tangentes aux droites parallèles

$$x = 0 \quad \text{et} \quad x = -\frac{2p}{q}.$$

336. *Lorsque deux coniques ont un double contact, les polaires d'un point quelconque M se coupent sur la corde de contact AB.*

Ces polaires se coupent sur la polaire du point M relative au système de deux cordes communes aux deux coniques et qui se confondent, dans ce cas, avec la corde de contact, ainsi que la polaire du point **M**.

Il s'ensuit que, *si deux points sont conjugués par rapport à deux coniques qui ont un double contact, l'un d'eux est toujours situé sur la corde de contact.*

337. *Si deux coniques ont un double contact, les pôles d'une droite quelconque sont en ligne droite avec le pôle de la corde de contact.*

On sait que, *si plusieurs coniques sont inscrites dans un même quadrilatère, les pôles d'une droite quelconque par rapport à ces coniques sont en ligne droite;* ce qui est facile à prouver lorsqu'on prend pour les trois coniques inscrites les trois diagonales d'un quadrilatère complet. L'une des trois coniques se réduit ici au pôle P de la corde de contact.

Le pôle de la droite passe évidemment par ce point; donc, etc...

Il en résulte que *si deux droites sont conjuguées par*

rapport à deux coniques qui ont un double contact, l'une d'elles passe par le pôle de la corde de contact.

338. *Quand deux coniques ont un double contact, un point quelconque de la corde de contact a la même polaire dans les deux courbes.*

Soit un point quelconque M sur la corde de contact AB ; la polaire de ce point par rapport aux deux coniques passera évidemment par le pôle P de la corde de contact, intersection de deux tangentes communes (fig. 166). La polaire du point M passera aussi par M', conjugué harmonique du point M, qui est le même pour les deux courbes, et réciproquement.

339. *Si deux coniques ont un double contact et qu'on fasse passer par les deux points de contact une troisième conique quelconque, les cordes qu'elle intercepte dans les deux coniques se coupent en un même point de la corde de contact.*

Les trois coniques ont une corde commune, la corde de contact; en vertu du théorème (329), les trois autres cordes se coupent en un même point. Comme l'une de ces trois dernières droites est la corde de contact, donc, etc...

On voit, d'après ce qui précède, que, *si deux coniques ont un double contact et que, d'un point quelconque M dans leur plan, on mène deux sécantes passant par les points de contact, les cordes ab, a′ b′ se couperont sur la corde de contact* AB.

Si les deux coniques sont deux hyperboles ayant les mêmes asymptotes, un angle dont les côtés sont parallèles aux asymptotes intercepte dans les deux courbes des cordes parallèles.

Les deux asymptotes de l'hyperbole peuvent être considérées comme une conique; ce qui prouve que *deux droites parallèles aux asymptotes d'une hyperbole interceptent dans la courbe et entre les asymptotes des cordes parallèles.*

340. On a, d'après cela, une solution très-facile du problème suivant :

Inscrire dans un angle donné une droite de longueur donnée et qui passe par un point donné.

Soient AB, AC les deux côtés de l'angle et M le point donné (fig. 167). Par ce dernier, on mène des parallèles

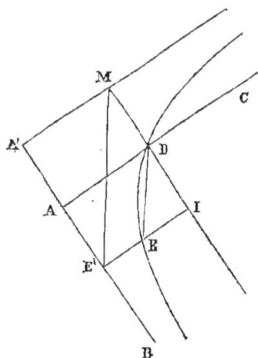

Fig. 167.

aux deux côtés de l'angle donné ; on forme ainsi un parallélogramme MDAA′ et l'on décrit une hyperbole passant par le point D et ayant pour asymptotes les deux côtés A′B et A′M. On prend ensuite sur cette courbe, à partir du point D, une corde DE égale à la longueur donnée.

Par le point E, on mène EE′, parallèle à AC ; la parallèle ME′ résout le problème.

341. *Deux coniques ont un double contact. Par deux points quelconques* T, T′ *de l'une, on mène deux tangentes*

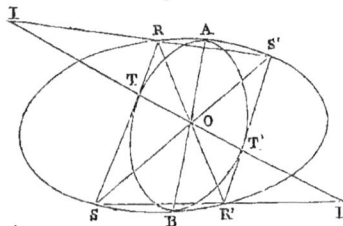

Fig. 168.

RTS, R′T′S′ *qui rencontrent l'autre conique chacune en deux points* R, S *et* R′, S′. 1° *Les deux cordes* RR′, SS′ *passent par le point de rencontre des deux droites* AB, TT′ ; 2° *les deux autres cordes* RS′, R′S *rencontrent la droite* TT′ *en deux points* I, I′ *par lesquels on peut mener une conique tangente à ces droites et ayant un double contact avec les coniques proposées.*

Les deux tangentes RTS, R'T'S', menées à l'une des
deux coniques, peuvent être considérées comme une conique ayant avec celle-ci un double contact sur la droite TT'.

Les cordes RR', SS' sont communes à ces deux coniques
et doivent passer par le point de rencontre O des deux
droites AB, TT' (fig. 168).

342. *Deux coniques* C, C' *ont un double contact. Par
deux points* D, E *de* C' *on mène à* C *des tangentes qui forment un quadrilatère circonscrit à* C. *Une diagonale de ce
quadrilatère passe par le pôle de la corde de contact des
deux coniques et par le pôle* P' *de la corde* DE *relatif à* C'.

On peut mener par la corde de contact avec C (sommets
du quadrilatère circonscrit) une conique ayant un double
contact avec les deux coniques C, C' et dont les tangentes
en ces points passent par P'.

Ce théorème est le corrélatif du précédent.

343. PROBLÈME I. *Mener par deux points* A, B *une
conique qui ait un double contact avec une conique donnée,
et dont le pôle de contact soit sur une droite donnée* D.

Par les deux points A et B, on mènera des tangentes à la
conique donnée. Les diagonales du quadrilatère circonscrit
rencontrent la droite D en deux points; chacun de ces points
est le pôle de contact d'une conique passant par les points A et B.

344. PROBLÈME II. *Décrire une conique tangente à deux
droites et ayant un double contact avec une conique donnée
C, de manière que la corde de contact passe par un point
donné* P.

Les deux droites données coupent la conique C en quatre
points qui sont les sommets d'un quadrilatère inscrit dont
ces droites sont les diagonales.

La droite qui joint le point de rencontre des côtés
opposés de ce quadrilatère au point P est la corde de contact demandée.

345. PROBLÈME III. *Décrire une conique qui passe par trois points* A, B, C, *et qui ait un double contact avec une conique donnée* C.

Par les deux points A , B menons des tangentes à la conique donnée ; on formera ainsi un quadrilatère dont l'une des diagonales passera par le pôle de contact des deux coniques. Menons, de même, par les deux points A, C des tangentes à la conique C ; les quatre diagonales de ces deux quadrilatères se rencontreront deux à deux en quatre points qui seront les pôles des cordes de contact. Il y a quatre solutions.

346. PROBLÈME IV. *Décrire une conique tangente à trois droites données* A, B, C *et qui ait un double contact avec une conique donnée* C.

Les deux droites A et B déterminent dans la conique donnée quatre cordes qui se coupent deux à deux en deux points dont l'un se trouve sur la corde de contact ; de même, les deux droites A et C déterminent dans la conique quatre cordes qui se coupent en deux points dont l'un se trouve sur la corde de contact. Les quatre droites qui joindront ces deux points aux deux premiers seront quatre cordes de contact et fourniront ainsi quatre solutions.

347. THÉORÈME I. *Lorsque deux coniques ont un double contact avec une troisième , les cordes de contact et deux des cordes d'intersection concourent en un même point, et forment un faisceau harmonique.*

Soit $$S = 0$$

l'équation de la conique MCND (fig. 169).

$$S + \alpha^2 = 0, \quad S + \beta^2 = 0$$

seront les équations des deux autres coniques ,

$$\alpha = 0, \quad \beta = 0$$

étant les équations des cordes de contact OC, OD.

On tire de ces deux dernières équations :

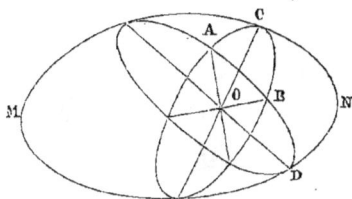
Fig. 169.

$$\alpha + \beta = 0, \quad \alpha - \beta = 0,$$

qui sont les équations des cordes d'intersection OA, OB ; celles-ci forment avec α et β un faisceau harmonique et passent par le point (α, β) de l'intersection des deux cordes de contact.

348. THÉORÈME II. *Lorsque trois coniques ont avec une quatrième un double contact, six des cordes d'intersection passent trois à trois par le même point et forment les côtés et les diagonales d'un quadrilatère.*

Soient

$$S = 0, \quad S + \alpha^2 = 0, \quad S + \beta^2 = 0, \quad S + \gamma^2 = 0$$

les équations de ces coniques. On a pour les cordes d'intersection les trois équations :

$$\alpha^2 - \beta^2 = 0, \quad \beta^2 - \gamma^2 = 0, \quad \gamma^2 - \alpha^2 = 0 ;$$

ce qui donne :

$$
\begin{array}{|ccc|}
\alpha - \beta = 0, & \beta - \gamma = 0, & \gamma - \alpha = 0, \\
\alpha + \beta = 0, & \beta + \gamma = 0, & \gamma - \alpha = 0, \\
\alpha + \beta = 0, & \beta - \gamma = 0, & \gamma + \alpha = 0, \\
\alpha - \beta = 0, & \beta + \gamma = 0, & \gamma + \alpha = 0.
\end{array}
$$

Si, au lieu des trois coniques

$$S + \alpha^2 = 0, \quad S + \beta^2 = 0, \quad S + \gamma^2 = 0,$$

on prend les côtés de l'hexagone circonscrit, chaque conique étant alors réduite à deux tangentes, on aura pour cordes d'intersection les trois diagonales qui doivent, d'après le théorème de *Brianchon*, se couper en un même point. La diagonale est ici la droite qui joint un sommet quelconque de l'hexagone à un quatrième sommet.

CHAPITRE XX.

DU CERCLE.

349. Soient α et β les coordonnées du centre d'un cercle de rayon R, OP $= x$, MP $= y$ les coordonnées d'un point quelconque de la circonférence et θ l'angle des axes coordonnés, ceux-ci étant obliques.

Le triangle CMN donne (fig. 170) :

$$\overline{MN}^2 + \overline{CN}^2 + 2MN \times CN \cos\theta = \overline{CM}^2$$

ou $(y - \beta)^2 + (x - \alpha)^2 + 2(y - \beta)(x - \alpha)\cos\theta = R^2,$

qui est l'équation la plus générale de la circonférence. On voit qu'elle contient trois constantes arbitraires α, β et R : ce qui prouve qu'on peut toujours assujettir une circonférence de cercle à trois conditions pour la déterminer de grandeur et de position.

En développant cette équation, elle prend la forme :

$$y^2 + 2xy\cos\theta + x^2 - 2(\beta + \alpha\cos\theta)y - 2(\alpha + \beta\cos\theta)x$$
$$+ \alpha^2 + \beta^2 - R^2 + 2\alpha\beta\cos\theta = 0.$$

Les coefficients de x^2 et de y^2 sont égaux entre eux et à l'unité ; le coefficient du rectangle xy est égal à deux fois le cosinus de l'angle des axes coordonnés.

350. Réciproquement, toute équation de la forme

$$y^2 + x^2 + axy - by - cx + d = 0$$

peut représenter une circonférence de cercle rapportée à des axes obliques.

En posant $2\cos\theta = a$, $\beta + \alpha\cos\theta = \dfrac{b}{2}$,

$$\alpha + \beta\cos\theta = \frac{c}{2} \quad \text{et} \quad \alpha^2 + \beta^2 + 2\alpha\beta\cos\theta - R^2 = d,$$

les deux équations deviennent identiques.

L'équation proposée pourra toujours représenter une circonférence, si les valeurs de α, de β et de R, tirées de ces équations, ne sont pas absurdes.

Fig. 170.

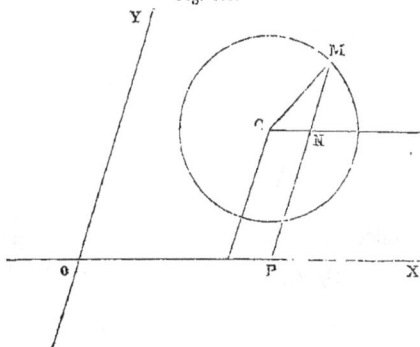

Soit YOX (fig. 171) l'angle des axes donné par l'équation

$$\cos \theta = \frac{a}{2}.$$

Prenons sur l'axe des abscisses une longueur $OP = \frac{c}{2}$ et sur l'axe des ordonnées une longueur $OQ = \frac{b}{2}$; il viendra :

$$OA + AP = OP \quad \text{ou} \quad \alpha + \beta \cos\theta = \frac{c}{2},$$

$$OB + BQ = OQ \quad \text{ou} \quad \beta + \alpha \cos\theta = \frac{b}{2}.$$

Les deux perpendiculaires élevées aux points P et Q se rencontreront en un point C, qui sera le centre de la circonférence cherchée (fig. 171).

D'après cette construction, il n'est pas nécessaire, pour avoir la position du centre C, de calculer α et β; il suffit de prendre, avec des signes contraires, la moitié des coefficients de y et de x, et d'élever aux points P et Q des perpendiculaires qui se rencontreront au point C.

Les équations :

$$\alpha + \beta \cos \theta = \frac{c}{2}, \quad \beta + \alpha \cos \theta = \frac{b}{2},$$

$$\alpha^2 + \beta^2 + 2\alpha\beta \cos \theta - R^2 = d,$$

fournissent d'ailleurs

$$\alpha = \frac{c - b \cos \theta}{2 \sin^2 \theta}, \quad \beta = \frac{b - c \cos \theta}{2 \sin^2 \theta},$$

$$R = \pm \sqrt{\frac{b^2 + c^2 - 2bc \cos \theta}{4 \sin^2 \theta} - d}.$$

Ces valeurs, substituées dans l'équation précédente, rendraient celle-ci identique avec l'équation de la circonférence : ce qui prouve qu'elle représente bien cette courbe.

Fig. 171.

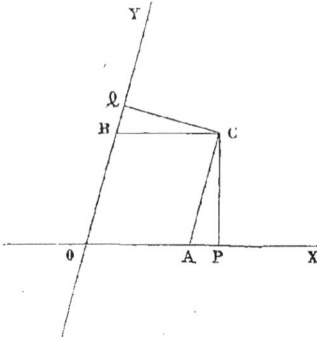

Si le centre C est situé sur l'axe des x, $\beta = 0$; s'il est situé sur l'axe des y, $\alpha = 0$. Enfin, s'il est à l'origine, on a, en même temps, $\alpha = 0$ et $\beta = 0$, ce qui fournit les différentes équations :

$$(x - \alpha)^2 + y^2 + 2 (x - \alpha) y \cos \theta = R^2,$$

$$(y - \beta)^2 + x^2 + 2 (y - \beta) x \cos \theta = R^2,$$

$$x^2 + y^2 + 2xy \cos \theta = R^2.$$

Si les axes coordonnés sont rectangulaires, le triangle CMN (fig. 170) est rectangle et donne :

$$\overline{MN}^2 + \overline{CN}^2 = \overline{CM}^2 \quad \text{ou} \quad (x - \alpha)^2 + (y - \beta)^2 = R^2,$$

26

qui est l'équation de la circonférence de cercle par rapport à des axes rectangulaires. Elle contient encore trois constantes arbitraires, α, β et R.

En la développant, il vient :

$$x^2 + y^2 - 2\alpha x - 2\beta y + \alpha^2 + \beta^2 - R^2 = 0.$$

Elle ne contient plus le rectangle xy ; les coefficients des termes du 2me degré sont encore égaux entre eux et à l'unité.

351. Réciproquement, toute équation de la forme :

$$ax^2 + ay^2 + bx + cy + d = 0$$

peut représenter une circonférence de cercle.

Divisant par a, il viendra :

$$y^2 + x^2 + \frac{c}{a}y + \frac{b}{a}x + \frac{d}{a} = 0.$$

En complétant les carrés en x et en y, on a :

$$\left(y + \frac{c}{2a}\right)^2 + \left(x + \frac{b}{2a}\right)^2 = \frac{b^2}{4a^2} + \frac{c^2}{4a^2} - \frac{d}{a},$$

qui est bien l'équation d'une circonférence de cercle dans laquelle

$$\alpha = -\frac{b}{2a}, \quad \beta = -\frac{c}{2a}, \quad R = \sqrt{\frac{b^2}{4a^2} + \frac{c^2}{4a^2} - \frac{d}{a}}.$$

Si le centre est situé sur l'axe des x, $\beta = 0$; s'il est situé sur l'axe des y, $\alpha = 0$; lorsqu'il se trouve à l'origine, $\alpha = 0$ et $\beta = 0$. L'équation générale devient pour ces trois cas :

$$(x - \alpha)^2 + y^2 = R^2, \quad (y - \beta)^2 + x^2 = R^2, \quad y^2 + x^2 = R^2,$$

qui est l'équation la plus simple de la circonférence. Elle prouve, ainsi que les précédentes :

1° *Que cette courbe a tous ses points à égale distance du centre C, qui est ici l'origine des axes coordonnés.*

2° *Qu'elle est symétrique par rapport aux axes des x et des y qui sont ici des diamètres de la courbe, et que tout diamètre partage ainsi la circonférence et le cercle en deux parties égales.*

3° *Qu'un diamètre perpendiculaire à une corde, partage cette corde et l'arc sous-tendu en deux parties égales.*

Il vient, en effet :

$$y = \pm \sqrt{R^2 - x^2}.$$

Pour toute valeur de $x < R$, les deux valeurs de y sont égales et de signes contraires.

4° *La perpendiculaire abaissée d'un point quelconque* M *de la circonférence sur le diamètre* AB *est moyenne proportionnelle entre les deux segments* BP, AP *qu'elle détermine sur ce diamètre* (fig. 172).

Fig. 172.

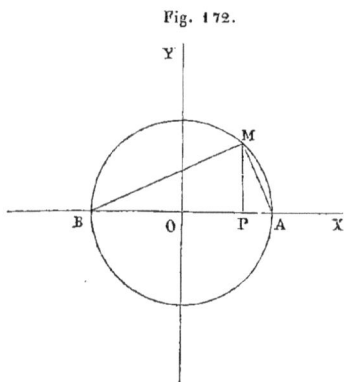

En effet, soit

$$OP = x,$$
$$BP = R + x,$$
$$AP = R - x$$

et $MP = y$;

d'où

$$y^2 = (R + x)(R - x),$$
$$\overline{MP}^2 = BP \times AP,$$

ce qu'il fallait démontrer.

Dans le triangle rectangle BMP, on a :

$$\overline{BM}^2 = y^2 + (R + x)^2$$

et, en remplaçant y^2 par sa valeur $R^2 - x^2$:

$$\overline{BM}^2 = 2R(R + x), \quad \overline{BM}^2 = AB \times BP.$$

3° Donc, *la corde* BM *est moyenne proportionnelle entre le diamètre entier* AB *et le segment adjacent* BP.

Les deux droites AM et BM qui passent par les extrémités du diamètre AB = 2R de la circonférence lequel est ici l'axe des x, ont pour équations :

$$y = m\,(x - \text{R}) \quad \text{et} \quad y = m'\,(x + \text{R}); \quad \text{d'où} \quad y^2 = mm'\,(x^2 - \text{R}^2).$$

En ajoutant la condition que ces droites doivent se couper sur la circonférence

$$y^2 = \text{R}^2 - x^2,$$

il viendra :

$$\text{R}^2 - x^2 = mm'\,(x^2 - \text{R}^2); \quad \text{d'où} \quad 1 + mm' = 0 :$$

ce qui prouve que les droites AM, BM sont perpendiculaires entre elles, et que l'angle AMB inscrit dans une demi-circonférence est droit.

352. L'équation

$$(y - \beta)^2 + x^2 = \text{R}^2$$

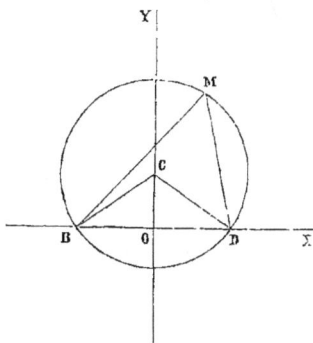

est celle de la circonférence lorsque le centre C est situé sur l'axe des y. Les axes coordonnés étant rectangulaires et l'origine étant au milieu O de la corde BD = 2c (fig. 173), on a :

$$\text{R}^2 = \beta^2 + c^2;$$

d'où

$$y^2 + x^2 - 2\beta y - c^2 = 0$$

Fig. 173.

pour l'équation de la circonférence qui passe par les deux points B et D.

Les deux droites BM et DM ont pour équations

$$y = p\,(x + c), \quad y = p'\,(x - c).$$

L'angle ω de ces deux droites est :

$$\operatorname{tg} \omega = \frac{p' - p}{1 + pp'} \quad \text{ou} \quad \operatorname{tg} \omega = \frac{2cy}{y^2 + x^2 - c^2}.$$

Ces deux droites devant se couper sur la circonférence qui a pour équation

$$y^2 + x^2 - c^2 - 2\beta y = 0,$$

il vient :

$$\operatorname{tg} \omega = \frac{c}{\beta}.$$

Donc, tous les angles inscrits dans le segment BMD sont égaux et valent la moitié de l'angle au centre.

353. Recherchons les conditions de contact et d'intersection de deux circonférences.

Supposons que l'axe des x passe par les centres O et C de ces courbes.

Les axes coordonnés étant rectangulaires, on aura les équations :

$$x^2 + y^2 = R^2 \quad \text{et} \quad (x - \alpha)^2 + y^2 = r^2,$$

Fig. 174.

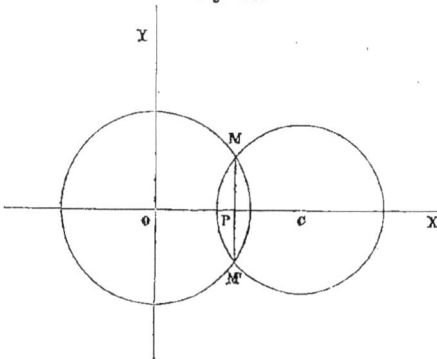

R et r étant les rayons de ces circonférences O et C, α représentant la distance OC des centres (fig. 174).

On obtient, par soustraction, pour l'abscisse $OP = x$ de la corde d'intersection :

$$x = \frac{R^2 + a^2 - r^2}{2a},$$

et pour la demi-corde d'intersection MP :

$$y = \pm \sqrt{R^2 - \left(\frac{R^2 + a^2 - r^2}{2a}\right)^2}.$$

Cette valeur de y nous apprend que deux circonférences ne peuvent se couper en plus de deux points.

Comme les valeurs de y sont égales et de signes contraires, il s'ensuit que la distance OC des centres est perpendiculaire à la corde d'intersection MM', et qu'elle la partage en deux parties égales.

La quantité soumise au radical dans l'expression de y qui précède étant la différence de deux carrés, on a :

$$y = \pm \frac{1}{2a} \sqrt{(a + R + r)(a + R - r)(R + r - a)(a + r - R)}.$$

On peut toujours supposer $R > r$ et prendre a positif : alors, il est évident que les deux premiers facteurs sous le radical sont toujours positifs.

Il reste à examiner les signes des deux autres facteurs, qui doivent être à la fois tous deux positifs ou négatifs, c'est-à-dire, qu'on doit avoir :

$$a < R + r \quad \text{et} \quad a > R - r.$$

Ainsi, pour que deux circonférences se coupent, il faut : 1° *que la distance des centres soit plus petite que la somme des rayons; 2° plus grande que leur différence.*

Si $\qquad a > R + r \quad \text{et} \quad a < R - r,$

on aurait $a > R$, $a < R$, ce qui est absurde.

L'un des deux derniers facteurs du produit sous le

radical étant nul, la valeur de y est égale à zéro, c'est-à-dire, que les deux cercles se toucheront. Si $\alpha = R + r$, ils se toucheront extérieurement, et si $\alpha = R - r$, ils se toucheront intérieurement.

Il en résulte que, si la distance des centres est égale à la somme des rayons, les deux cercles sont tangents extérieurement, et si la distance des centres est égale à la différence des rayons, qu'ils sont tangents intérieurement.

Tangente au cercle.

354. Prenons l'équation la plus simple de la circonférence de cercle

$$y^2 + x^2 = R^2.$$

Soit

$$y = mx + n$$

l'équation d'une droite quelconque, m et n étant deux arbitraires.

Pour les points d'intersection de ces deux lignes, ces deux équations sont simultanées, et l'on aura :

$$(1 + m^2)\, x^2 + 2mnx + n^2 - R^2 = 0;$$

d'où

$$x = -\frac{mn \pm \sqrt{R^2\, (1 + m^2) - n^2}}{1 + m^2}.$$

Pour exprimer la condition de tangence de la droite en un point quelconque (x', y') de la circonférence, il faut que les deux points d'intersection de cette droite avec la courbe se réunissent, à la limite, en un seul, c'est-à-dire, que les deux racines de l'équation soient égales; ce qui donne, pour déterminer m et n, les deux nouvelles équations :

$$n^2 = R^2\, (1 + m^2) \quad \text{et} \quad x' = -\frac{mn}{1 + m^2}.$$

Si l'on remplace n par cette valeur dans l'équation

$$y = mx + n,$$

il viendra :

$$y = mx + R\sqrt{1 + m^2},$$

qui est l'équation de toutes les tangentes à une circonférence, puisque l'arbitraire m est encore indéterminée.

En substituant la valeur de x' dans l'équation

$$y' = mx' + n,$$

on aura :

$$y' = \frac{n}{1 + m^2},$$

et en divisant x' par cette valeur :

$$m = -\frac{x'}{y'}; \quad \text{d'où} \quad n = \frac{R^2}{y'}.$$

Connaissant les valeurs de m et de n, l'équation de la tangente sera :

$$y = -\frac{x'}{y'}x + \frac{R^2}{y'} \quad \text{ou} \quad yy' + xx' = R^2.$$

Il est facile de prouver que la droite représentée par cette dernière équation n'a de commun avec la circonférence que le seul point (x', y').

Il suffit, à cette fin, de retrancher le double de chaque membre de cette équation de l'expression

$$y'^2 + x'^2 = R^2$$

et de compléter ensuite les carrés ; ce qui donne :

$$(y - y')^2 + (x - x')^2 = y^2 + x^2 - R^2,$$

qui est toujours l'équation précédente de la tangente, comme il est facile de s'en assurer.

Cette équation, n'étant satisfaite que pour le seul point de la courbe $x = x'$, $y = y'$, n'a que ce seul point de commun avec la courbe et avec la droite ; elle représente donc bien la tangente à la circonférence au point (x', y').

255. Désignons par ω, ω' les angles que font avec l'axe

Fig. 175.

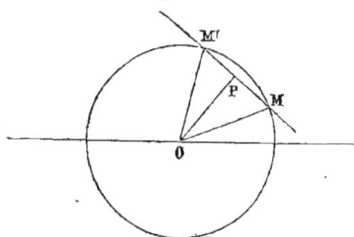

des x les rayons vecteurs OM, OM' menés du centre O du cercle aux points de rencontre d'une sécante avec la circonférence (fig. 175).

L'équation de cette sécante

$$x \cos\alpha + y \sin\alpha = \delta$$

devient, en remplaçant α et δ par leurs valeurs tirées des formules

$$\alpha = \frac{\omega + \omega'}{2} \quad . \quad . \quad . \quad . \quad . \quad (1),$$

$$\delta = R \cos\tfrac{1}{2}(\omega' - \omega) \quad . \quad . \quad . \quad . \quad (2) :$$

$$x \cos\tfrac{1}{2}(\omega + \omega') + y \sin\tfrac{1}{2}(\omega + \omega') = R \cos\tfrac{1}{2}(\omega' - \omega).$$

Si $\omega' = \omega$, on a pour l'équation de la tangente à la circonférence :

$$x \cos\omega + y \sin\omega = R.$$

Il n'y a plus, comme on le voit, qu'une seule variable ω pour représenter le point de contact.

On a d'ailleurs

$$yy' + xx' = R^2$$

pour la tangente à la circonférence en un point (x', y') ; mais $x' = R \cos\omega$, $y' = R \sin\omega$; d'où

$$x \cos\omega + y \sin\omega = R,$$

ω étant l'angle que le rayon du cercle au point de contact fait avec l'axe des x.

356. Cherchons comment, par un point M dont les coordonnées α et β sont rectangulaires, on peut mener une tangente à la circonférence donnée de centre O et de rayon R (fig. 176).

Fig. 176.

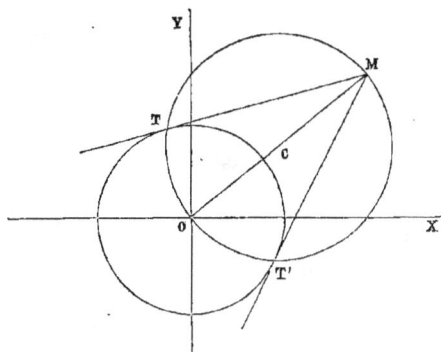

Soient x', y' les coordonnées du point de contact de la tangente MT avec la circonférence. On aura les équations :

$$y'^2 + x'^2 = \text{R}^2, \quad \beta y' + \alpha x' = \text{R}^2.$$

Le point de contact (x', y'), devant se trouver à la fois sur les deux lignes représentées par ces deux équations, se trouvera à leur intersection ; mais, en retranchant la seconde de ces équations de la précédente et en complétant les carrés, on obtient :

$$\left(y' - \frac{\beta}{2}\right)^2 + \left(x' - \frac{\alpha}{2}\right)^2 = \frac{\alpha^2}{4} + \frac{\beta^2}{4},$$

équation d'une circonférence ayant pour diamètre la distance OM et sur laquelle doit aussi se trouver le point de contact de la tangente MT ; comme il doit se trouver également sur la circonférence donnée, il sera à l'intersection de ces deux circonférences.

357. On peut calculer directement les coordonnées x', y' du point de contact lorsque la tangente doit passer par un point donné (α, β).

On a, en effet, pour déterminer ce point, les équations:

$$y'^2 + x'^2 = R^2, \quad \beta y' + \alpha x' = R^2,$$

qui donnent pour x' et y' les valeurs

$$x' = \frac{R^2 \alpha \pm R\beta \sqrt{\alpha^2 + \beta^2 - R^2}}{\alpha^2 + \beta^2},$$

$$y' = \frac{R^2 \beta \mp R\alpha \sqrt{\alpha^2 + \beta^2 - R^2}}{\alpha^2 + \beta^2}.$$

On voit que, par un point extérieur à la circonférence, on peut toujours mener deux tangentes puisque, pour ce point, $\alpha^2 + \beta^2 > R^2$ et qu'ainsi le radical a deux valeurs réelles. Si le point (α, β) est situé sur la circonférence, les deux valeurs se réduisent à une seule : on ne peut mener qu'une seule tangente. Enfin, si le point est à l'intérieur du cercle, on ne peut, par ce point, mener aucune tangente, puisque le radical est imaginaire à cause de

$$\alpha^2 + \beta^2 < R^2.$$

Si, dans l'équation de la tangente passant par le point (α, β),

$$\alpha x + \beta y = R^2,$$

on fait successivement $x = 0$, $y = 0$, il viendra :

$$OB = \frac{R^2}{\beta}, \quad OA = \frac{R^2}{\alpha}.$$

Comme il est facile de construire ces longueurs prises sur les axes des y et des x, on aura ainsi la droite AB qui rencontrera le cercle aux deux points de contact cherchés.

358. La *normale* à une courbe quelconque est la perpendiculaire à la tangente élevée au point de contact.

x', y' étant les coordonnées de ce point, l'équation de la normale est de la forme :

$$y - y' = m'(x - x').$$

La condition d'être perpendiculaire à la tangente fournit la relation :

$$1 + mm' = 0.$$

Comme $m = -\dfrac{x'}{y'}$, ainsi qu'on l'a vu précédemment, il vient :

$$m' = \frac{y'}{x'}; \quad \text{d'où} \quad y - y' = \frac{y'}{x'}(x - x') \quad \text{et} \quad y = \frac{y'}{x'}x:$$

ce qui prouve que cette droite passe par l'origine, qui est ici le centre de la courbe, et que la tangente au cercle est perpendiculaire à l'extrémité du rayon mené au point de contact.

Axe radical. — Centre radical.

359. On appelle *puissance d'un point* par rapport à une circonférence quelconque O, le rectangle constant des segments $PA \times PB$ situés sur la corde AB qui passe par ce point.

On nomme *axe radical* de deux circonférences O, O' le lieu d'égale puissance par rapport à ces deux circonférences.

Soient x_1, y_1 les coordonnées du point P, R et R' les rayons des circonférences O, O' (fig. 177), les axes étant rectangulaires et l'origine des coordonnées au centre O. L'axe des x étant dirigé suivant la droite des centres $OO' = \alpha$, on aura :

$$PA \times PB = \overline{PT}^2 = \overline{PT'}^2,$$

T, T' étant les points de contact des deux tangentes

PT, PT' ; le lieu cherché est donc tel que de chacun de ses points partent deux tangentes égales aux deux circonférences.

Les triangles rectangles PTO, PT'O' donnent :

$$\overline{PT}^2 = x_1^2 + y_1^2 - R^2, \quad \overline{PT'}^2 = y_1^2 + (x_1 - \alpha)^2 - R'^2.$$

En égalant ces deux valeurs $x_1^2 + y_1^2 - R^2$ et $y_1^2 + (x_1 - \alpha)^2 - R'^2$, on aura l'équation du lieu demandé qui est :

$$2\alpha x_1 = \alpha^2 + R^2 - R'^2; \quad \text{d'où} \quad x_1 = \frac{\alpha}{2} + \frac{(R + R')(R - R')}{2\alpha}.$$

On voit que ce lieu est une droite perpendiculaire à la droite des centres OO', qui est ici l'axe des x; que cette droite est plus rapprochée de la petite circonférence que

Fig. 177.

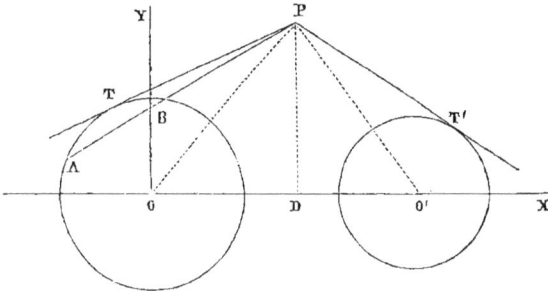

de la grande; qu'elle se confond avec la corde d'intersection lorsque les deux circonférences se coupent, et avec la tangente commune lorsque les deux cercles O, O' sont tangents, soit extérieurement, soit intérieurement, comme le prouve la valeur précédente de x_1.

360. Soient $C_1 = 0$, $C_2 = 0$, $C_3 = 0$ les équations de trois circonférences de cercle quelconques.

Celles des cordes d'intersection seront :

$$C_4 - C_2 = 0, \quad C_4 - C_3 = 0, \quad C_2 - C_3 = 0.$$

Les trois droites représentées par ces équations se coupent évidemment en un même point appelé *centre radical* des trois cercles.

Puisque l'équation de l'une quelconque de ces droites est satisfaite par le point d'intersection des deux autres, la deuxième $C_4 - C_3 = 0$ ou

$$C_4 - C_2 + (C_2 - C_3) = 0$$

est satisfaite pour les équations simultanées

$$C_4 - C_2 = 0, \quad C_2 - C_3 = 0,$$

c'est-à-dire, par le point d'intersection des deux autres droites.

361. *Si, par un point de l'axe radical de deux cercles donnés, avec un rayon égal à la tangente menée de ce point à l'un des deux cercles, on décrit un troisième cercle, celui-ci coupera orthogonalement les deux autres.*

Cherchons l'équation de ce troisième cercle.

Dirigeons l'axe des y suivant l'axe radical des deux cercles, et représentons ceux-ci par l'équation

$$y^2 + x^2 - 2kx + d^2 = 0,$$

k étant indéterminé.

Prenons sur l'axe radical un point dont les coordonnées soient $x = 0$ et $y = h$. En substituant ces valeurs dans l'équation précédente, on aura : $h^2 + d^2$ pour le carré du rayon du cercle; de sorte que l'équation de la circonférence qui coupe orthogonalement deux cercles donnés est :

$$x^2 + (y - h)^2 = h^2 + d^2.$$

Si l'on y fait $y = 0$, il vient :

$$x = \pm d.$$

Quel que soit donc le point pris pour centre de la circonférence orthogonale sur l'axe radical, cette circonférence coupera les deux cercles donnés aux mêmes points, à des distances égales de l'origine.

Exercices.

362. I. *A quelle condition les deux cercles*

$$x^2 + y^2 + ay + bx + c = 0, \quad x^2 + y^2 + a'y + b'x + c' = 0$$

se coupent-ils à angle droit?

Si l'on joint les centres de ces deux cercles à l'un des points d'intersection, l'angle compris entre ces deux rayons sera droit et la distance des centres des deux cercles sera l'hypoténuse d'un triangle rectangle; ce qui donne, après réduction :

$$aa' + bb' = 2(c + c')$$

pour la condition demandée.

363. II. *Trouver un cercle coupant orthogonalement trois cercles donnés.*

On aura pour déterminer a, b, c trois équations analogues à celle qui précède.

364. III. *Chercher l'angle ω sous lequel deux cercles se coupent.*

On a :
$$d^2 = R^2 + r^2 - 2Rr \cos \omega,$$

R, r étant les rayons des deux cercles et d la distance des centres.

365. IV. *Si un cercle mobile rencontre deux cercles fixes sous des angles constants, il rencontrera tous les cercles ayant même axe radical sous des angles constants.*

Soient
$$S = 0, \quad S' = 0$$

les deux cercles fixes, r, r' leurs rayons et R le rayon du cercle variable. Désignons par α, β les angles constants sous lesquels les cercles fixes sont coupés par le cercle mobile. D étant la distance du centre du cercle mobile au centre du cercle fixe $S = 0$, on a :

$$D^2 = R^2 + r^2 - 2Rr \cos\alpha ; \quad \text{d'où} \quad D^2 - r^2 = R^2 - 2Rr \cos\alpha.$$

On peut poser $S = D^2 - r^2$, puisque les coordonnées du centre du cercle mobile satisfont à cette relation. D'ailleurs, D est la distance du centre du cercle mobile au centre du cercle fixe de rayon r. Il vient :

$$R^2 - 2Rr \cos\alpha = S \quad \text{et} \quad R^2 - 2Rr' \cos\beta = S'.$$

Soit le cercle $kS + lS' = 0$ qui a même axe radical que les deux cercles S, S', r'' son rayon et γ l'angle constant sous lequel il est coupé par le cercle mobile. On obtient

$$R^2 - 2Rr'' \cos\gamma = kS + lS'.$$

Il vient également :

$$R^2 - \frac{2R \, kr \cos\alpha + lr' \cos\beta}{k + l} = \frac{kS + lS'}{k + l}.$$

Si l'on a :

$$r'' \cos\gamma = \frac{kr \cos\alpha + lr' \cos\beta}{k + l},$$

le cercle mobile coupera le cercle $kS + lS'$ de rayon r'' sous l'angle constant γ.

Tangentes communes à deux cercles.

366. Si nous plaçons l'origine des axes rectangulaires au centre C de l'une des circonférences et si nous dirigeons l'axe des x suivant la ligne des centres CC' (fig. 178), les équations des deux circonférences sont :

$$x^2 + y^2 = R^2. \quad \ldots \ldots \ldots \quad (1),$$
$$(x - a)^2 + y^2 = R'^2 \quad \ldots \ldots \quad (2).$$

Soit
$$\frac{x}{m} + \frac{y}{n} = 1 \qquad \ldots \ldots \quad (3)$$

l'équation d'une droite quelconque.

Puisque les deux lignes représentées par les équations (1) et (3) se coupent, on a :

$$(m^2 + n^2)\, x^2 - 2mn^2 x + m^2\,(n^2 - R^2) = 0.$$

La droite devant être tangente à la circonférence C, les racines de l'équation sont égales, ce qui donne :

$$n^4 = (m^2 + n^2)\,(n^2 - R^2); \quad \text{d'où} \quad n = \frac{Rm}{\sqrt{m^2 - R^2}}.$$

La droite coupe la circonférence C'; il vient :

$$(m^2 + n^2)\, x^2 - 2m\,(m^2 + \alpha m)\, x + m^2\,(\alpha^2 + n^2 - R'^2) = 0.$$

Pour que les racines de cette équation soient égales, c'est-à-dire pour que la droite soit tangente à la circonférence C', il faut qu'on ait :

$$(\alpha m + m^2)^2 = (m^2 + n^2)\,(\alpha^2 + n^2 - R'^2);$$

d'où
$$n = \frac{mr}{\sqrt{(\alpha - m)^2 - R'^2}}.$$

En égalant les deux valeurs de n, on a :

$$\frac{R^2}{m^2 - R^2} = \frac{R'^2}{(\alpha - m)^2 - R'^2}$$

ou
$$m^2 - \frac{2\alpha R^2}{R^2 - R'^2}\, m = - \frac{\alpha^2 R^2}{R^2 - R'^2};$$

ce qui donne :

$$1° \quad \ldots \ldots \ldots \quad m = \frac{\alpha R}{R - R'},$$

$$2° \quad \ldots \ldots \ldots \quad m = \frac{\alpha R}{R + R'}.$$

27

Les deux valeurs correspondantes de n sont :

$$1^o \ . \ . \ . \ . \ . \ n = \frac{\alpha R}{\sqrt{\alpha^2 - (R - R')^2}},$$

$$2^o \ . \ . \ . \ . \ . \ n = \frac{\alpha R}{\sqrt{\alpha^2 - (R + R')^2}}.$$

Les premières valeurs de m et de n répondent aux tangentes externes, et les secondes aux tangentes internes ; de sorte que l'on a :

$$(R - R') x \pm \sqrt{\alpha^2 - (R - R')^2} . y = \alpha R$$

pour l'équation des deux tangentes externes, et

$$(R + R') x \pm \sqrt{\alpha^2 - (R + R')^2} . y = \alpha R$$

pour l'équation des deux tangentes internes, le radical devant être pris dans les deux équations chaque fois avec le double signe ; ce qui fournit les équations des quatre tangentes communes aux deux circonférences.

Les deux tangentes externes Tt, $T't'$ se coupent en un même point F, situé sur la droite des centres, à une distance $CF = \frac{\alpha R}{R - R'}$ de l'origine ; ce point F se nomme le *centre de similitude directe* des deux circonférences données C et C'.

Les deux tangentes internes $\theta t'_1$, $\theta' t_1$ (fig. 178) se coupent en un point F' sur la droite CC', qui est ici l'axe des x, à une distance $CF' = \frac{\alpha R}{R + R'}$; ce point F' se nomme le *centre de similitude inverse* des deux circonférences C et C'.

Si l'on joint directement et inversement les extrémités de deux diamètres parallèles de deux circonférences C et C', les droites qui unissent directement les extrémités de ces diamètres passent toutes par le point F, centre de similitude directe ; celles qui unissent inversement ces mêmes extrémités passent toutes par le point F', centre de simili-

tude inverse; ce qui donne un moyen bien facile pour construire les tangentes communes externes et les tangentes communes internes, lorsqu'on connait le centre F de similitude directe et le centre F' de similitude inverse.

367. Soient les deux cercles C, C' (fig. 178) donnés de grandeur et de position et

$$(x - \alpha)^2 + (y - \beta)^2 = R^2, \quad (x - \alpha')^2 + (y - \beta')^2 = R'^2$$

leurs équations, α, β étant les coordonnées du centre C, α', β' celles du centre C', R et R' les rayons de ces cercles.

Fig. 178.

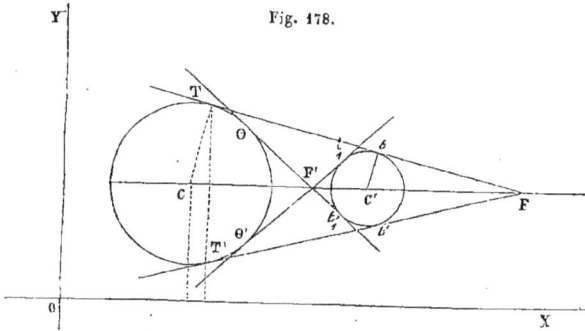

L'équation de la tangente au cercle C est

$$xx' + yy' - \alpha(x + x') - \beta(y + y') + \alpha^2 + \beta^2 - R^2 = 0$$

ou
$$(x - \alpha)(x' - \alpha) + (y - \beta)(y' - \beta) = R^2,$$

x', y' étant les coordonnées du point de contact T. On a, en désignant par ω l'angle que le rayon CT fait avec l'axe des x :

$$x' - \alpha = R \cos\omega, \quad y' - \beta = R \sin\omega.$$

En introduisant ces valeurs dans l'équation précédente, il vient :

$$(x - \alpha)\cos\omega + (y - \beta)\sin\omega = R$$

pour l'équation de la tangente au cercle C.

On aura de même pour l'équation de la tangente au cercle C' :

$$(x - \alpha') \cos \omega' + (y - \beta') \sin \omega' = R'.$$

Ces deux droites devant coïncider, on conclut que

$$\operatorname{tg} \omega = \operatorname{tg} \omega'; \quad \text{d'où} \quad \omega = \omega' \quad \text{ou bien} \quad \omega = 180° + \omega'.$$

Il reste à exprimer que les termes constants sont égaux; ce qui donne pour $\omega = \omega'$:

$$xx' + yy' = R^2, \quad xx'' + yy'' = R'^2,$$
$$(\alpha' - \alpha) \cos \omega' + (\beta' - \beta) \sin \omega' + R - R' = 0$$

et, pour $\omega = 180° + \omega'$:

$$(\alpha' - \alpha) \cos \omega' + (\beta' - \beta) \sin \omega' + R + R' = 0.$$

Ces deux valeurs déterminent : la première, les valeurs de ω' pour les tangentes communes externes, et la seconde ces mêmes valeurs pour les tangentes communes internes.

Si l'on remplace $\cos \omega'$ et $\sin \omega'$ par leurs valeurs $\frac{x' - \alpha}{R}$ et $\frac{y' - \beta}{R}$, on aura :

$$(\alpha' - \alpha) (x' - \alpha) + (\beta' - \beta) (y' - \beta) + R (R - R') = 0$$
$$\text{et} \quad (\alpha' - \alpha) (x' - \alpha) + (\beta' - \beta) (y' - \beta) + R (R' + R) = 0.$$

La première de ces équations et celle du cercle C font connaître les points de contact T, T' des tangentes externes; la seconde et l'équation du même cercle déterminent les points de contact θ, θ' des tangentes internes.

Les cordes de contact $\theta\theta'$, TT' ont respectivement pour équations :

$$(\alpha' - \alpha) (x - \alpha) + (\beta' - \beta) (y - \beta) + R (R + R') = 0,$$
$$(\alpha' - \alpha) (x - \alpha) + (\beta' - \beta) (y - \beta) - R (R - R') = 0,$$

cette dernière étant la polaire du point F.

De même, la polaire de ce point F dont les coordonnées sont x', y', par rapport au cercle C est

$$(x - \alpha)(x' - \alpha) + (y - \beta)(y' - \beta) = R^2.$$

En rendant les seconds membres de ces équations égaux et en égalant les coefficients de $x - \alpha$ et de $y - \beta$, puisque ces deux équations représentent toutes deux la même droite, la polaire du point F, on a :

$$x' - \alpha = \frac{(\alpha' - \alpha)R}{R - R'}, \quad y' - \beta = \frac{(\beta' - \beta)R}{R - R'};$$

d'où

$$x' = \frac{\alpha'R - \alpha R'}{R - R'}, \quad y' = \frac{\beta'R - \beta R'}{R - R'}.$$

En procédant de la même manière, il vient pour les coordonnées x_1, y_1 du point F' :

$$x_1 = \frac{\alpha R' + \alpha' R}{R + R'}, \quad y_1 = \frac{\beta R' + \beta' R}{R + R'}.$$

Il est facile de prouver que la droite qui passe par les deux centres de similitude externe

$$\left[\frac{\alpha'R - \alpha R'}{R - R'}, \frac{\beta'R - \beta R'}{R - R'}\right], \quad \left[\frac{\alpha''R - \alpha R''}{R - R''}, \frac{\beta''R - \beta R''}{R - R''}\right],$$

passe par le troisième

$$\left[\frac{\alpha''R' - \alpha'R''}{R' - R''}, \frac{\beta''R' - \beta'R''}{R' - R''}\right],$$

et que les centres de similitude de trois cercles, pris deux à deux, sont situés trois par trois sur une même droite.

368. *Chercher un cercle C tangent à trois cercles donnés* C', C'', C''' (fig. 179).

Les équations de ces trois cercles donnés sont :

$$C'\ldots x^2 + y^2 = R^2, \quad C''\ldots (x - \alpha')^2 + (y - \beta')^2 = R'^2,$$
$$C'''\ldots (x - \alpha'')^2 + (y - \beta'')^2 = R''^2,$$

l'origine étant au centre C', R, R', R'' étant les rayons des trois cercles, et α', β', α'', β'' les coordonnées des centres C'', C'''. Si nous désignons par x_1, y_1 les coordonnées du

Fig. 179.

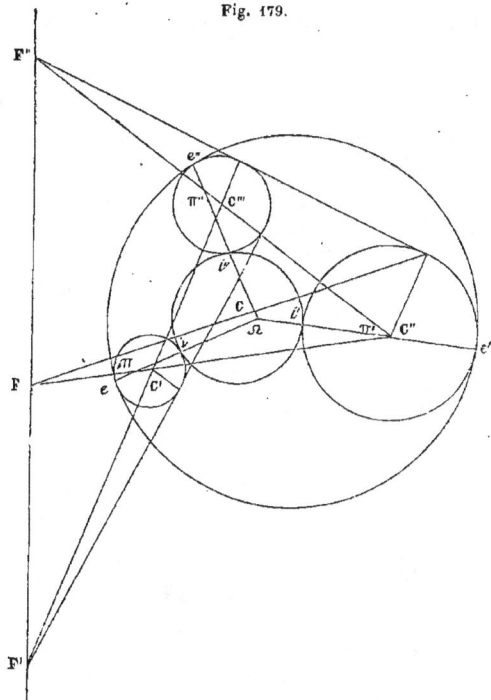

point de contact de C et de C', ce point étant le centre de similitude interne des deux cercles C et C', on aura :

$$x_1 = \frac{\alpha_1 R}{\rho + R}, \quad y_1 = \frac{\beta_1 R}{\rho + R},$$

α_1, β_1 étant les coordonnées du centre C et ρ le rayon de ce cercle.

Les valeurs

$$\alpha_i = \frac{x_i(\rho + R)}{R}, \qquad \beta_i = \frac{y_i(\rho + R)}{R}$$

doivent satisfaire aux valeurs de x_i et de y_1 de l'équation

$$C' - C'' = 2\rho\,(R - R').$$

Pour faire cette substitution avec facilité, il est évident qu'il suffit de multiplier le premier membre, qui est du premier degré en x_i et en y_i, par $\frac{R+\rho}{R}$ et de retrancher $\frac{R+\rho}{R} - 1$ fois le terme constant $R'^2 - R^2 - \alpha'^2 - \beta'^2$; ce qui donne :

$$\left(\frac{R + \rho}{R}\right)(C' - C'') + \frac{\rho}{R}\left[\alpha'^2 + \beta'^2 + R^2 - R'^2\right] = 2\rho\,(R - R')$$

ou

$$(R + \rho)(C' - C'') = \rho\left[(R - R')^2 - \alpha'^2 - \beta'^2\right].$$

On a de la même manière

$$(R + \rho)(C' - C''') = \rho\left[(R - R'')^2 - \alpha''^2 - \beta''^2\right].$$

En éliminant ρ entre ces deux équations du premier degré en x_1, y_1, il vient :

$$\frac{C' - C''}{\alpha'^2 + \beta'^2 - (R - R')^2} = \frac{C' - C'''}{\alpha''^2 + \beta''^2 - (R - R'')^2}$$

pour le lieu du point de contact du cercle C.

Ce lieu est une droite; de sorte que le point de contact cherché se trouve à l'intersection de cette droite et du cercle C'. En remplaçant C', C'' et C''' par leurs valeurs, on trouve pour l'équation de cette droite :

$$\frac{2\alpha'x_i + 2\beta'y_i + R'^2 - R^2 - \alpha'^2 - \beta'^2}{\alpha'^2 + \beta'^2 - (R - R')^2}$$

$$= \frac{2\alpha''x_i + 2\beta''y_i + R''^2 - R^2 - \alpha''^2 - \beta''^2}{\alpha''^2 + \beta''^2 - (R - R'')^2}.$$

En ajoutant l'unité à chaque membre, il vient :

$$\frac{\alpha' x_1 + \beta' y_1 + R (R' - R)}{\alpha'^2 + \beta'^2 - (R - R')^2} = \frac{\alpha'' x_1 + \beta'' y_1 + R (R'' - R)}{\alpha''^2 + \beta''^2 - (R - R')^2}.$$

Cette droite passe évidemment par l'intersection des deux droites :

$$\alpha' x_1 + \beta' y_1 + R (R' - R) = 0, \quad \alpha'' x_1 + \beta'' y_1 + R (R'' - R) = 0.$$

La première de ces droites est la polaire, par rapport au cercle C', du centre de similitude de C' et C''; la seconde droite est la polaire, par rapport au cercle C', du centre de similitude de C' et C'''; de sorte que l'intersection de ces droites est le pôle, par rapport au cercle C', de l'axe de similitude des trois cercles C', C'', C'''. D'où cette règle pratique :

Chercher par rapport aux cercles C', C'', C''' les pôles π, π', π'' d'un axe de similitude; joindre ces points π, π', π'' au centre radical Ω. Si ces trois droites $\pi\Omega$, $\pi'\Omega$, $\pi''\Omega$ (fig. 179) coupent les trois cercles donnés C', C'', C''' chacun en deux points : i, e; i', e'; i'', e'', les trois points i, i', i'' appartiennent à l'un des cercles tangents aux trois cercles donnés et les trois autres e, e', e'' détermineront le second cercle. Les trois autres axes de similitude feront connaître les six autres cercles tangents aux trois cercles donnés.

Équation polaire du cercle.

369. Soient O le pôle, OF la droite fixe passant par le centre C de la circonférence de rayon R, OC $= d$, M un point quelconque de cette courbe. Désignons par OM $= \rho$, $\omega =$ angle MOC, les coordonnées du point M (fig. 180). Le triangle obliquangle MOC donne :

$$\overline{OM}^2 + \overline{OC}^2 - 2OM \times OC \times \cos \omega = \overline{MC}^2$$

et

$$\rho^2 - 2d\rho \cos \omega + d^2 - R^2 = 0.$$

En résolvant cette équation par rapport à ρ, il vient :

$$\rho = d \cos \omega \pm \sqrt{R^2 - d^2 \sin^2 \omega}.$$

Cette expression de ρ fait voir que pour toute valeur positive de ω, il y a deux valeurs inégales de ρ, OM et OM′,

Fig. 180.

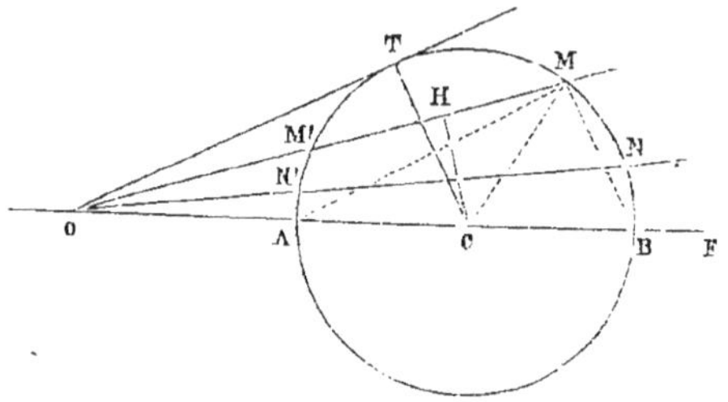

qui sont réelles si $d^2 \sin^2 \omega < R^2$. Ces deux valeurs sont égales lorsque la sécante OMM′ devient tangente; alors, le radical s'annule et l'on a pour le rayon vecteur :

$$\rho = d \cos \omega,$$

valeur fournie par le triangle OCT qui donne :

$$OT = OC \cos TOC \quad \text{ou} \quad \rho = d \cos \omega,$$
$$CT = OC \sin TOC \quad \text{ou} \quad \rho = d \sin \omega.$$

En désignant par ρ', ρ'' les deux racines de l'équation

$$\rho^2 - 2d\rho \cos \omega + d^2 - R^2 = 0,$$

on a pour leur somme :

$$\rho' + \rho'' = 2d \cos \omega \quad \text{ou} \quad OM + OM' = 2OH,$$

CH étant la perpendiculaire abaissée du centre sur la corde M′M.

De l'égalité précédente, on tire :

$$\frac{M'M}{2} = M'H.$$

Donc, la perpendiculaire abaissée du centre sur une corde partage celle-ci en deux parties égales. On a pour le produit des racines

$$\rho'\rho'' = d^2 - R^2;$$

ce produit est constant et reste le même pour une autre sécante quelconque ON'N, issue du point O. De sorte que l'on a :

$$OM \times OM' = ON \times ON',$$

comme on le démontre en Géométrie.

Si le pôle O est à l'extrémité A du diamètre ACB, $d = R$ et l'équation précédente du cercle devient :

$$\rho = 2R\cos\omega,$$

équation très-simple qui prouve, comme celle qui précède, qu'à des valeurs égales et de signes contraires de ω correspondent des valeurs égales de ρ, et qu'ainsi *le diamètre partage le cercle et la circonférence en deux parties égales et superposables.*

En faisant passer ω par tous les états de grandeur depuis 0° jusqu'à 90°, le rayon vecteur ρ passe lui-même par toutes les valeurs correspondantes depuis le diamètre 2R jusqu'à zéro, et le lieu décrit par le point M est la circonférence, c'est-à-dire, *le lieu décrit par les sommets M de tous les triangles rectangles AMB qui ont même hypoténuse, le diamètre AB.*

Enfin, si $d = 0$, on a $\rho = R$, comme cela doit être.

Exercices.

370. I. *Étant donné un cercle de rayon mobile OM=R, de l'extrémité M on abaisse une perpendiculaire MP sur un diamètre fixe AOB, et du pied P on abaisse une seconde perpendiculaire PN sur le rayon OM. Chercher le lieu décrit par le point N.*

Prenons le diamètre AOB pour droite fixe et désignons par ω l'angle que le rayon vecteur $ON = \rho$ fait avec cette droite. On aura dans les triangles rectangles ONP, ONQ et OMP (fig. 181) :

$$\rho^2 = OP \times OQ;$$

mais $\quad OQ = \rho \cos\omega \quad$ et $\quad OP = R \cos\omega;$

d'où, en substituant :

$$\rho = R \cos^2\omega.$$

Il est facile de voir que la courbe est symétrique par

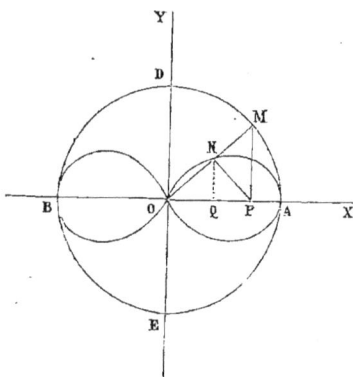

Fig. 181.

rapport aux deux diamètres rectangulaires AOB, DOE, puisque les valeurs de ρ sont les mêmes pour des arcs égaux et de signes contraires de ω. Ces valeurs de ρ vont en diminuant dans le premier et le quatrième quadrans à partir de $\omega = \pm 0°$ jusqu'à $\omega = \pm 90°$, valeur pour laquelle $\rho = 0$; comme pour $\omega = 180° \pm \alpha$, le cosinus ne change pas, la courbe a la même forme dans le deuxième et le troisième quadrans. On a donné à cette courbe le nom de *lemniscate*; elle a la forme d'un huit renversé. En remplaçant ρ^2 et $\cos^2\omega$ par leurs valeurs dans l'équation

$$\rho^2 = R^2 \cos^4\omega,$$

on trouve pour l'équation de cette courbe en coordonnées ordinaires :

$$(x^2 + y^2)^3 = R^2 x^4.$$

On peut d'ailleurs trouver cette équation directement de la manière la plus simple.

Si l'on cherche, d'après les procédés connus, les points remarquables de la *lemniscate*, on trouve qu'elle présente les points maximum donnés par

$$x = \pm \sqrt{\frac{8}{27}} R \quad \text{et} \quad y = \pm \frac{2\sqrt{3} \times R}{9}.$$

On a, en effet, pour la tangente trigonométrique de l'angle que la tangente en un point quelconque de la courbe fait avec l'axe des x :

$$\frac{dy}{dx} = \frac{\sqrt[5]{x}\left[2\sqrt[3]{R^2} - 5\sqrt[5]{x^2}\right]}{3\sqrt{x\left(\sqrt[3]{R^2} - \sqrt[5]{x^2}\right)}}.$$

En égalant le numérateur de cette fraction à zéro, on obtient les points qui précèdent où la courbe s'élève à son maximum, et en annulant le facteur $\sqrt[3]{R^2} - \sqrt[5]{x^2} = 0$, on a :

$$x = \pm R,$$

c'est-à-dire les points A et B où la tangente est perpendiculaire à l'axe des x. On voit d'ailleurs par l'équation

$$(x^2 + y^2)^3 = R^2 x^4$$

que la courbe est symétrique par rapport aux axes, puisque, pour des valeurs égales et de signes contraires de x, celles résultantes de y sont aussi égales et de signes contraires, et réciproquement; que les quatre branches de la courbe passent par l'origine, le centre du cercle, puisque, pour $y = 0$, on a :

$$R^2 x^4 = x^6 :$$

il y a donc quatre valeurs de x qui sont nulles.

371. II. *Les cordes d'intersection d'un cercle fixe par des cercles variables passant par deux points fixes se coupent toutes en un même point.*

Dirigeons l'axe des x suivant les deux points fixes A et B. Plaçons l'origine des axes rectangulaires au milieu O de la droite AB $= 2c$ (fig. 182). On aura :

$$x^2 + y^2 - 2\beta y - c^2 = 0,$$
$$x^2 + y^2 - 2\beta' y - c^2 = 0,$$

pour les équations de deux cercles de centres C et C', β, β' étant les ordonnées OC, OC'.

Fig. 182.

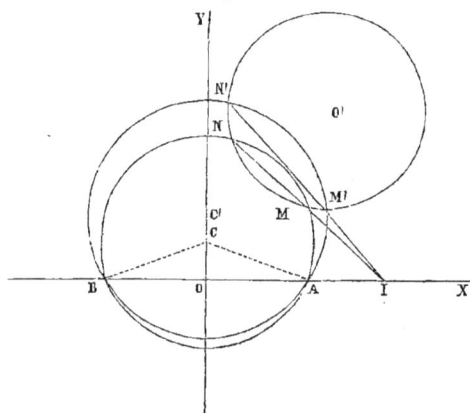

Soit
$$(x - a)^2 + (y - b)^2 = R^2$$

l'équation du cercle fixe O', a et b étant les coordonnées du centre et R le rayon. En combinant cette équation par soustraction avec les deux équations précédentes, on aura pour les deux cordes d'intersection MN, M'N' les équations :

$$2ax + 2(b - \beta)y + R^2 - a^2 - b^2 - c^2 = 0,$$
$$2ax + 2(b - \beta')y + R^2 - a^2 - b^2 - c^2 = 0.$$

Il est évident que ces deux droites se coupent en un même point I sur l'axe des x.

Tous les cercles C, C', etc..., ont la droite AB pour axe radical.

372. III. *Un triangle ABC est inscrit dans un cercle donné. Des extrémités fixes A et B de la corde AB, on abaisse des perpendiculaires AH, BH' sur les côtés mobiles BC, AC. Chercher le lieu décrit par le point M, intersection des perpendiculaires AH, BH'.*

Fig. 183.

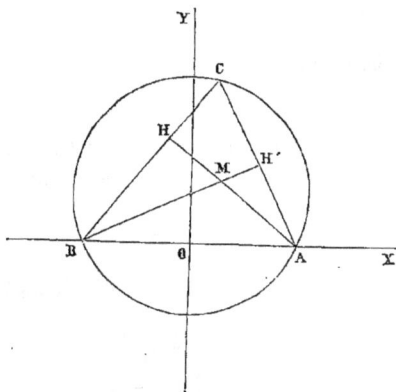

Comme précédemment (371), plaçons l'origine des coordonnées rectangulaires au point O, milieu de la corde $AB = 2c$ (fig. 183).

On aura :
$$x^2 + y^2 - 2\beta y - c^2 = 0$$

pour l'équation de la circonférence circonscrite au triangle.

Soient x', y' les coordonnées du point C.

Le coefficient angulaire de la droite BC étant $\dfrac{y'}{c + x'}$, la droite AH qui lui est perpendiculaire aura pour équation :
$$y = -\frac{c + x'}{y'} (x - c).$$

Comme elle passe par le lieu, dont les coordonnées sont x_1, y_1, il viendra :

$$y_1 = -\frac{x' + c}{y'}(x_1 - c) \quad \ldots \quad (1).$$

L'équation de BH' est :

$$y' = -\frac{x' - c}{y'}(x_1 + c) \quad \ldots \quad (2),$$

$$x'^2 + y'^2 - 2\beta y' - c^2 = 0 \quad \ldots \quad (3).$$

Ce système de trois équations détermine le lieu ; des deux premières, on tire

$$x' = x_1 :$$

ce qui prouve que les trois hauteurs du triangle se coupent en un même point. Cette valeur de x' dans (2) donne :

$$y' = \frac{c^2 - x_1^2}{y_1}.$$

En remplaçant ces valeurs de x' et de y' dans l'équation

$$c^2 = y'^2 - 2\beta y' + x'^2,$$

on a :

$$c^2 - x_1^2 = \left(\frac{c^2 - x_1^2}{y_1}\right)\left(\frac{c^2 - x_1^2}{y_1} - 2\beta\right);$$

d'où

$$y_1^2 + x_1^2 + 2\beta y_1 - c^2 = 0$$

pour l'équation du lieu, qui est un cercle égal et symétrique au cercle circonscrit au triangle ABC, puisqu'il a le même rayon et que leurs centres sont situés sur l'axe des ordonnées, à égale distance de l'origine.

On voit, par ce qui précède, que les circonférences passant par deux des sommets d'un triangle ABC et par le point de concours M des hauteurs sont égales à la circonférence circonscrite au triangle, comme on le démontre en Géométrie synthétique.

373. IV. *Un cercle de centre fixe et d'un rayon variable rencontre deux droites données* AB, CD *en* R, S, R', S'.

Fig. 184.

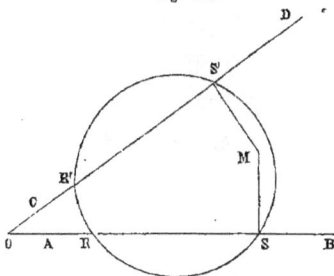

Chercher le lieu décrit par l'intersection M *des perpendiculaires* SM, S'M *aux deux droites* AB, CD.

Si l'on prend les deux droites données pour axes coordonnés, en désignant par θ l'angle qu'elles font entre elles, on aura pour déterminer le lieu les deux équations des perpendiculaires SM, S'M :

$$y_4 + x_4 \cos\theta - \beta - \alpha\cos\theta - \sqrt{R^2 - \alpha^2\sin^2\theta} = 0,$$
$$y_4\cos\theta + x_4 - \alpha - \beta\cos\theta - \sqrt{R^2 - \beta^2\sin^2\theta} = 0.$$

En éliminant le rayon variable R, on trouve, après réduction, pour l'équation du lieu :

$$y_4^2 - x_4^2 + 2\alpha x_4 - 2\beta y_4 = 0;$$

c'est, comme on le voit, une hyperbole équilatère qui passe par le point de rencontre des deux droites et qui a même centre que le cercle.

374. V. *Le centre d'un cercle de rayon constant* R *se meut sur une droite donnée* BD. *On joint le centre mobile* C *à un point fixe* A *par la droite* AMC. *Chercher le lieu décrit par le point* M, *intersection de la droite* AC *et du cercle mobile.*

Du point **A**, abaissons une perpendiculaire AO $= b$ sur la droite BD, les axes coordonnés étant dirigés suivant BOD et OA (fig. 185).

On a, en désignant par x_i, y_i les coordonnées du point M, pour l'équation de la droite AC :

$$\frac{y_i}{b} + \frac{x_i}{\alpha} = 1 \quad \cdots \quad \cdots \quad (1)$$

et pour celle de la circonférence :

$$y_i^2 + (x_i - \alpha)^2 = R^2 \quad \cdots \quad \cdots \quad (2),$$

α étant l'abscisse OC du centre du cercle.

Fig. 183.

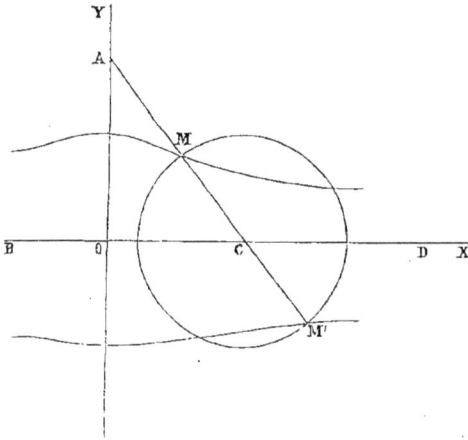

On trouve pour le lieu l'équation

$$x^2 y^2 = (y - b)^2 (R^2 - y^2), \quad x = \frac{(y - b)\sqrt{R^2 - y^2}}{y}.$$

La plus grande valeur que l'on puisse donner à y est

$$y = \pm R,$$

ce qui donne : $x = 0.$

Les valeurs de y allant en diminuant à partir de $y = R$, celles de x vont en augmentant, et pour $y = 0$, $x = \infty$; ce qui prouve que l'axe des x est l'asymptote de la courbe :

28

on donne à cette courbe le nom de *conchoïde*. Son équation est très-simple en coordonnées polaires.

Si nous plaçons le pôle en A , en prenant l'axe des y pour la droite fixe, ω étant l'angle que le rayon vecteur AM ou AM' fait avec celle-ci, on aura :

$$AC = \frac{b}{\cos \omega};$$

suivant qu'on voudra obtenir le point M ou le point M' situé d'un côté ou de l'autre de la droite BOD, il viendra :

$$\rho = \frac{b}{\cos \omega} \pm R.$$

Cette courbe, ainsi qu'on l'a déjà dit (223), possède, comme les coniques, un foyer qui est situé sur son axe de symétrie, au point A.

375. VI. *Une droite* AB, *de longueur constante, se meut de manière que ses extrémités s'appuient, la première* A *sur une circonférence de cercle de rayon* R *donné et la seconde* B *sur une droite* CBX *passant par le centre du cercle. Chercher le lieu décrit par un point quelconque* M *pris sur cette droite.*

Fig. 186.

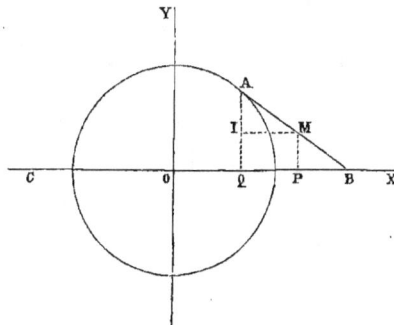

Plaçons l'origine des coordonnées rectangulaires au

centre du cercle, et désignons par x_1, y_1 les coordonnées du point **M**.

Posons AB $= l$, BM $= a$, OQ $= x'$, AQ $= y'$ (fig. 186).

Les triangles rectangles semblables BMP, BAQ, ainsi que AIM, BPM donnent :

$$y' : y_1 = l : a \quad \ldots \quad \ldots \quad \ldots \quad (1),$$

$$y' - y_1 : x_1 - x' = y_1 : \sqrt{a^2 - y_1^2} \quad \ldots \quad \ldots \quad (2).$$

En y ajoutant l'équation du cercle :

$$y'^2 + x'^2 = \mathrm{R}^2 \quad \ldots \quad \ldots \quad \ldots \quad (5),$$

on obtient pour l'équation du lieu :

$$x_1 = \frac{(l - a)\sqrt{a^2 - y_1^2} + \sqrt{a^2\mathrm{R}^2 - l^2 y_1^2}}{a}.$$

Si l'on y fait $y = 0$, on a :

$$x = \pm \mathrm{R} \pm (l - a).$$

La valeur de x est imaginaire lorsque $y > \frac{a\mathrm{R}}{l}$ ou $> a$.

376. VII. *Chercher le lieu des points réciproques d'une*

Fig. 187.

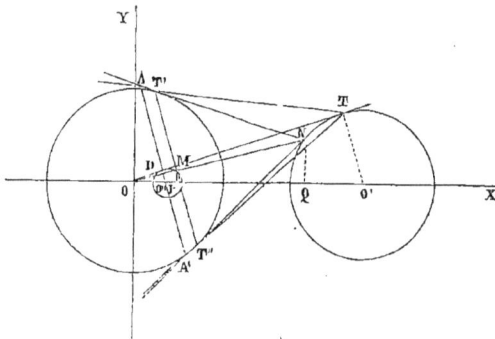

circonférence de cercle O' *de rayon* r, *par rapport à une circonférence* O *de rayon* R.

Plaçons l'origine des axes rectangulaires au centre O et dirigeons l'axe des x suivant la droite OO'.

Les triangles semblables OMP, ONQ (fig. 187) donnent :

$$y_1 : y' = x_1 : x' \quad \ldots \quad (1),$$

x_1, y_1 étant les coordonnées du point M du lieu et x', y' celles du point N appartenant au cercle O' dont l'équation est

$$y'^2 + (x' - \alpha)^2 = r^2 \quad \ldots \quad (2),$$

α représentant la distance des centres. Mais, les points M et N étant réciproques, la polaire du point N doit passer par M ; la polaire du point N est la corde de contact T' T'' qui passe aussi par M. On a donc :

$$x_1 x' + y_1 y' = R^2 \quad \ldots \quad (3).$$

Au moyen de ces trois équations, on trouve pour le lieu :

$$y_1^2 + x_1^2 - \frac{2\alpha R^2 x_1}{\alpha^2 - r^2} = \frac{R^4}{r^2 - \alpha^2},$$

qui est un cercle dont le centre se trouve sur la droite des centres OO'. On a, en effet :

$$y^2 + \left(x - \frac{\alpha R^2}{\alpha^2 - r^2}\right)^2 = \frac{R^4 r^2}{(\alpha^2 - r^2)^2}.$$

Pour obtenir le centre O'' de ce cercle, il faut, du centre O, mener la tangente OT au cercle O' et chercher la polaire AA' du point T ; cette polaire rencontre la droite des centres au point O'' qui est le centre du cercle. En effet, on trouve :

$$R^2 = OD \times OT.$$

Les deux triangles rectangles ODO'', OO'T donnent :

$$OO'' : OO' = OD : OT ; \quad \text{d'où} \quad OO'' = \frac{OO' \times OD}{OT} = \frac{\alpha R^2}{\alpha^2 - r^2}.$$

En désignant le rayon du cercle O″ par ρ, on a :

$$\rho = r \times \frac{R^2}{\alpha^2 - r^2};$$

on voit que ce rayon est proportionnel au rapport $\frac{OA}{OT}$.

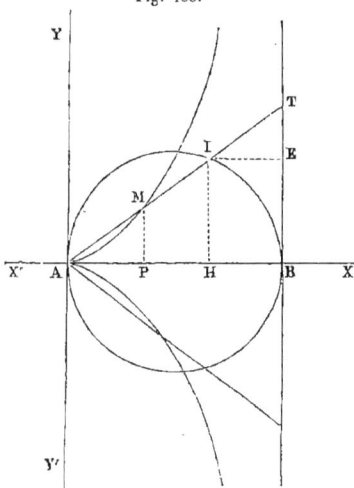

377. VIII. *Étant donné un cercle de diamètre* AB $= 2$R, *à l'extrémité* B *on mène une tangente, et au point* A *une sécante quelconque* AIT. *On porte sur celle-ci, à partir du point* A, *une longueur* AM $=$ IT. *On demande le lieu du point* M.

Fig. 188.

L'origine des axes rectangulaires étant en A et l'axe des x dirigé suivant AB (fig. 188), soient AM $=$ IT et x_1, y_1 les coordonnées du point M.

On a :

$$AP = BH = x_1 \quad \text{et} \quad \overline{IH}^2 = (2R - x_1) \, x_1.$$

Les deux triangles rectangles semblables AMP, AIH donnent :

$$x_1 : y_1 = 2R - x_1 : \sqrt{x_1 (2R - x_1)};$$

d'où

$$y_1 = \pm \sqrt{\frac{x_1^3}{2R - x_1}}:$$

telle est l'équation de la *cissoïde*. Cette courbe est formée de deux branches symétriques par rapport à l'axe des x; comme elle n'a aucun point dans le sens des x négatifs, les valeurs de y grandissent avec celles de x. Au fur et à mesure que la valeur de x se rapproche du diamètre $AB = 2R$, les valeurs des ordonnées deviennent de plus en plus grandes, et pour $x = 2R$, $y = \infty$.

Donc, la tangente en B est une asymptote aux deux branches de la courbe.

Si l'on place le pôle au point A et qu'on prenne le diamètre AB pour la droite fixe, ω et ρ désignant les coordonnées polaires du point M, on trouve pour l'équation polaire de la cissoïde :

$$\rho = 2R \, \mathrm{tg}\, \omega \sin \omega.$$

Cette courbe est due à *Dioclès* qui l'a trouvée pour résoudre le problème de la duplication du cube si fameux chez les anciens.

378. IX. *Deux droites* OX, OY *se coupent à angle droit. Sur la seconde se meut le centre* C *d'un cercle de rayon variable* OC. *Chercher le lieu décrit par le point de rencontre de cette circonférence avec une droite passant par le centre* C *de ce cercle et par un point fixe* A *situé sur la droite* OX.

Fig. 189.

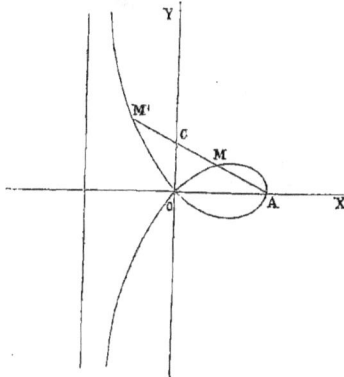

Prenons les deux droites rectangulaires OX, OY pour axes coordonnés, et soit OA $= a$ (fig. 189). L'équation de la circonférence ayant son centre situé sur l'axe des y et dont le rayon OC $= \beta$ est :

$$x_1^2 + y_1^2 - 2\beta y_1 = 0 \quad \ldots \quad \ldots \quad (1),$$

x_1, y_1 étant les coordonnées du lieu.

On obtient pour l'équation de la droite AC :

$$\frac{x_1}{a} + \frac{y_1}{\beta} = 1 \quad \ldots \quad \ldots \quad (2).$$

En substituant la valeur de β tirée de l'équation (2) dans (1), on a l'équation :

$$y_1 = \pm x_1 \sqrt{\frac{a - x_1}{a + x_1}} .$$

qui est celle de la *strophoïde* (fig. 189). Cette courbe, symétrique par rapport à l'axe des x, a évidemment une asymptote, parallèle à l'axe des y à une distance $x_1 = -a$ de l'origine. Pour $x = \frac{a}{2}(\sqrt{5} - 1)$, la valeur de y s'élève à son maximum ; c'est, comme on le voit, le côté du déca- gone inscrit dans le cercle de rayon a.

379. X. *Chercher le lieu des pieds des perpendiculaires abaissées d'un point A sur les tangentes à une circonférence donnée.*

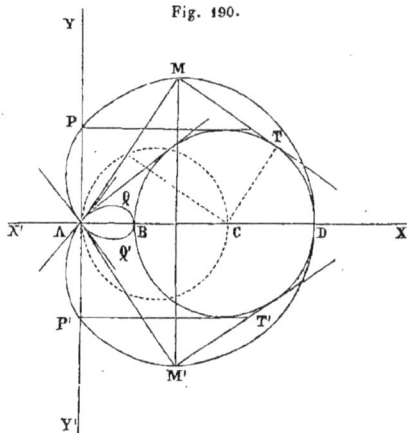

Fig. 190.

On peut toujours prendre le point A pour origine des coordonnées rectangulaires; faire passer l'axe des x par ce point et par le centre de la circonférence de rayon R (fig. 190).

De sorte que l'équation de celle-ci sera

$$y^2 + (x - \alpha)^2 = R^2,$$

α étant égal à AC.

x', y' étant les coordonnées du point de contact de la tangente MT et x_i, y_i celles du lieu, on aura :

$$y_i y' + (x_i - \alpha)(x' - \alpha) = R^2 . \quad . \quad . \quad . \quad (1),$$

et
$$y_i = \frac{y'}{x' - \alpha} x_i \quad . \quad . \quad . \quad . \quad . \quad (2),$$

pour l'équation de la tangente MT et celle de la perpendiculaire AM.

Il vient pour l'équation de la circonférence en x', y' :

$$y'^2 + (x' - \alpha)^2 = R^2 \quad . \quad . \quad . \quad . \quad (5).$$

Si l'on substitue dans cette dernière équation les valeurs de x' et de y', tirées des deux premières, on obtiendra :

$$R^2 (y_i^2 + x_i^2) = \left[y_i^2 + x_i (x_i - \alpha) \right]^2$$

pour l'équation du lieu.

En la résolvant par rapport à y, on a :

$$y = \pm \sqrt{ \frac{R^2 - 2x(x - \alpha)}{2} \pm \frac{1}{2} \sqrt{ [R^2 - 2x(x - \alpha)]^2 + 4x^2 [x - (\alpha - R)][R + \alpha - x] } }$$

Des quatre valeurs de y fournies par cette équation, deux seulement seront réelles pour des valeurs de $x > \alpha - R$ et $< \alpha + R$. Pour $x = \alpha - R$, on a

$$y = \pm \sqrt{2\alpha R} \quad \text{et} \quad y = 0.$$

Lorsqu'on a $x = \alpha + R$, $y = 0$.

Pour des valeurs de $x > \alpha + R$, celles de y deviennent imaginaires. Pour des valeurs de $x > 0$ et de $x < \alpha - R$, les quatre valeurs de y sont réelles : 1° celles qu'on obtient en prenant le second radical avec le signe $+$, à savoir :

$$y = \pm \sqrt{\frac{R^2 - 2x(x-\alpha)}{2} + \frac{1}{2}\sqrt{[R^2 - 2x(x-\alpha)]^2 - 4x^2(\alpha - R - x)(R + \alpha - x)}}$$

et qui appartiennent aux deux branches symétriques DPA, DP'A ; 2° celles qu'on obtient en prenant le signe $-$, et qu'on pourrait nommer les petites valeurs de y, à savoir :

$$y = \pm \sqrt{\frac{R^2 - 2x(x-\alpha)}{2} - \frac{1}{2}\sqrt{[R^2 - 2x(x-\alpha)]^2 - 4x^2(\alpha - R - x)(R + \alpha - x)}}.$$

Ces ordonnées égales et de signes contraires appartiennent à la branche BQA et à sa symétrique BQ'A. Si l'on change x en $-x$, les valeurs de y du second radical resteront réelles depuis $x = 0$ jusqu'à $x = \frac{R^2}{4\alpha}$ dans le sens des x négatifs.

Si l'on cherche les points de la courbe susceptibles de maximum, on trouve, après les calculs et les réductions :

$$x = \frac{4\alpha^2 - R^2 \pm R\sqrt{R^2 + 8\alpha^2}}{8\alpha},$$

le signe supérieur se rapportant à la grande branche DPA, et le signe inférieur à la branche BQA.

En annulant le facteur

$$\left[R^2 - 2x(x-\alpha)\right]^2 + 4x^2\left[R^2 - (x-\alpha)^2\right],$$

qui se trouve au dénominateur du coefficient angulaire $\frac{dy}{dx}$ de la tangente, on obtient :

$$x = -R \times \frac{R}{4\alpha} :$$

en ce point, la tangente à la courbe est perpendiculaire à l'axe des x. On a déjà vu que la parallèle $x = \alpha + R$ est aussi tangente à celle-ci, puisque les deux valeurs de y qui sont nulles sont égales et de signes contraires ; d'ailleurs, la circonférence et la courbe sont tangentes en ce point.

L'équation de cette courbe en coordonnées polaires est très-simple. Prenons le point A, l'origine, pour le pôle, et l'axe des x pour la droite fixe.

En faisant

$$x = \rho \cos \omega \quad \text{et} \quad y = \rho \sin \omega$$

dans l'équation précédente, elle devient

$$\rho = \alpha \cos \omega + R,$$

ω étant l'angle que le rayon vecteur ρ fait avec la droite fixe. On voit que cette courbe est celle connue sous le nom de *limaçon de Pascal*.

380. XI. *Les deux côtés* $BT = a$, $BN = b$ *d'un parallélogramme sont constants. Le sommet* T *doit se mouvoir sur la perpendiculaire* AT *à l'extrémité du rayon* $CA = R$ *du cercle* C, *et le sommet* B *sur la circonférence de ce cercle, le côté* TM *devant être constamment égal et parallèle au côté* BN. *On demande le lieu décrit par le quatrième sommet* M *de ce parallélogramme mobile.*

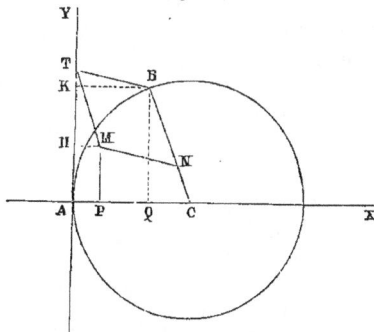

Fig. 191.

Soient x', y' les coordonnées du point B, x_1, y_1, celles du point M. Posons

$$AT = y'';$$

on a pour l'équation de la circonférence,

$$y'^2 + x'^2 - 2Rx' = 0 \quad . \quad . \quad . \quad . \quad . \quad (1).$$

Les deux triangles semblables CBQ, TMH donnent (fig. 191)

$$R : y' = b : y'' - y_1 \quad . \quad . \quad . \quad . \quad . \quad (2),$$

$$R : R - x' = b : x_1. \quad . \quad . \quad . \quad . \quad (5).$$

On a dans le triangle rectangle **TKB** :

$$(y'' - y')^2 + x'^2 = a^2 \quad . \quad . \quad . \quad . \quad (4).$$

Après élimination des variables y', x', y'', on trouve pour l'équation du lieu :

$$\left[by_1 + (b - \mathrm{R}) \sqrt{b^2 - x_1^2} \right]^2 + \mathrm{R}^2 (b - x_1)^2 = a^2 b^2.$$

Cette courbe est du quatrième degré ; c'est une espèce de *lemniscate* que devrait décrire l'extrémité du piston appliqué au *parallélogramme de Watt*.

381. XII. *Étant donnée une circonférence de rayon* R, *on trace deux diamètres* AD, OC *perpendiculaires entre eux. Par l'extrémité* A *de l'un d'eux, on mène une sécante variable* AB *qui coupe l'autre diamètre en un point* R. *Par ce point, on élève une perpendiculaire à cette sécante, et du point* B, *où la sécante rencontre le cercle, on abaisse une perpendiculaire sur le second diamètre. On demande le lieu décrit par le point de rencontre* M *de ces deux perpendiculaires.*

Fig. 192.

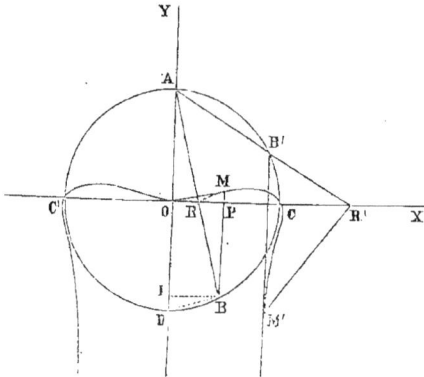

Prenons **AD** pour axe des y et **OC** pour axe des x (fig. 192).

Dans le triangle rectangle MRB, on a :

$$\overline{RP}^2 = BP \cdot y. \quad \ldots \quad \ldots \quad (1).$$

De même, le triangle ABD donne :

$$x^2 = AI \times ID \quad \text{ou} \quad x^2 = (R + BP)(R - BP),$$

c'est-à-dire,

$$x^2 = R^2 - \overline{BP}^2. \quad \ldots \quad \ldots \quad (2).$$

Dans les triangles semblables AOR et BPR, il vient la proportion :

$$R : x - RP = BP : RP \quad \text{ou} \quad BP \cdot x - BP \times RP = R \times RP \ (5).$$

Remplaçant, dans l'équation (5), BP par sa valeur tirée de (1), on obtient :

$$\frac{\overline{RP}^2 \cdot x}{y} = \frac{\overline{RP}^5}{y} + R \times RP, \quad RP \cdot x - \overline{RP}^2 = R \cdot y. \quad (4).$$

Si l'on substitue également dans (2), on trouve

$$x^2 y^2 = y^2 R^2 - \overline{RP}^4; \quad \text{d'où} \quad RP = \sqrt[4]{y^2 (R^2 - x^2)}.$$

Remplaçant RP dans (4), on a :

$$x \sqrt[4]{y^2 (R^2 - x^2)} - y \sqrt{R^2 - x^2} = R \cdot y$$

et

$$x^4 + (y^2 - R^2 - 4R \cdot y) x^2 + 4R^5 \cdot y = 0;$$

d'où

$$y = 2R \left(1 - \frac{R^2}{x^2}\right) \pm \left(1 - 2 \times \frac{R^2}{x^3}\right) \sqrt{R^2 - x^2}.$$

On voit que cette courbe, qui passe par l'origine, est symétrique par rapport à l'axe des y; qu'elle devient imaginaire pour toute valeur de $x > R$, et que, pour $x = 0$, y est infini; ce qui prouve que l'axe des ordonnées est asymptote de cette courbe, qui est tangente à l'axe des x à l'origine.

Exercices.

I. *Trouver le lieu des points tels que la somme des pro-duits des carrés des distances de chacun d'eux à n points donnés, par des quantités constantes* m′, m″, m‴... *soit égale à une quantité donnée.*

II. *Chercher le lieu des points tels que la somme des distances de chacun d'eux à deux droites et, en général, à plusieurs droites données, soit constante.*

III. *Sur deux droites rectangulaires* QX, OY *on con-struit un rectangle variable* OABC *ayant un périmètre donné* 2a: *la perpendiculaire menée du sommet* C *sur la diagonale* AB *passe par un point fixe.*

IV. *D'un point fixe* P *on mène des tangentes aux cercles qui passent par deux points donnés : trouver le lieu du point où la corde des contacts rencontre le diamètre qui passe par le point* P.

V. *Les circonférences décrites sur les trois diagonales d'un quadrilatère complet, comme diamètres, ont deux à deux même axe radical.*

VI. *Chercher le lieu du point tel que les cordes de con-tact des tangentes menées de ce point à trois cercles donnés se coupent en un même point.*

VII. *Étant donnés divers cercles qui, pris deux à deux, admettent le même axe radical, si un cercle variable coupe deux de ces cercles sous des angles constants, il coupera également chacun des autres cercles sous un angle constant.*

VIII. *Étant donnés une circonférence et un point* P, *un angle droit tourne autour de son sommet placé en* P. *Trouver le lieu du point de concours des tangentes menées à la circonférence, aux points de rencontre avec les côtés de l'angle.*

CHAPITRE XXI.

DE L'ELLIPSE.

382. Nous avons vu (197) que l'équation de l'ellipse rapportée à son centre O et à ses axes de symétrie, pris pour axes coordonnés, est :

$$My^2 + Nx^2 = F',$$

la quantité F' étant positive; car, si elle était négative, l'équation

$$My^2 + Nx^2 = - F'$$

serait absurde, et ne pourrait représenter aucun point réel, en admettant que M et N soient aussi positifs.

Si, dans la première équation, on fait successivement $y = 0$ et $x = 0$, pour avoir les points où la courbe rencontre l'axe des x et celui des y, il viendra :

$$Nx^2 = F' \quad \text{et} \quad My^2 = F'.$$

Si l'on représente ces valeurs de x et de y par a et par b, on aura :

$$N = \frac{F'}{a^2}, \quad M = \frac{F'}{b^2},$$

et l'équation homogène de l'ellipse deviendra, en divisant par F' :

$$\frac{y^2}{b^2} + \frac{x^2}{a^2} = 1,$$

$2a$ et $2b$ étant les longueurs de ses axes de symétrie, $AOA' = 2a$, $BOB' = 2b$ (fig. 195).

En chassant les dénominateurs, il vient :

$$a^2y^2 + b^2x^2 = a^2b^2,$$

qui est aussi la forme de l'équation de l'ellipse dont on

fait souvent usage. En la résolvant par rapport à y, on obtient :

$$y = \pm \frac{b}{a} \sqrt{a^2 - x^2}.$$

On voit qu'à une valeur positive ou négative de x plus petite que $OA = a$ correspondent toujours deux valeurs

Fig. 193.

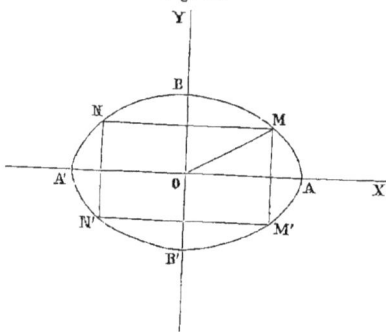

égales et de signes contraires de y; ce qui prouve que l'axe des $x\,AOA'$ partage la courbe et toutes les cordes MM', NN', qui lui sont perpendiculaires, en deux parties égales et superposables (fig. 193).

En résolvant de même l'équation par rapport à x, on a :

$$x = \pm \frac{a}{b} \sqrt{b^2 - y^2}.$$

Pour toute valeur de $y < b$, il y a aussi deux valeurs égales et de signes contraires de x. Donc, l'axe des ordonnées partage aussi la courbe et les cordes qui lui sont perpendiculaires en deux parties égales et superposables.

A mesure que x augmente depuis 0 jusqu'à a, les valeurs de y, en restant toujours égales et de signes contraires, diminuent depuis $\pm b$ jusqu'à zéro.

Pour tout point qui se trouve sur l'ellipse, le trinôme $a^2 y^2 + b^2 x^2 - a^2 b^2$ est nul. Pour tout point pris en dehors, il est positif, puisque pour une même abscisse x, la valeur de l'ordonnée correspondante est plus grande pour un point en dehors de la courbe que pour un point pris sur celle-ci ; pour tout point qui se trouve à l'intérieur de l'ellipse, le trinôme $a^2y^2 + b^2x^2 - a^2b^2$ est négatif.

383. Cherchons le plus grand et le plus petit de tous les diamètres de l'ellipse.

On a pour la distance OM du centre de l'ellipse à un point quelconque de la courbe :

$$OM = \sqrt{x^2 + y^2},$$

et, en remplaçant y^2 par sa valeur tirée de l'équation de celle-ci :

$$OM = \sqrt{b^2 + \left(\frac{a^2 - b^2}{a^2}\right)x^2}.$$

Si $2a$ est le grand axe et $2b$ le petit, a est toujours plus grand que b ; la quantité $a^2 - b^2$ est toujours positive. Comme $x = a$ est la plus grande valeur que l'on puisse donner à x, il s'ensuit que la plus grande valeur de OM répond à $x = a$, ce qui donne

$$OM = a;$$

donc, le plus grand de tous les diamètres est le grand axe $A'OA = 2a$.

La valeur minimum de OM correspond évidemment à $x = 0$; ce qui fournit pour la plus petite valeur du radical :

$$OM = b.$$

Donc, le petit axe BOB' est le plus petit de tous les diamètres.

Construction de l'ellipse.

384. Cherchons à quelles conditions un point M, pris dans un plan, décrit une ellipse.

Supposons que ce point M soit situé sur une droite mobile AB de longueur constante $a + b$ dont les extrémités

A et B glissent sur deux droites rectangulaires OX et OY
(fig. 194).

Soient

$$OP = x_1, \quad MP = y_1, \quad BM = a, \quad AM = b.$$

Les triangles rectangles semblables BMQ, AMP donnent :

$$\frac{y_1}{b} = \frac{\sqrt{a^2 - x_1^2}}{a}$$

qui est l'équation d'une ellipse dont $2a$ et $2b$ sont les axes.

Fig. 194.

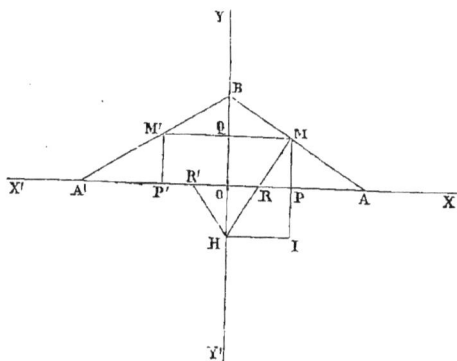

De là résulte la construction suivante :

Premier procédé. *D'un point B pris sur l'axe OY, et avec une
ouverture de compas égale à* a + b, *on décrit une circonférence qui coupe l'axe OX en deux points A et A'. A partir
du point B, on prend sur les droites BA et BA' des longueurs BM et BM'*=a : *les points M et M' sont évidemment
des points de l'ellipse, comme le prouve l'équation précédente.*

On voit donc *que tout point pris sur une droite mobile,
de longueur constante, dont les extrémités se meuvent sur
les deux côtés d'un angle droit, décrit une ellipse ayant
pour demi-axes les deux segments de cette droite.*

29

450   SECONDE PARTIE.

385. Deuxième procédé. Par un point H pris sur l'axe YOY', menons la droite HR $= a - b$, et prolongeons cette droite d'une longueur RM $= b$ (fig. 194); de sorte que HM $= a$. Soient MP $= y_1$, OP $=$ HI $= x_1$. Les triangles rectangles MHI, MRP étant semblables, il vient :

$$\frac{MP}{MR} = \frac{MI}{MH} \quad \text{ou} \quad \frac{y_1}{b} = \frac{\sqrt{a^2 - x_1^2}}{a} :$$

ce qui prouve que le point M appartient à l'ellipse dont a et b sont les demi-axes.

Donc, *si du point H comme centre et avec a — b pour rayon, on décrit une circonférence, celle-ci coupera l'axe XOX' en deux points R, R'. Si l'on prolonge la droite HR d'une longueur RM =b, le point M appartiendra à l'ellipse.*

386. Troisième procédé. Traçons un cercle sur le grand axe AOA' $= 2a$ de l'ellipse comme diamètre (fig. 195).

Fig. 195.

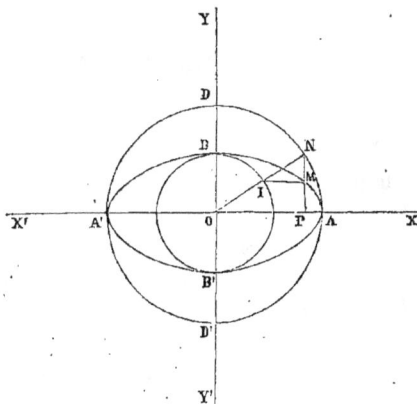

Cette corde ayant même centre, pris pour origine, que l'ellipse, aura pour équation :

$$Y = \sqrt{a^2 - x^2}.$$

Celle de l'ellipse est :

$$y = \frac{b}{a}\sqrt{a^2 - x^2}.$$

Pour une même abscisse $x = $ OP, on a la proportion

$$\frac{y}{Y} = \frac{b}{a},$$

c'est-à-dire, que l'ordonnée de l'ellipse est à celle du cercle comme le petit axe est au grand.

D'où résulte la construction suivante :

Du centre O, *avec le grand axe et le petit axe comme diamètres, on décrit deux circonférences. On trace un rayon quelconque* ON *de la grande. Au point* 1 *où elle rencontre la petite, on mène une parallèle à l'axe des* x : *celle-ci rencontre l'ordonnée* NP *au point* M *qui appartient à l'ellipse.* On a, en effet, dans le triangle NOP, à cause de la parallèle 1M, la proportion

$$\frac{MP}{NP} = \frac{OI}{ON} \quad \text{ou} \quad \frac{y}{Y} = \frac{b}{a}.$$

On aura, par cette construction, autant de points de l'ellipse qu'on voudra ; en unissant tous ces points, on obtiendra le tracé de la courbe.

387. Quatrième procédé. On a vu (212) que, dans l'ellipse, *la somme des rayons vecteurs menés de deux points fixes* F, F′ *à un point quelconque* M *de la courbe est égale au grand axe* 2a *de celle-ci.*

Si les deux foyers F, F′ sont donnés, ainsi que le grand axe 2*a*, il est facile, d'après cette définition, de décrire l'ellipse d'un mouvement continu.

A cette fin, on fixe aux deux foyers F, F′ les extrémités d'un fil de longueur égale au grand axe 2*a*. On fait ensuite glisser un style ou crayon contre ce fil, de manière que celui-ci soit toujours tendu : la pointe du style ou du crayon décrit dans son mouvement une ellipse dont les deux points fixes F, F′, seront les deux foyers et $2a$ le grand axe.

Fig. 196.

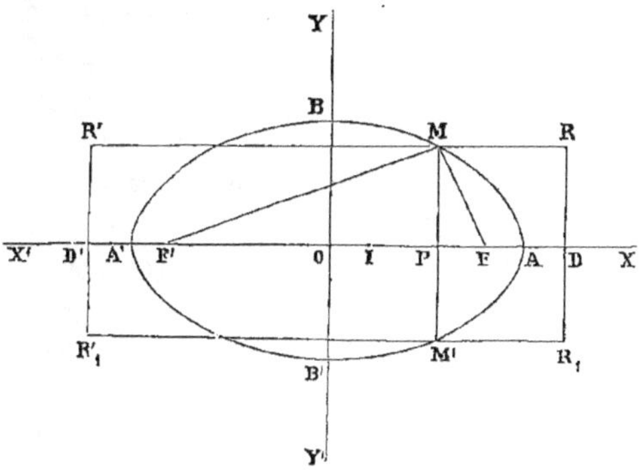

En effet, soient $OP = x_1$, $MP = y_1$, les coordonnées rectangulaires du point mobile M,

$$OF = OF' = c, \quad FM = \rho, \quad F'M = \rho' \quad \text{(fig. 196)}.$$

Les triangles rectangles MPF′, MPF donnent :

$$\rho'^2 = y_1^2 + (c + x_1)^2, \quad \rho^2 = y_1^2 + (c - x_1)^2$$

et, par soustraction,

$$(\rho' + \rho)(\rho' - \rho) = 4cx_1.$$

Mais

$$\rho' + \rho = 2a; \quad \text{d'où} \quad \rho' - \rho = \frac{2cx_1}{a} \quad \text{et} \quad \rho' = a + \frac{cx_1}{a}.$$

Remplaçant cette valeur dans ρ'^2, il vient :

$$a^2 y_1^2 + (a^2 - c^2) x_1^2 = a^2 (a^2 - c^2);$$

si l'on pose $a^2 - c^2 = b^2$, on obtient :

$$a^2 y_1^2 + b^2 x_1^2 = a^2 b^2,$$

qui est bien l'équation d'une ellipse dont $2a$ et $2b$ sont les axes.

Pour obtenir le demi-axe b, il suffit, du point F comme centre et avec un rayon a, de décrire un arc de cercle qui coupera l'axe des ordonnées en un point B, extrémité du petit axe. On a, en effet :

$$OB = \sqrt{a^2 - c^2}.$$

388. Réciproquement, étant donnés les axes $2a$, $2b$, il suffit pour déterminer les foyers F, F', de décrire, de l'extrémité B du petit axe, avec un rayon égal au demi-grand axe a, un arc de cercle : celui-ci coupera le grand axe XOX' en deux points F, F', qui seront les deux foyers. Il vient

$$OF' = OF = \pm \sqrt{a^2 - b^2} = \pm c.$$

Si l'on porte sur l'axe XOX', à partir du milieu O de FF', $OA = OA' = a$, les extrémités A, A' seront les deux sommets de symétrie du grand axe.

Pour avoir d'autres points au moyen du compas, il faut, des foyers F', F, décrire des circonférences avec des rayons respectivement égaux aux deux segments A'I, AI, déterminés par un point quelconque I, pris sur le grand axe. On obtient, en effet :

$$A'I + AI = AA' = 2a :$$

donc, les deux points M, M', intersection des deux circonférences, appartiennent à l'ellipse (fig. 196).

Foyers et directrices.

389. Reprenons l'expression du rayon vecteur

$$FM = a - \frac{cx}{a} \cdot \qquad \text{(Voir n° 214.)}$$

Elle est toujours positive, puisque $x = a$ est la plus grande valeur qu'on puisse donner à x, et que $c < a$. Le second rayon vecteur est :

$$F'M = a + \frac{cx}{a} \cdot$$

Soient RDR_1, $R'D'R'_1$ (fig. 196), deux droites perpendiculaires à l'axe des x, à égale distance $OD = OD' = d$ du centre de l'ellipse, x, y étant les coordonnées d'un point quelconque M de la courbe. Les distances MR, MR' de ce point aux deux droites précitées sont :

$$MR = d - x, \quad MR' = d + x.$$

On aura pour les rapports $\frac{MF}{MR}$, $\frac{MF'}{MR'}$ des distances d'un point quelconque de la courbe au foyer le plus proche et à chacune des droites RDR_1, $R'D'R'_1$:

$$\frac{MF}{MR} = \frac{a - \dfrac{cx}{a}}{d - x} = \frac{c}{a}\left(\frac{a^2 - cx}{cd - cx}\right),$$

$$\frac{MF'}{MR'} = \frac{a^2 + cx}{a\,(d + x)} = \frac{c}{a}\left(\frac{a^2 + cx}{cd + cx}\right).$$

Puisque d est arbitraire, on peut en disposer. Faisons $cd = a^2$; d'où l'on tire :

$$d = \frac{a^2}{c} \quad \text{et} \quad \frac{MF}{MR} = \frac{MF'}{MR'} = \frac{c}{a},$$

résultat remarquable qui prouve que *le rapport d'un point quelconque de la courbe aux foyers et aux droites* RDR$_1$, R'D'R'$_1$, *est constant et égal à* $\frac{c}{a}$.

Les droites RDR$_1$, R'D'R'$_1$, perpendiculaires au grand axe de l'ellipse, à la distance $d = \frac{a^2}{c}$ de l'origine, se nomment, comme on l'a déjà vu (232), *directrices*. Le rapport $\frac{c}{a}$ est plus petit que l'unité : c'est pourquoi on a donné à cette courbe le nom d'*ellipse*.

390. Réciproquement, cherchons le lieu géométrique des points tels que le rapport des distances de l'un quelconque M de ces points à un point fixe F et à une droite fixe AB soit constant et égal à $\frac{p}{q}$.

Abaissons du point F une perpendiculaire FD sur la droite fixe AB; soient $OF = p$, $OD = q$, de sorte que le

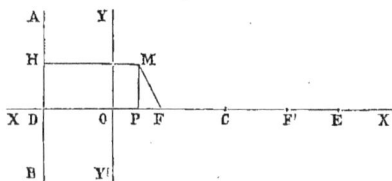
Fig. 197.

point O, que nous prenons pour origine des axes rectangulaires OX et OY (fig. 197), appartient déjà au lieu demandé.

Soient $MP = y_1$, $OP = x_1$, les coordonnées d'un point quelconque de ce lieu. On aura :

$$\frac{MF}{MH} = \frac{\sqrt{y_1^2 + (p - x_1)^2}}{q + x_1} = \frac{p}{q}$$

et

$$y_1^2 + (x_1 - p)^2 = \frac{p^2}{q^2}(q + x_1)^2,$$

équation qui prouve que le lieu cherché a au moins une directrice, $q + x_1 = 0$, à une distance $x_1 = -q$ de l'origine, et un foyer F, $x_1 = p$, situé sur l'axe des x, qui est ici l'axe de symétrie de la courbe.

En développant l'équation précédente, il vient :

$$q^2 y_1^2 + (q^2 - p^2)\, x_1^2 - 2pq\,(p + q)\, x_1 = 0,$$

courbe qui passe par l'origine, comme on le savait à l'avance, et qui coupe l'axe des x à une distance

$$x_1 = \frac{2pq}{q - p},$$

longueur du grand axe OE de la courbe. Puisque

$$OF = p \quad \text{et} \quad OC = \frac{pq}{q - p},$$

C étant le centre, on aura pour l'excentricité :

$$CF = \frac{pq}{q - p} - p = \frac{p^2}{q - p}.$$

Il viendra : $CF \times CD = \dfrac{p^2 q^2}{(q - p)^2} = \overline{OC}^2$:

ce qui prouve que la droite AB est bien une directrice de la courbe.

Si l'on cherche la position des foyers en partant de l'équation, on trouve :

$$x = \frac{p\,(q + p)}{q \pm p};$$

ce qui donne : $\qquad x' = p = OF$

et $\qquad x'' = \dfrac{p\,(q + p)}{q - p} = OF'$

pour la position du second foyer F'.

391. *Chercher le point de rencontre d'une droite avec une ellipse donnée.*

On sait (386) que, pour une même abscisse de l'ellipse et du cercle, on a la proportion :

$$\frac{y}{Y} = \frac{b}{a}; \quad \text{d'où} \quad y = Y \times \frac{b}{a}.$$

Si l'on considère le rapport $\frac{b}{a}$ comme étant le cosinus de l'angle par lequel il faut multiplier chaque ordonnée du cercle pour avoir l'ordonnée correspondante de l'ellipse, on pourra considérer aussi l'ellipse comme étant la projection du cercle ayant le diamètre AA' commun avec cette courbe (fig. 198).

Fig. 198.

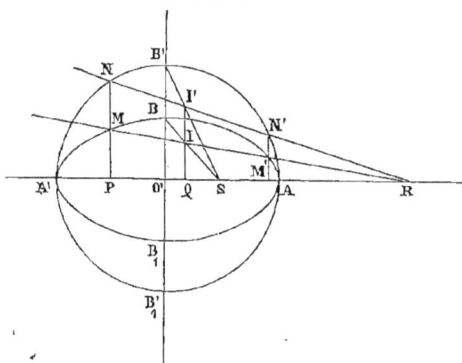

Pour chercher le point d'intersection d'une droite avec une ellipse, sans qu'il soit nécessaire de construire la courbe, il faut regarder ces points d'intersection comme étant les projections des points d'intersection de la droite avec le cercle décrit sur le grand axe de l'ellipse comme diamètre, et rechercher ensuite la position primitive de la droite : les points de rencontre de celle-ci avec le cercle feront connaître les points de rencontre avec l'ellipse.

Prolongeons la droite donnée MM' jusqu'à sa rencontre en R avec l'axe AA' de l'ellipse. Soit S un point quelconque pris sur celui-ci. Unissons ce point à B et à B', extrémités du petit axe et du rayon OB' $= a$. Par le point I, menons IQ parallèle à OB; le point I' appartiendra à la droite cherchée, de sorte que RI' sera la droite demandée. Des points N, N′, où elle rencontre le cercle, si l'on abaisse des perpendiculaires sur l'axe AA′, les deux points d'intersection M et M′ de ces perpendiculaires avec la droite donnée seront ceux que l'on cherche.

Tangente et normale à l'ellipse

392. Soit $$y = mx + n$$
l'équation d'une droite quelconque et

$$a^2 y^2 + b^2 x^2 = a^2 b^2$$

celle de l'ellipse.

Pour les points où ces deux lignes se coupent, les x et les y ont les mêmes valeurs.

En substituant la valeur de y, tirée de la première, dans la seconde, on aura une équation du second degré en x dont les racines feront connaître les points d'intersection de la droite avec l'ellipse.

On obtient :

$$(a^2 m^2 + b^2) x^2 + 2a^4 mnx + a^2 n^2 - a^2 b^2 = 0,$$

$$x = - \frac{a^2 mn \pm ab \sqrt{a^2 m^2 + b^2 - n^2}}{a^2 m^2 + b^2}.$$

Si la droite devient tangente, les deux valeurs de x sont égales; la quantité sous le radical s'annule, et l'on a :

$$n = \sqrt{a^2 m^2 + b^2}.$$

En substituant cette valeur de n dans l'équation de la droite, on obtient :

$$y = mx + \sqrt{a^2 m^2 + b^2},$$

qui est l'équation la plus générale de la tangente, puisqu'elle est indépendante du point de contact. Si l'on désigne par x', y' les coordonnées de ce point de contact, on a :

$$x' = -\frac{a^2 mn}{a^2 m^2 + b^2}, \quad y' = mx' + n = \frac{b^2 n}{a^2 m^2 + b^2},$$

et, par division :

$$\frac{b^2 x'}{a^2 y'} = -m; \quad \text{d'où} \quad n = \frac{b^2}{y'}.$$

En remplaçant m et n dans l'expression de la droite $y = mx + n$, il vient pour l'équation de la tangente à l'ellipse :

$$y = -\frac{b^2 x'}{a^2 y'} x + \frac{b^2}{y'} \quad \text{et} \quad a^2 yy' + b^2 xx' = a^2 b^2.$$

Si l'on soustrait membre à membre le double de cette équation de

$$a^2 y'^2 + b^2 x'^2 = a^2 b^2,$$

et que l'on complète les carrés, on aura :

$$a^2 (y - y')^2 + b^2 (x - x')^2 = a^2 y^2 + b^2 x^2 - a^2 b^2,$$

qui est toujours l'équation précédente de la tangente après réduction.

Il est facile de voir que cette droite n'a que le seul point (x', y') de commun avec la droite et avec la courbe, puisque le trinôme :

$$a^2 y^2 + b^2 x^2 - a^2 b^2$$

devient nul seulement lorsqu'on a :

$$x = x', \quad y = y'.$$

393. Faisons successivement $y = 0$ et $x = 0$ dans l'équation de la tangente; on obtiendra pour les valeurs correspondantes OT de x et OR de y, où la tangente coupe l'axe des x et celui des y (fig. 199) :

$$\text{OT} = \frac{a^2}{x'}, \quad \text{OR} = \frac{b^2}{y'}.$$

On voit que cette valeur de OT est indépendante de l'ordonnée du point de contact (x', y'); si l'on fait également $y = 0$ dans l'équation

$$yy' + xx' = a^2$$

de la tangente au cercle ayant pour diamètre $2a$, on aura aussi :

$$OT' = \frac{a^2}{x'} = OT.$$

D'où résulte un moyen bien simple pour mener par un point M une tangente à l'ellipse :

On prolonge l'ordonnée de ce point jusqu'à sa rencontre en M' avec le cercle décrit sur le grand axe comme diamètre (fig. 199). *Au point M', on mène la tangente M'T au cercle et l'on joint le point T au point M : la droite MT est la tangente à l'ellipse au point M.*

394. La longueur PT depuis le pied P de l'ordonnée

Fig. 199.

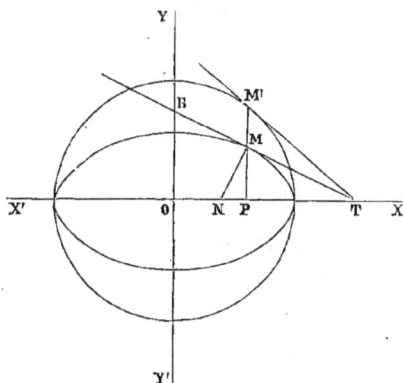

jusqu'au point T où la tangente rencontre l'axe des x se nomme la *sous-tangente;* MN étant la normale au point de contact M, PN est la *sous-normale*; MT et MN sont les longueurs de la tangente et de la normale. On a pour la sous-tangente (fig. 199)

$$\mathrm{PT} = \mathrm{OT} - \mathrm{OP} = \frac{a^2}{x'} - x',$$

$$\mathrm{PT} = \frac{a^2 - x'^2}{x'}.$$

L'équation de la tangente étant :

$$y - y' = -\frac{b^2 x'}{a^2 y'}(x - x'),$$

celle de la normale est ·

$$y - y' = \frac{a^2 y'}{b^2 x'}(x - x').$$

Pour $y = 0$, on a :

$$\mathrm{ON} = \frac{a^2 - b^2}{a^2} x'.$$

Si $x' = 0$, $\mathrm{ON} = 0$, et si $x' = a$,

$$\mathrm{ON} = \frac{a^2 - b^2}{a} = c \times \frac{c}{a},$$

valeur maximum. Si la tangente passe par un point (m, n), l'équation sera :

$$a^2 n y' + b^2 m x' = a^2 b^2$$

et celle de l'ellipse :

$$a^2 y'^2 + b^2 x'^2 = a^2 b^2,$$

x', y' étant les coordonnées du point de contact.

En éliminant y' et x' entre ces deux équations, il viendra :

$$x' = \frac{a^2 (b^2 m \pm n \sqrt{a^2 n^2 + b^2 m^2 - a^2 b^2}}{a^2 n^2 + b^2 m^2},$$

$$y' = \frac{b^2 (a^2 n \mp m \sqrt{a^2 n^2 + b^2 m^2 - a^2 b^2}}{a^2 n^2 + b^2 m^2}.$$

Si le point (m, n) est en dehors de l'ellipse, le trinôme $a^2n^2 + b^2m^2 - a^2b^2$ est positif, et les deux valeurs de x' et de y' sont réelles : ce qui prouve que, de ce point, on peut toujours mener deux tangentes différentes à la courbe.

Si le point (m, n) est situé sur l'ellipse, le trinôme, ainsi que le radical, s'annulent et il n'y a plus qu'une tangente.

Enfin, si le point (m, n) est à l'intérieur de l'ellipse, le trinôme est négatif, les valeurs de x' et de y' sont imaginaires et il est impossible de mener par ce point aucune tangente.

395. L'équation de la tangente

$$y = mx + \sqrt{a^2m^2 + b^2}$$

permet de trouver immédiatement le lieu décrit par le sommet d'un angle droit dont les côtés mobiles sont tangents à l'ellipse.

Cherchons le produit des deux racines dans cette équation.

En désignant par x_1, y_1 les coordonnées du lieu par lequel passent les deux tangentes, on aura, en faisant disparaître le radical :

$$(x_1^2 - a^2)\, m^2 - 2mx_1 y_1 + y_1^2 - b^2 = 0.$$

Si m', m'' sont les deux valeurs de m, il viendra pour le lieu demandé :

$$1 + m'm'' = 0 \quad \text{ou} \quad 1 + \frac{y_1^2 - b^2}{x_1^2 - a^2} = 0 \quad \text{et} \quad y_1^2 + x_1^2 = a^2 + b^2,$$

équation qui représente une circonférence de cercle ayant pour diamètre la diagonale du rectangle des axes de l'ellipse.

396. Si l'on prend pour l'équation de la ligne droite :

$$x \cos \alpha + y \sin \alpha = \delta,$$

α étant l'angle que cette droite fait avec l'axe des x et δ sa distance de l'origine, les axes coordonnés étant rectangulaires, on aura pour l'équation de la tangente à l'ellipse :

$$x \cos \alpha + y \sin \alpha = \sqrt{a^2 \cos^2 \alpha + b^2 \sin^2 \alpha}$$

et, pour déterminer l'angle α en fonction des coordonnées du point de contact avec l'ellipse,

$$x' = \frac{a^2 \delta \sin \alpha}{a^2 \sin^2 \alpha + b^2 \cos^2 \alpha}, \quad y' = - \frac{b^2 \delta \cos \alpha}{a^2 \sin^2 \alpha + b^2 \cos^2 \alpha}.$$

Il vient, par division :

$$\frac{b^2 x'}{a^2 y'} = - \operatorname{tg} \alpha.$$

On a déjà discuté cette formule en s'occupant des propriétés générales des courbes. Cette discussion ne présente d'ailleurs aucune difficulté.

397. Si l'on représente par α' l'angle que le diamètre mené au point de contact fait avec l'axe des x, on aura :

$$\frac{y'}{x'} = \operatorname{tg} \alpha'$$

et, en multipliant membre à membre, il vient :

$$\operatorname{tg} \alpha \operatorname{tg} \alpha' = - \frac{b^2}{a^2},$$

comme on l'obtient en partant de la relation générale

$$2A \operatorname{tg} \alpha \operatorname{tg} \alpha' + B (\operatorname{tg} \alpha + \operatorname{tg} \alpha') + 2C = 0,$$

trouvée au n° 270, et dans laquelle $B = 0$, $A = a^2$ et $C = b^2$.

L'angle $OMT = MTX - MOT$; de sorte qu'on aura :

$$\text{tg } OMT = \text{tg } (\alpha - \alpha') = \frac{\text{tg } \alpha - \text{tg } \alpha'}{1 + \text{tg } \alpha \text{ tg } \alpha'},$$

$$\text{tg } OMT = \frac{- a^2 b^2}{(a^2 - b^2) x' y'}.$$

Pour tous les points de l'ellipse situés sur l'arc **BMA**, cet angle est obtus; il atteint son maximum lorsque $x' = y'$, c'est-à-dire, lorsque le point **M** est sur la bissectrice de l'angle **XOY**. Aux extrémités **B** et **A** des axes, il est droit, et la tangente **MT** est perpendiculaire aux axes **BB'**, **AA'** de l'ellipse.

Fig. 200.

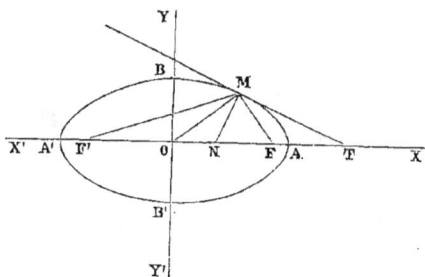

On a trouvé pour les rayons vecteurs (387) :

$$F'M = a + \frac{cx}{a}, \quad FM = a - \frac{cx}{a}; \quad \text{d'où} \quad \frac{F'M}{FM} = \frac{a^2 + cx}{a^2 - cx}.$$

On a aussi :

$$F'N = F'O + ON = c + \left(\frac{a^2 - b^2}{a^2}\right) x'.$$

Puisque $\qquad a^2 - c^2 = b^2,$

$$F'N = \frac{c(a^2 + cx')}{a^2}, \quad FN = \frac{c(a^2 - cx')}{a^2};$$

d'où
$$\frac{F'N}{FN} = \frac{a^2 + cx'}{a^2 - cx'} = \frac{F'M}{FM};$$

ce qui répond à la proportion :

$$F'M : FM = F'N : FN$$

et prouve que la normale MN est bissectrice de l'angle F'MF (fig. 200).

Donc, *les deux rayons vecteurs font avec la tangente, d'un même côté de celle-ci, deux angles égaux.*

On s'appuie sur cette propriété, qui a déjà été démontrée, pour la construction de la tangente à une ellipse par un point donné sur la courbe ou extérieur à celle-ci.

Angle excentrique.

398. Soient x', y' les coordonnées d'un point quelconque M de l'ellipse

$$a^2y^2 + b^2x^2 = a^2b^2.$$

Décrivons deux cercles concentriques ayant pour rayons

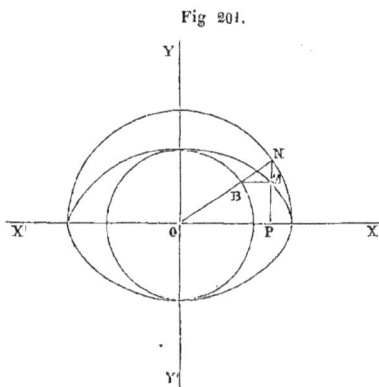

Fig 201.

et a, et prolongeons l'ordonnée MP jusqu'à sa rencontre en N avec la circonférence de rayon a (fig. 201). Joignons le point de rencontre B du petit cercle avec le rayon ON au point M de l'ellipse et désignons par ω l'angle NOP : on

30

aura, d'après ce qu'on a vu dans la construction de l'ellipse :

$$x' = a \cos \omega, \quad y' = b \sin \omega.$$

Ces valeurs satisfont évidemment à l'équation

$$a^2 y'^2 + b^2 x'^2 = a^2 b^2,$$

et il n'y a plus alors qu'une seule variable ω.

Cherchons, d'après cela, l'équation de la sécante qui passe par deux points (x', y'), (x'', y'') de l'ellipse.

On aura :

$$\left(\frac{y' + y''}{b^2} \right) y + \left(\frac{x' + x''}{a^2} \right) x = 1 + \frac{y'y''}{b^2} + \frac{x'x''}{a^2}.$$

Si l'on désigne par ω et ω' les angles correspondants à ces deux points, on obtient :

$$x' = a \cos \omega, \quad y' = b \sin \omega,$$
$$x'' = a \cos \omega', \quad y'' = b \sin \omega'.$$

En ayant égard à ces valeurs, l'équation de la sécante devient, après simplification :

$$\frac{y}{b} \sin \tfrac{1}{2} (\omega + \omega') + \frac{x}{a} \cos \tfrac{1}{2} (\omega + \omega') = \cos \tfrac{1}{2} (\omega' - \omega);$$

d'où l'on tire, en faisant $\omega' = \omega$, l'équation de la tangente à l'ellipse :

$$\frac{y}{b} \sin \omega + \frac{x}{a} \cos \omega = 1,$$

ω étant la coordonnée du point de contact.

Puisqu'on a :

$$x' = a \cos \omega, \quad y' = b \sin \omega,$$

on déduit :

$$\frac{y'}{x'} = \frac{b}{a} \operatorname{tg} \omega.$$

Mais α et β étant les angles que deux diamètres conjugués font avec l'axe des x, il vient :

$$\operatorname{tg}\alpha = \frac{y'}{x'} = \frac{b}{a}\operatorname{tg}\omega, \quad \operatorname{tg}\beta = \frac{b}{a}\operatorname{tg}\omega'$$

et

$$\operatorname{tg}\alpha\operatorname{tg}\beta = \frac{b^2}{a^2}\operatorname{tg}\omega\operatorname{tg}\omega'.$$

Comme $\operatorname{tg}\alpha\operatorname{tg}\beta = -\frac{b^2}{a^2}$, puisque les diamètres sont conjugués, on obtient :

$$1 + \operatorname{tg}\omega\operatorname{tg}\omega' = 0;$$

ce qui indique que *si l'on prolonge les ordonnées de deux diamètres conjugués d'une ellipse jusqu'aux points de rencontre de la circonférence décrite sur le grand axe de cette courbe comme diamètre, les points de rencontre appartiendront aux extrémités de deux diamètres du cercle perpendiculaires, et réciproquement.*

De là résulte un procédé bien simple, étant donné un diamètre d'une ellipse, pour trouver son conjugué.

399. APPLICATION I. *Chercher les longueurs des diamètres conjugués* 2a', 2b' *en fonction de l'angle* ω.

Il suffit de remplacer $\operatorname{tg}\alpha$ et $\operatorname{tg}\beta$ par

$$\frac{b}{a}\operatorname{tg}\omega \quad \text{et} \quad -\frac{b}{a}\operatorname{cotg}\omega$$

dans les formules :

$$a^2(a'^2 - b^2)\operatorname{tg}^2\alpha = b^2(a^2 - a'),$$
$$a^2(b'^2 - b^2)\operatorname{tg}^2\beta = b^2(a^2 - b'^2);$$

ce qui donne :

$$a'^2 = a^2\cos^2\omega + b^2\sin^2\omega, \quad b'^2 = a^2\sin^2\omega + b^2\cos^2\omega,$$

et, en ajoutant : $\quad a'^2 + b'^2 = a^2 + b^2,$

comme on l'a déjà vu (274).

400. APPLICATION II. Il sera facile, d'après cela, de trouver la distance entre deux points ω, ω' pris sur l'ellipse.

On aura, en représentant cette distance par δ :

$$\delta^2 = (x' - x'')^2 + (y' - y'')^2,$$
$$\delta^2 = a^2 (\cos \omega - \cos \omega')^2 + b^2 (\sin \omega - \sin \omega')^2$$

et, en développant :

$$\delta = 2 \sin \tfrac{1}{2} (\omega - \omega') \sqrt{a^2 \sin^2 \tfrac{1}{2} (\omega + \omega') + b^2 \cos^2 \tfrac{1}{2} (\omega + \omega')}.$$

D'après la formule qui précède, la quantité sous le radical représente le demi-diamètre conjugué b', qui est parallèle à la tangente menée par $\frac{1}{2} (\omega + \omega')$. On a donc :

$$\delta = 2 \sin \tfrac{1}{2} (\omega - \omega') \, b'.$$

401. APPLICATION III. *On demande le lieu de l'intersection, en un point* M *de l'ellipse, d'une normale avec le rayon* ON *qui joint le centre au point* N *correspondant du cercle décrit sur le grand axe de l'ellipse comme diamètre.*

L'équation de la normale à l'ellipse est (394) :

$$y - y' = \frac{a^2 y'}{b^2 x'} (x - x') \quad \text{ou} \quad \frac{a^2}{x'} (x - x') = \frac{b^2}{y'} (y - y')$$

et
$$\frac{a^2 x}{x'} - \frac{b^2 y}{y'} = c^2. .$$

Mais $x' = a \cos \omega, \quad y' = b \sin \omega;$

de sorte que cette équation devient :

$$\frac{ax}{\cos \omega} - \frac{by}{\sin \omega} = c^2.$$

Comme $x = \rho \cos \omega$ et $y = \rho \sin \omega$, on obtient pour l'équation cherchée :

$$\frac{a}{\rho} - \frac{b}{\rho} = \frac{c^2}{\rho^2} ; \quad \text{d'où} \quad \rho = a + b;$$

ce qui prouve que le lieu est un cercle de centre O et de rayon $a + b$.

402. L'équation de l'hyperbole est

$$\left(\frac{x'}{a}\right)^2 - \left(\frac{y'}{b}\right)^2 = 1 ;$$

il est évident que si l'on y fait

$$x' = a \sec \omega \quad \text{et} \quad y' = b \operatorname{tg} \omega,$$

cette équation sera satisfaite.

Décrivons sur l'axe transverse **2a** d'une hyperbole comme diamètre une circonférence et, du pied P de l'ordonnée $MP = y'$, menons la tangente PT au cercle (fig. 202).

Fig. 202.

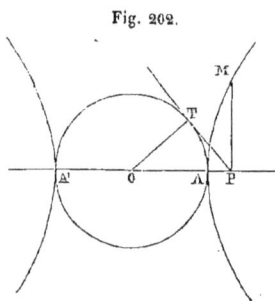

Si nous désignons par ω l'angle TOP, l'abscisse du point M étant x', on aura :

$$a = x' \cos \omega, \quad PT = a \operatorname{tg} \omega ;$$
$$\text{d'où} \quad y' = b \operatorname{tg} \omega.$$

403. Cherchons le lieu géométrique décrit par le centre M d'un cercle mobile tangent à deux cercles fixes de centres C et C' et de rayons donnés $CA' = r$ et $C'A = R$, T, T' étant les deux points de contact du cercle mobile de rayon variable ρ avec les deux cercles fixes.

Fig. 203.

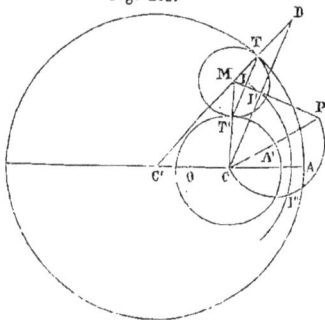

On a (fig. 203) :

$$C'M = C'T - MT = R - \rho, \quad CM = CT' + MT' = r + \rho;$$

d'où
$$C'M + CM = R + r :$$

ce qui prouve que le lieu décrit par le point M est une ellipse qui a la somme des rayons donnés pour grand axe et pour excentricité la distance des centres. De sorte que l'équation de cette ellipse est :

$$\left(\frac{R+r}{2}\right)^2 y^2 + \left[\left(\frac{R+r}{2}\right)^2 - \left(\frac{d}{2}\right)^2\right] x^2$$
$$= \left(\frac{R+r}{2}\right)^2 \left[\left(\frac{R+r}{2}\right)^2 - \left(\frac{d}{2}\right)^2\right].$$

404. Il est facile, d'après cela, de mener, par un point M donné sur l'ellipse, une tangente à cette courbe. Il suffit, à cette fin, d'abaisser du point M une perpendiculaire sur la corde de contact TT' du cercle mobile avec les deux cercles fixes.

Le point T s'obtient en prolongeant le rayon vecteur C'M jusqu'à sa rencontre avec la grande circonférence : le second rayon vecteur CM rencontre la petite circonférence au point T'.

On a donc la corde de contact TT' sans tracer le cercle mobile qui passe par M.

Si l'on prolonge le rayon C'T d'une longueur TD = r et que l'on unisse C à D, la tangente MI passera par les milieux I, I' des bases des triangles isoscèles semblables MTT', CMD et sera perpendiculaire en I et en I' aux droites TT', CD (fig. 203).

On retrouve ainsi les procédés déjà indiqués (241) pour mener, par un point M situé sur l'ellipse ou par un point P en dehors de cette courbe, une tangente à celle-ci.

En effet, pour obtenir un second point I' de la tangente, il suffit, puisque le triangle CPI' est rectangle, de décrire sur CP comme diamètre une circonférence, et du point O, milieu de CC', comme centre et avec $\frac{R+r}{2}$ pour rayon une seconde circonférence qui coupera la première en deux points appartenant aux deux tangentes passant par le point P.

405. Nous venons de mener une tangente à l'ellipse : 1° par un point M sur la courbe; 2° par un point P en dehors de celle-ci.

Supposons qu'il s'agisse de mener à cette courbe une tangente parallèle à une droite donnée QR.

Fig. 204.

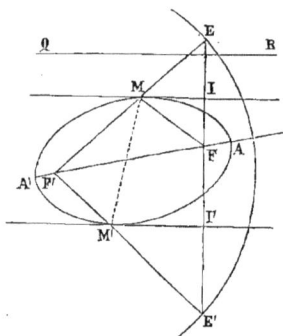

Du foyer F' comme centre et avec le grand axe comme rayon, on décrira une circonférence. De l'autre foyer F, on abaissera une perpendiculaire à la droite QR ; cette perpendiculaire rencontrera la circonférence en E, E'. Par le point I, milieu de EF, on élèvera à cette droite la perpendiculaire IM qui sera la tangente demandée (fig. 204).

406. Chercher le point de rencontre d'une ellipse, donnée par ses foyers F, F' et son grand axe AA', avec une droite LN déterminée de position (fig. 205).

Du foyer F', avec le grand axe pour rayon, décrivons une circonférence. Du foyer F, abaissons une perpendiculaire à la droite donnée; prolongeons cette perpendiculaire d'une longueur égale à elle-même, et soit f le point symétrique de F. Par ces deux points F, f il faut tracer une circonférence qui touche la circonférence décrite de F' avec un rayon égal au grand axe. Par les deux points F, f, menons une circonférence quelconque qui coupera la première en R et R'. Du point O, intersection des deux droites Ff, RR', menons la tangente OT' à la circonférence de rayon 2a et unissons T' à F' : la droite F'T' rencontrera la courbe en M, qui sera le point de rencontre demandé.

Fig. 205.

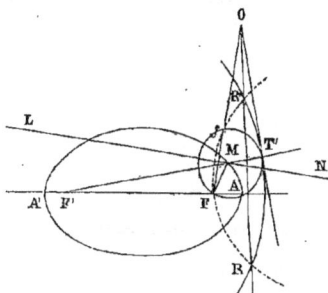

407. Si d'un point P dans le plan d'une ellipse et, en général, d'une courbe du 2me degré, on mène deux tangentes à la courbe, la droite qui unit le point P à l'un des foyers F est bissectrice de l'angle des deux rayons vecteurs partant de ce foyer et aboutissant aux points de contact T, T' des deux tangentes PT, PT' (fig. 206).

Fig. 206.

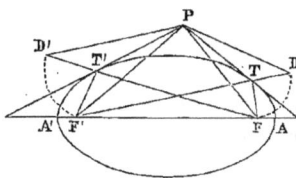

Prolongeons les rayons vecteurs FT' et F'T d'une longueur égale à l'autre, de manière que l'on ait :

$$FT' + T'D' = F'T + TD = AA',$$

longueur du grand axe de l'ellipse.

Les deux triangles PFD' et PF'D sont évidemment égaux : donc, les angles F'DP et FD'P sont égaux. Mais

$$F'DP = PFT = PFD';$$

de même, $FPT = F'PT'.$

Puisque les angles FPD′ et F′PD sont égaux, ainsi que les angles $\text{PFT} = \text{TDP}$ et $\text{T}′\text{PD}′ = \text{T}′\text{PF}′$, les deux tangentes partant du point P font, avec les droites partant de ce point et passant par les foyers F et F′, des angles égaux.

Diamètres.

408. On a vu (269) que

$$(2Ay + Bx + D)\delta + 2Cx + By + E = 0$$

est l'équation générale des diamètres des courbes du second degré.

Si l'on applique cette équation à celle de l'ellipse,

$$a^2y^2 + b^2x^2 = a^2b^2,$$

on aura :

$$y = -\frac{b^2}{a^2\delta}x,$$

qui est l'équation d'une droite passant par l'origine laquelle est ici le centre de la courbe.

Donc, *tous les diamètres passent par le centre de l'ellipse.*

La relation générale des diamètres conjugués (270)

$$2A\delta\delta′ + B(\delta + \delta′) + 2C = 0$$

se réduit pour l'équation précédente de l'ellipse à :

$$\delta\delta′ = -\frac{b^2}{a^2},$$

$\delta′$ étant, comme on le sait, la direction du diamètre qui divise les cordes de direction δ en deux parties égales.

Enfin, α étant la tangente trigonométrique de l'angle que la tangente fait avec l'axe des x, et $\alpha′$ celle de l'angle que le diamètre au point de contact de cette tangente fait avec le même axe, on a trouvé (285) entre ces quantités pour toutes les courbes du second degré :

$$2A\alpha\alpha' + B(\alpha + \alpha') + 2C = 0;$$

comme ici $B = 0$, $A = a^2$, $C = b^2$, il vient :

$$\alpha\alpha' = -\frac{b^2}{a^2}.$$

En partant, de même, de la relation générale des cordes supplémentaires, on obtient (284) :

$$\gamma\gamma' = -\frac{b^2}{a^2};$$

d'où l'on tire de nouveau :

$$\delta\delta' = \alpha\alpha' = \gamma\gamma'.$$

Si $\alpha' = \gamma'$, on a $\alpha = \gamma$.

On a vu (285) par quel procédé très-simple, au moyen de cette propriété remarquable, on mène une tangente à l'ellipse ou à l'hyperbole par un point donné sur l'une de ces courbes.

409. Comme la relation des diamètres conjugués

$$\delta\delta' = -\frac{b^2}{a^2}$$

est la même que celle des cordes supplémentaires

$$\gamma\gamma' = -\frac{b^2}{a^2},$$

il est facile, d'après cela, de construire dans l'ellipse deux diamètres conjugués qui fassent entre eux un angle donné ω.

Deux diamètres quelconques sont conjugués lorsqu'ils sont parallèles à deux cordes supplémentaires partant des deux extrémités d'un diamètre quelconque.

Sur le diamètre DOD', décrivons un segment capable de l'angle ω et unissons les points d'intersection de ce segment avec l'ellipse aux extrémités D, D' du diamètre DOD';

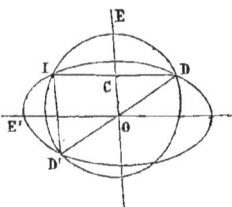

Fig. 207.

l'angle DID' sera l'angle cherché. Du centre O de l'ellipse, menons des parallèles OE, OE' aux cordes D'I, DI : si l'angle ω est compris entre le plus grand angle obtus des deux cordes supplémentaires et le plus petit angle aigu, ou égal à l'un d'eux, il y aura deux solutions ou une seule.

410. Cherchons l'angle BMA des deux cordes supplémentaires partant des extrémités A et B du grand axe $2a$ de l'ellipse; on a (fig. 208)

$$\operatorname{tg} \mathrm{BMA} = \operatorname{tg}(\mathrm{MAX} - \mathrm{MBX}) = \frac{\dfrac{y}{x-a} - \dfrac{y}{x+a}}{1 + \dfrac{y^2}{x^2-a^2}} = \frac{2ay}{y^2 + x^2 - a^2},$$

le point M étant sur l'ellipse de laquelle on tire

$$a^2 y^2 + b^2 x^2 = a^2 b^2,$$

$$x^2 - a^2 = -\frac{a^2 y^2}{b^2}.$$

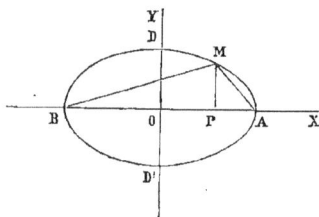

Fig. 208.

Substituant cette valeur dans l'expression de l'angle demandé, il vient :

$$\operatorname{tg} \mathrm{BMA} = \frac{-2ab^2}{(a^2 - b^2)y}.$$

Cette formule nous apprend que, pour toute valeur positive de y, cet angle est obtus et qu'il atteint son maximum en même temps que l'ordonnée y, c'est-à-dire, à l'extrémité D du petit axe DOD' $= 2b$; qu'à partir de ce point, il va en diminuant jusqu'aux extrémités A et B du grand axe $2a$, où il est égal à un angle droit.

Diamètres conjugués.

411. On a vu (274) que

$$\frac{y'^2}{b'^2} + \frac{x'^2}{a'^2} = 1 \quad \text{ou} \quad a'^2 y'^2 + b'^2 x'^2 = a'^2 b'^2$$

est l'équation de l'ellipse rapportée à ses deux diamètres conjugués $2a'$, $2b'$.

Cette équation montre que pour toute valeur de $x' < a'$,

Fig. 209.

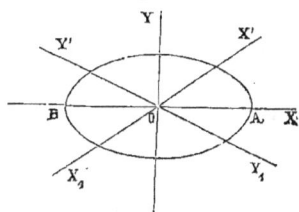

il y a toujours deux valeurs égales et de signes contraires pour y', et qu'à partir de $x' = 0$ jusqu'à $x' = a'$, les valeurs de y' depuis $\pm b'$ jusqu'à 0 vont en diminuant; de sorte que l'axe $X'OX_1$ partage l'ellipse en deux parties égales, mais non superposables, et qu'il en est de même de l'axe des y, $Y'OY_1$.

412. On a déjà vu (391) que l'on pouvait considérer

Fig. 210.

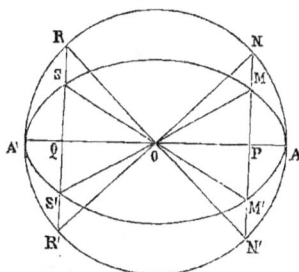

l'ellipse comme étant la projection d'un cercle décrit sur le grand axe de cette courbe comme diamètre.

Les deux diamètres NOR', RON' (fig. 210) de ce cercle, qui se coupent à angle droit, étant projetés sur l'ellipse, y forment deux diamètres MOS', SOM', qui sont conjugués.

Des extrémités N et R de ces diamètres du cercle, abaissons les perpendiculaires NP, RQ sur le grand axe AA' de l'ellipse, et soient M et S les points de rencontre des perpendiculaires avec l'ellipse ; on aura :

$$\frac{MP}{NP} = \frac{tg.MOA}{tg.NOA} \quad \text{ou} \quad \frac{b}{a} = \frac{tg.MOA}{tg.NOA}$$

$$\text{et } \frac{SQ}{RQ} = - tg.SOA \times tg.NOA \quad \text{ou} \quad \frac{b}{a} = - tg.SOA \times tg.NOA.$$

En multipliant, il vient :

$$\frac{b^2}{a^2} = - tg.MOA \times tg.SOA;$$

ce qui prouve que les deux diamètres MOS', SOM' sont bien conjugués.

413. *Étant donnés deux diamètres conjugués* $2a' = AA'$, $2b' = DD'$ *de l'ellipse, construire cette courbe.*

Fig. 211.

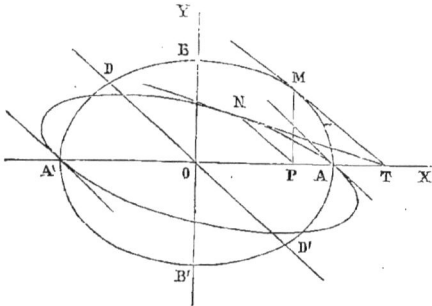

Du milieu O de $AA' = 2a'$, élevons une perpendiculaire $BOB' = 2b'$, et sur AA' et BB' comme axes, décrivons une ellipse. Soit MP une ordonnée quelconque de cette courbe : si, du pied P de cette ordonnée, on mène une parallèle au diamètre conjugué donné OD et que l'on prenne sur cette parallèle $PN = PM$ (fig. 211), il est évident que le point N appartiendra à l'ellipse demandée. On aura ainsi autant de points de la courbe que l'on voudra.

En supprimant, pour plus de simplicité, les accents des coordonnées x', y', l'équation de l'ellipse

$$a'^2 y^2 + b'^2 x^2 = a'^2 b'^2,$$

rapportée à ses diamètres conjugués, ayant la même forme que celle de cette courbe rapportée à ses axes de symétrie, il s'ensuit que toutes les propriétés indépendantes de l'inclinaison des axes coordonnés seront les mêmes pour les diamètres conjugués que pour les axes.

Pour tout point pris sur l'ellipse, le trinôme

$$a'^2 y^2 + b'^2 x^2 - a'^2 b'^2$$

est nul ; pour un point en dehors de la courbe, il est positif et, pour un point pris à l'intérieur, il est négatif.

Les carrés de deux ordonnées quelconques, parallèles à l'un des diamètres, sont entre eux comme les rectangles des segments qu'elles déterminent sur son conjugué.

414. Si l'on cherche par une méthode quelconque l'équation de la tangente, on trouvera :

$$a'^2 y y' + b'^2 x x' = a'^2 b'^2,$$

x', y' étant les coordonnées du point de contact, et (x, y) un point quelconque de cette tangente.

Le coefficient angulaire $\alpha = - \frac{b'^2 x'}{a'^2 y'}$ de la tangente représente ici le rapport des sinus des angles que cette droite fait avec l'axe des x et celui des y.

Pour avoir l'équation de la normale au point (x', y'), il faut, dans l'équation

$$y - y' = \alpha' (x - x')$$

de cette droite, remplacer α' par sa valeur donnée par la relation

$$1 + \alpha \alpha' + (\alpha + \alpha') \cos \theta = 0,$$

dans laquelle $\alpha = - \frac{b'^2 x'}{a'^2 y'}$, θ désignant l'angle des diamètres $2a'$, $2b'$, auxquels l'ellipse est rapportée.

415. Si, dans $a'^2y^2 + b'^2x^2 = a'^2b'^2$, on fait $b' = a'$, il viendra :

$$y^2 + x^2 = a'^2,$$

qui est l'équation de l'ellipse rapportée à ses deux diamètres conjugués égaux. On voit qu'elle est la même que celle du cercle rapportée à des axes rectangulaires.

416. Si, dans l'équation de la tangente

$$a'^2yy' + b'^2xx' = a'^2b'^2,$$

on fait successivement $y = 0$, $x = 0$, on aura pour les valeurs correspondantes : de x, $OT = \frac{a'^2}{x'}$; de y, $OR = \frac{b'^2}{y'}$, et pour la sous-tangente : $PT = \frac{a'^2 - x'^2}{x'}$.

Comme pour une valeur de $OP = x'$, il y a deux valeurs égales et de signes contraires, $PM = PM'$ (fig. 212) pour y',

Fig. 212.

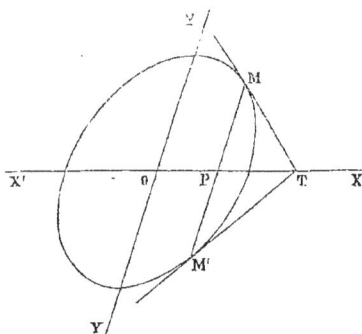

on voit que, si d'un point T quelconque en dehors de l'ellipse on mène deux tangentes TM, TM' et qu'on unisse le point T au centre O de la courbe, la corde de contact MM', conjuguée de OT, sera partagée en deux parties égales, au point P.

On peut toujours prendre la droite OTX et le diamètre OY comme formant un système de deux diamètres conjugués.

Si l'on cherche les relations qui existent : 1° entre deux diamètres conjugués δ, δ'; 2° entre les coefficients angulaires α, α' de la tangente et du diamètre qui aboutit au point de contact; 3° entre les directions γ, γ' de deux cordes supplémentaires, on obtient, en partant des formules générales dans lesquellles on fait $B = 0$, $A = a'^2$, $C = b'^2$:

$$\delta\delta' = -\frac{b'^2}{a'^2}, \quad \alpha\alpha' = -\frac{b'^2}{a'^2}, \quad \gamma\gamma' = -\frac{b'^2}{a'^2}.$$

Équation polaire de l'ellipse.

417. L'ellipse est une courbe telle que la somme des distances de chacun de ses points à deux points fixes F et

Fig. 213.

F' est égale à une quantité constante $2a$.

Plaçons le pôle en F' (fig. 213) et dirigeons la droite fixe suivant FF'. Soit M un point quelconque de la courbe. Posons

$$F'M = \rho', \quad FM = \rho.$$

On a :
$$\rho + \rho' = 2a.$$

Soit $FF' = 2c$. Le triangle F'MF donne :

$$\rho^2 = 4c^2 + \rho'^2 - 4c\rho' \cos \omega.$$

Remplaçons ρ par sa valeur $2a - \rho'$; il vient :

$$4a^2 + \rho'^2 - 4a\rho' = 4c^2 + \rho'^2 - 4c\rho' \cos \omega$$

ou
$$a\rho' - c\rho' \cos \omega = a^2 - c^2 = b^2;$$

d'où
$$\rho' = \frac{b^2}{a - c \cos \omega}.$$

Divisant par a, on trouve

$$\rho' = \frac{\dfrac{b^2}{a}}{1 - \dfrac{c}{a} \cos \omega} \quad \text{ou} \quad \rho' = \frac{p}{1 - e \cos \omega},$$

si l'on fait $\frac{b^2}{a} = p$ et $\frac{c}{a} = e$. Telle est l'équation polaire de l'ellipse, le pôle étant placé au point F'.

Si le pôle se trouve au foyer F, ω étant l'angle MFX que

le rayon vecteur FM $= \rho$ fait avec la droite fixe, on aura
pour l'équation polaire de l'ellipse :

$$\rho = \frac{p}{1 + e \cos \omega};$$

de sorte que $\rho = \frac{p}{1 \pm e \cos \omega}$

est l'équation polaire de l'ellipse pour les cas où le pôle se
trouve en F ou en F'.

418. Il est facile de discuter cette équation.

Supposons que le pôle soit en F'. On obtient alors :

$$\rho = \frac{p}{1 - e \cos \omega}.$$

Faisons passer l'angle ω par tous les états de grandeur
depuis 0° jusqu'à $\pm$ 180°.

Plus l'angle ω est petit, plus cosinus ω est grand.

Le produit $e \cos \omega = e$ atteint donc son maximum lorsque $\omega = 0°$; la fraction $\rho = \frac{p}{1-e}$ s'élève à son maximum,
puisque le dénominateur $1 - e$, qui reste toujours positif,
est à son minimum. Cos ω restant le même pour des valeurs
égales et de signes contraires de ω, le rayon vecteur ρ conserve aussi la même grandeur : ce qui prouve que la courbe
est symétrique par rapport à la droite fixe F'F ; elle est partagée en deux parties égales et superposables par cette
droite, qui est ici l'axe de symétrie de l'ellipse.

A mesure que ω augmente, à partir de 0°, $e \cos \omega$
diminue, le dénominateur de la fraction devient plus grand
et le rayon vecteur ρ diminue.

Pour $\omega = \pm$ 90°, il vient :

$$\rho = p, \quad 2\rho = \frac{2b^2}{a},$$

qui est la grandeur de la double ordonnée MF'M' pas-

31

sant par le foyer F' et qu'on nomme le *paramètre* de l'ellipse (fig. 214).

Pour des valeurs de ω toujours égales et de signes contraires, $> 90°$, cos ω devient

Fig. 214.

négatif, $— c$ cos ω devient
positif et la valeur de ρ diminue de plus en plus jusqu'à
$ω = \pm 180°$, cos $ω = — 1$
et $ρ = \frac{p}{1+e} = a — c$, qui
est la plus petite valeur de
ρ : c'est la distance du som-
met A' de l'ellipse au foyer le plus proche F'.

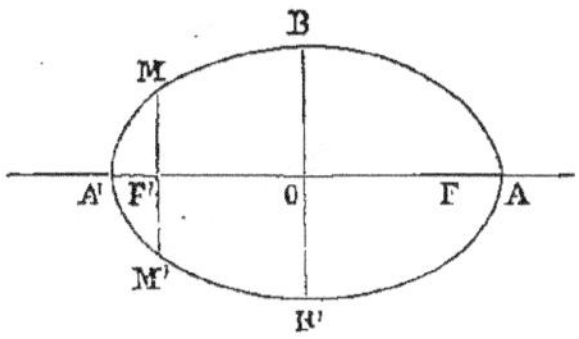

Pour les valeurs de $ω > 180°$, cos ω repasse en diminuant par les mêmes états de grandeur que précédemment,
ainsi que le rayon vecteur lui-même.

419. *Le rectangle* $FP \times F'P'$ *des perpendiculaires
abaissées des deux foyers* F, F' *sur la tangente à l'ellipse est
équivalent au carré* b^2
du demi-petit axe.

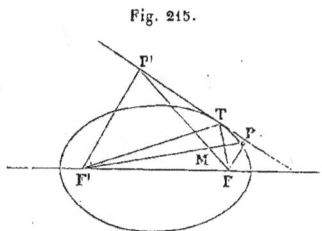

Fig. 215.

Les deux triangles
rectangles FPT, F'P'T
donnent (fig. 215) :

$$FP = ρ \sin α,$$
$$F'P' = ρ' \sin α,$$
$$FP \times F'P' = ρρ' \sin^2 α,$$

ρ, ρ' étant les deux rayons vecteurs menés au point de contact T, et α désignant l'angle FTP. Soit $FF' = 2c$.

On a dans le triangle quelconque FF'T :

$$4c^2 = ρ'^2 + ρ^2 + 2ρρ' \cos 2α; \quad \text{mais} \quad ρ + ρ' = 2a.$$
$$ρ^2 + ρ'^2 = 4a^2 — 2ρρ'; \quad \text{d'où} \quad 4c^2 = 4a^2 — 2ρρ' + 2ρρ' \cos 2α,$$
$$c^2 = a^2 — ρρ' \sin^2 α, \quad b^2 = ρρ' \sin^2 α = FP \times F'P'.$$

Aire de l'ellipse.

420. Décrivons un cercle sur le grand axe $AA' = 2a$ de l'ellipse comme diamètre, et inscrivons dans la demi-circonférence $A'MM'M''A$ un polygone régulier d'un certain nombre de côtés (fig. 216). Si, des points M, M',....., on abaisse des perpendiculaires MP, M'P', ... ces perpendiculaires rencontreront l'ellipse en des points N, N', N''.....

On aura :

$$\text{trapèze circulaire } MM'PP' = \frac{MP + M'P'}{2} \times PP',$$

$$\text{trapèze elliptique } NN'PP' = \frac{NP + N'P'}{2} \times PP';$$

mais, on sait que l'on a (412) :

$$\frac{NP}{MP} = \frac{N'P'}{M'P'} = \frac{b}{a},$$

b étant le demi-petit axe de l'ellipse; d'où l'on tire :

$$\frac{NP + N'P'}{MP + M'P'} = \frac{b}{a}.$$

On a donc :

$$\frac{\text{trapèze elliptique } NN'PP'}{\text{trapèze circulaire } MM'PP'} = \frac{b}{a}.$$

Ce rapport des deux trapèzes subsiste, quelque rapprochés que soient les points M, M'... et leurs correspondants N, N'...

Il subsiste encore pour leur somme et, par conséquent, pour les aires des deux polygones dans le demi-cercle $A'MM'M''A$, quelque rapprochés que soient les sommets M, M', M'', N, N', N'', des polygones; de sorte qu'on aura, à la limite, en représentant par E et C les aires de l'ellipse et du cercle :

$$\frac{E}{C} = \frac{b}{a}; \quad \text{d'où} \quad E = \pi ab,$$

en remplaçant C par sa valeur πa^2.

Ainsi, *l'aire de l'ellipse est égale à celle d'un cercle dont le rayon est moyen proportionnel entre les demi-axes* a *et* b *de cette courbe.*

Fig. 216.

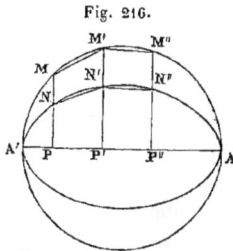

On a vu précédemment (274) que, a', b' étant les deux diamètres conjugués d'une ellipse, on a :

$$ab = a'b' \sin \omega,$$

ω désignant l'angle que font entre eux ces deux diamètres conjugués. Il vient donc aussi pour l'aire de l'ellipse, en fonction des diamètres conjugués :

$$E = \pi a'b' \sin \omega.$$

421. Cherchons l'aire d'un segment elliptique compris entre les pieds des abscisses P, P', prises sur le diamètre AOA', et les ordonnées NP, N'P', parallèles au diamètre BOB', conjugué de AOA' (fig. 217).

On a : trap. circ. $MM'PP' = \dfrac{MP + M'P'}{2} \times PP'$,

trap. ellipt. $NN'PP' = \dfrac{NP + N'P'}{2} \times P'I$,

P'I étant la perpendiculaire abaissée du point P' sur l'ordonnée PN, parallèle au diamètre conjugué BOB'.

Mais, dans le triangle rectangle PP'I, on a :

$$P'I = PP' \sin \omega,$$

ω étant l'angle des diamètres conjugués; de sorte qu'il vient :

$$\frac{\text{trap. ellipt. } NN'PP'}{\text{trap. circ. } MM'PP'} = \frac{(NP + N'P') \times PP' \sin \omega}{(MP + M'P') \times PP'}.$$

On sait que l'on a (412) :

$$\frac{PN}{PM} = \frac{P'N'}{P'M'} = \frac{b'}{a'} ; \quad \text{d'où} \quad \frac{\text{trap. ellipt. } NN'PP'}{\text{trap. circ. } MM'PP'} = \frac{b'}{a'} \sin \omega.$$

Ce rapport reste constant, quelque rapprochés que soient

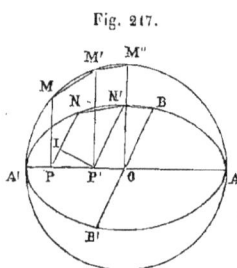
Fig. 217.

les points M, M'..., N, N'. Il reste le même pour la somme de tous ces trapèzes; de sorte qu'on aura, à la limite, en représentant par s le segment elliptique et par S le segment circulaire correspondant :

$$s = \frac{b'}{a'} S \sin \omega.$$

Pour avoir, au moyen de cette formule, l'aire d'une ellipse, il faut remplacer la surface S du cercle par sa valeur $\pi a'^2$; ce qui donne

$$s = \pi a' b' \sin \omega,$$

comme précédemment.

Applications.

422. THÉORÈME I. *On joint un point quelconque M d'une ellipse aux foyers* F, F', *par les deux droites* MF, MF' *qu'on prolonge jusqu'à leur rencontre en* P *et* Q *avec la courbe. Démontrer que l'on a :*

$$\frac{MF}{FP} + \frac{MF'}{F'Q} = \text{constante}.$$

Désignons par ρ, ρ' les deux rayons vecteurs FM, F'M, et par ω, ω' les angles qu'ils font avec l'axe de l'ellipse, AB $= 2a$, la distance des deux foyers étant FF' $= 2c$ (fig. 218). Le pôle se trouvant au point F, on a :

Fig. 218.

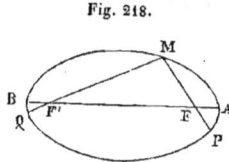

$$\rho = \frac{p}{1 + e \cos \omega} \quad . \quad . \quad (1)$$

pour l'équation polaire de l'ellipse au point M, et

$$FP = \frac{p}{1 - e \cos \omega}.$$

Le pôle étant situé au foyer F', on a de même pour l'équation polaire de l'ellipse au point M :

$$\rho' = \frac{p}{1 - e \cos \omega'} \quad . \quad . \quad . \quad . \quad (2)$$

et

$$F'Q = \frac{p}{1 + e \cos \omega'}.$$

En substituant ces valeurs dans l'équation précédente, il vient :

$$\frac{MF}{FP} + \frac{MF'}{F'Q} = \frac{1 - e \cos \omega}{1 + e \cos \omega} + \frac{1 + e \cos \omega'}{1 - e \cos \omega'}$$

Si l'on remplace $\cos \omega$, $\cos \omega'$ par leurs valeurs tirées de (1) et de (2), on a :

$$\frac{FM}{FP} + \frac{F'M}{F'Q} = \frac{2(\rho + \rho') - 2p}{p} = \frac{2(2a^2 - b^2)}{b^2}.$$

423. THÉORÈME II. *La somme de deux cordes focales conjuguées d'une ellipse est constante.*

Soient MFP, NFQ deux cordes conjuguées (fig. 219).

L'équation de l'ellipse étant

$$a^2 y^2 + b^2 x^2 = a^2 b^2 \quad . \quad . \quad . \quad . \quad (1),$$

les équations des deux cordes MF, NF sont :

Fig. 219.

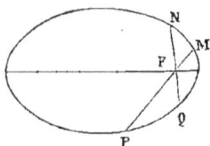

$$y = \delta\,(x - c). \quad . \quad . \quad (2),$$
$$y = \delta'\,(x - c). \quad . \quad . \quad (3).$$

En combinant (1) et (2), on a :

$$x = \frac{a^2\delta^2 c \pm ab^2\sqrt{1 + \delta^2}}{a^2\delta^2 + b^2}.$$

La différence des racines donne :

$$x' - x'' = \frac{2ab^2\sqrt{1 + \delta^2}}{a^2\delta^2 + b^2};$$

on a de même :

$$y' - y'' = \frac{2ab^2\delta\sqrt{1 + \delta^2}}{a^2\delta^2 + b^2}.$$

Comme $\overline{\mathrm{MP}}^2 = (x' - x'')^2 + (y' - y'')^2$, il en résulte

$$\mathrm{MP} = \frac{2ab^2(1 + \delta^2)}{a^2\delta^2 + b^2}.$$

On obtient également :

$$\mathrm{NQ} = \frac{2ab^2(1 + \delta'^2)}{a^2\delta'^2 + b^2},$$

et en ajoutant :

$$\mathrm{MP} + \mathrm{NQ} = \frac{2ab^2(1 + \delta^2)}{a^2\delta^2 + b^2} + \frac{2ab^2(1 + \delta'^2)}{a^2\delta'^2 + b^2}.$$

Mais $\delta'^2 = \frac{b^4}{a^4\delta^2}$; donc

$$\mathrm{MP} + \mathrm{NQ} = 2\left(\frac{a^2 + b^2}{a}\right) = 2a + \frac{2b^2}{a}$$

qui est vérifiée pour les foyers.

424. Théorème III. *La portion* SR *d'une tangente mobile à l'ellipse, comprise entre deux tangentes fixes* PT, PT' *et vue d'un foyer de cette courbe, est constante.*

La droite PF, qui joint le point donné au foyer F, est la bissectrice de l'angle constant TFT′ = 2α (407). Les droites RF, SF, qui unissent les points de rencontre de la tangente mobile RTS et des tangentes fixes au même foyer, divisent chacun des deux angles égaux TFP, T′FP en deux parties égales ; donc, l'angle RFS = α. Cette propriété est générale.

Fig. 220.

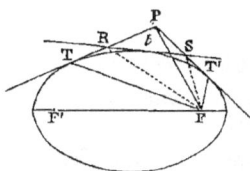

425. THÉORÈME IV. *Dans une courbe du deuxième degré, la perpendiculaire abaissée du foyer sur une corde et le diamètre conjugué se coupent sur la directrice.*

Fig. 221.

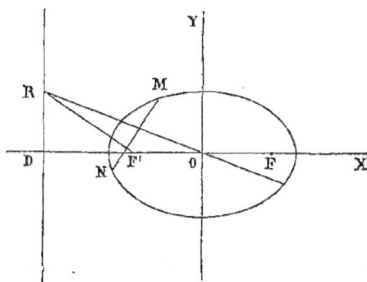

Démontrons cette propriété pour l'ellipse. La droite F′R passant par le foyer F′ et perpendiculaire à MN, dont δ est le coefficient angulaire, a pour équation :

$$y = -\frac{1}{\delta}(x + c).$$

Le diamètre conjugué OR est :

$$y = \delta' x;$$

avec la relation $\delta\delta' = -\frac{b^2}{a^2}$, on a pour le point de rencontre des deux droites F′R et OR :

$$\delta' x = -\frac{1}{\delta}(x + c) \quad \text{ou} \quad \delta\delta' x = -(x + c)$$

et
$$\frac{b^2}{a^2} x = + (x + c),$$

ce qui donne :
$$x = - \frac{a^2}{c}.$$

426. THÉORÈME V. *Lorsqu'une droite, de longueur con-stante, se meut de manière que ses extrémités glissent sur deux droites fixes, se coupant à angle droit ou sous un angle*

Fig. 222.

quelconque, on a vu (384) *qu'un point quelconque pris sur cette droite décrit pen-dant le mouvement de celle-ci une ellipse. Si l'on con-sidère cette droite dans une de ses positions, qu'on élève par ses extrémités des per-pendiculaires aux deux côtés de l'angle et qu'on trace la normale au point décrivant l'ellipse, ces trois droites se coupent en un même point.*

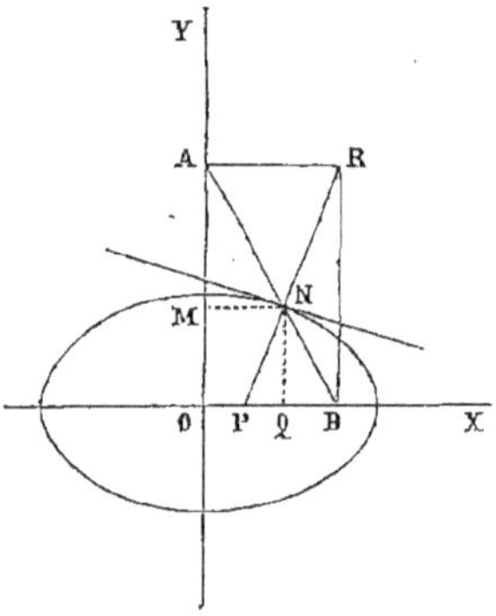

Soient $AB = a + b$ et $AN = a$, $BN = b$, x_1, y_1 étant les coordonnées du point N.

Le point N, dans le mouvement de la droite AB, décrira l'ellipse
$$a^2 y_1^2 + b^2 x_1^2 = a^2 b^2.$$

L'angle YOX étant droit, la normale au point N de cette ellipse est :
$$y - y_1 = \frac{a^2 y_1}{b^2 x_1} (x - x_1).$$

Les triangles rectangles semblables ABO, NBQ donnent :
$$\frac{AO}{y_1} = \frac{a + b}{b};$$

de même, les triangles rectangles semblables AMN, AOB
fournissent :

$$\frac{a}{x_i} = \frac{a+b}{OB}.$$

La perpendiculaire AR a pour équation :

$$y = \frac{(a+b)\,y_i}{b};$$

celle de la perpendiculaire BR est :

$$x = \frac{(a+b)\,x_i}{a}.$$

Ces valeurs de x et de y, substituées dans l'équation de
la normale

$$y - y_i = \frac{a^2 y_i}{b^2 x_i}(x - x_i),$$

satisfont à cette équation : ce qui prouve que les trois
droites se coupent en un même point.

427. Problème I. *Deux diamètres mobiles d'une ellipse
forment entre eux un
angle constant. De l'extrémité de l'un, on abaisse
une perpendiculaire sur
l'autre; on demande le
lieu décrit par les pieds
de ces perpendiculaires.*

Fig. 223.

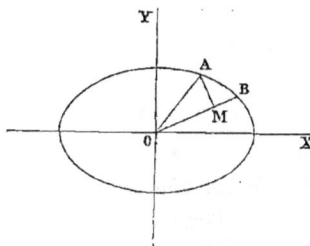

L'équation du diamètre
OB est :

$$y_i = p x_i \quad . \quad . \quad . \quad . \quad . \quad (1);$$

d'où $\qquad p = \dfrac{y_i}{x_i},$

x_1, y_1 étant les coordonnées du lieu. Il vient pour l'équation de OA :

$$y' = \frac{K + \dfrac{y_1}{x_1}}{1 - \dfrac{K y_1}{x_1}} x' \quad . \quad . \quad . \quad . \quad (2),$$

x', y' désignant les coordonnées du point A, et K la tangente trigonométrique de l'angle constant AOB.

La perpendiculaire AM a pour équation :

$$y - y' = -\frac{1}{p}(x - x').$$

Or, $\quad -\dfrac{1}{p} = -\dfrac{x_1}{y_1};\quad$ d'où $\quad y_1 - y' = -\dfrac{x_1}{y_1}(x_1 - x')\quad$ (3).

L'équation de l'ellipse est :

$$a^2 y'^2 + b^2 x'^2 = a^2 b^2 \quad . \quad . \quad . \quad . \quad (4).$$

Combinons (2) et (3), il vient :

$$y - \frac{y_1 + K x_1}{x_1 - K y_1} x' = -\frac{x_1}{y_1}(x_1 - x');$$

d'où $\qquad x' = x_1 - K y_1, \quad y' = y_1 + K x_1.$

Remplaçant x', y' par ces valeurs dans l'équation de la courbe, on obtient :

$$a^2(y_1 + K x_1)^2 + b^2(x_1 - K y_1)^2 = a^2 b^2,$$

équation d'une ellipse (fig. 223).

428. PROBLÈME II. *Chercher le lieu géométrique décrit par le point d'intersection* M *de deux tangentes* TM, T'M *à une ellipse, et qui se meuvent parallèlement à un système mobile de deux diamètres conjugués.*

En prenant

$$y = mx + \sqrt{a^2 m^2 + b^2}$$

pour l'équation de la tangente à l'ellipse, il vient :

$$(x_1^2 - a^2) m^2 - 2x_1 y_1 m + y_1^2 - b^2 = 0,$$

x_1, y_1 étant les coordonnées du point M et $2a$, $2b$ les axes de cette courbe.

Fig. 224.

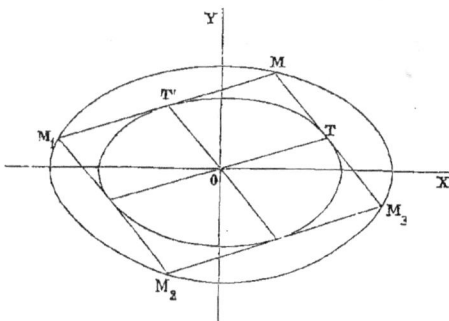

Puisque les tangentes sont parallèles à deux diamètres conjugués, pour lesquels on a la relation $\delta\delta' = -\dfrac{b^2}{a^2}$, on aura pour le produit des deux racines dans l'équation précédente :

$$\frac{y_1^2 - b^2}{x_1^2 - a^2} = -\frac{b^2}{a^2},$$

qui est l'équation du lieu ; ce qui donne :

$$a^2 y_1^2 + b^2 x_1^2 = 2a^2 b^2,$$

c'est-à-dire, une nouvelle ellipse semblable et concentrique à la première: c'est le lieu des sommets de tous les parallélogrammes conjugués circonscrits à l'ellipse donnée.

429. PROBLÈME III. *Deux cordes conjuguées passent par le foyer d'une ellipse. Aux points de rencontre de ces cordes avec la courbe, on mène deux tangentes; chercher le lieu décrit par l'intersection* M *de ces tangentes.*

Soient (x', y'), (x'', y'') les coordonnées des points de contact T, T' (fig. 225).

On aura :

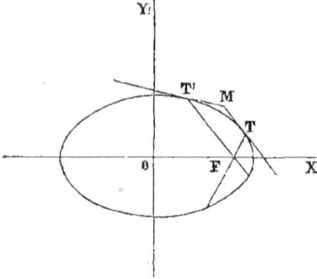

Fig. 225.

$$a^2 y'^2 + b^2 x'^2 = a^2 b^2 \quad (1),$$
$$a^2 y_1 y' + b^2 x_1 x' = a^2 b^2 \quad (2).$$

En désignant par f l'abscisse du foyer, l'équation de FT est :

$$y' = \delta(x' - f). \quad . \quad (5),$$

et celle de FT' :

$$y'' = \delta'(x'' - f) \quad . \quad . \quad . \quad . \quad . \quad (4).$$

On a la relation

$$\delta \delta' = -\frac{b^2}{a^2}.$$

Multipliant (5) par (4), il vient :

$$y' y'' = \delta \delta'(x' - f)(x'' - f) \quad \text{ou} \quad y' y'' = \delta \delta' \left[x' x'' - f(x' + x'') + f^2 \right]$$

et, en remplaçant $\delta \delta'$ par $-\frac{b^2}{a^2}$:

$$y' y'' = -\frac{b^2}{a^2} \left[x' x'' - f(x' + x'') + f^2 \right] \quad . \quad . \quad (4').$$

De la simultanéité des équations (1) et (2), on tire pour la somme des racines :

$$x' + x'' = \frac{2 a^2 b^2 x_1}{a^2 y_1^2 + b^2 x_1^2}$$

et pour leur produit :

$$x' x'' = \frac{a^4 (b^2 - y_1^2)}{a^2 y_1^2 + b^2 x_1^2}.$$

On aura de même :

$$y' y'' = \frac{b^4 (a^2 - x_1^2)}{a^2 y_1^2 + b^2 x_1^2}.$$

Remplaçant dans $(4')$, il vient :

$$a^2y_i^2 + b^2x_i^2 + 2a^2cx_i = 2a^4,$$

équation d'une ellipse.

430. PROBLÈME IV. *Deux diamètres mobiles d'une ellipse sont perpendiculaires entre eux. Aux extrémités* T, T' *de l'un de ces diamètres, on mène des tangentes qui rencontrent le second diamètre en des points* M *dont on demande le lieu.*

Fig. 226.

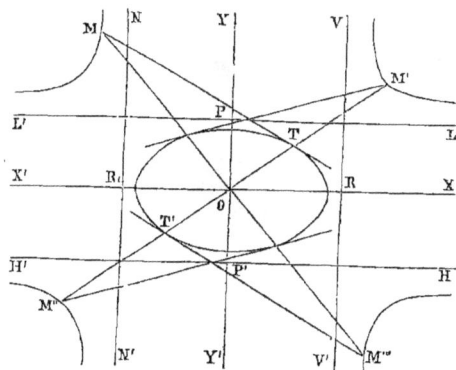

L'équation de l'ellipse pour le point de contact T (x', y') est

$$a^2y'^2 + b^2x'^2 = a^2b^2 \quad . \quad . \quad . \quad . \quad (1);$$

celle de la tangente MT est

$$a^2y_1y' + b^2x_1x' = a^2b^2 \quad . \quad . \quad . \quad . \quad (2),$$

x_1, y_1 étant les coordonnées du point M. L'équation du diamètre OM est de la forme :

$$y = mx,$$

et comme il est perpendiculaire au diamètre **TOT'** dont le coefficient angulaire est $\frac{y'}{x'}$, l'équation de OM est :

$$y = -\frac{x'}{y'}x.$$

Puisque cette droite passe par le lieu, on a :

$$y_1 = -\frac{x'}{y'}x_1 \quad \cdot \quad \cdot \quad \cdot \quad \cdot \quad \cdot \quad (5).$$

Si l'on substitue dans l'équation (1) les valeurs fournies par (2) et (3), on trouve pour l'équation du lieu :

$$\frac{a^2}{y_1^2} + \frac{b^2}{x_1^2} = \frac{c^4}{a^2 b^2}.$$

Pour $x = \infty$, il vient

$$y = \pm \frac{a^2}{c^2}b, \quad y = OP = OP',$$

ce qui détermine les deux asymptotes LL', HH' parallèles à l'axe des x. De même, pour $y = \infty$, on a :

$$x = \pm \frac{b^2}{c^2}a, \quad x = OR = OR'$$

et, en menant par les points R, R' des parallèles à l'axe des y, on obtient les deux asymptotes NN', VV' (fig. 226).

431. Problème V. *Des foyers* F, F' *d'une ellipse, on abaisse des perpendiculaires* FP, F'P' *sur une tangente mobile à cette courbe. On joint inversement les foyers* F, F' *aux pieds* P, P' *des perpendiculaires. Chercher le lieu décrit par le point* M, *intersection des droites* FP', F'P.

La droite **FP** étant perpendiculaire à la tangente à l'ellipse au point (x', y'), a pour équation

$$y = \frac{a^2 y'}{b^2 x'}(x - c),$$

c étant l'abscisse du foyer F et $2a$, $2b$ les axes de l'ellipse.

Pour avoir les coordonnées du point P, il suffit de combiner cette équation avec celle de la tangente à l'ellipse, à savoir :

$$a^2yy' + b^2xx' = a^2b^2;$$

ce qui donne : $x = \dfrac{a^2(c + x')}{a^2 + cx'}, \quad y = \dfrac{a^2y'}{a^2 + cx'}.$

Pour obtenir les coordonnées du point P′ (fig. 215), il suffit de changer dans ces valeurs c en $-c$; de sorte qu'on aura pour les droites FP′, F′P, les équations :

$$y_1 = \frac{a^2y'(x_1 - c)}{a^2(x' - c) - c(a^2 - cx')},$$

$$y_1 = \frac{a^2y'(x_1 + c)}{a^2(x' + c) + c(a^2 + cx')};$$

d'où l'on tire : $y' = 2y_1, \quad x' = \dfrac{2a^2x_1}{a^2 + c^2}.$

En remplaçant dans l'équation de l'ellipse

$$a^2y'^2 + b^2x'^2 = a^2b^2,$$

on obtient pour le lieu l'équation :

$$4(2a^2 - b^2)y_1^2 + 4a^2b^2x_1^2 = b^2(2a^2 - b^2)^2$$

qui représente une ellipse. Cette courbe rencontre l'axe des y à la distance $\frac{b}{2}$ de l'origine, et celui des x à la distance $\frac{2a^2 - b^2}{2a}$.

432. Problème VI. *On donne une ellipse et une tangente mobile à cette courbe. Aux deux extrémités* A *et* B *du grand axe, on élève des perpendiculaires qui rencontrent la tangente mobile en* S *et en* R. *On joint ces deux points inversement et directement aux deux foyers* F, F′. *Chercher les lieux de l'intersection de ces droites.*

Soient x', y', les coordonnées du point de contact **T**. L'équation de l'ellipse est :

$$a^2y'^2 + b^2x'^2 = a^2b^2.$$

Celle de la tangente pour le même point est :

Fig. 227.

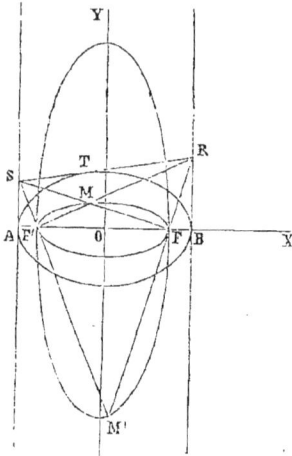

$$a^2 yy' + b^2 xx' = a^2 b^2.$$

Les coordonnées des points R et S sont :

$$\text{R} \begin{cases} x = a \\ y = \dfrac{ab^2 - b^2 x'}{ay'}, \end{cases}$$

$$\text{S} \begin{cases} x = -a \\ y = \dfrac{ab^2 + b^2 x'}{ay'}. \end{cases}$$

On a pour l'équation de la droite F′R :

$$ay_1 (a + c) y' + b^2 (x_1 + c) x'$$
$$= ab^2 (x_1 + c);$$

celle de FS est :

$$- ay_1 (a + c) y' + b^2 (c - x_1) x' = - ab^2 (c - x_1).$$

De ces deux équations, on tire :

$$x' = \frac{ax_1}{c}, \quad y' = \frac{b^2 (c^2 - x_1^2)}{c(a + c) y_1}.$$

En substituant ces valeurs dans l'équation

$$a^2 y'^2 + b^2 x'^2 = a^2 b^2,$$

on trouve pour le lieu, après simplification :

$$(a + c) y_1^2 + (a - c) x_1^2 = (a - c) c^2$$

qui représente une ellipse coupant l'axe des x aux distances $\pm c$ de l'origine et l'axe des y aux distances $\pm c \sqrt{\frac{a - c}{a + c}}$.

Si, au lieu de joindre les points R et S inversement

aux foyers, on les joint directement, on trouvera pour x' et pour y' les valeurs :

$$x' = -\frac{ax_1}{y_1}, \quad y' = -\frac{b^2(c^2 - x_1^2)}{(a-c)\,cy_1}.$$

et pour le lieu, l'ellipse

$$(a-c)\,y_1^2 + (a+c)\,x_1^2 = (a+c)\,c^2,$$

qui rencontre l'axe des x aux distances $\pm c$ de l'origine et l'axe des y aux distances $\pm c\,\sqrt{\frac{a+c}{a-c}}$.

433. PROBLÈME VII. *Un angle constant ω dont le sommet est situé à l'extrémité A de l'axe de symétrie d'une ellipse, tourne autour de ce point; les côtés de cet angle rencontrent la courbe aux points variables C, D ; on joint le point C au centre O de l'ellipse. Chercher le lieu décrit par le point M, intersection des droites CMO et AMD.*

Plaçons l'origine des axes coordonnés au centre de l'ellipse; $2a$, $2b$ étant les axes de celle-ci, on a l'équation

$$a^2y^2 + b^2x^2 = a^2b^2.$$

Soient x', y' les coordonnées du point C, x_1, y_1 celles du point M et α l'angle variable DAX.

La droite AC a pour équation

$$y' = \lg(\omega + \alpha)\,(x' + a) \quad \ldots \quad \ldots \quad (1)$$

et la droite AD qui passe par le point M :

$$y_1 = \lg\alpha\,(x_1 + a). \quad \ldots \quad \ldots \quad (2).$$

L'équation de la droite OC est :

$$y_1 = \frac{y'}{x'}\,x_1 \quad \ldots \quad \ldots \quad \ldots \quad (3);$$

en y ajoutant celle de l'ellipse pour le point C, il vient :

$$a^2y'^2 + b^2x'^2 = a^2b^2 \quad \ldots \quad \ldots \quad (4).$$

On obtient donc un système de quatre équations à trois variables x', y' et α; on trouve pour x' et y' les valeurs :

$$x' = \frac{ax_i\left[(a + x_i)\, \mathrm{tg}\,\omega + y_i\right]}{ay_i - (y_i^2 + x_i^2 + ax_i)\, \mathrm{tg}\,\omega},$$

$$y' = \frac{ay_i\left[(a + x_i)\, \mathrm{tg}\,\omega + y_i\right]}{ay_i - (y_i^2 + x_i^2 + ax_i)\, \mathrm{tg}\,\omega}.$$

En les substituant dans l'équation (4), et en représentant $\mathrm{tg}\,\omega$ par c, on a pour le lieu l'équation

$$(a^2 y_i^2 + b^2 x_i^2)\left[y_i + c\,(a + x_i)\right]^2 = b^2 \left[ay_i - c\,(y_i^2 + x_i^2 + ax_i)\right]^2,$$

qui est une courbe du quatrième degré.

Si l'angle $\omega = 0$, on retrouve l'ellipse donnée, et si $\omega = 90°$, on obtient l'équation

$$(x_i^2 + y_i^2 + ax_i)^2 = (a + x_i)^2 (a^2 y_i^2 + b^2 x_i^2),$$

qui est également une courbe du quatrième degré.

434. PROBLÈME VIII. *Chercher le lieu des pieds des perpendiculaires abaissées du centre d'une ellipse donnée sur les tangentes à cette courbe.*

En prenant des axes comme précédemment (432), on a :

Fig. 228.

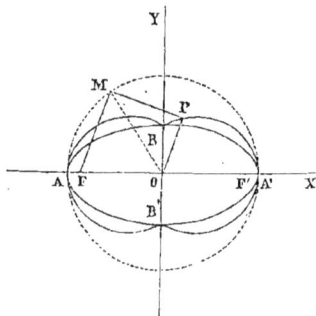

$$a^2 y^2 + b^2 x^2 = a^2 b^2$$

pour l'équation de cette ellipse.

Le coefficient angulaire de la tangente au point (x', y') étant $-\frac{b^2 x'}{a^2 y'}$, l'équation de la perpendiculaire abaissée du centre sur la tangente sera :

$$y_i = \frac{a^2 y'}{b^2 x'}\, x_i \quad . \quad (1),$$

x_i, y_i désignant les coordonnées du lieu.

Puisque la tangente à l'ellipse passe par ce point, on a également :

$$a^2 y_1 y' + b^2 x_1 x' = a^2 b^2 \quad . \quad . \quad . \quad . \quad . \quad (2),$$

et
$$a^2 y'^2 + b^2 x'^2 = a^2 b^2 \quad . \quad . \quad . \quad . \quad . \quad (3)$$

pour l'ellipse passant par le point de contact (x', y'). Si l'on prend les valeurs de x' et de y' entre les deux premières équations et qu'on les substitue dans la troisième, on obtient :

$$a^2 x_1^2 + b^2 y_1^2 = (y_1^2 + x_1^2)^2,$$

qui est l'équation du lieu.

On voit que c'est une courbe du 4me degré qui touche l'ellipse aux extrémités des axes de celle-ci. Si l'on cherche, d'après les procédés connus, pour quelle valeur de x l'ordonnée correspondante s'élève à son maximum, on trouve

$$x = \pm \frac{a \sqrt{2c^2 - a^2}}{2c} \quad \text{et} \quad y = \pm \frac{a^2}{2c}.$$

En coordonnées polaires, cette équation est plus simple. En plaçant le pôle à l'origine et dirigeant la droite fixe suivant l'axe des x, on a :

$$x = \rho \cos \omega, \quad y = \rho \sin \omega,$$

et l'équation du lieu est :

$$\rho^2 = a^2 - c^2 \sin^2 \omega.$$

Sur le grand axe $2a$ de l'ellipse comme diamètre, décrivons une circonférence, et par le foyer F, menons une droite quelconque FM, qui rencontre en M la circonférence. Du centre O, menons une parallèle à la droite FM, et du point M abaissons la perpendiculaire MP sur cette parallèle : le pied P sera un point de la courbe donnée (fig. 228).

En effet, on a :

$$\overline{OP}^2 = \overline{OM}^2 - \overline{MP}^2 = a^2 - c^2 \sin^2 \omega;$$

d'où
$$\rho^2 = a^2 - c^2 \sin^2 \omega$$

et
$$y^2 = \rho^2 \sin^2 \omega = \frac{c^2 \sin^2 \omega}{c^2} (a^2 - c^2 \sin^2 \omega).$$

La somme des deux facteurs de ce produit étant constante, le maximum de y répond à l'égalité de ces facteurs, ce qui donne :

$$c^2 \sin^2 \omega = a^2 - c^2 \sin^2 \omega; \quad \text{d'où} \quad \sin \omega = \frac{a}{c\sqrt{2}}.$$

435. PROBLÈME IX. *Chercher le lieu des pieds des perpendiculaires abaissées du centre de l'hyperbole sur les tangentes à cette courbe.*

En suivant la même marche que précédemment (434), on trouve pour l'équation du lieu

$$(y^2 + x^2)^2 = a^2 x^2 - b^2 y^2,$$

et en coordonnées polaires

$$\rho^2 = a^2 - c^2 \sin^2 \omega.$$

Cette équation est trop simple pour que nous nous y arrê-

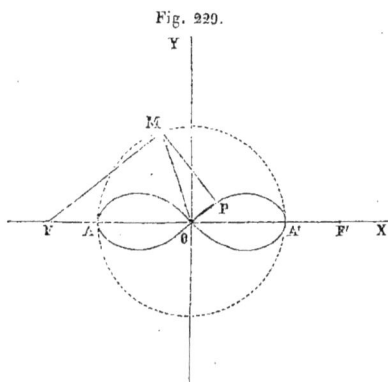

Fig. 229.

tions. La courbe représentée par cette équation est une espèce de lemniscate (fig. 229).

Pour obtenir un point P de la courbe, il faut mener, du foyer F de l'hyperbole, une sécante quelconque FM qui rencontre la circonfé-

rence décrite sur l'axe transverse $2a$ de cette courbe en

un point M. De ce point, on abaisse une perpendiculaire MP sur la parallèle à FM menée par le centre O de l'hyperbole ; il est évident que l'on a, comme précédemment :

$$\overline{OP}^2 = \overline{OM}^2 - \overline{MP}^2 \quad \text{ou} \quad \rho^2 = a^2 - c^2 \sin^2 \omega.$$

La valeur qu'il faut donner à l'abscisse x pour que l'ordonnée y s'élève à son maximum est

$$x = \frac{a\sqrt{2c^2 - a^2}}{2c}; \quad \text{d'où} \quad y = \frac{a^2}{2c}.$$

436. PROBLÈME X. *Étant donné un système mobile DD',*

Fig. 250.

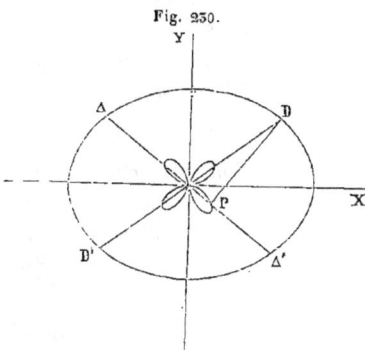

ΔΔ' de deux diamètres conjugués, par l'extrémité D (x', y') de l'un, on abaisse une perpendiculaire DP sur l'autre. Chercher le lieu géométrique décrit par le point P.

La droite DP qui est perpendiculaire au second diamètre, et qui passe par le lieu, a pour équation :

$$y_1 - y' = -\frac{x_1}{y_1}(x_1 - x'). \quad \ldots \quad (1).$$

La relation des diamètres conjugués $a^2 \delta\delta' = -b^2$ devient pour les points D et P (fig. 250) :

$$a^2 y_1 y' = -b^2 x_1 x'. \quad \ldots \quad (2).$$

L'équation de l'ellipse passant par D est :

$$a^2 y'^2 + b^2 x'^2 = a^2 b^2. \quad \ldots \quad (3).$$

Les équations (1) et (2) déterminent les valeurs de x' et

de y'; en substituant celles-ci dans (3), on a pour l'équation du lieu :

$$(a^2 y_1^2 + b^2 x_1^2)(y_1^2 + x_1^2)^2 = c^4 x_1^2 y_1^2.$$

437. PROBLÈME XI. *Un quadrilatère est circonscrit à une ellipse. Deux côtés opposés de ce quadrilatère sont tangents aux extrémités d'un même diamètre. Chercher le périmètre minimum de ce quadrilatère.*

Prenons ce diamètre $A'OA_1$ pour axe des x et son conjugué pour axe des y (fig. 231).

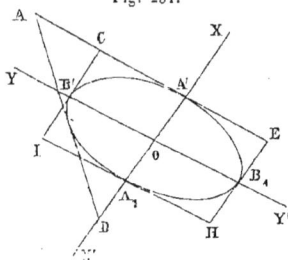

Fig. 231.

Soient $2a'$, $2b'$ les longueurs de ces deux diamètres conjugués.

L'équation de la tangente à l'ellipse sera :

$$a'^2 yy' + b'^2 xx' = a'^2 b'^2.$$

Soit AD cette tangente; elle passe par A dont les coordonnées sont $x = a'$ et $y = Y$. L'équation précédente devient :

$$a'Yy' + b'^2 x' = a'b'^2,$$

x', y' étant les coordonnées du point de contact. On sait que, si x' augmente, y' diminue, et réciproquement. Si $x' = 0$, $y' = b'$; ce qui donne :

$$Yy' = b'^2.$$

Ce produit de deux facteurs est constant; puisque $y' = b'$ atteint son maximum, il s'ensuit que $Y = b'$ descend à son minimum. Les côtés du quadrilatère dont le périmètre est minimum sont donc tangents aux extrémités des deux diamètres conjugués; de sorte que ce parallélogramme est conjugué.

438. PROBLÈME XII. *Inscrire dans un parallélogramme donné une ellipse dont la surface soit maximum.*

Soient $2a$, $2b$ les longueurs des diagonales du parallélogramme donné; $2x$, $2y$ les deux diamètres conjugués inconnus dirigés suivant ces diagonales. On aura, comme on l'a vu précédemment, les équations :

$$\frac{y^2}{b^2} + \frac{x^2}{a^2} = 1 \quad \ldots \ldots \quad (1),$$

$$\pi x y \sin \omega = \mathrm{E}, \quad \ldots \ldots \quad (2),$$

ω étant l'angle des deux diagonales du parallélogramme, et E la surface inconnue de l'ellipse. En éliminant y, il vient :

$$x^2 = \frac{a^2}{2} \pm \sqrt{\frac{a^4}{4} - \frac{a^2 \mathrm{E}^2}{\pi^2 b^2 \sin^2 \omega}} \, ;$$

ce qui donne pour la surface maximum :

$$\mathrm{E} = \frac{\pi a b \sin \omega}{2}; \quad \text{d'où} \quad x = \frac{a}{\sqrt{2}} \quad \text{et} \quad y = \frac{b}{\sqrt{2}}.$$

On voit que cette ellipse est tangente aux milieux des côtés du parallélogramme.

439. Problème XIII. *Inscrire dans un triangle donné ABC une ellipse qui touche les trois côtés de ce triangle en leurs milieux (fig. 232).*

Fig. 232.

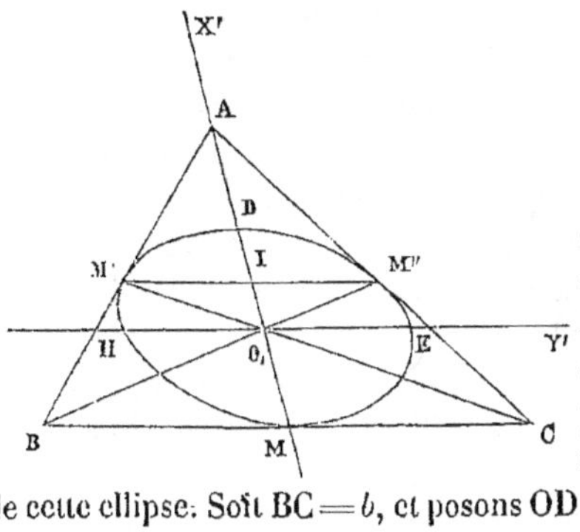

Prenons la médiane $\mathrm{AM} = m$ et une parallèle HOE à la corde de contact M′M″ pour les deux diamètres conjugués de cette ellipse. Soit $\mathrm{BC} = b$, et posons $\mathrm{OD} = a'$ et $\mathrm{OE} = b'$,

$2a'$, $2b'$ étant les deux deux diamètres conjugués inconnus. Cette ellipse aura pour équation :

$$a'^2 y^2 + b'^2 x^2 = a'^2 b'^2.$$

Si, dans l'équation de la tangente, on fait $y = 0$, il viendra :

$$OI \times OA = \overline{OD}^2;$$

mais,
$$OI = IM - OM = \frac{m}{2} - a',$$

$$OA = m - a'.$$

On a donc, pour déterminer a' et b', les équations :

$$\left(\frac{m}{2} - a'\right)(m - a') = a'^2 \quad \ldots \quad (1),$$

$$\frac{a'^2 b^2}{16} + b'^2 \left(\frac{m}{2} - a'\right)^2 = a'^2 b'^2 \quad \ldots \quad (2);$$

ce qui donne : $a' = \dfrac{m}{5}$ et $b' = \dfrac{b}{2\sqrt{3}}.$

On voit que, pour obtenir la grandeur du demi-diamètre conjugué a', il faut joindre le sommet C du triangle au milieu M' du côté opposé : les deux médianes AM et CM' se rencontrent au centre O de l'ellipse, qui est le centre de gravité du triangle. Quant au demi-diamètre conjugué b', il est égal à la moitié du rayon du cercle circonscrit au triangle équilatéral dont BC est le côté. On connaît donc tous les éléments voulus pour construire cette ellipse.

440. PROBLÈME XIV. *Étant donné un parallélogramme et une droite, décrire une ellipse tangente aux côtés du parallélogramme et à la droite* (fig. 233).

Il est permis de considérer les deux diagonales du paral-

lélogramme comme deux diamètres conjugués de l'ellipse,
les grandeurs $2a'$, $2b'$ étant inconnues, et l'origine se trouvant au centre du parallélogramme. OA, OB étant les axes

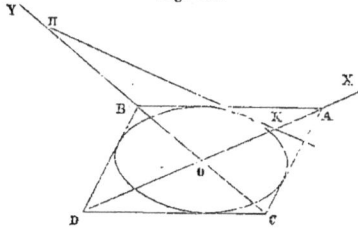

Fig. 233.

des x et des y, il
viendra :

$$a'^2 y^2 + b'^2 x^2 = a'^2 b'^2$$

pour l'équation de
l'ellipse.

Soient AD$=2a$,
BC$=2b$ les lon-
gueurs des diago-
nales du parallélogramme, et OK $= m$, OH $= n$, les distances, à partir de l'origine, où la droite donnée coupe
les axes coordonnés. Les deux côtés BA et AC du parallélogramme étant tangents à l'ellipse, on aura l'équation

$$a'^2 yy' + b'^2 xx' = a'^2 b'^2,$$

qui est satisfaite pour les coordonnées du point A ou $y=0$,
$x = a$; ce qui donne :

$$ax' = a'^2.$$

On obtient de même pour le point B : $by' = b'^2$.

La courbe passe évidemment par le point de contact
(x', y'). On a donc l'équation :

$$\frac{a'^2}{a^2} + \frac{b'^2}{b^2} = 1 \quad . \quad . \quad . \quad . \quad . \quad (1),$$

qui nous apprend que les diamètres conjugués $2a'$, $2b'$
sont les axes coordonnés d'une ellipse dont $2a$, $2b$ sont les
diamètres conjugués.

La droite HK a pour équation :

$$\frac{y}{n} + \frac{x}{m} = 1.$$

Cette droite doit être tangente à l'ellipse

$$a'^2 y^2 + b'^2 x^2 = a'^2 b'^2;$$

ce qui fournit l'équation

$$n^2 a'^2 + m^2 b'^2 = m^2 n^2 \quad . \quad . \quad . \quad . \quad . \quad (2),$$

qui est celle d'une ellipse dont $2m$, $2n$ sont les diamètres conjugués. Les deux diamètres conjugués $2a'$, $2b'$ seront déterminés par l'intersection des deux ellipses (1) et (2).

Exercices.

I. *On demande le lieu décrit par le point d'intersection de la perpendiculaire, abaissée du centre d'une ellipse sur une tangente, avec l'ordonnée prolongée du point de contact.*

L'équation du lieu est

$$b^2 y_1^2 + a^2 x_1^2 = a^4 :$$

la courbe est une ellipse.

II. *Le sommet A de l'angle droit d'un triangle rectangle ABC et le sommet B de ce triangle glissent sur deux droites fixes perpendiculaires entre elles. On demande le lieu décrit par le troisième sommet C.*

En désignant par b et c les côtés de l'angle droit, l'équation du lieu est :

$$b^2 x_1^2 + (b^2 + c^2) y_1^2 - 2bc x_1 y_1 = b^4.$$

III. *Une droite AT se meut autour du sommet de symétrie d'une ellipse. Au point où cette droite rencontre la courbe, on mène une tangente à celle-ci. Du centre, on abaisse une perpendiculaire sur la tangente : on demande le lieu décrit par le point de rencontre de cette perpendiculaire avec la droite AT.*

On obtient :

$$a^2 y_i^2 + x_i^2 (2a^2 - b^2) + 2ax_i (b^2 - a^2) = a^2 b^2$$

pour l'équation du lieu. La courbe est une ellipse.

IV. *On demande le lieu décrit par le milieu d'une sécante qui tourne autour du foyer d'une ellipse.*

Il vient :

$$a^2 y_i^2 + b^2 x_i^2 - b^2 c x_i = 0.$$

V. *Trouver le lieu des intersections des normales menées aux extrémités d'une corde focale.*

L'équation du lieu est :

$$a^2 b^2 (x + c)^2 + (a^2 + c^2)^2 y^2 = b^2 c (a^2 + c^2)(x + c).$$

VI. *On donne une ellipse fixe et une circonférence concentrique, de rayon variable. Aux points où cette circonférence rencontre l'ellipse, on mène des tangentes aux deux courbes. Du centre, on mène une parallèle à la tangente à l'ellipse. On demande le lieu décrit par le point d'intersection de cette droite avec la tangente à la circonférence.*

On aura l'équation :

$$(a^2 + b^2)^2 (a^2 y_i^2 + b^2 x_i^2) x_i^2 y_i^2 = (b^4 x_i^2 + a^4 y_i^2)^2.$$

VII. *On donne une ellipse fixe et une circonférence concentrique de rayon variable. On mène les tangentes communes aux deux courbes. Du centre, on abaisse des perpendiculaires sur ces tangentes. On demande le lieu décrit par les pieds de ces perpendiculaires.*

Le lieu est

$$a^2 x_i^2 + b^2 y_i^2 = (y_i^2 + x_i^2)^2.$$

VIII. *Un rectangle quelconque étant circonscrit à une ellipse, le parallélogramme qui a pour sommets les points* de contact a un périmètre constant, et deux côtés consécutifs font, avec la tangente, des angles égaux.

IX. Dans un trapèze, on donne : une des bases parallèles en grandeur et en position, l'autre base en grandeur seulement et la somme des deux autres côtés. Trouver le lieu de l'intersection des diagonales.

X. Un des sommets d'un parallélogramme circonscrit à une ellipse glisse sur une directrice; prouver que le sommet opposé décrit l'autre directrice, et que les deux autres sommets sont sur un cercle ayant le grand axe de l'ellipse pour diamètre.

XI. Si, dans une conique ayant F pour foyer, on mène une corde P.P' par un point fixe O, le produit

$$\text{tang. } \tfrac{1}{2} \text{PFO} \times \text{tang. } \tfrac{1}{2} \text{P'FO}$$

est constant.

XII. Si, par un point O, on mène deux droites passant par les foyers d'une ellipse (ou tangentes à une conique homofocale) et coupant la courbe aux points R, R', S, S', on a la relation

$$\frac{1}{OR} - \frac{1}{OR'} = \frac{1}{OS} - \frac{1}{OS'}.$$

CHAPITRE XXII.

DE L'HYPERBOLE.

441. Lorsque les coefficients M et N de y^2 et de x^2 sont de signes contraires, l'équation (197)

$$My^2 - Nx^2 = -F'$$

représente celle de l'hyperbole rapportée à son centre, comme origine, et à ses axes de symétrie.

Faisons successivement, dans cette équation, $x = 0$ et $y = 0$; désignons par b et par a les valeurs correspondantes de y et de x. On aura pour les distances où l'hyperbole rencontre les axes coordonnés :

$$M \times \overline{OB}^2 = -F' \quad \text{et} \quad N \times \overline{OA}^2 = +F'.$$

On voit déjà que l'hyperbole ne rencontre pas l'axe des ordonnées. On porte cependant sur cet axe, à partir de l'origine ou centre de la courbe, des longueurs égales et de signes contraires $OB = OB' = b$ (fig. 234); d'où

$$M = \frac{F'}{\overline{OB}^2} = \frac{F'}{b^2}.$$

Comme $N \times \overline{OA}^2 = F'$, on prend sur l'axe des x des longueurs égales $OA = OA' = a$, et il vient :

$$N = \frac{F'}{a^2}.$$

En remplaçant M et N par ces valeurs, on aura :

$$\frac{y^2}{b^2} - \frac{x^2}{a^2} = -1$$

pour l'équation de l'hyperbole, ou bien encore :

$$a^2 y^2 - b^2 x^2 = - a^2 b^2 \quad . \quad . \quad . \quad . \quad (1),$$

dont on se sert souvent.

Cette équation ne diffère de celle de l'ellipse que par le signe de b^2 qui est devenu négatif, c'est-à-dire que b s'est changé en $b\sqrt{-1}$.

Cette équation, comme celle de l'ellipse, est homogène.

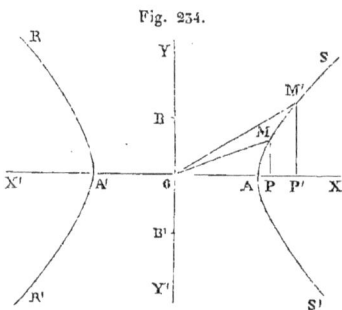

Fig. 234.

L'axe $\text{AOA}' = 2a$ (fig. 234), qui rencontre la courbe aux deux sommets A, A', se nomme *l'axe transverse* de l'hyperbole, et l'axe $\text{BOB}' = 2b$ se nomme *l'axe imaginaire*, *l'axe non transverse* ou bien encore le *second axe*.

442. Pour transporter l'origine au sommet A de l'hyperbole, il faut évidemment changer, dans l'équation précédente, x en $x + a$; on a, dans ce cas :

$$y^2 = \frac{b^2}{a^2}(2ax + x^2) \quad . \quad . \quad . \quad . \quad (2).$$

Si l'hyperbole est équilatère, $2a = 2b$ et les équations (1) et (2) deviennent :

$$y^2 = 2ax + x^2 \quad \text{et} \quad y^2 - x^2 = - a^2.$$

A l'inspection de l'équation $a^2 y^2 - b^2 x^2 = - a^2 b^2$, on voit qu'à des valeurs égales et de signes contraires de x correspondent des valeurs égales et de signes contraires de y, et réciproquement.

Puisque les axes coordonnés sont rectangulaires, l'hyperbole est donc symétrique par rapport aux deux axes $AOA' = 2a$, $BOB' = 2b$, qui sont nommés les *axes de symétrie* de cette courbe.

De l'équation (1), on tire :

$$y = \pm \frac{b}{a} \sqrt{x^2 - a^2} \, ;$$

la plus petite valeur que l'on puisse attribuer à x est évidemment $x = \pm a$; d'où $y = 0$.

A mesure que x grandit, à partir de a, les valeurs de y, toujours égales et de signes contraires, vont en augmentant et deviennent d'autant plus grandes que celles de x sont elles-mêmes plus grandes.

Ainsi, en faisant passer l'abscisse x par tous les états de grandeur possibles, à partir de a jusqu'à l'infini, y passe lui-même par tous les états de grandeur depuis 0 jusqu'à l'infini; ce qui donne la branche SAS'.

En faisant passer x négativement par les mêmes états de grandeur que précédemment, depuis $x = -a$ jusqu'à $x = -\infty$, les valeurs correspondantes de y passent aussi par les mêmes états; il s'ensuit que la branche RA'R', que l'on obtient ainsi, est égale et superposable à la première SAS'. Ces deux branches sont séparées par un intervalle $x = 2a$.

443. Deux hyperboles sont *conjuguées* lorsqu'elles ont le même centre et que l'axe imaginaire de l'une est dirigé suivant l'axe réel de l'autre, et réciproquement. Ainsi, l'hyperbole qui a pour équation

$$a^2 y^2 - b^2 x^2 = a^2 b^2$$

est conjuguée de celle représentée par l'équation

$$a^2 y^2 - b^2 x^2 = -a^2 b^2.$$

Construction de l'hyperbole.

444. *Cherchons la courbe décrite par un point mobile* M, *telle que la différence des distances de ce point à deux points fixes* F, F' *soit égale à une longueur constante* 2a.

Plaçons l'origine des coordonnées rectangulaires au milieu O de FF' = 2c.

Fig. 235.

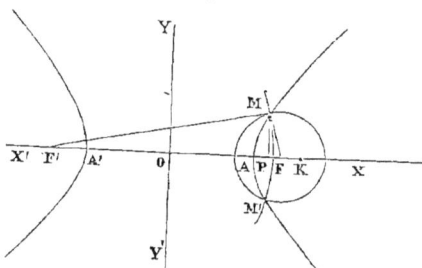

Soient $x_1 = $ OP, $y_1 = $ MP (fig. 235) les coordonnées du point M, et FM $= \rho$, F'M $= \rho'$. On a :

$$\rho' - \rho = 2a, \quad \rho'^2 = y_1^2 + (x_1 + c)^2, \quad \rho^2 = y_1^2 + (x_1 - c)^2,$$

et, par soustraction :

$$\rho' + \rho = \frac{2cx_1}{a}; \quad \text{d'où} \quad \rho' = \frac{cx_1}{a} + a, \quad \rho = \frac{cx_1}{a} - a.$$

Si l'on substitue cette valeur de ρ ou de ρ' dans l'une des équations précédentes, il vient :

$$a^2 y_1^2 - (c^2 - a^2) x_1^2 = - a^2 (c^2 - a^2).$$

En posant $c^2 - a^2 = b^2$ et en supprimant les indices, on obtient :

$$a^2 y^2 - b^2 x^2 = - a^2 b^2,$$

qui est l'équation de l'hyperbole dont 2a et 2b sont les axes.

33

On a évidemment $c > a$, car le triangle FF'M donne :

$$2c > \rho' - \rho = 2a.$$

Prenons les distances $OA = OA' = a$. Les points A et A' appartiennent à la courbe demandée et en sont les sommets, et $AA' = 2a$, le premier axe. En effet,

$$FA = FO - a \quad \text{et} \quad F'A = FO + a; \quad \text{d'où} \quad F'A - FA = 2a.$$

Pour obtenir d'autres points, prenons sur le prolongement de OF un point quelconque K, et des points F' et F comme centres, avec les rayons A'K et AK, décrivons deux arcs de cercle qui se couperont en M et en M' (fig. 235) : les points M et M' appartiendront à l'hyperbole, car $F'M - FM = 2a$. On obtiendra ainsi autant de points qu'on voudra.

445. Cherchons le plus grand et le plus petit des diamètres de cette courbe.

On a pour la distance OM du centre O à un point quelconque M de l'hyperbole (fig. 234) :

$$OM = \sqrt{x^2 + y^2} = \sqrt{\frac{(a^2 + b^2)\,x^2}{a^2} - b^2}.$$

La plus petite valeur que l'on puisse donner à x est $x = a$; donc, la plus petite valeur du demi-diamètre est $OM = a$.

L'axe transverse $AOA' = 2a$, qui partage l'hyperbole en deux parties égales et superposables, est, en même temps, le plus petit de tous les diamètres de cette courbe. Comme le demi-diamètre OM augmente avec x, ce diamètre est infini, lorsque x lui-même est infini.

446. Soient $x = OP$, $y = MP$ les coordonnées d'un point quelconque M (fig. 234). Il vient :

$$y^2 = \frac{b^2}{a^2}(x + a)(x - a) \quad \text{ou} \quad \overline{MP}^2 = \frac{b^2}{a^2} \times A'P \times AP.$$

On obtient aussi pour un autre point quelconque M′ dont les coordonnées sont $x = \mathrm{OP}'$, $y = \mathrm{M}'\mathrm{P}'$:

$$\overline{\mathrm{M}'\mathrm{P}'}^2 = \frac{b^2}{a^2}\,\mathrm{A}'\mathrm{P}' \times \mathrm{AP}'; \quad \text{d'où} \quad \frac{\overline{\mathrm{MP}}^2}{\overline{\mathrm{M}'\mathrm{P}'}^2} = \frac{\mathrm{A}'\mathrm{P} \times \mathrm{AP}}{\mathrm{A}'\mathrm{P}' \times \mathrm{AP}'};$$

ce qui prouve que *les carrés des ordonnées perpendiculaires à l'axe transverse sont entre eux comme les produits des distances des sommets de cet axe aux pieds de ces ordonnées.*

Suivant que le trinôme $a^2y^2 - b^2x^2 + a^2b^2$ est nul, positif ou négatif, le point dont les coordonnées sont x, y est situé sur la courbe, en dehors ou en dedans de celle-ci.

447. On peut aussi tracer l'hyperbole d'un mouvement continu. On fixe au point F′ l'extrémité d'une règle F′M; on attache à l'autre point fixe F et au point M les extrémités d'un fil d'une longueur telle que F′M — FM=AA′=$2a$. Pendant que la règle F′M tourne autour du point fixe F′, on fait glisser le long de celle-ci une pointe M, de manière qu'une portion du fil y soit toujours attachée : la pointe, dans ce mouvement, décrit une portion de l'hyperbole.

448. Il est facile de construire l'hyperbole équilatère

$$y^2 - x^2 = -a^2.$$

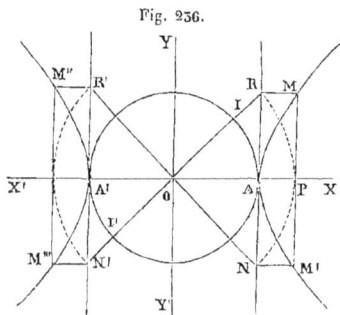

Fig. 236.

Du point O comme centre et avec un rayon égal au demi-grand axe a, décrivons une circonférence de cercle; aux deux extrémités A et A′ de ce diamètre, menons deux tangentes RAN, R′A′N′ (fig. 236).

Si, par un point quelconque R de cette tangente, on mène une sécante OR; que l'on porte parallèlement à l'axe

XOX′ une longueur $RM = IR$, le point M appartiendra à l'hyperbole.

En effet, l'origine des axes coordonnés rectangulaires étant au centre du cercle, soient $OP = x$, $MP = y$.

Le triangle rectangle OAR donne

$$x^2 = a^2 + y^2;$$

ainsi, le point M appartient bien à l'hyperbole.

De l'équation qui précède, on tire :

$$x = \sqrt{a^2 + y^2}.$$

On voit par cette valeur que, si l'on prend sur une perpendiculaire, élevée à l'extrémité A de l'axe transverse, une longueur quelconque $AR = y$, l'hypoténuse

$$OR = \sqrt{\overline{OA}^2 + \overline{AR}^2} = \sqrt{a^2 + y^2} = OP$$

sera l'abscisse de l'hyperbole; le point M se trouvera à l'intersection des parallèles aux axes menées par les points P et R.

Lorsqu'on a construit l'hyperbole équilatère $y^2 = x^2 - a^2$, la construction de l'hyperbole $a^2 y^2 - b^2 x^2 = -a^2 b^2$ est bien facile, puisque, pour une même abscisse, on a :

$$y = \frac{b}{a} Y,$$

Y représentant l'ordonnée de l'hyperbole équilatère, et y l'ordonnée de l'hyperbole demandée.

449. La construction suivante est aussi très-simple :

Soit une droite $OA = a$. A partir du point O, prenons sur cette droite une longueur $OC = b$; aux extrémités O et A, élevons à OA des perpendiculaires indéfinies et, par

le point C, menons une droite quelconque qui rencontre en
D et en E les deux perpendiculaires précitées (fig. 237). Si, par le point D, on mène une parallèle à la droite OA et que l'on porte sur cette parallèle une longueur DM = DE, le point M appartiendra à l'hyperbole.

Fig. 237.

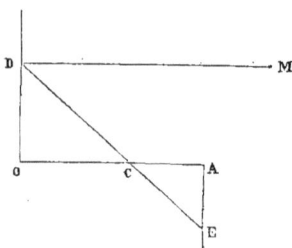

Foyers et directrices.

450. Cherchons la position des foyers de l'hyperbole en partant de son équation

$$a^2y^2 - b^2x^2 = - a^2b^2,$$

comme on l'a fait pour l'ellipse (214).

Il vient :

$$\delta^2 = x^2 - 2\alpha x + \alpha^2 + y^2 - 2\beta y + \beta^2 - R^2,$$

$$\delta^2 = x^2 - 2\alpha x + \alpha^2 + \frac{b^2}{a^2}(x^2 - a^2) - \frac{2b}{a}\beta\sqrt{x^2 - a^2} + \beta^2 - R^2.$$

Puisque δ doit être rationnel, il faut qu'on ait :

$$\beta = 0; \quad \text{d'où} \quad \delta^2 = \left(\frac{a^2 + b^2}{a^2}\right)x^2 - 2\alpha x + \alpha^2 - b^2 - R^2.$$

La condition pour que le trinôme du second degré en x soit un carré parfait est :

$$\alpha^2 b^2 = (a^2 + b^2)(b^2 + R^2).$$

Si $R = 0$, on obtient pour l'abscisse α du foyer :

$$\alpha = \sqrt{a^2 + b^2}.$$

Donc, si du point O comme centre, et avec un rayon égal à l'hypoténuse du triangle rectangle dont OA=a et AB=b

Fig. 238.

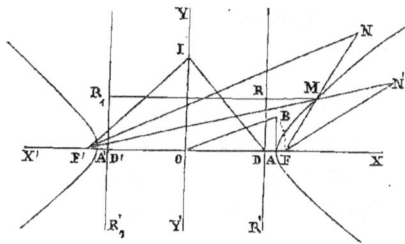

sont les côtés de l'angle droit, on décrit une circonférence de cercle, celle-ci coupera l'axe transverse AA' aux deux points F, F' qui seront les deux foyers (fig. 238).

Remplaçant α par sa valeur $\pm c$, il vient pour les deux rayons vecteurs qui partent des foyers F, F' de l'hyperbole :

$$FM = \frac{cx}{a} - a, \quad F'M = \frac{cx}{a} + a;$$

d'où l'on tire : $\quad$ F'M — FM = 2a.

Ainsi, *l'hyperbole est une courbe telle que la différence des deux rayons vecteurs menés de l'un quelconque de ses points aux deux foyers F, F' est constante et égale à l'axe transverse* AA' = 2a.

Pour un point N situé hors de l'hyperbole, on a :

$$F'N — FN < 2a.$$

Soit M le point de rencontre de FN et de la courbe. On obtient évidemment :

$$F'N < F'M + MN;$$

retranchant FN de chaque membre, il vient :

$$F'N — FN < F'M — FM \quad \text{ou} \quad 2a.$$

Pour un point intérieur N', on a :

$$FN' < FM + MN', \quad F'N' = F'M + MN'$$

et, par soustraction :

$$F'N' - FN' > F'M - FM > 2a.$$

Donc, suivant qu'un point est sur l'hyperbole, au dehors ou à l'intérieur de celle-ci, la différence des rayons vecteurs est égale au premier axe, moindre ou plus grande que cet axe.

451. Soit RDR′ une parallèle à l'axe des ordonnées à une distance quelconque $OD = d$ de l'origine, et soient x, y les coordonnées d'un point quelconque de l'hyperbole. On a pour le rapport des distances du point M au foyer F et à la droite RDR′ :

$$\frac{MF}{MR} = \frac{cx - a^2}{a(x - d)} = \frac{c(cx - a^2)}{a(cx - cd)}$$

et, en posant $cd = a^2$,

$$\frac{MF}{MR} = \frac{c}{a}.$$

On obtient de même (fig. 238) :

$$\frac{MF'}{MR_1} = \frac{c(cx + a^2)}{a(cx + cd)} = \frac{c}{a}.$$

Les deux droites RDR′, $R_1D'R'_1$, distantes du centre de l'hyperbole de $OD = OD' = \frac{a^2}{c}$, sont les deux *directrices* de cette courbe; celle-ci a reçu le nom d'*hyperbole*, parce que le rapport $\frac{MF}{MR} = \frac{c}{a}$ est plus grand que l'unité.

Les deux directrices sont situées entre le centre et les deux sommets A, A′ de l'hyperbole. On a, en effet :

$$OD' = OD = \frac{a^2}{c}.$$

Le produit $a \times \frac{a}{c}$ est $< a$, puisque $c > a$.

Pour construire ces droites, il suffit de porter sur l'axe

non transverse une longueur $OI = a$; d'élever au point I une perpendiculaire ID à la droite F'I : le point D appartient à la directrice RDR' (fig. 238).

Le triangle rectangle F'ID donne :

$$\overline{OI}^2 = OF' \times OD; \text{ d'où } OD = \frac{a^2}{c} = d.$$

Tangente et normale à l'hyperbole.

452. Pour trouver l'équation de la tangente à l'hyperbole, on procédera comme on l'a fait pour l'ellipse; on aura :

$$a^2yy' - b^2xx' = -a^2b^2$$

pour l'équation demandée. Il suffit, d'ailleurs, de changer b^2 en $-b^2$ dans l'équation de la tangente à l'ellipse.

La droite représentée par cette équation a tous ses points en dehors de la courbe, à l'exception du point (x', y').

Pour le prouver, remplaçons dans le trinôme

$$a^2y^2 - b^2x^2 + a^2b^2$$

la valeur de y, tirée de

$$a^2yy' - b^2xx' = -a^2b^2,$$

et qui est :

$$y = \frac{b^2(xx' - a^2)}{a^2y'};$$

il viendra :

$$a^2y^2 - b^2x^2 + a^2b^2$$

$$= \frac{b^2[b^2(xx' - a^2)^2 + (a^2 - x^2)(b^2x'^2 - a^2b^2)]}{a^2y'^2} = \frac{b^4(x - x')^2}{y'^2}.$$

Le second membre n'est égal à zéro que pour le seul point $(x = x', y = y')$; donc, la droite représentée par l'équation

$$a^2yy' - b^2xx' = -a^2b^2$$

n'a que le seul point (x', y') de commun avec la courbe.

453. α représentant la tangente trigonométrique de l'angle que la tangente au point de contact (x', y') fait avec l'axe des x, on a, en remplaçant y' par sa valeur tirée de l'équation de l'hyperbole :

$$\alpha = \frac{b^2 x'}{a^2 y'} = \frac{b}{a} \sqrt{1 + \frac{b^2}{y'^2}}.$$

Pour $x' = a$ et $y' = 0$, $\alpha = \infty$; donc, la tangente au sommet A est perpendiculaire à l'axe AA'.

La même propriété a lieu au point A'.

En faisant grandir l'ordonnée y' du point de contact, la valeur de α diminue et atteint son minimum $\alpha = \pm \frac{b}{a}$, lorsque y' est infini.

A partir du sommet A de l'hyperbole, la tangente MT (fig. 259) va tou-

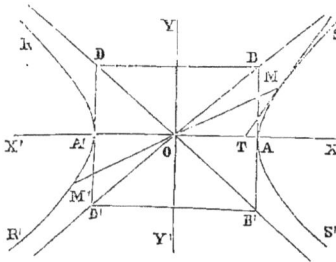

Fig. 259.

jours en s'inclinant sur l'axe des x, et si nous cherchons à quelle distance OT de l'origine la tangente MT rencontre cet axe, en faisant $y = 0$ dans l'équation

$$a^2 y y' - b^2 x x' = -a^2 b^2,$$

nous aurons :

$$OT = \frac{a^2}{x'};$$

mais, si $x' = \infty$, OT $= 0$.

Donc, à mesure que le point de contact M (x', y') s'éloigne du sommet A de l'hyperbole, la tangente MT s'incline de plus en plus sur l'axe AA' ; lorsque le point de contact est à l'infini, la tangente MT passe par le centre O de la courbe et se confond avec la diagonale BOD' du rectangle BB'DD', construit sur les deux axes $2a$ et $2b$ de l'hyperbole (fig. 239).

Puisqu'on a : tg . AOB $= \dfrac{b}{a}$, on peut dire que l'angle AOB est le plus petit angle que puisse faire une tangente à la courbe AS dans l'angle YOX, puisque celle-ci est symétrique pour chacun des axes. Cette diagonale est aussi la limite des tangentes que l'on peut mener à la courbe A'R' dans l'angle opposé Y'OX'.

Les équations des deux droites diagonales BOD', DOB' du rectangle des axes $2a$, $2b$ sont :

$$y = \pm \frac{b}{a} x.$$

Si l'hyperbole est équilatère, elles se réduisent à

$$y = \pm x;$$

elles sont, comme on le voit, perpendiculaires entre elles, puisque le rectangle BB'DD' devient un carré.

Les équations de ces droites proviennent de

$$My^2 - Nx^2 = -F',$$

lorsque $F' = 0$; ce qui donne

$$y = \pm x \sqrt{\frac{N}{M}} = \pm \frac{b}{a} x.$$

Quant à l'équation $Ny^2 - Mx^2 = F'$, elle revient à

$$My^2 - Nx^2 = -F',$$

que nous avons examinée, en changeant y en x et x en y et en prenant les abscisses sur l'axe OY et les ordonnées sur l'axe OX.

La sous-tangente PT $= \dfrac{x'^2 - a^2}{x'}$; cette valeur et celle de OT sont indépendantes de l'axe $2b$ dans l'ellipse et dans l'hyperbole ; elles restent donc les mêmes pour toutes les ellipses et les hyperboles qui ont même axe $2a$, quel que soit le second axe $2b$.

454. Si, dans la relation générale du coefficient angulaire α de la tangente et α' du diamètre qui aboutit au point de contact, on fait $B = 0$, $A = a^2$, $C = -b^2$, on aura :

$$\alpha\alpha' = \frac{b^2}{a^2},$$

et pour l'angle OMT que fait la tangente MT avec le diamètre MOM' au point de contact (fig. 239) :

$$\text{tg OMT} = \frac{a^2 b^2}{(a^2 + b^2)x'y'} .$$

Pour tous les points situés dans l'angle YOX, l'angle OMT est aigu et va en diminuant à partir du sommet A de l'hyperbole, où il est droit, jusqu'à zéro, lorsque le point de contact M est à l'infini : donc, pour ce point, la tangente passe par le centre de l'hyperbole.

455. Pour déterminer les coordonnées x', y' du point de contact de la tangente à l'hyperbole menée par le point M, dont les coordonnées sont m, n, on a les équations :

$$a^2 ny' - b^2 mx' = -a^2 b^2, \quad a^2 y'^2 - b^2 x'^2 = -a^2 b^2.$$

En éliminant y' entre ces deux équations, il vient :

$$(b^2 m^2 - a^2 n^2)x'^2 - 2a^2 b^2 mx' + a^4(b^2 + n^2) = 0.$$

Si $b^2 m^2 < a^2 n^2$, les deux racines de cette équation seront réelles et de signes contraires, et il y aura évidemment une tangente à chaque branche.

Si $b^2 m^2 > a^2 n^2$, les deux racines seront réelles à la condition que $a^2 n^2 - b^2 m^2 + a^2 b^2 > 0$; alors, elles seront de même signe, et les deux droites partant du point extérieur à l'hyperbole sont tangentes à la même branche.

Lorsque $b^2 m^2 < a^2 n^2$, le trinôme $a^2 n^2 - b^2 m^2 + a^2 b^2$ est

évidemment positif, et le point est en dehors de l'hyperbole.
Il se trouve dans l'angle BOD ou son opposé des deux
diagonales, puisque l'on a

$$\frac{n}{m} > \pm \frac{b}{a},$$

en joignant le point donné $M(m, n)$ au centre O de l'angle
MOA $>$ AOB.

Dans le cas où $b^2 m^2 > a^2 n^2$, le point $M(m, n)$ se trouve
au contraire dans l'angle BOB' ou son opposé; il vient
alors $\frac{n}{m} < \pm \frac{b}{a}$: on en conclut que l'angle MOA $<$ AOB,
quelle que soit la position du point M, dans l'angle BOB'
ou dans son opposé (fig. 239).

Enfin, si $b^2 m^2 = a^2 n^2$, l'une des racines de l'équation
précédente est infinie et l'autre finie; le point est situé sur
une des diagonales du rectangle construit sur les axes
$2a$, $2b$ de l'hyperbole : ces diagonales touchent cette courbe
à l'infini, comme on vient de le voir (453).

456. L'équation de la normale à l'hyperbole est

$$y - y' = -\frac{a^2 y'}{b^2 x'} (x - x');$$

Fig. 240.

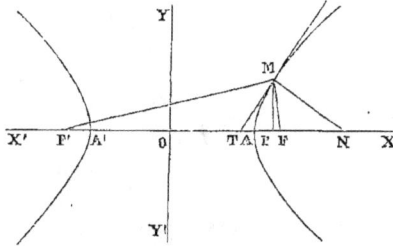

en y faisant $y = 0$, on obtient :

$$ON = \frac{(a^2 + b^2) x'}{a^2}.$$

La plus petite valeur que l'on puisse donner à x' étant a,

il s'ensuit que le minimum de

$$ON = \frac{a^2 + b^2}{a} = \frac{c^2}{a},$$

valeur plus grande que c. Donc, la normale MN (fig. 240) n'atteint jamais le foyer.

457. La tangente à l'hyperbole divise l'angle des deux rayons vecteurs menés au point de contact en deux parties égales. On a :

$$\frac{F'M}{FM} = \frac{cx' + a^2}{cx' - a^2}$$

et $\quad \dfrac{F'T}{FT} = \dfrac{c + \dfrac{a^2}{x'}}{c - \dfrac{a^2}{x'}} = \dfrac{cx' + a^2}{cx' - a^2}; \quad$ d'où $\quad \dfrac{F'M}{FM} = \dfrac{F'T}{FT} :$

ainsi, *la tangente* MT *est bissectrice de l'angle* F'MF *des deux rayons vecteurs* F'M, FM *au point de contact* M (fig. 240).

On tire de cette propriété remarquable un procédé très-simple pour mener, par un point donné sur la courbe, une tangente à l'hyperbole.

Comme ce problème a déjà été résolu, quelle que soit la position du point donné (242), nous ne nous y arrête-rons pas.

458. Cherchons la courbe décrite par le centre d'un cercle mobile M, de rayon variable, tangent extérieu-rement à deux cercles fixes donnés de grandeur et de position.

Fig. 241.

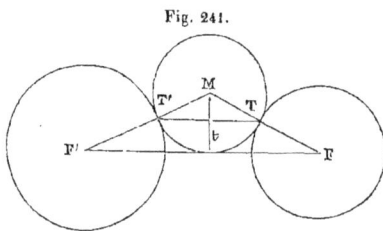

Soient F, F' les centres de ces cercles, et R, r leurs rayons (fig. 241). On a, en désignant par ρ le rayon du cercle variable :

$$F'M = F'T' + T'M, \quad F'M = R + \rho, \quad FM = FT + TM,$$
$$FM = r + \rho; \quad \text{d'où} \quad F'M - FM = R - r.$$

Ainsi, la courbe décrite par le point M est telle que *la différence des distances de chacun de ses points aux deux points fixes* F′, F *est constante*; cette courbe est donc une hyperbole qui a pour axe transverse R — *r*, et la demi-distance des centres F′F = *d* pour excentricité.

L'équation de cette hyperbole sera :

$$\left(\frac{R-r}{2}\right)^2 y^2 - \left[\left(\frac{d}{2}\right)^2 - \left(\frac{R-r}{2}\right)^2\right] x^2 = -\left(\frac{R-r}{2}\right)^2 \left[\left(\frac{d}{2}\right)^2 - \left(\frac{R-r}{2}\right)^2\right].$$

D'après cela, pour mener, par un point M donné sur cette courbe, une tangente, il suffit évidemment d'abaisser du point M une perpendiculaire M*t* sur la corde de contact TT′, qui est déterminée lorsque le point M est donné (fig. 241).

459. *Mener, parallèlement à une droite donnée, une tangente à l'hyperbole.*

Par le centre O de cette courbe, menons une parallèle

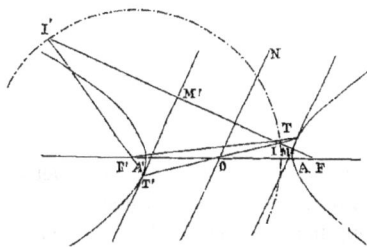

Fig. 242.

ON à la droite donnée, et du foyer F′ comme centre, avec un rayon égal à l'axe transverse AA′ = 2*a*, décrivons une circonférence.

Du foyer F, abaissons une perpendiculaire sur la droite ON; cette perpendiculaire rencontrera la circonférence en deux points I, I′. Par les milieux M, M′ des droites FI, FI′, on mènera des parallèles à ON, et les droites M′T′ et MT seront les tangentes demandées (fig. 242).

460. *Chercher les points de rencontre d'une droite donnée et d'une hyperbole représentée par l'axe transverse et les foyers.*

Soient F, F' les deux foyers et PQ la droite donnée (fig. 243).

Du point F' comme centre, avec l'axe transverse $2a$ comme rayon, décrivons une circonférence; du point F, abaissons sur la droite PQ une perpendiculaire FI que nous prolongerons d'une longueur $IF_1 = IF$. Il reste à décrire un cercle qui passe par les deux points F, F_1 et qui touche le premier cercle. Dans ce but, traçons une cir-

Fig. 243.

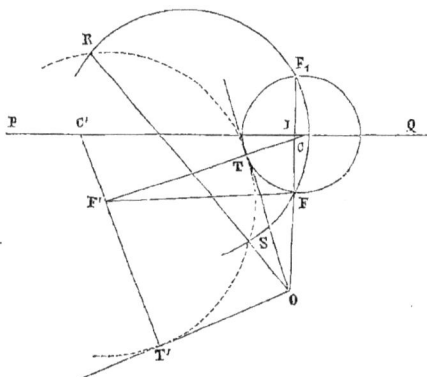

conférence quelconque qui coupe la première aux deux points R et S. Par le point de rencontre O des deux droites RS, F_1F, on mènera deux tangentes OT, OT' à la circonférence de centre F'; les rayons F'T, F'T', prolongés, couperont la droite PQ aux points voulus C, C', centres du cercle mobile générateur de l'hyperbole.

461. *L'ellipse et l'hyperbole homofocales se coupent orthogonalement.*

Soient une ellipse et une hyperbole qui ont les mêmes

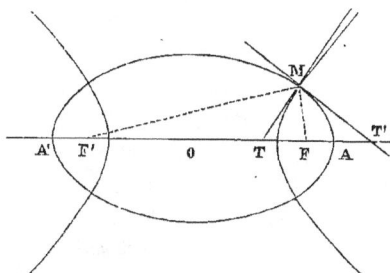

Fig. 244.

foyers F, F', M étant l'un des points d'intersection de ces deux courbes (fig. 244).

La tangente MT à l'hyperbole est bissectrice de l'angle F'MF des deux rayons vecteurs menés au point de contact (457); cette droite MT est donc la normale à l'ellipse au point M. Donc, la droite MT', perpendiculaire à MT, est tangente à l'ellipse au point M.

Diamètres et cordes supplémentaires.

462. Faisons $A = a^2$, $B = 0$, $C = -b^2$, $D = 0$, $E = 0$ dans l'équation générale des diamètres des courbes du 2mo degré; on aura :

$$y = \frac{b^2 x}{a^2 \delta}$$

pour l'équation du diamètre de l'hyperbole.

On voit que ce diamètre passe par l'origine, qui est le centre de la courbe.

Si l'on représente par δ' la tangente trigonométrique de l'angle que le diamètre fait avec l'axe des x, on obtiendra :

$$\delta' = \frac{b^2}{a^2 \delta} \quad \text{et} \quad \delta\delta' = \frac{b^2}{a^2},$$

qui est la relation des diamètres conjugués de l'hyperbole, comme le prouve d'ailleurs la formule :

$$2A\delta\delta' + B(\delta + \delta') + 2C = 0,$$

en y remplaçant A, B, C par les valeurs précitées.

Ces formules indiquent qu'il y a pour l'hyperbole, comme pour l'ellipse, autant de systèmes de diamètres conjugués qu'on veut, puisque, pour une valeur quelconque de δ, il y en a une autre correspondante pour δ'.

Les diamètres de direction δ, δ' sont tels que *chacun d'eux partage en deux parties égales les cordes parallèles à l'autre.*

La relation $\delta\delta' = \frac{b^2}{a^2}$ ne peut jamais se réduire à

$$\delta\delta' = -1.$$

Il ne peut donc y avoir d'autres diamètres conjugués rectangulaires que les axes de symétrie de l'hyperbole.

463. Cherchons les points de rencontre de l'un de ces diamètres $y = \delta'x$ avec l'hyperbole

$$a^2y^2 - b^2x^2 = -a^2b^2.$$

En éliminant y entre ces deux équations, on trouve :

$$x = \frac{\pm ab}{\sqrt{b^2 - a^2\delta'^2}}.$$

Pour que cette valeur de x soit réelle, il faut que l'on ait :

$$\delta' < \frac{b}{a}.$$

Mais, alors $\delta > \frac{b}{a}$; d'où l'on conclut que, si l'un des diamètres rencontre l'hyperbole, son conjugué ne la rencontre pas.

Si $\delta' = \frac{b}{a}$, le point de rencontre x est à l'infini, et le dia-

34

mètre est dirigé suivant la diagonale **BOD** du rectangle des axes $2a$, $2b$.

464. En appliquant la relation générale

$$2A\gamma\gamma' + B(\gamma + \gamma') + 2C = 0$$

des cordes supplémentaires à l'équation de l'hyperbole qui précède, on obtient :

$$\gamma\gamma' = \frac{b^2}{a^2},$$

la même que celle des diamètres conjugués.

On voit que deux cordes parallèles à deux diamètres conjugués sont toujours supplémentaires ; réciproquement, deux diamètres parallèles à deux cordes supplémentaires sont toujours conjugués.

Comme on a trouvé la même relation entre le coefficient angulaire de la tangente à l'hyperbole et celui du diamètre qui aboutit au point de contact, on a :

$$\delta\delta' = \alpha\alpha' = \gamma\gamma' = \frac{b^2}{a^2}.$$

Si $\alpha' = \gamma'$, on conclut que $\alpha = \gamma$, c'est-à-dire que, si l'une des cordes supplémentaires est parallèle à l'un des diamètres, l'autre corde supplémentaire sera parallèle au conjugué du premier et à la tangente parallèle à celui-ci, car, il vient $\gamma = \alpha$ lorsque $\gamma' = \alpha'$.

D'où résulte, comme on l'a déjà vu, un procédé très-simple pour mener, par le point **T** sur la courbe, une tangente **TG** à l'hyperbole, puisqu'il suffit de mener, par l'extrémité **D′** d'un diamètre quelconque **DOD′**, une corde supplémentaire parallèle au diamètre **OT** qui aboutit au point de contact : la tangente **TG** est parallèle à l'autre corde supplémentaire **DN** (fig. 245).

465. On a pour l'angle A'MA (fig. 245) de deux cordes supplémentaires :

$$\operatorname{tg} A'MA = \frac{\dfrac{y}{x-a} - \dfrac{y}{x+a}}{1 + \dfrac{y^2}{x^2 - a^2}}, \quad \operatorname{tg} A'MA = \frac{2ay}{y^2 + x^2 - a^2}.$$

Fig 245.

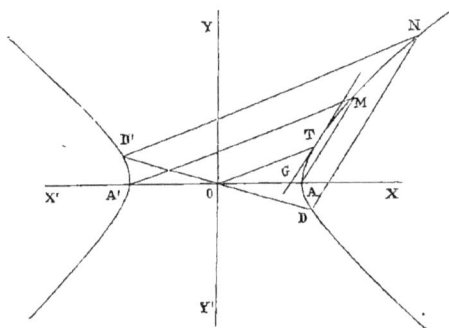

Remplaçant $x^2 - a^2$ par sa valeur $\frac{a^2 y^2}{b^2}$, tirée de l'équation de l'hyperbole, il vient :

$$\operatorname{tg}. A'MA = \frac{2ay}{y^2 + \dfrac{a^2 y^2}{b^2}} = \frac{2ab^2}{(a^2 + b^2)y}.$$

Cet angle, comme le prouve cette formule, est toujours aigu pour tous les points de la courbe situés au-dessus de l'axe des x, et il va en diminuant à partir des sommets A, A', où il est droit, jusqu'à zéro.

466. En procédant comme pour l'ellipse, on trouve que l'équation de la tangente à l'hyperbole est :

$$y = mx \pm \sqrt{a^2 m^2 - b^2}.$$

En résolvant cette équation par rapport à m, on a :

$$(x^2 - a^2)m^2 - 2xym + y^2 + b^2 = 0.$$

Il est facile, au moyen de cette équation, de prouver que *le lieu des perpendiculaires abaissées du foyer sur les tangentes est un cercle ayant même centre que l'hyperbole et pour diamètre l'axe transverse* 2a, *comme on l'a fait pour l'ellipse.*

467. L'équation

$$(x^2 - a^2)m^2 - 2xym + y^2 + b^2 = 0$$

fait voir que *le lieu décrit par le sommet d'un angle droit, dont les côtés mobiles restent tangents à l'hyperbole, est un cercle,* puisque l'on a, en représentant par m', m'' les racines de l'équation précédente :

$$1 + m'm'' = 0 \quad \text{ou} \quad 1 + \frac{y^2 + b^2}{x^2 - a^2} = 0 \quad \text{et} \quad y^2 + x^2 = a^2 - b^2;$$

de même, *le lieu décrit par le point d'intersection de deux tangentes mobiles, qui sont constamment parallèles à deux diamètres conjugués ou à deux cordes supplémentaires, est une hyperbole.*

On a, en effet :

$$\delta\delta' = \gamma\gamma' = \frac{b^2}{a^2},$$

et, comme les tangentes sont parallèles aux diamètres conjugués ou aux cordes supplémentaires, il vient :

$$m' = \delta = \gamma, \quad m'' = \delta' = \gamma'.$$

Donc, $m'm'' = \delta\delta' = \gamma\gamma' = \frac{b^2}{a^2}$ et, par suite,

$$\frac{y^2 + b^2}{x^2 - a^2} = \frac{b^2}{a^2}; \quad \text{d'où l'on tire : } \quad a^2y^2 - b^2x^2 = -2a^2b^2,$$

qui est l'équation d'une hyperbole.

468. Examinons s'il existe, dans le plan de l'hyperbole, deux axes coordonnés obliques tels que l'équation de l'hyperbole, rapportée à ces axes, conserve la même forme que celle rapportée aux axes de symétrie de cette courbe

$$a^2 y^2 - b^2 x^2 = - a^2 b^2,$$

l'origine des coordonnées étant la même et située au centre de l'hyperbole.

Les formules pour passer d'un système d'axes rectangulaires à un système d'axes obliques, de même origine, sont :

$$x = x' \cos \alpha + y' \cos \beta, \quad y = x' \sin \alpha + y' \sin \beta.$$

En substituant ces valeurs dans l'équation

$$a^2 y^2 - b^2 x^2 = - a^2 b^2,$$

il vient :

$$(a^2 \sin^2 \beta - b^2 \cos^2 \beta) y'^2 + (a^2 \sin^2 \alpha - b^2 \cos^2 \alpha) x'^2$$
$$+ 2 (a^2 \sin \alpha \sin \beta - b^2 \cos \alpha \cos \beta) x' y' = - a^2 b^2.$$

Pour que cette équation conserve la même forme que la précédente, il faut qu'on ait :

$$a^2 \sin \alpha \sin \beta - b^2 \cos \alpha \cos \beta = 0 \quad \text{ou} \quad \operatorname{tg} \alpha \operatorname{tg} \beta = \frac{b^2}{a^2},$$

qui est, comme on le sait, la relation des diamètres conjugués.

Il faut donc que les nouveaux axes coordonnés $X_1 OX'$, $Y_1 OY'$ soient dirigés suivant deux diamètres conjugués quelconques (fig. 246).

Puisque le terme en $x' y'$ a disparu, il reste pour la nouvelle équation de l'hyperbole :

$$(a^2 \sin^2 \beta - b^2 \cos^2 \beta) y'^2 + (a^2 \sin^2 \alpha - b^2 \cos^2 \alpha) x'^2 = - a^2 b^2.$$

Faisons $y' = 0$ dans cette équation, et désignons par $a' = OA = x'$ la distance de l'origine au point où la courbe rencontre le nouvel axe des x'. En égalant de même x' à zéro, et en posant $b' = OE = y'$ pour la distance portée, à partir de l'origine, sur l'axe des ordonnées, on aura pour les longueurs des deux diamètres conjugués $2a'$ et $2b'$:

$$a'^2 = \frac{-a^2b^2}{a^2\sin^2\alpha - b^2\cos^2\alpha} \quad \cdots \quad (1),$$

$$b'^2 = \frac{-a^2b^2}{a^2\sin^2\beta - b^2\cos^2\beta} \quad \cdots \quad (2).$$

On sait que, si le diamètre a', dirigé suivant OX', rencontre l'hyperbole, son conjugué b', dirigé suivant OY', ne peut la rencontrer ; cependant, on porte à partir du point O, sur OY', une longueur $OE = OE' = b'$, qui est alors le diamètre conjugué imaginaire.

Pour que a' soit réel, il faut que

$$a\sin\alpha < b\cos\alpha ;$$

alors, $\qquad\qquad a\sin\beta > b\cos\beta.$

Remplaçant les coefficients de y'^2 et de x'^2 par leurs valeurs, tirées des équations qui précèdent, on obtiendra :

$$\frac{y'^2}{b'^2} - \frac{x'^2}{a'^2} = -1 \quad \text{ou} \quad a'^2 y'^2 - b'^2 x'^2 = -a'^2 b'^2 ;$$

telle est l'équation de l'hyperbole rapportée à ses diamètres conjugués $2a'$, $2b'$.

En résolvant cette équation par rapport à y', il vient, en supprimant les accents des variables :

$$y = \pm \frac{b'}{a'} \sqrt{x^2 - a'^2}.$$

Pour une valeur de $x > a'$, il y a deux valeurs égales et de signes contraires pour y ; comme ces valeurs sont les mêmes, soit que l'on prenne x positif ou négatif, il s'ensuit que toutes les cordes parallèles à l'axe des ordonnées sont partagées en deux parties égales par l'axe des x, conjugué du premier, et réciproquement. Les valeurs de y depuis $x = a'$ vont en augmentant avec celles de x et deviennent infinies en même temps que x.

469. Pour voir s'il y a des diamètres conjugués rectangulaires, posons $\beta = 90° + \alpha$ et introduisons cette condition dans la relation :

$$a^2 \sin \beta \sin \alpha - b^2 \cos \beta \cos \alpha = 0;$$

il viendra :

$$(a^2 + b^2) \sin \alpha \cos \alpha = 0,$$

ce qui donne :

$$\beta = 90° \quad \text{et} \quad \alpha = 0.$$

L'hyperbole n'a donc pas d'autres diamètres conjugués que ses axes.

470. Cherchons s'il existe pour l'hyperbole des diamètres conjugués égaux.

Il suffit d'égaler les valeurs de a' et de b', ce qui donne :

$$a^2 \sin^2 \alpha - b^2 \cos^2 \alpha = -a^2 \sin^2 \beta + b^2 \cos^2 \beta;$$

d'où

$$\sin^2 \alpha + \sin^2 \beta = \frac{2b^2}{a^2 + b^2} \quad \ldots \quad (1).$$

Des diamètres conjugués, on tire :

$$a^4 \sin^2 \alpha \sin^2 \beta = b^4 \cos^2 \alpha \cos^2 \beta$$

ou

$$\sin^2 \alpha \sin^2 \beta = \frac{b^4}{(a^2 + b^2)^2} \quad \ldots \quad (2).$$

En élevant (1) au carré et en retranchant (2) de cette équation, après avoir multiplié par 4, on a :

$$(\sin^2 \alpha - \sin^2 \beta)^2 = 0 \quad \text{et} \quad \operatorname{tg} \alpha = \operatorname{tg} \beta,$$

ce qui veut dire qu'il n'existe pas de diamètres conjugués égaux pour l'hyperbole, l'hyperbole équilatère exceptée.

471. En prenant les valeurs de $\operatorname{tg}^2\alpha$ et de $\operatorname{tg}^2\beta$ dans les deux équations :

$$a'^2 = \frac{-a^2 b^2}{a^2\sin^2\alpha - b^2\cos^2\alpha}, \qquad b'^2 = \frac{-a^2 b^2}{a^2\sin^2\beta - b^2\cos^2\beta},$$

et en les substituant dans $\operatorname{tg}^2\alpha\operatorname{tg}^2\beta = \dfrac{b^4}{a^4}$, comme on l'a fait pour l'ellipse, on aura :

$$a'^2 - b'^2 = a^2 - b^2,$$

c'est-à-dire que la différence des carrés des diamètres conjugués est égale à la différence des carrés des axes.

Si $a = b$, il vient $a' = b'$. Donc, dans l'hyperbole équilatère, les diamètres conjugués sont égaux et les angles α et β sont complémentaires.

En multipliant a'^2 par b'^2 et en ayant égard à la relation

$$a^2\sin\alpha\sin\beta - b^2\cos\alpha\cos\beta = 0,$$

on trouve :
$$a'b'\sin(\beta - \alpha) = ab;$$

ce qui prouve, comme on l'a déjà vu (274), que le parallélogramme construit sur deux diamètres conjugués est équivalent au rectangle des axes.

472. Si les diamètres $2a'$, $2b'$ sont rectangulaires, on aura :

$$\operatorname{tg}\alpha\operatorname{tg}\beta = -1.$$

En substituant la valeur de $\operatorname{tg}^2\beta$, tirée de cette équation, dans l'expression

$$\frac{1}{a'^2} - \frac{1}{b'^2},$$

on obtiendra la relation

$$\frac{1}{a'^2} - \frac{1}{b'^2} = \frac{1}{a^2} - \frac{1}{b^2},$$

qui est analogue à celle que l'on a trouvée pour l'ellipse.

473. Puisque l'équation de l'hyperbole

$$a'^2 y^2 - b'^2 x^2 = - a'^2 b'^2,$$

rapportée à ses diamètres conjugués, est tout à fait de même forme que celle relative aux axes, les propriétés indépendantes de l'inclinaison des axes seront communes aux diamètres conjugués et aux axes de symétrie.

Ainsi : 1° les carrés des ordonnées parallèles au second diamètre sont entre eux comme les produits des segments formés sur le premier; 2° le trinôme $a'^2 y^2 - b'^2 x^2 + a'^2 b'^2$ est nul, positif ou négatif suivant que le point dont les coordonnées sont x, y est situé sur l'hyperbole, en dehors ou à l'intérieur de celle-ci.

474. α représentant le coefficient angulaire de la tangente, c'est-à-dire, le rapport des sinus des angles que cette droite fait avec les axes coordonnés, on a aussi

$$\alpha = \frac{b'^2 x'}{a'^2 y'},$$

x', y' étant les coordonnées du point de contact.

L'équation de la tangente est :

$$a'^2 y y' - b'^2 x x' = - a'^2 b'^2$$

et celle de la normale

$$y - y' = - \frac{a'^2 y' + b'^2 x' \cos \theta}{b'^2 x' + a'^2 y' \cos \theta}(x - x'),$$

θ étant l'angle des deux diamètres conjugués suivant lesquels sont dirigés les axes coordonnés.

En remplaçant x' par sa valeur, il vient :

$$\alpha = \pm \frac{b'}{a'} \sqrt{1 + \frac{b'^2}{y'^2}},$$

et, lorsque $y' = \infty$,

$$\alpha = \pm \frac{b'}{a'} x',$$

qui est la limite de toutes les tangentes : on voit que ces droites sont les diagonales du parallélogramme construit sur les deux diamètres conjugués $2a'$, $2b'$.

Faisons $y = 0$ dans l'équation de la tangente ; il viendra :

$$OT = \frac{a'^2}{x'}$$

et pour la sous-tangente (fig. 246) :

$$PT = \frac{x'^2 - a'^2}{x'}.$$

Enfin, si l'on fait $A = a'^2$, $B = 0$, $C = -b'^2$ dans les formules générales : 1° entre les coefficients angulaires α de la tangente et α' du diamètre qui aboutit au point de contact ; 2° entre les diamètres conjugués δ, δ' ; 3° entre les cordes supplémentaires γ, γ', on aura :

$$\alpha\alpha' = \frac{b'^2}{a'^2}, \qquad \delta\delta' = \frac{b'^2}{a'^2}, \qquad \gamma\gamma' = \frac{b'^2}{a'^2}.$$

475. Pour construire l'hyperbole lorsqu'on connaît deux diamètres conjugués $2a'$, $2b'$ de grandeur et de position, il suffira de construire la courbe en prenant ces diamètres comme étant les axes de symétrie de l'hyperbole, et d'incliner ensuite chaque ordonnée sur le diamètre transverse d'un angle égal à celui des deux diamètres conjugués.

Fig. 246.

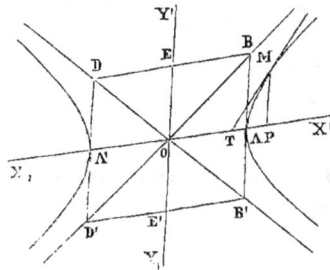

angle égal à celui des deux diamètres conjugués.

Asymptotes.

476. En appliquant à l'équation

$$a^2 y^2 - b^2 x^2 = -a^2 b^2$$

notre méthode sur la théorie générale des asymptotes aux courbes, on trouve :

$$y = \pm \frac{b}{a} x$$

pour l'équation des asymptotes de l'hyperbole.

On voit qu'elles sont dirigées suivant les deux diago-

Fig. 247.

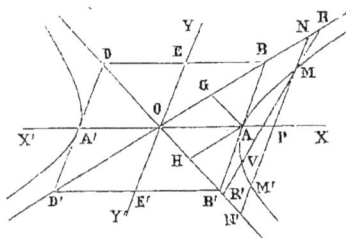

nales du parallélo-gramme construit sur les deux diamè-tres conjugués $2a$, $2b$ de l'hyperbole.

La différence $MN = NP - MP$ (fig. 247) entre l'or-donnée de la droite $y = \frac{b}{a} x$ et l'ordon-née de l'hyperbole

$$y = \frac{b}{a} \sqrt{x^2 - a^2} \quad \text{est} \quad MN = \frac{b}{a} (x - \sqrt{x^2 - a^2})$$

et, en rendant le numérateur rationnel :

$$MN = \frac{ab}{x + \sqrt{x^2 - a^2}}.$$

Cette valeur devient de plus en plus petite à mesure que x augmente; elle est nulle, lorsque x est infini : ce qui prouve que

$$y = \pm \frac{b}{a} x$$

est bien l'équation des asymptotes de l'hyperbole.

477. Puisque le point P est le milieu de la corde MM′ de l'hyperbole, parallèle à l'axe des y (fig. 247), et en même temps milieu de NN′, il s'ensuit que MN = M′N′.

Si, d'ailleurs, on fait $x = a$ dans l'équation

$$y = \pm \frac{bx}{a}, \quad \text{on a :} \quad y = \pm b.$$

Ainsi, *les deux portions extérieures d'une sécante quelconque comprise entre l'hyperbole et les asymptotes sont égales, et le diamètre, mené au point de contact* A, *divise la tangente* BAB′ = 2b, *comprise entre les deux asymptotes, en deux parties égales.*

Il est facile, d'après cela, de construire l'hyperbole lorsqu'on connaît un point de la courbe et les deux asymptotes.

Il suffit, en effet, de mener de ce point autant de sécantes qu'on en veut et de prendre, à l'intérieur du même angle des asymptotes, à partir des points de rencontre de la sécante avec ces droites, des longueurs égales R′V = MR.

On répète cette construction en prenant plusieurs points de la courbe.

478. *Une sécante* NMN′, *parallèle à un diamètre conjugué quelconque* 2b *terminé aux deux asymptotes, est divisée par un point de l'hyperbole en deux segments* MN, MN′ *dont le rectangle est équivalent au carré* b² *construit sur ce demi-diamètre.*

Soient NP = Y, MP = y, les ordonnées correspondantes à une même abscisse de l'asymptote et de l'hyperbole. On a :

$$Y^2 = \frac{b^2}{a^2} x^2, \quad y^2 = \frac{b^2}{a^2}(x^2 - a^2); \quad \text{d'où} \quad Y^2 - y^2 = b^2$$

et $\qquad (Y + y)(Y - y) = b^2, \quad MN' \times MN = b^2.$

Cette propriété existe encore lorsque la sécante coupe les deux branches de l'hyperbole.

Alors, *le diamètre conjugué transverse est moyen proportionnel entre les deux segments déterminés par l'hyperbole et les deux asymptotes.*

Il suit de ce qui précède que l'on peut construire deux diamètres conjugués lorsqu'on connait la direction de l'un d'eux, les deux asymptotes et un point de la courbe.

Par le point donné M entre les asymptotes, on mène la parallèle NMN′ à OE, lequel est moyen proportionnel entre MN et MN′. On joint le point O avec le milieu de NN′. Par le point E, on tire la droite EB parallèle à OP : cette parallèle coupe l'asymptote en B. On achève le parallélogramme OEBA dont les deux côtés OA, OE sont les deux diamètres conjugués cherchés (fig. 247).

Cette propriété permet aussi de trouver les axes lorsqu'on connait, de grandeur et de position, deux diamètres conjugués. On aura ainsi un point de la courbe, le point A et, par suite, les deux asymptotes.

La bissectrice de l'angle des deux asymptotes déterminera la direction des axes de l'hyperbole; leur grandeur s'obtiendra par le moyen qui précède.

L'hyperbole rapportée à ses asymptotes.

479. Prenons les asymptotes OB, OB′ (fig. 248) pour axes des y et des x, et soit M un point de l'hyperbole dont les coordonnées sont OP $= x$, MP $= y$.

L'aire du parallélogramme OPMQ est $xy \sin \theta$; comme cette aire est la huitième partie du rectangle des axes $2a$, $2b$, on a :

$$xy \sin \theta = \frac{ab}{2} \quad \text{ou} \quad xy = \frac{ab}{2 \sin \theta}$$

pour l'équation de l'hyperbole rapportée à ses asymptotes, θ désignant l'angle de ces deux droites.

L'axe $OA = a$ divise l'angle θ en deux parties égales.

Fig. 248.

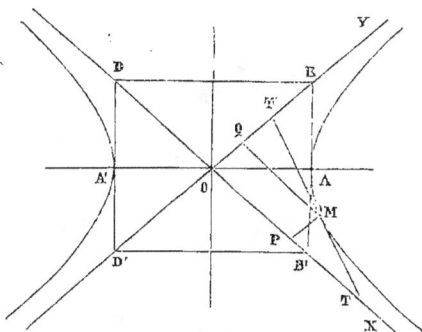

Soient $\theta = 2\omega$ et $AB = b$. Le triangle rectangle OAB donne :

$$\sin \omega = \frac{b}{\sqrt{a^2 + b^2}}, \quad \cos \omega = \frac{a}{\sqrt{a^2 + b^2}}.$$

Remplaçons ces valeurs dans l'équation :

$$xy = \frac{ab}{4 \sin \omega \cos \omega}; \quad \text{il vient :} \quad xy = \frac{a^2 + b^2}{4}.$$

Le carré égal à $\frac{1}{4}(a^2 + b^2)$ se nomme la *puissance* de l'hyperbole.

Il est facile de voir que cette équation est celle de l'hyperbole ayant pour axes coordonnés les asymptotes, puisque les valeurs de y sont d'autant plus petites que celles de x sont plus grandes, et que, si $x = \pm \infty$, $y = 0$, et réciproquement.

480. Cherchons l'équation de la tangente à l'hyperbole rapportée à ses asymptotes. On a :

$$xy = K^2, \quad \frac{y}{n} + \frac{x}{m} = 1,$$

pour les équations de la courbe et de la sécante qui doit devenir tangente.

En déterminant les valeurs de m et de n, comme on l'a fait précédemment (435), on trouve :

$$\frac{y}{y'} + \frac{x}{x'} = 2$$

pour l'équation de la tangente à l'hyperbole.

Si l'on fait $y = 0$, il vient :

$$x = 2x', \quad OT = 2OP \quad \text{et, par suite :} \quad MT = MT',$$

ainsi qu'on l'a déjà prouvé (476).

481. PROBLÈME. *L'aire du parallélogramme variable OAMB est constante et équivalente à un carré donné* K^2. *On demande la courbe décrite par le sommet* M *de ce parallélogramme.*

En dirigeant les axes coordonnés suivant les deux côtés

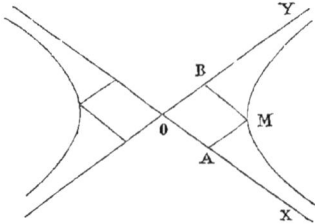
Fig. 249.

OA, OB de ce parallélogramme, x, y représentant les coordonnées du point mobile **M**, on a :

$$xy \sin \theta = K^2$$

pour la courbe décrite par le point **M**, θ étant l'angle des axes. On voit que le point M décrit une hyperbole rapportée à ses asymptotes OX, OY (fig. 249).

Quadrature de l'hyperbole.

482. Proposons-nous de chercher l'aire du segment hyperbolique ACMP compris entre deux ordonnées AC, MP de l'hyperbole équilatère représentée par l'équation

$$xy = 1$$

(fig. 250). Si nous faisons $x = OA = 1$, on aura $y = AC = 1$.

Posons

$$OP' = x',$$

$$M'P' = \frac{1}{x'},$$

$$OP'' = x'',$$

$$P''M'' = \frac{1}{x''}, \; \dots$$

Fig. 250.

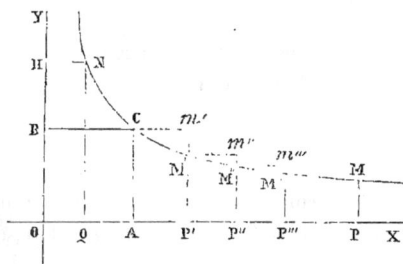

Les rectangles P'C, P''M', P'''M''....... ont respectivement pour aires :

$$x' - 1, \quad (x'' - x')\frac{1}{x'}, \quad (x''' - x'')\frac{1}{x''};$$

si l'on prend les abscisses x', x'', x''', de manière que l'on ait :

$$\frac{x''}{x'} = x', \quad \frac{x'''}{x''} = x', \; \dots,$$

c'est-à-dire, suivant les termes d'une progression géométrique, tous ces rectangles deviendront égaux entre eux. En les ajoutant, à partir de AC qui répond à $x = 1$, il viendra :

Abscisses : 1, x', x'^2, x'^3, ... x'^n,

Aires :   0, $x' - 1$, $2(x' - 1)$, $5(x' - 1)$, ... $n(x' - 1)$;

ce qui prouve que *les aires de ces sommes de rectangles sont les logarithmes des abscisses*. On a donc :

$$A^{n(x'-1)} = x'^n = x.$$

L'expression $n(x'-1)$ peut représenter l'aire du segment hyperbolique ACMP, à la condition que les bases AP′, P′P″, etc... de ces rectangles soient infiniment petites ; ce qui exige que le nombre n de divisions de l'abscisse $OP = x'^n = x$ soit infini.

Il reste à déterminer la base A du système de logarithmes.

Remplaçons x' par sa valeur $\sqrt[n]{x}$, et égalons à l'unité l'exposant de l'arbitraire A. On aura :

$$n(\sqrt[n]{x}-1) = 1 ; \quad \text{d'où} \quad x = \left(1 + \frac{1}{n}\right)^n.$$

En développant le second membre d'après la formule du binôme de Newton, et en faisant ensuite n infini, on obtient :

$$\left(1+\frac{1}{n}\right)^n = 1 + 1 + \frac{n(n-1)}{1.2}\left(\frac{1}{n}\right)^2 + \frac{n(n-1)(n-2)}{1.2.3}\left(\frac{1}{n}\right)^3 \cdots$$

$$= 2 + \frac{1}{1.2} + \frac{1}{1.2.3} + \frac{1}{1.2.3.4} + \cdots + \frac{1}{1.2.3.4\ldots n}.$$

Cette série sert de base aux logarithmes népériens ou hyperboliques ; on la représente par e. On a donc :

$$A = x = e = 2,718.281.828\ldots$$

Comme on a pris $OA = 1$, les aires telles que ACNQ, qui répondent à des abscisses plus petites que l'unité, seront négatives. En effet :

$$ACQN = OACB + PCNH - OQNH.$$

35

Mais $OACB = OQNH$, puisque $xy = 1$; donc,

$$ACQN = BCNH = \lg(y) = \lg\left(\frac{1}{x}\right) = -\lg(x).$$

488. Cherchons l'aire d'un segment hyperbolique pour une hyperbole quelconque dont les asymptotes font entre elles un angle γ, et soit $xy = K^2$ l'équation de cette hyperbole. Soient OX, OY' les asymptotes de cette courbe. Au point O, élevons une perpendiculaire OY à OX, et

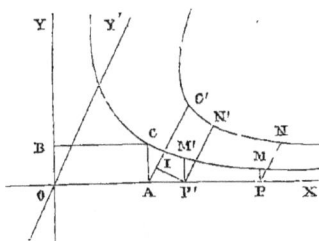

Fig. 251.

traçons sur ces droites l'hyperbole équilatère $xy = 1$.

Pour une même abscisse OA (fig. 251), on aura :

$$\frac{AC'}{AC} = m^2 = \frac{P'N'}{P'M'};$$

ce qui donne :

$$\frac{\text{trapèze } AC'N'P'}{\text{trapèze } ACM'P'} = \frac{AC' + P'N'}{AC + P'M'} \times \sin\gamma = m^2 \sin\gamma.$$

En passant à la limite, et en désignant par S l'aire du segment hyperbolique $AC'N'P'$ et par s l'aire du segment $ACM'P'$ (fig. 251), on obtiendra

$$S = m^2 \sin\gamma \lg(x).$$

Si $m^2 \sin\gamma$ est la quantité par laquelle il faut multiplier les logarithmes népériens pour obtenir les logarithmes des nombres dans un système donné, S est alors le logarithme d'un nombre dans ce système, et $m^2 \sin\gamma$ est le *module*.

Applications.

484. THÉORÈME I. *La perpendiculaire abaissée du foyer d'une hyberbole sur une asymptote est égale au demi-second axe, et la distance du pied de cette perpendiculaire au centre de la courbe est égale au demi-axe transverse.*

On a pour cette distance δ la formule

$$\delta = \frac{\dfrac{b}{a} \cdot c}{\sqrt{1 + \dfrac{b^2}{a^2}}} = b.$$

Il est évident que le second côté de l'angle droit est a, puisque l'hypothénuse est égale à c.

Cette propriété permet de construire l'hyperbole lorsqu'on connait le foyer, une asymptote et la longueur de l'axe transverse, ou bien le rapport des axes, ou enfin la direction de l'axe transverse.

485. THÉORÈME II. *Sur une corde d'une hyperbole considérée comme diagonale, on construit un parallélogramme dont les côtés sont respectivement parallèles aux deux asymptotes : la seconde diagonale passera par le centre.*

Fig. 252.

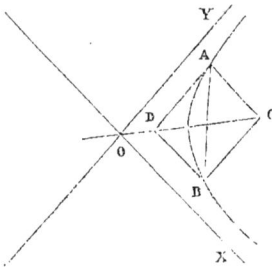

Prenons l'hyperbole rapportée à ses asymptotes, et soit $xy = \mathrm{K}^2$ l'équation de cette courbe.

Soient une corde quelconque AB, m, n les coordonnées du point A, m', n' celles du point B.

La seconde diagonale CD (fig. 252), passant par C (m', n) et D (m, n'), a pour équation :

$$y - n' = \frac{n' - n}{m - m'}(x - m).$$

Comme les points A et B sont situés sur l'hyperbole, on a :

$$mn = K^2 \quad \text{et} \quad m'n' = K^2.$$

En ayant égard à ces valeurs dans l'équation précédente de la droite CD, on obtient, après réduction, pour son équation :

$$y = \frac{n' - n}{m - m'}x,$$

laquelle passe par le centre O.

486. THÉORÈME III. *L'hyperbole équilatère circonscrite à un triangle passe par le point de rencontre des trois hauteurs de ce triangle.*

On a vu (512) qu'une courbe du 2me degré passant par quatre points a pour équation

$$aa'y^2 + aa'\mathrm{B}.xy + bb'x^2 - (b+b')aa'y - (a+a')bb'x + aa'bb' = 0.$$

Pour que cette courbe soit une hyperbole équilatère, les axes coordonnés étant rectangulaires, on doit avoir :

$$bb' = -aa' \quad \text{ou} \quad y = \frac{-aa'}{b'},$$

valeur qui est le point de rencontre des trois hauteurs d'un triangle, b' étant l'une de ces hauteurs et a, a' les segments qu'elle détermine sur la base.

487. PROBLÈME I. *Deux tangentes à l'hyperbole se meuvent en restant constamment parallèles à un système de cordes supplémentaires. Chercher le lieu décrit par l'intersection de ces tangentes.*

L'équation de la tangente à l'hyperbole est

$$y = mx + \sqrt{a^2m^2 - b^2};$$

d'où l'on tire :

$$(x^2 - a^2)\, m^2 - 2xym + y^2 + b^2 = 0.$$

On sait que pour les cordes supplémentaires de l'hyperbole, on a :

$$\gamma\gamma' = \frac{b^2}{a^2};$$

comme les tangentes doivent être parallèles aux cordes supplémentaires, on trouve pour le produit des racines $m'm''$ dans l'équation qui précède de la tangente à l'hyperbole :

$$m'm'' = \frac{y^2 + b^2}{x^2 - a^2}$$

et, par suite :

$$\frac{y^2 + b^2}{x^2 - a^2} = \frac{b^2}{a^2} \quad \text{ou} \quad a^2 y^2 - b^2 x^2 = -2a^2 b^2 :$$

on voit que c'est une hyperbole.

488. PROBLÈME II. *Au centre* O *d'une hyperbole donnée, on élève une perpendiculaire* OM *au demi-diamètre mobile* ON, *et l'on prend sur cette perpendiculaire une longueur telle que l'on ait :*

$$\text{ON} : \text{OM} = m : n.$$

Chercher le lieu décrit par le point M.

Soient x', y' les coordonnées du point N situé sur l'hyperbole, et x_1, y_1 celles du point M. On aura :

$$\frac{x'^2 + y'^2}{x_1^2 + y_1^2} = \frac{m^2}{n^2} \quad . \quad . \quad . \quad . \quad . \quad (1).$$

L'équation de la droite OM est :

$$y_1 = -\frac{x'}{y'}\, x_1 \quad . \quad . \quad . \quad . \quad . \quad (2),$$

et celle de l'hyperbole :

$$a^2 y'^2 - b^2 x'^2 = -a^2 b^2 \quad . \quad . \quad . \quad . \quad (3).$$

Si l'on substitue dans (5) les valeurs de x', y', prises dans (1) et (2), on trouve pour le lieu l'équation

$$a^2 m^2 x_1^2 - b^2 m^2 y_1^2 = - a^2 b^2 n^2,$$

qui est celle d'une hyperbole.

489. Problème III. *Chercher le lieu décrit par le centre d'une hyperbole équilatère circonscrite à un triangle quelconque* ABC.

On peut toujours diriger les axes rectangulaires suivant la hauteur AO du triangle et la base BC, de manière que le sommet A se trouve sur l'axe des y et les deux autres sommets B, C, par lesquels passe la courbe, sur l'axe des x.

Posons $OA = b$, $OB = a$, $OC = a'$.

L'hyperbole étant équilatère, son équation est :

$$y^2 + Bxy - x^2 + Dy + Ex + F = 0.$$

Les équations diamétrales sont :

$$2y_1 + Bx_1 + D = 0 \quad . \quad . \quad . \quad . \quad (1),$$

$$- 2x_1 + By_1 + E = 0 \quad . \quad . \quad . \quad . \quad (2).$$

La courbe devant passer par les deux points B et C, situés sur l'axe des x, il vient :

$$x^2 - Ex - F = 0;$$

d'où $a + a' = E . \quad . \quad . \quad . \quad . \quad (3)$

et $aa' = - F . \quad . \quad . \quad . \quad . \quad (4).$

Comme elle passe par A, on a :

$$b^2 + Db + F = 0. \quad . \quad . \quad . \quad (5).$$

Toutes ces équations sont du premier degré par rapport aux quatre variables B, D, E, F. En substituant leurs valeurs dans l'une quelconque des cinq équations, après les avoir tirées des quatre autres, on trouve pour l'équation du lieu :

$$y_1^2 + x_1^2 - \left(\frac{a + a'}{2}\right)x_1 + \left(\frac{aa' - b^2}{2b}\right)y_1 = 0.$$

On voit que c'est un cercle facile à construire, qui passe par l'origine et par les milieux des côtés du triangle.

490. Problème IV. *Chercher le lieu décrit par le sommet de symétrie d'une hyperbole variable tangente à une droite fixe, ayant pour asymptote une droite donnée et dont l'axe de symétrie se meut parallèlement à lui-même.*

Prenons pour origine des axes coordonnés rectangulaires

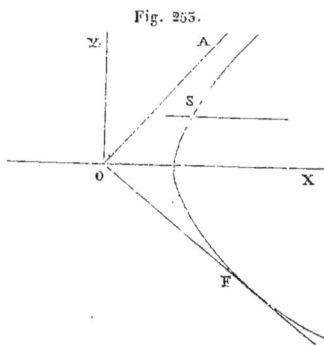

le point de rencontre O de l'asymptote OA et de la droite fixe OF.

Par le point O, menons une droite OX prise pour axe des x, parallèle à la direction de l'axe de symétrie de l'hyperbole, et la perpendiculaire OY à cette droite pour axe des y. Prenons pour les courbes du 2me degré l'équa-

Fig. 255.

tion générale

$$y^2 + Bxy + Cx^2 + Dy + Ex + F = 0;$$

puisque l'axe de symétrie est parallèle à l'axe des x, tg $2\alpha = \frac{-B}{A-C}$ devant être nulle, on doit avoir $B = 0$. Comme la courbe doit être une hyperbole, on peut donner à C le signe —.

Cherchons, d'après la méthode que nous avons exposée, l'équation de l'asymptote, passant ici par l'origine, et qui fait avec l'axe des x un angle dont a est la tangente. On trouve les équations :

$$\sqrt{C} = a \quad . \quad . \quad . \quad . \quad . \quad . \quad (1),$$

$$D\sqrt{C} + E = 0 \quad . \quad . \quad . \quad . \quad (2);$$

d'où $\qquad\qquad E = -Da,$

et celle de l'axe de symétrie

$$2y_1 + D = 0 \quad \ldots \ldots \ldots \quad (5);$$

d'où $\qquad\qquad$ $E = 2ay_1.$

L'hyperbole, dans son mouvement, doit toucher la droite fixe OF dont l'équation est

$$y = bx;$$

ce qui fournit l'équation

$$F = \frac{b-a}{b+a} y_1^2 \cdot \quad \ldots \ldots \quad (4).$$

Substituant ces valeurs dans l'équation de l'hyperbole qui passe par le sommet de symétrie (x_1, y_1), il vient pour l'équation du lieu :

$$y_1 = \frac{\left[a + b \pm \sqrt{b^2 - a^2} \right] x_1}{2},$$

qui représente deux droites passant par l'origine.

491. PROBLÈME V. *Étant donnés de grandeur et de position deux diamètres conjugués de l'hyperbole, et une droite passant par le centre de la courbe, déterminer graphiquement les points de rencontre de la droite et de la courbe.*

Résolvons ce problème pour l'ellipse ; il sera ensuite facile d'approprier la solution à l'hyperbole.

Représentons par δ la distance du point demandé à l'origine, nous aurons :

$$\delta^2 = x^2 + y^2 + 2xy \cos \gamma \quad \ldots \ldots \quad (1),$$

γ étant l'angle des deux diamètres conjugués OA, OB (fig. 254). La droite donnée passant par le centre de la courbe, qui est l'origine, a pour équation :

$$y = nx \quad \ldots \ldots \ldots \quad (2).$$

Si l'on y joint l'équation de l'ellipse

Fig. 251.

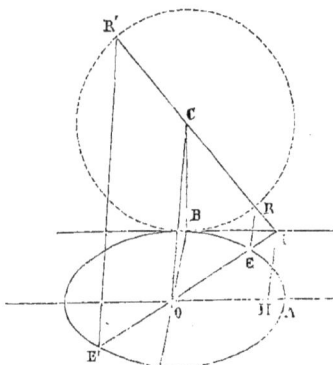

$$a^2y^2 + b^2x^2 = a^2b^2 \quad (5),$$

on obtient trois équations dont les deux dernières donnent pour les points E, E' les valeurs :

$$x = \frac{\pm ab}{\sqrt{a^2n^2 + b^2}},$$

$$y = \frac{\pm anb}{\sqrt{a^2n^2 + b^2}}.$$

En substituant ces valeurs dans la distance δ, il vient :

$$\delta = \frac{ab}{\sqrt{a^2n^2 + b^3}} \sqrt{1 + n^2 + 2n\cos\gamma}.$$

Mais, $n = \frac{\text{IH}}{\text{OH}} = \frac{\text{OB}}{\text{BI}}$, et en posant $\text{BI} = h$, on a :

$$\delta = \frac{a}{\sqrt{a^2 + h^2}} \sqrt{b^2 + h^2 + 2bh\cos\gamma} ;$$

d'où résulte la construction suivante :

Au point B, élevons à BI la perpendiculaire BC = a, *et du point C comme centre, avec un rayon égal à* a, *décrivons une circonférence qui coupera la droite* CI *en deux points* R, R'. *Par ces points, menons des parallèles à la droite* OC ; *ces parallèles rencontreront la droite donnée en deux points* E, E', *qui seront les points cherchés.*

On a, en effet,

$$\text{CI} = \sqrt{a^2 + h^2}, \quad \text{OI} = \sqrt{b^2 + h^2 + 2bh\cos\gamma} ;$$

ce qui donne :

$$\frac{\delta}{\text{OI}} = \frac{a}{\text{CI}} \quad \text{ou} \quad \frac{\text{OE}}{\text{OI}} = \frac{\text{CR}}{\text{CI}}.$$

492. On a pour l'hyperbole :

$$x = \frac{\pm \, ab}{\sqrt{b^2 - a^2 n^2}}, \quad y = \frac{\pm \, abn}{\sqrt{b^2 - a^2 n^2}},$$

$$n = \frac{IP}{OP} = \frac{OB}{BI} = \frac{b}{h} ;$$

d'où $\qquad \delta = \frac{a}{\sqrt{h^2 - a^2}} \sqrt{b^2 + h^2 + 2bh \cos \gamma}.$

Au point O, *élevons une perpendiculaire à la droite*

Fig. 255.

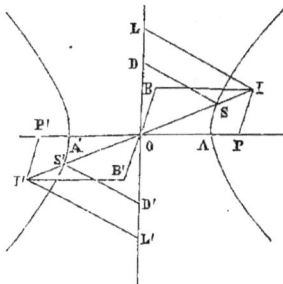

OA, *et prenons sur cette droite deux longueurs égales* OD = OD′ = a. *Du point* A *comme centre, avec un rayon égal à* BI = OP, *décrivons un arc de cercle qui coupera la perpendiculaire* DOD′ *en* L *et en* L′; *les parallèles menées par les points* D, D′ *aux droites* Ll, L′l′ *couperont la droite donnée aux points* S, S′, *situés sur l'hyperbole.*

On a, en effet :

$$\frac{OS}{OI} = \frac{OD}{OL}, \quad \frac{OS'}{OI'} = \frac{OD'}{OL'},$$

c'est-à-dire :

$$\frac{\delta}{\sqrt{b^2 + h^2 + 2bh \cos \gamma}} = \frac{a}{\sqrt{h^2 - a^2}}.$$

Donc, les points S, S′ sont bien les points de rencontre de la droite et de l'hyperbole.

493. PROBLÈME **VI.** *Étant donnés trois points d'une hyperbole et une asymptote, construire la courbe.*

Soient A, B, C les trois points donnés et DE l'asymptote.

Fig. 256.

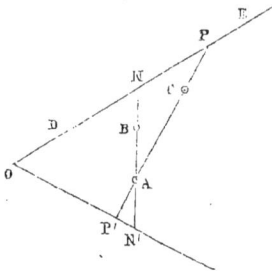

Joignons le point A à B, et soit N le point de rencontre de la droite AB avec l'asymptote. Prenons AN′ = BN ; le point N′ appartient à la seconde asymptote.

Traçons de même la droite AC, et portons sur cette droite, à partir du point A, AP′ = CP : on aura un deuxième point P′ de la seconde asymptote.

Connaissant les deux asymptotes, l'angle qu'elles font entre elles et un point de l'hyperbole, on sait construire celle-ci.

494. PROBLÈME **VII.** *On connaît la puissance* m² *de l'hyperbole et la direction des asymptotes; déterminer les axes de symétrie de la courbe.*

On a les équations :

$$xy = m^2 = \frac{1}{4}(a^2 + b^2) \quad \text{et} \quad m^2 \sin\theta = \frac{ab}{2},$$

2a, 2b représentant les axes de la courbe et θ l'angle des deux asymptotes. De ces équations, on tire

$$a + b = 2m\sqrt{1 + \sin\theta}, \quad a - b = 2m\sqrt{1 - \sin\theta};$$

d'où $$a = 2m\cos\frac{\theta}{2} \quad \text{et} \quad b = 2m\sin\frac{\theta}{2}.$$

On connaît donc la grandeur des axes; quant à leur direction, on sait qu'ils divisent en deux parties égales l'angle des asymptotes.

Exercices.

I. *La base d'un triangle est fixe, la différence des angles à la base est constante. On demande le lieu du troisième sommet du triangle.*

II. *On donne un point fixe et une droite fixe ; un angle de grandeur constante tourne autour de son sommet placé au point fixe. Trouver le lieu du centre du cercle circonscrit au triangle formé par les côtés de l'angle et la droite fixe.*

III. *Trouver le lieu du centre d'une hyperbole qui a un foyer donné et qui coupe en un point donné une droite donnée, parallèle à l'une des asymptotes.*

IV. *Trouver le lieu des sommets d'une hyperbole équilatère passant par un point donné, et ayant pour asymptote une droite donnée.*

V. *Quel est le lieu des centres des circonférences qui interceptent des longueurs données sur les côtés d'un angle donné ?*

VI. *Une ellipse et une hyperbole ont le même centre et les mêmes axes donnés, $AOA' = 2a$, $BOB' = 2b$. Par un point mobile M, pris sur l'hyperbole, on mène deux tangentes MT, MT' à l'ellipse ; du foyer F de l'hyperbole, on abaisse une perpendiculaire FP à la corde de contact mobile TT'. Chercher le lieu décrit par le pied P de ces perpendiculaires.*

VII. *Construire une hyperbole, connaissant trois points et les directions des asymptotes.*

VIII. *Un triangle ABC est inscrit dans une hyperbole ; deux de ses côtés ont des directions invariables. Trouver le lieu du milieu du troisième côté.*

IX. *On donne une hyperbole équilatère fixe et un cercle concentrique, de rayon variable. Une droite TN est tangente en T au cercle et normale en N à l'hyperbole. Chercher le lieu décrit par le point M, milieu de la droite TN.*

CHAPITRE XXIII.

DE LA PARABOLE.

495. On a vu dans la réduction de l'équation générale (198) que les courbes du 2me degré, rapportées à leur sommet, l'axe des abscisses étant dirigé suivant l'axe de symétrie de ces courbes, ont pour équation

$$My^2 + Nx^2 + Qx = 0.$$

Pour que celle-ci représente une parabole, on doit avoir :

$$- 4MN = 0;$$

ce qui donne : $N = 0.$

Si l'on fait $M = 0$, l'équation :

$$Nx^2 + Qx = 0$$

représente l'axe des ordonnées et une parallèle à cette droite.

L'équation de la parabole est donc

$$y^2 = - \frac{Q}{M} x;$$

en posant $\frac{Q}{M} = 2p$, on obtient :

$$y^2 = + 2px \quad \text{ou} \quad y^2 = - 2px,$$

suivant que M et Q sont de signes contraires ou de même signe.

Si p est négatif, la courbe s'étend, à partir de l'origine, dans le sens des x négatifs, et ne peut avoir aucun point dans le sens des x positifs; il n'y a donc qu'à prendre alors les abscisses négativement.

496. Discutons l'équation de la parabole

$$y^2 = 2px.$$

Elle passe évidemment par l'origine, qui est le sommet de la courbe. Pour une valeur positive de x, il y a deux valeurs égales et de signes contraires de y; l'axe des x est donc un axe de symétrie de la parabole, et divise celle-ci en deux parties égales et superposables, OS, OS', puisque les axes coordonnés sont rectangulaires (fig. 257).

Les valeurs de y sont d'autant plus grandes que celles de x sont grandes elles-mêmes; de sorte que la parabole se compose de deux branches infinies, symétriques, s'étendant à l'infini dans le sens des abscisses positives.

Cette courbe n'a aucun point dans le sens des x négatifs, puisque alors y est imaginaire.

L'axe des abscisses est le seul axe de symétrie de la parabole, car, pour une valeur de y, il n'y en a qu'une seule pour x. La constante arbitraire $2p$, coefficient de x, se nomme le *paramètre de la parabole*.

497. Soient (x, y), (x', y') les coordonnées de deux points M, M' (fig. 257); on a:

Fig. 257.

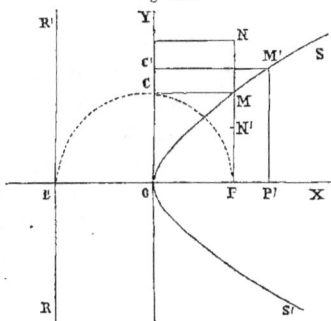

$$\frac{\overline{\text{MP}}^2}{\text{OP}} = \frac{\overline{\text{M'P'}}^2}{\text{OP'}} = 2p ;$$

ce qui prouve que *dans la parabole les carrés des ordonnées, perpendiculaires à l'axe, sont entre eux comme les distances du sommet au pied de ces ordonnées.*

Pour un point quelconque M, situé sur la parabole, on trouve :

$$y^2 = 2px \quad \text{ou} \quad y^2 - 2px = 0.$$

Si le point M est situé à l'extérieur de la courbe, il vient :

$$y^2 - 2px > 0,$$

puisque, pour une même abscisse x, la valeur correspondante de y est plus grande pour le point N que pour le point M; pour le point N', pris à l'intérieur, on a :

$$y^2 - 2px < 0.$$

Construction de la parabole.

498. L'équation $y^2 = 2px$ montre que chaque ordonnée MP de la parabole est moyenne proportionnelle entre le paramètre OD $= 2p$ et l'abscisse correspondante OP $= x$.

Donc, pour obtenir le point M de la courbe, il suffit, sur DP $=$ OD $+$ OP comme diamètre, de décrire une circonférence qui rencontrera l'axe OY en un point C, et de porter sur la perpendiculaire à l'axe en P, PM $=$ OC; le point M appartient à la parabole (fig. 257).

499. On peut aussi décrire la parabole d'un mouvement continu, au moyen d'une équerre BAC.

Fig. 258.

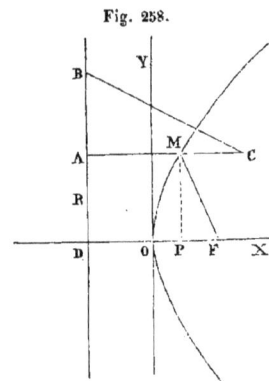

On applique l'un des côtés AB de l'angle droit de l'équerre contre une droite DR, directrice de la parabole; on prend ensuite un fil d'une longueur AC dont l'une des extrémités est attachée en C et l'autre en un point F, foyer de la courbe (fig. 258). Pendant que l'équerre glisse contre la directrice, on tient, au moyen d'une pointe M, le fil bien tendu contre l'équerre; le point M, dans ce mouvement, décrit la parabole. On a, en effet :

$$CM + MF = CM + MA \quad \text{et} \quad MF = MA.$$

Du point F, abaissons une perpendiculaire FD sur la droite donnée DR, et plaçons l'origine des coordonnées rectangulaires au milieu O de la distance $FD = p$, l'axe des x étant dirigé suivant cette droite. Désignons par x_1, y_1 les coordonnées du point M. On a :

$$\overline{MF}^2 = y_1^2 + \left(\frac{p}{2} - x_1\right)^2 \quad \text{et} \quad MA = x_1 + \frac{1}{2}p ;$$

en égalant ces valeurs, il vient :

$$y_1^2 = 2px_1,$$

qui est l'équation de la parabole.

500. *La parabole est une ellipse dont le grand axe est infini.*

L'équation de l'ellipse rapportée à son sommet comme origine, l'axe des x étant dirigé suivant le grand axe $OA = 2a$, est :

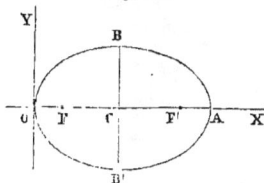

Fig. 259.

$$y^2 = \frac{b^2}{a^2}(2ax - x^2),$$

$2b = BCB'$ (fig. 259) étant la longueur du petit axe. Si l'on place les foyers aux points F et F', on a :

$$OF = \frac{p}{2} = OC - FC \quad \text{ou} \quad \frac{p}{2} = a - c, \quad \frac{p}{2} = a - \sqrt{a^2 - b^2} ;$$

d'où
$$b^2 = ap - \frac{p^2}{4}.$$

En remplaçant cette valeur dans l'équation de l'ellipse,
il vient :

$$y^2 = 2px - px\left(\frac{p+2x}{a}\right) + \frac{p^2x^2}{4a^2}.$$

Si, dans cette équation, on fait augmenter a et que p
reste constant, on aura une suite d'ellipses ayant même
sommet et même foyer, mais dont les grands axes seront
d'autant plus grands que a lui-même sera grand.

Lorsque le grand axe $2a$ est infini, l'équation de l'ellipse
se réduit à

$$y^2 = 2px,$$

qui est l'équation de la parabole.

Foyer et directrice.

501. Soient x, y les coordonnées d'un point quelconque
M de la courbe (fig. 260), et
α, β les coordonnées du centre
du cercle focal; δ étant la distance de ces deux points, on
aura :

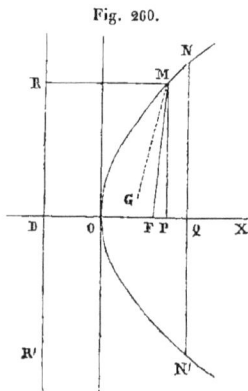

Fig. 260.

$$\delta^2 = (y - \beta)^2 + (x - \alpha)^2 - R^2$$

et
$$\delta^2 = 2px + x^2 - 2\alpha x$$
$$+ \alpha^2 - 2\beta\sqrt{2px} + \beta^2.$$

En raisonnant comme pour
l'ellipse et l'hyperbole, on conclut facilement que $\beta = 0$; ce
qui prouve que *le foyer* F *doit
être situé sur l'axe de symétrie de la parabole, qui est
l'axe des* x, *à une distance* α *de l'origine marquée par la*

56

relation $2\alpha = p$. Celle-ci exprime la condition pour que δ^2 soit un carré parfait et que l'on ait :

$$\delta^2 = x^2 + px + \frac{p^2}{4}; \quad \text{d'où} \quad \delta = x + \frac{p}{2} = \text{MF}.$$

Soit OD $= \frac{p}{2}$. Par le point D, menons une parallèle à l'axe des ordonnées : la perpendiculaire MR, abaissée du point M de la parabole sur cette parallèle, aura pour longueur MR $= x + \frac{p}{2}$; de sorte qu'il viendra (fig. 260) :

$$\frac{\text{MF}}{\text{MR}} = 1.$$

La parabole est donc une courbe telle que la distance de l'un quelconque de ses points à un point fixe F, nommé foyer, est égale à la distance de ce même point à une droite fixe DR, nommée directrice.

502. Nous avons cherché précédemment (499), la courbe décrite par un point mobile M, telle que la distance de l'un quelconque de ces points à un point fixe F soit égale à la distance de ce même point à une droite fixe DR.

Quand on connait le paramètre $2p$ de la parabole, on peut facilement construire cette courbe. Menons une perpendiculaire quelconque NQN' à l'axe; du foyer F comme centre, avec DQ pour rayon, décrivons une circonférence qui coupera la perpendiculaire passant par Q aux points N, N', qui appartiendront à la parabole (fig. 260).

Tangente et normale à la parabole.

503. Soient $y^2 = 2px$, $y = mx + n$,

les équations de la parabole et d'une droite quelconque. Pour les points où la droite rencontre la courbe, on a :

$$my^2 - 2py + 2pn = 0; \quad \text{d'où} \quad y = \frac{p}{m} \pm \frac{\sqrt{p(p - 2mn)}}{m}$$

Si la droite devient tangente, en désignant par x', y' les coordonnées du point de contact, il vient :

$$y' = \frac{p}{m}; \quad \text{d'où} \quad m = \frac{p}{y'} \quad \text{et} \quad n = \frac{p}{2m} = \frac{y'}{2}.$$

En substituant ces valeurs de m et de n dans l'équation de la droite, on obtient pour l'équation de la tangente à la parabole :

$$y = \frac{p}{y'} x + \frac{y'}{2}$$

ou bien, en réduisant au même dénominateur :

$$yy' = p(x + x').$$

L'équation de la tangente à la parabole est aussi :

$$y = mx + \frac{p}{2m} \quad \text{ou} \quad 2xm^2 - 2ym + p = 0.$$

Si $y^2 - 2px$ est positif, nul ou négatif, les deux racines de cette équation seront réelles, égales ou imaginaires. Donc, pour un point situé : 1° en dehors de la courbe; 2° sur celle-ci; 3° à l'intérieur de la parabole, on peut mener deux tangentes, une seule ou l'on n'en peut mener aucune.

Faisons $y = 0$ dans l'équation de la tangente, on aura :

$$x = -x';$$

ce qui prouve que *la sous-tangente* $\mathrm{PT} = 2x'$ *est double de l'abscisse du point de contact* (fig. 261).

De là, un moyen très-simple pour construire la tangente en un point donné sur la courbe.

504. L'équation de la normale à la parabole passant par le point de contact (x', y'), est de la forme :

$$y - y' = m'(x - x').$$

On a, entre les coefficients angulaires m de la tangente et m' de la normale, la relation :

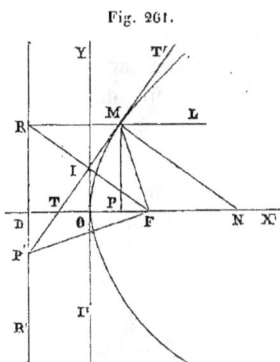

$$m' = \frac{-1}{m} = \frac{-y}{p}.$$

L'équation de la normale est donc :

$$y - y' = -\frac{y'}{p}(x - x').$$

Posons $y = 0$ dans cette équation ; on obtiendra :

$$PN = x - x' = p.$$

Ainsi, *dans la parabole, la sous-normale* PN *est constante; elle est égale à la moitié du paramètre.*

505: Le triangle TFM est isocèle, car

$$TF = OT + OF = x' + \frac{p}{2} = FM,$$

et l'angle $FTM = TMF = RMT = T'ML$ (fig. 261).

La tangente MT divise donc l'angle RMF en deux parties égales, et elle est perpendiculaire à RF au point I, milieu de cette droite. DR étant la directrice de la parabole et le point O le milieu de FD, on aura constamment DR = 2OI, et le point I, quel que soit le point M, se trouvera sur la droite OY; ce qui prouve que *le lieu décrit par le pied* I *des perpendiculaires, abaissées du foyer* F *d'une parabole sur les tangentes à cette courbe, est une droite perpendiculaire à l'axe et passant par le sommet de cette courbe.*

506. Il est facile, comme on l'a déjà vu (243), d'après ces propriétés, de mener une tangente à la courbe par un point donné M.

Il suffit d'abaisser du point M une perpendiculaire MR

sur la directrice, et de joindre le point M avec le milieu I de la droite RF, menée du foyer au point R : la droite MIT sera la tangente demandée (fig. 261).

Pour mener par un point P', extérieur à la parabole, une tangente P'TM, il faut, sur P'F comme diamètre, décrire une circonférence qui rencontrera la droite OY en deux points I et I', qui appartiennent aux deux tangentes partant de P'.

507. *Si, d'un point P dans le plan d'une parabole, on mène deux tangentes PT, PT' à cette courbe, la droite PF, qui joint le point P au foyer F, est bissectrice de l'angle TFT' des deux rayons vecteurs menés aux points de contact, comme on l'a déjà prouvé pour les coniques en général* (407).

Fig. 262.

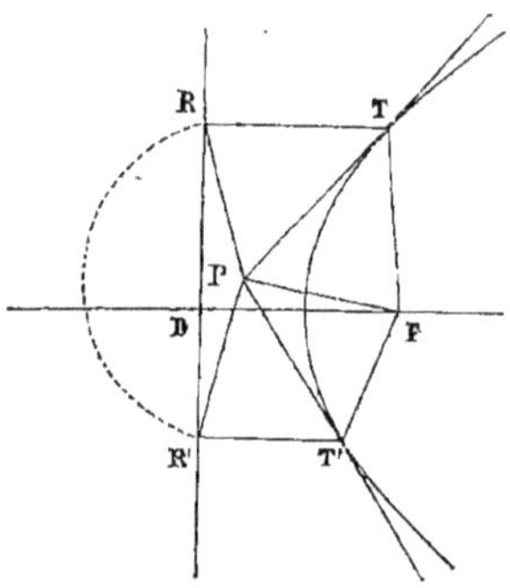

Du point donné P, traçons un arc de cercle qui coupera la directrice en deux points R, R' (fig. 262).

Fig. 263.

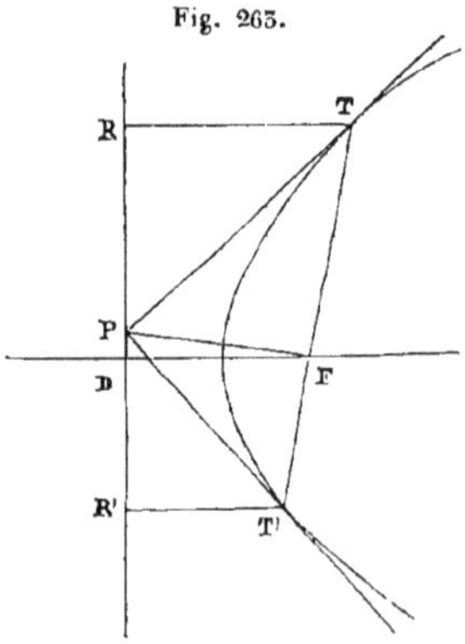

Les deux triangles PTR, PTF sont égaux, ainsi que les deux triangles PT'R', PT'F.

Le triangle RPR' est isoscèle, les deux angles PRD, PR'D sont égaux, et par suite, leurs complémentaires PRT, PR'T'. Donc, à cause de l'égalité des triangles précités, on a l'angle PFT = PFT'.

Il est évident que, si le point P est situé sur la direc-

trice RDR' de la parabole, l'angle TPT', que font entre
elles les deux tangentes partant de ce point, est droit. A
cause de l'angle TPR = TPF et de l'angle T'PR' = T'PF
(fig. 263), comme la somme des quatre angles, égaux deux
à deux, est égale à deux angles droits, il s'ensuit que
TPF + T'PF = un angle droit.

508. On peut d'ailleurs prouver cette propriété de la
manière la plus simple en cherchant *le lieu décrit par le
sommet d'un angle droit dont les deux côtés sont tangents
à la parabole.*

Alors, on a évidemment

$$1 + m'm'' = 0,$$

m', m'' étant les deux racines de l'équation

$$2xm^2 - 2ym + p = 0,$$

ce qui donne : $1 + \dfrac{p}{2x} = 0$; d'où $x = -\dfrac{p}{2}$,

c'est-à-dire, la directrice.

L'angle PRT étant droit, son égal PFT l'est aussi ; ce
qui prouve que, *dans les courbes du deuxième degré, la corde
de contact TT', qui passe par le foyer F, est perpendiculaire
à la droite PF qui joint ce point de la directrice au
foyer* F (262).

Diamètres.

509. On vient de voir (505) que les points de rencontre
M et N d'une corde quelconque $y = mx + n$ avec la parabole $y^2 = 2px$ sont donnés par l'équation :

$$y^2 - \frac{2p}{m} y + \frac{2pn}{m} = 0.$$

Si l'on représente par x', y', x'', y'' les coordonnées de

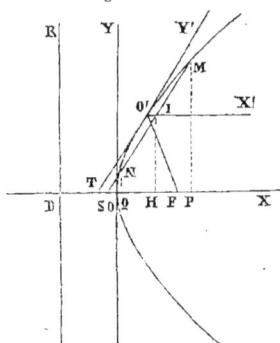

ces points de rencontre M, N, et par x_1, y_1 les coordonnées du milieu I de cette corde, qui se meut en restant parallèle à elle-même, on aura :

Fig. 264.

$$IH = \frac{MP + NQ}{2}$$

ou

$$y_1 = \frac{y' + y''}{2} = \frac{p}{m},$$

d'après la relation qui existe entre les coeffi-cients et les racines des équations du deuxième degré.

Comme les quantités p et m sont constantes, il s'ensuit que *le lieu décrit par le point mobile* I *est une droite paral-lèle à l'axe de la parabole;* ce qui prouve que *tous les dia-mètres de la parabole sont parallèles à l'axe de cette courbe.*

510. Réciproquement, toute droite $y' = K$, parallèle à l'axe, peut être considérée comme un diamètre, car on a :

$$K = \frac{p}{m} \quad \text{et} \quad m = \frac{p}{K}.$$

Si, à une distance $III = y_1$, on mène le diamètre O'I et la tangente O'T, l'équation de ce diamètre est :

$$\frac{p}{m} = y_1; \quad \text{d'où} \quad m = \frac{p}{y_1} = \text{tg} . ISX = \text{tg} . O'TX;$$

donc, les cordes qu'un diamètre divise en deux parties égales sont parallèles à la tangente O'T, menée à l'extré-mité de ce diamètre (fig. 264).

Parabole rapportée à ses diamètres.

511. Cherchons l'équation de la parabole rapportée à un diamètre quelconque O'X' (fig. 264), parallèle à l'axe de symétrie OX, et à la tangente O'Y' au point O' de la parabole, les coordonnées de la nouvelle origine étant a et b et satisfaisant à l'équation $b^2 = 2pa$.

En appliquant les formules trouvées (277), et dans lesquelles on doit faire $q=0$, $\alpha=0$, on aura :

$$\operatorname{tg}\alpha' = \frac{p}{b},$$

α, α' étant les angles que les nouveaux axes coordonnés font avec l'axe OX;

$$p' = 2\left(a + \frac{p}{2}\right), \quad \text{et} \quad y'^2 = 4\left(a + \frac{p}{2}\right)x'$$

pour l'équation de la parabole rapportée aux axes coordonnés O'X', O'Y'.

En posant $4\left(a + \frac{p}{2}\right) = 2p'$, et en supprimant les accents de x' et de y', il vient :

$$y^2 = 2p'x$$

pour l'équation de la parabole. Le coefficient $2p'$ se nomme le *paramètre* du diamètre; et comme

$$a + \frac{p}{2}$$

est la distance du foyer F à l'extrémité O' du diamètre O'X', on voit que le paramètre du diamètre est égal à quatre fois la distance du foyer à l'extrémité de ce diamètre.

L'équation $y^2 = 2p'x$ de la parabole, par rapport à ses diamètres, étant la même que par rapport à son axe, les propriétés indépendantes de l'inclinaison des axes seront les mêmes.

Équation polaire de la parabole.

512. En plaçant le pôle au foyer F de la parabole et en dirigeant la droite fixe suivant la perpendiculaire abaissée du foyer F sur la directrice DR, ρ désignant le rayon vecteur FM et ω l'angle MFX, on a (fig. 264) :

$$\text{FM} = \text{DF} - \text{FP} \quad \text{ou} \quad \rho = p + \rho \cos\omega;$$

d'où
$$\rho = \frac{p}{1 - \cos\omega},$$

p étant égal à la distance DF du foyer F à la directrice DR. La discussion de cette courbe est trop facile pour que l'on s'y arrête.

Quadrature de la parabole.

513. Soit $y^2 = 2px$ l'équation d'une parabole rapportée à des axes OX, OY faisant entre eux un angle quelconque γ.

Fig. 265.

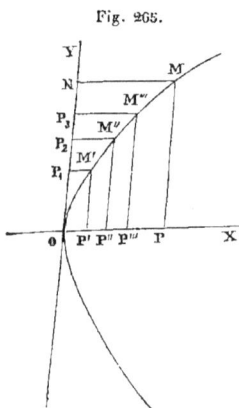

Soient M', M'', M'''... des points de la courbe; x', y'; x'', y''; x''', y''', les coordonnées OP', M'P'; OP'', M''P''; OP''', M'''P''' de ces points (fig. 265).

L'aire du trapèze

$$\text{M'P'M''P''} = \left(\frac{y'+y''}{2}\right)(x''-x')\sin\gamma;$$

celle du trapèze correspondant

$$\text{P}_1\text{M'P}_2\text{M''} = \left(\frac{x'+x''}{2}\right)(y''-y')\sin\gamma;$$

d'où
$$\frac{\text{trapèze M'P'M''P''}}{\text{trapèze M'P}_1\text{M''P}_2} = \frac{(y'+y'')(x''-x')}{(x'+x'')(y''-y')}.$$

Ce rapport des deux trapèzes devient, à la limite,

$$\frac{\text{trapèze } M'P'M''P''}{\text{trapèze } M'P_1M''P_2} = \lim.\frac{y' + y''}{x' + x''} \times \lim.\frac{x'' - x'}{y'' - y'};$$

mais

$$\lim.\frac{y' + y''}{x' + x''} = \frac{y'}{x'} \quad \text{et} \quad \lim.\frac{x'' - x'}{y'' - y'} = \frac{y'' + y'}{2p} = \frac{y'}{p},$$

puisque

$$\frac{x'' - x'}{y'' - y'} = \frac{y' + y''}{2p};$$

donc, à la limite,

$$\frac{\text{trapèze } M'P'M''P''}{\text{trapèze } M'P_1M''P_2} = \frac{y'^2}{px'} = 2.$$

A la limite, la somme de tous ces trapèzes $M'P'M''P''$,... constitue le secteur parabolique OMP, qui est double du secteur OMN, somme, à la limite, de tous les trapèzes $M'P_1M''P_2$,...; de sorte que l'on a :

$$\text{secteur OMP} + \tfrac{1}{2} \text{ secteur OMP} = \text{parallél. OPMN};$$

d'où
$$\text{secteur OMP} = \tfrac{2}{3} \text{ parallél. OPMN} :$$

la parabole est donc une courbe quarrable.

Quadrature.

514. Désignons par S la somme des termes de la progression suivante :

$$S = u^m + tu^{m-1} + t^2u^{m-2} + \cdots + t^m;$$

il vient :
$$S = \frac{u^{m+1} - t^{m+1}}{u - t}.$$

Supposons que u soit plus grand que t, et faisons $t = u$: on aura $S < (m+1)u^m$. Si, au contraire, $u = t$, il viendra :

$$S > (m + 1) t^m;$$

ce qui donne :

$$S = (m + 1)u^m - < (m + 1)(u^m - t^m).$$

Posons $u - t = 1$; d'où $t = u - 1$; on aura aussi :

$$S = u^{m+1} - (u - 1)^{m+1}.$$

En égalant ces deux valeurs de S, on obtient :

$$(m + 1)u^m - < (m + 1)\left[u^m - (u - 1)^m\right] = u^{m+1} - (u - 1)^{m+1},$$

et $\qquad u^m = \dfrac{u^{m+1} - (u - 1)^{m+1}}{m + 1} + < u^m - (u - 1)^m.$

Faisons successivement dans cette formule $u = 1, 2,....n$:
le premier membre représentera évidemment la somme S_m
des puissances m^{mes} des n premiers nombres entiers. On
aura :

$$S_m = \frac{1}{m + 1}n^{m+1} + < n^m \quad \text{et} \quad S_m = \frac{n^{m+1}}{m + 1}\left[1 + < \frac{m + 1}{n}\right].$$

Si le nombre n est infini, cette formule se réduit à

$$S_m = \frac{n^{m+1}}{m + 1} \quad . \quad . \quad . \quad . \quad . \quad . \quad (a),$$

et subsiste quel que soit l'exposant m.

515. Appliquons cette formule à la recherche de l'aire
du segment parabolique OMP que nous venons de trouver
par une autre méthode moins générale (513).

Cherchons d'abord l'aire du secteur extérieur OMN
(fig. 265) dont l'ordonnée ON = MP = b, l'abscisse du
point M étant OP = a.

Divisons l'ordonnée ON en un nombre n infini de parties
toutes égales à z, de manière que l'on ait :

$$ON = b = nz.$$

L'aire t de l'un quelconque des v parallélogrammes qui, à la limite, composent l'aire de ce secteur, est :

$$t = xz \sin \gamma,$$

γ étant l'angle des axes ; mais, on a évidemment pour l'ordonnée correspondante

$$y = vz \quad \text{et} \quad v^2 z^2 = 2px; \quad \text{d'où} \quad t = \frac{\sin \gamma}{2p} v^2 z^3.$$

Faisons, dans cette formule, successivement $v = 1, 2, \ldots n$. On aura :

$$\text{secteur OMN} = \frac{1}{3} \times ab \sin \gamma;$$

comme l'aire du parallélogramme $\text{ONMP} = ab \sin \gamma$, on a :

$$\text{secteur OMP} = \frac{2}{3} \text{ONMP}.$$

516. L'équation générale des paraboles est

$$y = ax^m.$$

Supposons que les axes coordonnés soient rectangulaires.

Le secteur OMP est, à la limite, la somme de tous les rectangles ayant pour hauteur les ordonnées de la courbe et pour bases les parties égales z de l'abscisse $\text{OP} = nz$, divisée en un nombre infini de ces parties. L'aire t de l'un des v rectangles est :

$$t = av^m z^{m+1}; \quad \text{d'où} \quad \text{secteur S} = \frac{a}{m+1} z^{m+1} n^{m+1} = \frac{xy}{m+1}:$$

ainsi, toutes les paraboles sont quarrables.

517. On peut toujours se servir de la formule (a) lorsque l'équation de la courbe n'a que deux termes ou que le radical de l'ordonnée porte seulement sur un terme en x. Nous allons de nouveau l'appliquer aux courbes en coordonnées polaires.

Un secteur OMA *d'une courbe plane, rapportée à des coordonnées polaires, peut être considéré comme formé d'une infinité de triangles isoscèles ayant au sommet un angle égal et infiniment petit.*

Fig. 266.

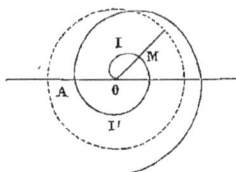

L'aire t d'un de ces triangles isoscèles est :

$$t = \frac{1}{2}\rho^2 z,$$

z étant l'arc qui mesure l'angle du sommet du triangle isoscèle dans un cercle de rayon égal à l'unité, et ρ le rayon vecteur OM. Soit $\rho = a\omega^n$ l'équation générale des polaires ; désignons par ω l'arc mesurant l'angle que le rayon vecteur OM fait avec la droite fixe OA. Posons $\omega = vz$, v étant infini.

L'aire d'un triangle isoscèle quelconque v, répondant à $\omega = vz$, est

$$t = \frac{1}{2}a^2 v^{2n} z^{2n+1}.$$

Faisons $v = 1, 2, 3,\ldots.n$; on obtiendra pour la surface S du secteur :

$$S = \frac{a^2 \omega^{2n+1}}{4n+2}.$$

Après une révolution complète du rayon vecteur, on aura

$$\text{aire OIMI'A} = \frac{a^2 (2\pi)^{2n+1}}{4n+2} \qquad \text{(fig. 266)}.$$

Dans la spirale d'Archimède (617), $a = \frac{1}{2\pi}$ et $n = 1$;

d'où

$$\text{OIM} = \frac{\omega^3}{24\pi^2},$$

et pour une révolution entière, $\text{OIM'I}_4\text{A} = \frac{1}{5}\pi$, c'est-à-dire, le tiers du cercle OA.

Dans la développante de cercle (623), on trouve :

$$S = \pi R^2 \left(1 + \frac{4}{5}\pi^2 \right).$$

Exercices.

518. I. *Trouver le lieu décrit par le point d'intersection* M *de la perpendiculaire* FP, *abaissée du foyer d'une parabole sur une tangente* PT, *avec la*

Fig. 267.

droite ST *qui joint le sommet* S *au point de contact* T.

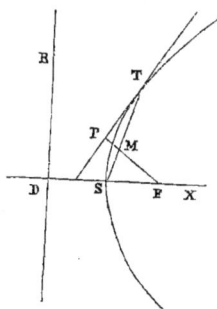

On a les équations :

1° De la parabole :

$$y'^2 = 2px' \quad . \quad . \quad . \quad (1)$$

pour le point de contact (x', y') ;

2° $\qquad y_1 = -\dfrac{y'}{p}\left(x_1 - \dfrac{p}{2} \right) \quad . \quad (2)$

pour la perpendiculaire FP à la tangente PT

et 3° $\qquad y_1 = \dfrac{y'}{x'}x_1 \quad . \quad . \quad . \quad . \quad . \quad (3)$

pour la droite ST.

Ces trois équations donnent pour le lieu demandé :

$$y_1^2 = x_1 \left(\frac{p}{2} - x_1 \right),$$

qui est un cercle ayant $SF = \frac{p}{2}$ pour diamètre.

519. II. x', y', x'', y'' *étant les deux points de contact de deux tangentes à une parabole* $y^2 = 2px$, *chercher l'intersection de ces deux tangentes.*

On a : $\qquad y = \dfrac{y' + y''}{2}, \qquad x = \dfrac{y'y''}{2p}.$

520. III. *Les trois hauteurs du triangle, formé par trois tangentes à la parabole, se coupent sur la directrice.*

Une de ces hauteurs a pour équation

$$y - \frac{y'' + y'''}{2} + \frac{y'}{p}x - \frac{y'y''y'''}{2p^2} = 0.$$

Les deux autres se déduisent de celle-ci, et l'on en tire :

$$x = -\frac{p}{2}, \quad y = \frac{y' + y'' + y'''}{2} + \frac{y'y''y'''}{2p^2}.$$

521. IV. *Chercher le lieu des pieds des perpendiculaires abaissées du sommet de la parabole* $y^2 = -4ax$ *sur les tangentes à cette courbe.*

On a les équations :

1° De la tangente :

$$y_1 y' = -2a(x_1 + x') \quad \ldots \quad \ldots \quad (1);$$

2° De la perpendiculaire :

$$y_1 = \frac{y'}{2a}x_1 \quad \ldots \quad \ldots \quad \ldots \quad (2);$$

3° De la parabole :

$$y'^2 = -4ax' \quad \ldots \quad \ldots \quad (3);$$

ce qui donne pour l'équation du lieu :

$$(a - x_1)y_1^2 = x_1^3.$$

On voit que c'est la *cissoïde* de *Dioclès*.

522. V. *Construire une parabole, connaissant deux points A et B et la directrice.*

Fig. 268.

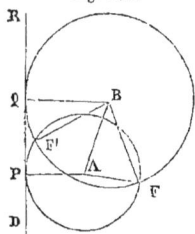

Des points A, B, comme centres, avec des rayons égaux aux perpendiculaires AP, BQ, abaissées sur la directrice DR, on décrira deux circonférences : celles-ci se couperont en deux points F et F'. On pourra prendre l'un ou l'autre de ces points pour foyer de la parabole. Connaissant le foyer F et la directrice, on sait construire la courbe.

523. VI. *Si l'on joint le point d'intersection* M *de deux tangentes* MT, MT' *d'une parabole au foyer* F, *démontrer que l'on a :*

$$\frac{\overline{MT}^2}{\overline{MT'}^2} = \frac{FT}{FT'}.$$

La droite MF est bissectrice de l'angle TFT', comme on l'a démontré (507). L'angle T'FX, extérieur au triangle isoscèle SFT', est double de l'an-

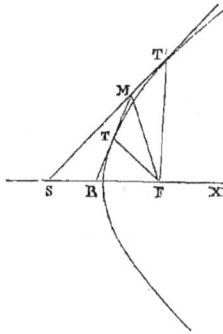

Fig. 269.

gle MT'F (fig. 269); en représentant cet angle par a et les angles égaux MFT = MFT' par b, si l'on désigne les angles égaux à la base du triangle isoscèle RTF par c, il vient :

$$2c = 2a + 2b; \quad \text{d'où} \quad c = a + b.$$

Mais les angles MTF et FMT', étant les suppléments d'angles égaux, sont égaux; de sorte que les deux triangles MTF, MT'F sont équiangles et donnent les proportions :

$$\frac{MT}{MT'} = \frac{FT}{FM}, \quad \frac{FT}{FM} = \frac{FM}{FT'}; \quad \text{d'où} \quad \frac{\overline{MT}^2}{\overline{MT'}^2} = \frac{FT}{FT'}.$$

VII. Le centre C d'un cercle, de rayon constant, se meut sur une parabole. On joint le foyer F de la courbe au centre C du cercle. Chercher le lieu décrit par le point M, intersection de la droite FC avec la circonférence.

L'équation du lieu est

$$\left[x_1 - p\left(\frac{x_1 - \frac{p}{2}}{y_1} \right)^2 \right]^2 + \left[y_1 - p\left(\frac{x_1 - \frac{p}{2}}{y_1} \right) \right]^2 = R^2.$$

CHAPITRE XXIV.

PROPRIÉTÉS ANHARMONIQUES.

524. *Si l'on joint un point quelconque* M *d'une conique à quatre points fixes* A, B, C, D, *le rapport anharmonique du faisceau résultant est constant* (fig. 270).

Le rapport anharmonique de quatre points d'une conique est le rapport anharmonique du faisceau que l'on obtient en joignant ces quatre points à un cinquième point quelconque de la courbe.

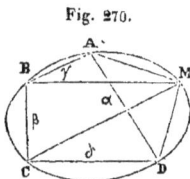

Fig. 270.

Les triangles ADM, BCM donnent :

$$AM \times DM \sin AMD = AD \times \alpha,$$
$$BM \times CM \sin BMC = BC \times \beta;$$

d'où $AM \times DM \times BM \times CM \times \sin AMD \sin BMC = AD \times BC \times \alpha\beta$ (1).

Les deux triangles ABM, CDM donnent également :

$$AM \times BM \sin AMB = AB \times \gamma, \quad CM \times DM \sin CMD = CD \times \delta$$

et $\quad AM \times BM \times CM \times DM \sin AMB \sin CMD = AB \times CD \times \gamma\delta$ (2).

Mais l'équation de la conique qui passe par les quatre points A, B, C, D, est

$$\alpha\beta = K\gamma\delta;$$

en divisant (1) par (2), il vient :

$$\frac{\sin AMD \times \sin BMC}{\sin AMB \times \sin CMD} = \frac{AD \times BC}{AB \times CD} \times K.$$

Le second rapport est constant, puisque les points A, B, C, D sont fixes, et le premier exprime le rapport anharmonique du faisceau.

37

525. *Si une tangente mobile à une conique rencontre quatre tangentes fixes, le rapport anharmonique des quatre points d'intersection est constant.*

On sait que, si une portion de droite dans l'espace est divisée suivant un certain rapport, les projections de ces parties de la droite seront divisées suivant le même rapport. Le rapport anharmonique de quatre points A, B, C, D, situés en ligne droite, est le même que celui de leurs projections *a*, *b*, *c*, *d*.

Ainsi, le rapport anharmonique du faisceau des quatre droites AM, BM, CM, DM d'une ellipse est le même que celui de leurs projections *am*, *bm*, *cm*, *dm* dans le cercle, projection de cette ellipse (fig. 271).

Soient *aa'*, *bb'*, *cc'*, *dd'*, quatre tangentes fixes à la circon-

Fig. 271.

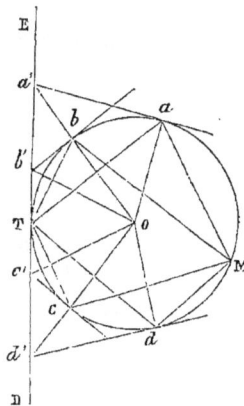

férence O, aux points donnés *a*, *b*, *c*, *d*, et rencontrant en *a'*, *b'*, *c'*, *d'*, une tangente mobile DTE à ladite circonférence, T étant le point de contact. Prenons un point quelconque M de la circonférence. Le rapport anharmonique des droites *a*M, *b*M, *c*M, *d*M est égal au rapport anharmonique des droites *a*T, *b*T, *c*T, *d*T, car les angles *a*M*b*, *a*T*b* sont égaux, ainsi que les angles *c*M*d*, *c*T*d*, etc..... Mais les deux angles *a*T*b* et *a'*O*b'* sont égaux, comme ayant leurs côtés respectivement perpendiculaires.

Le rapport anharmonique des quatre droites *a*M, *b*M, *c*M, *d*M est donc égal à celui des quatre droites O*a'*, O*b'*, O*c'*, O*d'*, puisque les premières droites, prises deux à deux, font entre elles des angles égaux à ceux des autres, prises deux à deux. Mais le rapport anharmonique des quatre droites Oa', Ob', Oc', Od' est égal à celui des points a', b', c', d'.

526. *Trouver le lieu décrit par le sommet M d'un triangle dont les côtés tournent autour de trois points fixes A, B, C, les deux autres sommets N, P de ce triangle étant assujettis à se mouvoir sur deux droites données OF, OH.*

1° Soient quatre triangles MNP, M'N'P', M''N''P'', M'''N'''P''', soumis aux conditions données (fig. 272).

Les faisceaux (C, NN'N''N'''), (C, PP'P''P''') sont évidemment égaux, et l'on a

$$(N, N'N''N''') = (P, P'P''P'''),$$

(N, N'N''N''') exprimant le rapport anharmonique des quatre points N, N', N'', N'''; de sorte qu'on obtient :

$$(A, NN'N''N''') = (B, PP'P''P''').$$

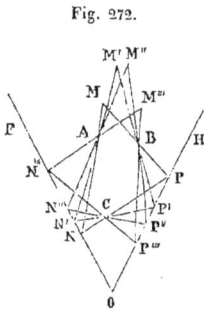

Fig. 272.

Comme les points M, M', M'', M''' du lieu cherché se trouvent à l'intersection des droites AN et BP, etc., il vient :

$$(A, MM'M''M''') = (B, MM'M''M''').$$

Donc, les points A, B, M, M', M'', M''' appartiennent à la même conique.

2° Le lieu est encore une conique lorsque le côté NP du triangle mobile NPM, au lieu de passer par un point fixe C, enveloppe une conique tangente aux deux droites OF, OH, puisque, dans ce cas, les points déterminés sur les deux droites OF, OH satisfont encore à la relation :

$$(NN'N''N''') = (PP'P''P'''),$$

comme on l'a démontré dans le théorème précédent.

3° Le lieu est également une conique si la base NP passe par l'intersection C des tangentes communes à deux coniques, et que les extrémités N et P de cette base se meuvent sur l'une et l'autre conique, les deux autres côtés NM, PM passant constamment par les points A et B, situés sur l'une et l'autre conique.

527. *Deux angles IAM, IBM tournent autour de leurs sommets fixes A et B, en conservant la même grandeur α et β. L'intersection des deux côtés AI, BI de ces deux angles doit se trouver sur une droite donnée DR. Chercher le lieu décrit par le point M, intersection des deux autres côtés AM, BM de ces angles.*

Construisons quatre positions de ces deux angles (fig. 273); on a :

$$(A, I I' I'' I''') = (B, I I' I'' I'''),$$

et, comme les angles correspondants ayant leurs sommets en A et B sont égaux, d'après les conditions du mouvement, il vient :

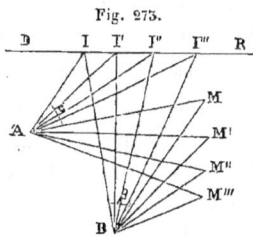

Fig. 273.

$$(A, I I' I'' I''') = (A, M M' M'' M'''),$$
$$(B, I I' I'' I''') = (B, M M' M'' M''');$$

d'où

$$(A, M M' M'' M''') = (B, M M' M'' M''').$$

Le lieu cherché est donc une conique passant par A et B.

Si le point I se meut sur une conique au lieu d'une droite, le lieu décrit sera encore une conique, les autres conditions du mouvement restant les mêmes, car on a :

$$(A, I I' I'' I''') = (B, I I' I'' I''').$$

Si les sommets A et B des angles constants α, β sont situés aux extrémités du grand axe d'une ellipse donnée, et que le point I, intersection des deux côtés AI, BI de ces angles (fig. 273), se meuve sur cette ellipse, l'intersection M des deux autres côtés décrit aussi une ellipse, comme il est facile de le prouver en cherchant directement l'équation de celle-ci.

528. *Inscrire dans une conique un polygone dont les côtés passent par des points fixes.*

Prenons sur la conique un point quelconque A, comme premier sommet du polygone, et, par ce point, menons des droites passant par les autres points donnés. D'une manière générale, le dernier côté du polygone ne passera pas par le point A; soit X le point où il rencontre la conique. Construisons ainsi quatre polygones, et admettons que le dernier côté du quatrième rencontre la conique au point A‴, c'est-à-dire que X‴ coïncide avec A‴. On aura alors :

$$(AA'A''A''') = (XX'X''X''');$$

ce qui revient au problème suivant.

529. *Connaissant trois couples de points ace, dfb, trouver un point R tel que l'on ait :*

$$(R \cdot ace) = (R \cdot dfb).$$

Fig. 274.

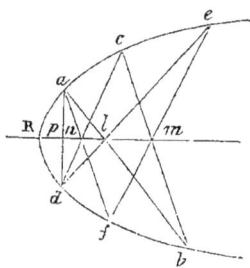

On considérera les six points *ace, dfb*, qui sont les positions de A, A′, A″ et de X, X′, X″, comme les sommets d'un hexagone dont l'intersection des côtés opposés déterminera la droite *lmnp*, qui rencontrera la conique au point demandé X‴, puisqu'on a :

$$(Rpnl) = (d, Race) = (a, Rdfb).$$

CHAPITRE XXV.

SYSTÈMES HOMOGRAPHIQUES.

530. Lorsque le rapport anharmonique de quatre droites, passant par un même point, est égal au rapport anharmonique de quatre autres droites, passant par un autre point, ces deux faisceaux de droites se nomment *homographiques*.

Étant donné un système de points sur une droite, on peut toujours former sur une autre droite un système homographique, tel qu'à trois points a, b, c du premier correspondent trois points a', b', c' du second, pris arbitrairement.

Prenons sur chaque droite une origine, et comptons, à partir de ce point, sur la première droite les distances a, b, c, x des trois points donnés et d'un point variable. Représentons par a', b', c', x', les distances analogues sur la seconde droite.

La condition pour que les deux systèmes de points soient homographiques est :

$$\frac{(a-b)(c-x)}{(a-c)(b-x)} = \frac{(a'-b')(c'-x')}{(a'-c')(b'-x')},$$

laquelle se ramène à la forme

$$A xx' + B x + C x' + D = 0.$$

Cette équation étant du premier degré par rapport à x et à x', on voit déjà qu'à toute valeur de x en correspond toujours une réelle de x'; de même, à une valeur quelconque de x' correspond toujours une seule valeur de x.

531. Réciproquement, deux systèmes de points en ligne droite, assujettis à une relation algébrique quelconque, sont homographiques, si, à un point du premier système correspond toujours un point du second, et un seul.

L'équation

$$Axx' + Bx + Cx' + D = 0$$

est évidemment la relation la plus générale à laquelle on puisse soumettre les deux points x, x'.

La relation

$$Axx' + Bx + Cx' + D = 0,$$

lorsque les points du système sont quelconques, contient trois constantes arbitraires; ce qui prouve qu'à trois points, pris à volonté sur la première droite, correspondent trois autres, pris aussi à volonté sur la seconde droite.

532. Supposons deux droites, et admettons que l'on fasse coïncider sur ces deux droites les deux points a, a'.

Soient b, c, d, b', c', d' (fig. 275) les trois autres points formant le système homographique

$$(abcd) = (a'b'c'd').$$

A une valeur infinie de x' correspond une valeur finie de x, et réciproquement.

De l'équation précédente, on tire successivement :

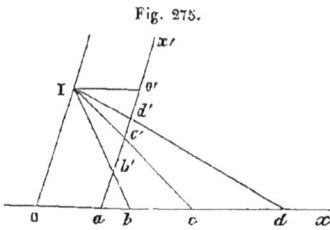
Fig. 275.

$$x' = -\frac{Bx + D}{Ax + C},$$

$$x = -\frac{Cx' + D}{Ax' + B}.$$

Si le point d' de la seconde droite est à l'infini, le point correspondant de la première droite est situé au point de rencontre O de celle-ci avec la parallèle à la seconde menée par le point I (fig. 275). De même, si le point d

de la première droite est à l'infini, le point d', homologue
de la seconde droite, est au point de rencontre O' de la
deuxième droite avec une parallèle menée par le point I à
la première.

533. INVOLUTION. Lorsque les points des deux systèmes
$abcd$, $a'b'c'd'$ sont situés sur la même droite, les valeurs

$$x' = -\frac{Bx + D}{Ax + C} \quad \text{et} \quad x = -\frac{Cx' + D}{Ax' + B}$$

étant égales, on dit alors que les points forment un *système
en involution*. On peut trouver sur la droite un point qui,
considéré comme appartenant à chaque système, conserve
la même position.

Les deux valeurs de x et de x' ne peuvent être égales
que si $C = B$. Alors, l'équation générale devient symétrique par rapport à x et à x', et elle est :

$$Axx' + B(x + x') + D = 0 \quad . \quad . \quad . \quad . \quad (1).$$

Cette équation renferme seulement deux constantes
arbitraires; ce qui prouve qu'il suffit de deux couples de
points correspondants aux conjugués (aa'), (bb'), pour déterminer l'involution.

On peut donc dire qu'un système quelconque de points,
situés sur une droite, est en involution, lorsque le rapport
anharmonique de quatre quelconques de ces points est égal
au rapport anharmonique des quatre points correspondants.

534. Les valeurs de x et de x', qui satisfont à l'équation
précédente, représentent les distances des deux points conjugués à l'origine.

On peut simplifier cette équation en choisissant une origine convenable. Faisons

$$x = x_i + K, \quad x' = x'_i + K,$$

K étant une indéterminée.

En remplaçant dans l'équation (1), il vient :

$$A x_1 x_1' + (B + AK)(x_1 + x_1') + AK^2 + 2BK + D = 0.$$

On peut profiter de l'arbitraire K pour poser

$$B + AK = 0; \quad \text{d'où} \quad K = -\frac{B}{A};$$

ce qui détermine la nouvelle origine, et ramène l'équation à la forme la plus simple :

$$x_1 x_1' = \text{constante.}$$

On dit alors que l'origine est le centre du système; d'où résulte ce théorème : « *Le produit des distances de deux points conjugués au centre est constant.* »

On a pour le point x', correspondant à x :

$$x' = -\frac{Bx + D}{Ax + B},$$

et ce point est à l'infini lorsque $Ax + B = 0$; d'où

$$x = \frac{-B}{A}.$$

Ce point, comme on vient de le dire, est le centre; de sorte que le centre est un point dont le conjugué est à l'infini.

535. On parvient au même résultat comme suit: les points a, b, c, a', b', c' étant en involution, on a :

$$(abcc') = (a'b'c'c); \quad \text{d'où} \quad \frac{ac \times bc'}{ac' \times bc} = \frac{a'c' \times b'c}{a'c \times b'c'}.$$

Si le point c' est à l'infini, $bc' = ac'$, $b'c' = a'c'$, et il vient :

$$ac \times a'c = bc \times b'c;$$

ce qui prouve que *le produit des distances de deux points correspondants au centre, qui est l'origine, est constant.*

Lorsque l'origine ou le centre est en dehors de ces deux points correspondants, ce produit est toujours positif, puisque les points a, a', qui se correspondent, sont tous deux à droite où à gauche du centre. On a donc, dans ce cas :

$$ca \times ca' = + K^2.$$

Si l'origine ou le centre se trouve entre deux points correspondants a, a', le produit $ca \times ca'$ sera négatif et de la forme

$$ca \times ca' = - K^2,$$

et les foyers seront imaginaires.

536. Si l'on fait $x = x'$ dans l'équation qui détermine les distances de deux points conjugués à l'origine, il vient :

$$Ax^2 + 2Bx + D = 0,$$

laquelle fera connaître les distances des deux foyers à cette origine.

Les distances de deux points à l'origine étant données par l'équation

$$ax^2 + 2bx + d = 0,$$

ces points sont conjugués si les coefficients a, b, d satisfont à l'équation

$$Ad - 2Bb + Da = 0.$$

On a encore, en désignant les deux foyers par f, f' :

$$(aff'a') = (a'ff'a);$$

d'où
$$\frac{af \times a'f'}{aa' \times ff'} = \frac{a'f \times af'}{aa' \times ff'} \quad \text{et} \quad \frac{af}{af'} = -\frac{a'f}{a'f'};$$

on voit que *les points* a, a' *divisent la distance* ff' *des foyers en segments qui sont dans le même rapport*. Si l'un des foyers f' est à l'infini, l'autre divise la distance aa' des deux points conjugués en deux parties égales.

537. *Deux couples de points déterminent un système en involution.*

Soient les équations :

$$ax^2 + 2bx + d = 0, \quad a'x^2 + 2b'x + d' = 0,$$

qui donnent ces deux couples de points. On aura pour déterminer les arbitraires A, B, D les équations :

$$Ad - 2Bb + Da = 0, \quad Ad' - 2Bb' + Da' = 0.$$

La relation entre les segments formés par six points en involution est la même que celle qui existe entre les sinus des angles, formés en joignant ces six points à un point fixe. Le faisceau déterminé en joignant un point fixe à six points en involution forme, sur une transversale quelconque, six points en involution, et deux droites $\alpha - K\beta = 0$, $\alpha - K'\beta = 0$ appartiennent à un faisceau en involution, si l'on a :

$$AKK' + B(K + K') + D = 0.$$

538. *Quand plusieurs cordes d'une conique passent par un même point* P, *les couples de droites, menées d'un point* M *de la courbe aux extrémités de chaque corde, sont en involution et correspondent anharmoniquement aux cordes.*

Fig. 276.

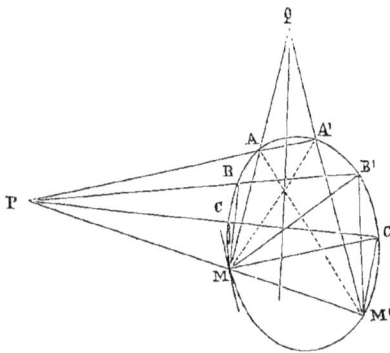

Soient AA', BB', CC', les cordes qui passent par un même point P, et M un point quelconque de la conique.

Joignons le point M à P : la droite MP rencontre la courbe en un second point M′ (fig. 276).

On sait (255) que la polaire du point P est le lieu des points de rencontre des droites MA, MB, MC, MA′ respectivement avec les droites M′A′, M′B′, M′C′, M′A ; de sorte que l'on a :

$$M(A, B, C, A') = M'(A', B', C', A).$$

Comme

$$M'(A', B', C', A) = M(A', B', C', A),$$

on obtient :

$$M(A, B, C, A') = M(A', B', C', A).$$

Donc, les trois couples de droites MA, MA′ ; MB, MB′ ; MC, MC′ sont en involution.

Le rapport anharmonique des quatre angles AMA′, BMB′..., est égal à celui des quatre droites AA′, BB′...; il s'ensuit que les couples de droites MA, MA′ ; MB, MB′ ; ... correspondent anharmoniquement aux cordes PAA′, PBB′, ... Ainsi, *lorsque des angles ayant un sommet commun, situé sur une conique, sont en involution, les cordes que ces angles interceptent sur la courbe passent par un même point.*

On voit, par ce qui précède, que les droites, menées du point M aux points de contact des tangentes qui passent par P, sont les *rayons doubles* de l'involution formée par les couples de droites MA, MA′ ; MB, MB′ ;....

539. On peut encore dire que : *si un angle est circonscrit à une conique et si, par son sommet, on fait passer une droite quelconque rencontrant la courbe en deux points, les droites, menées d'un point quelconque de la courbe à ces deux points, sont conjuguées harmoniques par rapport aux droites partant du même point et passant par les points de contact des deux côtés de l'angle circonscrit à la conique.* D'où résulte :

I. *Si un angle droit tourne autour de son sommet, situé sur une conique, les cordes que ses côtés interceptent sur la courbe passent par un même point.*

II. *Si, par un point d'une conique, on mène deux droites également inclinées sur un axe fixe, la corde comprise entre ces deux droites dans la conique passe par un point fixe.*

III. *Si les deux points C, C' se rapprochent du point M et finissent par coïncider, la droite MC, à la limite, sera la tangente au point M, et la droite MC' coïncidera avec MP.*

Donc, dans un quadrilatère inscrit dans une conique, si l'on mène par un point de la courbe : des couples de droites à ses sommets opposés, la tangente en ce point et la droite qui passe par le point de rencontre des deux diagonales, ces six droites sont en involution.

Cette propriété permet de mener la tangente à l'un quelconque des cinq points donnés d'une conique, problème que l'on sait résoudre au moyen du théorème de *Brianchon* (352).

540. *Lorsque les sommets des angles, circonscrits à une conique, sont en ligne droite, les segments que ces angles interceptent sur une tangente quelconque à la conique sont*

Fig. 277.

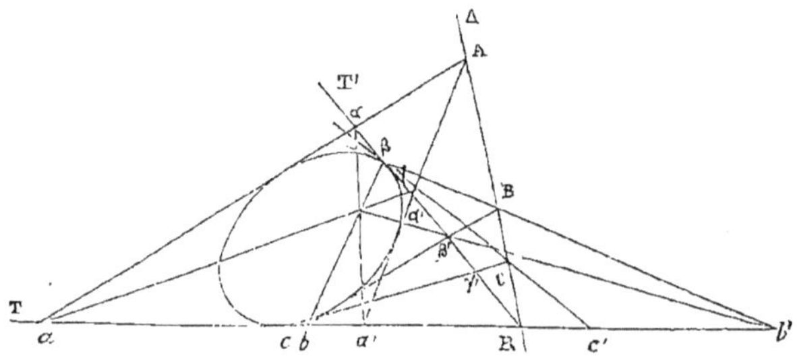

en involution, et correspondent anharmoniquement aux sommets des angles.

Soient A, B, C... les sommets de ces angles situés ,sur
une droite Δ, aa', bb'.., les segments qu'ils interceptent sur
une tangente T (fig. 277). Par le point d'intersection R de
cette tangente et de la droite Δ, menons une seconde tangente T′, qui rencontre les côtés des angles en des couples
de points α, α′ ; β, β′ ;...

On sait que, si de tous les points d'une droite, on mène
des tangentes à une conique, toutes les cordes de contact
passent par un même point, qui est ici le pôle de la droite Δ.
Puisque ces droites passent par un même point, on conclut que :

$$(a, b, c, a') = (\alpha', \beta', \gamma', \alpha);$$

comme

$$(\alpha', \beta', \gamma', \alpha) = (a', b', c', a),$$

il vient :

$$(a, b, c, a') = (a', b', c', a) :$$

donc, les trois segments sont en involution.

Le rapport anharmonique des quatre segments est celui
des quatre points conjugués harmoniques de ces segments
par rapport à un point de la tangente T, le point R par
exemple. Les conjugués harmoniques sont sur les polaires
de ce point relatives aux quatre angles ; et comme ces polaires
passent par un même point, leur rapport anharmonique est
égal à celui des sommets des angles A, B....

Si la droite Δ rencontre la conique en deux points, les
tangentes en ces deux points détermineront, par leur rencontre sur la tangente T, les *rayons doubles* de l'involution.

Si le sommet de l'angle C se trouve au point R, on
obtiendra un quadrilatère circonscrit à la conique, et l'on
déduit de ce qui précède le théorème suivant :

*Lorsqu'un quadrilatère est circonscrit à une conique, si
l'on mène une tangente à cette courbe, les points où elle
rencontre les côtés opposés, son point de contact et le point*

où elle rencontre la diagonale qui joint les points d'inter-
section des côtés opposés, ces six points sont en involution ;
d'où résulte une solution du problème :

Trouver le point de contact d'une conique, tangente à cinq
droites données.

541. On nomme *divisions homographiques sur une*
conique deux séries de points de cette courbe tels que les
droites, menées de ces points à un point quelconque de la
conique, forment deux faisceaux homographiques. Les
rayons doubles de ces faisceaux déterminent sur la conique
deux points que l'on nomme les *points doubles* des deux
divisions.

542. *Étant données sur une même droite deux séries de*
segments en involution, trouver le segment commun aux
deux involutions.

PREMIER PROCÉDÉ. Prenons pour conique un cercle. Par
un point fixe de sa circonférence, menons des droites aux
extrémités des deux segments de la première involution.
Les droites qui en résultent interceptent, sur la circonférence, deux cordes dont l'intersection détermine un
point I ; de même, les droites, menées du point fixe aux
deux extrémités de la seconde involution, interceptent sur
la circonférence deux cordes qui se coupent en un second
point I'. La droite II' rencontre la conique, qui est ici la
circonférence, en deux points ; si l'on joint le point fixe
du cercle à ceux-ci, on aura deux droites qui intercepteront
sur la droite des deux involutions le segment qui leur est
commun, c'est-à-dire les *points doubles.*

543. DEUXIÈME PROCÉDÉ. Traçons une conique quelconque, tangente à la droite sur laquelle se trouvent les
deux séries de points en involution.

Par les extrémités des deux segments de la première
involution, menons des tangentes à cette conique : ou

forme ainsi deux angles circonscrits dont les sommets déterminent une droite D.

Par les deux extrémités de la seconde involution, on mènera deux tangentes à la conique; on aura de la sorte une seconde droite D'. Ces deux droites D, D' se coupent et forment un angle qui, étant circonscrit à la conique, interceptera par sa corde de contact le segment demandé.

544. *Quand un quadrilatère est inscrit dans une conique, une transversale quelconque rencontre les deux couples de côtés opposés et la conique en six points qui sont en involution* (Théorème de Desargues).

Soit ABCD un quadrilatère inscrit dans la conique, et

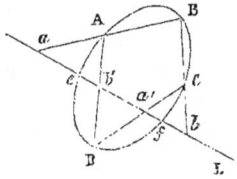

Fig. 278.

soient a, a', b, b' les points de rencontre des côtés opposés de ce quadrilatère avec une droite L.

Si l'on suppose que deux droites se meuvent autour des deux points fixes A et C, en se coupant sur la courbe elles détermineront sur la droite deux *divisions homographiques* dont les points de rencontre avec la courbe seront les points doubles e, f, réels ou imaginaires. Mais a, b ont pour correspondants b', a'; de sorte que les trois couples aa', bb', ef sont en involution.

Ce théorème permet de construire une conique lorsque l'on connaît cinq points de cette courbe.

En effet, parmi les cinq points, on peut en prendre quatre pour former un quadrilatère inscrit à la conique.

Si, par le cinquième point, on mène une transversale, celle-ci rencontrera les côtés de ce quadrilatère en quatre points, et la conique en un point inconnu. On aura ainsi six points formant involution; donc, le point inconnu de la conique sera déterminé.

La transversale peut être tangente à la courbe; alors, le point de contact sera l'un des deux points doubles de l'involution, qui sera déterminée par les quatre points de rencontre du quadrilatère avec la tangente. Cette position de la transversale résout, dans ce cas, le problème suivant :

Construire la conique qui doit passer par quatre points et être tangente à une droite donnée.

545. *Si les côtés d'un triangle ABC coupent une conique de manière qu'il y ait sur chaque côté deux segments formés par le sommet et la courbe, le produit des six segments, formés en faisant le tour de la figure dans un sens, est égal au produit des six autres segments, pris dans un sens contraire.*

Soient a, a', b, b' et c, c' les points de rencontre des côtés

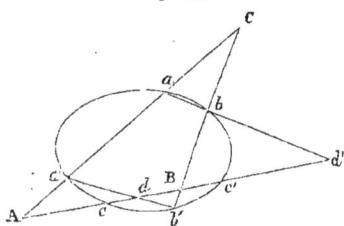

Fig. 279.

AC, BC, AB avec la courbe. Le triangle ABC étant coupé par les transversales ab, $a'b'$ (fig. 279) donne :

$$\frac{Aa \times Cb \times Bd'}{Ca \times Bb \times Ad'} = 1,$$

$$\frac{Aa' \times Cb' \times Bd}{Ca' \times Bb' \times Ad} = 1$$

Mais la transversale AB rencontre la conique et le quadrilatère inscrit $aba'b'$ en six points qui sont en involution, et l'on a :

$$\frac{Bd \times Bd'}{Ad \times Ad'} = \frac{Bc \times Bc'}{Ac \times Ac'};$$

d'où l'on tire :

$$\frac{Aa \times Aa' \times Bc \times Bc' \times Cb \times Cb'}{Ac \times Ac' \times Bb \times Bb' \times Ca \times Ca'} = 1 :$$

tel est le théorème de *Carnot*.

Il peut arriver que le côté AB ne rencontre pas la courbe; mais les rectangles $Ac \times Ac'$, $Bc \times Bc'$ sont toujours réels, quoique les points c, c' soient imaginaires.

Il est facile de prouver que le théorème subsiste, même lorsqu'aucun des trois côtés du triangle ne rencontre la courbe.

Si un ou deux des côtés du triangle rencontre la courbe à l'infini, le rapport des segments, à partir des sommets aux points à l'infini, est égal à l'unité, et l'égalité subsiste pour les autres segments.

546. Il résulte du théorème de *Carnot* plusieurs corollaires remarquables.

Lorsqu'un des sommets, C par exemple, est situé à l'infini, l'équation précédente devient :

$$\frac{Aa \times Aa'}{Ac \times Ac'} = \frac{Bb \times Bb'}{Bc \times Bc'}.$$

Si, par un point quelconque P de la droite Aaa', on mène une parallèle PL à la droite AB, elle rencontrera la courbe en deux points m, n

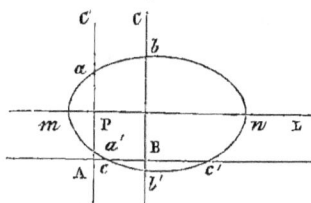

Fig. 280.

(fig. 280); on aura aussi :

$$\frac{Aa \times Aa'}{Ac \times Ac'} = \frac{Pa \times Pa'}{Pm \times Pn};$$

d'où l'on tire :

$$\frac{Pa \times Pa'}{Pm \times Pn} = \frac{Bb \times Bb'}{Bc \times Bc'};$$

ce qui prouve que, *par un point pris dans le plan d'une conique, si l'on mène deux parallèles à deux axes fixes, le rapport du produit des segments que la courbe fait sur ces deux droites à partir de leur point commun, est constant.*

Ce théorème est celui de *Newton;* on le démontre directement, et il sert à construire par points une conique lorsqu'on connaît cinq points de cette courbe. On peut supposer qu'un des points a, a', ou tous les deux, soient situés à l'infini.

547. Si, par chaque point A d'une parallèle à une asymptote d'une hyperbole,

Fig. 281.

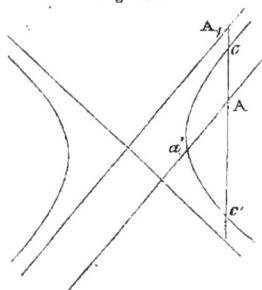

on mène une transversale, parallèle à une droite fixe, on a :

$$\frac{Ac \times Ac'}{Aa'} = \text{constante},$$

c, c' étant les points où la transversale rencontre la courbe, et a' le point d'intersection de celle-ci avec la parallèle à l'asymptote.

De même, si par chaque point A_1 d'une asymptote, on mène dans une direction donnée une transversale, qui rencontre la courbe en deux points c, c', le rectangle $A_1c A_1c'$ est constant (fig. 281).

Enfin, quand une droite Ac ne rencontre une parabole qu'en un point a', l'autre point a étant à l'infini, si par chaque point A de cette droite, on mène dans une direction donnée une transversale, qui rencontre la courbe en deux points c, c', on a :

$$\frac{Ac \times Ac'}{Aa'} = \text{constante}.$$

548. Le théorème de *Carnot* résout de la manière la plus simple le problème suivant :

Faire passer par quatre points a, a', b, b' *une conique tangente à une droite donnée.*

On a :

$$\frac{Ac}{Bc} = \pm \sqrt{\frac{\overline{Ab \times Ab' \times Ca \times Ca'}}{\overline{Ba \times Ba' \times Cb \times Cb'}}} :$$

le rapport $\frac{Ac}{Bc}$ détermine le point de contact de la courbe.

Le double signe du radical indique qu'il y a deux coniques qui résolvent la question;
on peut supposer AC, BC ne
rencontrant pas la courbe. Si les
trois côtés du triangle sont tangents à la conique, l'équation générale devient :

Fig. 282.

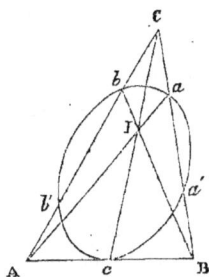

$$\frac{\overline{Ac}^2 \times \overline{Ba}^2 \times \overline{Cb}^2}{\overline{Ab}^2 \times \overline{Bc}^2 \times \overline{Ca}^2} = 1$$

ou

$$\frac{Ac \times Ba \times Cb}{Ab \times Bc \times Ca} = \pm 1.$$

Les trois points a, b, c n'étant pas en ligne droite, on doit
prendre le signe —.

Cette relation prouve que les trois droites Aa, Bb, Cc se
coupent en un même point I (fig. 282).

549. On peut aussi mener une tangente en un point
d'une conique lorsqu'on connaît quatre autres points de la
courbe. Si les deux points a et b de la corde ab se rapprochent, de manière que la sécante qui passe par ces deux
points devienne tangente, le point C se rapprochera lui-
même de la courbe, et se trouvera sur celle-ci lorsque la
sécante ab sera tangente; mais, au lieu du rapport $\frac{Cb}{Ca}$, qui
se trouve dans l'équa-
tion générale, on peut
substituer celui du
sinus des angles que
la corde ab ou, à la
limite, la tangente
TCT' fait avec les cô-
tés CB, CA (fig. 283).

Fig. 283.

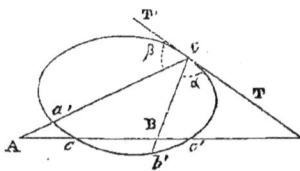

En désignant ces angles par α et β, il vient :

$$\frac{Aa' \times AC \times Bc \times Bc' \times Cb'}{Ac \times Ac' \times Bb' \times BC \times Ca'} \times \frac{\sin \beta}{\sin \alpha} = 1.$$

Cette équation fera connaitre le rapport $\frac{\sin\beta}{\sin\alpha}$ et, par conséquent, la tangente au point C.

550. Le théorème de Carnot donne une solution du problème suivant :

Construire le cercle osculateur d'une conique en un point dont on connait la tangente, étant donnés trois autres points de la courbe.

Le cercle osculateur d'une courbe est celui qui passe par trois points consécutifs de cette courbe. Prenons donc, sur la conique, trois de ces points a, c, a', et soient b, b', c' trois autres points quelconques situés sur cette courbe (fig. 284). Tirons les cordes aa', bb', cc' qui, en se coupant, forment le triangle ABC. On obtient :

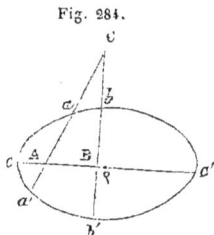

Fig. 284.

$$\frac{Aa \times Aa' \times Bc \times Bc' \times Cb \times Cb'}{Ac \times Ac' \times Bb \times Bb' \times Ca \times Ca'} = 1.$$

Le cercle qui passe par les trois points a, c, a', rencontre le côté AB en un point ρ, tel qu'on a

$$Ac \times A\rho = Aa \times Aa',$$

et l'équation précédente donne

$$A\rho = Ac' \times \frac{Bb \times Bb' \times Ca \times Ca'}{Bc \times Bc' \times Cb \times Cb'}.$$

Si les trois points a, a', c se rapprochent et n'en forment, à la limite, plus qu'un seul, la corde aa', c'est-à-dire le côté AC, devient tangent à la courbe, et le point A arrive en C; de sorte qu'il vient :

$$A\rho = Ac' \times \frac{Bb \times Bb' \times \overline{CA}^2}{AB \times Bc' \times Cb \times Cb'}.$$

Lorsque le point C est à l'infini, on a :

$$A\rho = Ac' \times \frac{Bb \times Bb'}{AB \times Bc'};$$

si le point B est le milieu des cordes bb', Ac' (fig. 285), il vient :

$$A\rho = 2 \times \frac{\overline{Bb}^2}{AB}.$$

Soit R le rayon du cercle, ω étant l'angle que la droite AB fait avec le diamètre AD aboutissant au point de contact A de la tangente à la courbe. On obtiendra :

Fig. 285.

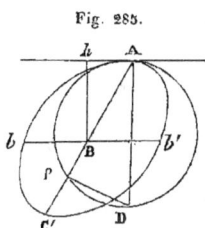

$$A\rho = 2R \cos \omega$$

et

$$R \cos \omega = \frac{\overline{Bb}^2}{AB} \quad \text{ou} \quad R = \frac{\overline{Bb}^2}{Bh}.$$

551. *Les coniques passant par quatre points fixes déterminent, sur une transversale, un système de points en involution.*

En prenant l'axe des x pour cette transversale, on a pour les équations des trois coniques :

$$ax^2 + 2bx + d = 0, \quad a'x^2 + 2b'x + d' = 0,$$
$$ax^2 + 2bx + d + K(a'x^2 + 2b'x + d') = 0.$$

On vient de prouver que deux couples de points peuvent toujours former involution; or, le dernier couple forme avec les deux premiers une involution.

Il est facile de démontrer ce théorème directement.

En effet, soient a, b, c, d, les quatre points fixes par lesquels passent les coniques, a et c étant les sommets de deux faisceaux (fig. 286).

On a, d'après la propriété anharmonique des coniques :

$$[a \cdot AdbA'] = [c \cdot AdbA']$$

et, pour les points où la droite AA' rencontre les rayons des faisceaux :

Fig. 286.

$$[ACBA'] = [AB'C'A'] = [A'C'B'A].$$

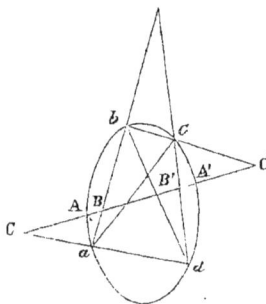

Il s'ensuit que les points A, A', où la transversale coupe la conique, sont en involution avec les points B, B', C, C', qui sont les points de rencontre de cette transversale avec les quatre côtés du quadrilatère formé par les quatre points fixes a, b, c, d.

552. *Le lieu du point d'intersection de deux droites homologues, appartenant à deux faisceaux homographiques donnés, est une conique.*

Soit L une droite quelconque (fig. 287).

Les deux faisceaux homographiques donnés, O, O', déterminent sur cette droite les deux systèmes homographiques

Fig. 287.

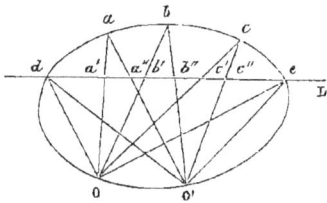

$$(a'a''), (b'b''), (c'c'') ..$$

Les deux droites homologues Od, O'd, qui se coupent sur cette droite L, forment un point double ; et comme il n'y a sur la droite L que deux points doubles d, e, il s'ensuit que la droite L rencontre le lieu seulement en deux points réels ou imaginaires : ce lieu est du 2me degré. On peut, d'après cela, chercher le point de rencontre d'une droite L avec une conique représentée par cinq points donnés a, b, c, O, O'. Si l'on joint les points a, b, c aux deux points O, O', on a deux faisceaux homographiques O, O' qui déterminent sur la droite les trois couples de points

$$(a'a''), (b'b''), (c'c'').$$

Le lieu du point d'intersection des droites homologues est la conique passant par les cinq points.

On trouvera les points doubles d, e, comme on l'a vu précédemment.

553. *Étant données deux droites* D, D', *et deux systèmes de points homographiques situés sur ces deux droites, la droite mobile, qui joint deux points homologues quelconques de ces deux systèmes, décrit une conique tangente aux deux droites fixes* D, D' (fig. 288).

Fig. 288.

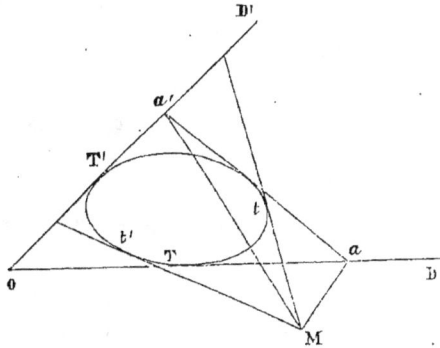

Soit M un point quelconque du plan des deux droites. Joignons ce point aux deux points homologues a, a'.

Les deux droites Ma, Ma', en tournant autour du point M, forment deux faisceaux homographiques.

Lorsque la droite mobile aa' passe par le point M, elle devient une droite double des deux faisceaux; et comme il ne peut exister que deux droites doubles Mt, Mt', le lieu est tel que, par un point M, on peut mener seulement deux tangentes réelles ou imaginaires : le lieu est donc du deuxième degré.

Au point O, considéré comme situé sur la droite D', correspond le point de contact T de la droite D; et au point O, considéré comme situé sur la droite D, correspond le point de contact T' de la droite D'.

Si la courbe du 2me degré est déterminée par cinq tangentes, on peut, d'après ce qui précède, mener par un point M des tangentes à cette courbe. Il suffit, en effet, de joindre ce point aux points de rencontre des deux tangentes D, D' avec les trois autres; ce qui donne trois couples de droites, deux faisceaux homographiques dont les droites doubles seront les tangentes.

554. *Les sommets* (a, b, c...) *d'un polygone glissent sur une conique.* n — 1 *de ses côtés tournent autour de* n — 1 *points fixes : le côté libre enveloppe une conique ayant un double contact avec la conique donnée.*

Soient $abc...$, $a'b'c'...$, $a''b''c''...$, $a'''b'''c'''...$, quatre positions du polygone.

On aura les égalités :

$$(aa'a''a''') = (bb'b''b''') = (cc'c''c''');$$

la question revient à celle-ci :

Étant données trois couples de points aa'a'', dd'd'', *trouver l'enveloppe de* a'''d''', *de sorte que l'on ait :*

$$(aa'a''a''') = (dd'd''d''').$$

CHAPITRE XXVI.

COURBES ENVELOPPES.

555. Soit $\qquad$ $F(x, y, a) = 0$

l'équation d'une courbe plane quelconque renfermant une constante arbitraire a que l'on désigne, en général, sous le nom de *paramètre*.

En donnant à la quantité a des valeurs particulières et déterminées, a_1, a_2, a_3, ...a_n, la courbe représentée par l'équation

$$F(x, y, a) = 0$$

prendra dans le plan des positions de grandeur et de forme également déterminées.

Enfin, si l'on fait passer l'arbitraire a par tous les états de grandeur possibles depuis zéro jusqu'à $\pm$ l'infini, la courbe prendra dans le plan toutes les positions de grandeur et de forme possibles.

On peut, dans ce mouvement, se proposer de chercher

Fig. 280.

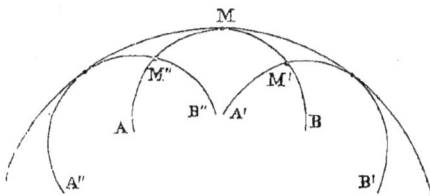

le lieu ou la courbe décrite par l'intersection de la courbe mobile $F(x, y, a)$ dans ses positions consécutives et infiniment rapprochées.

Supposons que, pour une valeur particulière et déterminée de a, la courbe mobile soit AMB (fig. 289). Si l'on change dans F $(x, y, a) = 0$, a en $a - h$, la courbe AMB prendra la position A″M″B″; si l'on change a en $a + h$, la courbe AMB prendra la position A′M′B′.

Admettons que M″, M′ soient les points d'intersection de la courbe AMB dans sa position antérieure et dans sa position consécutive avec elle-même.

Si l'accroissement h devient de plus en plus petit, les points d'intersection M″, M′ se rapprocheront de plus en plus du point M et, à la limite, c'est-à-dire lorsque $h = 0$, les deux points M″, M′ se confondront, et la sécante M″M′ deviendra tangente à la courbe F $(x, y, a) = 0$, au point M : c'est pourquoi l'on a donné à la courbe ou lieu cherché le nom d'*enveloppe*. De sorte que l'on a pour le point M, à la limite, les deux équations :

$$F(x, y, a) = 0, \quad \frac{F(x, y, a + h) - F(x, y, a)}{h} = 0$$

ou
$$F(x, y, a) = 0, \quad F'_a(x, y, a) = 0.$$

En éliminant entre ces deux équations la constante arbitraire a, qui est ici la seule variable, on obtiendra l'équation de la courbe enveloppe cherchée.

556. PROBLÈME I. Proposons-nous de trouver la courbe enveloppe de la parabole

$$y = ma - a^2 x^2 \quad . \quad . \quad . \quad . \quad . \quad (1),$$

lorsque la constante arbitraire a passe par tous les états de grandeur possibles depuis zéro jusqu'à $\pm \infty$.

A cette fin, changeons a en $a + h$, il viendra :

$$y = m(a + h) - (a + h)^2 x^2 \quad . \quad . \quad . \quad (2).$$

En soustrayant (1) de (2), on obtient :

$$m - 2x^2 a - x^2 h = 0$$

et, en passant à la limite, c'est-à-dire en faisant $h = 0$, on trouve :

$$2x^2 a = m \quad \text{et} \quad a = \frac{m}{2x^2} \quad \ldots \ldots \quad (2').$$

Les deux équations (1) et (2') font connaître la courbe demandée.

En remplaçant, dans (1), a par sa valeur, il vient :

$$4x^2 y = m^2 \quad \ldots \ldots \ldots \quad (3),$$

qui est l'équation d'une hyperbole cubique.

557. PROBLÈME II. Cherchons la courbe enveloppe formée par les intersections consécutives d'une droite qui coupe deux droites fixes OX, OY, de manière que la somme des segments OX + OY soit constante et égale à s.

Soient OX $= a$ et OY $= s - a$; on aura l'équation

$$\frac{y}{s - a} + \frac{x}{a} = 1 \quad \ldots \ldots \ldots \quad (4).$$

En changeant, comme précédemment, a en $a + h$ et passant à la limite, ou en prenant la dérivée de l'équation (4) par rapport à la variable a, on trouve :

$$y - x = s - 2a \quad \ldots \ldots \ldots \quad (5);$$

d'où $\qquad a = \dfrac{s + x - y}{2}.$

Si l'on substitue cette valeur de a dans (4), on obtient pour la courbe enveloppe demandée :

$$[y - (s + x)]^2 = 4sx,$$

qui est l'équation d'une parabole.

558. PROBLÈME III. Soit à déterminer l'enveloppe des ellipses dont la somme des demi-axes est constante (fig. 290).

Désignons cette somme par s, on aura les deux équations :

$$a + b = s \quad . \quad . \quad . \quad . \quad . \quad . \quad (1),$$

$$a^2 y^2 + b^2 x^2 = a^2 b^2 \quad . \quad . \quad . \quad . \quad (2),$$

$$a^2 y^2 + (s - a)^2 x^2 = a^2 (s - a)^2 \quad . \quad . \quad . \quad (3)$$

et

$$y^2 = \frac{a^2 (s - a)^2 - (s - a)^2 x^2}{a^2}.$$

Fig. 290.

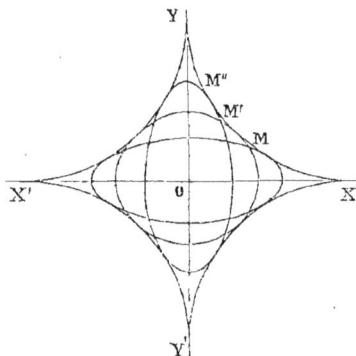

En prenant la dérivée de cette équation par rapport à la variable a, il vient :

$$a^3 - s x^2 = 0 \quad \text{et} \quad a = \sqrt[3]{s x^2}.$$

Substituant cette valeur de a dans l'équation (3), on trouve pour l'équation de la courbe enveloppe demandée

$$\frac{y^2}{\left(s - \sqrt[3]{s x^2}\right)^2} + \frac{x}{\sqrt[3]{s^2 x}} = 1 \, ;$$

d'où

$$y = \pm \left(s - \sqrt[3]{s x^2}\right) \sqrt{1 - \frac{1}{\sqrt[3]{\frac{s^2}{x^2}}}}.$$

559. Supposons que l'équation de la courbe mobile renferme deux paramètres variables a et b, et soit

$$f(x, y, a, b) = 0$$

cette équation.

La variation de ces deux paramètres devant être soumise à une loi de mouvement quelconque, soit $\varphi\,(a, b) = 0$ l'équation qui exprime cette loi, cette condition.

On peut faire varier a et b dans ces deux équations, en considérant b comme une fonction de a.

Si l'on prend les dérivées, par rapport à chacune de ces variables, dans les deux équations, il viendra :

$$f'_a + f'_b \frac{db}{da} = 0 \quad \text{et} \quad \varphi'_a + \varphi'_b \frac{db}{da} = 0;$$

d'où l'on tire :

$$\frac{\varphi'_a}{f'_a} = \frac{\varphi'_b}{f'_b},$$

f'_a étant la dérivée de $f(x, y, a, b) = 0$ par rapport à a, etc...

560. Cherchons, d'après cela, la courbe enveloppe des normales à l'ellipse (fig. 291). On a les équations :

Fig. 291.

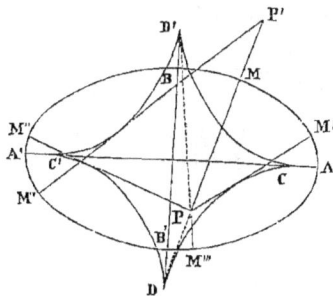

$$\frac{x^2}{a^2} + \frac{y^2}{b^2} = 1 \quad . \ (1),$$

$$\frac{a^2 x}{x'} - \frac{b^2 y}{y'} - (a^2 - b^2) = 0 \ (2),$$

représentant celles de l'ellipse et de la normale à cette courbe au point (x', y'). Les coordonnées de celui-ci sont ici les deux paramètres variables liés par l'équation

$$\frac{y'^2}{b^2} + \frac{x'^2}{a^2} = 1.$$

En considérant, dans ces deux dernières équations, y' comme une fonction de x', on a, en égalant les coefficients différentiels $\frac{dy'}{dx'}$:

$$\frac{\dfrac{a^2x}{x'^2}}{\dfrac{x'}{a^2}} = \frac{-\dfrac{b^2y}{y'^2}}{\dfrac{y'}{b^2}}.$$

Si l'on multiplie les deux termes du 1er rapport par x' et ceux du second par y', on obtient :

$$\frac{\dfrac{a^2x}{x'} - \dfrac{b^2y}{y'}}{\dfrac{x'^2}{a^2} + \dfrac{y'^2}{b^2}} = \frac{\dfrac{a^2x}{x'}}{\dfrac{x'^2}{a^2}} = \frac{-\dfrac{b^2y}{y'}}{\dfrac{y'^2}{b^2}}$$

et

$$\frac{c^2}{1} = \frac{a^4x}{x'^3} = -\frac{b^4y}{y'^3};$$

d'où

$$\frac{x'^2}{a^2} = \left(\frac{ax}{c^2}\right)^{\frac{2}{3}}, \quad \frac{y'^2}{b^2} = \left(\frac{by}{c^2}\right)^{\frac{2}{3}}.$$

En remplaçant ces valeurs dans l'équation de l'ellipse, il vient pour la courbe enveloppe cherchée

$$\left(\frac{ax}{c^2}\right)^{\frac{2}{3}} + \left(\frac{by}{c^2}\right)^{\frac{2}{3}} = 1.$$

Cette courbe est symétrique par rapport aux axes coordonnés, et rencontre ceux-ci à des distances de l'origine $x = \pm c \times \frac{c}{a}$ et $y = \pm c \times \frac{c}{b}$, qui sont en même temps des points de rebroussement, comme le montre la dérivée du 1er ordre :

$$\frac{dy}{dx} = -\frac{a}{b} \times \frac{\sqrt[2]{1 - \left(\dfrac{ax}{c^2}\right)^{\frac{2}{3}}}}{\sqrt[3]{\dfrac{ax}{c^2}}}.$$

Lorsque le pied de la normale décrit l'arc AB de l'ellipse, la normale engendre l'arc CD de l'enveloppe sur laquelle elle roule.

Quand on considère un point P à l'intérieur de cette enveloppe, on peut mener par ce point quatre tangentes à cette courbe et, par conséquent, quatre normales à l'ellipse. Si le point P' est extérieur à l'enveloppe, on ne peut plus mener que deux tangentes à celle-ci et, par suite, deux normales à l'ellipse.

561. *Cherchons la courbe enveloppe des hyperboles représentées par l'équation* $a^2y^2 - aKx^2 = -a^2K^2$, *dans laquelle* K *est une arbitraire quelconque.*

On trouve

$$(2ay + x^2)(2ay - x^2) = 0 \quad \text{ou} \quad x^2 = 2ay \quad \text{et} \quad x^2 = -2ay,$$

qui sont les équations de deux paraboles symétriques par rapport à l'axe des y, et très-faciles à construire.

562. *La somme* s^2 *des carrés de deux diamètres conjugués d'une ellipse est constante, ainsi que leur direction.*

On demande l'enveloppe de l'ellipse.

On a pour l'équation de celle-ci

$$a'^2y^2 + b'^2x^2 = a'^2b'^2 \quad \text{et} \quad a'^2y^2 + (s^2 - a'^2)\,x^2 = a'^2(s^2 - a'^2);$$

d'où
$$a'^2 = \frac{s^2 + x^2 - y^2}{2}.$$

Il vient, après les réductions, pour l'enveloppe,

$$x \pm y \pm s = 0,$$

c'est-à-dire, quatre droites tangentes à la courbe.

563. P $= 0$, Q $= 0$ étant les équations de deux tangentes partant d'un même point à une conique, et R $= 0$ celle de leur corde de contact, on a vu (315) que la conique a pour équation

$$PQ = R^2; \quad K^2P - 2KR + Q = 0$$

est l'équation d'une droite constamment tangente à cette conique, K étant une indéterminée quelconque.

De même, si les coordonnées l, m, n de la droite $l\alpha + m\beta + n\gamma = 0$ sont soumises à la condition exprimée par l'équation

$$Al^2 + Bm^2 + Cn^2 + 2Fmn + 2Gln + 2Hlm = 0,$$

cette droite a pour enveloppe une conique.

Si l'on prend la valeur de n dans l'équation de la droite, qu'on la substitue dans l'équation suivante, et si l'on exprime ensuite l'égalité des deux racines, on obtient, après simplification :

$$(BC - F^2)\,\alpha^2 + (AC - G^2)\,\beta^2 + (AB - H^2)\,\gamma^2 + 2\,(GH - AF)\,\beta\gamma$$
$$+ 2\,(HF - BG)\,\alpha\gamma + 2\,(FG - CH)\,\alpha\beta = 0,$$

qui est l'équation d'une conique.

564. Si $\alpha = 0$, $\beta = 0$ représentent les deux cordes d'intersection de deux coniques données $S = 0$, $S' = 0$, l'équation d'une conique ayant un double contact avec ces deux courbes est

$$K^2\alpha^2 - 2K\,(S + S') + \beta^2 = 0.$$

Il vient, en effet,

$$(K\alpha + \beta)^2 = 4KS \quad \text{et} \quad (K\alpha - \beta)^2 = 4KS',$$

puisque $S - S' = \alpha\beta$. On a, de même, pour la conique tangente aux quatre côtés α, β, γ, δ d'un quadrilatère dont Δ, Δ' sont les deux diagonales :

$$K^2\Delta^2 - 2K\,(\alpha\gamma + \beta\delta) + \Delta'^2 = 0.$$

565. Si $C = 0$, $C' = 0$ sont les équations de deux cercles, l'équation de la conique ayant un double contact avec ces deux cercles est

$$K^2 - 2K\,(C + C') + (C - C')^2 = 0.$$

Les deux cordes de contact sont :

$$C - C' + K = 0, \quad C - C' - K = 0;$$

elles sont parallèles, et à égale distance de l'axe radical des deux cercles.

CHAPITRE XXVII.

POLAIRES RÉCIPROQUES.

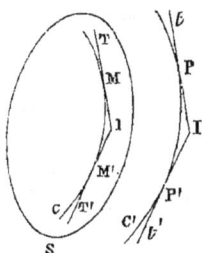

566. Soit C une courbe quelconque, et MT sa tangente en un point M. On peut prendre le pôle P de cette tangente MT par rapport à une conique S (fig. 292). Si l'on prend de la même manière le pôle P' de la tangente M'T', qui passe par le point M' de la courbe C, on aura ainsi un deuxième point P'; de sorte que la tangente à la courbe C continuant à se mouvoir, son pôle par rapport à la conique S continuera à se mouvoir et engendrera une courbe C', à laquelle on a donné le nom de *polaire* de la courbe C.

Fig. 292.

Réciproquement, la courbe C est la polaire de C'.

En effet, un point quelconque de la courbe C' peut être considéré, à la limite, comme l'intersection de deux tangentes P*t*, P'*t'*, qui sont les polaires des deux points M, M', de la courbe C.

Lorsque la tangente M'T' se rapproche de plus en plus de la tangente MT, le point I, qui est le pôle de la droite PP' et l'intersection de ces deux tangentes, se rapproche de plus en plus du point de contact M ; mais, en même temps, la sécante P'P se meut autour du point P, et finit par être tangente en ce même point: donc, la courbe C est la polaire de C'.

Il suit de ce qui précède que, si une tangente à la courbe

C correspond au point P de la courbe C′, le point de contact de cette tangente correspond à la tangente menée à C′ par le point P; la relation est donc réciproque, et la courbe C peut se déduire de la courbe C′, de la même manière que C′ se déduit de C.

Comme les deux courbes C, C′, sont réciproques, s'il existe un théorème de position par rapport à la courbe C, on en conclura un autre relatif à la courbe C′. Si plusieurs points de la courbe C sont en ligne droite, les points correspondants de la courbe C′ sont des droites, qui sont les polaires des premiers; partant, ces droites doivent toutes passer par un même point, qui est le pôle de la droite unissant les points de la courbe.

Le *degré* de la courbe C′ est déterminé par le nombre des points d'intersection réels ou imaginaires de cette courbe et d'une droite.

La *classe* d'une courbe est le nombre des tangentes réelles ou imaginaires qu'on peut lui mener par un point donné.

567. *Le degré de la polaire réciproque d'une courbe est égal à la classe de cette courbe.*

Puisque le degré de C′ est égal au nombre de points de rencontre de cette courbe par une droite, et qu'à un nombre de points en ligne droite de la courbe C′ correspondent autant de tangentes de la courbe C passant par le même point, il s'ensuit que le degré de la polaire réciproque d'une courbe est égal à la classe de cette courbe. Si la courbe C est une conique, on peut lui mener deux tangentes partant du même point : donc, la polaire réciproque C′ est du deuxième degré, car une droite ne peut la rencontrer qu'en deux points.

568. Les théorèmes de *Pascal* et de *Brianchon* sont corrélatifs : *les côtés opposés de l'hexagone inscrit se rencontrent deux à deux en trois points, qui sont en ligne droite.*

Ces trois points ont pour polaires les trois diagonales de l'hexagone circonscrit; partant, ces trois droites doivent se couper en un même point, le pôle de la droite qui unit les trois points.

Ainsi, *à des points de la première figure qui sont en ligne droite, correspondent dans l'autre figure des droites passant par un même point.*

569. On a vu (164) comment l'équation trilinéaire ou cartésienne d'une droite se transforme en équation dite tangentielle de cette droite, et de quelle manière cette dernière peut représenter soit un point, soit une droite.

Les équations qui démontrent certains théorèmes sont donc susceptibles de deux acceptions différentes, suivant que les points et les lignes que l'on y considère sont rapportés, soit à des coordonnées trilinéaires ou cartésiennes, soit à des coordonnées tangentielles.

Ainsi, on a démontré (329), avec les équations

$$S = 0, \quad S + d\delta = 0, \quad S + d\delta' = 0,$$

au moyen des coordonnées trilinéaires ou cartésiennes, que trois coniques passant par deux points se coupent deux à deux suivant trois droites, qui se rencontrent en un même point.

En coordonnées tangentielles, l'équation $d = 0$ est l'équation du point de rencontre de deux tangentes communes à ces trois coniques, et les trois équations

$$\delta = 0, \quad \delta' = 0, \quad \delta - \delta' = 0,$$

sont les intersections des tangentes communes à ces trois coniques, prises deux à deux : elles prouvent que ces trois intersections sont en ligne droite.

570. La théorie des polaires réciproques a de nombreuses applications. Telle est la suivante :

On peut toujours construire une conique tangente à cinq droites données, et l'on n'en peut construire qu'une seule.

Soient D, D_1,... etc... les cinq droites données, et P, P_1,... etc... les pôles de ces droites par rapport à une conique directrice S. Par les cinq points P, P_1,... etc... on peut faire passer une conique C', et l'on n'en peut faire passer qu'une seule.

La courbe polaire réciproque de la conique C' sera une conique C, tangente aux cinq droites D, D_1,... etc...

571. Soit

$$M y^2 + N x^2 = F'$$

l'équation des sections coniques rapportées à leur centre et à leurs axes. La tangente en un point (x', y') de la courbe a pour équation

$$M y' y + N x' x = F' \quad \ldots \quad (a).$$

Désignons par x_1, y_1 les coordonnées du point P de cette tangente par rapport au cercle directeur

$$y^2 + x^2 = R^2.$$

La polaire de ce point P (x_1, y_1) par rapport au cercle est, comme on l'a vu (263),

$$y_1 y + x_1 x = R^2 \quad \ldots \quad \ldots \quad (b).$$

Les deux équations (a) et (b) devant représenter la même droite, on a :

$$\frac{M y'}{F'} = \frac{y_1}{R^2} \quad \ldots \quad \ldots \quad (1),$$

$$\frac{N x'}{F'} = \frac{x_1}{R^2} \quad \ldots \quad \ldots \quad (2),$$

et comme la conique passe par le point de contact (x', y'), il vient :

$$M y'^2 + N x'^2 = F' \quad \ldots \quad \ldots \quad (3).$$

En substituant les valeurs de x', y', tirées de (1) et

de (2) dans l'équation (3), on trouve pour la polaire réciproque :

$$\frac{y_1^2}{M} + \frac{x_1^2}{N} = \frac{R^4}{F'^2};$$

on voit que c'est une conique de la même forme dans son
équation que celle des coniques proposées.

Si l'on prend l'ellipse $a^2y^2 + b^2x^2 = a^2b^2$ et le cercle
directeur $y^2 + x^2 = R^2$, on trouve pour la polaire réciproque :

$$b^2y^2 + a^2x^2 = R^4,$$

qui est une seconde ellipse.

572. Prenons pour cercle directeur celui que représente l'équation

$$y^2 = 2Rx - x^2.$$

L'équation générale des sections coniques, l'origine des
axes rectangulaires étant au sommet de ces courbes, et l'un
des axes coordonnés dirigé suivant l'axe de la courbe, est :

$$y^2 = 2px + qx^2.$$

On a pour l'équation de la tangente au point (x', y') :

$$\frac{y'}{px'} y - \frac{(p + qx')}{px'} x = 1.$$

Soient x_1, y_1 les coordonnées du pôle de cette droite par
rapport au cercle directeur.

La polaire de ce point a pour équation :

$$\frac{y_1}{Rx_1} y - \frac{(R - x_1)}{Rx_1} x = 1.$$

Ces deux équations étant celles d'une même droite, il
vient :

$$\frac{y'}{px'} = \frac{y_1}{Rx_1}, \quad \frac{p + qx'}{px'} = \frac{R - x_1}{Rx_1}.$$

Les valeurs de x' et de y', que l'on en déduit, étant substituées dans l'équation des coniques

$$y'^2 = 2px' + qx'^2$$

au point de contact (x', y'), on obtient pour la polaire réciproque :

$$y_1^2 = \frac{2R^2}{p} x_1 - \frac{R}{p^2} (2p + Rq) x_1^2,$$

laquelle est une conique dont l'équation est de même forme que celle des coniques proposées.

Puisque les polaires réciproques des coniques proposées ont une équation tout à fait de même forme que ces dernières, il en résulte, d'après ce qui a été dit sur le contact de ces courbes, que si celles-ci se touchent ou ont un double contact, leurs polaires réciproques doivent se toucher ou avoir un double contact.

573. D'ailleurs, si les coniques proposées ont un point commun et une tangente commune en ce point, leurs polaires réciproques doivent avoir une tangente commune qui passe par ce point : il en est de même si les courbes données ont un double contact.

Soient S, S', deux coniques qui passent par quatre points A, B, C, D, et s, s' les polaires réciproques de ces courbes. Aux quatre points A, B, C, D, communs à S et à S', correspondent quatre tangentes communes à s, s'; aux six cordes d'intersection de S et de S', à savoir : AB, CD, AC, BD, AD, BC correspondent les six points d'intersection des quatre tangentes communes à s, s', à savoir : ab, cd, ac, bd, ad, bc.

574. Cherchons la polaire réciproque d'un cercle, de centre C et de rayon R, par rapport à un autre cercle, de centre O et de rayon r (fig. 293).

On aura pour déterminer ce lieu les équations :

1° Du cercle C.....

$$y^2 + x^2 = R^2;$$

2° Du cercle O.....

$$y^2 + (x - \alpha)^2 = r^2,$$

α étant égal à la distance OC des centres.

La tangente au point (x', y') du premier cercle est

$$\frac{y'}{R^2} y + \frac{x'}{R^2} x = 1 \quad . \quad . \quad . \quad . \quad . \quad (1);$$

x_1, y_1 étant les coordonnées du pôle de cette droite par rapport au cercle O, on a pour la polaire de ce point :

$$\frac{y_1}{\alpha x_1 + r^2 - \alpha^2} y + \frac{(x_1 - \alpha)}{\alpha x_1 + r^2 - \alpha^2} x = 1 \quad . \quad . \quad (2).$$

Ces deux équations (1) et (2) représentant la même droite, en remplaçant, dans l'équation

$$y'^2 + x'^2 = R^2,$$

les valeurs de x' et de y' qui s'en déduisent, on obtient pour la polaire réciproque de la circonférence C par rapport à la circonférence O, l'équation

$$y_1^2 + (x_1 - \alpha)^2 = \frac{\alpha^2}{R^2} \left[x_1 - \left(\frac{\alpha^2 - r^2}{\alpha} \right) \right]^2.$$

Cette équation montre que la polaire réciproque cherchée est une conique ayant pour foyer le centre O du cercle directeur, et pour directrice la droite $x_1 = \alpha - \frac{r^2}{\alpha}$, c'est-à-dire, la polaire du centre C. Au moyen de cette équation, qui peut se mettre sous la forme :

$$R^2 y_1^2 + (R^2 - \alpha^2) x_1^2 - 2\alpha (R^2 + r^2 - \alpha^2) x_1 + R^2 \alpha^2 - (\alpha^2 - r^2)^2 = 0 \quad (a),$$

on voit aussi que la conique trouvée est une ellipse, une hyperbole ou une parabole, suivant que l'on a :

$$1° \ \alpha < R; \quad 2° \ \alpha > R; \quad 3° \ \alpha = R,$$

c'est-à-dire, suivant que le centre O du cercle directeur est en dedans, en dehors du cercle C ou bien sur celui-ci.

Cette dernière équation nous apprend que la nature de la courbe est indépendante du rayon r du cercle directeur, et que la polaire réciproque d'un cercle C, de rayon R, par rapport à un cercle directeur, de rayon r infiniment petit ou nul, est encore une conique se réduisant alors au système de deux droites réelles ou imaginaires, ou à une seule droite, la ligne des centres OC, suivant que le point O est en dehors, en dedans du cercle C ou sur ce dernier. Les deux droites réelles sont alors les deux asymptotes de l'hyperbole, représentées par l'équation

$$y = (x - \alpha) \sqrt{\left(\frac{\alpha}{R}\right)^2 - 1}.$$

Si $\alpha = 0$, l'équation (a) devient

$$y_1^2 + x_1^2 = r^2 \times \frac{r^2}{R^2},$$

et elle représente un cercle concentrique au premier.

Enfin, lorsqu'on a en même temps $r = 0$, $\alpha = 0$, on arrive au système de deux droites imaginaires.

575. L'équation

$$y_1^2 + (x_1 - \alpha)^2 = \frac{\alpha^2}{R^2} \left[x_1 - \left(\frac{\alpha^2 - r^2}{\alpha}\right) \right]^2$$

peut se mettre sous la forme

$$\frac{\sqrt{y_1^2 + (x_1 - \alpha)^2}}{x_1 - \left(\dfrac{\alpha^2 - r^2}{\alpha}\right)} = \frac{\alpha}{R};$$

alors, elle signifie que la polaire réciproque du cercle de
rayon R, relativement à un cercle directeur O de rayon
r, est une courbe telle que *le rapport des distances de l'un
quelconque* M (x_1, y_1) *de ses points à un point fixe* O $(\alpha, 0)$
et à une droite fixe LNL′, $x_1 = \alpha - \dfrac{r^2}{\alpha}$, *est constant et égal
à* $\dfrac{OC}{Cm} = \dfrac{\alpha}{R}$, *et que l'on a* : $\dfrac{MO}{MD} = \dfrac{OC}{Cm}$, *le point* M *étant le pôle
de la tangente* mT (fig. 295). Le point O est donc bien le
foyer de la conique ; la perpendiculaire LNL′, la directrice,
est la polaire du centre C, et le rapport $\dfrac{OC}{Cm}$ l'excentricité.

Ce rapport est plus petit, plus grand que l'unité ou égal
à celle-ci, suivant que le point O est intérieur, extérieur
au cercle C ou situé sur ce dernier, ce que nous avons
déjà dit. Le centre O du cercle donné, qui est le foyer de la conique, prend alors le nom *d'origine,* la droite LNL′, la polaire du centre C,
celui de *directrice.*

Fig. 295.

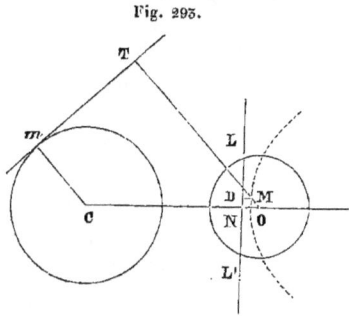

576. Soit un point quelconque O pris pour origine dans
le plan d'une courbe S (fig. 294).

Abaissons de ce point les perpendiculaires OT, OT′ sur
les deux tangentes MT, M′T′ aux points M, M′ de cette
courbe.

Si l'on prend sur OT un point m tel que l'on ait :

$$OT \times Om = r^2 \quad \text{et} \quad OT' \times Om' = r^2,$$

les deux points m, m', qui sont les réciproques de T et de
T′, appartiendront à la polaire réciproque de S. La quantité
r^2 est évidemment une constante arbitraire quelconque.

En répétant cette construction, on aura autant de points

Fig. 294.

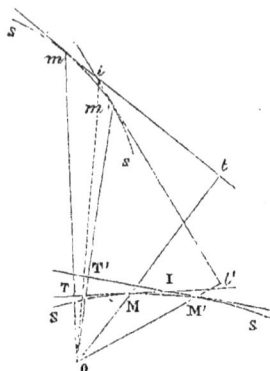

qu'on en voudra de la courbe réciproque *s* de S, par rapport à l'origine O. Traçons les tangentes *mt*, *m't'* aux points *m*, *m'*, correspondants de M et de M'. Soit *i* leur intersection, et I le point de rencontre des deux tangentes MT, M'T'; l'angle TIT', compris entre deux tangentes à S, est égal à l'angle *mOm'* de deux rayons vecteurs menés de l'origine aux points *m*, *m'*, correspondant à M et à M': ces deux angles ont leurs côtés respectivement perpendiculaires.

L'angle formé par une tangente IT et par la corde de contact MM' est égal à l'angle sous lequel est vue, du foyer O, la droite *im*, qui joint les points correspondants *m* et *i*; l'angle IM'M est égal à l'angle sous lequel est vue la droite *m'i*.

Mais IMM'= IM'M; d'où l'on conclut

$$mOi = m'Oi.$$

577. On peut, au moyen de cette proposition, transformer non-seulement des théorèmes de position, mais aussi des théorèmes par rapport aux grandeurs des lignes et des angles.

1. *La tangente au cercle est perpendiculaire au rayon qui passe par le point de contact.*

1'. *L'angle sous lequel est vue du foyer la droite qui joint un point d'une conique à l'intersection de la directrice avec la tangente en ce point, est un angle droit.*

Il faut se rappeler que la directrice de la conique correspond au centre du cercle.

2. *La ligne qui joint le pôle d'une droite au centre du cercle est perpendiculaire à cette droite.*

2'. *La droite, qui joint à un point l'intersection de la directrice avec la polaire de ce point, est vue du foyer sous un angle droit.*

3. *La droite qui joint un point au centre du cercle fait des angles égaux avec les tangentes menées au cercle par ce point.*

3'. *La droite qui joint au foyer l'intersection d'une corde avec la directrice est la bissectrice de l'angle formé par les rayons vecteurs menés du foyer aux extrémités de la corde.*

4. *Le lieu des intersections des tangentes au cercle qui se coupent sous un angle donné est un cercle concentrique au premier.*

4'. *L'enveloppe des cordes vues du foyer d'une conique sous un angle constant est une autre conique, ayant avec la première une directrice et un foyer communs.*

5. *L'enveloppe des cordes de contact des tangentes qui se coupent sous un angle constant est un cercle concentrique.*

5'. *Le lieu de l'intersection des tangentes dont la corde de contact est vue du foyer sous un angle donné est une conique, ayant avec la première une directrice et un foyer communs.*

6. *Lorsque par un point fixe on mène des tangentes à une série de cercles concentriques, le lieu des points de contact est un cercle qui passe par le point fixe et le centre des cercles.*

6'. *Si une droite fixe coupe une série de coniques ayant une directrice et un foyer communs, l'enveloppe des tangentes aux coniques menées par les points de rencontre est* une conique, tangente à la droite fixe et à la directrice commune, et ayant avec les coniques proposées un foyer commun.

Si l'on suppose la droite fixe à l'infini, on voit que :

L'enveloppe des asymptotes d'une série d'hyperboles ayant une directrice et un foyer communs est une parabole, tangente à la directrice, et qui a pour foyer le foyer commun.

7. Si, par un point d'une circonférence, on mène deux cordes perpendiculaires, la droite qui joint leurs extrémités passe par le centre.

7'. Le lieu du sommet d'un angle droit circonscrit à la parabole est la directrice.

8. L'enveloppe des cordes d'un cercle qui sont vues sous un angle constant, d'un point fixe de la circonférence, est un cercle concentrique.

8'. Le lieu du sommet d'un angle de grandeur constante, circonscrit à la parabole, est une conique ayant même foyer et même directrice.

9. Le lieu des sommets des triangles ayant même base et même angle opposé à cette base est un cercle qui passe par les extrémités de cette base.

9'. Étant donnés de position deux côtés d'un triangle et l'angle sous lequel le troisième est vu d'un point fixe, ce troisième côté enveloppe une conique qui a pour foyer le point fixe et qui est tangente aux deux côtés donnés.

10. Le lieu des sommets des angles droits circonscrits à une ellipse ou à une hyperbole est un cercle.

10'. Dans une conique, l'enveloppe de la corde vue sous un angle droit, d'un point de la conique, est une conique ayant ce point pour foyer.

578. L'équation de la tangente aux courbes du deuxième degré est :

$$(2Cx' + By' + E) x + (2Ay' + Bx' + D) y + Dy' + Ex' + 2F = 0.$$

Les coefficients de x et de y sont les dérivées de l'équation générale

$$Ay^2 + Bxy + Cx^2 + Dy + Ex + F = 0,$$

par rapport à x' et à y'. Si l'on rend cette dernière homogène en y changeant x et y en $\frac{x}{z}$, $\frac{y}{z}$, on aura pour l'équation trilinéaire de ces courbes :

$$Ay^2 + Bxy + Cx^2 + Dyz + Exz + Fz^2 = 0,$$

et l'équation de la tangente pourra se mettre sous la forme :

$$x \frac{dS}{dx'} + y \frac{dS}{dy'} + z \frac{dS}{dz'} = 0 \quad \ldots \ldots \quad (a),$$

$S = 0$ représentant l'équation précédente, et $\frac{dS}{dx'}$, $\frac{dS}{dy'}$, $\frac{dS}{dz'}$ étant les dérivées de cette équation par rapport au point de contact (x', y', z') par lequel elle passe.

Soit $F(x, y) = 0$ l'équation d'une courbe algébrique, et $\varphi(x, y) = 0$ celle de la courbe directrice. La tangente à la première courbe au point (x', y') a pour équation

$$xF'_{x'} + yF'_{y'} + zF'_{z'} = 0 \quad \ldots \ldots \quad (c).$$

Soient (x_1, y_1, z_1) le pôle de cette tangente par rapport à la courbe directrice ; il viendra

$$x\varphi'_{z_1} + y\varphi'_{y_1} + z\varphi'_{z_1} = 0 \quad \ldots \ldots \quad (d).$$

Les deux équations (c), (d) sont identiques, puisque les deux droites qu'elles déterminent se confondent ; d'où l'on tire :

$$\frac{F'_{x'}}{\varphi'_{x_1}} = \frac{F'_{y'}}{\varphi'_{y_1}} = \frac{F'_{z'}}{\varphi'_{z_1}} \quad \ldots \ldots \quad (1).$$

La courbe passe évidemment par le point de contact (x', y'); ce qui fournit l'équation :

$$F (x', y') = 0 \quad . \quad . \quad . \quad . \quad . \quad (2).$$

Les deux équations (1) serviront, en y faisant $z' = z_1 = 1$, à trouver les valeurs de y' et de x'.

En les remplaçant dans (2), on aura la polaire réciproque de $F (x, y) = 0$.

579. Prenons, comme l'a fait *Chasles*, la parabole pour courbe directrice, et pour les coniques l'équation

$$y^2 = 2px + qx^2.$$

L'équation de la tangente à ces courbes au point (x', y') est

$$\frac{y'}{px'} y - \frac{(p + qx')}{px'} x = 1,$$

et celle de la polaire du point (x_1, y_1) par rapport à la parabole $y^2 = 2x$:

$$\frac{y_1}{x_1} y - \frac{1}{x_1} x = 1.$$

Ces deux équations devant être identiques, on en tire :

$$\frac{y'}{px'} = \frac{y_1}{x_1}, \quad \frac{p + qx'}{px'} = \frac{1}{x_1}.$$

Si l'on remplace dans l'équation de la courbe $y'^2 = 2px' + qx'^2$ passant par le point de contact (x', y'), on trouve pour la polaire réciproque :

$$y_1^2 = \frac{2x_1}{p} - \frac{qx_1^2}{p^2},$$

équation qui prouve que *la polaire réciproque d'une conique par rapport à la parabole, comme directrice, est une conique.* Si la conique proposée est une hyperbole, la polaire réciproque est une ellipse.

580. Soient $F = 0$, $\varphi = 0$ les équations de deux coniques. La conique qui passe par les quatre points d'intersection de ces deux courbes est, comme on l'a vu :

$$F + K\varphi = 0. \quad \ldots \ldots \quad (1).$$

Désignons par x_1, y_1 les coordonnées d'un point quelconque P : la polaire de ce point, par rapport aux courbes (1), est :

$$x_1 \left(F'_{x'} + K\varphi'_{x'} \right) + y_1 \left(F'_{y'} + K\varphi'_{y'} \right) + z_1 \left(F'_{z'} + K\varphi'_{z'} \right) = 0,$$

ou $\quad x_1 F'_{x'} + y_1 F'_{y'} + z_1 F'_{z'} + K \left(x_1 \varphi'_{x'} + y_1 \varphi'_{y'} + z_1 \varphi'_{z'} \right) = 0$;

ce qui prouve que *toutes les polaires du point* P, *par rapport à toutes les coniques* $F + K\varphi = 0$, *passent par un même point* P', *intersection des deux droites*

$$x_1 F'_{x'} + y_1 F'_{y'} + z_1 F'_{z'} = 0, \quad x_1 \varphi'_{x'} + y_1 \varphi'_{y'} + z_1 \varphi'_{z'} = 0,$$

et réciproquement : *toutes les polaires de* P', *par rapport à toutes les coniques, passent par* P.

Le théorème corrélatif est le suivant : *Le lieu des pôles d'une même droite* p, *par rapport à toutes les coniques inscrites dans un quadrilatère donné, est une droite.*

Lorsque la droite p est à l'infini, son pôle est le centre de la courbe ; d'où il suit que *le lieu des centres des courbes du* 2me *degré tangentes à quatre droites données est une droite, laquelle passe par les milieux des trois diagonales du quadrilatère,* comme on l'a déjà vu (268).

581. La théorie des polaires réciproques fournit une solution bien simple du problème :

Construire un cercle tangent à trois cercles donnés C, C′, C″.

On a vu (458) que le lieu décrit par le centre d'un cercle mobile, tangent extérieurement à deux cercles donnés, est une hyperbole. Les polaires des centres des cercles tangents à C et à C′, par rapport au cercle C, enveloppent un autre cercle O que l'on sait construire ; de même, les polaires des centres des cercles tangents à C et à C″, par rapport au cercle C, enveloppent un cercle O′.

La tangente commune à ces deux cercles O et O′, par rapport au cercle C, aura pour pôle le centre du cercle tangent aux trois cercles donnés C, C′, C″.

582. Le lieu des points dont les polaires par rapport à trois coniques C, C′, C″ sont concourantes est une courbe du 3me degré qu'on appelle le *Jacobien* des trois coniques.

On a vu (266) que la polaire du point M, dont les coordonnées sont x_1, y_1, z_1, par rapport à la conique

$$C \ldots Ay^2 + Bxy + Cx^2 + Dyz + Exz + Fz^2 = 0$$

est

$$(2Cx_1 + By_1 + E)x + (2Ay_1 + Bx_1 + D)y + (2Fz + Ex + Dy)z = 0.$$

En représentant par D_1, D_2, D_3 les coefficients de x, y, z, qui sont les dérivées $\frac{dC}{dx}$, $\frac{dC}{dy}$, $\frac{dC}{dz}$ de la conique, on a les trois équations :

$$C \ldots D_1 x + D_2 y + D_3 z = 0. \quad \ldots \quad (1),$$

$$C' \ldots D_1' x + D_2' y + D_3' z = 0. \quad \ldots \quad (2),$$

$$C'' \ldots D_1'' x + D_2'' y + D_3'' z = 0. \quad \ldots \quad (3),$$

dont le déterminant

$$\begin{vmatrix} D_1 & D_2 & D_3 \\ D_1' & D_2' & D_3' \\ D_1'' & D_2'' & D_3'' \end{vmatrix}$$

est connu, d'une manière générale, sous le nom du Jacobien.

On obtient pour l'équation du lieu

$$D_1'' (D_2 D_3' - D_3 D_2') + D_2'' (D_1' D_3 - D_1 D_3') + D_3'' (D_1 D_2' - D_2 D_1') = 0,$$

qui est du 3me degré.

40

CHAPITRE XXVIII.

CONIQUES RAPPORTÉES AUX CÔTÉS D'UN TRIANGLE AUTOPOLAIRE.

583. Soient un triangle quelconque ABC et un cercle donné, de grandeur et de position, dans le plan de ce triangle. Si nous construisons les polaires B'C', A'C', A'B' des points A, B, C, on obtiendra un second triangle A'B'C' dont les sommets A', B', C' seront respectivement les pôles des côtés BC, AC, AB. Ce second triangle A'B'C' se nomme le polaire du triangle ABC.

Fig. 295.

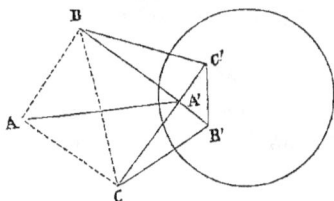

Lorsque les polaires des trois sommets A, B, C sont respectivement les côtés opposés BC, CA, AB, le triangle A'B'C' se confond avec ABC, qui prend alors le nom de triangle *autopolaire*: dans ce cas, le triangle ABC est lui-même son polaire.

584. *Les droites* AA', BB', CC' *qui joignent les sommets d'un triangle à ceux de son polaire, passent par un même point.*

Soient x', y', x'', y'', x''', y''', les trois sommets A, B, C.

Les polaires des points B (x'', y'') et C (x''', y''') sont respectivement :

$$xx'' + yy'' = R^2, \quad xx''' + yy''' = R^2.$$

La droite AA', qui passe par le point de rencontre de ces deux droites et par A (x', y'), a pour équation

$$(x'x''' + y'y''' - R^2)(xx'' + yy'' - R^2)$$
$$= (x'x'' + y'y'' - R^2)(xx''' + yy''' - R^2).$$

L'équation de BB' est

$$(x'x'' + y'y'' - R^2)(xx''' + yy''' - R^2)$$
$$= (x''x''' + y''y''' - R^2)(xx' + yy' - R^2);$$

on trouve pour celle de CC' :

$$(x''x''' + y''y''' - R^2)(xx' + yy' - R^2)$$
$$= (x'x''' + y'y''' - R^2)(xx'' + yy'' - R^2).$$

On voit que ces trois droites se coupent en un même point.

585. *Deux coniques ont toujours un triangle auto-polaire commun.*

A, B, C, D étant les quatre points d'intersection réels ou imaginaires des deux coniques, on pourra toujours tracer le triangle MNP, formé par les points de rencontre des trois couples de droites qui unissent les points d'intersection.

Ce triangle est autopolaire par rapport à chacune de ces coniques, comme on l'a vu (257); lorsque les points A, B, C, D sont imaginaires, le triangle MNP peut néanmoins être construit.

En effet, la droite qui joint les points :

$$x = a + a'\sqrt{-1}, \quad y = b + b'\sqrt{-1},$$
$$x = a - a'\sqrt{-1}, \quad y = b - b'\sqrt{-1},$$

est réelle et a pour équation :

$$y - b = \frac{b'}{a'}(x - a).$$

On trouvera, de même, pour la droite réelle qui joint les deux autres points imaginaires,

$$x = \alpha + \alpha'\sqrt{-1}, \quad y = \beta + \beta'\sqrt{-1},$$
$$x = \alpha - \alpha'\sqrt{-1}, \quad y = \beta - \beta'\sqrt{-1},$$

l'équation :
$$y - \beta = \frac{\beta'}{\alpha'}(x - \alpha).$$

Il y a donc deux cordes communes réelles et quatre cordes imaginaires, dont les équations sont de la forme :

$$Q \pm R \sqrt{-1}, \quad Q' \pm R' \sqrt{-1}.$$

Ces quatre droites se coupent aux deux points réels (Q, R), (Q', R'), et les sommets du triangle autopolaire MNP sont réels et déterminés de position : ainsi, deux coniques ont toujours un triangle autopolaire commun.

Si nous désignons par α, β, γ, les trois côtés de ce triangle, les deux coniques auront pour équations :

$$a\alpha^2 + b\beta^2 + c\gamma^2 = 0, \quad a'\alpha^2 + b'\beta^2 + c'\gamma^2 = 0.$$

Si deux points d'intersection sont réels et deux imaginaires, il n'y a plus que deux cordes réelles et quatre imaginaires ; le triangle autopolaire a deux de ses sommets imaginaires et un seul réel.

586. Comme application, soit à résoudre le problème suivant :

Un triangle est tangent à la conique $x^2 + y^2 = z^2$. *Deux de ses sommets glissent sur la conique* $ax^2 + by^2 = cz^2$. *Chercher le lieu décrit par le* 3me *sommet.*

Les côtés α et γ étant tangents à la conique $x^2 + y^2 = z^2$, on a, pour déterminer les coordonnées du point d'intersection de ces deux tangentes, les deux équations :

$$x \cos \alpha + y \sin \alpha = 1, \quad x \cos \gamma + y \sin \gamma = 1 ;$$

d'où l'on tire :

$$x = \frac{\cos \frac{1}{2}(\alpha + \gamma)}{\cos \frac{1}{2}(\alpha - \gamma)}, \quad y = \frac{\sin \frac{1}{2}(\alpha + \gamma)}{\cos \frac{1}{2}(\alpha - \gamma)}.$$

Ces valeurs étant substituées dans l'équation $ax^2 + by^2 = cz^2$, on obtient :

$$a \cos^2 \tfrac{1}{2}(\alpha + \gamma) + b \sin^2 \tfrac{1}{2}(\alpha + \gamma) = c \cos^2 \tfrac{1}{2}(\alpha - \gamma) ;$$

en remplaçant les arcs simples par les arcs doubles, il vient :

$$a + b - c + (a - b - c) \cos \alpha \cos \gamma + (b - a - c) \sin \alpha \sin \gamma = 0.$$

On aura de même :

$$a + b - c + (a - b - c)\cos\beta\cos\gamma + (b - c - a)\sin\beta\sin\gamma = 0.$$

En éliminant successivement $\sin\gamma$ et $\cos\gamma$ entre ces deux équations, on trouve :

$$(a + b - c)\cos\tfrac{1}{2}(\alpha + \beta) = (b + c - a)\cos\tfrac{1}{2}(\alpha - \beta)\cos\gamma,$$

$$(a + b - c)\sin\tfrac{1}{2}(\alpha + \beta) = (a + c - b)\cos\tfrac{1}{2}(\alpha - \beta)\sin\gamma;$$

et, puisque les coordonnées du lieu sont :

$$\cos\tfrac{1}{2}(\alpha + \beta), \quad \sin\tfrac{1}{2}(\alpha + \beta), \quad \cos\tfrac{1}{2}(\alpha - \beta),$$

on obtiendra pour l'équation de ce dernier, en ajoutant les équations précédentes après les avoir élevées au carré :

$$\frac{x^2}{(b + c - a)^2} + \frac{y^2}{(a + c - b)^2} = \frac{z^2}{(a + b - c)^2}.$$

On trouvera, de la même manière, le lieu décrit par l'enveloppe du côté d'un triangle inscrit dans la conique $x^2 + y^2 = z^2$, et dont deux côtés sont tangents à la courbe $ax^2 + by^2 = cz^2$.

On a pour l'enveloppe :

$$(ab + ac - bc)^2 x^2 + (ab + bc - ac)^2 y^2 = (bc + ac - ab)^2 z^2.$$

587. Proposons-nous de rechercher les propriétés de la conique $a^2\alpha^2 + b^2\beta^2 = c^2\gamma^2$, rapportée à son triangle autopolaire α, β, γ. On peut donner à cette équation les différentes formes :

$$(c\gamma + b\beta)(c\gamma - b\beta) = a^2\alpha^2, \quad (c\gamma + a\alpha)(c\gamma - a\alpha) = b^2\beta^2,$$

$$(a\alpha + b\beta\sqrt{-1})(a\alpha - b\beta\sqrt{-1}) = c^2\gamma^2.$$

La première prouve que les deux droites $c\gamma + b\beta$, $c\gamma - b\beta$, qui se coupent en (β, γ), sont tangentes à cette conique : α est la corde de contact dont (β, γ) est le pôle. La deuxième équation fait voir que les deux droites $c\gamma + a\alpha$, $c\gamma - a\alpha$ sont aussi tangentes à cette courbe, et que

β est la corde de contact dont (α, γ) est le pôle. (α, β) est le pôle de γ, comme l'indiquent d'ailleurs les deux tangentes imaginaires

$$a\alpha + b\beta\sqrt{-1}, \quad a\alpha - b\beta\sqrt{-1};$$

celles-ci se coupent en un point réel (α, β), pôle de la corde de contact γ.

Si nous posons, comme précédemment,

$$a\alpha = c\gamma \cos\omega, \quad b\beta = c\gamma \sin\omega,$$

il viendra pour l'équation de la sécante qui joint deux points ω, ω' :

$$a\alpha \cos\tfrac{1}{2}(\omega + \omega') + b\beta \sin\tfrac{1}{2}(\omega + \omega') = c\gamma \cos\tfrac{1}{2}(\omega - \omega').$$

Si l'on fait $\omega' = \omega$, on aura pour l'équation de la tangente :

$$a\alpha \cos\omega + b\beta \sin\omega = c\gamma.$$

Cette équation devient, en éliminant $\cos\omega$ et $\sin\omega$ et en désignant le point de contact par $(\alpha', \beta', \gamma')$:

$$a^2\alpha\alpha' + b^2\beta\beta' = c^2\gamma\gamma'.$$

Il est évident que, si la conique a pour équation :

$$a\alpha^2 + b\beta^2 + c\gamma^2 = 0,$$

sa tangente est

$$a\alpha\alpha' + b\beta\beta' + c\gamma\gamma' = 0.$$

Cette équation est aussi la polaire du point $(\alpha', \beta', \gamma')$.

588. $m\alpha + n\beta + p\gamma = 0$ étant l'équation d'une droite quelconque, les conditions pour que cette droite soit identique avec la polaire du point $(\alpha', \beta', \gamma')$ sont :

$$m = a\alpha', \quad n = b\beta', \quad p = c\gamma';$$

ce qui donne pour les coordonnées du pôle de cette droite :

$$\frac{m}{a}, \quad \frac{n}{b}, \quad \frac{p}{c}.$$

Si l'on substitue ces valeurs dans l'équation

$$a\alpha^2 + b\beta^2 + c\gamma^2 = 0,$$

on obtient :

$$\frac{m^2}{a} + \frac{n^2}{b} + \frac{p^2}{c} = 0,$$

équation exprimant la condition voulue pour que la droite $m\alpha + n\beta + p\gamma = 0$ soit tangente à la courbe

$$a\alpha^2 + b\beta^2 + c\gamma^2 = 0 ;$$

ce qu'il est facile de prouver directement en prenant la valeur de $\frac{\beta}{\gamma}$ dans l'équation de la droite, et en la substituant dans celle· de la courbe, puis en exprimant que les deux racines de $\frac{\alpha}{\gamma}$ sont égales.

D'après la condition de tangence ci-dessus exprimée, il est évident que les quatre droites $m\alpha \pm n\beta \pm p\gamma = 0$ touchent la conique; alors, les trois diagonales du quadrilatère formé par ces quatres droites donnent le triangle autopolaire, c'est-à-dire, le triangle de référence.

589. *Trouver le lieu du pôle d'une droite* $\mu\alpha + \nu\beta + \pi\gamma = 0$ *par rapport aux coniques tangentes à quatre droites données* $m\alpha \pm n\beta \pm p\gamma = 0$.

Pour que ces coniques soient tangentes à ces droites, on a la condition

$$\frac{m^2}{a} + \frac{n^2}{b} + \frac{p^2}{c} = 0.$$

Mais

$$a = \frac{\mu}{\alpha}, \quad b = \frac{\nu}{\beta}, \quad c = \frac{\pi}{\gamma};$$

ce qui donne pour le lieu cherché :

$$\frac{m^2\alpha}{\mu} + \frac{n^2\beta}{\nu} + \frac{p^2\gamma}{\pi} = 0.$$

Cette dernière équation fait connaître immédiatement le lieu des centres des courbes du 2me degré tangentes à quatre droites données. Il suffit, à cette fin, de prendre pour droite

$$\alpha \sin A + \beta \sin B + \gamma \sin C = 0,$$

qui est située à l'infini, et dont le pôle est le centre de la courbe; ce qui donne pour le lieu :

$$\frac{m^2\alpha}{\sin A} + \frac{n^2\beta}{\sin B} + \frac{p^2\gamma}{\sin C} = 0.$$

590. Considérons, comme cas particulier de l'équation générale des coniques rapportées à leur triangle autopolaire, l'équation $x^2 + y^2 = c^2\gamma^2$. Comme on le verra (612), le foyer de cette conique se trouve à l'origine, et γ est l'équation de la directrice de cette conique, c représentant l'excentricité.

De l'équation précédente, on tire :

$$(c\gamma + x)(c\gamma - x) = y^2;$$

ce qui prouve que les deux droites $c\gamma + x$, $c\gamma - x$, partant du point (γ, x), sont tangentes à la courbe.

591. Si l'on pose, comme précédemment, $x = c\gamma \cos \omega$, $y = c\gamma \sin \omega$, il vient :

$$\frac{y}{x} = \operatorname{tg} \omega;$$

ω est l'angle que le rayon vecteur, partant du foyer, fait avec l'axe des x.

Il s'ensuit que la corde passant par ω et ω' a pour équation

$$x \cos \tfrac{1}{2}(\omega' + \omega) + y \sin \tfrac{1}{2}(\omega' + \omega) = c\gamma \cos \tfrac{1}{2}(\omega' - \omega).$$

Si la corde qui joint les deux points ω', ω est vue du foyer sous un angle constant, la quantité $\omega' - \omega$ reste constante; alors, la corde

$$x \cos \tfrac{1}{2}(\omega' + \omega) + y \sin \tfrac{1}{2}(\omega' + \omega) = c\gamma \cos \tfrac{1}{2}(\omega' - \omega)$$

est toujours tangente à la conique

$$x^2 + y^2 = c^2 \gamma^2 \cos^2 \tfrac{1}{2} (\omega' - \omega),$$

celle-ci ayant le même foyer et la même directrice que la conique proposée.

Ainsi, *toute corde, vue du foyer d'une conique sous un angle constant, enveloppe une conique.*

592. Les équations des tangentes aux points ω et ω' sont

$$x \cos \omega + y \sin \omega = c\gamma, \quad x \cos \omega' + y \sin \omega' = c\gamma ;$$

en les retranchant on obtiendra l'équation de la droite qui joint leur point de rencontre au foyer, c'est-à-dire,

$$\frac{y}{x} = \operatorname{tg} \tfrac{1}{2} (\omega' + \omega) ;$$

ce qui prouve que la droite qui unit le foyer d'une conique aux points de rencontre de deux tangentes est bissectrice de l'angle formé par les deux rayons vecteurs menés aux points de contact.

La corde de contact de deux points ω, ω' étant

$$x \cos \tfrac{1}{2} (\omega' + \omega) + y \sin \tfrac{1}{2} (\omega' + \omega) = c\gamma \cos \tfrac{1}{2} (\omega' - \omega),$$

il est évident que l'équation de la droite, qui joint le point de rencontre de la directrice et de cette corde au foyer, est

$$x \cos \tfrac{1}{2} (\omega' + \omega) + y \sin \tfrac{1}{2} (\omega' + \omega) = 0 ;$$

ce qui prouve que cette droite est perpendiculaire à la bissectrice précitée.

Les deux tangentes, menées d'un point quelconque de la directrice de la parabole à cette courbe, se coupent à angle droit, puisque les deux tangentes $c\gamma + x$, $c\gamma - x$ deviennent, lorsque $c = 1 : \gamma + x$, $\gamma - x$.

CHAPITRE XXIX.

INVARIANTS.

593. Soient

$$S = ay^2 + 2bxy + cx^2 + 2dy + 2ex + f = 0,$$
$$S' = a'y^2 + 2b'xy + c'x^2 + 2d'y + 2e'x + f' = 0,$$

les équations de deux coniques.

On a vu (325) que $S + KS' = 0$ représente la conique passant par les quatre points d'intersection réels ou imaginaires des deux premières; puisque K est une constante arbitraire, on peut évidemment faire passer par les quatre points autant de coniques qu'on veut. On sait à quelles conditions chacune de ces coniques représente le système de deux droites (197).

Si Δ et Δ' sont leurs discriminants, on doit avoir $\Delta = 0$, $\Delta' = 0$; on peut alors se proposer de rechercher à quelles conditions la conique $S + KS' = 0$ représentera aussi le système d'une ou plusieurs couples de droites. Il est évident que l'on doit changer, dans le discriminant Δ, les coefficients a, b, c.... en $a + Ka'$, $b + Kb'$....., etc....; ce qui donne pour le discriminant de la conique $S + KS' = 0$, l'équation

$$\Delta K^3 + 0K^2 + \theta'K + \Delta' = 0,$$

dans laquelle

$$\Delta = acf + 2bdc - ae^2 - cd^2 - fb^2, \quad \Delta' = a'c'f' + \cdots,$$
$$\theta = \frac{d\Delta}{da}a' + \frac{d\Delta}{db}b' + \cdots, \quad \theta' = \frac{d\Delta'}{da'}a + \cdots$$

Les valeurs de K, qui satisfont à l'équation précédente, substituées dans l'équation $S + KS' = 0$, transforment cette conique en un système de deux droites.

Il est évident que les points d'intersection des deux coniques S = 0, S' = 0 dépendent seulement de la nature des deux courbes, de leurs positions respectives et de leurs dimensions; ces points ne peuvent jamais dépendre de la position des axes coordonnés auxquels ces coniques sont rapportées; de sorte que, si par une transformation d'axes, les équations de ces courbes deviennent $S_1 = 0$, $S'_1 = 0$, l'équation $S_1 + KS'_1 = 0$ sera telle que le coefficient de K, correspondant au cas où cette quantité représente des lignes droites, est tout à fait indépendant du choix des axes, puisque K reste alors constant.

Le rapport des deux coefficients de K dans l'équation

$$\Delta K^3 + \theta K^2 + \theta' K + \Delta' = 0$$

doit donc être invariable : c'est pourquoi l'on a donné aux quantités Δ, θ, θ', Δ' le nom d'*invariants*.

D'ailleurs, dans le calcul de la transformation des axes, les coordonnées d'un point (x, y, z) de la courbe sont remplacées par $px + qy + rz$, $p'x + q'y + r'z$, $p''x + q''y + r''z$, et les coefficients Δ, θ, θ', Δ', par rapport aux nouveaux axes, dérivent des mêmes quantités relatives aux anciens, en les multipliant par des quantités constantes. Il s'ensuit que, si l'on trouve pour deux coniques, ramenées à leur forme la plus simple, une relation entre Δ, θ, θ', Δ', cette relation subsistera encore pour ces courbes ramenées à des axes quelconques.

594. On nomme, en général, *invariant* toute fonction des coefficients d'une forme telle que, si l'on effectue dans la forme une substitution linéaire, la fonction semblable des coefficients de la transformée soit égale à la fonction primitive multipliée par une puissance du module de la transformation, c'est-à-dire que l'on ait :

$$\varphi(a', b', c'\ldots) = \Delta^n \varphi(a, b, c\ldots),$$

Δ^n étant le *module de la transformation*.

Le discriminant de $ax^2 + 2bxy + cy^2$ est $ac - b^2$.

Si l'on y remplace x par $lx + my$ et y par $l'x + m'y$, il viendra pour la transformée :

$$(al^2 + 2bll' + cl'^2)\,x^2 + 2\left[alm + b\,(lm' + l'm) + cl'm'\right]xy + (am^2 + 2bmm' + cm'^2)\,y^2;$$

et, en désignant par a', $2b'$, c', les coefficients de celle-ci, il vient :

$$a'x^2 + 2b'xy + c'y^2$$

dont le discriminant est $a'c' - b'^2$. On peut aisément vérifier que $a'c' - b'^2 = (ac - b^2)\,(lm' - l'm)^2$; ce qui signifie que le discriminant de la tranformée est égal à celui de la forme primitive multiplié par le carré du déterminant $(lm' - l'm)$: ce dernier est, dans ce cas, le module de la transformation.

La recherche des invariants pour deux coniques quelconques S, S' ne présente aucune difficulté : c'est pourquoi nous ne nous y arrêterons pas.

595. Il est facile, d'après l'équation

$$\Delta K^3 + \theta K^2 + \theta' K + \Delta' = 0,$$

d'exprimer entre les invariants des deux coniques $S = 0$, $S' = 0$, la condition de tangence de ces deux courbes.

Pour que les deux coniques soient tangentes, deux des quatre points d'intersection doivent se réunir en un seul; l'équation précédente, qui les représente tous deux, devra donc avoir alors deux racines égales, ce qui réduira à deux les trois couples de deux droites.

Si l'on recherche entre cette équation et sa dérivée, par rapport à K, leur plus grand commun diviseur, on trouve par élimination :

$$(\theta\theta' - 9\Delta\Delta')^2 = 4\,(\theta^2 - 3\Delta\theta')\,(\theta'^2 - 3\Delta'\theta),$$

qui est la condition de tangence des deux courbes.

596. Appliquons cette méthode aux deux cercles

$$x^2 + y^2 = r^2, \quad (x - \alpha)^2 + (y - \beta)^2 = r'^2.$$

On a pour les invariants :

$$\Delta = - r^2, \quad \theta = \alpha^2 + \beta^2 - 2r^2 - r'^2,$$
$$\theta' = \alpha^2 + \beta^2 - r^2 - 2r'^2, \quad \Delta' = - r'^2;$$

ce qui donne l'équation

$$r^2 K^3 + (2r^2 + r'^2 - D^2) K^2 + (2r'^2 + r^2 - D^2) K + r'^2 = 0,$$

D étant la distance des centres des deux cercles.

Cette équation admet évidemment pour K la racine K $= - 1$, puisque les deux cercles S $-$ S$' = 0$ se coupent suivant deux droites, dont une réelle et la seconde à l'infini.

En divisant l'équation précédente par K $+ 1$, on obtient :

$$r^2 K^2 + (r^2 + r'^2 - D^2) K + r'^2 = 0;$$

pour que les deux racines soient égales, c'est-à-dire pour que les deux cercles soient tangents, il vient :

$$r^2 + r'^2 - D^2 = \pm 2rr';$$

d'où D $= r \pm r'$, comme on le démontre en Géométrie.

597. Soit à trouver les invariants de la conique

$$S \quad \text{ou} \quad \frac{y^2}{b^2} + \frac{x^2}{a^2} = 1$$

et du cercle

$$S' \quad \text{ou} \quad (x - \alpha)^2 + (y - \beta)^2 = R^2.$$

On aura :

$$\Delta = - \frac{1}{a^2 b^2}; \quad \theta = \frac{1}{a^2 b^2} \left[\alpha^2 + \beta^2 - R^2 - b^2 - a^2 \right];$$

$$\theta' = \frac{\alpha^2}{a^2} + \frac{\beta^2}{b^2} - R^2 \left(\frac{1}{a^2} + \frac{1}{b^2} \right) - 1;$$

$$\Delta' = - R^2.$$

598. Cherchons les valeurs de θ et de θ', lorsque la conique S' représente deux droites. On obtient évidemment alors :

$$\Delta' = 0.$$

Comme les invariants sont indépendants des axes coordonnés, on peut prendre pour ces deux droites $x = 0$, $y = 0$.

Pour obtenir le discriminant de $S + kxy$, il est évident qu'il faut changer, dans Δ, le coefficient b de xy en $b + k$; ce qui donne directement

$$\Delta + 2 (de - bf) k - fk^2 = 0.$$

Si $f = 0$, la conique S passe par le point de rencontre des deux droites, et si $de - bf = 0$, celles-ci sont conjuguées par rapport à S.

De l'équation

$$\Delta + \theta K + \theta' K^2 = 0,$$

on tire :

$$\theta^2 = 4 \Delta \theta',$$

pour exprimer que l'une des droites de S' est tangente à S.

Ainsi, lorsque S' représente deux droites, $\Delta' = 0$, l'équation $\theta' = 0$ indique que ces deux droites se coupent sur S, et $\theta = 0$ signifie que ces droites sont conjuguées par rapport à S.

599. Comme application de ce qui précède, proposons-nous de résoudre le problème suivant :

Déterminer les cinq arbitraires l_1, l_2, ... l_5, *de sorte qu'on ait*

$$l_1 S_1 + l_2 S_2 + \cdots + l_5 S_5 = L^2 = MN,$$

S_1, S_2, ... S_5 *représentant les équations des cinq coniques.*

Les droites M, N sont tangentes à une conique E; les droites sont conjuguées par rapport à celle-ci.

Il s'agit, pour obtenir l'enveloppe E, de déterminer les coefficients A, B, C ... etc., de l'équation tangentielle

$$A\lambda^2 + B\mu^2 + C\nu^2 + 2F\mu\nu + 2G\nu\lambda + 2H\lambda\mu = 0.$$

A cette fin, on peut égaler à zéro les invariants de chacune des cinq coniques S_1, S_2 ..., comme aussi ceux de l'enveloppe E; ce qui donnera, en désignant par $a_1, b_1, c_1 ...$, $a_2, b_2, c_2 ...$, etc., les coefficients des paramètres variables de ces coniques, les cinq équations :

$$Aa_1 + Bb_1 + Cc_1 + 2Ff_1 + 2Gg_1 + 2Hh_1 = 0,$$
$$Aa_2 + \cdots \text{etc.},$$

et, en multipliant par les cinq arbitraires l_1, l_2, etc... :

$$A(l_1a_1 + l_2a_2 ...) + B(l_1b_1 + l_2b_2 ...) ... = 0.$$

Les cinq premières équations serviront à déterminer les coefficients de l'équation de l'enveloppe; la dernière exprime que l'invariant du système est aussi nul.

600. 1° Soient deux coniques

$$S = ax^2 + by^2 + cz^2, \quad S' = 2h'xy + 2g'xz + 2f'yz.$$

Puisque les coefficients f, g, h de la première sont nuls, l'invariant θ se réduit à

$$\theta = bca' + acb' + abc';$$

et, comme a', b', c', sont nuls dans la conique S', il vient :

$$\theta = 0.$$

Mais la conique S est rapportée à son triangle autopolaire xyz, et la conique S' passe évidemment par les trois sommets de ce triangle.

601. 2° Soient les deux coniques

$$S = ax^2 + by^2 + cz^2 + 2fyz + 2gxz + 2hxy = 0,$$
$$S' = a'x^2 + b'y^2 + c'z^2.$$

On obtient :

$$\theta = (bc - f^2) a' + (ac - g^2) b' + (ab - h^2) c'.$$

θ ne peut devenir nul, quelles que soient les valeurs de a', b', c', à moins que l'on n'ait

$$bc = f^2, \quad ac = g^2, \quad ab = h^2;$$

alors, il vient :

$$S = ax^2 + by^2 + cz^2 + 2\sqrt{bc}\, yz + 2\sqrt{ac}\, xz + 2\sqrt{ab}\, xy = 0,$$

c'est-à-dire que le triangle xyz est circonscrit à S : dans ces deux cas, l'invariant $\theta = 0$.

On peut donc dire :

1° *Que l'invariant θ est égal à zéro, lorsque le triangle inscrit dans S' est autopolaire par rapport à S.*

2° *Que $\theta = 0$, lorsque le triangle circonscrit à S est autopolaire par rapport à S'.*

Ce que l'on vient de prouver pour $\theta = 0$, peut se prouver de la même manière pour $\theta' = 0$.

Ainsi, $\theta' = 0$ indique que l'on peut inscrire dans S un triangle autopolaire par rapport à S', et circonscrire à S' un triangle autopolaire par rapport à S.

Applications.

602. THÉORÈME I. *Si deux triangles sont autopolaires par rapport à une même conique, les six sommets de ces deux triangles appartiennent à une conique, et les six côtés de ces deux triangles sont tangents à une autre conique.*

Soient ABC, A'B'C', les deux triangles, autopolaires par rapport à la conique C.

Par les trois sommets A, B, C du premier triangle et par deux sommets du second, pris pour triangle de référence, on pourra toujours faire passer une conique entièrement déterminée; comme cette courbe est circonscrite au triangle ABC, on obtient :

$$\theta' = a + b + c = 0.$$

Mais cette conique passe par deux sommets du triangle de référence A'B'C'. On a aussi :

$$a = 0, \quad b = 0, \quad \text{et par suite,} \quad c = 0,$$

c'est-à-dire que la courbe passe par le sixième sommet.

On sait déterminer une conique tangente à cinq droites données, les trois côtés du triangle ABC et deux côtés du triangle de référence A'B'C'; puisque cette conique est inscrite dans le triangle de référence, il vient :

$$\theta = (bc - f^2)\, a' + (ac - g^2)\, b' + (ab - h^2)\, c' = 0.$$

Comme on a déjà :

$$bc = f^2, \quad ac = g^2, \quad \text{on en tire :} \quad ab = h^2;$$

donc, la conique est tangente aux six côtés des deux triangles.

603. THÉORÈME II. *Le carré de la tangente, menée du centre d'une conique au cercle circonscrit à un triangle autopolaire, est constant et égal à* $a^2 + b^2$.

Dans ce cas, l'invariant θ est nul. On trouve :

$$\theta = \frac{1}{a^2 b^2}[\alpha^2 + \beta^2 - r^2 - a^2 - b^2] = 0;$$

d'où

$$\alpha^2 + \beta^2 - r^2 = a^2 + b^2.$$

604. THÉORÈME III. *Le centre du cercle inscrit dans un triangle autopolaire par rapport à une hyperbole équilatère est situé sur la courbe.*

On obtient : $\theta' = 0,$

puisque le triangle, qui est autopolaire par rapport à l'hy-

41

perbole équilatère, est circonscrit au cercle. Comme l'invariant θ' d'une conique $\frac{x^2}{a^2} + \frac{y^2}{b^2} - 1 = 0$ et d'un cercle $(x - \alpha)^2 + (y - \beta)^2 = r^2$ est :

$$\theta' = \frac{\alpha^2}{a^2} + \frac{\beta^2}{b^2} - 1 - r^2 \left(\frac{1}{a^2} + \frac{1}{b^2} \right) = 0,$$

il suffit d'introduire dans cette équation la condition $b^2 = -a^2$; d'où

$$\beta^2 - \alpha^2 = -a^2;$$

ce qui prouve que le centre du cercle est situé sur l'hyperbole.

605. Problème I. *Un triangle est circonscrit à une conique; le rectangle des segments que cette courbe détermine sur une hauteur est égal à K^2, K étant constant. On demande le lieu décrit par le point de concours des hauteurs de ce triangle mobile.*

Un triangle autopolaire par rapport à un cercle est circonscrit à la conique lorsque $\theta = 0$.

On a donc

$$\alpha^2 + \beta^2 = a^2 + b^2 + r^2 \quad \text{ou} \quad x^2 + y^2 = a^2 + b^2 + K^2,$$

puisque $r^2 = K^2$.

606. Problème II. *Chercher le lieu de l'intersection des hauteurs d'un triangle inscrit dans une conique et circonscrit à une autre conique.*

De l'équation précédente, on tire :

$$K^2 = x_1^2 + y_1^2 - a^2 - b^2.$$

De même, le lieu de l'intersection des hauteurs d'un triangle, inscrit dans une conique et dont les segments d'une hauteur égalent K^2, est

$$S = K^2 \left(\frac{1}{a'^2} + \frac{1}{b'^2} \right),$$

$2a'$, $2b'$ étant les axes de la conique circonscrite ; d'où

$$S = (x^2 + y^2 - a^2 - b^2)\left(\frac{1}{a'^2} + \frac{1}{b'^2}\right)$$

et

$$x^2 + y^2 - a^2 - b^2 = \frac{a'^2 b'^2}{a'^2 + b'^2}\,S,$$

équation d'une conique dont les axes sont parallèles à ceux de S.

607. *A quelle condition la droite* $ly + mx + nz = 0$ *passe-t-elle par un des points d'intersection de S et S'?*

On résoudra ce problème en cherchant l'équation tangentielle des quatre points d'intersection des deux coniques. Il faudra donc chercher l'équation tangentielle d'une conique correspondante à l'une des coniques $S + KS' = 0$, qui représente toutes celles passant par les quatre points de rencontre des deux courbes.

Pour cela, changeons dans l'équation tangentielle (265)

$$\Sigma = (cf - e^2)\,l^2 + 2(de - bf)\,lm + (af - d^2)\,m^2 + 2(be - cd)\,ln$$
$$+ 2(bd - ae)\,mn + (ac - b^2)\,n^2 = 0,$$

a en $a + Ka'$, b en $b + Kb'$, etc..., on aura

$$\Sigma + K\Phi + K^2\Sigma' = 0 \quad \cdot \quad \cdot \quad \cdot \quad \cdot \quad \cdot \quad (1),$$

sachant que

$$\Phi = (c'f + cf' - 2ee')\,l^2 + 2(d'e + de' - b'f - bf')\,lm$$
$$+ (a'f + af' - 2dd')\,m^2 + 2(b'e + be' - c'd - cd')\,ln$$
$$+ 2(b'd + bd' - a'c - ae')\,mn + (a'c + ac' - 2bb')\,n^2 = 0.$$

D'après l'équation (1), l'enveloppe du système est évidemment

$$\Phi^2 = 4\Sigma\Sigma' ;$$

puisque l'enveloppe se réduit aux quatre points d'intersection, l'équation précédente indique à quelle condition la droite

$$ly + mx + nz = 0$$

passe par un des points d'intersection des deux coniques.

L'équation $\Phi = 0$ indique aussi, comme on l'a vu, que la droite $ly + mx + nz = 0$ est divisée harmoniquement par les deux coniques.

608. Il est facile de chercher l'équation des tangentes communes à deux coniques données par leurs équations tangentielles

$$\Sigma = 0, \quad \Sigma' = 0. \cdot$$

L'équation

$$\Sigma + K\Sigma' = 0$$

représente alors une conique quelconque, inscrite dans le quadrilatère formé par les quatre tangentes communes.

On a vu comment on obtient l'équation tangentielle d'une conique lorsqu'on connaît son équation trilinéaire. On peut réciproquement retrouver l'équation trilinéaire lorsqu'on connaît l'équation tangentielle

$$A'l^2 + 2B'lm + C'm^2 + 2D'ln + 2E'mn + F'n^2 = 0.$$

Si l'on divise celle-ci par n^2 et que l'on y remplace $\frac{m}{n}$ par sa valeur, tirée de l'équation de la droite $ly + mx + nz = 0$, en exprimant que les deux valeurs de $\frac{l}{n}$ sont égales, il viendra :

$$(C'F' - E'^2)\, y^2 + 2\,(D'E' - B'F')\, xy + (A'F' - D'^2)\, x^2$$
$$+ 2(B'E' - C'D')\, yz + 2(B'D' - A'E')\, xz + (A'C' - B'^2)\, z^2 = 0.$$

Il ne reste plus qu'à rendre aux coefficients A', B'... leurs valeurs respectives $cf - e^2$, $de - bf$...; ce qui donne pour la conique S en coordonnées trilinéaires :

$$(acf + 2bde - ae^2 - cd^2 - fb^2)(a\beta^2 + 2b\alpha\beta + c\alpha^2 + 2d\beta\gamma + 2e\alpha\gamma + f\gamma^2) = 0,$$

ou ΔS, Δ étant son discriminant.

Si, dans l'équation précédente, on change A' en $A' + A_1 K$, B' en $B' + B_1 K$, on aura de même pour l'équation trilinéaire correspondante à l'équation tangentielle $\Sigma + K\Sigma' = 0$:

$$\Delta S + FK + \Delta'S'K^2 = 0$$

dans laquelle

$$F = (C_1 F' + C'F_1 - 2E'E_1)y^2 + 2(D_1 E' + D'E_1 - B_1 F' - B'F_1)xy$$
$$+ (A_1 F' + A'F_1 - 2D'D_1)x^2 + 2(B_1 E' + B'E_1 - C_1 D' - C'D_1)yz$$
$$+ 2(B_1 D' + B'D_1 - A_1 E' - A'E_1)xz + (A_1 C' + A'C_1 - 2B'B_1)z^2,$$

ce qu'il est facile de prouver, en rendant, comme précédemment, aux coefficients A', B', ... leurs valeurs respectives, $cf - e^2$, $de - bf$, ...

Si l'on élimine l'arbitraire K de l'équation

$$\Delta S + FK + \Delta'S'K^2 = 0,$$

qui représente un système de coniques, comme on l'a vu pour les courbes enveloppes, on trouve :

$$F^2 = 4\Delta\Delta'SS',$$

c'est-à-dire un lieu tel que la conique F est tangente à S et à S'.

Il s'ensuit que les huit points de contact de deux coniques avec leurs tangentes communes sont situés sur une autre conique F. Réciproquement, les huit tangentes menées aux points d'intersection de deux coniques enveloppent une autre conique Φ.

D'après cela, l'équation des quatre tangentes communes aux deux courbes

$$ax^2 + by^2 + cz^2 = 0, \quad a'x^2 + b'y^2 + c'z^2 = 0$$

est

$$[aa'(bc' + b'c)x^2 + bb'(ac' + a'c)y^2 + cc'(ab' + a'b)z^2]^2$$
$$= 4abca'b'c'(ax^2 + by^2 + cz^2)(a'x^2 + b'y^2 + c'z^2).$$

Covariants.

609. *Un covariant est une fonction comprenant non-seulement les coefficients d'une forme, mais aussi les variables;* de sorte que si l'on effectue dans la forme une substitution linéaire, la nouvelle fonction des coefficients et des variables de la transformée sera encore égale à la fonction primitive, multipliée par une puissance du *module* de la transformation.

Donc, si $ay^n+\dots$ se transforme en $AY^n+\dots$, le covariant satisfera à l'équation

$$\varphi(A, B\dots Y, X\dots) = \Delta^r \varphi(a, b\dots y, x\dots).$$

610. En Géométrie, un *invariant* d'une forme ternaire ou quaternaire est une fonction des coefficients qui, égalée à zéro, exprime une propriété de la courbe ou de la surface, indépendante du choix des axes, tandis que le *covariant* représente une autre courbe ou une autre surface dont tous les points ont avec la courbe ou la surface donnée quelque relation indépendante du choix des axes : donc, la fonction que nous venons de représenter par F dans l'équation

$$F^2 = 4\Delta\Delta'SS'$$

est un *covariant*.

611. Si l'on place l'origine au foyer, l'équation générale des courbes du 2me degré

$$(x-\alpha)^2 + (y-\beta)^2 = (fy + gx + h)^2$$

deviendra $\quad x^2 + y^2 = (fy + gx + h)^2$

ou $\quad (x + y\sqrt{-1})(x - y\sqrt{-1}) = (fy + gx + h)^2.$

Le premier membre $x^2 + y^2 = 0$ représente un cercle de rayon infiniment petit ou nul.

La seconde équation nous apprend que ce cercle touche

la conique en deux points imaginaires, situés sur la directrice.

On peut encore, d'après cela, considérer le foyer d'une conique comme le centre d'un cercle, de rayon infiniment petit ou nul, touchant la conique en deux points imaginaires, situés sur la directrice.

Pour déterminer la position des foyers des courbes du 2mo degré

$$Ay^2 + 2Bxy + Cx^2 + 2Dy + 2Ex + F = 0,$$

il suffit d'exprimer que la droite

$$x - x' + (y - y')\sqrt{-1} = 0$$

est tangente à ces courbes, ce qui se fait en éliminant x entre ces deux équations, et en indiquant ensuite que les deux valeurs de y sont égales. On obtient, à cause des quantités réelles et imaginaires, les deux équations :

$$(AC - B^2)(x'^2 - y'^2) + 2(BE - CD)y' - 2(BD - AE)x'$$
$$+ (AF - D^2) - (CF - E^2) = 0,$$

$$(AC - B^2)x'y' - (BE - CD)x' - (BD - AE)y' + DE - BF = 0;$$

celles-ci deviennent, en représentant les coefficients de la seconde équation par F', D', E', B' :

$$(F'x' - E')^2 - (F'y' - D')^2 = F'(A' - C') + E'^2 - D'^2,$$

$$(F'x' - E')(F'y' - D') = D'E' - B'F',$$

dans lesquelles $CF - E^2 = A'$ et $AF - D^2 = C'$. Leur résolution n'offre aucune difficulté. Les coefficients de la première sont les dérivées du discriminant Δ, par rapport à F, D, E, C et A.

On voit, d'après ces équations, que la position des foyers dans les courbes du 2mo degré est déterminée par l'intersection de deux hyperboles équilatères, concentriques à la courbe proposée.

612. L'équation

$$x^2 + y^2 = (fy + gx + h)^2$$

peut se mettre sous la forme :

$$x^2 + y^2 = f^2\left(y + \frac{g}{f}x + \frac{h}{f}\right)^2$$

et, en désignant par γ l'équation

$$y + \frac{g}{f}x + \frac{h}{f}$$

de la directrice, il vient :

$$x^2 + y^2 = f^2\gamma^2 \quad \text{ou} \quad (x + y\sqrt{-1})(x - y\sqrt{-1}) = f^2\gamma^2.$$

Les deux droites imaginaires $x + y\sqrt{-1}$, $x - y\sqrt{-1}$, partant du foyer, sont tangentes à la conique, quelle que soit la quantité γ. Il en résulte que les courbes du 2me degré qui ont un même foyer, ont aussi deux tangentes imaginaires communes passant par ce point. Donc, toutes les coniques homofocales peuvent être considérées comme inscrites dans un même quadrilatère. Mais, nous venons de voir que le foyer d'une conique peut être considéré comme le centre d'un cercle de rayon infiniment petit, touchant la directrice en deux points imaginaires; et, puisque deux cercles concentriques se coupent en deux points imaginaires, situés à l'infini, il s'ensuit que, par chacun de ces points, si l'on mène à la conique des tangentes, qui se confondront avec les précédentes, on forme ainsi un quadrilatère ayant deux sommets réels, qui seront les foyers réels de la conique, et deux sommets imaginaires, qui seront ses foyers imaginaires.

613. Exprimons la condition pour que la droite

$$ly + mx + n = 0$$

rencontre le cercle de rayon infiniment petit $x^2 + y^2 = 0$

en deux points imaginaires, situés à l'infini. On aura évidemment l'équation

$$l^2 + m^2 = 0,$$

qui peut être considérée comme l'équation *tangentielle* d'une conique $T' = 0$.

Si nous représentons par $T = 0$ l'équation tangentielle des coniques (265), $T + KT' = 0$ représentera les quatre tangentes dont les points d'intersection détermineront la position des deux foyers réels et des deux foyers imaginaires, K étant l'une des valeurs du discriminant de la conique $T + KT' = 0$.

Changeons dans le discriminant de l'équation tangentielle (265)

$$A'l^2 + 2B'lm + C'm^2 + 2D'ln + 2E'mn + F'n^2 = 0,$$

A' en $A' + K$ et C' en $C' + K$; il viendra :

$$F'K^2 + [(A' + C')F' - E'^2 - D'^2]K + A'C'F' + 2B'D'E'$$
$$- A'E'^2 - C'D'^2 - F'B'^2 = 0.$$

Il est facile de prouver que la quantité indépendante de K dans cette équation est égale au carré Δ^2 du discriminant $acf + 2bde - ae^2 - cd^2 - fb^2$, et que le coefficient de K est égal à $(a + c)\Delta$; de sorte qu'en remplaçant F' par sa valeur, on aura l'équation

$$(ac - b^2)K^2 + \Delta(a + c)K + \Delta^2 = 0. \quad . \quad . \quad (1).$$

Si, dans cette équation, on remplace Δ et Δ^2 par leurs valeurs, tirées du discriminant

$$acf + 2bde - ae^2 - cd^2 - fb^2$$

de l'équation de la conique proposée; que l'on substitue les deux valeurs de K dans l'équation tangentielle $T + KT' = 0$, on aura les deux couples de droites qui feront connaître les coordonnées des deux foyers réels de la conique proposée.

En effet, l'équation $T + K(l^2 + m^2) = 0$ se décompose en deux facteurs rationnels

$$(ly' + mx' + n)(ly'' + mx'' + n),$$

x', y', x'', y'' étant les coordonnées des deux foyers réels se rapportant à une valeur de K de l'équation (1), les deux foyers imaginaires se rapportant à l'autre valeur de K.

614. Appliquons cette méthode à la recherche des foyers de la conique dont l'équation est :

$$3y^2 + 12xy + 8x^2 + 6y + 8x - 1 = 0.$$

On trouve pour le discriminant :

$$\Delta = 36.$$

L'équation (1) est, dans ce cas :

$$K^2 - 33K = 108; \quad \text{d'où} \quad K = 36 = -3.$$

En substituant la première valeur, $K = 36$, dans l'équation tangentielle

$$(cf - e^2)l^2 + 2(de - bf)lm + (af - d^2)m^2 + 2(be - cd)ln$$
$$+ 2(bd - ae)mn + (ac - b^2)n^2 + K(l^2 + m^2) = 0,$$

on obtient :

$$l^2 + 2m^2 - n^2 + 3lm + mn = 0,$$

ou, en décomposant en facteurs :

$$(l + m + n)(l + 2m - n),$$

ce qui donne pour les deux foyers réels : 1° $x = 1$, $y = 1$; 2° $x = 2$, $y = 1$.

Si l'on prend la racine -3, on aura l'équation

$$9l^2 + 5m^2 + 4n^2 - 12lm - 4mn$$
$$= \left[9l - 6m - 3(m - 2n)\sqrt{-1}\right]\left[9l - 6m + 3(m - 2n)\sqrt{-1}\right],$$

qui donne la position des deux foyers imaginaires.

615. Cherchons encore, d'après ce même procédé, les foyers de la courbe représentée par l'équation :

$$2y^2 - 2xy + 2x^2 - 8y - 2x + 11 = 0.$$

On trouve pour le discriminant : $\Delta = -9$.

L'équation (1) est :

$$3K^2 - 36K + 81 = 0; \quad \text{d'où} \quad K = 9 = 3.$$

En prenant cette dernière valeur de K, on obtient pour l'équation tangentielle $T + KT' = 0$:

$$8l^2 + 3m^2 + n^2 + 4mn + 6ln + 10lm = 0$$
$$= (2l + m + n)(4l + 3m + n);$$

ce qui donne pour les coordonnées des foyers :

$$1° \quad x = 1, \quad y = 2; \qquad 2° \quad x = 3, \quad y = 4,$$

comme on l'a trouvé précédemment (225).

616. Reprenons l'équation

$$(ac - b^2)K^2 + (a + c)\Delta K + \Delta^2 = 0.$$

Si la courbe est une parabole, $ac - b^2 = 0$; une des racines est infinie, ce qui prouve que la parabole ne peut avoir qu'un seul foyer réel, l'autre étant à l'infini.

Si $a + c = 0$, la conique est une hyperbole équilatère, et les deux valeurs de K sont égales et de signes contraires. Pour que les deux couples de droites données par l'équation (1) soient tangentes au cercle à l'infini, on doit avoir :

$$\Delta^2(a + c)^2 = 4\Delta^2(ac - b^2) \quad \text{ou} \quad (a - c)^2 + 4b^2 = 0,$$

équation qui peut être satisfaite seulement pour $a = c$ et $b = 0$. On voit que la conique doit passer à la fois par les deux points du cercle.

CHAPITRE XXX.

COURBES EN COORDONNÉES POLAIRES.

617. On a vu (172) comment on détermine la position d'un point M dans un plan au moyen des coordonnées polaires.

SPIRALE D'ARCHIMÈDE. Soit O le centre d'un cercle, de rayon égal à l'unité, pris pour pôle, et AOA′ la droite fixe.

Fig. 296.

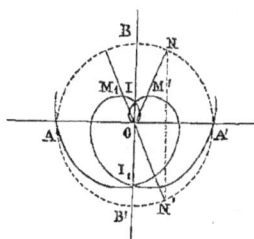

Supposons qu'un point mobile M, parti de O et situé sur le rayon OA s'avance uniformément sur ce dernier pendant que AO tourne de la même manière autour du point O, de sorte que le point M soit arrivé au point A lorsque le rayon OA aura parcouru la circonférence ABA′B′ (fig. 296).

Soit ON une position quelconque du rayon mobile, et M′ la position correspondante du point mobile. Posons OM′ = ρ, et désignons par ω l'arc AN. D'après les conditions du mouvement, on a évidemment :

$$\frac{\omega}{\rho} = \frac{2\pi}{1}; \quad \text{d'où} \quad \rho = \frac{\omega}{2\pi} :$$

telle est la *spirale d'Archimède,* trouvée par *Conon.*

L'arc ABN étant pris positivement, l'arc AB′N′ devra être considéré comme négatif, et le rayon vecteur correspondant est OM₁, prolongement de ON′ et symétrique de

OM', par rapport à la droite OB. La courbe se compose de deux branches infinies $OIM'I_1A$, OIM_1I_1A' (fig. 296).

Si, après une révolution entière du rayon OA, le point mobile M a parcouru une longueur quelconque c, au lieu du rayon $OA = 1$, on a, dans ce cas : $\rho = \frac{c\omega}{2\pi}$.

618. L'équation générale des spirales est

$$\rho = a\omega^n.$$

L'exposant n de ω étant positif, les spirales données par l'équation $\rho = a\omega^n$ commencent toutes par le pôle O ; mais, si n est négatif, on a alors

$$\rho = \frac{a}{\omega^n}$$

et, aux plus petites valeurs de ω correspondent les plus grandes valeurs de ρ ; de sorte que, pour $\omega = 0$, il vient $\rho = \infty$. Il s'ensuit que ces spirales commencent par l'infini et s'approchent de plus en plus du pôle O sans pouvoir y arriver, puisqu'il faudrait un nombre de révolutions infiniment grand : telle est la spirale hyperbo-

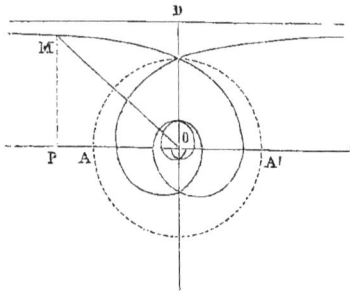

Fig. 297.

lique, répondant à $n = -1$, ce qui donne $\rho\omega = a$ pour l'équation de cette courbe : celle-ci a une asymptote parallèle à la droite AOA', à une distance $OD = a$ (fig. 297).

Soit M un point quelconque de cette courbe.

Abaissons la perpendiculaire MP sur la droite fixe ; on a :

$$\rho \sin MOA = \rho \sin \omega = \frac{a}{\omega} \sin \omega = a,$$

lorsque ω est infiniment petit, comme l'indique d'ailleurs l'équation

$$\rho = \frac{a}{\omega}.$$

619. Cherchons l'angle que la tangente à la courbe fait avec le rayon vecteur prolongé.

Soient ρ et ω les coordonnées d'un point quelconque M; $\rho + d\rho$ et $\omega + d\omega$ seront celles du point M'. Du centre O, et avec OM comme rayon, décrivons l'arc MH $= \rho\omega$; de ce

Fig. 298.

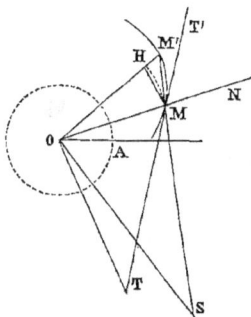

même point, menons OS, parallèle à la corde MH, et OT, perpendiculaire à OM. Les deux triangles OMS et MM'H sont semblables, et l'angle NMT' $=$ V $=$ OMS; à la limite, le triangle OMS se confond avec le triangle rectangle OMT, et l'angle V $=$ OMT à la limite. Donc, à la limite aussi, le triangle rectangle MM'H est semblable au triangle OMT; il vient :

$$\operatorname{tg} V = \frac{OT}{OM} = \frac{\rho \cdot d\omega}{d\rho} = \frac{\rho}{\dfrac{d\rho}{d\omega}} \quad \text{et} \quad OT = \frac{\rho^2 d\omega}{d\rho}.$$

Pour construire, d'après cette formule, la tangente au point M de la courbe, on élèvera au point O une perpendiculaire au rayon vecteur OM, et l'on prendra sur ce rayon vecteur une longueur $\frac{\rho^2 d\omega}{d\rho}$; on joindra le point T au point M, et l'on aura la tangente MT (fig. 298).

620. En appliquant cette formule à la spirale d'Archimède, on obtient :

$$OT = \frac{\omega^2}{2\pi};$$

pour $\omega = 2\pi$, $OT = 2\pi$, ce qui prouve qu'après une révolution entière, la sous-tangente OT au point mobile M est égale à la circonférence AOA' rectifiée; après un nombre K de révolutions, la sous-tangente $OT = 2K^2\pi$, ou K fois la circonférence dont le rayon est $K \times OA$.

Pour la spirale hyperbolique, on a $OT = -a$; ce qui prouve que, dans cette courbe, la sous-tangente est constante. Enfin, si l'on roule l'axe d'une parabole sur la circonférence AOA', on obtiendra la spirale parabolique qui a pour équation

$$\rho^2 = a\omega.$$

Développantes et développées.

621. Soit AS une courbe quelconque. Prenons, à partir du point A, des arcs égaux $AB = BB' = B'B''$,... et par les milieux M, M',M'',... de ces arcs, menons les normales MC, M'C', M''C''... : ces normales, par leurs intersections consécutives deux à deux et infiniment rapprochées, forment une courbe CC'C'', à laquelle on a donné le nom de *déve-*

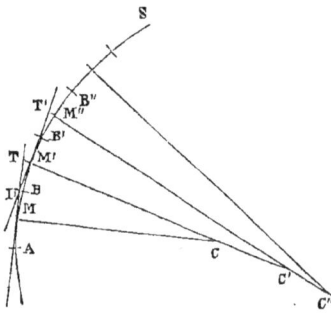

Fig. 299.

loppée, tandis qu'on donne à la courbe AS le nom de *développante* (fig. 299).

Le cercle qui passe par les deux éléments infiniment petits BM', M'B' de la courbe AS se nomme le *cercle osculateur* de cette courbe au point M' (550) : c'est ce cercle qui se rapproche le plus de la courbe au point M', sans se confondre avec celle-ci.

On peut encore dire que le cercle osculateur est celui qui passe par trois points consécutifs B, M', B' de la courbe. Les rayons de courbure sont les normales MC, M'C' qui, par leur intersection, déterminent le *centre* C' *de courbure.* L'angle TI'T', formé par les deux tangentes menées aux points M, M' de la courbe, se nomme l'*angle de contingence:* cet angle est évidemment égal à celui que forment entre eux les deux rayons MC, M'C'. En le représentant par ε, on a :

$$\varepsilon = \frac{ds}{\rho},$$

ds étant égal à l'arc MM' et ρ à M'C'.

L'angle de contingence est en raison inverse du rayon de courbure. Cet angle dans le cercle reste constant, l'arc *ds* étant le même.

622. La développante AS peut être considérée comme étant décrite par l'extrémité A du fil flexible et inextensible AC roulé autour de la développée CC'C" : ce fil, dans son mouvement, reste constamment tangent à la développée, et tandis que le point de contact se meut sur la développée, l'extrémité mobile A décrit la développante AS. Il est évident que, dans ce mouvement, *lorsque le point de contact sur la développée se meut de* C *en* C', *le rayon de courbure* MC *devient* M'C', *et que l'accroissement de ce rayon de courbure est égal à l'arc* CC' : *donc, l'accroissement du rayon de courbure est égal à l'accroissement de l'arc de la développée. Enfin, les normales à la développante sont tangentes à la développée.*

623. Cherchons l'équation de la développante de cercle, qui est très-employée dans les constructions (fig. 300).

Soit un cercle de rayon OA = R, O étant le pôle. Dirigeons la droite fixe suivant le rayon OA. Désignons par ω l'angle AOT, formé par la droite fixe OA avec le rayon OT qui joint le pôle O au point de contact T de la tangente

Fig. 300.

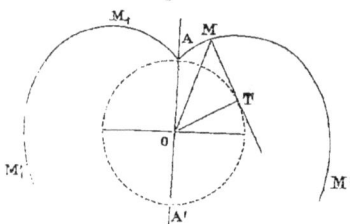

MT (fig. 300). Le fil qui entoure la circonférence OA ayant été déroulé et tendu, à partir du point A, il est évident, d'après ce qui a été dit précédemment, que la tangente MT $=$ arc AT $=$ Rω.

Si l'on fait OM $=\rho$, on aura dans le triangle rectangle OTM :

$$\rho^2 = R^2(1 + \omega^2),$$

qui est l'équation de la développante de cercle.

On en tire :

$$\rho = \pm R\sqrt{1 + \omega^2}.$$

Pour une valeur positive de R, il y aura deux développantes commençant au point A : l'une AMM'... répond aux valeurs positives de ω, et la seconde AM$_1$M'$_1$... aux valeurs négatives. De même, pour une valeur négative de R, il y aura en A' deux développantes égales aux précédentes, et correspondant aux valeurs positives et négatives de ω. Pour tracer cette courbe, on divisera la circonférence en un certain nombre de parties égales, en 12, par exemple, et, au point T de l'arc AT $=\frac{2}{12}$, on portera sur la tangente TM en ce point, une longueur égale à $\frac{1}{12}$ de la circonférence : le point M appartiendra à la courbe.

On a trouvé (560) la développée de l'ellipse et celle de la parabole, qui sont les enveloppes des normales à ces courbes.

42

Cycloïde.

624. Supposons qu'une circonférence de cercle, de rayon R, tangente en un point O d'une droite indéfinie OX, se meuve sur cette droite sans glisser, de manière que tous ses points deviennent successivement les points de contact avec la droite.

Dans ce mouvement, le point O décrira une courbe qu'on nomme *cycloïde*. Le cercle se nomme *cercle générateur*, le point O *point générateur*, et la ligne OX *développement de la circonférence*.

Soit M un point quelconque de cette courbe, et H le point

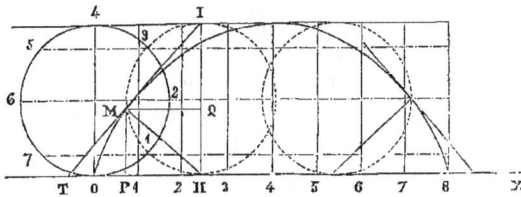

Fig. 301.

de contact du cercle correspondant. D'après la nature du mouvement, l'arc de cercle MH = OH.

Plaçons l'origine des coordonnées rectangulaires au point O, et dirigeons l'axe des x suivant la droite OX; OP = x, MP = y (fig. 301).

Il est facile de prouver, au moyen des limites, que la droite qui passe par deux points consécutifs, M, M', c'est-à-dire la tangente à la courbe, passe par l'extrémité I du diamètre IH = 2R du cercle générateur.

Les coordonnées du point M' sont $x + dx$, $y + dy$, et l'on a, comme on le sait :

$$\frac{dy}{dx} = \frac{MP}{PT},$$

ou bien, à cause des triangles semblables MPT, IMQ :

$$\frac{dy}{dx} = \frac{IQ}{MQ} \quad \text{et} \quad \frac{dy}{dx} = \sqrt{\frac{2R - y}{y}};$$

d'où l'on tire :

$$dx = \frac{y \cdot dy}{\sqrt{2Ry - y^2}},$$

qui est l'équation de la cycloïde.

625. On a pour la longueur de la normale :

$$MH = \sqrt{2Ry};$$

ce qui prouve que cette droite se confond avec la corde de l'arc de cercle MH, et que la tangente est dirigée suivant l'autre corde MI, perpendiculaire à la première, et passant par l'extrémité I du diamètre IH.

626. Pour construire la tangente en un point de la cycloïde, on fera passer par ce point le cercle générateur; en joignant le point de contact du cercle générateur avec la droite OX au point donné de la cycloïde, on obtient la normale : la tangente est perpendiculaire à celle-ci.

627. Il est facile de construire la cycloïde.

A cette fin, à partir du point O, on prend une longueur égale à la circonférence; on divise celle-ci en un certain nombre de parties égales, en 8, par exemple, et son développement en autant de parties égales : la circonférence rectifiée est égale approximativement à deux fois le côté du carré inscrit, plus deux fois le côté du triangle équilatéral inscrit.

Par les points de division de la circonférence, on mène des parallèles à la directrice OX. Lorsque le point 1 du cercle générateur coïncidera avec le point 1 de la droite OX, le point O se sera élevé de la même quantité au-dessus de la directrice que le point 1 l'était avant d'être venu se placer sur celle-ci. Mais, dans le cercle, la distance de 1 à O n'a

pas changé. Donc, si du point 1 de la droite OX comme
centre, avec un rayon égal à la corde O1, on décrit un arc
de cercle, il coupera la parallèle menée par 1 de la circonférence en un point qui appartiendra à la cycloïde
(fig. 301).

Lorsque le cercle qui roule sur la directrice rectiligne OX
aura fait une révolution entière, le point O de la circonférence coïncidera avec le point 8 de la directrice, et ce point
O aura décrit une cycloïde.

Épicycloïde plane.

628. L'épicycloïde plane est engendrée par un point
d'une circonférence, laquelle roule sur une autre circonférence : on la trace par des procédés analogues à ceux
exposés précédemment pour la cycloïde.

On prend sur la circonférence directrice un arc égal à la

Fig. 302.

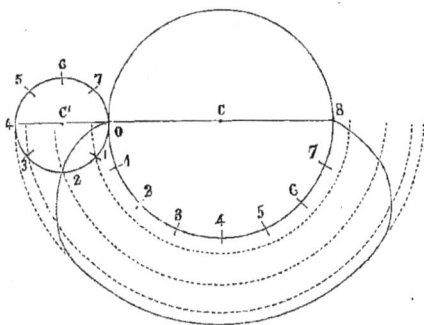

longueur de la circonférence du cercle générateur (fig. 302).
Représentons par X cette longueur, par r, r' les rayons
des cercles directeur et générateur. Soit α l'angle au centre

du cercle directeur qui répond à l'arc X, et $y°$ le nombre de degrés compris dans celui-ci. On aura :

$$X = 2\pi r', \quad X = \alpha r \quad \text{et} \quad \alpha = 2\pi \frac{r'}{r};$$

et comme

$$2\pi : 360° = \alpha : y°,$$

il vient :

$$y° = 360° \times \frac{r'}{r}.$$

On partagera la circonférence du cercle générateur en un certain nombre de parties égales, en 8, par exemple, ainsi que l'arc X, mesuré à partir du point de contact primitif O des deux cercles.

Du centre C du cercle directeur, on décrira des circonférences concentriques dont les rayons seront les distances du point C aux points de division du cercle générateur; des points 1, 2, 3, 4, 5, 6, 7, 8 du cercle directeur, avec des rayons égaux aux cordes O1, O2, O3... du cercle générateur, on tracera des arcs de cercle : ceux-ci couperont les circonférences précitées, partant des mêmes points de division, en des points qui appartiendront à l'épicycloïde.

629. Il est facile de trouver l'équation de l'épicycloïde plane lorsque le cercle générateur C' est égal au cercle directeur C.

A cette fin, prenons la droite des centres CC' pour la droite fixe, O étant le point générateur de l'épicycloïde (fig. 503).

Fig. 503.

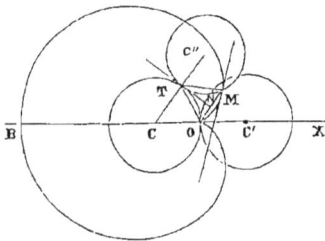

Lorsque le point de contact est en T, le point O se trouve en M, et l'arc OT=l'arc MT.

La droite TN, qui est la tangente com-

mune en T aux deux cercles, est perpendiculaire aux deux
droites CT et $OM = \rho$: celles-ci sont donc parallèles. Si
l'on représente par ω l'angle que le rayon vecteur OM fait
avec l'axe polaire CC′, il viendra :

$$\frac{\rho}{2} = OT \sin \frac{\omega}{2},$$

puisque l'angle OTN, formé par une tangente et par une
corde, est la moitié de l'angle TCO.

Mais $$\frac{OT}{2} = a \sin \frac{\omega}{2},$$

a étant le rayon du cercle;

d'où $$\rho = 4a \sin^2 \frac{\omega}{2} = 2a(1 - \cos \omega).$$

Telle est l'équation polaire de l'épicycloïde plane.

630. Il peut arriver que le cercle générateur roule
dans l'intérieur du cercle directeur.

Dans le cas où le rayon du cercle générateur est égal à
la moitié du rayon du cercle di-
recteur, l'épicycloïde engendrée
est une droite ou rayon du cercle directeur.

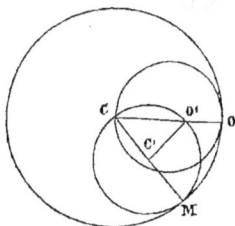
Fig. 304.

Soit O le point où le cercle
générateur touche dans une première position le cercle directeur. Dans une autre position,
le contact des deux cercles a
lieu en un point M (fig. 304).

Le point O′ appartient à la courbe décrite par le point
O. On a, en effet :

$$\text{arc } OM = \alpha r \quad \text{et} \quad \text{arc } O'M = 2\alpha \tfrac{1}{2} r = \alpha r;$$

d'où $$\text{arc } OM = \text{arc } O'M.$$

Ce que l'on vient de dire s'applique à une position quelconque du cercle générateur.

631. Cherchons le lieu suivant, au moyen des coordonnées polaires :

On donne deux droites rectangulaires OX, OY *et une droite* AB = 2l, *de longueur constante, dont les extrémités se meuvent sur ces deux droites. D'un point* C *de la bissectrice* OD *de l'angle droit* XOY, *on abaisse des perpendiculaires* CP *sur la droite* AB. *On demande le lieu décrit par le pied* P *de ces perpendiculaires.*

Plaçons le pôle au point C (fig. 505). Prenons la bissec-

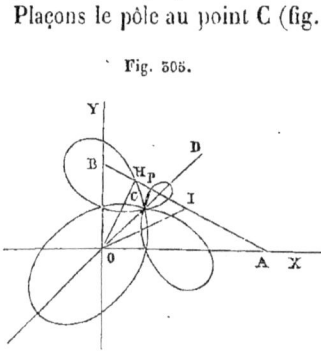

Fig. 505.

trice CD pour la droite fixe, et soit ω l'angle que le rayon vecteur CP=ρ fait avec la droite fixe; unissons le point O avec le milieu 1 de la droite AB. OI = l fera avec la perpendiculaire OH, abaissée du point O sur AB, un angle 2ω et l'on aura :

$$OH = l\cos 2\omega.$$

Si nous faisons OC = c, on obtiendra aussi :

$$OH = c\cos \omega + \rho;$$

d'où l'on tire pour l'équation du lieu :

$$\rho = l\cos 2\omega - c\cos \omega \quad \text{ou} \quad \rho = 2l\cos^2\omega - c\cos \omega - l.$$

Cette courbe, du sixième degré en coordonnées rectilignes, est symétrique par rapport à la droite fixe, la bissectrice, puisque pour des valeurs égales et de signes contraires de ω, les valeurs de ρ sont les mêmes. Comme $\cos(180° - \omega) = - \cos \omega$, on voit que dans le premier et le deuxième quadrant, il y aura des petites et des grandes valeurs de ρ. Il vient, en effet, pour ces dernières :

$$\rho = 2l\cos^2\omega + c\cos\omega - l,$$

et pour les premières valeurs, les petites :

$$\rho = 2l\cos^2\omega - c\cos\omega - l,$$

$\cos \omega$ est positif dans le premier et le quatrième quadrant, et négatif dans le deuxième et le troisième.

Les valeurs de $\cos \omega$ qui annulent le rayon vecteur ρ dans l'équation $2l\cos^2\omega - c\cos\omega - l = \rho$ sont :

$$\cos \omega = \frac{c}{4l} \pm \sqrt{\frac{c^2}{16l^2} + \frac{1}{2}},$$

et celles qui annulent le même rayon dans l'équation

$$2l\cos^2\omega + c\cos\omega - l = \rho$$

sont :
$$\cos \omega = -\frac{c}{4l} \pm \sqrt{\frac{c^2}{16l^2} + \frac{1}{2}}.$$

Ces valeurs de $\cos \omega$, dont deux sont positives et < 1 et les deux autres négatives et aussi < 1, prouvent que la courbe se compose de quatre branches situées au-dessus de la droite fixe et de quatre au-dessous : on a donné à cette courbe le nom de *scarabée*.

CHAPITRE XXXI.

COURBES SEMBLABLES OU HOMOTHÉTIQUES.

632. Soit $\qquad$ $F(x, y) = 0$

l'équation d'une courbe quelconque S, rapportée à des axes

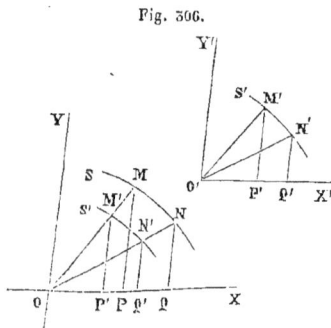

Fig. 306.

coordonnés faisant entre eux un angle θ. Unissons l'origine O à un point quelconque M de cette courbe, et prenons sur le rayon vecteur OM un point arbitraire M' dont les coordonnées sont $OP' = x'$, $M'P' = y'$; on aura évidemment :

$$\frac{MP}{M'P'} = \frac{OP}{OP'} \quad \text{ou} \quad \frac{y}{y'} = \frac{x}{x'};$$

si l'on désigne par r la valeur de ce rapport, qui est indéterminé, il viendra :

$$x = rx', \quad y = ry'.$$

En unissant ainsi l'origine O à tous les points de la courbe donnée

$$F(x, y) = 0,$$

et en prenant chaque fois sur les rayons vecteurs OM, ON, des points M', N' (fig. 306) dont les coordonnées soient dans le rapport de similitude r, on obtiendra une nouvelle courbe S' *homothétique à la courbe donnée.* Cette courbe S' aura pour équation :

$$F(ry', rx') = 0,$$

laquelle représentera toutes les courbes semblables à la proposée, l'origine O étant le *centre de similitude ou d'homothétie.*

Si r est positif, l'homothétie est directe, et s'il est négatif, elle est inverse.

D'après ce qui précède, on peut dire que *deux courbes sont semblables et semblablement placées ou homothétiques lorsque les rayons vecteurs* OM, ON, *menés par un point* O *dans la première, sont dans un rapport constant avec les rayons* O'M', O'N', *menés par un point* O' *dans la seconde, parallèlement aux premiers.*

633. Laissons la courbe S fixe et transportons la courbe S', de manière que l'origine O soit en O' et que les nouveaux axes coordonnés O'X', O'Y' pour cette courbe soient parallèles aux anciens OX, OY. On a, dans ce cas :

$$x = m + x', \quad y = n + y',$$

m, n étant les coordonnées de la nouvelle origine O'.

L'équation de la courbe S' par rapport aux axes O'X', O'Y' est toujours :

$$F(rx', ry') = 0$$

et, par rapport aux anciens, elle est évidemment :

$$F\left[r(x - m), \quad r(y - n)\right] = 0.$$

La courbe S', dans sa nouvelle situation, est toujours homothétique à la courbe S, car les rayons vecteurs menés des points O, O' sont parallèles et dans le rapport r de similitude. La courbe S' aura une position arbitraire dans le plan par rapport à la courbe S, si nous donnons aux axes coordonnés O'X', O'Y' une position aussi quelconque par rapport aux anciens **OX**, **OY** que nous pourrons supposer rectangulaires pour plus de simplicité. On sait que, pour passer d'un système d'axes coordonnés rectangulaires à un système d'axes coordonnés rectangulaires d'une nouvelle origine $O'(m, n)$, on a :

$$x = m + x'\cos\alpha - y'\sin\alpha, \quad y = n + x'\sin\alpha + y'\cos\alpha;$$

d'où l'on tire :

$$x' = (x - m)\cos\alpha + (y - n)\sin\alpha,$$
$$y' = -(x - m)\sin\alpha + (y - n)\cos\alpha.$$

En substituant ces valeurs dans l'équation

$$F(rx', ry') = 0,$$

la courbe S′ sera rapportée aux axes primitifs, et l'équation résultante représentera l'équation la plus générale des courbes semblables à la courbe donnée.

634. Examinons à quelles conditions les deux courbes du second degré

$$Ay^2 + Bxy + Cx^2 + Dy + Ex + F = 0,$$
$$A'y^2 + B'xy + C'x^2 + D'y + E'x + F' = 0,$$

sont homothétiques.

Si l'on change x en $r(x - m)$ et y en $r(y - n)$ dans l'équation de la première de ces deux courbes, et qu'on rende cette équation identique avec la seconde, il viendra :

$$\frac{A}{A'} = \frac{B}{B'} = \frac{C}{C'} = \frac{\dfrac{D}{r} - 2An - Bm}{D'} = \frac{\dfrac{E}{r} - 2Cm - Bn}{E'}$$

$$= \frac{An^2 + Bmn + Cm^2 - \dfrac{Dn + Em}{r} + \dfrac{F}{r^2}}{F'}.$$

On a cinq équations entre trois quantités arbitraires m, n et r; de sorte qu'il devra exister deux équations de condition qui sont :

$$\frac{A}{A'} = \frac{B}{B'} = \frac{C}{C'}.$$

Donc, *pour que deux courbes du deuxième degré soient homothétiques, il faut que les coefficients des termes du deuxième degré soient proportionnels.*

En remplaçant les valeurs précédentes de A et de B dans la première des deux équations, on obtient pour les équations des deux courbes :

$$A'y^2 + B'xy + C'x^2 + \left(\frac{D}{C}y + \frac{E}{C}x + \frac{F}{C}\right)C' = 0,$$

$$A'y^2 + B'xy + C'x^2 + D'y + E'x + F' = 0.$$

On voit que les termes du deuxième degré sont égaux.

635. Supposons que l'on ait $B^2 - 4AC < 0$: les deux équations précédentes pourront représenter deux ellipses.

En transportant les axes coordonnés parallèlement à eux-mêmes, l'origine étant au centre de ces deux courbes, on obtiendra deux nouvelles équations :

$$Ay^2 + B_1y + Cx^2 = F', \quad Ay^2 + Bxy + Cx^2 = F'_1.$$

Les axes de symétrie de ces ellipses sont parallèles, puisqu'on a :

$$\operatorname{tg} 2\alpha = \frac{-B}{A - C}$$

pour chacune d'elles. En dirigeant le nouvel axe des x parallèlement à $\operatorname{tg}\alpha$ de l'expression précédente, les équations des deux ellipses sont :

$$My^2 + Nx^2 = F', \quad My^2 + Nx^2 = F'_1.$$

Les coefficients M et N étant positifs, les quantités

F′, F′₁, du second membre de ces deux équations, devront être aussi positives ; autrement, les deux courbes seraient imaginaires.

Le rapport $\sqrt{\frac{N}{M}}$ des axes a la même valeur dans les deux courbes, et celles-ci sont homothétiques.

636. Si $B^2 - 4AC > 0$, les équations précédentes représentent des hyperboles. Dans ce cas, les coefficients de M et de N doivent être de signes contraires. Si F′, F′₁ ont le même signe, comme les axes sont parallèles, leur rapport est le même dans les deux courbes, et celles-ci sont homothétiques. F′, F′₁ étant de signes contraires, les deux hyperboles sont conjuguées et semblables. Il est évident que les asymptotes sont parallèles.

Enfin, lorsque $B^2 - 4AC = 0$, les deux lieux appartiennent au genre parabole ; les axes de ces deux paraboles sont parallèles, et de direction $-\frac{B}{2A}$.

Au moyen des mêmes transformations d'axes coordonnés, les équations de ces deux paraboles ne contiendront plus chacune qu'une seule constante arbitraire : les paraboles seront alors semblables, et le rapport de similitude ou d'homothétie sera le rapport même de ces deux constantes arbitraires.

CHAPITRE XXXII.

SECTIONS CONIQUES.

637. Une droite mobile qui passe par un point fixe S et par tous les points d'une courbe quelconque donnée engendre une *surface conique;* le point S est le *sommet* du cône; la droite mobile se nomme *génératrice* du cône ou de la surface conique, et la courbe fixe sur laquelle la génératrice s'appuie dans son mouvement prend le nom de *directrice.*

Lorsque la directrice est une circonférence de cercle et que la droite qui joint le sommet S du cône au centre O de cette circonférence est perpendiculaire à son plan, le cône est alors un *cône droit de révolution* et la droite SO se nomme l'*axe du cône* (fig. 307).

Un plan quelconque qui passe par l'axe du cône coupe celui-ci suivant deux génératrices.

La surface du cône est formée de deux parties séparées par son sommet : chacune de ces parties se nomme *nappe.*

Le plan coupant peut avoir différentes positions.

Il peut : 1° rencontrer toutes les génératrices d'une même nappe ; 2° rencontrer les deux nappes ; 3° être parallèle à l'une des génératrices d'une nappe.

638. 1° Par l'axe du cône, menons un plan perpendiculaire au plan coupant. Soit AB l'intersection de ces deux plans, A et B étant les points de rencontre de cette intersection avec deux arêtes d'une même nappe situées dans le plan perpendiculaire (fig. 307).

Inscrivons un cercle dans le triangle SAB et une circonférence tangente aux trois droites SG, AB, SH. Si l'on fait tourner la figure autour de l'axe SV, pendant que la géné-

Fig. 507.

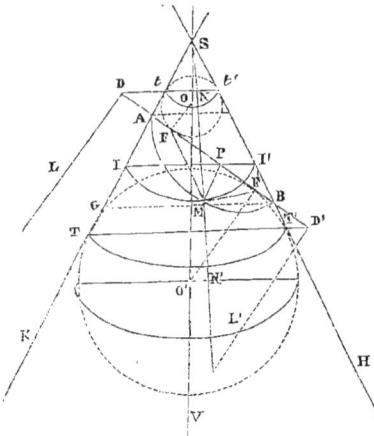

ratrice ST décrira
le cône, les deux
cercles inscrits dé-
criront des sphè-
res qui toucheront
le cône suivant les
deux cercles pa-
rallèles TT', tt'
dont les plans sont
perpendiculaires à
l'axe du cône et
déterminent le
tronc de cône droit
TT'tt' : ces deux
sphères seront
tangentes aux

deux points F, F', situés sur la droite AB ou plan sécant
du cône. Celui-ci est tangent aux deux sphères, puisqu'il
est perpendiculaire aux rayons OF, O'F' de ces sphères.

Soit M un point quelconque de la courbe d'intersection.

Par ce point M passe une arête SMN' du tronc de cône
qui est tangente aux sphères.

Si l'on joint le même point M du plan sécant du cône
aux points de contact F, F' avec les deux sphères, il est
évident qu'on aura :

$$MF = MN \quad \text{et} \quad MF' = MN',$$

puisque les tangentes, menées d'un point extérieur à une
même sphère, sont égales ; d'où l'on obtient

$$MF + MF' = MN + MN' = NN';$$

comme toutes les arêtes du tronc de cône sont égales, il
s'ensuit que

$$MF + MF' = \text{constante.}$$

La somme constante $NN' = Tt = AB$.

En effet, $AF' = AT$, $BF' = AF = At$;

d'où $AB = Tt = NN'$ et $MF + MF' = AB$.

Les plans des cercles de contact des deux sphères tangentes au cône coupent le plan de la section suivant deux droites parallèles DL, D'L', qui sont les deux directrices de l'ellipse (fig. 307).

Abaissons du point M de celle-ci la perpendiculaire MP sur le grand axe AB de cette courbe.

Par ce point M, menons un cercle parallèle aux cercles de contact. La distance du point M à la droite DL est égale à PD, et $MF = MN = t\mathrm{I}$.

A cause des droites parallèles Dtt', IPI', on a :

$$\frac{t\mathrm{I}}{DP} = \frac{At}{AD} = \frac{AG}{AB}; \quad \text{d'où} \quad \frac{MF}{DP} = \frac{AG}{AB}.$$

Ainsi, *le rapport des distances d'un point quelconque* M *de l'ellipse au foyer* F *et à la directrice est constant et égal à* $\frac{2c}{2a}$, *c'est-à-dire au rapport de la distance des foyers au grand axe.*

639. 2° Si le plan sécant est tangent aux deux sphères,

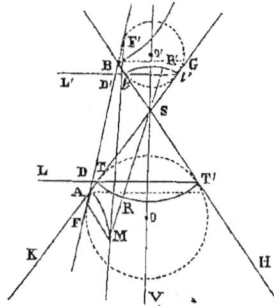

Fig. 308.

que celles-ci soient d'un même côté de ce plan et qu'elles touchent les deux nappes du cône suivant deux petits cercles TT', tt', la courbe d'intersection sera une hyperbole.

Par l'axe SV (fig. 308), menons un plan perpendiculaire au plan sécant : ce plan coupera le cône suivant les deux génératrices SG, SH et les sphères suivant deux cercles qui seront tangents aux points F, F' de la droite AB, intersection des deux plans. Soit M un point de la courbe d'intersection.

Par ce point passe la génératrice MRSR'.

Joignons le point M aux deux points de contact F, F'; on aura, comme précédemment :

$$MF' = MR', \quad MF = MR;$$

d'où $\quad MF' - MF = MR' - MR = RR' = AB.$

La courbe est donc une hyperbole, puisque *la différence des distances de l'un quelconque M de ses points aux deux points F et F' est constante et égale à l'axe transverse* AB. Les intersections DL, D'L', des plans de contact des sphères avec le plan sécant, déterminent les deux directrices de l'hyperbole.

640. 5° Soit une sphère tangente au cône suivant le cercle TT' (fig. 309), le plan sécant étant tangent en F. Supposons que l'intersection du plan coupant avec le plan qui lui est perpendiculaire et qui passe par l'axe soit parallèle à la génératrice SH. Prenons un point M de la courbe, et soit DE l'intersection du plan coupant avec le plan de contact. Il est évident que l'on a :

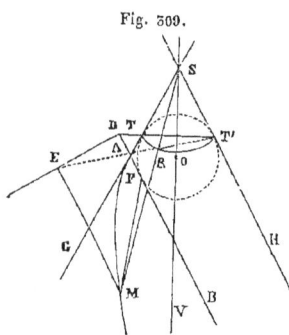

Fig. 309.

$$MF = MR = ME.$$

En effet, les trois droites ME, ST' et SM se trouvent dans un même plan. Comme ME est parallèle à ST', les trois points E, R, T' sont en ligne droite. Puisque ST' = SR, on a MR = ME, les deux triangles ST'R et MRE étant semblables. La courbe est donc une parabole ayant pour foyer F et pour directrice DE.

43

641. Par l'axe du cône, menons un plan perpendiculaire au plan coupant, et soit AB l'intersection de ces deux plans, SG, SH étant les deux génératrices du cône, situées dans le premier plan (fig. 310).

Fig. 310.

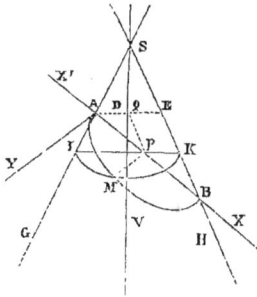

Désignons par α l'angle SAB, et par β l'angle que la génératrice fait avec l'axe. D'un point quelconque M de la courbe, abaissons une perpendiculaire MP sur l'axe AB que nous prendrons pour axe des x.

Posons $AP = x$, $MP = y$, l'origine des axes rectangulaires étant au point A. Soit aussi $SA = d$. Si, par la droite MP, on mène un plan perpendiculaire à l'axe du cône, ce plan coupera celui-ci suivant un cercle dont IK sera le diamètre, et l'on aura :

$$\overline{MP}^2 = IP \times PK.$$

Cherchons les valeurs de IP, PK, en fonction des coordonnées du point M et des données de la question, qui sont α, β et d.

Le triangle API donne :

$$IP : x = \sin \alpha : \cos \beta.$$

Si, par le point P, on tire une parallèle PQ à l'arête SH, on obtiendra :

$$PK = AE - AQ = 2AD - AQ.$$

Le triangle rectangle SAD fournit

$$2AD = 2d \sin \beta,$$

et le triangle obliquangle APQ donne

$$AQ : x = \sin(\alpha + 2\beta) : \cos \beta.$$

Si l'on substitue, il vient

$$PK = 2d \sin \beta - \frac{\sin(\alpha + 2\beta)}{\cos \beta} x.$$

Connaissant les valeurs de IP et de PK, on a pour l'équation générale des sections coniques :

$$y^2 = \frac{2d \sin \alpha \sin \beta}{\cos \beta} x - \frac{\sin \alpha \sin(\alpha + 2\beta)}{\cos^2 \beta} x^2.$$

642. Mais on a vu précédemment (198) que l'équation générale des courbes du deuxième degré rapportées à leur axe de symétrie, l'origine étant au sommet et l'axe des ordonnées tangent en ce point à la courbe, est

$$y^2 = 2px + qx^2.$$

La première de ces équations doit devenir identique avec la seconde pour qu'elle puisse représenter toutes les courbes du 2me degré ; de sorte que l'on doit avoir

$$\frac{d \sin \alpha \sin \beta}{\cos \beta} = p \quad \ldots \ldots \quad (1),$$

$$\frac{\sin \alpha \sin(\alpha + 2\beta)}{\cos^2 \beta} = -q. \quad \ldots \ldots \quad (2).$$

Si la valeur que l'on trouve pour α dans l'équation (2) n'est pas absurde, celle qui en résulte pour d dans la première ne sera pas non plus absurde.

Cherchons une autre forme pour l'équation (2).

On sait que

$$\cos q - \cos p = 2 \sin \tfrac{1}{2}(p+q) \sin \tfrac{1}{2}(p-q).$$

En posant $\tfrac{1}{2}(p-q) = \alpha$, $\tfrac{1}{2}(p+q) = \alpha + 2\beta$,

elle donne $\cos 2\beta - \cos(2\alpha + 2\beta) = 2 \sin \alpha \sin(\alpha + 2\beta)$;

d'où $\cos(2\alpha + 2\beta) = 2(1+q)\cos^2\beta - 1.$

Pour l'ellipse, q est négatif et < 1 ; la valeur de α ne sera jamais absurde, puisque $\cos(2\alpha + 2\beta)$ sera toujours compris entre $+1$ et -1 : ce qui prouve que l'on peut toujours couper un cône donné suivant une ellipse. Pour l'hyperbole, q est positif et >1.

Si $\cos(2\alpha + 2\beta)$ est négatif, α est toujours réel; mais, si $\cos(2\alpha + 2\beta)$ est positif, il faut que l'on ait :

$$2(1 + q)\cos^2\beta - 1 < 1;$$

d'où

$$\cos\beta < \frac{a}{\sqrt{a^2 + b^2}}.$$

Comme

$$\frac{a}{\sqrt{a^2 + b^2}} = \cos\theta,$$

θ étant l'angle que l'asymptote de l'hyperbole fait avec l'axe de cette courbe (479), on doit obtenir

$$\cos\beta < \cos\theta, \quad \text{c'est-à-dire} \quad 2\beta > 2\theta.$$

On voit que l'on peut couper un cône donné suivant une hyperbole, si l'angle 2β des deux génératrices SG, SH, est plus grand que l'angle des asymptotes de l'hyperbole ou au moins égal à celui-ci.

Pour la parabole, $q = 0$. On a donc

$$\sin\alpha\sin(\alpha + 2\beta) = 0;$$

α ne peut pas être nul, ce qui donnerait $p = 0$.

Il faut que $\alpha + 2\beta < 360°$; comme on ne peut pas faire $\alpha + 2\beta = 0$, la seule valeur de α qui ne soit pas absurde est

$$\alpha + 2\beta = 180°.$$

On voit que l'intersection AB du plan passant par l'axe du cône et perpendiculaire au plan sécant doit être parallèle à la génératrice SH de ce cône : ce qui prouve que toutes les paraboles peuvent être placées sur un cône donné.

Ainsi, toutes les sections coniques sont des courbes du 2me degré, et réciproquement.

643. *Les surfaces cylindriques sont engendrées par une* *droite, nommée génératrice, qui se meut parallèlement à elle-même en passant par tous les points d'une ligne quelconque, donnée de grandeur et de position, nommée directrice.*

Si la directrice est une circonférence de cercle et que les

Fig. 311.

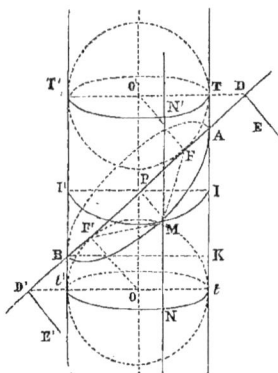

génératrices soient perpendiculaires au plan de ce cercle, la surface engendrée est un cylindre droit de révolution; la parallèle aux génératrices passant par le centre du cercle est l'axe du cylindre.

Soit TT'*tt'* (fig. 311) un cylindre droit de révolution à base circulaire. Soient O, O', deux sphères égales touchant le cylindre suivant deux grands cercles égaux et parallèles.

Supposons que le plan coupant le cylindre soit tangent à ces deux sphères, situées des deux côtés du plan. Par l'axe du cylindre, menons un plan perpendiculaire au plan sécant : ce plan coupe le cylindre suivant les deux génératrices T*t*, T'*t'*, les deux sphères suivant deux grands cercles égaux et le plan sécant suivant la droite AB, laquelle est tangente aux deux cercles en F et en F'.

Soit M un point de la courbe d'intersection. Joignons ce point à F et à F'. Par le point M passe la génératrice NMN', terminée en N, N', aux cercles de contact. On a :

$$\text{MF} = \text{MN}', \quad \text{MF}' = \text{MN},$$

$$\text{MF} + \text{MF}' = \text{MN}' + \text{MN} = \text{NN}' \quad \text{ou} \quad \text{MF} + \text{MF}' = \text{AB},$$

puisque $\quad$ AF' = A*t* $\quad$ et que $\quad$ BF' = AF = AT;

donc, $\qquad\qquad\qquad$ NN' = AB.

La courbe d'intersection est telle que la somme des distances $MF + MF' = AB$ de ses points à deux points fixes F, F', est constante.

644. On peut trouver directement l'équation de la courbe d'intersection.

Supposons que le plan de la section soit perpendiculaire au plan de deux génératrices qui passe par l'axe du cylindre, et soit M un point de la courbe. Abaissons de ce point la

Fig. 312.

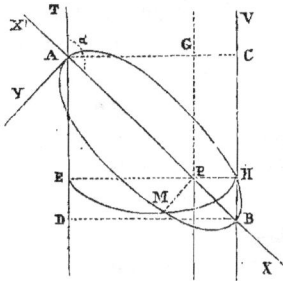

perpendiculaire $MP = y$ sur l'axe AB; plaçons l'origine au point A, et soit $AP = x$. Par MP, faisons passer un plan perpendiculaire à l'axe du cylindre : il coupera celui-ci suivant un cercle dont le diamètre $EH = AC = 2R$.

On aura évidemment (fig. 312) :

$$\overline{MP}^2 = EP \times PH.$$

Si, par le point P, on mène une parallèle à la génératrice VH, les triangles rectangles AEP, AGP donnent

$$EP = x \sin \alpha \quad \text{et} \quad PH = 2R - AG = 2R - x \sin \alpha,$$

α désignant toujours, comme dans le cône, l'angle **TAB** que fait l'intersection des deux plans, c'est-à-dire l'axe de la courbe, avec la génératrice du cylindre.

En substituant ces valeurs, on trouve

$$y^2 = 2R \sin \alpha \cdot x - \sin^2 \alpha \cdot x^2.$$

On voit, par cette équation, que la courbe d'intersection d'un cylindre droit avec un plan est toujours une ellipse.

645. Si l'axe du cône, c'est-à-dire la droite unissant le sommet de celui-ci au centre de la circonférence qui lui sert de base, est oblique par rapport à cette dernière, on dit que le cône est oblique, ainsi que l'axe.

Si, par l'axe d'un cône oblique, on fait passer un plan, perpendiculaire à sa base, il coupera le cône et sa base suivant un triangle que l'on nomme la *section principale*.

Soit SGH (fig. 315) la section principale d'un cône

Fig. 315.

oblique, GH le diamètre du cercle qui lui sert de base, et SG, SH, les deux génératrices.

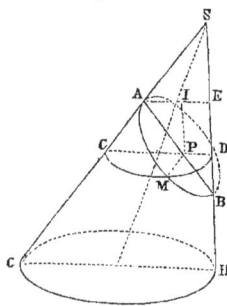

Coupons le cône par un plan perpendiculaire à cette section, et supposons que la courbe d'intersection soit un cercle dont AB est le diamètre. Si, par un point quelconque P de l'intersection de ces deux plans perpendiculaires, nous élevons une perpendiculaire à la section principale, cette perpendiculaire sera contenue dans le second plan, et elle rencontrera en un point M la section circulaire qui a pour diamètre AB; de sorte qu'on aura :

$$\overline{MP}^2 = AP \times BP.$$

Par la perpendiculaire MP au plan SGH, menons un plan parallèle à la base circulaire du cône; ce second plan coupera le cône suivant un cercle dont CD est le diamètre. La perpendiculaire MP au plan SGH est aussi perpendiculaire à CD; comme ce cercle passe aussi par M, on obtient également

$$\overline{MP}^2 = CP \times PD;$$

d'où l'on tire $AP \times BP = CP \times PD.$

Les deux triangles APC et PDB sont semblables; les angles SBA, SCD, SGH sont égaux entre eux.

Donc, si le plan coupant, perpendiculaire à SGH, est tel que ces angles soient égaux, la seconde section sera aussi un cercle : c'est à cette section et à toutes ses parallèles que l'on a donné le nom de *sections anti-parallèles* à la base. Il est évident que les deux cercles dont CD et AB sont les diamètres appartiennent à une même sphère, ainsi que le cercle qui passe par les extrémités A, B, C, D, et qui est un grand cercle de cette sphère.

646. Cherchons l'équation de la section d'un cône oblique à base circulaire par un plan.

Soit SGH la section principale du cône oblique, perpendiculaire au plan coupant. Désignons par AB l'intersection de ces deux plans, par θ l'angle des deux génératrices SG, SH de la section principale. Soient les angles SGH $= \gamma$ et SAB $= \alpha$. Faisons AS $= d$ (fig. 313).

Par un point M de la courbe d'intersection, abaissons la perpendiculaire MP $= y$ sur AB, et soit AP $= x$, l'origine des axes rectangulaires étant en A.

Par la droite MP, menons un plan parallèle à la base du cône ; la section sera un cercle ayant CD pour diamètre, et l'on aura

$$\overline{MP}^2 = CP \times PD.$$

Le triangle ACP donne :

$$CP : x = \sin\alpha : \sin\gamma.$$

Par le point P, traçons PI, parallèle à SH, et AE, parallèle à GH. On obtient

$$PD = IE = AE - AI.$$

Les triangles SAE, API fournissent les proportions :

$$AE : d = \sin\theta : \sin(\gamma + \theta),$$
$$AI : x = \sin(\alpha + \theta) : \sin(\gamma + \theta).$$

En remplaçant CP et PD par leurs valeurs, on obtient pour l'équation de la courbe d'intersection :

$$y^2 = \frac{d\sin\alpha\sin\theta}{\sin\gamma\sin(\gamma + \theta)} x - \frac{\sin\alpha\sin(\alpha + \theta)}{\sin\gamma\sin(\gamma + \theta)} x^2.$$

Nous ne nous arrêterons pas à la discussion de cette équation, qui ne présente aucune difficulté.

Applications.

647. Problème I. *Décrire d'un mouvement continu une section conique passant par cinq points donnés. Déterminer géométriquement le genre et les éléments de cette courbe.*

Soient A, B, C, D, E les cinq points donnés (fig. 314). Traçons la droite AB, et unissons le point C aux points A et B. Supposons que les deux angles CAX, CBX restent

Fig. 314.

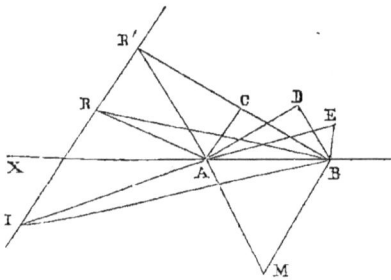

constants, et qu'ils tournent autour de leurs sommets respectifs A et B. Faisons mouvoir ces angles de manière que les côtés AC, BC passent par le quatrième point donné D : les deux autres côtés se couperont en un point R. Ces angles restant constants, faisons passer de même les deux côtés AD, BD par le cinquième point E : les deux autres côtés se couperont en un point R' de la droite RR', qui pourra servir de directrice pour le tracé de la conique, puisqu'il suffira de joindre un point quelconque I de cette droite aux points A et B, et de construire en ces points, d'un même côté, deux angles égaux aux angles CAX, CBX : l'intersection des deux autres côtés de ces angles déterminera un point de la conique. Ainsi qu'on l'a vu, si l'un des deux côtés de l'angle β passe par A, l'autre coupant la directrice en K, tandis que l'un des deux côtés de l'angle α passe aussi par K, le second côté AT est évidemment tangent en A; il en est de même pour l'angle B. On peut donc construire facilement les tangentes en A, B, comme aussi en C (fig. 315).

Fig. 315.

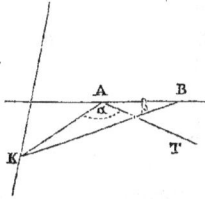

Soient AT, BT', CT'' les trois tangentes que l'on sait trouver aux points A, B, C (fig. 316). Si l'on joint les points de rencontre R, S de ces tangentes aux milieux M, M' des cordes de contact, ces droites RM, SM' se couperont en un point O, qui sera le centre de l'ellipse ou de l'hyperbole : la courbe sera une parabole si les deux droites sont parallèles.

Fig. 316.

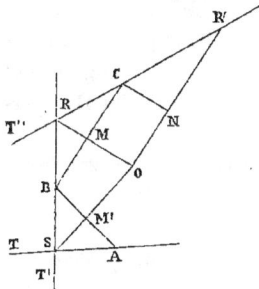

1° Dans le cas où le point O et le point de rencontre des tangentes sont situés d'un même côté de la corde de contact BC, la courbe est une hyperbole.

2° Si la droite BC sépare le point O et le point de rencontre R des tangentes, la courbe est une ellipse. Pour construire celle-ci, menons, par le centre O, une parallèle OR' à la corde de contact BC, et prenons OM et OR' pour diamètres conjugués. On aura, d'après les propriétés de la tangente :

$$OM \times OR = a'^2; \quad \text{d'où} \quad a' = \sqrt{OM \times OR};$$

de même,
$$b' = \sqrt{ON \times OR'}.$$

Connaissant de grandeur et de position les diamètres conjugués $2a'$, $2b'$ et l'angle ROR' qu'ils font entre eux, on pourra construire la courbe.

Lorsque celle-ci est une hyperbole, on détermine, comme

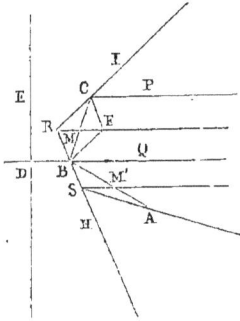

Fig. 317.

il vient d'être dit, deux diamètres conjugués, puis les asymptotes et ensuite les axes.

3° Si les droites RM, SM' sont parallèles (fig. 317), la courbe est une parabole; pour obtenir le foyer F, il suffit, aux points de contact C et B, de construire les angles RCF=ICP, RBF=SBQ, les droites CP, BQ étant parallèles à l'axe de la parabole, c'est-à-dire à RM. En prolongeant BQ d'une longueur BD=BF, et en élevant au point D la perpendiculaire DE, on aura la directrice.

648. PROBLÈME II. *Construire une courbe du 2me degré, connaissant trois tangentes et le foyer* (fig. 318).

Soient T, T', T'' les trois tangentes et F le foyer. De ce

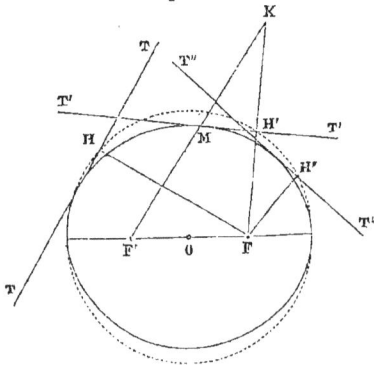

Fig. 318.

point, abaissons sur ces droites les perpendiculaires FH, FH', FH''; si les trois pieds H, H', H'' ne sont pas en ligne droite, la courbe est une ellipse ou une hyperbole, et s'ils sont en ligne droite, c'est une parabole.

Traçons la circonférence qui passe par H, H′, H″ : le centre de cette circonférence déterminera celui de l'ellipse ou de l'hyperbole, et son diamètre sera le grand axe de l'ellipse ou l'axe transverse de l'hyperbole ; les deux foyers seront connus.

En prolongeant FH′ d'une longueur H′K, égale à la première, et en joignant F′ à K, le point M appartiendra à l'ellipse ou à l'hyperbole suivant qu'on aura

$$F'M \pm FM = 2a.$$

649. Problème III. *Construire une courbe du 2me degré, connaissant le foyer F et trois points A, B, C.*

Soient A, B, C, F (fig. 319), les positions des trois points

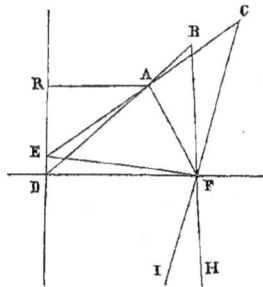

Fig. 319.

et du foyer. La bissectrice FD de l'angle AFH, extérieur au triangle ABF, fera connaître, par sa rencontre en D avec la droite AB, un point D de la directrice. De même, la bissectrice FE de l'angle AFI, extérieur au triangle ACF, par sa rencontre en E avec la droite AC, déterminera un deuxième point E. La directrice et le foyer étant connus, on trouve autant de points de la courbe qu'on en veut.

Si la distance AR du point A à la directrice DE est plus petite, plus grande que AF, ou égale à cette quantité, la courbe est une ellipse, une hyperbole ou une parabole.

Sous le point de vue analytique, le problème ne présente aucune difficulté. On a, en effet, pour l'équation des courbes du 2me degré par rapport à leurs directrices et à leurs foyers (228) :

$$(x - \alpha)^2 + (y - \beta)^2 = (fy + gx + h)^2.$$

Si l'on désigne par a, b, a', b', a'', b'' les coordonnées des trois points donnés, et par δ, δ', δ'' les distances de ces points au foyer, on obtiendra :

$$\delta = \pm (fb + ga + h),$$
$$\delta' = \pm (fb' + ga' + h),$$
$$\delta'' = \pm (fb'' + ga'' + h).$$

Tous les points de l'ellipse et de la parabole sont situés d'un même côté par rapport à l'une des directrices, tandis que dans l'hyperbole tous les points de la courbe ne se trouvent pas d'un même côté de ces droites, puisque chaque directrice est située entre les deux branches de la courbe. Des quatre solutions indiquées par ce système, trois sont des hyperboles, et la quatrième est une ellipse, ou une hyperbole ou une parabole.

650. Problème IV. *Connaissant cinq tangentes à une courbe du 2me degré, construire la courbe* (fig. 520).

Soient AB, BC, CD, DE, AE les positions relatives de ces cinq tangentes. La courbe ne peut être qu'une ellipse ou une hyperbole, la parabole pouvant être soumise seulement à quatre conditions.

Fig. 520.

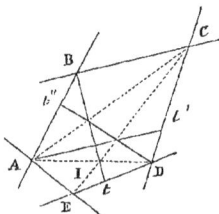

On déterminera, au moyen du théorème de *Brianchon* (332), les points de contact t, t', t'' de ces tangentes avec la courbe. Le centre de celle-ci est donné par l'intersection des droites qui unissent les milieux des distances de deux couples de tangentes. Connaissant les points de contact t, t', t'' de trois tangentes, on déterminera la courbe comme précédemment.

CHAPITRE XXXIII.

USAGE DES COURBES.

651. On peut toujours considérer une équation quelconque du degré m

$$Ax^m + Bx^{m-1} + Cx^{m-2} + \cdots + Vx + T = 0 \quad . \quad (1),$$

comme étant le résultat de l'élimination d'une variable y entre deux équations, l'une, du premier degré en x et en y, et l'autre $f(x, y) = 0$, du degré m, m étant entier et positif.

Si l'équation du degré m, qu'il s'agit de résoudre, peut se mettre sous la forme

$$\Phi(x) = \Psi(x),$$

et que $\qquad y = \Phi(x) \quad$ et $\quad y = \Psi(x)$

soient des courbes faciles à construire, il est évident que les points d'intersection de ces courbes seront des racines de l'équation (1).

Le système des deux équations

$$y = \Phi(x) \quad \text{et} \quad y = \Psi(x)$$

peut être quelconque, pourvu que l'élimination de l'ordonnée entre ces deux équations reproduise (1). Ces équations, qui sont évidemment d'un degré inférieur à m, doivent représenter des courbes faciles à construire, d'un mouvement continu ou par points.

652. La courbe

$$y = T + Vx + \cdots + Cx^{m-2} + Bx^{m-1} + Ax^m$$

est une parabole du degré m. Si l'on construit cette courbe par points, les racines de cette équation donneront les points de rencontre de la courbe avec l'axe des x ou $y = 0$.

653. La résolution de l'équation

$$x^2 + ax + b = 0$$

ne présente aucune difficulté; c'est pourquoi nous passerons à l'équation du 3me degré

$$x^3 + ax + b = 0.$$

Celle-ci revient au système

$$\begin{cases} Ky = x^2, \\ Kxy + ax + b = 0, \end{cases}$$

qui représente une parabole et une hyperbole faciles à construire. L'intersection de ces deux courbes fera connaitre, par son abscisse, au moins une des racines réelles de l'équation précédente.

Fig. 321.

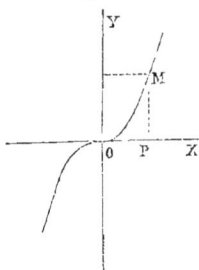

On peut encore considérer cette équation comme provenant du système

$$\begin{cases} y = x^3, \\ y + ax + b = 0. \end{cases}$$

La première de ces équations représente une parabole cubique que l'on peut construire par points (fig. 321). L'intersection de cette courbe avec la droite

$$y + ax + b = 0$$

fera connaitre les trois racines réelles de l'équation proposée, ou au moins une de celles-ci.

654. Soit à résoudre l'équation du 4me degré

$$x^4 + ax^2 + bx + c = 0.$$

Construisons les deux courbes représentées par les deux équations

$$x^2 = Ky \quad \text{et} \quad (x - \alpha)^2 + (y - \beta)^2 = R^2,$$

c'est-à-dire une parabole et un cercle.

En développant et en substituant, il vient :

$$x^4 + (K^2 - 2\beta K)x^2 - 2\alpha K^2 x + (\alpha^2 + \beta^2 - R^2)K^2 = 0.$$

Les deux équations devant être identiques, on a :

$$K(K - 2\beta) = a, \quad 2\alpha K^2 = -b \quad \text{et} \quad (\alpha^2 + \beta^2 - R^2)K^2 = c.$$

En faisant $K = 1$, les valeurs de α, de β et de R seront déterminées. L'intersection du cercle et de la parabole fera connaître les racines réelles de l'équation proposée.

655. Le problème de la duplication du cube peut se résoudre par l'intersection d'une parabole avec une hyperbole.

En effet, si l'on désigne par a le côté du cube donné, et par x celui du cube inconnu, on obtient l'équation

$$x^3 = 2a^3,$$

qui peut être considérée comme provenant de $xy = a^2$ et de $2ay = x^2$, ou bien encore du système

$$a^2 y = x^3 \quad \text{et} \quad y = 2a.$$

Le système le plus simple est

$$x^2 = ay, \quad x^2 + y^2 = ay + 2ax,$$

c'est-à-dire un cercle et une parabole.

Enfin, le problème qui consiste à *trouver deux moyennes proportionnelles entre deux droites données* a et b revient à la construction de deux paraboles, ou mieux, à la construction d'un cercle et d'une parabole.

On a, en effet, les proportions :

$$a : x = x : y, \quad x : y = y : b;$$

d'où $\quad x^2 = ay, \quad y^2 = bx \quad$ et $\quad x^2 + y^2 = ay + bx,$ intersection du cercle, représenté par cette équation, avec la parabole.

C'est pour résoudre ce problème que *Dioclès* avait trouvé la cissoïde, dont nous avons donné la construction (377).

La résolution de tous ces problèmes ne présente plus aujourd'hui aucun intérêt.

FIN DE LA GÉOMÉTRIE ANALYTIQUE PLANE.

NOTES.

———

NOTE I.

(Voir **Courbes focales**, page 241.)

I. On peut retrouver facilement l'équation générale des coniques, en soumettant à l'analyse les propriétés exposées dans la théorie des foyers et des circonférences focales, et prouver directement l'existence de ces circonférences, comme on va le voir.

Les deux sommets C et F du quadrilatère mobile CFMT sont fixes. La somme des deux côtés FM+MT=f est constante, ainsi que le côté CT=R,

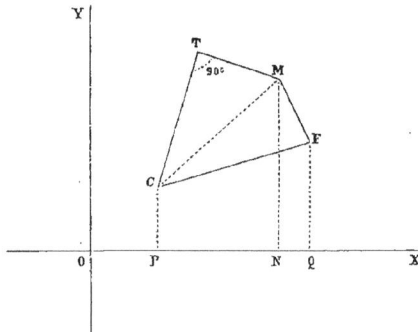

l'angle CTM étant droit. Chercher le lieu décrit par le sommet M de ce quadrilatère.

Prenons des axes rectangulaires OX, OY.

Soient respectivement (a, b), (m, n), (x_1, y_1) les coordonnées des points C, F, M.

44

t et z représentant les longueurs variables MT et MF, on a les équations :

$$t + z = f \quad . \quad . \quad . \quad . \quad . \quad . \quad . \quad . \quad (1),$$

$$t^2 = (y_1 - b)^2 + (x_1 - a)^2 - R^2 \quad . \quad . \quad . \quad . \quad (2),$$

$$z^2 = (y_1 - n)^2 + (x_1 - m)^2 \quad . \quad . \quad . \quad . \quad (3).$$

Si l'on élimine les variables t et z entre deux de ces équations, et que l'on substitue leurs valeurs dans la troisième, on obtient, pour le lieu décrit par le point M, l'équation

$$\left[(n-b)^2 - f^2\right] y_1^2 + 2(m-a)(n-b) x_1 y_1 + \left[(m-a)^2 - f^2\right] x_1^2$$
$$+ 2\left[(n-b)K^2 + bf^2\right] y_1 + 2\left[(m-a)K^2 + af^2\right] x_1 + K^4 + f^2(R^2 - a^2 - b^2) = 0,$$

dans laquelle $2K^2 = a^2 + b^2 + f^2 - R^2 - m^2 - n^2$.

En faisant $n = 0$, $b = 0$, $R = a = p$, $m = f = \dfrac{p}{q} + \dfrac{p}{q}\sqrt{1-q}$, dans cette équation générale, qui représente toutes les courbes du 2e degré, ou retrouve l'équation de l'ellipse

$$y_1^2 = 2px_1 - qx_1^2,$$

comme on peut s'en assurer directement.

II. *On donne deux droites fixes* OX, OY (fig. 107), *qui font entre elles un angle* γ. *A des distances* OK = a *et* OF' = b, *on mène les parallèles* KL *et* F'R' *à la droite* OY. *Le côté* P_2H *du quadrilatère mobile* P_2HTM *est perpendiculaire aux deux droites* KL *et* F'R'. *Le côté* HT = R, *et l'angle* T *est droit. Chercher le lieu décrit par le sommet* M *de ce quadrilatère, sachant que* MP_2 + MT = s, *et que le point* M *doit constamment se trouver sur la droite* M'P, *parallèle à* OY, P *étant l'intersection du côté mobile* P_2H *avec la droite* OX. (Voir n° 216, page 232.)

En désignant, comme précédemment, par t et par z les côtés variables MT et MP_2, par x_1, y_1 les coordonnées du point M, on a les équations :

$$t + z = s \quad . \quad . \quad . \quad . \quad . \quad . \quad . \quad (1),$$

$$R^2 + t^2 = y_1^2 + (x_1 - a)^2 \sin^2 \gamma \quad . \quad . \quad . \quad . \quad (2),$$

$$z^2 = y_1^2 + (b - x_1)^2 \sin^2 \gamma \quad . \quad . \quad . \quad . \quad (3).$$

On trouve, pour le lieu demandé, l'équation

$$y_1^2 = \frac{2\left[(b-a)K^2 + as^2\right]\sin^2\gamma}{s^2} x_1 - \left[\frac{s^2 - (b-a)^2 \sin^4\gamma}{s^2}\right] x_1^2$$
$$+ K^4 + (R^2 - a^2 \sin^2\gamma).$$

Si l'on fait, dans celle-ci, $a = \dfrac{p'}{\sin^2\gamma}$, $b = \dfrac{p'}{q'} + \dfrac{p'}{q'\sin\gamma}\sqrt{\sin^2\gamma - q'}$, $R = \dfrac{p'}{\sin\gamma}$; $s = f' = \dfrac{p'}{q'}\left(\sin\gamma + \sqrt{\sin^2\gamma - q'}\right)$, on trouve, après les réductions,

$$y_1^2 = 2p'x_1 - q'x_1^2;$$

ce qu'il est facile d'établir, en partant des équations

$$z + t = f',$$

$$\frac{p'^2}{\sin^2 \gamma} + t^2 = y_1^2 + \left(x_1 - \frac{p'}{\sin^2 \gamma} \right)^2 \sin^2 \gamma,$$

$$z^2 = y_1^2 + \left(\frac{f'}{\sin \gamma} - x_1 \right)^2 \sin^2 \gamma.$$

III. *On donne deux droites fixes* OX, OY (fig. 108), *qui font entre elles un angle* γ. *A une distance* OF $= \frac{\sqrt{a'^2 \sin^2 \gamma - b'^2}}{\sin \gamma}$, *on mène une droite* FR, *parallèle à* OY. *Le côté* P_1H *du quadrilatère mobile* P_1HTM *est perpendiculaire aux deux droites* OY *et* FR; *le côté* HT$=b'$, *et l'angle* T *est droit. Chercher le lieu décrit par le sommet* M *de ce quadrilatère, sachant que* $MP_1 + MT = a' \sin \gamma$, *et que le point* M *doit constamment se trouver sur la droite* PM', *parallèle à la droite* OY, P *étant l'intersection de la droite* OX *avec le côté mobile* P_1H. (Voir page 258, n° 219.)

On a les équations :

$$t + z = a' \sin \gamma \quad . \quad . \quad . \quad . \quad . \quad . \quad . \quad (1),$$

$$b'^2 + t^2 = y_1^2 + x_1^2 \sin^2 \gamma \quad . \quad . \quad . \quad . \quad . \quad (2),$$

$$z^2 = y_1^2 + \left(\frac{\sqrt{a'^2 \sin^2 \gamma - b'^2}}{\sin \gamma} - x_1 \right)^2 \sin^2 \gamma \quad . \quad . \quad (3).$$

On obtient, pour le lieu décrit par le point M, l'équation

$$a'^2 y_1^2 + b'^2 x_1^2 = a'^2 b'^2,$$

qui représente l'ellipse rapportée à ses diamètres conjugués, l'origine étant au centre de cette courbe.

IV. On a, de même, d'après la construction indiquée au n° 219, page 257, (fig. 108) :

$$MP_1 + MP_2 = 2a' \sin \gamma.$$

Les deux triangles rectangles MPP_2 et MPP_1 donnent, en faisant OP$_1 = x_1$, MP $= y_1$:

$$\overline{MP_2}^2 = y_1^2 + \left[\frac{\sqrt{a'^2 \sin^2 \gamma - b'^2}}{\sin \gamma} + x_1 \right]^2 \sin^2 \gamma,$$

$$\overline{MP_1}^2 = y_1^2 + \left[\frac{\sqrt{a'^2 \sin^2 \gamma - b'^2}}{\sin \gamma} - x_1 \right]^2 \sin^2 \gamma;$$

d'où l'on tire l'équation

$$a'^2 y_1^2 + b'^2 x_1^2 = a'^2 b'^2,$$

qui est bien celle de l'ellipse rapportée à son centre et à ses diamètres conjugués.

NOTE II.

(A la fin de la page 543.)

Équation polaire de l'hyperbole.

L'équation polaire de l'hyperbole s'obtient tout à fait de la même manière que celle de l'ellipse.

Désignons par $2c$ la distance des deux foyers F, F', et par ρ, ρ', les deux rayons vecteurs FM, F'M (fig. 240). En plaçant le pôle au foyer F, ω étant égal à l'angle MFX, on a :

$$\rho'^2 = \rho^2 + 4c^2 + 4c\rho \cos \omega,$$
$$\rho' - \rho = 2a;$$

d'où

$$\rho = \frac{\dfrac{b^2}{a}}{1 - \dfrac{a}{c}\cos \omega},$$

et

$$\rho = \frac{p}{1 - e \cos \omega},$$

si l'on fait $\frac{b^2}{a} = p$ et $\frac{c}{a} = e$.

Posons $1 - e \cos \omega = 0$; on en tire $\rho = \infty$,

$$\cos \omega = \frac{1}{e} = \frac{a}{c} = \frac{a}{\sqrt{a^2 + b^2}} :$$

ce qui prouve que *le rayon vecteur est parallèle à l'une des asymptotes.*

ERRATA.

—

Page 3, ligne 6, en remontant, *au lieu de :* $\overline{CM}$, *lisez :* $\overline{CM}'$.
— 13, — 1, *au lieu de :* sin 51°, *lisez :* sin 45°.
— 49, — 23, en remontant, *au lieu de :* à niveau, *lisez :* de niveau.
— 63, — 16, — — I eiangle, *lisez :* Le triangle.
— 73, — 11, — — en remplaçant par les valeurs qui précèdent sin $\frac{A}{2}$, etc., *lisez :* en remplaçant sin $\frac{A}{2}$, etc., par les valeurs qui précèdent.
— 84, — 10, en remontant, *au lieu de :* cette hémisphère, *lisez :* cet hémisphère.
— 110, — 24, en remontant, *au lieu de :* $c\sqrt{n}$, *lisez :* n.
— 121, — 4, — — identique à, *lisez :* identique avec.
— 127, — 10, — — $\overline{M'M''}$, *lisez :* $\overline{M'M''}^2$.
— 151, — 20, — — $\frac{y'}{x}$, *lisez :* $\frac{y'}{x'}$.
— 162, — 23, — — à la résolution, *lisez :* à la démonstration.
— 165, — 5, en remontant, *au lieu de :* BD divisé, *lisez :* BD, divisé.
— 173, — 22, — — x, *lisez :* en x.
— 187, — 10, — — et de (2), *lisez :* et dans (2).
— 187, — 17, — — et dans b, *lisez :* et de b.
— 188, — 20, — — méthodes, *lisez :* méthode.
— 213, — 8, — *supprimez :* le.
— 222, — 22, — *au lieu de :* les points a et b, *lisez :* le point (a, b).
— 232, — 3, en remontant, *au lieu de :* Y, *lisez :* y.
— 243, — 28, — — qui, *lisez :* lesquels.
— 250, — 8, — — poin, *lisez :* point.
— 250, — 10, — *supprimez :* et.
— 250, — 12, — *au lieu de :* dont son mouvement, *lisez :* dans son mouvement.
— 256, — 5, en remontant, *au lieu de :* $\pm c'$, *lisez :* $\pm \frac{c'}{\sin \gamma}$.
— 258, — 18, — — de tenir, *lisez :* à tenir.
— 344, — 19, — $\sqrt{n^2 x^2 + 2px + q}$, *lisez :* $\frac{1}{2A}\sqrt{n^2 x^2 + 2px + q}$.
— 346, — 4, — *au lieu de :* celles des, *lisez :* les.
— 355, — 27, — — ce qui indique que, *lisez :* on voit que.

ERRATA.

Page 379, ligne 2, en remontant, *au lieu de* : une, *lisez* : un.

— 380, lignes 10 et 19, en remontant, *au lieu de* : une, *lisez* : un.

— 427, — 8 et 13, — — quadrans, *lisez* : quadrants.

— 431, ligne 21, en remontant, *au lieu de* : $y^1 =$, *lisez* : $y_1 =$.

— 435, — 13, — *supprimez* : BPM.

— 440, — 5, — *au lieu de* : γ, *lisez* : y.

— 445, — 8, — *après* : axe radical, *remplacer le reste de l'énoncé par ce qui suit* : le cercle qui passe par P et qui coupe ceux-ci orthogonalement, est le lieu réciproque du point P.

— 445, — 18, en remontant, *au lieu de* : qui, *lisez* : lesquels.

— 450, — 3, — — Cette corde, *lisez* : Ce cercle.

— 451, — 19, — — elle, *lisez* : il.

— 465, — 13, — — et a, *lisez* : b et a.

— 547, — 19, — — l'hypothénuse, *lisez* : l'hypoténuse.

— 547, — 25, — — hyberbole, *lisez* : hyperbole.

— 561, — 21, — — sera grand, *lisez* : sera plus grand.

— 583, — 17, — — autres, *lisez* : autres points.

— 598, — 6, — — la, *lisez* : le.

— 631, — 14, — — quatres, *lisez* : quatre.

TABLE DES MATIÈRES.

PREMIÈRE PARTIE.

TRIGONOMÉTRIE RECTILIGNE ET SPHÉRIQUE.

TRIGONOMÉTRIE RECTILIGNE.

CHAPITRE PREMIER.

CHAPITRE II.

CHAPITRE III.

TRIGONOMÉTRIE SPHÉRIQUE.

CHAPITRE IV.

CHAPITRE V.

SECONDE PARTIE.

GÉOMÉTRIE ANALYTIQUE A DEUX DIMENSIONS.

———

CHAPITRE PREMIER.

HOMOGÉNÉITÉ.

CHAPITRE II.

DÉFINITION ET BUT DE LA GÉOMÉTRIE ANALYTIQUE.
— COORDONNÉES.

CHAPITRE III.

THÉORIE DE LA LIGNE DROITE.

CHAPITRE IV.

PROBLÈMES ET THÉORÈMES RELATIFS A LA LIGNE DROITE.

CHAPITRE V.

MÉTHODE ABRÉGÉE DE LA THÉORIE DES DROITES.

CHAPITRE VI.

TRANSFORMATION DES COORDONNÉES.

CHAPITRE VII.

COURBES DU DEUXIÈME DEGRÉ.

CHAPITRE VIII.

CENTRE ET DIAMÈTRES.   218

CHAPITRE IX.

RÉDUCTION DE L'ÉQUATION GÉNÉRALE A DES FORMES PLUS SIMPLES.

CHAPITRE X.

THÉORIE GÉNÉRALE DES FOYERS. — COURBES FOCALES.

CHAPITRE XI.

THÉORIE DES TANGENTES.

CHAPITRE XII.

PÔLES ET POLAIRES.

CHAPITRE XIII.

DIAMÈTRES CONJUGUÉS.

CHAPITRE XIV.

CORDES SUPPLÉMENTAIRES.

CHAPITRE XV.

NOUVELLE THÉORIE DES ASYMPTOTES.

CHAPITRE XVI.

DÉTERMINATION DES COURBES DU DEUXIÈME DEGRÉ. — CONDITIONS SIMPLES ET MULTIPLES.

CHAPITRE XVII.

NOTATIONS ABRÉGÉES APPLIQUÉES A L'ÉTUDE DES PROPRIÉTÉS GÉNÉRALES DES COURBES DU DEUXIÈME DEGRÉ.

CHAPITRE XVIII.

POINTS COMMUNS A DEUX OU A PLUSIEURS CONIQUES. — SÉCANTES COMMUNES.

CHAPITRE XIX.

CONTACT ET DOUBLE CONTACT DES COURBES DU DEUXIÈME DEGRÉ.

CHAPITRE XX.

DU CERCLE.

CHAPITRE XXI.

DE L'ELLIPSE.

CHAPITRE XXII.

DE L'HYPERBOLE.

CHAPITRE XXIII.

DE LA PARABOLE.

CHAPITRE XXIV.

PROPRIÉTÉS ANHARMONIQUES.

CHAPITRE XXV.

SYSTÈMES HOMOGRAPHIQUES.

CHAPITRE XXVI.

COURBES ENVELOPPES.

CHAPITRE XXVII.

POLAIRES RÉCIPROQUES.

CHAPITRE XXVIII.

CONIQUES RAPPORTÉES AUX CÔTÉS D'UN TRIANGLE AUTOPOLAIRE.

CHAPITRE XXIX.

INVARIANTS.

CHAPITRE XXX.

COURBES EN COORDONNÉES POLAIRES.

CHAPITRE XXXI.

COURBES SEMBLABLES OU HOMOTHÉTIQUES.

CHAPITRE XXXII.

SECTIONS CONIQUES.

CHAPITRE XXXIII.

USAGE DES COURBES.

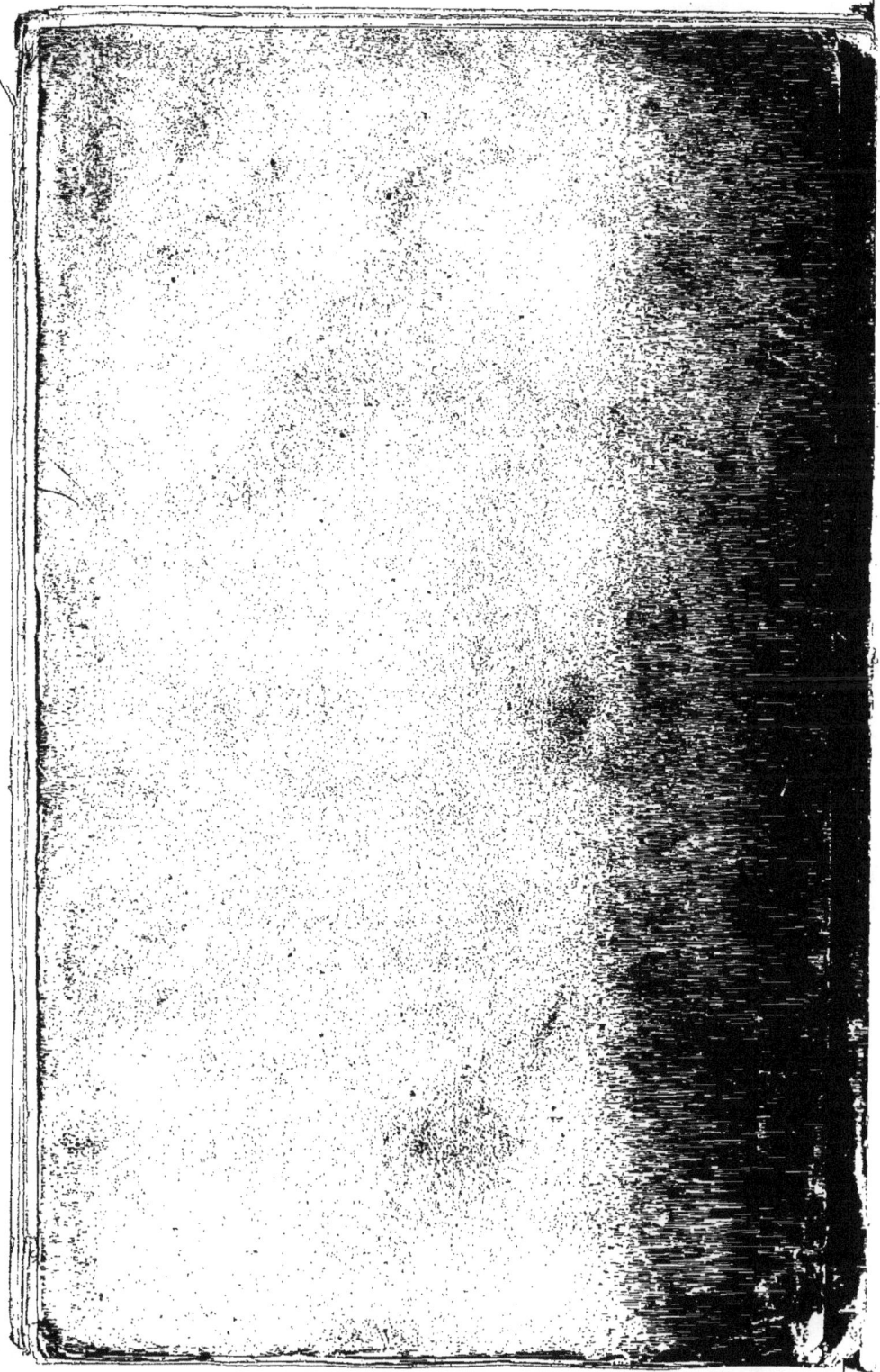

www.ingramcontent.com/pod-product-compliance
Lightning Source LLC
Chambersburg PA
CBHW061956220326
41599CB00015BA/2003